中国水利教育协会
高等学校水利类专业教学指导委员会
共同组织

普通高等教育"十一五"国家级规划教材
全国水利行业"十三五"规划教材（普通高等教育）

地质工程设计

（第二版）

河海大学　张发明　主编

中国水利水电出版社
www.waterpub.com.cn
·北京·

内 容 提 要

本教材针对目前国内外地质工程领域，以我国最新颁布的相关规范规程为依据，系统介绍岩石锚杆、预应力锚索、抗滑桩、灌浆技术等工程设计原理与方法，进一步介绍了人工开挖边坡、坝基坝肩抗滑与渗透稳定、地下工程围岩稳定、崩塌滑坡地质灾害治理加固等方面的设计方法。本书通过引用大量工程实例，以图表、设计书、计算书等形式介绍各种地质工程加固方法的设计步骤，介绍我国已颁布的规程规范中有关边坡与滑坡、地下洞室、坝基稳定及其加固设计的相关规定，进一步阐明地质工程设计的内容，书中附有大量工程设计样图。

本教材可作为地质工程、岩土工程、土木工程、水利水电工程、交通工程及铁道工程等专业的高年级大学生或研究生教材。本书同时具有教科书和使用手册的功能，可供相关专业的工程技术人员与研究人员参考使用。

图书在版编目（CIP）数据

地质工程设计 / 张发明主编. -- 2版. -- 北京 : 中国水利水电出版社, 2018.7(2024.7重印).
普通高等教育“十一五”国家级规划教材 全国水利行业“十三五”规划教材 : 普通高等教育
ISBN 978-7-5170-6643-9

Ⅰ. ①地… Ⅱ. ①张… Ⅲ. ①工程地质－设计－高等学校－教材 Ⅳ. ①P642

中国版本图书馆CIP数据核字(2018)第165108号

书　　名	普通高等教育“十一五”国家级规划教材 全国水利行业“十三五”规划教材（普通高等教育） **地质工程设计（第二版）** DIZHI GONGCHENG SHEJI
作　　者	河海大学　张发明　主编
出版发行	中国水利水电出版社 （北京市海淀区玉渊潭南路1号D座　100038） 网址：www.waterpub.com.cn E-mail：sales@mwr.gov.cn 电话：(010) 68545888（营销中心）
经　　售	北京科水图书销售有限公司 电话：(010) 68545874、63202643 全国各地新华书店和相关出版物销售网点
排　　版	中国水利水电出版社微机排版中心
印　　刷	天津嘉恒印务有限公司
规　　格	184mm×260mm　16开本　31.25印张　741千字
版　　次	2008年8月第1版第1次印刷 2018年7月第2版　2024年7月第2次印刷
印　　数	2001—4000册
定　　价	**75.00**元

第二版前言

本教材是在中国水利水电出版社出版的《地质工程设计》(2008年版)的基础上，根据近10年来的教学实践及近几年地质工程行业发展需要作重大补充修改而成。与第一版相比，主要作了如下修订和补充：①针对近几年重大地质灾害治理的要求补充了崩塌与滑坡地质灾害治理设计的有关内容(第九章)；②从教材理论与实践体系出发，重点突出上篇为地质工程设计理论与方法，主要增加了锚杆格构的设计计算、锚筋桩的设计计算，下篇为工程实践与典型案例；③对第三章抗滑桩设计的内容进行了调整，补充了抗滑桩结构设计的内容；④第五章重点介绍人工开挖边坡设计的内容；⑤由于第一版出版后相关规范进行了修订，本次修订中全部采用最新的规程规范及行业标准，并参考了自第一版出版以来相关勘察、设计单位提出的宝贵意见与建议，以反映教材的先进性；⑥对第一版第九章地质工程监测设计的内容进行了删减，仅保留边坡监测、地下洞室围岩监测的内容并调整至相应章节。

本教材由河海大学地质工程江苏省品牌专业建设点、河海大学地质科学与工程系张发明教授主编并统稿全书。各章编写分工如下：中国能源建设股份有限公司中国葛洲坝集团有限公司陈俊、刘怀亮编写第四章、第七章；中国水利水电科学研究院贾志欣编写第三章第五节与第三章第六节，汪小刚编写第五章第二节与第五章第三节，魏迎奇编写第五章第八节与第六章第六节；浙江华东建设有限公司金忠良编写第五章第七节与第五章第十一节；中国化学工程南京岩土工程公司王文、李景格编写第九章第六节、第八节；中国电力建设集团有限公司华东勘测设计研究院有限公司施建敏编写第六章第七节；中设设计集团江苏省交通规划设计院有限公司方忠强编写第六章第八节；河海大学地质科学与工程系陈松编写第一章第七节，董梦龙编写第三章第七节；化学工业岩土工程有限公司尤苏南编写第九章第三节，程华根编写第九章第二节；青海省水利水电勘测设计研究院林万胜编写第九章第五节；其余章节均由张发明编写。全书由地质工程国家重点学科长安大学赵法锁教授主审。

本教材的出版得到了教育部教材司、中国水利水电出版社、河海大学教务处、河海大学地质工程江苏省品牌专业建设项目、河海大学地质科学与工程系及河海大学地质工程江苏省重点学科的大力支持与帮助。中国电力建设集团华东勘测设计研究院有限公司肖美荣、中南勘测设计研究院有限公司余新华、黄河水利委员会周益民等工程师提供了相关资料，同时，尚有部分资料的来源未能一一列出，敬请谅解。蒯翠云女士完成了文稿录入，李雨坤、刘畅、王蓓、吕城腾、李梓楠、许泽舟、田文、郭翔、周一枫等研究生参与了部分校对工作，作者在此一并致谢。

编　者

2017年7月于南京

第一版前言

随着我国经济建设的快速发展，能源、环境、交通及矿产资源开发等方面的工程建设规模不断扩大，对地质条件的要求日益突显。而在地质条件不能满足工程安全性要求时，必须对不利的地质条件与地质灾害体如水利水电工程中的滑坡与高边坡工程、坝基坝肩抗滑与渗透、地下工程围岩等进行相应的加固处理，从地质工程的角度进行系统的优化设计。

本书编写的基本指导思想是适应教学改革和课程建设的发展需要，体现科学性、系统性和新颖性。从内容到形式，力求体现现代地质工程设计课程的特色，满足不同需求群体对该书的要求，目的是使读者通过阅读本书的内容，具备运用科学的方法去解决复杂地质问题的能力及从事地质工程设计的应用能力。

在本书的编写过程中，作者广泛收集了国内外水利水电中的滑坡与边坡工程、地下工程、坝基工程及铁路工程、城市深基坑工程等相关设计规范、手册、论文和研究报告，了解地质工程设计覆盖的主要技术领域，力求反映国内外工程界最新研究动态和水平。结合作者了解到的或曾参与过的重大工程实例背景，使读者从工程实践中获得对所述技术的感性认识。

本教材的主要特色是：

1. 形式上的新颖性

阐述地质工程设计的基本理论、设计方法与介绍工程建设经验并重，每章均结合实际工程以体现工程应用效果。在文字叙述的基础上，通过图表、设计书、计算书等形式介绍各种地质工程中的设计理论与方法，介绍我国已颁布的规程规范中有关边坡、地下洞室、坝基设计和深基坑支护的合理使用。

2. 功能上的手册型

本教材同时具有教科书和使用手册的功能，以实用为主要目的，在取材上力求体现工程实用的思想，引用大量工程实例，每一章均附有典型工程实例的设计图纸、相应的规范规程等内容，使其具有较高的参考价值。

3. 内容上的前瞻性

充分体现近年来新颁布的规范与规程，了解地质工程设计覆盖的主要技术领域，以及国内外工程界最新研究动态和水平。本教材还详细阐述了作者在地质工程设计方面的研究成果，这些成果和理论已受到了国内外地质工程学界的认同，并已在国内许多工程中获得了应用。

4. 体系上的全面性

本教材将系统介绍水利水电工程、国土整治工程、交通工程、深基坑工程及地质灾害治理中的排水、灌浆、卸荷、预应力锚固、支挡结构、钢筋混凝土抗滑结构的设计理论与方法。

5. 学科上的交叉性

结合提高坝基稳定、边坡稳定、地下洞室围岩稳定及地质灾害治理等四大地质工程中的典型课题，融合地质与工程两大学科的知识，进行相关安全性设计主要方法的介绍。

通过将排水、灌浆、卸荷、预应力锚固、钢筋混凝土抗滑结构等手段在提高坝基稳定、边坡稳定、地下洞室围岩稳定及地质灾害治理中的应用，从地质工程的角度进行相关安全性设计，对地质体改造与改良的手段作了系统的介绍，期望对地质与岩土工程师们解决面临的工程地质问题有所帮助。

全书共分九章，由地质工程江苏省重点学科、地质工程江苏省特色专业建设点河海大学地球科学与工程系张发明主编并统稿全书。参加编写的还有：中国葛洲坝集团公司陈俊、刘怀亮（第四章、第七章）；中国水利水电科学研究院贾志欣（第三章第五节与第三章第六节）、汪小刚（第五章第二节与第五章第三节）；浙江华东建设有限公司金忠良（第五章第七节与第五章第十一节）；中国化学工程南京岩土工程公司王文、李景格（第五章第八节与第五章第十二节）；中国水电顾问集团华东勘测设计研究院施建敏（第六章第七节）；江苏省交通规划设计院方忠强（第六章第八节）；河海大学地球科学与工程系侯玉宾（第九章第三节与第七节）、高正夏（第九章第二节与第四节）；中国水利水电科学研究院魏迎奇（第九章第十节与第九章第十一节），其余章节均由主编张发明编写。全书由地质工程国家重点学科长安大学赵法锁教授主审。

由于本教材是国内外首部完全反映地质工程设计理论与方法的教科书，难以找到现有参考的教材体系，尽管作者已编写了《地质工程设计理论与方法》的讲义，并在河海大学地质工程专业本科生与研究生中使用多届，在编写过程中，作者也力求反映相关领域的最新成果，但难以避免挂一漏万，且时间仓促，错误在所难免，文中采用的资料未能一一列出，敬请读者在使用过程中提出改正意见与建议。本书所有相关的设计图纸均有 AutoCAD 版，有需要的读者可来函索取。

本教材的出版得到了教育部教材司、中国水利水电出版社、河海大学教务处及河海大学地质工程江苏省重点学科的大力支持与帮助，中国水电顾问集团华东勘测设计研究院肖美荣、中南勘测设计研究院余新华、黄河水利委员会周益民等工程师提供了相关资料，同时，尚有部分资料的来源未能一一列出，敬请谅解。蒯翠云女士完成了文稿录入，葛鹏、武霖、董育烦、刘晓翔、王小峰、张树森、周频、程子佚等研究生参与了部分校对工作，作者在此一并致谢。

编　者

2007 年 7 月于南京清凉山麓

目　录

第二版前言

第一版前言

绪论…………………………………………………………………………………………(1)

习题与思考题 …………………………………………………………………………(8)

上篇　地质工程设计理论

第一章　岩石锚杆设计……………………………………………………………………(9)

第一节　概述 ………………………………………………………………………(9)

第二节　锚杆的分类及其特点 ……………………………………………………(10)

第三节　锚杆设计的原则及现有规范规程…………………………………………(16)

第四节　锚杆设计基本内容 ………………………………………………………(18)

第五节　锚杆材料及质量要求 ……………………………………………………(19)

第六节　锚杆体的选型与锚杆设计 ………………………………………………(23)

第七节　锚筋桩设计 ………………………………………………………………(29)

第八节　锚杆施工大样图与施工说明文件编制……………………………………(34)

第九节　预应力锚杆加固设计工程实例 …………………………………………(41)

习题与思考题 ………………………………………………………………………(45)

第二章　预应力锚索设计 ………………………………………………………………(46)

第一节　概述 ………………………………………………………………………(46)

第二节　预应力锚索的构造…………………………………………………………(47)

第三节　预应力锚索的工程分类 …………………………………………………(51)

第四节　预应力锚索设计的依据及现有规范规程 ………………………………(58)

第五节　预应力锚索工作机理 ……………………………………………………(60)

第六节　预应力锚索结构设计内容与方法…………………………………………(61)

第七节　预应力锚索施工说明编制与设计图件 …………………………………………… (78)
第八节　小浪底水利枢纽地下厂房预应力锚索加固设计实例 ………………………………… (86)
习题与思考题 ……………………………………………………………………………… (89)
第三章　抗滑桩设计 ………………………………………………………………… (90)
第一节　概述 ……………………………………………………………………………… (90)
第二节　抗滑桩的分类与特征 …………………………………………………………… (91)
第三节　抗滑桩设计规范规程及一般要求…………………………………………………… (94)
第四节　抗滑桩设计步骤与内容 ………………………………………………………… (95)
第五节　抗滑桩设计荷载的确定 ………………………………………………………… (97)
第六节　抗滑桩内力计算方法 …………………………………………………………… (103)
第七节　抗滑桩要素设计 ………………………………………………………………… (128)
第八节　抗滑桩结构设计 ………………………………………………………………… (131)
第九节　抗滑桩施工大样图与施工总说明编制 ………………………………………… (140)
习题与思考题 ……………………………………………………………………………… (145)
第四章　地质工程灌浆设计…………………………………………………………… (146)
第一节　概述 ……………………………………………………………………………… (146)
第二节　灌浆的作用与灌浆分类 ………………………………………………………… (147)
第三节　灌浆设计总要求 ………………………………………………………………… (148)
第四节　大坝基岩固结灌浆设计 ………………………………………………………… (149)
第五节　大坝坝基帷幕灌浆设计 ………………………………………………………… (157)
第六节　坝基灌浆施工总说明编制及大样图模板图纸 ………………………………… (185)
第七节　三峡水利枢纽二期工程固结灌浆设计实例…………………………………… (202)
第八节　三峡水利枢纽二期大坝基础岩石帷幕灌浆及排水孔设计 …………………… (205)
习题与思考题 ……………………………………………………………………………… (212)

下篇　地质工程设计应用

第五章　边坡工程设计………………………………………………………………… (213)
第一节　概述 ……………………………………………………………………………… (213)
第二节　岩石边坡破坏类型分析 ………………………………………………………… (215)
第三节　工程边坡安全等级与安全系数取值 …………………………………………… (216)
第四节　边坡工程开挖设计 ……………………………………………………………… (222)
第五节　边坡工程排水设计 ……………………………………………………………… (224)
第六节　边坡工程加固设计 ……………………………………………………………… (231)

第七节　边坡生态支护设计 …… (239)
第八节　边坡工程监测设计 …… (245)
第九节　水利水电开挖高边坡工程整体设计实例 …… (252)
第十节　高速公路开挖边坡加固设计实例 …… (265)
习题与思考题 …… (278)
第六章　地下洞室围岩支护设计 …… (279)
第一节　概述 …… (279)
第二节　围岩支护设计参数的确定 …… (281)
第三节　围岩塑性区系统喷锚支护设计 …… (291)
第四节　围岩局部不稳定块体的预应力锚固支护设计 …… (305)
第五节　围岩中的断层与塌方支护设计 …… (308)
第六节　地下洞室围岩稳定性监测设计 …… (312)
第七节　水利水电工程地下厂房围岩加固设计实例 …… (318)
第八节　交通工程隧道围岩加固设计实例 …… (327)
习题与思考题 …… (337)
第七章　土石坝坝基与坝体加固设计 …… (338)
第一节　概述 …… (338)
第二节　浆液在砂砾石地基中的扩散计算 …… (339)
第三节　大坝砂砾石地基灌浆理论 …… (342)
第四节　大坝砂砾石地基灌浆设计 …… (347)
第五节　土石坝坝体灌浆加固机理 …… (368)
第六节　土石坝坝体灌浆加固的功能与适用范围 …… (369)
第七节　土石坝坝体加固灌浆设计 …… (373)
第八节　新疆下坂地水利枢纽坝基深厚覆盖层帷幕灌浆设计 …… (390)
习题与思考题 …… (396)
第八章　混凝土坝坝基处理设计 …… (397)
第一节　概述 …… (397)
第二节　坝基处理设计的目的与要求 …… (398)
第三节　坝基开挖与清基 …… (402)
第四节　坝基抗滑固结灌浆加固设计 …… (405)
第五节　坝基预应力锚固设计 …… (405)
第六节　坝基断层及软弱夹层处理方法 …… (417)
第七节　坝基排水设计与施工 …… (419)

第八节　龙羊峡坝基加固设计工程实例 …………………………………………………… (424)
习题与思考题 …………………………………………………………………………… (431)
第九章　崩塌与滑坡地质灾害治理设计 ……………………………………………… (432)
第一节　概述 …………………………………………………………………………… (432)
第二节　地质灾害治理设计原则与依据 ……………………………………………… (432)
第三节　设计安全等级与安全系数取值 ……………………………………………… (433)
第四节　崩塌与危岩体防治设计 ……………………………………………………… (435)
第五节　滑坡工程地质勘察设计 ……………………………………………………… (448)
第六节　截排水设计 …………………………………………………………………… (455)
第七节　坡面防护设计 ………………………………………………………………… (461)
第八节　卸荷减载与反压设计 ………………………………………………………… (461)
第九节　锚杆格构设计 ………………………………………………………………… (462)
第十节　滑坡治理施工图与施工图总说明的编制 …………………………………… (470)
第十一节　典型滑坡治理工程设计实例 ……………………………………………… (470)
习题与思考题 …………………………………………………………………………… (478)
参考文献 ………………………………………………………………………………… (480)

绪　论

一、地质工程的概念与研究内容

地质工程的概念随着工程建设的需要、工程实践经验、工程技术与工程地质学的发展以及系统理论应用而逐步形成，其基本特征是把地质体作为工程结构的一部分，将地质工程作为一个系统来考虑，充分认识地质体、环境因素、工程措施三者间的相互作用，把科学、技术、管理三者结合起来。地质工程是由地质学科和工程学科大跨度交叉与综合所形成的新的独立学科，强调地质条件对工程安全的控制性作用，注重以工程措施对地质环境的改造和加固技术的应用，谋求工程建设投资与地质环境协调的最佳效益。

地质工程这一术语，20 世纪 70 年代在国外首先形成。80 年代以来，在我国工程地质界展开过一场讨论，并明确定义为用工程措施控制工程地质体，使之具有服务功能的工程称为地质工程。地质工程的内容就是以地质体的改造和合理利用问题为研究对象，强调工程地质条件对工程安全的控制性作用，注重以工程措施对地质环境的改造和加固技术的应用。在研究方法上以地质学理论为基础、以力学分析理论为手段和以工程设计理论为方法的一门系统且前沿的学科。地质工程也可以作为工程地质学发展的一门前沿应用性学科，是国民经济建设发展的必然产物。

梁炯鋆先生首次将“地质工程”专门作为一个研究项目进行探讨。要求把地质研究、力学分析、环境影响评价以及工程技术紧密地结合起来，以期能优质高效地实现工程目的。

胡海涛院士将地质工程分为三类：采掘地质资源工程、防治地质灾害工程和保护地质环境工程。它的基本技术方法可概括为“挖、填、排、堵、喷、锚、墩、桩、墙、幕、键”11 个字。例如，岩体改造包括岩石改造、岩体结构改造和岩体环境改造，没有地质体改造技术就没有地质工程学。地质工程学从加强工程结构的观点出发，将勘察、设计、施工和地质体改造融为一体，并且把工程地质与工程建筑进一步联系起来，填补了两者之间的一个空白工程技术领域，是工程地质学的一个新发展。

孙广忠教授认为，狭义的地质工程的定义是：以地质体做建筑材料，以地质体作为建筑结构的一部分，以地质环境做建筑环境建筑起来的一种特殊工程谓地质工程；广义的地质工程定义是大地改造工程或者地质环境改造工程。

殷跃平教授认为，地质工程是工程地质的新拓展，它是与岩土工程密不可分的一种技术。但是，岩土工程主要解决建立于工程岩体之上的地基稳定，以及一般边坡和洞室稳定的评价、改造和控制问题，岩（土）体结构是岩土工程的核心。地质工程面对的是复杂地质体，并且这种地质体正在不断的变形破坏过程中，它解决的是建立于复杂地质体之上的山体稳定性和区域地壳稳定性评价、改造与控制问题。

人类各种工程活动是在地质环境中进行的，人类工程活动对地表的改造是不可忽视的，现代工程活动是改变地质环境的积极因素，工程活动影响了地质环境的初始状态，从而影响或危害工程及其外围的人类生活环境或工程建筑物。据有关资料统计，人类活动已涉及地表80%的地区。而这种工程活动是触发地质灾害的一大原因。如在岩土体稳定性差的地区修建水库，不仅工程投资额巨大，而且由于水库的修建，轻则使近坝、库岸的岸坡的稳定性降低，水位骤然升降经常引起岸坡失稳，蓄水引起水库诱发地震等，重则将有可能导致灾难性的工程危害。

近年来，随着我国经济建设的快速发展，大型超大型水利水电工程、高等级公路、城市地下空间开发及大型矿产资源的开采等相继进入建设高潮，出现了诸如采煤过程中的瓦斯爆炸、涌水，隧道掘进过程中出现的塌方、岩爆、涌水，大型水电工程中的滑坡等地质灾害。西部重大工程的建设中，受复杂地质条件如复杂的地壳结构、高山峡谷的特殊环境、强烈的内外动力相互作用、极为活跃的构造运动、地质灾害频繁、地质环境十分脆弱等影响，或多或少存在着诸如滑坡、深开挖边坡、洞室围岩稳定及坝基抗滑稳定等工程地质问题。新世纪的工程地质技术人员面临新的挑战，要求他们具备运用科学的方法去解决复杂地质问题的能力。

总而言之，人类工程活动破坏或改变了原有的地质环境，而地质环境又制约工程建设，影响工程建筑物的稳定和正常使用，如意大利瓦伊昂水库蓄水后的溃坝、人类工程活动诱发的滑坡、泥石流等。运用科学的技术方法，用最少量的投资保证工程的安全运行是地学工作者责无旁贷的责任。

地质工程设计的研究内容如下。

1. 开挖边坡的稳定性及工程加固设计

随着我国经济的快速发展，能源需求量增长很快，电力开发特别是水电工程的建设，已成为我国经济建设的重点。目前水电建设的投资处于新中国成立以来投资比例最大的时期，水电工程数量和规模前所未有，但随之带来的各种技术问题也日益突出。重点水电工程如小湾、黄登、苗尾、瀑布沟、拉西瓦、紫坪铺等均存在严峻的高边坡稳定问题。如紫坪铺工程，不稳定边坡的数量达30多个，料场边坡高度约210m，预期加固投资3000余万元。小湾水电站左岸堆积体南北方向最长200m，东西方向830m，最大高差460m，体积达400万m^3，高边坡稳定问题十分突出。随着工程建设规模的增大和地质条件的复杂性，我国边坡加固工程的投资所占工程总投资的比例也逐步增大。三峡工程永久船闸开挖边坡采用了2000余束锚索用于加固不稳定体，因此高边坡工程的失稳判别、稳定性评价与加固优化设计已成为影响工程建设的关键技术课题。

对边坡失稳机理、稳定分析方法的研究，一直是边坡学科中十分活跃的领域，目前已形成了一个覆盖面十分广泛的专门学科。各种边坡稳定分析的理论方法，如极限平衡法、极限分析法、有限元法、离散元法、非连续变形分析等均已在边坡工程中获得了实际应用。但应当看到，虽然我国在这一领域已做了大量工作，获得了具有一定理论水平的成果，但与国外相比仍有很大差距。在基础理论研究、建模、求解方法、分析参数的确定原则、计算程序的开发特别是软件前后处理技术等方面均明显落后于发达国家的研究水平。

采用控制爆破开挖、减载、排水、抗滑桩、抗剪洞、预应力锚索等措施加固高边坡，在国内外水电工程中得到了广泛应用。在“八五”期间，结合我国李家峡水电工程的建设，开展了高边坡开挖和加固措施的研究，取得了一些研究成果。但由于岩体结构的复杂性，对岩质高边坡开挖和加固技术的机理研究还很不完善，一些关键技术问题尚未得到很好的解决。如目前预应力锚索的应用日益普遍，但锚索结构、张拉工艺、施工机具还不尽完善，特别是锚索的长期分布监测技术手段及自动化水平尚比较落后。

长期以来，具有明确物理概念的安全系数一直是工程设计的依据，安全系数的计算方法主要依据极限平衡分析方法的计算成果。虽然普遍认为该方法在理论上不够严密，但因在工程设计中积累了丰富的资料和经验，因此仍为目前设计规范所采用的主要标准。新型先进的计算方法如极限分析、非连续变形分析，理论严格，可以综合考虑各种工况及加固措施，模拟边坡施工过程，但对其分析成果在设计中的应用，如安全系数取值准则和确定方法要以实际工程实例为分析依据，以便建立相应的应用技术规范。

2. 滑坡地质灾害的治理设计

自然灾害对人类的威胁已经引起了全世界的极大关注。随着人口的急剧增长和土地资源的过度开发，滑坡及泥石流已变成同地震和火山相并列的全球性三大自然灾害之一。

我国也是滑坡、泥石流多发国家，滑坡、泥石流损失十分惊人。中国科学院编目的具有一定规模的滑坡30万个，其中灾害性滑坡1.5万个，近10年来全国由于泥石流、滑坡造成的人员伤亡近万人，平均每年高达九百二十八人。仅香港在过去的50年间，死亡人数超过470人。我国长江流域的金沙江中下游干流区、雅砻江中下游干流区、岷江上游及大渡河中下游干流区、嘉陵江上游区、三峡库区、乌江上游区和汉江上游区分布有大量滑坡。滑坡地质灾害不仅危及人民生命财产安全，而且破坏房屋、道路、供水供电管网、桥涵、码头等各类建筑物，毁坏耕地和植被，影响各项工程建设。有的滑坡快速入江造成涌浪，危及附近的船只和村镇，堵塞航道。三峡库区两岸崩滑体2490多处、大小泥石流沟90余条，1982年以来地质灾害已造成400余人死亡。特别是2008年5月12日，四川汶川8.0级地震造成大量滑坡，给抗震救灾带来了巨大困难。

在滑坡治理工程中，应用抗滑桩、抗剪洞、锚固洞等混凝土结构加固技术，取得了较好的效果。1989年漫湾水电站左岸发生滑坡，采用了组合洞桩的结构，由于锚固洞具有一定的倾斜度，防止了混凝土与洞壁间充填不密的可能性，同时这种组合结构受力条件远较传统悬臂结构提供的抗力大。十三陵抽水蓄能电站蓄水池西坡采用了预应力锚索和抗滑桩组合结构，即在抗滑桩的顶部设置锚索，使抗滑桩成为两端都具有固定端的结构，以提高其承载能力。滑坡治理、设计要科研先行，滑坡类型的研究、滑坡机理的揭示对当前滑坡治理是至关重要的。

3. 地下工程围岩稳定分析与加固设计

地下工程是指地面以下所建造的地下土木工程。在我国，隧道建设主要涉及水利电力、国防、交通、铁路等行业，以水力发电地下厂房、水工隧道、交通隧道（铁路隧道与公路隧道）、市政隧道，矿山隧道为典型。据中国铁路总公司工程设计鉴定中心统计，截至2016年年底，中国铁路运营的铁路隧道共14100座，长度14120km、在建4240座，长度9300km、正在设计和规划的铁路隧道4400座、长度10400km。预计到2020年年底，中国投入运营的铁路隧道总量将达到17000座，总长度将突破20000km。水电工程建设中的地下工程除引水隧洞外的，还包括导流或引水隧洞、闸门井、调压井、地下厂房及变压器房、尾水隧洞等，特别是地下厂房在施工与运行阶段的围岩稳定性是关系工程投资的重要因素。随着我国水利水电建设事业的飞速发展，地下建筑物的数量越来越多，规模也越来越大。如有些引水隧洞的长度已超过 10km，直径超过 20m。大跨度、高边墙的地下厂房及长隧洞的兴建，必然会遇到复杂的地质条件和大量的工程地质问题。其中最受关注的是围岩稳定问题，它涉及地下工程能否成洞，用何种办法进行支护和衬砌，影响到造价和工期。表 0－1 是我国近年来已建设的重大地下隧洞。

表 0－1　　我国已建重大地下隧洞

序号	名　　称	围岩地质条件	长度/km	断面/m	用途
1	引黄南干线 5 号洞	灰岩	26.4	$D=4.7$	水工
2	引黄南干线 7 号洞	砂岩	42.9	$D=4.7$	水工
3	秦岭隧道	花岗岩	2×18.5	$D=8.8$	铁路
4	引大入秦盘道岭隧道	砂岩	15.7	4.2×4.4	水工
5	引额顶山隧道	砂砾岩	15.3	$D=6.2$	水工
6	引黄南干线 6 号洞	灰岩	14.6	$D=4.7$	水工
7	大瑶山隧道		14.3		铁路
8	引黄联结段 7 号隧道	灰岩	13.4	$D=4.8$	水工
9	台湾坪林隧道	砂岩	2×12.9	$D=8.8$	公路
10	常梁隧道		12.8		铁路
11	引黄南干线 8 号洞	灰岩	12.2	$D=5.5$	水工
12	引大入秦水磨沟隧洞	砂岩	11.7	$D=5.5$	水工
13	引滦入津引水隧洞	片麻岩	11.4	5.7×6.5	水工
14	太平驿引水隧洞	花岗岩	10.6	$D=9.0$	水工
15	引黄总干线 11 号洞	灰岩	10.0	5.0×5.36	水工
16	天生桥二级引水隧洞	灰岩	3×10	$D=10.8$	水工

我国已建及在建的水工隧洞长超过 4010km，地下厂房近 50 座。每一厂区的设计内容包括枢纽布置和主厂房选择，地下厂房轮廓尺寸和体积形状设计，地下厂房围岩稳定和支护型式、喷锚支护设计、地下洞室衬砌计算等。为了合理选择地下洞室的间距、分步开挖顺序及提出支护参数，对围岩的稳定性分析需要开展弹塑性理论计算、线性与非线性有限元数值分析、地质力学模型试验，并应用块体理论矢量运算法进行不稳定块体分析，最终利用喷锚支护进行开挖面的系统加固，而对局部软弱构造带，则采用锚杆加衬砌，对于塑性区较大的部位和特大楔形体，加预应力锚索等方法。

地下厂房支护设计主要采用喷锚支护网作为永久支护形式并按照新奥法原理进行喷锚支护设计。设计的方法主要为以工程类比为主，拟定初步支护参数，用块体平衡法校核局部稳定，采用有限元和地质力学模型试验验证整体加固效果。

4. 水利水电坝基加固设计

我国是世界上水力资源最丰富的国家，水力资源量达到3.78亿kW，其中中西部占90%。而西南部又占中西部的68%。特别是西电东送工程，已成立了三峡、乌江、黄河上游、二滩、红水河龙滩、澜沧江及大渡河等水电开发公司从事水电开发的投资。在我国已建的水电工程中，坝高100m以上的已有69座。举世瞩目的三峡工程是世界上最大的水电站，装机1820万kW；已建成的二滩水电站，双曲拱坝坝高240m；小浪底水利枢纽为坝高154m的斜心墙堆石坝；广州抽水蓄能电站装机240万kW。另外还有云南小湾双曲拱坝（坝高292m）、湖北水布垭面板堆石坝（坝高233m）、广西龙滩碾压混凝土重力坝（坝高216.5m），及糯扎渡、向家坝等超高坝工程（表0-2），这些大型水利工程对坝基地质条件都有较高的要求，但又不同程度地存在河床坝基深厚覆盖层、坝基软弱层（带）等工程地质问题，都需要进行一定的地质工程处理。

表0-2 西电东送工程水电站建设一览

河流流域名称	"十五"前	"十五"期间	"十一五"期间	"十二五"期间
红水河（11个梯级）	天生桥一级、天生桥二级、岩滩、大化、百龙滩、恶滩、鲁布革、龙滩	平滩、长洲	大藤峡、桥筑	
澜沧江（14个梯级）	漫湾、大朝山、小湾		糯扎渡、景洪	黄登、苗尾、功果桥
乌江（10个梯级）	乌江渡、东风、普定、洪家渡、引子渡	索风营、构皮滩、彭水	思林、沙陀	
金沙江（12级）		金安桥、溪洛渡	观音岩、向家坝	虎跳峡、两家人、鲁地拉、梨园、白鹤滩
长江上游（干流5个梯级、支流清江3个梯级）	葛洲坝、隔河岩、高坝洲、三峡、水布垭			
大渡河干流（两库17个梯级）	龚嘴、铜街子	瀑布沟	独松、大岗山	长河坝、猴子岩
雅砻江干流（11级）	二滩	锦屏一级	锦屏二级、桐子林	官地、两河口
黄河上游（25个梯级）	龙羊峡、李家峡、刘家峡、盐锅峡、八盘峡、大峡、青铜峡、公伯峡、小峡	拉西瓦、苏只、乌金峡	积石峡、直岗拉卡	
黄河中游（6个梯级）	天桥、万家寨			龙口、碛口

5. 城市地下空间开发与深基坑开挖边坡加固设计

从1863年伦敦建成世界上第一条地铁开始，地下空间的开发利用从大型建筑物向地下的自然延伸发展到复杂的地下综合体（地下街）再到地下城（与地下快速轨道交通系统相结合的地下街系统)。美国纽约市地铁在世界上运营线路最长(443km),车站数量最多(504个),每年接待20亿人次。加拿大的多伦多地下步行道系统在20世纪70年代已在地下连接了20座停车库和1000家左右各类商店,此外,还连接着5个地铁车站和30座高层建筑的地下室。芬兰赫尔辛基的大型供水系统,隧道长120km。瑞典排水系统的污水处理厂全在地下,仅斯德哥尔摩市就有大型排水隧道200km,拥有大型污水处理厂6座。巴黎的地下建设了83座地下车库,可容纳43000多辆车。目前,我国许多大中城市正在进行新一轮的城市更新与改造,城市基础设施的建设(如城市地下管廊)、城市交通设施的建设、城市开发建设都呈现快速的增长,然而,由于城市空间的局限性,城市需求与有限空间的矛盾日益突出。因此,向地下要空间已成为现代化城市建设的主要内容。

20世纪80年代以来,伴随城市化进程,我国城市人口的高速增长,对城市空间的需求越来越迫切。进入21世纪,伴随高层建筑由大城市向中小城市扩展的同时,地下交通发展迅速,继北京、上海、广州、南京的地铁运行,杭州、武汉、哈尔滨、青岛等城市的地铁建设相继建设或建成。作为地下空间开发的重要组成部分,深基坑工程随着城市地下空间的开发不断向深、大的方向发展。由于深基坑的地质条件限制,发生基坑破坏的事故不断出现,如杭州凯旋门大厦、长沙华联大厦、珠海拱北祖国广场、北京银都中心、广州海珠城广场等基坑先后发生围护事故,因而,深基坑围护结构的设计及开挖边坡的加固设计越来越被工程界所重视。

二、地质工程设计课程内容体系

1999年6月,党中央提出西部开发战略。西部开发是21世纪中国经济发展的重大战略,是实现第三战略目标的重大举措。由于西部地区特殊的地质环境条件,工程建设极大地推动了地质工程学科的发展。针对西部开发的标志性工程,每一项工程均有与之相应的地质工程问题,都将涉及地质工程设计的课题。如南水北调西线工程,拟建244km的深埋长隧洞,将涉及深埋长隧洞的稳定问题、活动断裂对工程的影响及冻土冻害的有效防治问题;西电东送工程建10～20个世界级大型水电工程,均涉及高坝、高陡边坡、深埋洞室、强地震等相应的地质工程问题,更需要采用地质工程设计方法解决岩土体的稳定问题;交通基础设施建设中,到2020年,重点建设约3.5万km高等级公路,还准备兴建川藏铁路、滇藏铁路。已建成的青藏铁路工程涉及冻融灾害、崩滑流灾害、地震灾害等;而西气东输工程涉及崩滑流灾害、黄土湿陷性、地面塌陷等地质灾害,如何对发生地质灾害的机理进行分析、采用有效的地质工程方法去治理成为地质工程设计的主要内容体系。

地质工程设计课程的目的是为地质工程及相关专业的大学生、研究生提供一个系统介绍针对地质工程问题而采用的加固或改良方法的平台。同时,为地质工程师或岩土工程师进行地质工程设计提供借鉴依据与应用指南。基于以上思想,地质工程设计涵盖的内容主要包括常用的地质工程设计方法与不同地质工程类型的处理设计技术等。本教材从内容体系的安排上,主要考虑了方法与实践的统一。

地质工程设计的主要内容依托地质体改良的技术与方法,在充分了解当今地质工程中用于地质体加固的方法与特性的基础上,对常见的地质工程问题进行改良性设计。地质工程设计课程的内容包含两大模块:模块一(上篇)主要是现代地质体加固的主要理论与方法,如锚固技术、灌浆技术等;模块二(下篇)则侧重于工程设计,主要包括边坡与滑坡、地下工程围岩、坝基处理等应用性工程领域。

(一) 模块一 (上篇) 的主要内容

1. 岩石锚杆设计

主要介绍锚杆的分类、锚杆材料的选择、锚杆体的设计等。

2. 预应力锚索设计

预应力锚索是水利水电、采矿及铁路工程中常用的地质体加固方法，在本教材中主要介绍预应力锚索的分类、工作机理、锚索参数的设计方法。

3. 抗滑桩设计

主要介绍抗滑桩的类型、功能、抗滑桩的结构内力计算方法、抗滑桩设计等。

4. 注浆设计

介绍注浆的分类、注浆适用场地条件、注浆的作用、注浆压力的确定、注浆孔的布置及注浆试验等。

5. 地质工程联合加固设计

在现代地质体加固处理中，往往采用多种加固技术，如锚索与抗滑桩的联合、削坡与生态支护的联合、排水与抗滑结构的联合等，以提高地质体的整体稳定性。

(二) 模块二 (下篇) 的主要内容

1. 坝基加固设计

坝基可分为岩石坝基与土体坝基，对于重力坝、拱坝等混凝土大坝，要求坝基稳定性好、岩体完整，一旦坝基存在断层、软弱结构面等不良地质结构，就需要进行坝基处理，根据坝体的结构与规模，选择合理的建基面。而对土石坝，则需要注意引起坝体破坏的渗透破坏，采用灌浆进行处理。

2. 开挖边坡工程设计

边坡工程设计，首先把自然地质体概化为具有确定边界、结构、物理力学参数、静态和动态荷载作用的力学模型。然后，根据其破坏机制、破坏模式，选择合理的计算分析方法。根据边坡与工程的关系，确定其设计标准，选择经济而有效的增稳和加固处理措施。

3. 崩塌、滑坡地质灾害治理设计

崩塌、滑坡是典型的斜坡地质灾害，针对近年来国内发生的崩塌、滑坡重大地质灾害规模大、数量多的特点，通过工程实践，介绍常用的治理措施与设计方法。

4. 地下工程围岩加固设计

地下工程的开挖会导致原有地应力场的变化，使岩体向临空方向发生位移，促使原来闭合的结构面松弛张裂形成松动区，同时，由大尺度结构面相互切割形成的块体也可能向临空方向发生坠落、滑动等。采用一定的工程处理手段，改善围岩的稳定性，是地质工程设计的主要任务之一。

三、课程学习方法

地质工程设计课程与传统的地质类课程有一显著的区别，即十分重视工程概念、强调结构分析。在地质工程设计课程中，要求学习者具备地质学、数学、力学与计算机应用技术的综合知识，具备土木工程的基本知识，能运用计算机 CAD 技术绘制工程设计图与工程施工图。本门课程的学习方法如下。

1. 重视理论学习与课程实践的有机结合

地质工程设计课程的内容体系决定了这门课程的学习方法，应该强调理论与实践的相互作用，领会实践是学习与掌握地质工程设计知识的真谛。地质工程设计方法随工程实践进一步完善，而理论对实践又有一定的指导作用，从实践中去探索新的方法。如在运用锚杆加固边坡与加固洞室围岩时，应该从不同的加固机理出发，综合考虑施工的可行性设计相关的锚杆参数，而不能任意确定出锚杆的设计参数。

2. 注重地质学知识与工程学知识的相互交叉

地质工程设计属于地质工程学的范畴，但不能脱离工程学的知识，也不能简单地理解为地质与工程的简称。在学习地质工程设计课程时，应该把地质学的知识，尤其是地质工程学的知识与工程相结合，从工程的角度去解决有关问题。如在设计抗滑桩加固滑坡体时，需要从工程的角度确定抗滑桩的位置，而不能仅仅考虑提供的抗力的大小。

3. 注重创新思维的培养与训练

现有地质工程设计的理论与方法来自于工程实践，也来自于人们的创新思维。任何一种地质体加固技术，都是在创新思维中提出、在实践中验证而得到应用与发展的。如近年来采用的锚索与抗滑桩的联合使用，就是在抗滑桩与锚索的创新中诞生的。没有创新的思维，就没有科学的发展，在课程学习中，一定要运用我们的智慧，去开拓新的地质体加固技术与工程设计方法，为祖国的经济建设贡献我们的力量。

习题与思考题

0-1 地质工程设计的主要内容有哪些？

0-2 地质工程与工程地质在研究内涵上有何不同？

0-3 阐述地质工程设计在国民经济建设中的重要性。

上篇 地质工程设计理论

第一章 岩石锚杆设计

第一节 概 述

锚杆是将拉力传递到稳定岩层或土体的锚固体系，通常包括杆体（钢筋、钢管等材料）、注浆体、锚具、套管和可能使用的连接器等。锚杆支护作为一种岩土体支护方式，与传统的支护方式有着根本的区别，传统的支护方式常常是被动地承受坍塌岩土体产生的荷载，而锚杆可以主动地加固岩土体，有效地控制其变形，防止坍塌的发生。锚固技术在工程中的应用已经有100多年的历史，1872年英国北威尔士露天页岩矿采用钢筋加固边坡岩层，是世界上最早使用锚杆的记载；1911年，美国阿伯施莱辛的弗里煤矿开始使用锚杆支护顶板。由于锚杆支护技术的优越性，我国自20世纪50年代在煤炭系统使用锚杆以来，主要在京西矿务局、河北龙烟铁矿、湖南湘潭锰矿等使用了锚杆支护矿山巷道。目前在矿山、水电、建筑、国防等工程领域中已广泛使用了该项先进技术。现有资料表明，国内外使用的锚杆种类已有数百种，但在地质工程领域应用的锚杆数量并不多。

目前国内外广泛采用锚固技术加固临时和永久性建筑物结构，概括起来主要有以下几个方面的用途。

（1）深基础和地下结构工程支护，主要用在深基坑支挡、高层建筑地下室抗浮、地下结构工程支护与加固，如地下停车场、地下铁道、地下工业厂房等。

（2）边坡稳固工程，主要有边坡加固、斜坡挡土、锚固挡墙和滑坡防治。

（3）结构抗倾覆应用，如防止高塔倾倒、防止高架桥倾倒、防止坝体倾倒、防止挡土墙倾覆。

（4）在加压装置中的应用，如桩的静载荷试验装置、沉箱下沉加重。

（5）井巷及隧道工程支护，主要是防止隧道坍塌和控制隧道围岩变形。

（6）道桥基础加固，如防止桥墩基础滑动、悬臂桥锚固、吊桥桥墩锚固、大跨度拱形结构物稳固。

（7）其他工程方面的应用，如对现有结构物补强于加固、对水坝下游冲击区和排洪隧洞冲击区实施锚固保护等。

锚杆的施工包括钻孔、放杆体、注浆、张拉及防锈蚀等步骤。本章所指的锚杆特指用各类钢筋作为锚杆体材料的锚杆。

第二节 锚杆的分类及其特点

现有资料表明，国内外使用的锚杆种类已有数百种，但在工程中常见的锚杆种类也是有限的，锚杆类型的划分也有许多方法，大致分为如下几类。

一、按锚杆的传力方式划分

（1）拉力型锚杆：如图 1-1 所示，锚杆受力时，锚固段注浆体处于受拉状态的锚杆。

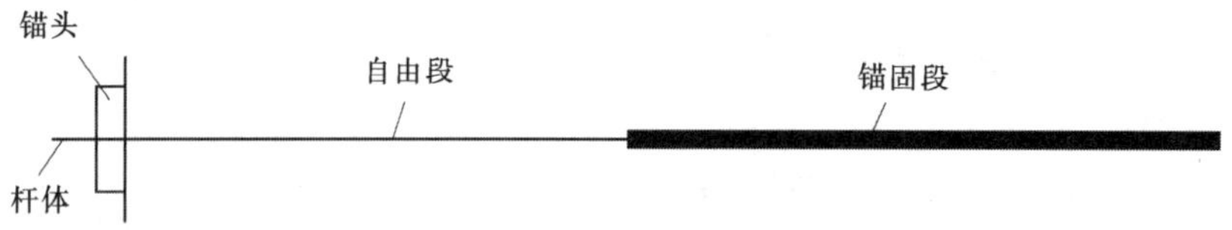

图 1-1 拉力型锚杆结构图

（2）压力型锚杆：采用无黏结预应力锚杆并通过改变锚固段结构型式的办法，使内锚固段由受拉状态变为受压状态用内锚固段的压缩传递张拉力，此类锚杆称之为压力型锚杆（图 1-2）。根据内锚固段的结构，可细分为压力集中型锚固段、压力分散型锚固段。

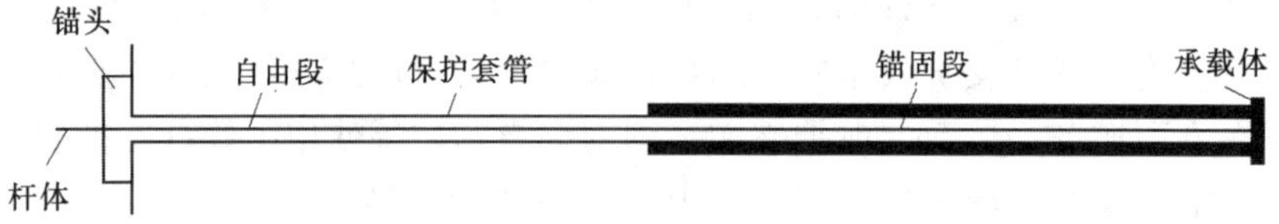

图 1-2 压力型锚杆结构图

（3）荷载分散型锚杆：在一个锚杆孔中，由几个单元锚杆组成的复合锚固体系。荷载分散型锚杆可以将锚杆力分散作用于锚杆总锚固段的不同部位上，该类锚杆又称单孔复合锚杆（图 1-3）。

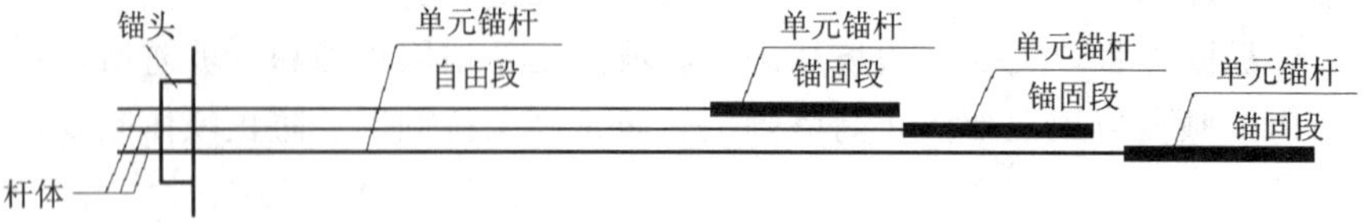

图 1-3 荷载分散型锚杆结构图

二、按有无黏结材料划分

（1）有黏结预应力锚杆：锚杆锁定后张拉段与被锚固介质无相对滑动的预应力锚杆。

（2）无黏结预应力锚杆：锚杆张拉锁定后张拉段与被锚固介质之间能相对移动的预应力锚杆。

三、按锚固形式划分

（1）全长黏结式锚杆：整个锚杆孔全部填充黏结材料的锚杆。

（2）端头锚固型锚杆：采用黏结材料或机械装置将锚杆里端锚固的锚杆。

（3）摩擦型锚杆：依靠杆体与锚杆孔孔壁间的摩擦力起锚固作用的锚杆。

四、按锚杆的工作时间划分

（1）永久性预应力锚杆：是指用于永久性工程中且使用年限为 2 年以上的预应力锚杆。

（2）临时性预应力锚杆：在临时性工程中布置的和在永久性工程中布置的使用年限为 2 年以内的预应力锚杆。

五、按是否存在预应力划分

（1）非预应力锚杆：以普通螺纹钢材为杆体在锚杆全孔充填水泥砂浆、快硬水泥砂浆或水泥卷的锚杆，如树脂锚杆、水泥卷锚杆、砂浆锚杆等。

（2）预应力锚杆：由锚头、预应力筋、锚固体组成，利用预应力筋自由段（张拉段）的弹性伸长对锚杆施加预应力，以提供所需的主动支护拉力的锚杆。

六、按锚杆的加固目的划分

（1）系统锚杆：为使岩体整体稳定，在隧洞周边或边坡坡面按一定格式布置的锚杆群称为系统锚杆。

（2）局部锚杆：为加固岩体开挖面上在开挖过程中所揭露的结构面组合形成的块体，而采用的锚杆，也称为随机锚杆。

七、按锚杆加固的岩土材料划分

（1）岩石锚杆：用于加固岩石材料的锚杆，称为岩石锚杆。

（2）土层锚杆：主要用于加固土体的锚杆，如深基坑开挖边坡、公路开挖土质边坡等采用的锚杆。

八、其他新型锚杆

随着锚固技术的发展和工程建设的需要，一些适用于特殊工程条件的新型锚杆逐步引起了工程技术人员的注意，这些锚杆包括屈服锚杆、精轧螺纹钢锚杆、可拆卸式锚杆和自进式锚杆等。

1. 屈服锚杆

当被加固结构受到如爆炸、地震等强烈的冲击荷载作用时，仍能保持一定承载力的情况下产生较大的变形而不致破坏的锚杆称为屈服锚杆。屈服锚杆通过设置在锚固段（或外锚头）的屈服装置来实现锚杆的抗破坏性能，这种锚杆特别适用于允许被加固结构产生一定程度变形的工程。例如国防地下工程在受到强烈爆炸冲击而产生瞬时超载时，使用普通锚杆可能承受不了这种强烈冲击荷载，而使用屈服锚杆的结果可能会使洞室的断面积部分减小但不会坍塌。

2. 精轧螺纹钢锚杆

采用强度很高的精轧螺纹钢作为杆体材料的锚杆称为精轧螺纹钢锚杆。精轧螺纹钢锚杆可根据需要用特定的接头接长锚杆（图 1－4），以满足工程应用需要。精轧螺纹钢焊接或用专用接头连接成所需长度后，沿全长设置若干个对中支架，就制成了所需的精轧螺纹钢锚杆。精轧螺纹钢锚杆由于强度高，又可按需要接长，因此被广泛用于制作大吨位长锚杆。

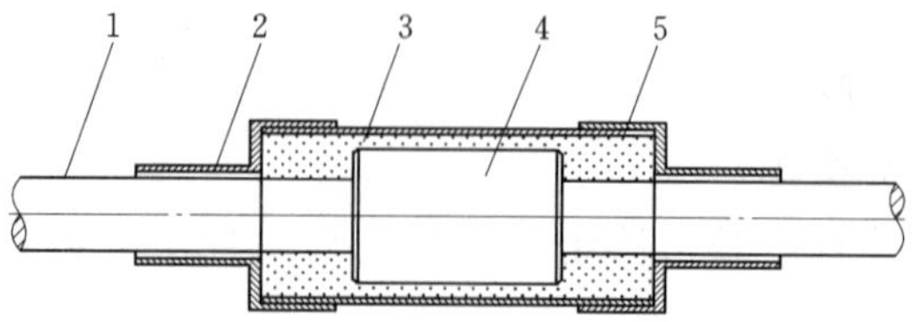

图 1-4　精轧螺纹钢接头及其防腐

1—杆体；2—封头；3—油脂；4—接头；5—套管

3. 可拆卸式锚杆

可拆卸式锚杆是指在达到锚杆的设计使用期后可拆除的锚杆，一般为无黏结的压力型或荷载分散型锚杆。可拆卸锚杆使用经过特殊加工过的张拉材料、注浆材料和承载体。中国水利水电科学研究院已引进韩国 SAN WOO 公司生产线生产该类型锚杆。如按其结构可分为如下三类。

（1）机构式可回收锚杆：将锚杆体与机械的联结器联结起来，在回收时施加与紧固方向相反的力矩，使锚杆体与机械的联结器脱离后拉出。

（2）力学式可回收锚杆：通过使用特殊工艺处理的钢丝作为锚杆体，使钢丝与注浆体隔离，回收时对每一根钢丝进行张拉，直到钢丝被一根根抽出。

（3）化学式可回收锚杆：是先在锚杆的锚固段安装发热装置或爆破装置，在回收时使用点火装置把锚杆从锚固段与自由段处切断，然后将其收回。

4. 自进式锚杆

自进式系列锚杆具有造孔功能，将造孔、注浆与锚固结合为一体的锚杆。自进式系列锚杆的种类和特点见表 1-1 及图 1-5。该类锚杆具有高效、可靠、施工方便等许多特点，且特别适用于风化岩、碎石层、回填层、砂砾层和圆卵石层等难以成孔的地层。自进式注浆钻进锚杆的技术参数见表 1-2。自进式锚杆一般由合金钻头、锚杆体、连接器、止浆塞、拱形垫板与螺母等组成（图 1-6）。

表 1-1　　自进式系列锚杆的种类和特点

序号	种　类	特 点 及 用 途
1	自进式通用锚杆	由 ϕ16mm 圆钢制成，配有塑料涨壳头，负荷大于 10kN，主要用于挂网或悬挂现场设备
2	自进式涨壳锚杆	由 ST690 圆钢制成，直径为 16～22mm，配有塑料或金属涨壳头，适用于 ϕ30～50mm 的钻孔
3	自进式树脂锚杆	使用树脂药卷锚固，可作为预应力锚杆使用
4	自进式岩石锚杆	由多肋高强钢筋制成，直径为 21～22mm，两端为全螺纹，根据不同的要求可使用制式连接器接长
5	自进式注浆锚杆	锚杆有全长螺纹和两端头有螺纹的两种形式，根据不同的要求可使用制式连接器接长，可通过中空杆体进行注浆
6	自进式注浆涨壳锚杆	能及时施加预应力并可通过中空杆体进行注浆
7	自进式注浆钻进锚杆	配有一次性的钻头，可通过中空杆体进行注浆，用于成孔困难的复杂地层的锚固

续表

序号	种　类	特 点 及 用 途
8	自进式玻璃纤维锚杆	主要用于需拆除临时性加固的工程
9	自进式树脂药卷	有 ϕ20mm/L500mm 和 ϕ25mm/L500mm 两种规格
10	自进式锚杆垫板	有 150mm×120mm×8mm、15mm×150mm×8mm、200mm×200mm×10mm 和 200mm×200mm×12mm 多种规格
11	自进式锚杆螺母	可与各种规格的锚杆和垫板配套

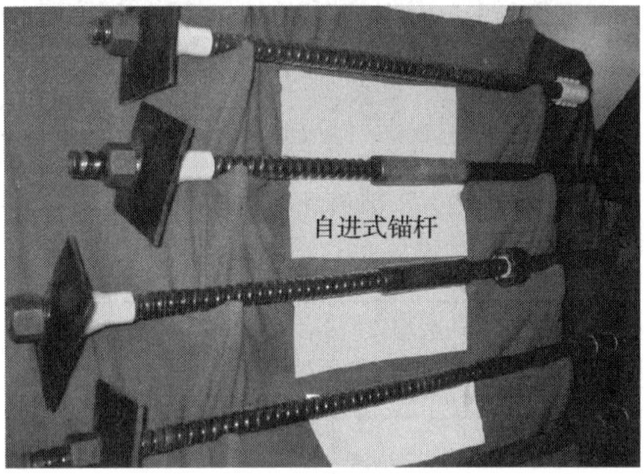

图 1-5　自进式锚杆类型

表 1-2　　　　**自进式注浆钻进锚杆的技术参数**

参　数	单　位	R25N	R32N	R32S	R38N
内/外直径	mm	14/25	20/32	15/32	14/38
极限抗拉力	kN	200	280	360	500
工作抗拉力	kN	130	220	280	430
抗剪力	kN	42.9	72.1	142.9	192.4
重量	kg/m	2.5	3.6	3.9	6.4
螺纹	—	左旋	左旋	左旋	左旋
标准长度	m	2、3、4、6			
最大长度	可达 12m 以上				
特别要求	根据需要可镀锌				
螺纹要求	螺纹方向可根据要求加工				

注　表中技术参数由奥地利联邦技术学院和 VILLACH 州研究所授权的建材实验所测试。

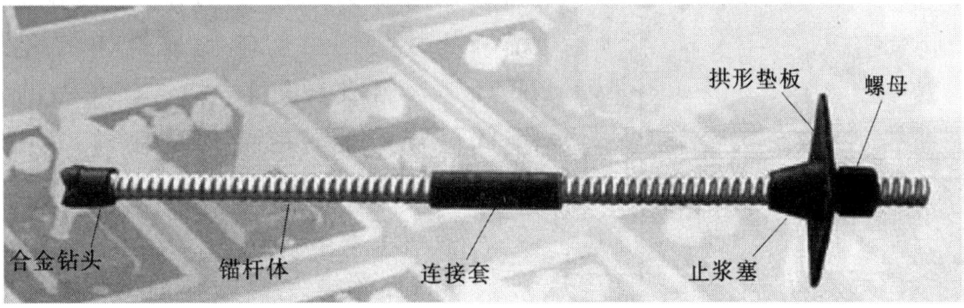

图 1-6　自进式锚杆结构图

5. 玻璃纤维锚杆

为了彻底解决钢筋混凝土加固结构中的钢筋腐蚀问题，纤维增强塑料（FRP）复合材料锚杆近年来得到了广泛使用（图 1-7）。目前主要用于需拆除临时性加固的工程，如大断面洞室的导洞开挖、再扩挖方法、永久性锚杆加固工程等，它的特点是承载力高、防腐性能好、重量轻和操作简单，其性能和规格见表 1-3 和表 1-4。

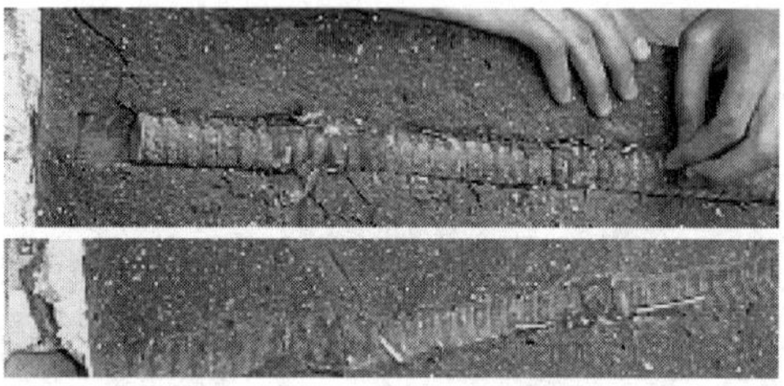

图 1-7　玻璃纤维锚杆外形

表 1-3　　自进式玻璃纤维锚杆的性能

序号	性能	单位	数据	序号	性能	单位	数据
1	抗拉强度	MPa	1200	5	密度	kg/cm^3	2.0
2	弹性模量	MPa	50	6	泊松比	—	0.30
3	抗剪强度	MPa	200	7	热膨胀率	K	5×10^{-6}
4	破坏变形	%	3.1	8	玻璃含量	%	70

表 1-4　　自进式玻璃纤维锚杆的规格

项目	单位	数　据				
杆体直径	mm	15	17	20	22	25
抗拉力	kN	180	220	320	400	470
抗剪力	kN	35.2	45.4	62.8	76.0	98.1

注　1. 配有各种形状的金属、塑料垫板和螺母。
　　2. 使用时应考虑适当的安全系数。

6. 缝管锚杆

缝管锚杆是将沿开缝的薄壁钢管强行推入比其外径小的钻孔中，借助钢管与孔壁间的径向压力而产生的摩阻力起锚固作用的锚杆。其结构由前端制成锥体的缝钢管、挡环和垫板组成（图 1-8）。该类型的锚杆具有锚固可靠迅速、对岩体适应性广、抗动载性能好等特点。

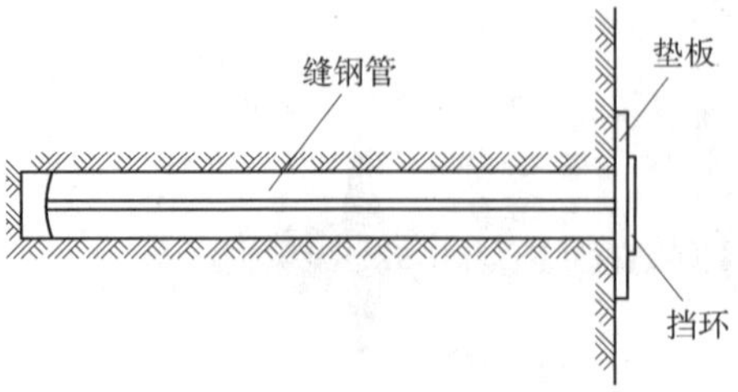

图 1-8　缝管锚杆结构示意图

7. 楔管锚杆

以普通碳钢异型钢管加工而成，前半段为倒楔式锚杆。后半段为缝管锚杆。楔管锚杆锚固性能比缝管锚杆更可靠，锚固力更大，但加工成本也略高一些。

8. 中空系列注浆锚杆

中空系列注浆锚杆是自进式注浆锚杆的一种类型，锚杆的杆体是中空的，该锚杆是将注浆与锚固合二为一，这种方法比附加注浆管的方法更加方便可靠。中空系列注浆锚杆包括 EX 型涨壳式可预应力中空注浆锚杆、RDH 型组合式可预应力中空注浆锚杆、SD 型自进式中空注浆锚杆、SDP 型自进式预应力中空注浆锚杆、HCB 型中空注浆锚杆及 RD 型中空注浆锚杆等。

(1) EX 型涨壳式可预应力中空注浆锚杆。

1) 该锚杆由钢质涨壳锚固件、中空锚杆体、止浆塞、垫板、螺母组成。中空锚杆体为全螺纹中空锚杆体（图 1-9）。根据锚杆安装方式具注浆和排气的功能。涨壳锚固件用高强度钢材制成，通过内楔和涨壳夹片组成，是锚杆预应力内部承载体，属于机械点锚式锚固体系。垫板、螺母是预应力外部锁定紧固件和传递荷载的构件。垫板上带注浆（或排气）孔。注浆或排气管是将塑料管一端深入钻孔，另一端留在洞外。根据锚杆安装方式（向上安装或向下安装时）与中空锚杆配合使用，具注浆或排气道的功能。

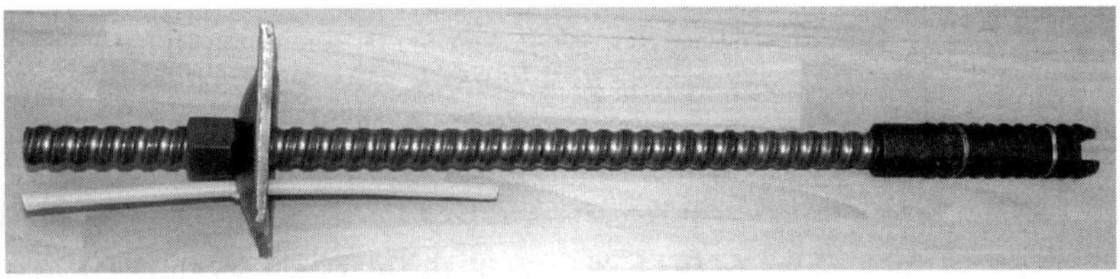

图 1-9　EX 型涨壳式可预应力中空注浆锚杆结构

2) 特点与性能：①通过涨壳与岩壁形成涨压力，安装锚杆后能迅速形成支护锚固力，控制岩体变形；可对锚杆施加预应力控制围岩变形。②锚杆能 360°任意方向安装及注浆，且施工工艺简单、注浆可靠，使锚杆具永久支护力和耐久性；③能通过预应力使锚杆注浆体处于零应力或注浆体不出现开裂，使锚杆在长期的工作下不锈蚀。

该类锚杆在彭水水电站地下厂房洞室开挖拱顶系统支护中得到了应用。选用的 EX32/65 涨壳式中空锚杆（EX32N 锚杆）长度为 8m 和 10m 两种规格，设计预应力值为 90kN，抗拔力为 250kN。采用 400/600cmϕ32 锚杆体用连接套连接形成 10m 锚杆。钻孔孔径 ϕ65。

(2) RDH 型组合式可预应力中空注浆锚杆。RDH 型组合式可预应力中空注浆锚杆，通过中空杆体与实心杆体的两段结合，实心杆体在钻孔内和早强锚固体共同实现快速锚固力。以实心杆体作锚固段，中空杆体作自由段，通过垫板、螺母及垫圈作锁定部件，可实现预应力，实现快速支护力。通过中空杆体及专门的排气管道及中空杆体与连接套筒的侧向孔道，可实现后注浆，使注浆体饱满均匀（图 1-10）。

RDH 型分段组合式可预应力中空注浆锚杆系统是杭州图强工程材料有限公司在 2002 年开发成功的一种新型锚杆，其产品已获国家新型实用专利，其工艺方法已获国家发明专利。

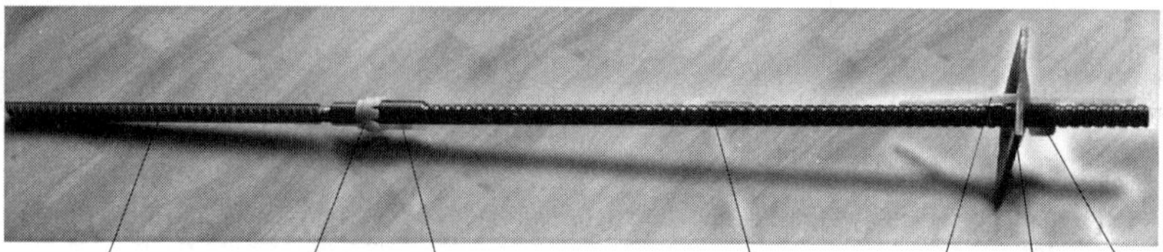

图 1-10　RDH 型组合式可预应力中空注浆锚杆结构

常用中空注浆锚杆的结构参数和力学性质见表 1-5。

表 1-5　中空注浆锚杆的结构参数和力学性质

中空注浆锚杆的类型	锚杆结构参数				锚杆力学性能		
	外径/mm	壁厚/mm	杆体标准长度/m	钻孔直径/mm	锚杆杆体极限拉力值/kN	预加应力/kN	杆体伸长率/%
普通中孔注浆锚杆	25～32	4～6	2.5～8.0	42～75	145～290	—	≥6
自钻式中孔注浆锚杆	25～51	5～8	2.0～6.0	42～110	180～650	—	≥8
钢质涨壳式中孔注浆锚杆	25～51	5～8	2.5～8.0	42～110	150～640	60～150	≥6

第三节　锚杆设计的原则及现有规范规程

一、相关技术规程

锚杆设计的现行技术规范规程如下。

(1)《水电工程预应力锚固设计规范》(DL/T 5176—2003)。

(2)《锚杆喷射混凝土支护技术规范》(GB 50086—2015)。

(3)《水电水利工程边坡设计规范》(DL/T 5353—2007)。

(4)《混凝土结构设计规范》(GB 50010—2010)。

(5)《岩土锚杆(索)技术规程》(CECS 22：2005)。

(6)《公路边坡柔性防护系统构件》(JT/T 528—2004)。

(7)《岩土工程勘察规范》(GB 5021—2001)。

二、岩体锚固中的预应力锚杆设计原则

在锚杆设计前，应充分收集场地工程地质条件与工程要求，特别是岩体的结构特性与强度特性，需要在设计前对场地进行现场勘察，并依据工程要求、锚固地层的性质、锚杆使用年限进行锚杆设计。需要收集的资料如下。

(1) 建筑物级别与建筑工程布置图。

(2) 锚固区域地形地质条件；特别需要收集锚固工程部位的地质平面图、地质剖面图。

(3) 施工场地条件。

(4) 不稳定岩体的范围与边界条件。

(5) 围岩质量及主要结构面的产状与分布组合特征。

(6) 锚固工程处岩体的强度特性、可能失稳结构面的抗剪强度指标、地下水的分布特征等。

锚杆设计的原则如下。

(1) 锚杆的布置形式应根据锚杆的数量、施工条件、工艺要求的不同，选用方形、梅花形、矩形或菱形布置。

(2) 预应力锚杆的轴线方向宜按最优锚固角布置，当受施工条件和地形条件限制时，需经技术经济比较后可适当调整轴线方向。

(3) 锚杆的间距和长度，应根据被锚固岩体的稳定条件选择，一般而言，锚杆的间距除必须满足锚杆的受力要求外，应大于 1.5m。

(4) 对于锚杆钻孔的直径，应保证预应力筋的保护层厚度不小于 20mm。锚杆的上覆地层厚度不宜小于 4.5m。

(5) 锚杆的安装倾角要避开$-10°\sim10°$的范围。

三、锚杆安全系数的确定

工程实践表明，有黏结预应力锚杆的破坏主要有 3 种情况：①锚杆体与注浆体间的黏结强度不够而导致锚杆体从黏结材料中抽出；②注浆体与孔壁围岩间的黏结强度不够，导致注浆体连锚杆杆体一起从孔中抽出；③由于锚杆材料存在一定的缺陷或强度不能满足作用于锚杆上的荷载，导致杆体拉断等。因此，在进行锚杆设计时，必须要考虑一定的安全储备，即设定一安全系数（表 1-6）。

表 1-6　锚固体抗拔安全系数

安全等级	锚杆损坏的后果及严重程度	安全系数	
		临时锚杆	永久锚杆
Ⅰ	危害大，会构成公共安全问题	1.8	2.2
Ⅱ	危害较大，但不会出现公共安全问题	1.6	2.0
Ⅲ	危害轻微，不构成公共安全问题	1.4	2.0

根据岩土锚杆（索）技术规程的规定，在设计预应力锚杆的锚固段长度或直径时，应考虑杆体与锚固段注浆体及注浆体与地层间的黏结安全系数，其数值可参考表 1-6 选用，而在设计或选用锚杆杆体材料截面时，则可按表 1-7 的规定选用安全系数。当进行永久性锚杆抗震验算时，安全系数应按 0.8 折减。

表 1-7　锚杆体抗拉安全系数

杆体材料	最小安全系数	
	临时锚杆	永久锚杆
精轧螺纹钢筋	1.6	1.8
HRB400、HRB335 钢筋	1.4	1.6

第四节 锚杆设计基本内容

如前所述，岩石锚杆主要应用于边坡开挖面块体、抗风化防护、开挖松动区的系统加固、地下洞室围岩塑性松动圈、由结构面切割形成的块体的加固。另外也应用于滑动块体的加固。因此，在进行锚杆设计前，需要了解被加固岩体的结构特性与加固目的，以便准确计算锚杆提供的抗力大小、锚杆的深度及锚杆数量等技术参数。对于中小型工程，一般采用工程类比或经验的方法设计，但对于水利水电工程中的重要工程，在进行锚杆设计时需要运用刚体极限平衡理论、数值模拟乃至物理模型进行分析，提出锚杆设计方案。锚杆设计的基本内容如下。

（1）确定锚固范围和锚固深度：锚固范围是指被加固地质体的表面范围，对于一个开挖边坡是指边坡的整个开挖面，对于地下洞室是指开挖的顶拱与边墙、端墙等。锚杆的长度应根据结构面的位置、潜在滑动面的位置、卸荷松动区的范围等具体确定。对预应力锚杆的长度应根据不稳定结构面的位置和在稳定的介质中有一定安全储备的胶结长度等条件确定。

（2）选择锚固方式：根据加固目的确定锚固方式，如为了加固地下工程顶拱位置的不稳定块体，一般采用树脂药卷锚杆；而对于加固地下工程边墙或端墙位置的可能滑动块体时，则通常采用预应力砂浆锚杆；对于加固因开挖使开挖面内的岩体发生卸荷回弹而形成的松动区时，通常采用全长黏结式砂浆锚杆。

（3）计算锚固力大小：锚固力是指为满足地质体的稳定性，在一定的安全储备条件下，需要锚杆提供的抗力。锚固力的大小应按照地质分析或力学计算结果确定。有了整体锚固力后，就可以根据被加固地质体的范围，确定锚杆的数量及每一根锚杆需要提供的锚固力。单根预应力锚杆的设计张拉力，应根据总锚固力的大小、锚固介质和胶结材料的力学指标、预应力锚杆材料力学特性及锚具的类型、张拉设备出力和施工场地条件等确定。

（4）确定预应力锚杆数量选择布置方式：锚杆的数量等于锚固总量除以每一根锚杆的设计锚固力。在实际工程设计中，也可以根据锚固范围与锚杆的标准间距（如系统锚杆常采用的 3m×3m、1.5m×1.5m、2m×2m 等）确定锚杆的数量，在确定锚杆间距时，还应考虑被加固地质体的强度特性，以保证锚固力的损失在工程允许范围内。

岩石预应力锚杆应根据锚杆的数量、工艺等，可采用正方形、矩形、梅花形或菱形布置，为了使锚杆锚固力均匀作用于岩体表面，应采用相邻两行的锚杆错开布置。

（5）确定锚杆结构型式及各项参数：一旦确定了锚杆的数量、单根锚杆的设计锚固力或设计张拉力后，就可以进行锚杆孔孔径、锚杆杆体直径、锚固段长度等参数的确定。

（6）编制施工技术要求和特殊情况的技术处理措施：设计的锚杆由于受施工场地条件的限制，可能在实际施工中会有一些变化，如锚杆的数量，此时，应通过编制施工技术要求及特殊情况的工程处理建议，保证被加固地质体的安全运行。

（7）锚固效果监测及锚固后的工程安全评价：对于重要工程或重点工程，应采用锚固试验结果修改与完善锚固设计，在施工期间，还应进行变形监测设计，在施工结束后，对锚杆需要进行安全监测，以检查锚杆的工作性态与运行效果。并进行锚固后工程安全性评价，提出安全监测方案，有关锚杆监测的技术与方法将在相关章节中介绍。

第五节 锚杆材料及质量要求

一、杆体材料

对于目前用于岩体锚固的锚杆杆体材料一般使用各种型号的精轧螺纹钢筋、热轧带肋钢筋等。当锚杆用于施加预应力时，通常采用精轧螺纹钢筋，且要求锚杆的长度小于20m。螺纹钢其牌号由HRB和牌号的屈服点最小值构成。H、R、B分别为热轧（Hotrolled）、带肋（Ribbed）、钢筋（Bars）3个词的英文首位字母。热轧带肋钢筋分为HRB335（老牌号为20MnSi）、HRB400（老牌号为20MnSiV、20MnSiNb、20Mnti）、HRB500三种牌号。钢筋按强度等级分为335MPa、400MPa、500MPa三级，按生产控制状态分为热轧钢筋和控轧细晶粒钢筋两个牌号系列。牌号由HRB和牌号的屈服点最小值构成。H、R、B分别为热轧（Hotrolled）、带肋（Ribbed）、钢筋（Bars）三个词的英文首位字母。精轧螺纹钢筋也称混凝土用预应力钢筋，代号为PSB加上规定屈服强度最小值。P、S、B分别为Prestressing、Scres-thread、Bars的英文首字母，常用规格分为25、28、32、40、50，其力学性能见表1-8，精轧螺纹钢的外观尺寸见表1-9。有时也可采用HRB400级或HRB335级普通钢筋作为预应力锚杆杆体，设计时采用的抗拉强度标准值见表1-10。

杆体材料和规格要根据锚杆锚固力的大小进行计算或查表1-8和表1-12来确定。

表1-8　　精轧螺纹钢筋的力学性能

级别	屈服强度 R_{ul}/MPa	抗拉强度 R_t/MPa	断后伸长率 A/%	最大力下总伸长率 A_{gt}/%	应力松弛性能		
					初始应力	1000h后应力松弛率 r/%	10h后应力松弛率 r/%
PSB785	≥785	≥980	≥7	≥3.5	$0.8R_{ul}$	≤3	
PSB830	≥830	≥1030	≥6				
PSB930	≥930	≥1080	≥6				
PSB1080	≥1080	≥1230	≥6	≥2.5			

表1-9　　精轧螺纹钢的外观尺寸

规格公称直径 d_0/mm	外形尺寸及允许偏差/mm									理论线密度/(kg/m)		有效截面系数
	基圆直径				螺纹高 h		螺距 L		螺纹根弧 r	基圆重	钢筋重	
	d_h		d_v									
	标准尺寸	允许偏差	标准尺寸	允许偏差	标准尺寸	允许偏差	标准尺寸	允许偏差				
18	18	±0.4	18	+0.4 −0.8	1.2	±0.3	9	−0.4	0.5	2.00	2.11	0.95
25	25	±0.4	25	+0.4 −0.8	1.6	±0.3	12	±0.3	1.0	3.85	4.10	0.94

续表

规格公称直径 d_0/mm	外形尺寸及允许偏差/mm									理论线密度/(kg/m)		有效截面系数
	基圆直径				螺纹高 h		螺距 L		螺纹根弧 r	基圆重	钢筋重	
	d_h		d_v									
	标准尺寸	允许偏差	标准尺寸	允许偏差	标准尺寸	允许偏差	标准尺寸	允许偏差				
32	32	±0.5	32	+0.4 −0.8	2.0	±0.4	16	±0.3	2.0	6.31	6.65	0.95
40	40	±0.6	40	+0.5 −1.0	2.5	±0.5	20	±0.4	2.5	9.87	10.34	0.95
50	50	±0.6	50	+0.5 −1.0	3.0	+0.5 −1.0	24	±0.4	2.5	15.47	16.28	0.95
图形	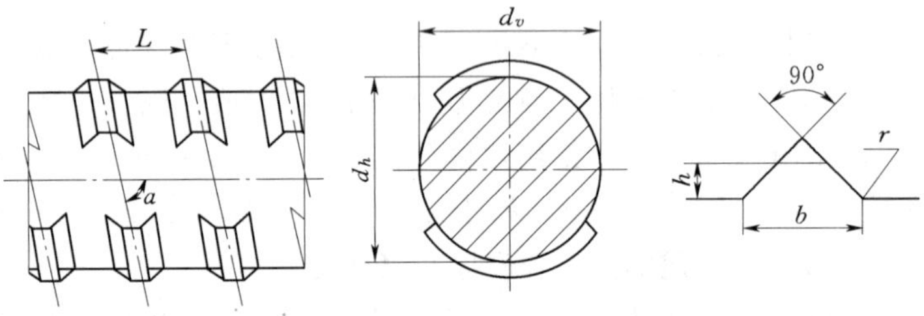											

表 1-10　　热轧带肋钢筋力学特性一览

钢　　种		d/mm	f_{yk}/MPa
热轧钢筋	HRB335（40MnSi）	6～50	335
	HRB400（20MnSiV、20MnSiNb、20MnTi）	6～50	400
	HRB400（K20MnSi）	8～40	400

表 1-11　　常用杆体毛断面承载力

杆体直径/mm	毛断面积/mm^2	HRB335		HRB400	
		屈服荷载/kN	极限荷载/kN	屈服荷载/kN	极限荷载/kN
14	153.9	51.3	78.5	57.3	87.4
16	201.0	66.9	102.5	74.8	114.2
18	254.5	84.7	129.8	94.7	144.5
20	314.2	104.6	160.2	116.9	178.4
22	380.1	126.6	193.9	141.4	215.9
25	490.9	163.5	250.3	182.6	278.8
28	615.8	193.3	301.7	229.1	349.7
30	706.1	222.0	346.3	263.0	401.5

表 1-12　　端头有螺纹的杆体净载面承载力

杆体直径/mm	净载面积/mm^2	HRB335		HRB400	
		屈服荷载/kN	极限荷载/kN	屈服荷载/kN	极限荷载/kN
14	104.7	34.9	53.4	39.0	59.5
16	144.1	48.0	73.5	53.6	81.8
18	174.4	58.1	88.8	65.0	99.1
20	225.2	75.0	114.9	83.8	127.9
22	281.5	93.7	143.6	104.7	160.0
25	324.3	108.0	165.4	120.6	184.2
28	427.1	134.1	209.3	158.9	242.6
30	518.9	162.9	254.3	193.0	294.7

二、黏结材料

用于锚杆的黏结材料主要是水泥类黏结材料和合成树脂类黏结材料。

1. 水泥类黏结材料

水泥类黏结材料是指水泥砂浆或纯水泥浆。在一般情况下水泥类黏结材料所使用的水泥是普通硅酸盐水泥，其质量符合现行国家标准《通用硅酸盐水泥》(GB 175—2007) 的规定，不宜采用高铝水泥；水泥强度应大于 32.5MPa，压力型锚杆的采用强度应不低于 42.5MPa。水泥砂浆的细骨料最大直径小于 2.0mm，砂的含泥量的重量百分比不超过 3%，有机质及有害物的重量百分比不超过 1%。若要求锚杆及时提供锚固力的砂浆锚杆，可以使用控制浆液泌水、改善流动性、减少用水量和调整凝结时间的方法，也可以添加提高早期强度的外加剂，但要注意添加的外加剂不能影响浆体的黏结性能及对钢材有腐蚀性。如硫铝酸盐早强水泥，通过调整二水石膏的掺入比例可获得早强效果，其化学成分及性能见表 1-13。

表 1-13　　硫铝酸盐早强水泥性能

比表面积/(cm^2/g)	标准稠度/%	初凝时间/min	终凝时间/min	抗压强度/MPa			抗拉强度/MPa		
				1d	3d	28d	1d	3d	28d
4259	30	35	65	46.3	51.6	59.9	4.1	3.7	3.6

砂浆重量配合比为：水泥∶砂=1∶(1～2)；水泥∶水=1∶(0.38～0.45)。

当锚杆孔孔深小于 5m 时，水泥类锚杆黏结材料也可以采用水泥药卷。我国如中国水利水电科学研究院、中国矿业大学、西安科技大学等均有相应的产品供应。

2. 合成树脂类黏结材料

将树脂作为锚杆黏结材料适合于地下工程的顶拱加固，我国 76 型树脂药卷锚固剂的主要材料是不饱和聚酯树脂，其典型配方见表 1-14，物理力学性能见表 1-15，其产品主要规格及特点见表 1-16。

表 1-14　不饱和聚酯树脂黏结剂的典型配方

药剂名称	用途	配方编号		
		1	2	3
过氧化苯甲二丁酯糊	固化剂	8%	8%	5.6%
二甲基苯胺苯乙烯液	加速剂	4%	6%	2%
过氧化还乙酮二丁酯糊	固化剂			2.4%
萘酸钴苯乙烯液	加速剂			2%

注　1. 配方 1 与 3193、502、115 树脂配合使用。
2. 配方 2 与 306 树脂配合使用。
3. 配方 3 曾与 307-2 树脂配合使用。

表 1-15　不饱和聚酯树脂物理力学性能

配合比（树脂：填料）	填料名称	固化时间/min	容重/(kN/m^3)	7d 强度/MPa		
				抗压	抗拉	抗弯
1：2.5	石英粉	4.5	18.1	800	100	312
	白云石粉	4.5	18.8	812	102	353
	河砂	5.5	18.0	772	82	281
1：3.7	石英粉	6	19.0	600	66	204
	白云石粉	5	20.0	690	91	315
	河砂	6	18.3	716	76	240

表 1-16　76 型树脂药卷主要规格及特点

型号	规格（直径×长度）/(mm×mm)	体积/cm^3	重量/g	特点
430	36×320	310	620	适用于锚固长度 200～220mm、ϕ16～18mm 的钢杆体
762	38×220	310	400	适用于端锚木杆体
763	38×380	420	840	适用于锚固长度 300～350mm、ϕ25mm 的钢杆体

三、锚杆垫板与螺母

垫板是锚杆的重要部件之一，一般由不同性状的钢板制作而成。对于端头锚固的锚杆，当施加预应力后，垫板紧压岩面，使岩体产生侧向应力从而改善岩体的力学性能，提高岩体的自承载力。因此，锚杆垫板是提高锚固力的重要措施，也是减少预应力锚杆预应力损失的重要途径，锚杆预应力通过垫板将力传递到岩面上，减少了集中荷载对岩石表面的压强。实际上，对于无预应力的全长黏结式锚杆，当用螺帽压紧垫板时，即可防止垫板附近一定范围内的破碎岩块脱落，同样可以起到很好的作用。

垫板一般由强度较高的钢板制成，平板式垫板厚度不应小于 6mm，面积一般不应小于 150mm×150mm。根据预应力的大小，垫板也可以采用铸铁材料，但厚度应增大。实践表明，端头锚固的锚杆采用各种异形垫板可以改善锚杆的锚固性能。目前异形垫板有斗形、钟形、三角形和环形等主要形式（图 1-11），它是用性能较好的钢板在模具上冷压而成的，其厚度一般不小于 4mm。

预应力锚杆的预应力是通过外锚固段的螺母作用于垫板，再由垫板传递到开挖面岩体上，故螺母是提供预应力的主要构件。

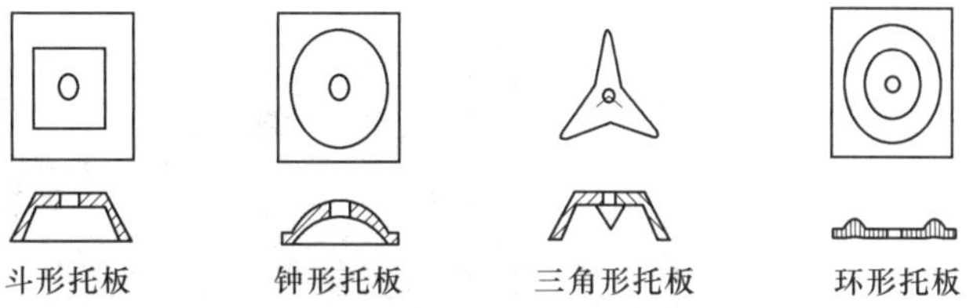

图 1-11　常用异形垫板结构形式

自进式锚杆的钻头如图 1-12 所示，图 1-13 为自进式锚杆的垫板与螺母外观。

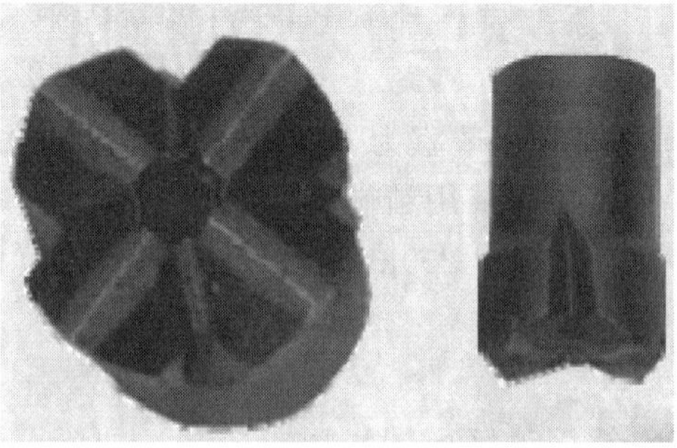

图 1-12　自进式锚杆的钻头

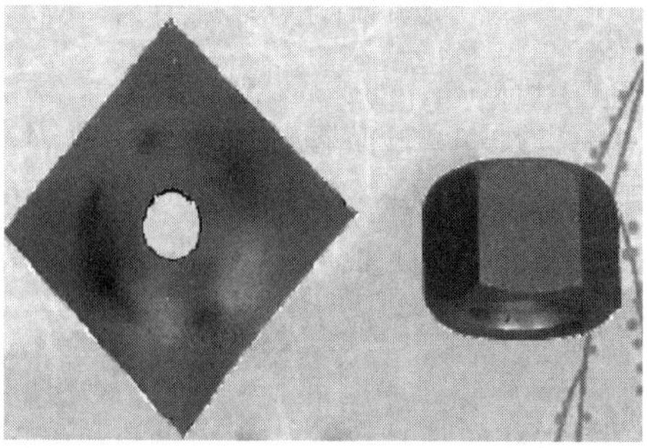

图 1-13　自进式锚杆的垫板与螺母外观

第六节　锚杆体的选型与锚杆设计

实际工程的锚杆设计中，对于锚杆体的型式应根据锚固工程的使用年限、单根锚杆的设计张拉力、锚杆的布置及施工条件等经综合比较选择确定。一般条件下，可根据锚杆的加固目的，采用拉力型胶结式内锚固段的结构形式，胶结式内锚固段的胶结材料应优先选择水泥砂浆或水泥浆，在有特殊要求时如地下洞室的顶拱部位可选择树脂胶结材料。

一、锚杆体的选型

锚杆体的选型包括确定锚杆体的形式、锚固段的胶结方式、外锚固端的结构及锚杆杆体材料的选择等内容。其依据是锚杆的工作年限、单根锚杆的设计张拉力、锚杆的布置方式，并充分考虑施工条件与经济可行性。具体可以参考以下原则确定。

1. 内锚固段胶结形式的选择

一般情况下，通常采用胶结式内锚固段的结构形式，胶结材料宜选择为水泥砂浆或水泥浆（称为普通砂浆锚杆），除非针对难以满足胶结密实度要求的工程，如地下工程的顶拱位置可以考虑树脂胶结材料。常用的普通砂浆锚杆由水泥砂浆、杆体、垫板、垫圈和螺帽组成，其结构见图 1-14。砂浆锚杆是利用水泥砂浆将锚杆与孔壁牢牢地黏结在一起，从而达到锚固的目的。普通砂浆锚杆具有结构简单、施工方便、对地层适应性强等特点，可适用于各种地层，但一般不建议施加预应力。

为了使锚杆杆体能顺利插入孔中，通常将锚杆杆体的端部焊接一个导向结构，形式见图 1-15。

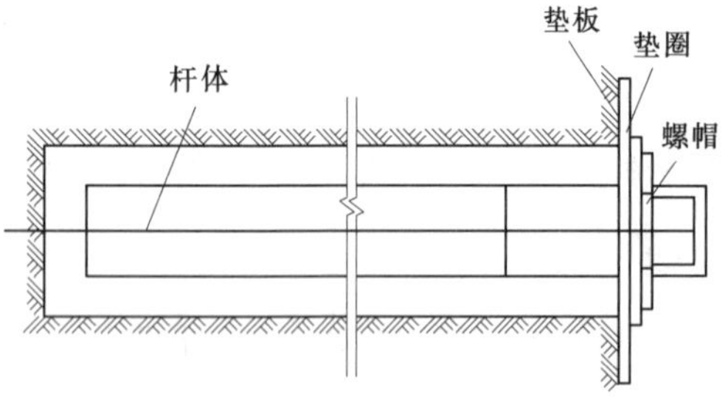

图 1-14　砂浆锚杆结构示意图

图 1-15　锚杆杆体端部的导向系统结构

2. 杆体材料的选择

对于非预应力砂浆锚杆的选型主要要注意杆体直径一般宜为 16～25mm；但近年来也有采用 28mm 的钢筋的锚杆。而对于预应力锚杆，则应采用精轧螺纹钢筋，且直径可以在 28～40mm 之间。特别是对于单根锚杆设计张拉力小于 200kN 的锚固工程，也可以采用普通钢材制作的预应力砂浆锚杆。

3. 机械式内锚固段锚杆

单根锚杆的设计张拉力不宜大于 1000kN，对锚固地区的围岩要求较高，如要求围岩完整、抗压强度达到 60MPa 以上。

二、预应力砂浆锚杆的结构设计

1. 锚杆体截面设计

锚杆钢筋的横截面是由锚杆材料的破拉强度及每根锚杆的设计张拉值来确定的，在实际应用中，可按式（1-1）计算求得。

$$A_s \geqslant \frac{K_t N_t}{f_{yk}} \tag{1-1}$$

式中：A_s 为锚杆钢筋截面面积，mm^2；K_t 为锚杆杆体的抗拔安全系数，根据工程重要性及锚固等级取值；N_t 为锚杆轴向拉力设计值，kN；f_{yk} 为钢筋抗拉强度标准值，kPa。

2. 锚固段注浆体的承压面积设计

对于压力分散型锚杆的锚固段注浆体，为保证在压力作用下注浆体不被破坏，注浆体的承压面积应满足式（1-2）的计算结果。

$$K_p N_t \leqslant 1.35 A_p \left(\frac{A_m}{A_p}\right)^{0.5} \eta f_c \tag{1-2}$$

式中：K_p 为单元锚杆锚固段注浆体的局部抗压安全系数，一般取 2.0；N_t 为单元锚杆的轴向抗拉荷载设计值，N；A_p 为单元锚杆承载体与锚固段注浆体横截面的净接触面积，即毛受压面积扣除孔道面积，mm^2；A_m 为单元锚杆锚固段注浆体横截面，mm^2；η 为有裂隙锚固段注浆体的强度增大系数，由裂隙的张开度确定；f_c为锚固段注浆体的轴心抗压强度标准值，N/mm^2。

3. 内锚固段长度设计

（1）按锚杆锚固体与地层的黏结力计算锚固端长度。

$$l_{a1} \geqslant \frac{KN_t}{\psi \pi D f_{rb}} \tag{1-3}$$

式中：l_{a1}为内锚固段长度，m；D为锚固体直径，mm；f_{rb}为地层与锚固体黏结强度特征值，MPa（表1-17），其值在0.55～0.90MPa（按较硬岩取）；ψ为锚固长度对黏结强度的影响系数，仅考虑软岩或较软岩，对应锚固长度2～4m、4～6m、6m、6～9m及9～12m时，分别取1.3～1.6、1.0～1.3、1.0、0.8～1.0及0.6～0.8；N_t为锚杆轴向拉力设计值，kN；K为锚杆锚固体的抗拔安全系数，按表1-6选取。

（2）按锚杆钢筋与锚固砂浆间的黏结力计算锚固长度。

$$l_{a2} \geqslant \frac{KN_t}{\psi \xi \pi d f_b} \tag{1-4}$$

式中：l_{a2}为锚固段长度，m；d为锚杆钢筋直径，mm；f_b为钢筋与锚固注浆体间的黏结强度标准值，MPa（表1-18）；ξ为采用2根或2根以上钢筋时，界面的黏结强度降低系数，取0.60～0.85。

表1-17　岩石与水泥砂浆或水泥结石体的黏结强度标准值

岩石类别	岩石单轴饱和抗压强度值/MPa	黏结强度标准值/MPa
极软岩	<5	0.2～0.3
软岩	5～15	0.3～0.8
较软岩	15～30	0.8～1.2
较硬岩	30～60	1.2～1.6
硬岩	>60	1.6～3.0

表1-18　钢筋与水泥砂浆或水泥结石体的黏结强度标准值

黏结材料	黏结强度标准值/MPa
水泥砂浆或水泥结石体与螺纹钢筋	2.0～3.0
水泥砂浆或水泥结石体与钢绞线	3.0～4.0

4. 自由段长度设计

为保证锚杆加固效果，锚杆自由段的长度应满足以下两个条件。

（1）对用于加固具有潜在滑动面的滑动块体时，自由段长度最少应穿过滑动面1.5m，通常取2.0m。

（2）内锚式锚杆的自由段长度应不小于5.0m。

除了以上条件外，需要对锚杆加固效果进行整体安全性评价，尤其是要校核锚杆锚固段在稳定地层中的位置。

三、非预应力锚杆结构设计

非预应力锚杆主要是对浅部岩体起加筋作用，同时，注入的水泥砂浆对裂隙岩体起加固并增加岩体强度的作用，通过非预应力锚杆的加固，改善了岩体的力学性能，当锚杆通过被锚固结构时能使结构本身产生预应力。

非预应力锚杆通常采用全长黏结式普通砂浆锚杆，主要应用于以下情况。

（1）节理裂隙发育风化严重的岩质边坡的浅层锚固。

（2）碎裂和散体结构岩质边坡的浅层锚固。

（3）边坡的松动岩块锚固。

（4）土质边坡的锚固。

（5）固定边坡坡面防护结构或构件的锚固。

非预应力锚杆设计的内容包括锚杆长度、布置尺寸、方位角和锚固角等。由于非预应力锚杆的主要作用是加固边坡表层岩体，兼顾坡面随机块体的处理，因而设计中应主要考虑结构尺寸与岩体受力影响范围的关系。按照一般经验，锚杆的深度和布置尺寸应满足 $L/B \geqslant 1.2$ 倍的关系（L 为锚杆深度，B 为孔排距中最大尺寸），才能在岩体中形成连续受力拱，且锚杆以长短相间布置效果较好；锚杆的方位角和倾角则由施工方便、便于控制注浆质量和较好的受力状态等因素综合确定。锚杆长度、布置尺寸的确定主要依据边坡岩体结构特征、随机块体深度及分布特征等。

四、快硬水泥卷与树脂卷锚杆的设计

目前，在地下工程的顶拱加固中，常采用快硬水泥卷锚杆及树脂药卷锚杆，这两类锚杆的设计方法基本相同。快硬水泥卷的药卷可分为空心和实心的两种型式，实心药卷锚杆的结构形式与树脂药卷锚杆相似（图 1－16），杆体头部是反麻花状的。空心药卷锚杆的结构见图 1－17，这类锚杆是以水泥药卷为黏结材料，把锚杆固定在孔中心。一般情况下，每个药卷可产生 60～120kN 的锚固力，可根据需要增加药卷的数量以提供较大的锚固力。

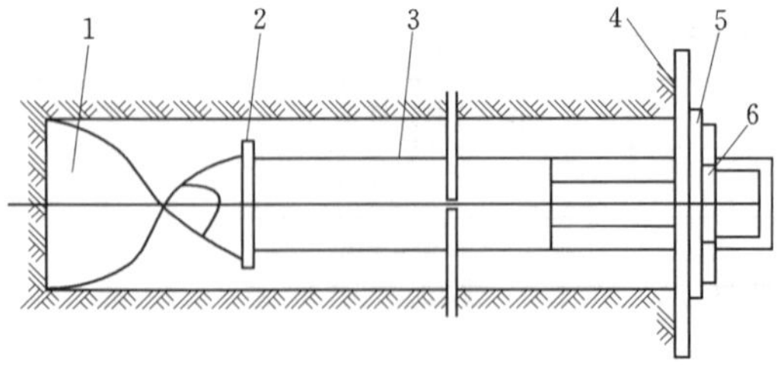

图 1－16　树脂药卷锚杆结构示意图

1—树脂药卷锚固剂；2—钻孔；3—杆体；4—垫板；5—垫圈；6—螺母

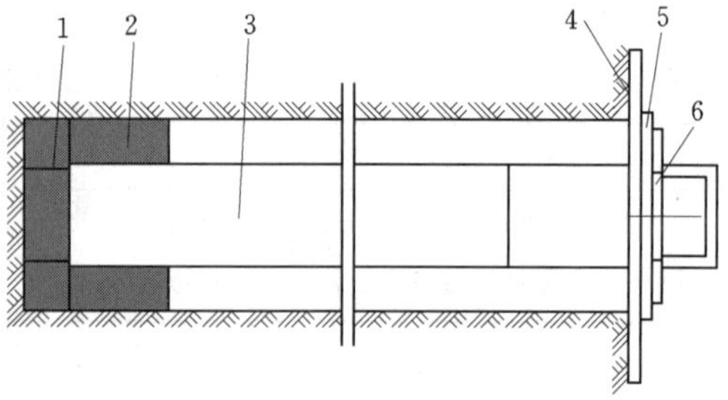

图 1－17　快硬水泥卷锚杆结构示意图

1—水泥卷锚固剂；2—钻孔；3—杆体；4—垫板；5—垫圈；6—螺母

快硬水泥卷锚杆设计的 3 个主要参数为水泥卷的直径 ϕ、长度 L 和装药量 g。药卷直径要与孔径吻合，为了便于施工安装方便，药卷直径可以比孔径小 4～6mm。药卷总长度应根据内锚固长度和生产制作的要求而定，其计算公式为

$$L=\frac{(\phi_1^2-d^2)l}{\phi}k \qquad (1-5)$$

式中：L 为水泥卷总长度，m；ϕ_1 为锚杆孔直径，mm；d 为锚杆体直径，mm；l 为锚固段长度，m；ϕ 为水泥药卷直径，mm；k 为富余系数，一般 $k=1.05\sim1.10$。

树脂药卷锚杆的结构见图 1-16。树脂药卷一般在 5min 时间内能完成固化。树脂锚杆具有锚固快、承载力大和适用性广等特点，但锚固剂成本较高、储存期较短以及存在有毒和易老化等问题。树脂药卷锚杆的设计参数同水泥卷锚杆，几种常用规格树脂锚杆的结构尺寸见表 1-19。

计算采用树脂药卷锚杆时，黏结材料与围岩的黏结强度可按表 1-20 参考使用。

表 1-19　树脂锚杆结构尺寸参考表

部件		杆体直径/mm			
		16	18	20	22
挡圈	ϕ_1	16.5	18.5	20.5	22.5
	ϕ_2	小于孔径 2～3mm			
	δ	2	2	2	2
杆体	M	16	18	20	22
	l_1	200～250	200～300	300～350	300～400

注　ϕ_1 为锚杆孔直径；ϕ_2 为反麻花下部焊接挡圈的外径；δ 为挡圈厚度；M 为锚杆杆体直径；l_1 为锚固段长度。

表 1-20　树脂药卷与围岩的黏结强度

围岩类别	围岩抗压强度/MPa	黏结强度/MPa
黏土岩、粉砂岩	5.0	1.2～1.6
页岩、泥灰岩、砂岩	14.0	1.6～3.0
灰岩、砂岩	50.0	3.0～5.0
花岗岩及类似花岗岩的火成岩	100.0	5.0～7.0

五、预应力锚杆的防护设计

预应力锚杆的关键问题是预应力的长期荷载稳定性问题，而预应力的长期稳定性除了因岩石的蠕变使钢筋松弛外，很重要的是锚杆的抗腐蚀，由于地下水的腐蚀性及锚杆杆体的锈蚀将导致锚杆体的破坏，在采用预应力锚杆进行锚固时，必须对锚杆进行防腐蚀与防锈蚀处理。由于本小节内容与预应力锚索的防护方法相同，故将在下一章锚索防护设计中作专题讨论。

六、锚杆对中支架与隔离架设计

无论是普通砂浆锚杆还是预应力锚杆，其对地质体的加固都是通过杆体与黏结材料及黏结材料与围岩的黏结力来承担一定的荷载或提供预应力的，而黏结力的大小与浆体材料的截面有关，为了使锚杆周围的黏结体在锚杆的外围均匀分布，使锚杆置在钻孔的中央位置，就需要在锚杆杆体上焊接一定数量的对中支架，一般锚杆的对中支架间隔 2m 布置一个，对中支架的材料可选用 ϕ6mm 的钢筋，且弯成如图 1-18 所示的形状，将其焊接到锚杆杆体上，通常焊上 3 个以形成 120°的交角。

图 1-18 对中支架焊接图

七、锚杆预应力张拉锚具

在采用预应力锚杆进行锚固时，一般预应力锚杆采用 HRB335、HRB400、HRB500 钢筋制作。高强预应力锚杆杆体采用精轧螺纹钢，整根钢筋上轧有完整的外螺纹，在任意断面处都能用带有内螺纹的专用联结器或锚固器联结或锚固（图 1-19）。相关锚具技术参数见表 1-21 和表 1-22。

如 300kN 高强预应力锚杆，采用精轧螺纹钢（图 1-20），公称直径 32mm，屈服点 540MPa，抗拉强度 σ_b 不小于 835MPa，最长为 12m，可用联结器加长。

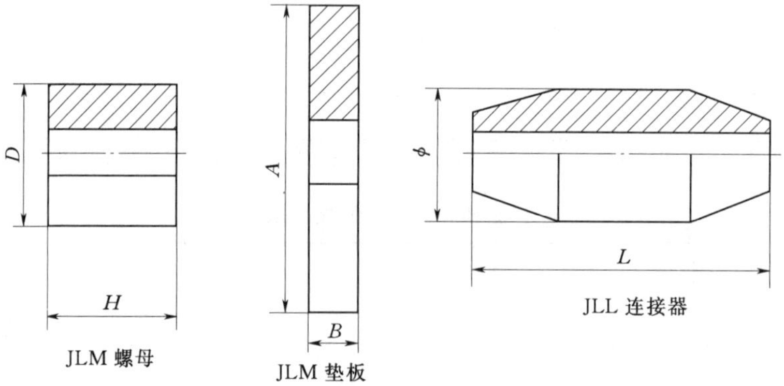

图 1-19 JLM 型精轧螺纹钢锚杆锚具

锚固段采用树脂锚固剂，锚固长度须根据计算获得，在有较大变形的地下洞室边墙上使用预应力锚杆须适当留有裕度，以适应变形。

表 1-21 JLM 型精轧螺纹钢锚杆锚具技术参数 单位：mm

型 号	D	H	A	B
JLM-25	57.1	65	110	25
JLM-32	67	72	130	32

注 表中各符号的含义见图 1-19。

表 1-22 JLL 型连接器的技术参数

型 号	连接器长度 L/mm	连接器直径 ϕ/mm
JLL-25	160	45
JLL-32	180	55

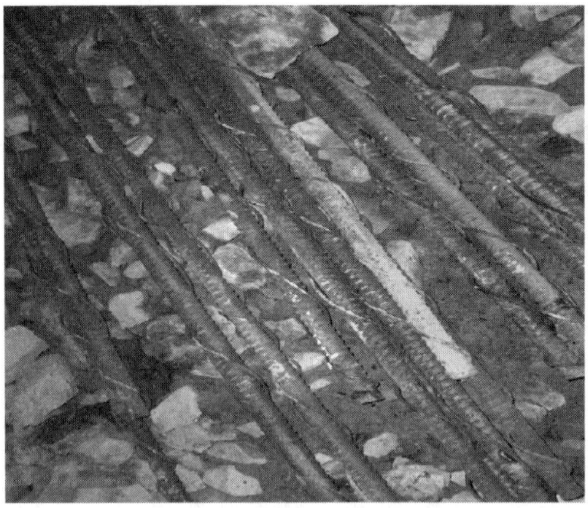

图 1-20　高强预应力锚杆钢筋材料

JLM 型锚具主要用于直径为 25mm、32mm 的精轧螺纹钢筋的张拉锚固，配用 YC60A 型千斤顶和专用连接器进行张拉。

第七节　锚筋桩设计

锚筋桩是指在一个钻孔中布置多根锚固用钢筋并进行全长注浆的锚固结构，其借助周围岩土体对桩身的嵌固作用以稳定和加固岩土体。因通常不施加预应力，锚筋桩主要起被动锚固作用。其除了可承受较大的轴向拉力（压力）外，也可承受一定的横向剪力从而提高破坏面上的抗剪强度。当被加固的岩体有相对变形趋势时，可以起到限制岩体局部或整体失稳的作用。锚筋桩具有施工工艺简单、质量易于控制、节约工期等优点，在处理局部不稳定岩块、进行岩性较差边坡的浅表层岩体系统性加固时有明显优势，在欧洲国家应用较为普遍，现已成为国内水利水电工程实践中的一种重要的边坡加固方法，但在其他行业领域仍较为少见。其加固主要发挥的是锚固体的荷载转移和扩散功能，部分工程实践中则发挥了锚筋桩的悬吊作用，如糯扎渡导流隧洞进口段将其用于加固隧道进出口位置松动围岩，通过自洞脸边坡坡体向下至隧洞顶拱对穿布置锚筋桩来加固围岩。此外，工程实践中，由于普通锚杆的长度不宜超过 20m，对于必须超过此长度但又不需要提供很大锚固力的锚固工程，或无法满足大吨位预应力锚索安装要求时，则可以采用锚筋桩或长锚杆的方法进行岩体加固，如云南弄另水电站边坡所用锚筋桩长度为 35m。

一、锚筋桩承载特点与结构设计内容

锚筋桩结构如图 1-21 所示，主要由主钢筋杆体、主钢筋直螺纹套筒连接器（图 1-22）、黏结材料、架立管、钢筋支架及外锚段的承载板等部分组成。锚筋桩一端与工程构筑物或其他加固对象连接（图 1-23、图 1-24），另一端深入地层中，其功能是将拉力传至土体深处，增强锚固体与深部岩土体的整体性。锚筋抗拔力的水平分力、附加在剪切滑移面上的阻滑力及锚筋受推力作用方向前部岩体抗力组成了锚筋桩的承载来源，但其是一种主要用于承担拉力的构件。一般采用多根（3 根或 6 根常见）直径 32mm 以下的钢筋焊接组成。施工时，在岩石或土质边坡上钻孔，将注浆管与预先按设计断面焊接完成的锚筋桩钢筋绑扎后一起插入孔中，然后利用注浆管全孔一次灌注水泥浆液。由于直径较小、钢筋密集，因此常以灌注水泥砂浆代替混凝土。锚筋桩所用钢筋可以根据实际需要选择不同的热轧螺纹钢筋或普通螺纹钢。

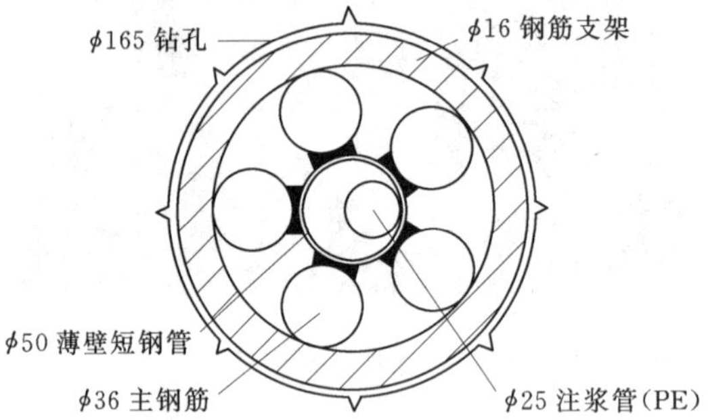

图 1-21　锚筋桩横截面示意图（单位：mm）

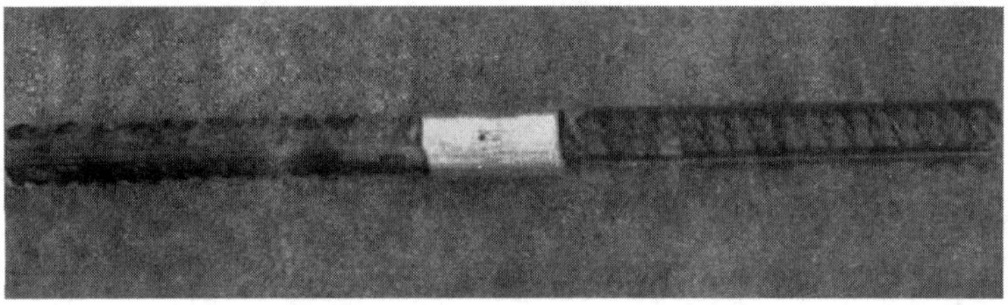

图 1-22　直螺纹套筒钢筋连接器（单位：mm）

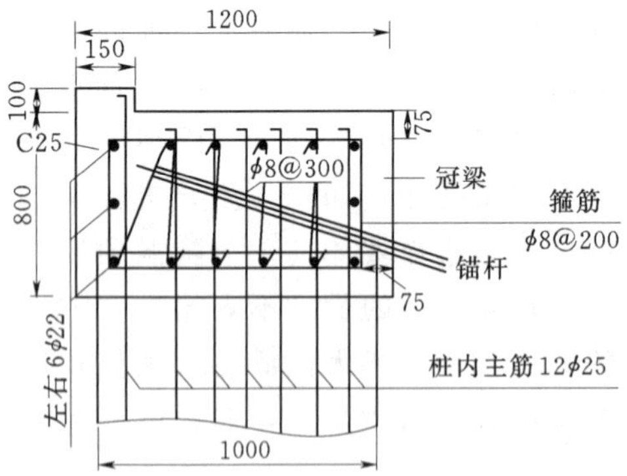

图 1-23　抗滑桩桩顶锚筋桩连接图（单位：mm）

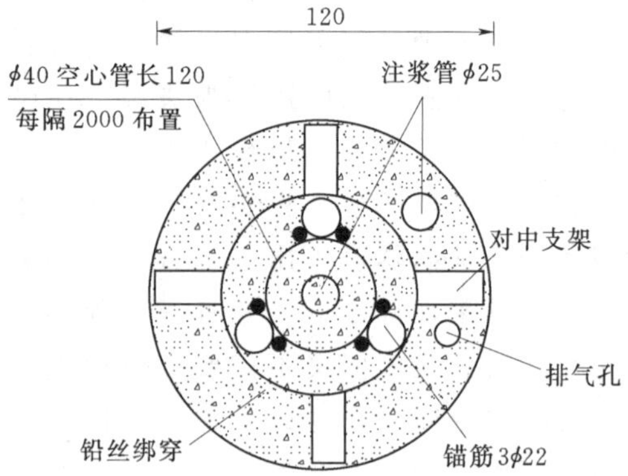

图 1-24　抗滑桩桩顶锚筋桩结构图（单位：mm）

桩身结构按普通钢筋混凝土轴心受拉构件设计，钢筋型号、直径、数量及长度等根据单桩承受荷载和桩孔直径大小设计。单桩设计荷载大小根据被加固岩体的实际滑动力确定，并有按抗拔和抗剪进行设计两种方法。

锚筋桩结构设计的内容如下。

（1）锚杆孔直径、孔深设计，即锚筋桩锚固力大小设计。

（2）主筋截面、数量设计及钢筋型号选择，即锚筋桩截面承载安全设计。

（3）主筋连接设计，包括支架、连接器及对中钢管间距与尺寸。

（4）外锚段设计，包括孔口钢筋连接形式、封锚形式等。

其中，常见的外锚固段处理采用以下方法。

（1）将露出锚头的钢筋焊接到钢板上并将钢板浇注到开挖面混凝土护面中。

（2）在锚头位置制作灯泡式钢筋笼，提高表面与周边岩土体的接触以扩散应力覆盖范围。

（3）将主筋与其他结构物钢筋连接，如与抗滑桩桩身钢筋焊接或与护坡格构梁钢筋焊接。

（4）通过将多根主钢筋与比其直径更大的螺丝端杆钢筋焊接并张拉，形成预应力锚筋桩。

有关外锚固段处理的图样，详见后文“第八节　锚杆施工大样图与施工说明文件编制”或前文锚杆外锚头的设计。在独立制作桩头与其他护面结构钢筋相连时，锚筋桩主筋上端需适度弯折（如成30°角），端部弯曲成钩以便使桩头应力得以扩散，且桩头埋入其他构件的长度不小于30倍的钢筋直径并至少大于10cm。

锚杆孔直径、孔深设计关乎锚筋桩的直径及长度，考虑到其承载方式与摩擦桩类似，因此，两者均会显著影响桩抗拉拔能力的大小。锚筋桩设计暂无规范作为依据。而从减少扰动的角度，常用的砂浆锚筋桩直径均小于180mm。在选定的锚筋桩直径、长度条件下，还需就截面受力安全进行验算，进而选定钢筋材质、数量和截面大小。

二、锚筋桩直径及长度设计

考虑到锚筋桩主要通过利用周边岩土体的握裹力来抵抗拉拔作用，是较为典型的借助摩阻力发挥承载作用的桩型，设计时，可根据现场地质资料获取情况，参照摩擦桩的设计方法进行桩长计算或者按锚杆锚固段长度设计方法进行。值得注意的是，浅表层需要进行加固的区域，在长度选择时，应忽略或适度折减其对锚筋桩抗拉拔能力的贡献，类似的处理在锚索的设计中将根据岩性的差异加以详细讨论。

锚杆锚固段长度的计算方法见本章第六节。而从摩擦桩抗拉拔进行设计，需要获知周边岩土体的极限摩阻力，计算方法见式（1-6）。

$$T_{uk}=\sum\lambda_i q_{sik} u_i l_i \tag{1-6}$$

式中：T_{uk}为桩抗拔极限承载力标准值，kPa；λ_i为第i层土的抗拔修正系数，小于0.8；q_{sik}为第i层土的抗拔极限侧阻力标准值，kPa；u_i，l_i为该土层段内桩的周长和长度，m。抗拔修正系数的值介于0.5～0.8之间，主要是从桩土接触非线性角度出发以预防桩发生脆性破坏而设置的。而抗拔极限侧阻力标准值在《建筑桩基技术规范》（JGJ 94—2008）中提供了相应的表格供参考。

如前所述，锚筋桩直径普遍小于180mm，而从安装便捷出发其直径多需大于90mm，故此，锚筋桩直径选择空间不大，可根据施工机械的情况预设一个孔径数值后重点对桩长度进行设计。

考虑到常用加固对象多为裂隙岩体，锚筋桩嵌入稳定地层的深度，在平面上差异较大，选择深度时，需兼顾平面数量选择综合考虑。如湖南筱溪水电站坝基岩体加固时，交错布置了6m、18m及24m 3种不同长度的锚筋桩。此外，作为一种应急抢险时常用的加固手段，锚筋桩在坡面钻孔施工过程中，可根据孔内钻探资料实时进行动态设计，其原则是保证锚筋桩将荷载传递到深部完整性较好的新鲜岩体内部，如深入微风化岩体0.5m以上。对于考虑悬吊作用的锚筋桩长度选择，则主要考虑加固对象的规模，如在糯扎渡导流隧洞洞脸位置进行的设计，采用从坡体表面贯穿至隧洞拱部并外露50cm的方案。

三、锚筋桩截面设计及材质选择

锚筋桩主要利用水泥砂浆与主钢筋的黏结力和砂浆与岩体之间的黏结力而达到加固岩体的作用。在确保发挥该作用时，需确保结构轴向受力安全储备足够，即钢筋需有足够的抗拉能力。锚筋桩截面内需要布置主筋、注浆管并预留砂浆空间，同时考虑到受力的特点还需要将钢筋布置于桩缘靠近孔壁，并辅以架立管、支撑钢筋、定位钢筋等以满足定位和截面定型的需要。锚筋桩主钢筋受拉时，其表面斜肋凸缘挤压周围混凝土，再由混凝土传递荷载至周边岩土体中。而由于架立管、钢筋支架等的存在，结构内部存在比较复杂的共同作用，对于锚筋桩轴向受力有一定的改善作用，但考虑到其复杂性，设计时将其简化作为安全储备，因此截面设计的主要任务是明确钢筋的数量。

对一已知锚杆轴力P的锚筋桩，由式（1-7）计算主钢筋的截面面积。

$$P=\sigma_g\left(A_g+\frac{E_h}{E_g}\times A_h\right) \tag{1-7}$$

式中：P为锚筋桩轴力，kN；σ_g为主钢筋的应力值（可按对应材质钢筋受拉强度估算），MPa；A_g为主钢筋的面积，m^2；A_h为水泥砂浆的面积，m^2；E_g为主钢筋弹性模量，MPa；E_h为水泥砂浆弹性模量，MPa。

钢材的弹性模量是砂浆材料的10倍以上，在截面总面积有限的情况下，砂浆在锚筋桩轴向受力时主要起提高与周边岩土体黏结力、提高荷载扩散范围的作用。砂浆体不开裂是其正常工作的保证。2009年实施的《建筑砂浆基本性能试验方法》（JGJ/T 70）中规定了砂浆黏结力的测试方法，在无类似应用先例作为经验时，砂浆选用需开展此类试验以保证其满足使用要求。通常要求砂浆等级不低于M15。

对于锚筋桩的主筋选择而言，国家目前已经取消Ⅰ级、Ⅱ级钢筋等的术语用法，改用加工方式与强度等级合二为一的术语，如原Ⅰ级钢筋对应的主要是HPB300钢筋，由于是光面钢筋且强度较低，不建议在锚筋桩内使用。而原Ⅱ级钢筋，现对应HRB335，是螺纹钢筋且屈服强度达到了335MPa，在锚筋桩中应用较为普遍。

四、锚筋桩数量及间距设计

锚筋桩的布置主要是起到荷载迁移的作用，其效果的发挥首先受制于深部岩体的稳定能力，通过加密锚筋桩数量并不能提高安全裕度。因此，锚筋桩数量的确定需明确单根锚筋桩设计抗拉拔能力之后再进行。锚筋桩多采用系统形式布置于加固区域，当确定了加固对象所需要的锚筋桩轴力后，在不考虑安装角度影响的条件下，锚筋桩的数量可按式（1-8）计算：

$$F_s=\frac{n\tau}{N_s} \tag{1-8}$$

式中：n 为锚筋桩数量，单位为根；τ 为单根锚筋桩的抗拉拔强度，kN；N_s 为可能失稳岩体产生的总下滑力，kN；F_s 为安全系数。

由于锚筋桩需要一定的安装角度，实际计算时，需要根据锚筋桩安装角度调整其抗拉拔强度，以满足计算要求。即在满足一定安全考虑的基础上，对其试验所得极限抗拉拔能力进行修正。

计算得到锚筋桩数量后，经优化计算和合理布置后，可得到锚筋桩间距值。

五、锚筋桩加固效应计算

如前所述，锚筋桩有被动提升加固范围内岩体稳定能力的效果。其通过转移荷载、悬吊等途径，形成了“锚固影响筒”，在该“筒”状加固影响区域内的岩体的稳定能力得以增强。治理之后，如何对加固效应进行折算，以反映到加固对象（如边坡）的稳定性评价中呢？首先，需要估算锚固影响筒的面积 S。实际上，其大小受灌浆压力、围岩质量、施工质量、截面大小等影响，波动较大。部分工程监测成果显示，锚筋桩的加固范围远小于预应力锚杆（索），约为其直径的 2～4 倍。

得到加固范围大小的数值后，可按式（1-9）估算其对岩体抗滑能力的提升量：

$$C = T_0/S \tag{1-9}$$

$$S = A\pi R^2 \tag{1-10}$$

式中：C 为加固范围内岩土体的黏聚力，kPa；T_0 为考虑安全使用后折减的锚筋桩极限拉拔力，kN；S 为加固筒在平面上的大小，m^2；A 为锚筋桩加固区的外扩效应系数，取 2～4；R 为锚筋桩直径，m。

式（1-9）中，仅考虑了对岩体黏聚力的贡献，并未考虑对抗剪强度指标中摩擦角、剪胀角等的贡献，而锚筋桩限制塑性扩展的贡献亦无法准确折算到主要考虑弹性的理论计算中。

上述加固效应的真实情况，应借助原位试验、监测并结合必要的数值模拟获得更为准确的数值。

六、锚筋桩施工步骤

锚筋桩多采用“先钻孔后植筋再灌浆”工艺，主要施工步骤如下。

（1）搭设工作平台：为钻机施工和锚筋桩吊装提供作业平台。

（2）钻孔与清孔：孔径根据锚杆筋的数量确定，如一般采用成孔 150mm 的 JMQ-50 型锚杆钻机。钻孔前，需校准孔位和倾角。成孔后应采用高压风水联合冲洗以避免孔内残渣影响灌浆施工质量。

（3）制作和吊装锚筋束：锚筋束由多根钢筋焊接在钢管架立管或者钢筋支架上，单根钢筋不能满足长度要求时，需要进行接长。接长可以采用套管或者焊接的方式，但主筋接长段应适当错开布置。长度较大的锚筋束，可以分批次进行吊装入孔。

（4）注浆与养护：注浆采用砂浆注浆机现场随用随拌。灌浆时，待排气管返浆后方可慢慢拔出灌浆管。灌浆结束 48h 内，禁止扰动锚筋束。

七、锚筋桩施工说明编制

锚筋桩施工说明编制主要包括以下内容。

（1）施工图图幅对应的施工位置及场地条件说明：如某施工图为“尾水出口正面坡 1 号路以上预应力锚索及锚筋桩布置图”。场地条件侧重说明加固区主要岩土体及潜在灾害类型。

（2）锚筋桩孔位平面图、桩横断面及纵断面图：配套锚筋桩孔径、长度、材质等表格或标示。图比例尺及尺寸标注时，图中高程、桩号、坐标以米计，结构尺寸以厘米计，钢筋直径、管径、孔径以毫米计。

（3）钻孔设备要求及精度控制标准：平面位置不作为主要控制内容，钻孔轴垂直偏斜角度是主要内容。如某工程允许斜度$\pm 1°$，孔深误差10cm，孔距误差小于30cm，锚桩布置可根据现场实际情况在监理指示下进行适当调整。

（4）钢筋连接技术要求：钢筋接头应分散布置，不宜布置在同一截面。钢筋连接采用可靠的机械连接法（挤压套筒连接法、滚轧直螺纹套筒连接等）。采用机械连接时所使用的连接材料、工艺、规格及连接方法应遵守《钢筋机械连接通用技术规程》（JGJ 107—2016）的规定。

（5）灌浆水泥砂浆质量要求：如某工程采用42.5级普通硅酸盐水泥，水泥砂浆标号M25（7d），砂子最大粒径d为2～2.5mm，细度模数不大于2.5，水泥砂浆配比为水0.5：灰1.0：砂0.5。注浆管直径25mm，回浆管直径15mm。灌浆压力暂定为0.2～0.3MPa，当回浆连续且比重大于或等于进浆比重时循环10min后再屏浆20min，压力下降不大于25%时，灌浆结束。

（6）锚桩工程量汇总：如某工程锚筋桩长度均为26m，直径120mm。高程500m以上锚筋桩采用5ϕ36钢筋的29根，采用6ϕ36钢筋的118根；高程500m以下锚筋桩采用5ϕ36钢筋的217根，采用6ϕ36钢筋的74根。

（7）锚筋桩质量验收内容及标准，如需开展抽检试验、施工前生产试验，需明确数量要求。

作为一类比锚杆、锚索功能相对简单的岩石锚固结构，锚筋桩需通过全长注浆以实现其功能作用，锚筋桩的承载能力因此与施工质量息息相关，特别是长度误差与灌浆质量。

第八节　锚杆施工大样图与施工说明文件编制

当设计完锚杆的各项参数后，应相应地编制锚杆施工大样图及施工总说明文件，以便施工人员根据施工图和施工说明进行锚杆的施工。

一、锚杆施工说明应包含的基本内容

由于锚杆的加固总是对应于一定的地质工程，因此，锚杆施工说明应是某一地质工程治理项目众多内容中的一个方面，同时，不同的工程对锚杆施工还有一些特殊要求，应力求全面反映在施工说明中。就一般锚杆的施工，全长黏结式普通砂浆锚杆、端头锚固型锚杆的施工说明编制可参照《锚杆喷射混凝土支护技术规范》（GB 50086—2015）中的规定编制施工说明，包含以下具体内容。

1．全长黏结式普通砂浆锚杆

（1）锚杆孔的施工要求。

1）钻锚杆孔前应根据设计要求和围岩实际情况定出孔位，并在相应的位置做出标记。

2）锚杆孔距的偏差小于150mm；预应力锚杆孔距的偏差小于200mm。

3）预应力锚杆的钻孔轴线与设计轴线的偏差不应大于3%，其他类型锚杆的钻孔轴

线应符合设计要求。

4）水泥砂浆锚杆孔深允许偏差宜为50mm；树脂锚杆和快硬水泥卷锚杆的孔深不应小于杆体有效长度且不应大于杆体有效长度30mm；摩擦型锚杆孔深应比杆体长10～50mm。

5）水泥砂浆锚杆孔径应大于杆体直径15mm；树脂锚杆和快硬水泥卷锚杆孔径宜为42～50mm。

（2）锚杆安装前应做好下列检查工作。

1）锚杆原材料型号、规格、品种，以及锚杆各部件质量和技术性能应符合设计要求。

2）锚杆孔位、孔径、孔深及布置形式应符合设计要求。

3）孔内积水和岩粉应吹洗干净。

（3）水泥砂浆锚杆的原材料及砂浆配合比应符合下列要求。

1）锚杆杆体使用前应平直、除锈、除油。

2）宜采用中细砂，粒径不应大于2.5mm，使用前应过筛。

3）砂浆配合比：水泥比砂宜为1∶1～1∶2（重量比），水灰比宜为0.38～0.45。

（4）锚杆注浆作业要求。

1）砂浆应拌和均匀，随拌随用。一次拌和的砂浆应在初凝前用完，并严防石块杂物混入。

2）注浆开始或中途停止超过30min时，应用水或稀水泥浆润滑注浆罐及其管路。

3）注浆时注浆管应插至距孔底50～100mm，随砂浆的注入缓慢匀速拔出杆体，插入后若孔口无砂浆溢出应及时补注。

（5）锚杆安装工作要求。

杆体插入孔内长度不应小于设计规定的95％。锚杆安装后，不得随意敲击，3d内不得悬挂重物。

2. 端头锚固型锚杆施工要求

（1）树脂锚杆的安装要求。

1）锚杆安装前应先用杆体量测孔深，做出标记。然后用锚杆杆体将树脂卷送至孔底。

2）搅拌树脂时应缓慢推进锚杆杆体。

3）树脂搅拌完毕后，应立即在孔口处将锚杆杆体临时固定。

4）安装托板应在搅拌完毕15min后进行。

（2）快硬水泥卷锚杆的安装除应满足树脂锚杆的安装要求外，尚应符合下列要求。

1）水泥卷浸水后应立即用锚杆杆体送至孔底，并在水泥初凝前将杆体送入搅拌完毕。

2）连续搅拌水泥卷的时间宜为30～60s。

3）安装托板和紧固螺帽，必须在水泥石的强度达到10MPa后进行。

4）安装端头锚固型锚杆的托板时，螺帽的拧紧扭矩不应小于100N·m，托板安装后应定期检查其紧固情况，如有松动及时处理。

二、锚杆施工说明文本格式与样书

现以某工程锚杆施工的施工说明作为样本格式，供读者参考。

××工程锚杆施工说明。

1. 锚杆施工方法

（1）锚杆孔施工要求。

1）钻锚杆孔前，应根据设计要求，定出孔位，做出标记。

2）锚杆孔位、孔径、孔深及布置形式应符合设计要求，其中孔深误差在±50mm之内，锚杆孔距的允许误差为150mm。

（2）锚杆安装前应做好下列检查工作。

1）锚杆原材料型号、规格、品种，以及锚杆各部件质量和技术性能应符合设计要求。

2）锚杆杆体使用前应平直、除锈、除油。

3）孔内积水和石粉应吹洗干净。

（3）原材料及砂浆配合比要求。

1）骨料宜采用中细砂，粒径不应大于2.5mm，使用前应过筛。

2）砂浆配合比：水泥比砂宜为1∶1～1∶2（重量比），水灰比宜0.38～0.50。

3）水泥砂浆强度等级为M30（28d），施工前应进行材料配比试验，以确定外加剂（早强剂、膨胀剂）的用量与材料配比，水泥选用32.5级普通硅酸盐水泥。

（4）注浆作业要求。

1）砂浆应拌和均匀，随拌随用。一次拌和的砂浆应在初凝前用完，并严防石块、杂物混入。

2）注浆开始或中途停止超过30min时，应用水或稀水泥浆润滑注浆管及其管路。

3）注浆时，注浆管应插至距孔底50～100mm，随砂浆底注入缓慢匀速拔出，杆体插入后，若孔口无砂浆溢出，应及时补注。

4）对于二次注浆：第一次注浆选用水泥砂浆，注浆压力0.5MPa到浆液从孔口溢出，在第一次注浆结束后4h内进行第二次注浆；第二次注浆选用水泥浆，注浆压力为1.5～2.0MPa，使浆液冲破封口薄膜及初凝砂浆，浆液注入砂浆和土体之间，达到注浆压力后1～2min，即可结束注浆。

（5）锚杆安装工作要求。

杆体插入孔内长度不应小于设计规定的95%。锚杆安装后，锚杆在自然形态下进行养护。不得随意敲击，3d内不得悬挂重物。

（6）锚杆施工前应进行抗拔试验。

2. 施工顺序

施工时应自上而下施工，下皮锚杆需在上皮锚杆达到设计强度的80%后方可施工。

3. 注意事项

（1）加强监测，做到信息化施工，并将监测资料及时反馈至设计人员。

（2）未尽事宜，请遵循有关技术规范。

（3）正式施工前必须进行技术交底。

三、锚杆及锚筋桩施工大样样板图

1. 锚杆施工大样图示

锚杆施工大样如图1-25～图1-31所示。

2. 锚筋桩施工大样图示

锚筋桩施工大样如图1-32～图1-35所示。

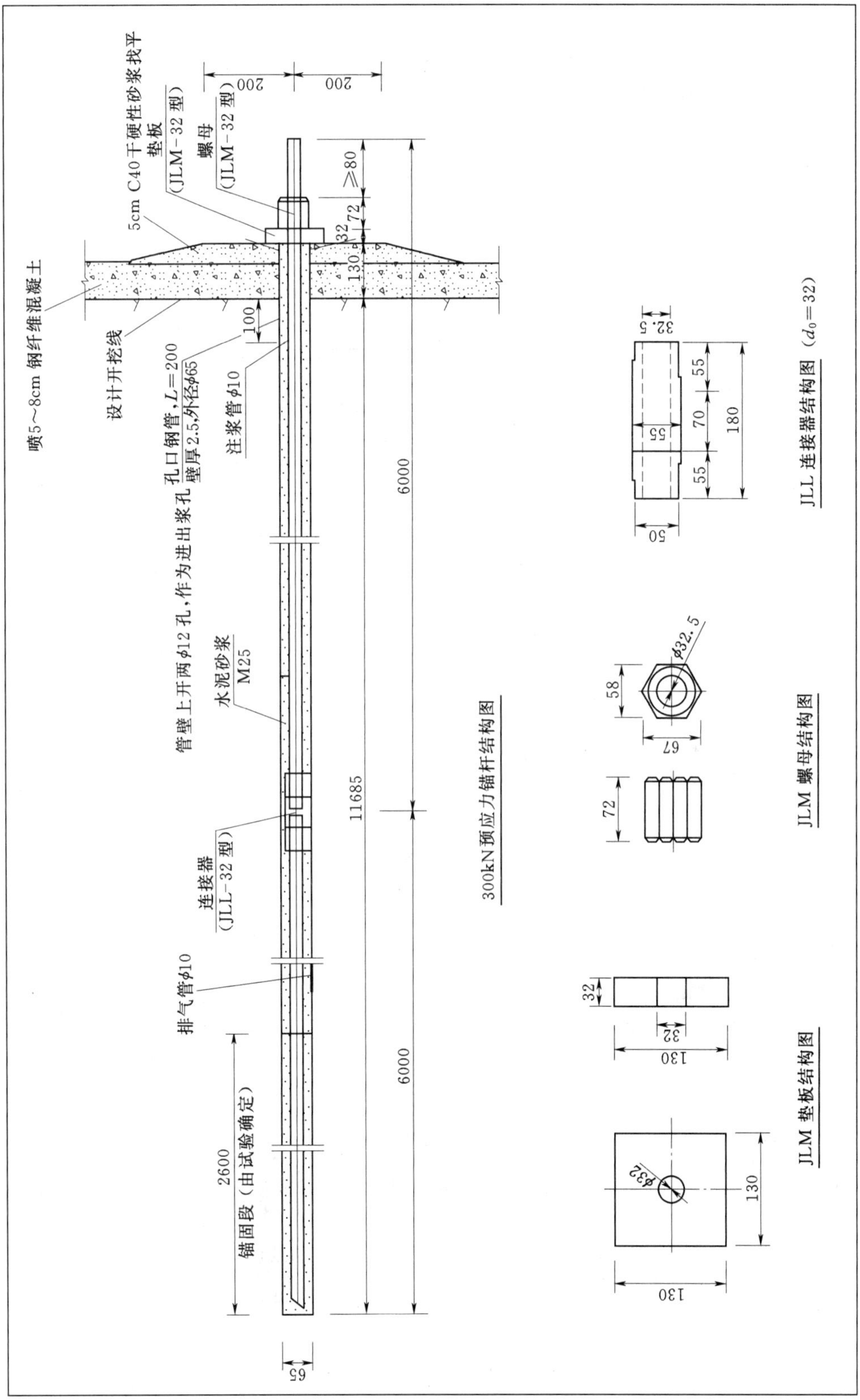

图1-25　高强预应力锚杆施工大样图(单位:mm)

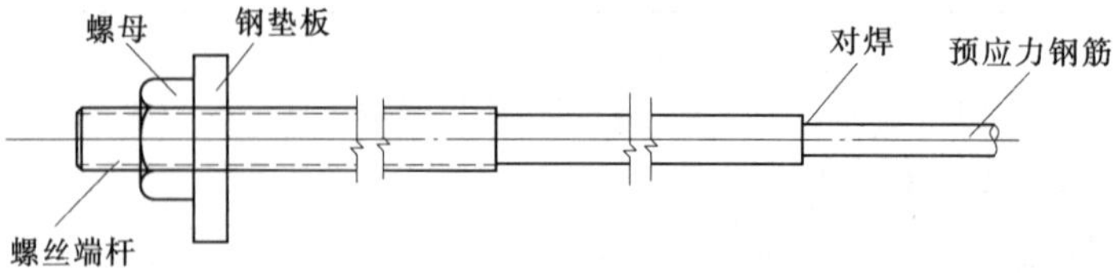

图 1-26　锚杆螺丝端杆锚具装配图

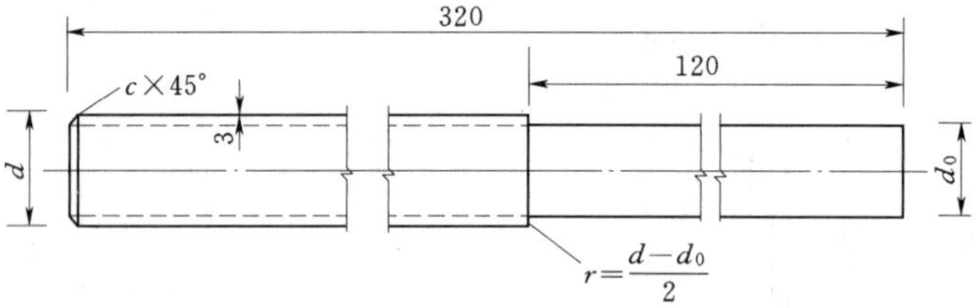

图 1-27　螺丝端杆大样图（单位：mm）

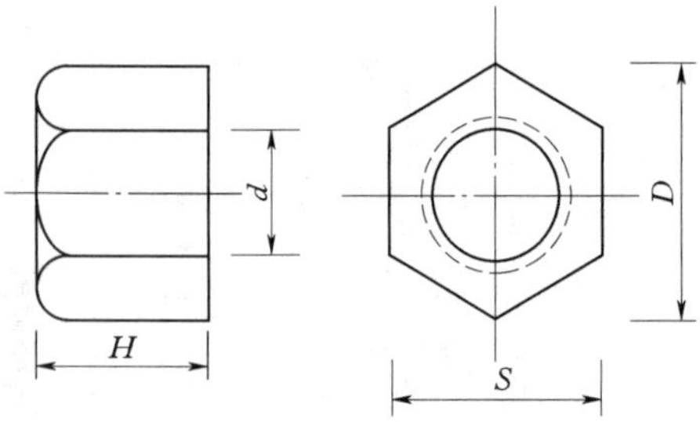

图 1-28　螺母大样图（单位：mm）

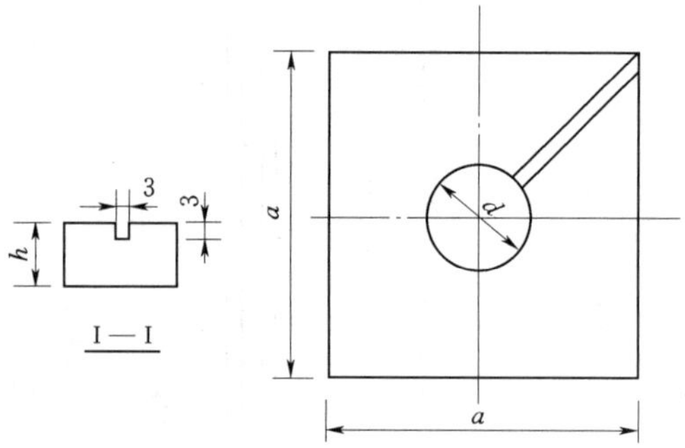

图 1-29　钢垫板大样图（单位：mm）

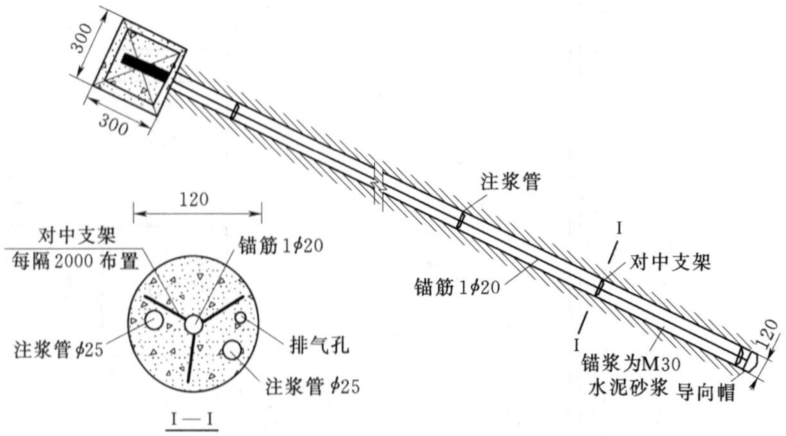

图 1-30　锚杆及对中支架大样图（单位：mm）

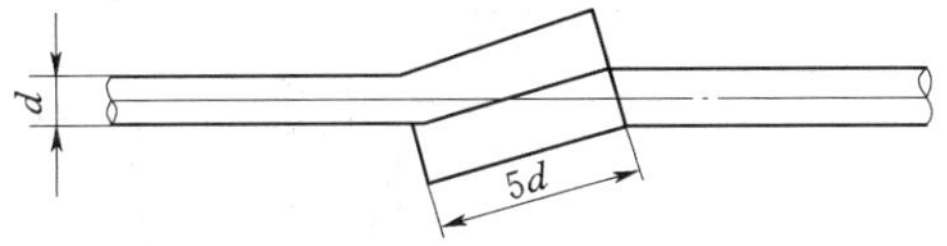

图 1-31　钢筋搭接焊示意图

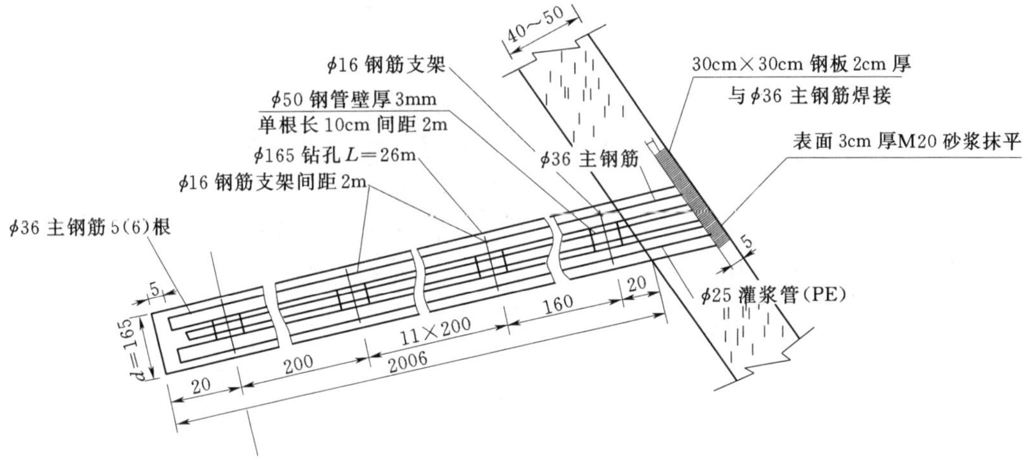

图 1-32　钢筋焊接到钢板上的处理方法（单位：mm）

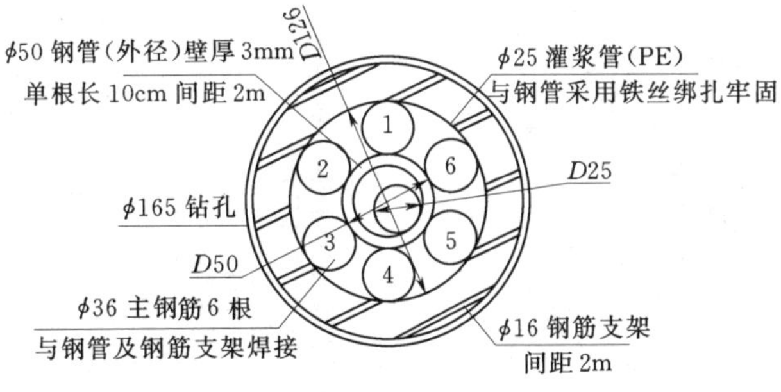

图 1-33　6 根钢筋组合形成的锚筋桩截面大样图（单位：mm）

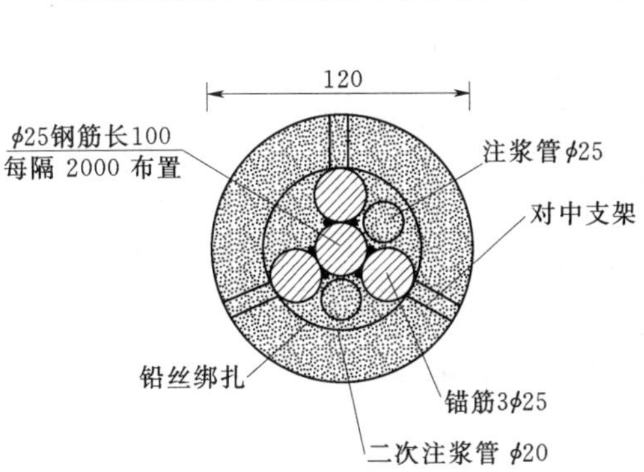

图 1-34　3 根钢筋组合形成的锚筋桩截面大样图（单位：mm）

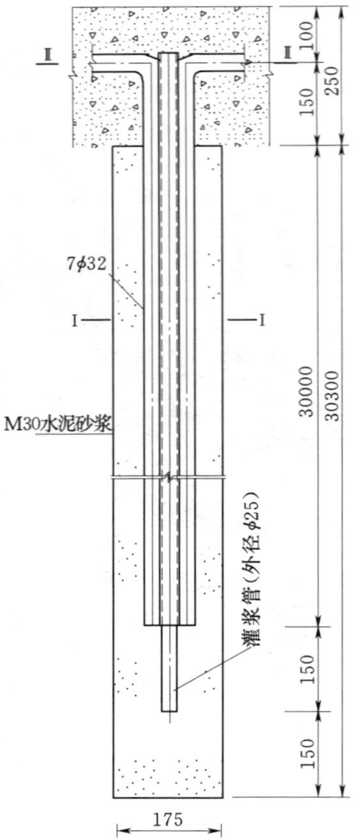

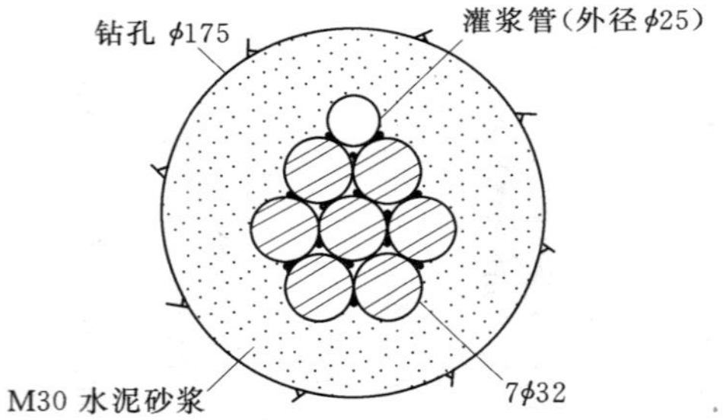

I—I

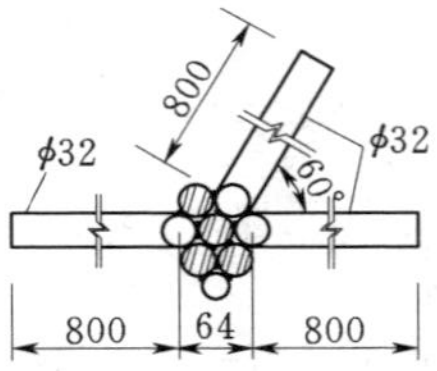

Ⅱ—Ⅱ

说明：1. 图中尺寸均以mm 计。

2. 材料：

(1) 超前锚杆:杆体采用ϕ32高强精轧螺纹钢，其屈服点和抗拉强度分别为735MPa、980MPa 。采用等强度的连接器接长。

(2) 钢筋桩：杆体采用普通Ⅱ级螺纹钢。

(3) 骨料宜采用中细砂，粒径不大于2.5mm，使用前应过筛；水泥用525号普通硅酸盐水泥。

(4) 水泥砂浆强度等级为M30(28d，要求 3d 达到 20MPa)。参考配比：水泥比砂宜为1:1～1:2（重量比），水灰比 0.38～0.50，施工前应进行材料配比试验，以确定外加剂（早强剂、膨胀剂）的用量及材料配比。

3. 杆体制作与安装：钢筋桩灌浆管与钢筋以及钢筋与钢筋之间采用间隔点焊连接，焊缝厚度：钢筋间不小于5mm，钢管与钢筋间不小于 3.5mm，焊缝间距 500mm。钢筋桩钢筋接长采用坡口焊或其他方法连接，但接头处强度不低于钢筋的抗拉强度，接头位置应错开，施工前应通过试验以确定钢筋接长方式和工艺。超前锚杆钢筋与灌浆管采用无锌铁丝绑扎成整体。安装前将钻孔吹洗干净，安装时必须采取对中措施，使杆体处于钻孔中间。

4. 注浆：参考注浆压力0.2～0.4MPa，施工初期应通过灌浆试验，确定合适的灌浆压力。施工中应避免多孔同时灌浆。

5. 灌浆浆液沉淀后，不得低于孔口 30cm，并用人工拌和等强度水泥砂浆回填密实。

6. 其他未尽事宜，按有关规范和施工技术要求执行。

图 1－35　锚筋桩构造图

第九节　预应力锚杆加固设计工程实例

一、工程概况与稳定性现状

江苏省无锡市马山国家旅游度假区檀溪湾别墅区位于马山镇檀溪湾村，2 号坡为 18 幢别墅后侧坡，该坡由上部 2.5m 厚的碎石土与下部 2.6m 厚的砂岩两部分组成。边坡整体高度约 5.1m。坡向 234°，坡角 88°，坡长 13.4m。为了对该边坡进行有针对性的治理，在现有坡面选取典型断面以分析其稳定性。结合本工程边坡的特点，破坏形式主要表现为沿软弱面的平面滑动，局部开挖边坡可能发生楔体破坏。

对于沿层面滑动的 8 幢别墅下坡即 2 号车库后坡，稳定分析见图 1－36，稳定性分析计算公式如下：

$$K=\frac{W\cos\alpha\tan\varphi+cL}{W\sin\alpha} \tag{1-11}$$

式中：K 为稳定安全系数；W 为沿软弱面结构面滑动的岩体质量；α 为软弱结构面的倾角；φ 为软弱结构面的内摩擦角；c 为软弱结构面的黏聚力；L 为滑动岩体沿软弱结构面的长度。

计算采用的参数见表 1－23，由计算结果（表 1－24）可知，不考虑车库钢筋混凝土结构抗滑作用时，现有边坡失稳，将直接影响到坡顶 8 幢别墅的正常使用。因此，为确保已有建筑物的安全使用，必须对现有 2 号车库后的边坡进行治理，保障其稳定性。所需锚固力为 1000kN/m，按 2m 间距设置锚杆，则每一剖面需提供 2000kN 锚固力。

表 1－23　　设计计算参数一览表

层面			岩体
倾角 α/(°)	黏聚力 c/kPa	内摩擦角 φ/(°)	重度 γ/(kN/m³)
56	25	15	25.5

表 1－24　　计算结果一览表

断面编号	稳定系数 K	下滑力/(kN/m)	抗滑力/(kN/m)
2 号车库	0.65	1068.2	694.3

二、加固方案

2 号车库后边坡，坡顶有 1b—8 幢别墅，该边坡在 2 号车库施工过程中已发生顺层滑动（图 1－37），由于该边坡的特殊位置与边坡为顺向坡的结构条件，该边坡需要采用预应力锚固技术进行加固。首先应将现有地表超载（施工垃圾）移走，对坡面危岩予以撬挖清除。在车库后坡设置系统预应力锚筋桩（3ϕ32 钢筋@2.0m×2.0m，L＝12m）（锚固荷载 450kN/根）进行加固，并设置 ϕ60@4m×4m，L＝0.7m，仰角 10°的排水孔。

三、施工大样图

预应力锚杆的施工大样图如图 1－38～图 1－40 所示。

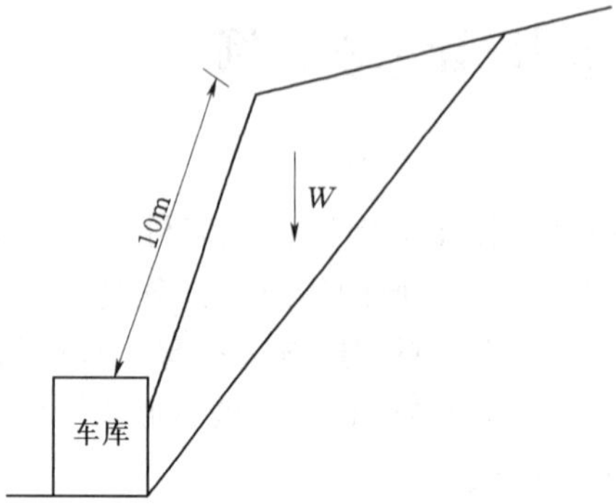

图 1-36 边坡稳定计算简图

图 1-37 边坡现状照片

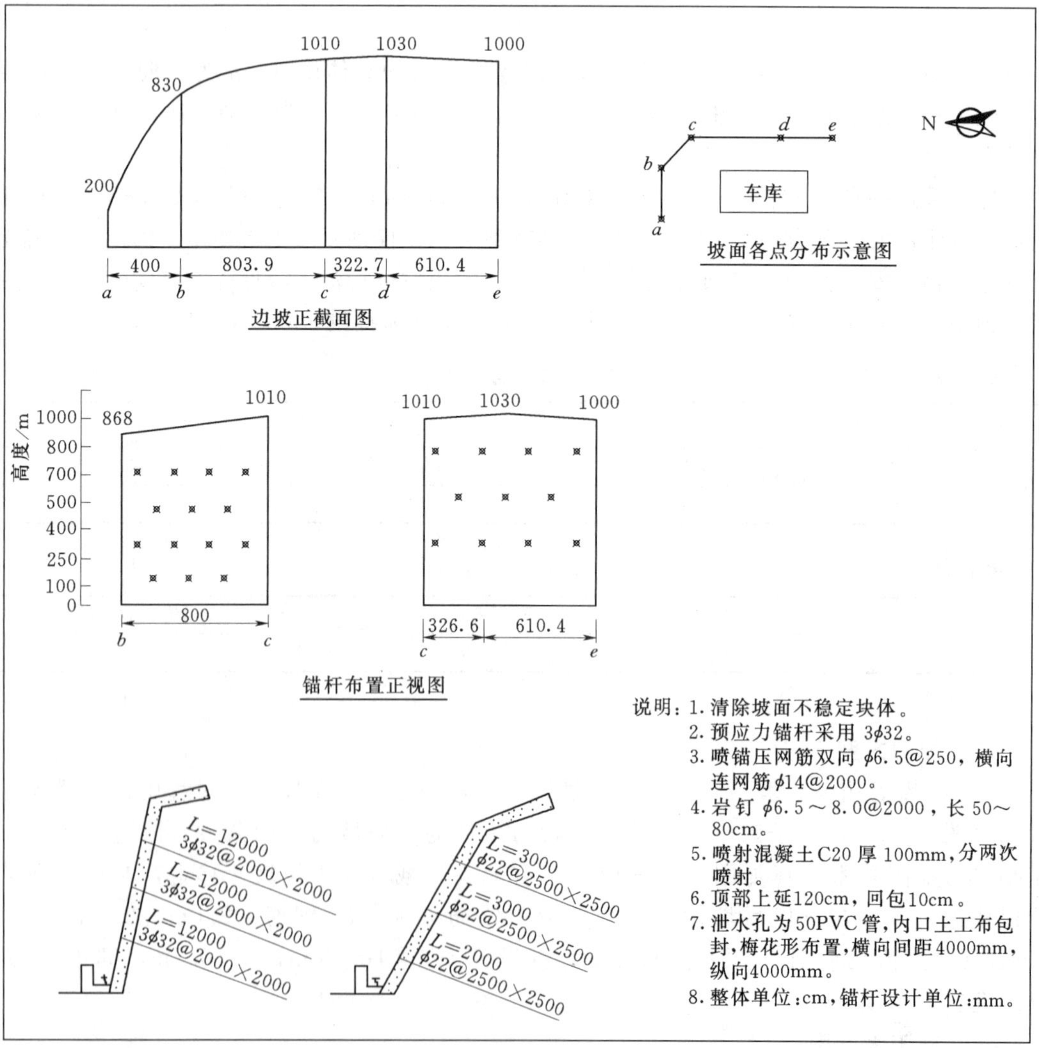

图 1-38 预应力锚杆布置图

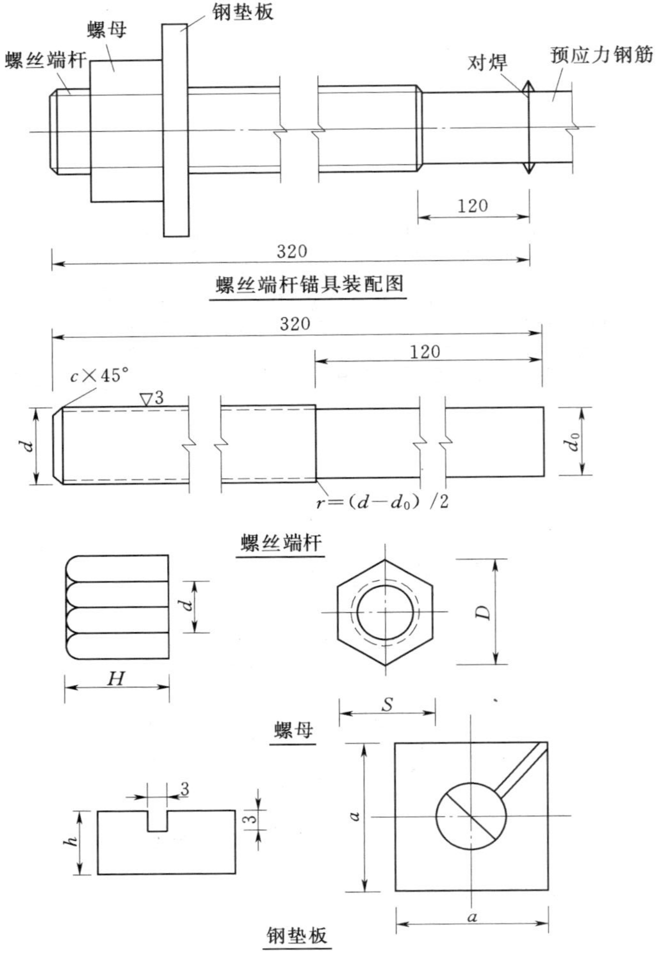

螺丝端杆锚具尺寸　　单位：mm

型号	钢筋直径	螺纹d	d_0	c	H	S	D	$a\times h$	
LM22	22	M27×2	25	1.5	40	41	47.3	150×16	
LM25	25	M30×2	28	1.5	45	46	53.1	150×20	

说明：1. 图中尺寸均以mm计。
2. 螺丝端杆采用45号钢制作，钢垫板、螺母采用Q235制作。
3. 45号钢制作螺丝端杆时，应先粗加工，后调质热处理。再精加工，亦可先经冷拉后，在行切割。其抗拉强度不得低于700MPa。
4. 螺丝端杆与螺母配合精度为3级，且应具互换性。
5. 螺丝端杆与预应力钢筋采用对焊连接并应在冷拉前进行。
6. 黏结型锚杆采用ϕ20钢筋，预应力锚杆采用ϕ25钢筋。

图1-39 预应力锚杆结构图

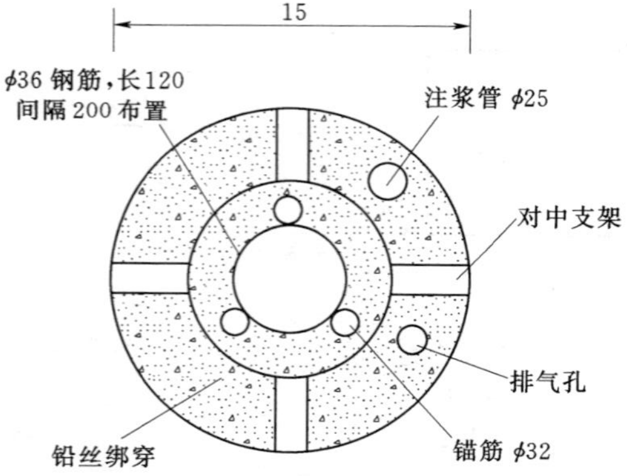

预应力12m 锚杆装配图

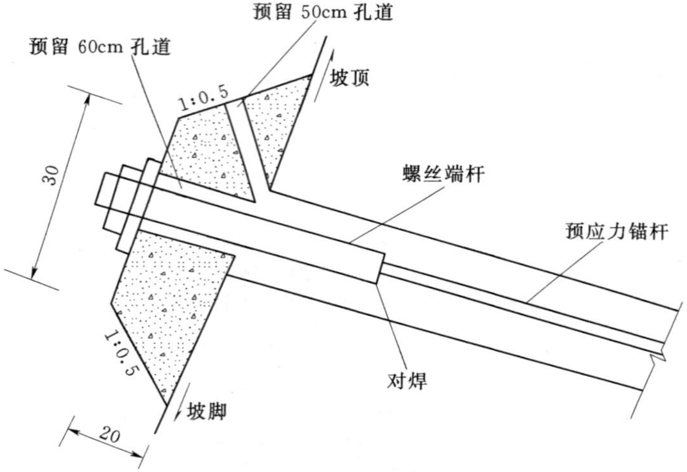

锚墩断面图

说明：1. 图中尺寸除直径为 mm 及特殊标注，其余均以 cm 计。
2. 螺丝端杆采用 45 号钢制作，钢垫板、螺母采用Q235 制作。
3. 45 号钢制作螺丝端杆时，应先粗加工，后调质热处理。再精加工，亦可先经冷拉后，在行切割。其抗拉强度不得低于 700 MPa。
4. 螺丝端杆与螺母配合精度为3 级，且应具互换性。
5. 螺丝端杆与预应力钢筋采用对焊连接并应在冷拉前进行。
6. 锚墩采用C30 混凝土预制。

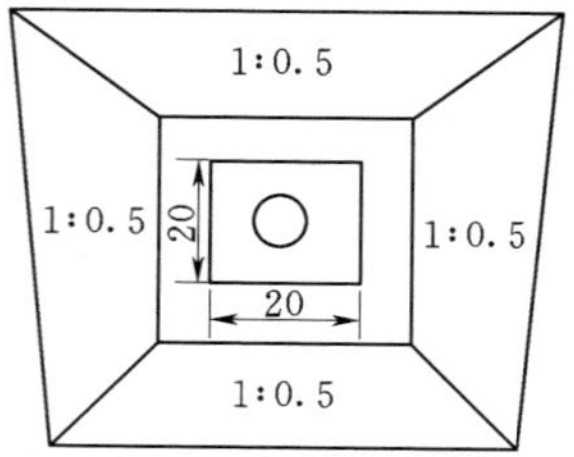

锚墩正视图

图 1-40 预应力锚杆外锚墩施工图

习题与思考题

1－1　按照锚杆的传力方式，锚杆可分为哪几种类型？

1－2　岩石锚杆设计包括哪些内容？

1－3　锚杆体的截面如何确定？

1－4　锚杆内锚固段长度的确定依据哪些因素？

1－5　锚杆加固主要的应用对象有哪些？

1－6　简述如何对锚筋桩的加固效应进行评价。

第二章 预应力锚索设计

第一节 概 述

锚索是一种主要承受拉力的杆状构件，它是通过钻孔将钢绞线或高强度钢丝固定于深部稳定的地层中，并在被加固体表面通过张拉产生预应力，从而达到使被加固体稳定和限制其变形的目的。锚索技术源于国外，它是锚杆技术发展的产物。据资料记载，1933年阿尔及利亚的A. Coyne工程师首次将锚索加固技术用于水电工程的坝体加固并获得成功。从20世纪40年代末至70年代初，锚索加固技术得到了迅速发展，加固理论、设计方法和有关规范也逐步出现和完善。目前，锚索加固技术已广泛应用于岩土加固工程的各个领域，并积累了丰富的工程实践经验。本章主要介绍在已知锚固荷载下的锚索结构设计的有关内容。

我国的锚索加固技术始于20世纪60年代，1964年梅山水库在右岸坝基的加固中首次采用了30～47m的预应力锚索加固坝基，提高坝基抗滑稳定性。从70年代开始，该项技术在我国的国防、水电、矿山等领域内逐步开始使用。80年代以来，随着人们对锚索技术研究的深入和对锚固技术认识的逐步提高，以及相应技术的发展，促进了锚索大量地用于工程加固。由于设计和施工实践经验的积累，相关的技术规范开始出现，在加固技术的机理研究、试验设备和施工工艺的研究等方面都取得了较大进展。锚索技术的出现，是岩土工程技术发展史上的一个里程碑，为地质体的加固和支护开辟了一条全新的途径。在我国水电水利工程中应用预应力锚固技术对岩体边坡、地下洞室建筑物、基础闸墩、水工隧洞等各类结构进行加固或改善应力，取得了良好的效果和一定的经济效益并积累了丰富经验。

据统计，在我国仅边坡加固工程与深基坑工程每年锚杆的使用量就达3000～3500km。例如，小浪底水利枢纽工程主厂房宽26.2m，最大高度61.44m，其拱顶采用设计拉力值为1500kN、长25m、间距4.5m×6.0m的预应力锚索与长68m、间距3.0m×3.0m的系统张拉锚杆加固顶板岩层。举世瞩目的三峡水利枢纽工程，在长1607m的船闸边坡上采用了4000余根长21～61m设计承载能力为3000kN（部分为1000kN）的预应力锚索和近10万根长8～14m的高强锚杆作系统加固和局部加固。从单束锚索锚固吨位来看，我国预应力岩土锚固技术从安徽梅山水库大坝基础成功地运用设计承载力2400～3200kN的预应力锚索加固开始，相继在松花江丰满、清江隔河岩、黄河小浪底、长江三峡、清江水布垭等水电站应用了大吨位的锚索。1989年我国首台6000kN级预应力锚索及张拉设备研制成功，并应用于丰满大坝加固工程，8000kN级预应力锚索在石泉大坝加固工程应用成功。到20世纪90年代，10000kN级预应力锚索在龙羊峡水电工程中试验成功，并在我国多个工程中获得应用（表 2-1）。

表 2-1　国内部分水利水电工程预应力锚固技术参数表

加固类型	工程名称	加固部位	岩性	长度/m	根数	锚固力/kN	内锚固段/m
坝基加固	麻石水库	坝基	石英岩	40	99	3400	—
	丰满水电站	坝基	石灰岩	77.2	17	2750	12.5
	石泉水库	坝基	片岩	42	29	5884	10
	双排水库	坝基	砂岩	—	273	3250	—
边坡加固	十三陵抽水蓄能电站上池	边坡	凝灰岩	20	29	1000	6
	漫湾水电站左岸边坡	边坡	流纹岩	20～30	1505 634	1000 3000	5 8～10
	天生桥二级厂房边坡	边坡	砂页岩	27～32	246	3000 1200	7～10
	二滩水电站尾水渠	边坡	玄武岩	26～48	87 13	3000 2000	5 6
	三峡永久船闸	人工边坡	花岗岩	25～50	226 1887	1000 3000	5 8
	天荒坪抽水蓄能电站	左岸 3.29 滑坡	集块岩	25～40	—	1500 2500	8
地下洞室	白云山水电站地下厂房	高边墙	花岗岩	—	24	600	—
	江垭水电站地下厂房	高边墙	灰岩	9～30	208 82	1000 250	3.8
	小浪底地下厂房	顶拱	砂岩	25	168	1500	8 6
	丰满泄洪洞集渣坑	边墙	砾岩	10～12	47	500	—
	碧口水电站引水隧洞	塌方处理	石英岩	—	100	300	—

随着技术进步和人们对岩锚机理认识的深化，采用新型锚索体系的问题已为越来越多水工人员重视，继小浪底工程以后，铜头、十三陵抽水蓄能电站等工程采用了无黏结双层保护锚索。可以预测，早期的全长有黏结锚索最终将被更为先进的无黏结锚索体系代替。

第二节　预应力锚索的构造

由锚头、高强钢丝或高强钢绞线和锚固件组成，通过对高强钢丝或高强钢绞线施加预应力，对被锚固体提供主动支护抗力的锚固结构称为预应力锚索。显然，典型的锚索结构由 3 部分组成，即内锚固段、张拉段与外锚固段。

预应力锚固主要包括以钢绞线为锚索体的锚夹具和以精轧螺纹钢筋为锚索体的锚夹具、张拉千斤顶、锚索测力传感器以及造孔、锚索安装、内锚固段灌浆、张拉、锁定、施工监测和长期观测等。双层保护预应力锚索体的主要部件如有：①钢绞线；②钢绞线外涂油脂并用PE管包裹；③内、外部灌浆管（或排气管）；④PVC波纹管；⑤内部PVC硬质塑料支架；⑥PE塑料端帽；⑦外部定心器；⑧钢筋混凝土锚墩；⑨钢垫板；⑩外锚头保护端帽等。

一、预应力锚索的内锚固段结构

预应力锚索的内锚固段是预应力锚索体的内部持力端，它是用胶结材料或用金属加工的机械装置，使锚索内端与被锚固体深部稳定的介质形成整体的区段。拉力型预应力锚索的内锚固段通常采用枣核形（图2-1）、压力型锚索的内锚固段常设置一些锚板（图2-2）。涨壳型锚索的内锚固段见图2-3。

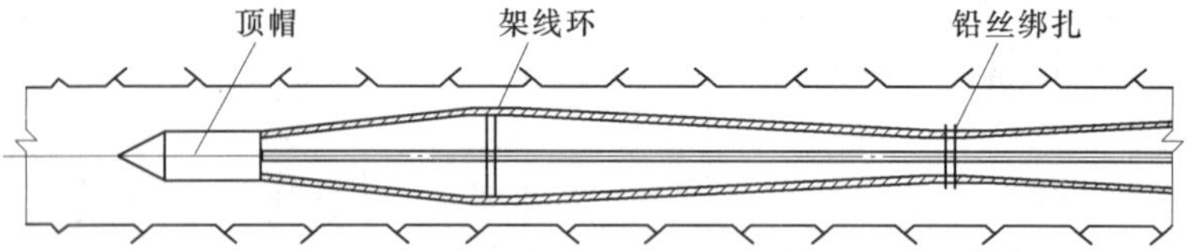

图2-1 拉力型锚索内锚固段的枣核形结构

图2-2 压缩分散式锚索内锚固段形式

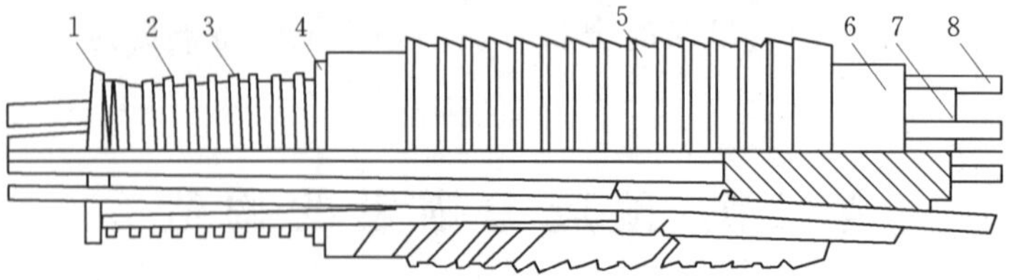

图2-3 涨壳机械式锚索内锚固段结构

1—托圈；2—套管；3—顶簧；4—垫圈；5—外夹片；6—锥筒；7—六棱锚塞；8—钢绞线

二、预应力锚索的张拉段结构

预应力锚索的张拉段是对预应力锚索施加拉力时可以自由伸长的部分，当锚索锁定后依靠自由段的弹性变形对被锚固的岩土体施加预应力（图 2-4）。张拉段常按一定间隔布置隔离架，隔离架是在编索时，使组成锚索体的钢绞线成束，保持钢绞线间有一定间距，使锚索安装时避免钢绞线直接与孔壁接触的构件。

双层保护锚索张拉段结构采用如图 2-5 所示形式的 PVC 管进行保护，即每一根钢绞线的外面套上 PVC 管，在一束锚索的外面再套一层 PVC 管。

图 2-4　锚索张拉段的保护

图 2-5　双层保护锚索张拉段结构

三、预应力锚索的外锚固段结构

预应力锚索的外锚固段是指对锚索实现张拉和锁定的支撑装置，由锚夹具组成。锚夹具包括工作锚、工具锚、限位板和隔离架。

工作锚又称外锚固端，是锚索孔口外露的一端，是通过锚具将锚索体的张拉力传递给被锚固对象的永久性锚固装置，常用工作锚的结构见图 2-6。

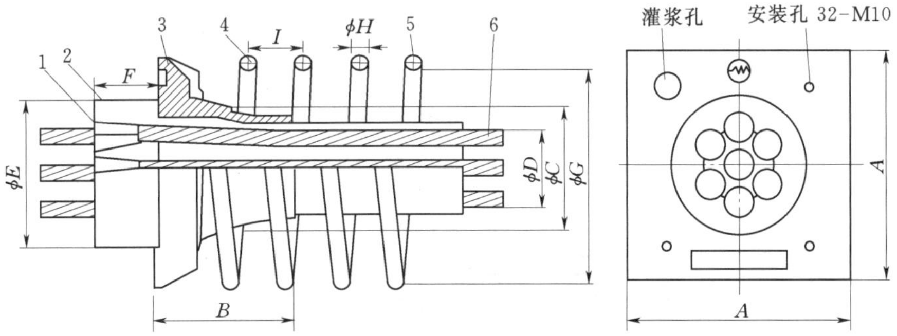

图 2-6　常用工作锚的结构

1—夹片；2—锚板；3—锚垫板；4—螺旋筋；5—金属波纹管；6—钢绞线

工具锚又称夹具，是将千斤顶的张拉力传递给锚索体的临时性锚固装置。

限位板是限制工作锚夹片位移量的一种构件。它套在工作锚板上，其功能为既限制张拉时夹片被钢绞线夹带的位移量，锁定时又以最小的回缩量锁定钢绞线。

图 2-7～图 2-11 为预应力锚索外锚固段的相关结构。

图 2-7 外锚固端的结构

图 2-8 锚板

图 2-9 外锚固端的保护

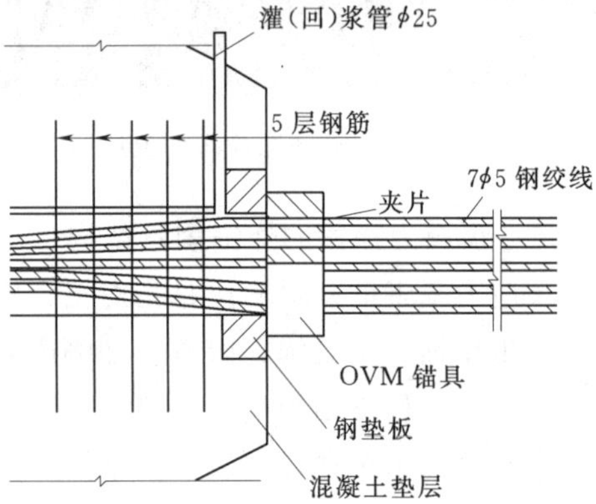

图 2-10 OVM 锚具结构（单位：mm）

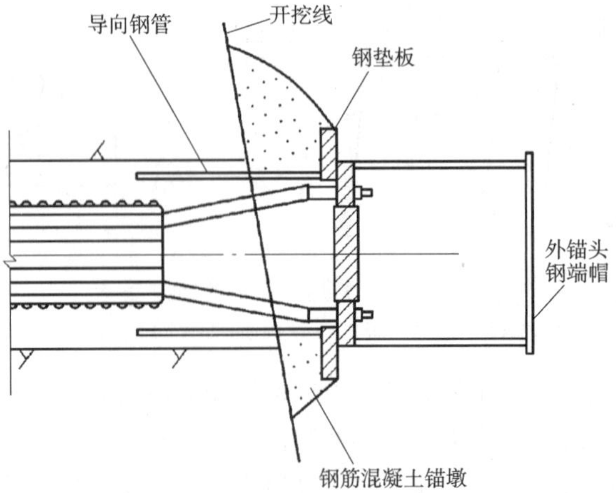

图 2-11 外锚墩结构示意图

第三节 预应力锚索的工程分类

目前在加固工程中使用的锚索种类繁多，按不同的分类方法可将锚索划分为不同的类型。

一、按自由段有无黏结分类

最为普遍的划分方法是按自由段有无黏结进行锚索类型的划分。

1. 有黏结预应力锚索

张拉完成后，张拉段被充满锚索孔的黏结材料直接包裹而不能自由变形的预应力锚索，称为有黏结预应力锚索。通常先向内锚固端灌砂浆达到设计强度后，进行锚索张拉，再用水泥砂浆灌注自由端，这一类型锚索至今仍在我国绝大多数水利水电工程中应用。锚索体系由内锚固段、自由段和外锚固段组成。自由段的钢绞线用油脂保护，由于油脂保护的防锈可靠性较差，几乎所有的工程最后都通过灌浆将自由段封死，因而，此类锚索最终退化为有黏结无保护型。外锚固段由锚墩组成。

2. 无黏结预应力锚索

张拉段经过特殊处理，张拉完成后张拉段不被黏结材料直接包裹而能自由变形的预应力锚索，此类锚索采用带有聚氯乙烯套管保护的钢绞线，内锚固段和自由段一次灌浆，同时，内锚固段还用波纹套管保护，以达到全程防水效果，图 2－12 为韩国三友公司（SAM－WOO）使用的波纹套管。中国小浪底工程是第一个大量使用这一型式的水利工程，图 2－13 为小浪底工程采用的锚索的设计详图。需要强调的是，内锚固段的防水波纹套管是一种专用产品，它既要具备与内锚固端紧密结合以达到充分防水的作用，又必须具备足够的柔性，可以将锚固力传给岩体。我国目前无定型产品，小浪底工程的波纹套管是从国外进口的。

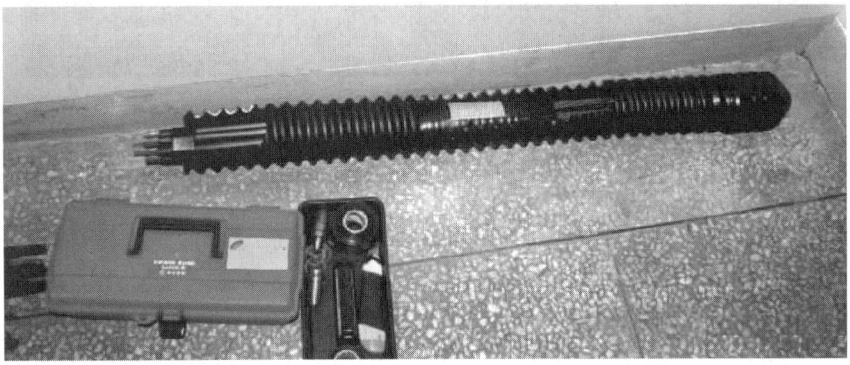

图 2－12 双层保护无黏结锚索的防水波纹套管

3. 压缩型、分散型无黏结锚索

研究表明，锚索的内锚头在受拉时将在某一段产生应力集中，同时内锚头在拔出时产生的剪胀导致锚索砂浆固结段开裂。采用压缩型、分散型内锚头可以改善内锚头的应力分布，提高内锚头的可靠性，从而为减少内锚头的长度创造条件。图 2－14 为成勘院准达公

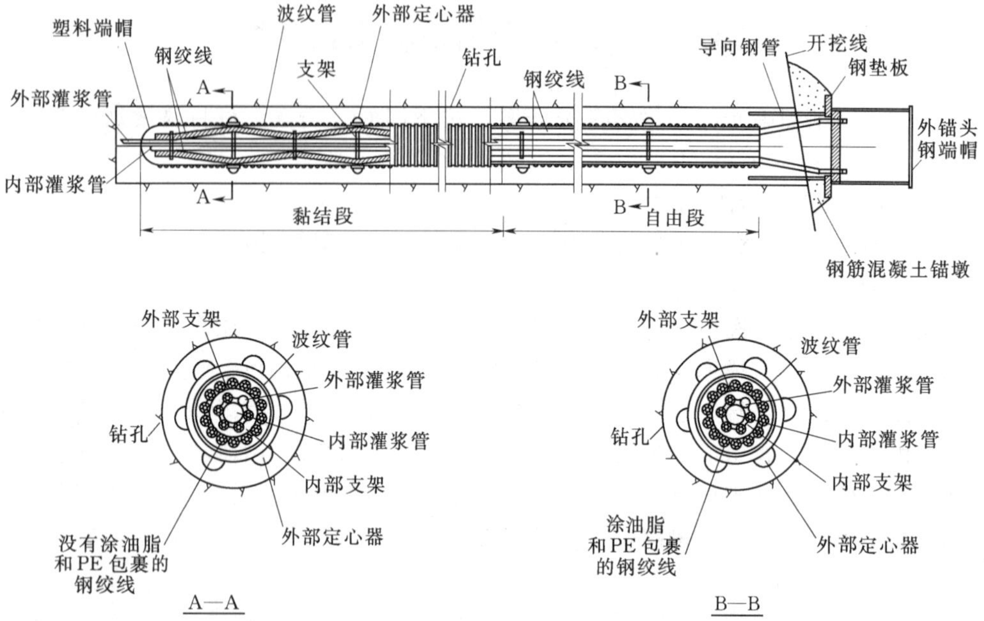

图 2-13　小浪底工程采用的双层保护无黏结锚索

司生产的锚索结构，韩国三友公司生产的锚索如图 2-15 所示的压缩型锚具有结构紧凑、全程防水防锈的特点。图 2-16 是当代压缩分散型锚中较为先进的一种。

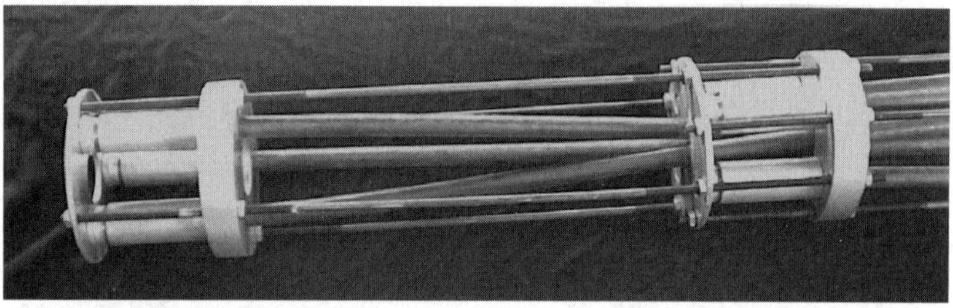

图 2-14　成勘院准达公司曾开发的压缩型锚索体系

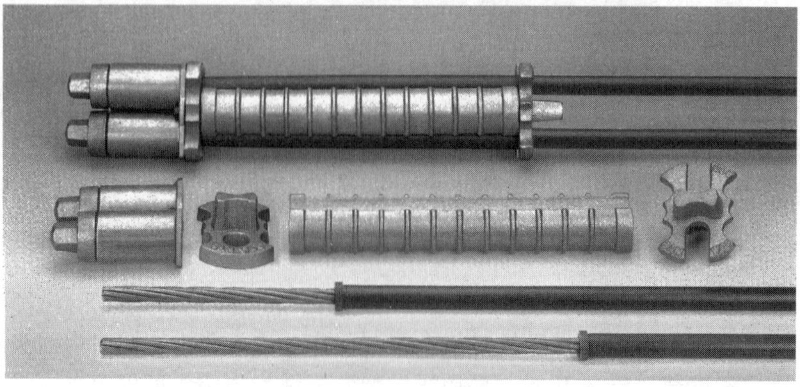

图 2-15　韩国三友公司生产的锚索

4. 日本SEC方法

在各种新型锚索体系中，日本SEC方法是从传统的众多锚索体系脱颖而出形成的一种全新的锚索体系。该锚索体系使用桥梁工程中的预锚钢绞线，经工厂加工，成为一个钢套型的内锚头，如图2-17所示。这一体系的钢绞线与聚氯乙烯保护层被凝固成一个整体，不再有现场穿索的工艺。由于结构紧凑，故可减少钻孔直径。

图2-16 压力分散型锚索

图2-17 日本SEC方法

二、按锚固段的结构形式划分

预应力锚索采用的型式有端头锚和对穿锚两种。

(1) 端头锚：无黏结端头锚主要由外锚头、张拉段、内锚固段构成。外锚头由工作锚板、夹片、承压板、混凝土垫座及保护系统5部分组成；张拉段采用无黏结钢绞线，其间有水泥浆胶结体；内锚固段由钢绞线、导向帽、隔离架及水泥浆胶结体构成。在有防腐要求时，应沿锚索全长设置聚乙烯波纹管。有无黏结端头锚与沿全长有黏结端头锚两种类型。

(2) 对穿锚：则是锚索的两端均为外锚固段，无内锚固段。三峡永久船闸的直立坡部位（锚索长35～45m），中隔墩部位（锚索长36～55m）采用了无黏结钢绞线，外涂一层专用建筑树脂后，包一层约1mm厚的高密度聚乙烯的对穿锚。锚索一般为水平布置，均为直径165mm的锚索孔，锚墩混凝土强度为C35。

就对穿锚索而言，由于需要具备后期补偿张拉条件，常采用无黏结锚索，对钢绞线与浆体的黏结力没有很高的要求，降低了不可靠因素，可以提供更大的锚固力。注浆工序一次完成，不需要区分内锚固段和张拉自由段，减少了施工工序，有利于缩短施工工期，可用于一些抢险工程。

三、按锚索受力形式划分

按锚固段结构受力状态分为拉力型、压力型、荷载分散型。

1. 拉力型锚索

拉力型锚索主要依靠内锚固段提供足够的抗拔力，因此，钢绞线与注浆体间的黏结力、孔壁与注浆体间的黏结力应同时满足设计要求，以保证预应力的正常工作。

内锚固段的形式有两种：一种是采用水泥浆或水泥砂浆将锚固段部分的锚索体固结在假想滑动面以内的稳定岩体部分；另一种是采用机械式内锚固段，如涨壳式内锚头。由于机械式内锚头适应性差，加工量大，现已很少使用。

采用水泥浆或水泥砂浆固结的拉力型锚索，锚固段先注浆，钢绞线与注浆体、注浆体与孔壁完全黏结，当注浆体强度达到设计要求时进行张拉，张拉后进行自由段的注浆。根据其张拉段是否黏结又可分为全长黏结式和自由式，即二次注浆锚索和自由式锚索。二次注浆锚索的特点是如果锚头失效也能保持预应力。自由锚索的特点是局部岩体变形引起的局部应力能分布在整个张拉段上。

拉力型锚索结构简单，施工方便，造价较低，其结构如图 2-18 及图 2-19 所示。这种锚索内锚固段底部的岩体产生拉应力，且应力较集中，使内锚固段上部产生较大的拉力，易把浆体拉裂，影响抗拔力和锚索的永久性。

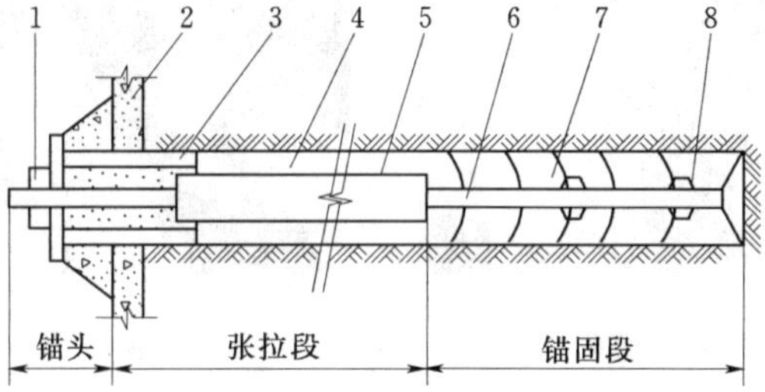

图 2-18 拉力型锚索结构示意图

1—锚具；2—结构；3—油脂；4—注浆体；5—套管；6—锚索体；7—裂纹；8—对中支架

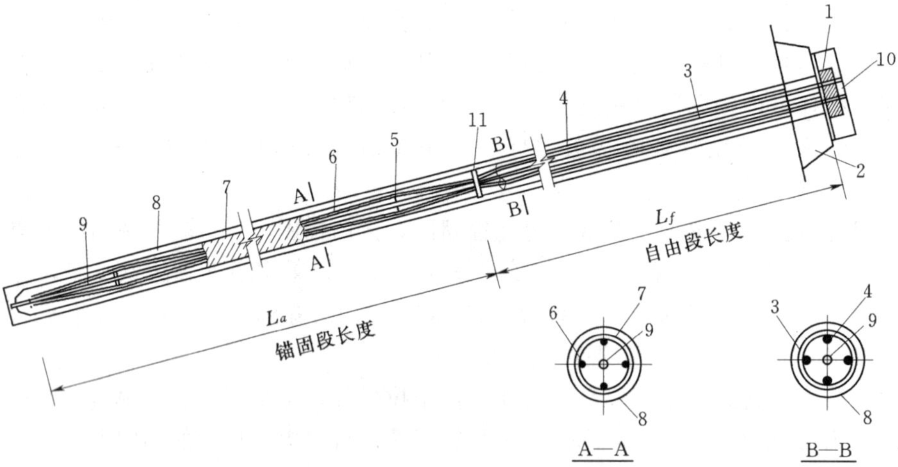

图 2-19 永久性拉力型锚索结构

1—锚具；2—垫座；3—钢绞线；4—套管；5—隔离架；6—无包裹钢绞线；7—波形套管；8—钻孔；9—注浆管；10—保护罩；11—光滑套管与波形套管搭接处（长度不小于 200mm）

2. 压力型锚索

压力型锚索与拉力型锚索的受力机理不同，其结构原理和结构示意图如图 2-20 与图 2-21 所示。通常采用无黏结钢绞线，钢绞线与注浆体无黏结，而注浆体与孔壁全长黏结。在无黏结钢绞线的内端固定一个金属圆盘，作用在钢绞线上的拉力通过圆盘转换为压力。注浆体呈受压状态，而注浆体侧面与孔壁间产生剪应力。压力型锚索荷载分布的特点是：①在锚索的根部荷载大，靠近孔口方向荷载明显变小，有利于将不稳定体锚定在地层的深部，充分利用有效锚固段，从而可缩短锚索长度；②浆体受压，被锚固体受压范围更大，可提供更大锚固力；③压力型锚索的锚索体采用无黏结钢绞线，因而多一层防护措施，如果采用镀锌或环氧喷涂钢绞线外再包裹一层或二层高密度聚乙烯（PE）套管，就具有更高防护性能；④下锚索后可一次性全孔注浆，这样不仅减少注浆工序，而且即使没施加预应力，靠浆体和土体的黏结力也能起到一定的作用，这对于正在滑动的滑坡体加固是很有必要的。

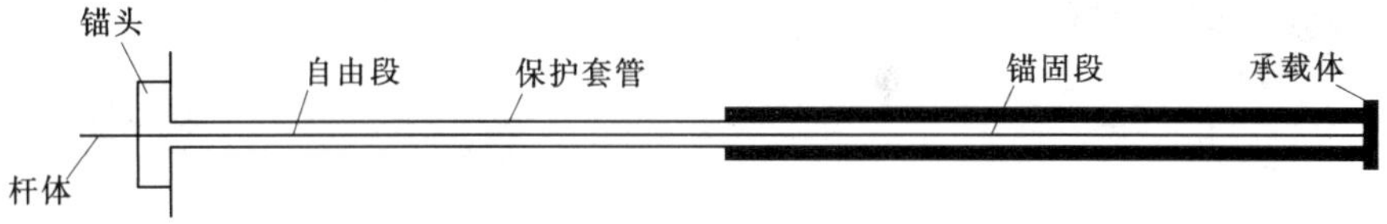

图 2-20　压力型锚索结构原理

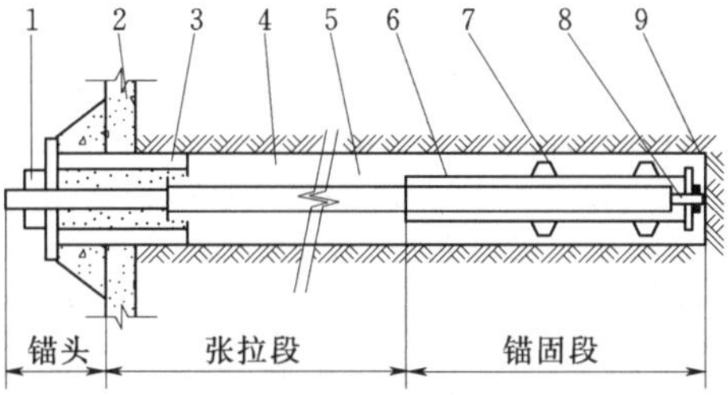

图 2-21　压力型锚索结构示意图

1—锚具；2—结构；3—油脂；4—注浆体；5—套管；6—锚索体；7—对中支架；8—波纹管；9—端部压板

3. 荷载分散型锚索

上述拉力型和压力型锚索，都将预应力过于集中地传递给锚固段的局部部位，从而可能导致浆体拉裂。荷载分散型锚索，是将施加的预应力分散在整个锚固段上，使应力应变分散、减小，从而确保锚固体不受破坏。这类锚索多种多样，可分为拉力分散型、压力分散型、剪力型锚索和拉压分散型。

（1）拉力分散型锚索的锚索体均采用无黏结钢绞线，将处于锚固段中不同长度的无黏结钢绞线末端按一定长度剥除高密度聚乙烯（PE）套管（视土体承载力，一般剥除 2～3m），即变为黏结段，当注浆固结后，锚索预应力通过钢绞线与浆体的黏结力传递给被加固体，从而提供锚固力，如图 2-22 所示。永久性拉力分散型锚索结构见图 2-23。

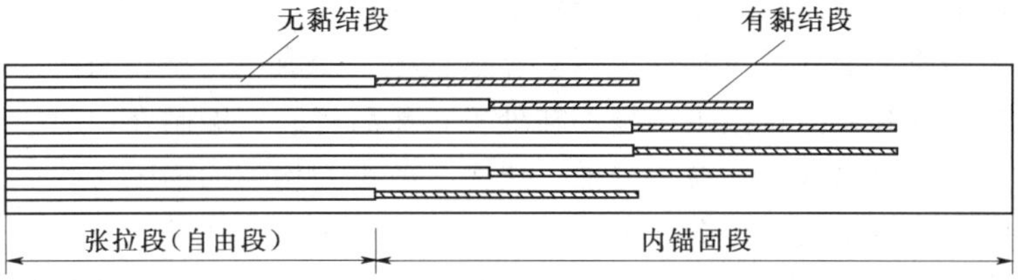

图 2-22　拉力分散型锚索结构示意图

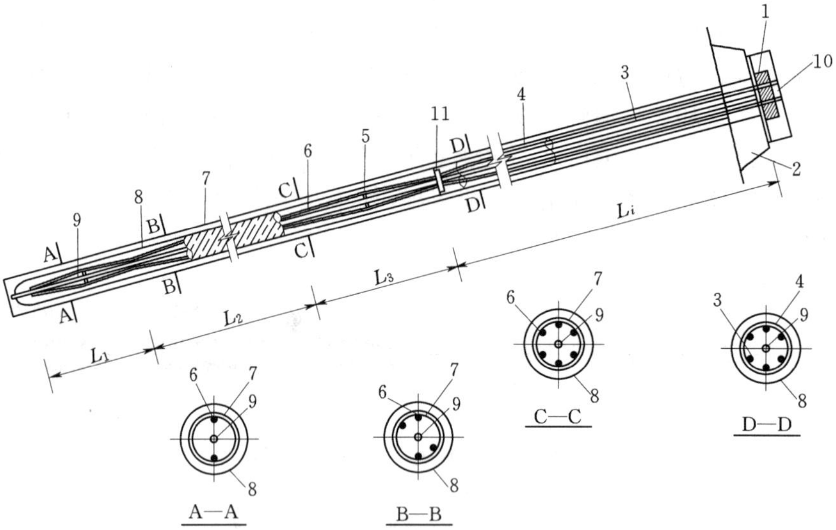

图 2-23　永久性拉力分散型锚索结构

1—锚具；2—垫座；3—涂塑钢绞线；4—光滑套管；5—隔离架；6—无包裹钢绞线；7—波形套管；
8—钻孔；9—注浆管；10—保护罩；11—光滑套管与波形套管搭接处（长度不小于 200mm）；
L_1、L_2、L_3—1、2、3 单元锚索的锚固段长度；L_i—3 单元锚索的自由段长度

（2）压力分散型锚索的锚索体也是采用无黏结钢绞线，较简单的压力分散型锚索结构是，在不同长度的无黏结钢绞线末端套以承载板和挤压套。当锚索体被浆体固结后，以一定荷载张拉对应于承载体的钢绞线时，设置在不同深度部位的数个承载体将压应力通过浆体传递给被加固体，这样对在锚固段范围内的被加固体提供被分散的锚固力，见图 2-24。永久性压力分散型锚索结构见图 2-25。

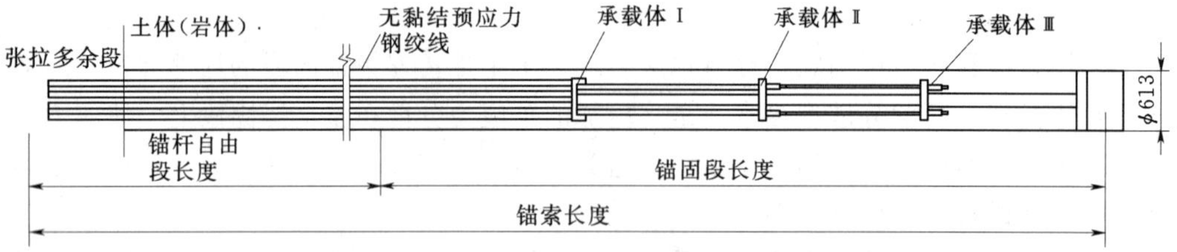

图 2-24　压力分散型锚索结构图

（3）剪力型锚索也是荷载分散型的一种，它的结构是在不同长度的无黏结钢绞线末端用环氧砂浆黏结，靠剪力和压力将预应力分散作用于锚固段。

（4）拉压分散型锚索是在两根无黏结钢绞线下部剥除 1～3m 的 PE 套管，变成拉力型锚固段；在无黏结段上部安装可移动挤压套和承载板，变成压力型锚固段；在另外两根或四根或六根无黏结钢绞线上也按上两根那样处置，然后将它们编制在一起，编索时，无黏结段呈台阶状布置，可以提供比拉力分散、压力分散更为均匀的锚固力。

四、按外锚具的结构型式划分

（1）墩头锚：墩头锚是以高强钢丝作为预应力锚索材料的一种，属支撑式墩头的张锚体系。它依靠钢丝端部的墩头，支承于筛状孔的钢质锚具上，用油压千斤顶整束张拉，见

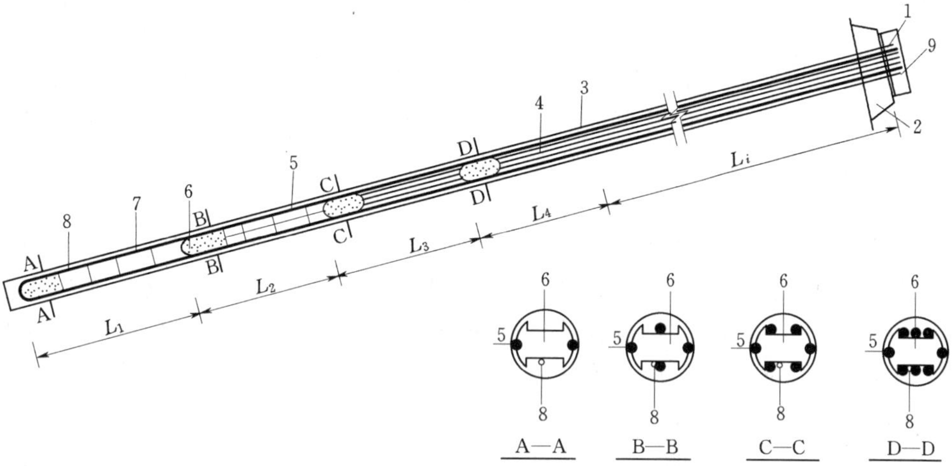

图 2-25　永久性压力分散型锚索结构

1—锚具；2—垫座；3—钻孔；4—隔离架；5—无黏结钢绞线；6—承载体；7—水泥浆体；8—注浆管；9—保护罩；L_1、L_2、L_3、L_4—1、2、3、4 单元锚索的锚固段长度；L_i—4 单元锚索的自由段长度

图 2-26。

（2）OVM 锚：OVM 锚固体系由圆锥形夹片组、锚板、锚垫板、螺旋筋 4 部分组成，是目前用得较多的一种锚具，适用于钢绞线的根数为 1、3、4、5、6、7、9、12、19、27、31、37、43、55，OVM 锚固体系锚具的锚固效率系数高，锚固性能非常稳定、可靠，适应范围广泛，一般情况下一套锚具可锚固 1～55 根钢绞线，最多锚固钢绞线的根数已达到 109 根。可锚固直径分别为 12.7mm、12.9mm、15.2mm、15.7mm、17.8mm、21.8mm、28.6mm 的钢绞线。对应的千斤顶为 YCW 型。

（3）QM 锚：QM 型锚具是由锚板、夹片、锚垫板和螺旋筋组成，锚板由优质碳素钢制成，锚孔是直孔，夹片由合金结构钢制成，为三片直开式，铸铁锚垫板和螺旋筋与 OVM 相同，QM 或 GYM 锚具的锚固原理、主要性能、特点与 XM 锚具基本相同，实属同一类锚具，见图 2-27。近年来在水电工程中开始应用，最高单索吨位已达 6000kN 级。

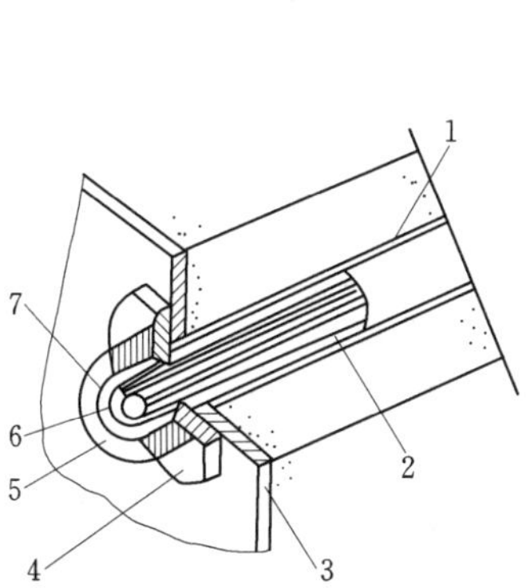

图 2-26　墩头锚具结构

1—底孔钢管；2—高强钢丝；3—钢垫板；4—铜垫片；5—锚环；6—钢丝墩头；7—锚环

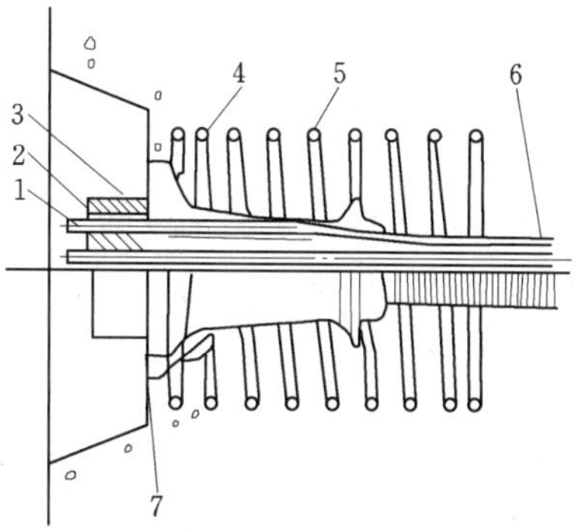

图 2-27　QM 锚具组装图

1—钢绞线；2—夹片；3—锚板；4—喇叭管；5—螺旋筋；6—波纹管；7—灌浆管

（4）XM 锚：XM 锚具由锚板、夹片、锚垫板、喇叭管和螺旋筋组成，锚孔中心线的倾角为 1∶20，锚板的顶面与中心孔垂直，夹片由合金结构钢制成，它是被铣成与钢绞线捻向成相反方向斜开的三片式尖片。XM 型锚具由于锚固性能好、锚固效率高、张拉吨位可大可小，以及可以逐根张拉或分束、整体张拉等优点，在大坝锚固、岩质边坡锚固、预应力闸墩等方面广泛应用，目前单索吨位已达 6000kN 级（图 2-28）。

（5）YM 锚：该锚固体系（图 2-29）由张拉端锚具（YM15/13 锚具，BM15、BM13 扁锚）、固定端锚具（H 型、P 型）、连接器（YML15/13）和波纹管组成。该锚固体系具有如下优点：应用范围广，可锚固标准强度为 2000MPa 及其以下级别的 ϕ12.7、ϕ15.24 钢绞线和标准强度为 1670MPa 的 ϕ5、ϕ7 高强钢丝束。可选择范围广，YM 锚固体系适用于钢绞线根数范围为 1～55 根，在此基础上还可增加钢绞线根数，以满足设计要求。具有良好的放张自锚性能，夹片跟进平齐，夹持性能稳定，施工操作简便。锚固效率系数高，锚固性能稳定、可靠。

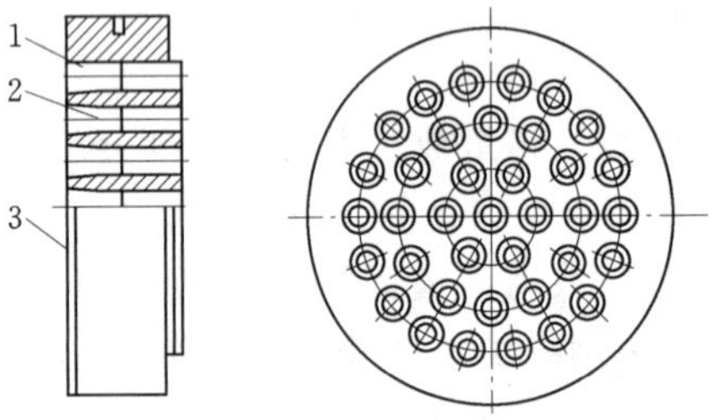

图 2-28　XM 锚

1—锚孔；2—夹片；3—锚环

图 2-29　YM 锚固体系

五、按锚索体种类划分

按锚索体种类分为钢绞线束锚索、高强钢丝束锚索和玻璃纤维锚索等。

第四节　预应力锚索设计的依据及现有规范规程

一、相关技术规程

锚杆设计的现行技术规范如下。

（1）《预应力混凝土用钢绞线》（GB/T 5224—2014）。

（2）《水电工程预应力锚固设计规范》（DL/T 5176—2003）。

（3）《预应力筋用锚具、夹具和连接器》（GB/T 14370—2007）。

（4）《建筑边坡工程技术规范》（GB 50330—2013）。

（5）《锚杆喷射混凝土支护技术规范》（GB 50086—2015）。

（6）《水电水利工程边坡设计规范》（SL 386—2007）。

（7）《混凝土结构设计规范》（GB 50010—2010）。

（8）《滑坡防治工程设计与施工技术规范》（DZ/T 0219—2006）。

(9)《岩土锚杆（索）技术规程》(CECS 22：2005)。

(10)《通用硅酸盐水泥》(GB 175—2007)。

(11)《水利水电工程地质勘察规范》(GB 50487—2008)。

(12)《水工混凝土结构设计规范》(SL 191—2008)。

(13)《无黏结预应力混凝土结构技术规程》(JGJ/T 92—2016)。

二、岩体锚固中的预应力锚索设计

锚索设计的原则如下。

(1) 根据锚索的数量、施工条件、工艺要求的不同，选用方形、梅花形、矩形或菱形布置。

(2) 锚索应能提供均匀的锚固力，预应力锚索的轴线方向宜按最优锚固角布置，当受施工条件和地形条件限制时经技术经济比较后可适当调整轴线方向。

(3) 锚索的间距和长度，应根据被锚固岩体的稳定性选择。一般而言，锚索的间距除必须满足锚索的受力要求外，应大于 1.5m。

(4) 对于锚索钻孔的直径，应保证预应力筋的保护层厚度不小于 20mm。锚索的上复地层厚度不宜小于 4.5m。

(5) 锚索的安装倾角要避开$-10°\sim10°$的范围。

三、锚索设计的一般要求

(1) 锚索设计应在调查、试验、研究的基础上，充分考虑锚固区地层的工程地质、水文地质条件和工程的重要性。

(2) 在满足工程使用功能的条件下，应确保锚索设计具有安全性与经济性。

(3) 确保锚索施加于结构或地层上的预应力不对结构物本身和相邻结构物产生不利影响，锚固体产生的位移应控制在允许的范围内。

(4) 永久锚索的有效寿命不应小于被加固结构物的服务年限。

(5) 设计采用的锚索均应在进行锚固性能试验后才能用于工程加固。

(6) 锚索设计结果与试验结果有较大差别时，应在调整锚索设计参数后重新进行试验。

四、锚索安全系数的确定

在进行锚索设计时，应充分考虑锚索可能的破坏方式，并根据锚索的使用寿命，相应地设计一定的安全储备。在确定安全系数时，一般将锚索划分为临时和永久两类，并分别再考虑其重要性。表 2-2 给出了锚索内锚固段长度设计时各界面在不同情况下的安全系数。

表 2-2　　单根锚索设计安全系数

分　类	安全系数K_f			
	锚索体	注浆体与地层界面	注浆体与锚索体或注浆体与套管	锥体破坏
服务年限小于 6 个月的临时锚索，破坏后不会产生严重后果，且不会增加公共安全危害	1.40	2.00	2.00	2.00

续表

分　类	安　全　系　数K_f			
	锚索体	注浆体与地层界面	注浆体与锚索体或注浆体与套管	锥体破坏
服务年限不超过2年的临时锚索，破坏后尽管会产生严重后果，但没有事先预报也不会产生公共安全危害	1.60	2.50①	2.50	3.00
永久锚索，高腐蚀地层的锚索，破坏后果相当严重的锚索	2.00	3.00②	3.00	4.00

①　如果现场试验已进行，可取$K_f=2.00$。

②　如果在黏性土中，可取$K_f=4.00$。

第五节　预应力锚索工作机理

由于锚固对象是复杂的岩土体，现有关于锚固支护作用和效果的试验都是在限定条件下和理想化的基础上进行的。锚索对岩体的加固作用机理比较复杂，主要表现在：①锚索与岩体黏结在一起，提高了岩体的整体度，增强了岩体的抗变形能力，增加了岩体整体性；②由于锚索的抗拉作用，当锚索穿越破碎岩层深入稳定岩层时，对稳定的岩层起着悬吊作用；③对于层状岩体，由于锚索的作用，对岩层离层的产生有着一定的阻碍作用，并增大了岩层间的摩擦力，锚索本身的抗剪作用阻止岩层间相对滑动，从而将各个岩层夹紧形成组合梁，提高了岩层的承载能力；④由于锚索的作用，改变了边界岩体的受力状态，使其由一维应力状态转化三维受力状态，提高了岩体的承载能力。

一、悬吊理论

悬吊作用理论认为，锚索支护是通过锚索将软弱、松动、不稳定的岩土体悬吊在深层稳定的岩土体上，以防止其离层滑脱。这种作用在地下结构锚固工程中表现得尤为突出，如图2－30所示。

二、组合梁作用原理

组合梁作用是比较早期提出来的，也是公认的支护作用原理之一。这种原理是把薄层状岩体看成一种梁（简支梁或悬臂梁），在没有锚固时，它们只是简单地叠合在一起，由于层间抗剪力不足，在荷载作用下，单个梁均产生各自的弯曲变形，上下缘分别处于受压和受拉状态。若用螺栓将它们紧固成组合梁，各层板便相互挤压，层间摩擦阻力大大增加，内应力和挠度减小，于是增加了组合梁的抗弯刚度，如图2－31所示。当把锚索埋入岩土体一定深度，相当于将简单叠合数层梁变成组合梁，从而提高了地层的承载能力。锚索提供的锚固力越大，各岩土层间的摩擦阻力越大，组合梁整体化程度越高，其强度也越大。

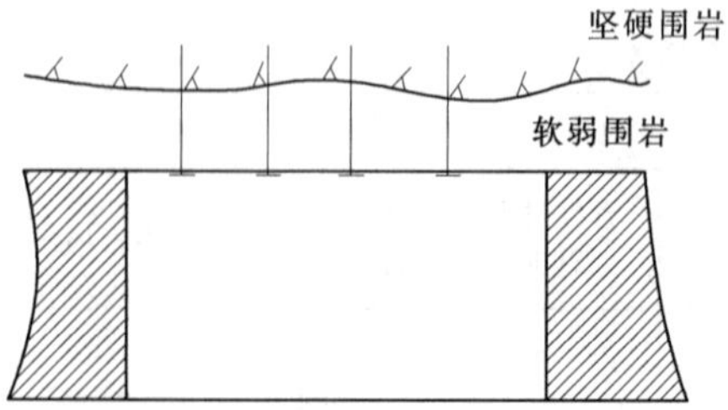

图2－30　锚索的悬吊作用

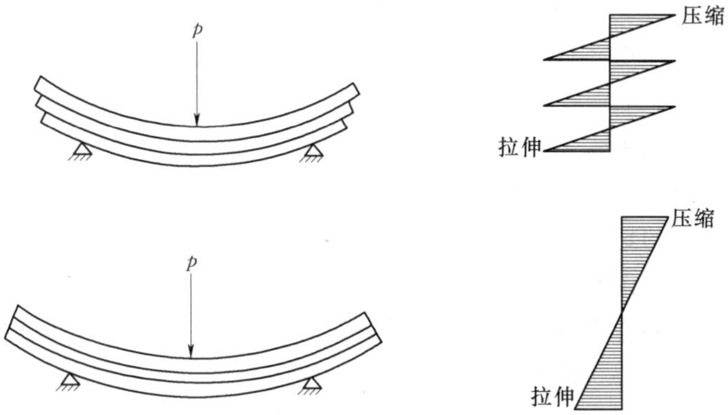

图 2-31 组合梁加锚前后的挠度及应力对比

三、挤压加固理论

兰格（T. A. Lang）通过光弹试验证实了锚杆（索）的挤压加固作用。在弹性体上安装具有预应力的锚杆时，发现在弹性体内形成以锚杆（索）两头为顶点的锥形体压缩区，若将锚杆（索）以适当间距排列，使相邻锚杆（索）的锥形压缩区相重叠，便形成一定厚度的连续压缩带，如图 2-32 所示。

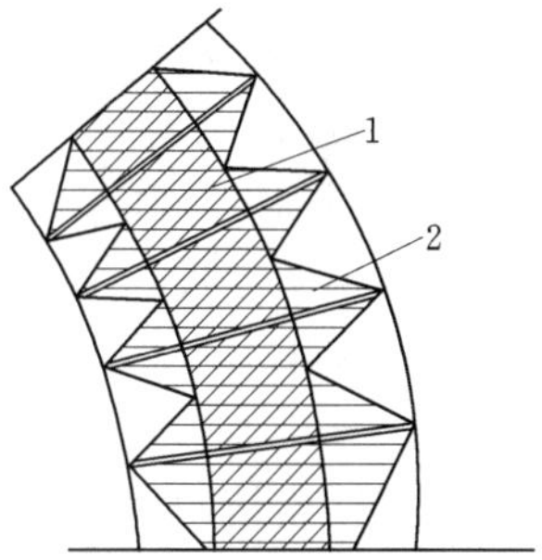

图 2-32 连续压缩带的形成

1—连续压缩带；2—锥形体压缩区

为说明锚杆（索）对破碎地层的支护作用，澳大利亚雪山地下工程、国内的冶金建筑研究院等单位曾分别先后用碎石、混凝土碎块作材料模拟破碎地层，然后锚杆（索）加固，结果发现加固后的模型承载能力大大提高。这就说明，通过锚固，即使无黏结力的碎石也能被加固成能承受相当大荷载的整体结构。工程上称这种现象为挤压加固作用。上述几种锚固作用机理在实际工程中并非孤立存在，往往是几种作用同时存在并综合作用，只不过在不同地质条件下某种作用占主导地位。

第六节 预应力锚索结构设计内容与方法

预应力锚索结构设计的总体原则是：锚束采用的高强预应力钢丝、钢绞线材质应符合相关规定，在进行预应力锚索设计时，在设计张拉力作用下钢材强度的利用系数宜为 0.60～0.65，锚束中各股钢丝或钢绞线的长度应一致。沿锚束的长度方向应安设隔离架，对于陡倾角方向布置的锚杆，隔离架间距不宜大于 4.0m。对于缓倾角方向布置的锚杆，隔离架间距不宜大于 2.0m，隔离架中应预留灌浆管和排气管的通道。有黏结预应力锚索，封孔灌浆后锚束的保护层厚度应大于 20mm。机械式内锚固段同钢丝或钢绞线的连接必须牢固，连接部件的强度应满足相关技术的规定。

一、预应力锚固设计应具备的资料

（1）预应力锚固设计应具备以下基本资料。

1）建筑物级别及工程布置图。

2）建筑物基本参数、荷载组合和运行特性。

3）锚固区域地形地质条件。

4）施工条件。

5）建筑材料的物理力学指标。

（2）岩体锚固设计应具备下列地质资料。

1）锚固工程部位的地质平面、剖面图。

2）不稳定岩体的范围和边界条件。

3）围岩质量、主要构造的产状、各种结构面的组合关系及地下水的资料。

4）锚固工程所涉及部位岩体的抗压强度、抗拉强度、变形模量、岩体重度、声波速度、岩体的抗剪强度指标、可能失稳结构面的抗剪强度指标、胶结材料与被锚固介质的黏结强度，对于Ⅳ类、Ⅴ类围岩，还应提供围岩的流变特性资料。

5）重要部位的锚固工程，应具有试验资料和原位监测资料。

二、锚索锚固设计的主要内容

（1）锚固设计应包括以下内容。

1）确定锚固范围和锚固深度。

2）选择锚固方式。

3）计算锚固力大小。

4）确定预应力锚索数量及选择布置方式。

5）确定锚索结构型式及各项参数。

6）编制施工技术要求和特殊情况的技术处理措施。

7）锚固效果监测及锚固后的工程安全评价。

锚固范围和施加的锚固力，应根据工程地质勘察资料、软弱结构面的位置、产状和力学性质或结构物的力学要求等，按照稳定分析或应力分析结果确定。

单根预应力锚索的设计张拉力，应根据下列因素确定。

1）保证被加固结构物安全运行需要的总锚固力大小。

2）锚固介质和胶结材料力学指标。

3）预应力锚索材料力学指标。

4）锚夹具的类型、张拉设备出力和施工场地条件。

（2）一般要求。

1）在锚固设计时，应考虑相互作用的影响，锚索的间距应大于锚固段最大直径的4倍，相邻锚固段间距应大于1.5m。

2）在施工中应考虑施工偏差而造成锚索的相互影响。

3）锚固段与相邻基础或地下设施的距离应大于3m。

4）锚固段埋深不宜小于5m。

（3）岩质滑坡锚固力计算公式。

根据极限平衡法进行计算，须考虑预应力沿滑面施加的抗滑力和垂直滑面施加的法向阻滑力。稳定系数计算公式推荐见式（2-1）（图2-33）：

$$F_s=\frac{[W(\cos\alpha-A\sin\alpha)-V\sin\alpha-U+T\sin\beta]\tan\varphi+CL}{W(\sin\alpha+A\cos\alpha)+V\cos\alpha-T\cos\beta} \tag{2-1}$$

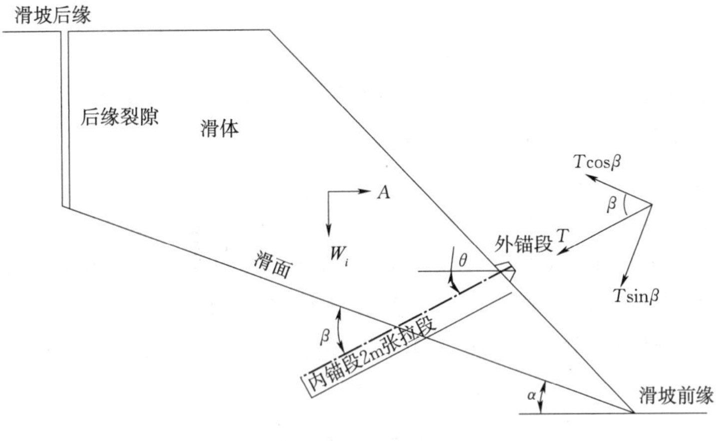

图 2-33 预应力锚索对滑坡抗滑作用示意图

其中：后缘裂缝静水压力V为

$$V=\frac{1}{2}\gamma_W H^2 \tag{2-2}$$

沿滑面扬压力U为

$$U=\frac{1}{2}\gamma_W LH \tag{2-3}$$

式中：H为后缘裂缝的深度，m；γ_W为水的重度，kN/m^3；L为滑面长度，m；θ为锚索（杆）倾角，(°)；β为锚索（杆）与滑坡面的夹角，(°)，β与滑面倾角α、锚索倾角θ之间的关系为$\beta=\alpha+\theta$；T为预应力锚索锚固力，kN；φ为滑面内滑角，(°)；C为滑面的黏聚力，kPa；其余符号含义同前。

相应地，预应力锚固力为

$$T=\frac{K_s W_a-W_b-CL}{\sin\beta\tan\varphi+K_s\cos\beta} \tag{2-4}$$

其中

$$W_a=W(\sin\alpha+A\cos\alpha)+V\cos\alpha \tag{2-5}$$

$$W_b=[W(\cos\alpha+A\sin\alpha)-V\sin\alpha-U]\tan\varphi \tag{2-6}$$

如果锁定锚固力低于设计锚固力的50%时，可不考虑预应力锚索产生的法向阻滑力，稳定系数计算公式简化如下：

$$F_s=\frac{[W(\cos\alpha-A\sin\alpha)-V\sin\alpha-U]\tan\varphi+CL}{W(\sin\alpha+A\cos\alpha)+V\cos\alpha-T\cos\beta} \tag{2-7}$$

相应地，预应力锚索锚固力为

$$T=\frac{K_s W_a-W_b-CL}{K_s\cos\beta} \tag{2-8}$$

式中：K_s为设计安全系数；A为地震加速度；其余各符号含义同前。

三、锚索锚固力应满足的条件

锚固力应满足的条件：

$$T_a=\frac{T_u}{S_f} \tag{2-9}$$

$$T_a \geqslant T_W \qquad (2-10)$$

$$T_d \geqslant T_W \qquad (2-11)$$

式中：T_a 为锚索容许锚固力，kN；T_u 为锚索极限锚固力，kN；S_f 为安全系数；T_W 为锚索工作锚固力，kN；T_d 为锚索设计锚固力，kN。

四、锚索体材料的选择

锚索材料选用高强度、低松弛预应力钢绞线，其技术标准为 270 级，直径 ϕ = 15.24mm，长度为相应的锚索设计长度加 1.5m，极限强度为 1860MPa。

采用高强预应力钢丝作锚索材料时，其力学性质应符合 GB/T 5223—2014 的规定。

采用预应力钢绞线作锚索材料时，其力学性能应符合 GB/T 5223—2014 的相关规定。

有关钢绞线的相关技术参数见表 2-3 和表 2-4。

表 2-3　　钢绞线抗拉强度标准值

种类：钢绞线股数	种类：直径/mm	抗拉强度标准值 f_{ptk} /MPa
2	10.0	1720
	12.0	
3	10.8	1720
	12.9	
7	9.5	1860
	11.1	1860
	12.7	1860
	15.24（目前最通用的类型）	1860
		1820
		1720

表 2-4　　无黏结钢绞线主要技术参数

<table>
<tr><td colspan="3">建筑油脂线密度/（kg/10m）</td><td>>0.50</td></tr>
<tr><td rowspan="3">PE 层厚度/mm</td><td rowspan="2">双层</td><td>外层</td><td>0.80～1.00</td></tr>
<tr><td>内层</td><td>0.80～1.00</td></tr>
<tr><td>单层</td><td colspan="2">0.80～1.20</td></tr>
<tr><td colspan="2">钢材与 PE 层间摩擦系数</td><td colspan="2">0.12</td></tr>
<tr><td rowspan="3">成品重量/（kg/m）</td><td>直径</td><td>单层</td><td>双层</td></tr>
<tr><td>15.20</td><td>1.218</td><td>1.27</td></tr>
<tr><td>12.70</td><td>0.871</td><td>0.907</td></tr>
</table>

五、注浆材料

一般情况下，内锚固段应优先选择胶结式，当难以采用胶结式时也可选用机械式。胶结式内锚固段的胶结材料，应优先选择水泥砂浆或水泥浆，有特殊要求时也可选择树脂材料。

预应力锚索的注浆材料通常采用水泥浆或水泥砂浆材料，通称为水泥质材料。在一般情况下，水泥质黏结材料所使用的水泥是普通硅酸盐水泥；对于要求及时提供锚固力的锚索，可以使用硫铝酸盐早强水泥。这种水泥的主要矿物组成是无水硫铝酸钙和铝酸二钙，通过调整二水石膏的掺入比例可获得早强，其性能及化学成分见表 1－13 和表 2－5。

表 2－5　　硫铝酸盐早强水泥化学成分

化学成分	SiO_2	Fe_2O_3	TiO_2	Al_2O_3	CaO	MgO	SO_2
所占比例/%	10.77	1.09	1.34	27.31	43.08	0.65	13.61

为了改进砂浆性能，在配制时可掺入适量的 NNO 型水剂和 LiCl，因为 LiCl 易溶于水，能促进硫铝酸盐水泥浆的早期强度，灰砂比为 1∶1、水灰比为 0.6 时的硫铝酸盐早强水泥砂浆的性能见表 2－6。

表 2－6　　水灰比为 0.6 时的硫铝酸盐早强水泥砂浆性能

附加剂		扩散度/mm	凝结时间		抗压强度/MPa		
NNO/%	LiCl/‰		初凝/min	终凝/min	1h	1d	3d
0.5	5	175	15	22	0.6	16.7	23.2
0.5	7.5	230	15	18	3.5	16.8	23.5
0.5	10	185	11	14	4.7	17.7	20.9

注　砂的细度模量为 2.02。

为了获得更快的凝结速度，可使用目前生产的 D、H、R 三种型号的硫铝酸盐超早强水泥，其性能见表 2－7。

灌浆料常采用的水灰比为 0.45～0.50（纯水泥浆），对于水泥砂浆，常采用的灰砂比为 1∶1，水灰比为 0.45～0.50 。

表 2－7　　硫铝酸盐超早强水泥净浆强度

型号	温度/℃	初凝/min	终凝/min	抗压强度/MPa				
				2h	4h	8h	12h	24h
D	<15	50	50	—	6.9～7.8	7.8～9.8	9.8～14.7	>39.2
	20±3	12	15	—	9.8～11.8	>24.5	>34.3	>39.2
	30±3	10	20	—	14.7～17.6	29.4	>39.2	>44.1
H	<15	150	155	—	1.0～2.0	5.9～7.8	≥14.7	≥34.3
	20±3	175	230	—	2.9～3.9	4.9～7.8	≥19.6	>39.2
	30±3	145	155	—	4.9～5.9	≥19.6	≥29.4	>44.1
R	<15	80	80	—	5.9～6.9	7.8～14.7	17.6～19.6	>34.3
	20±3	37	40	1.5～5.0	>19.6	≥24.5	≥34.3	>39.2
	30±3	25	30	≥9.8	>24.5	≥34.3	≥39.2	>39.2

六、锚索体长度设计

（一）内锚固段长度

锚索在注浆体与地层界面的锚固力受诸多因素的制约，岩石的强度、锚索类型、锚固段形式及施工工艺等对注浆体与地层界面的锚固力都会产生影响，除此之外，还存在许多尚未了解的因素也对此产生影响。这些因素涉及注浆体与地层界面结合的力学问题和锚索与地层相互作用问题。所有计算锚固力的公式都是在一定的假设条件下得到的，然而这些假设条件很难和现实条件相一致。所以，确定锚索锚固力最可靠的方法是在特定的地层条件下进行严格的锚索试验。具体锚索体的长度包括内锚固段、张拉段及外锚固段3部分，但最关键的是内锚固段长度的设计。

内锚固长度设计基本假设：

（1）锚固段传递给岩体的应力沿锚固段全长均匀分布。

（2）钻孔直径和锚固段注浆体直径相同、即在注浆时地层无被压缩现象。

（3）岩石与注浆体界面产生滑移（硬岩、孔壁光滑）或剪切（软岩、孔壁粗糙）破坏。

根据锚固设计需要并考虑一定安全余度和由于岩体流变混凝土徐变及钢材松弛可能引起的预应力损失后确定的每根锚杆应施加的张拉荷载称为设计张拉力。设计张拉力是进行锚索设计的前提。

1.《水电工程预应力锚固设计规范》（DL/T 5176—2003）规定

胶结式内锚固段所提供的锚固力，必须大于预应力锚索的超张拉力，内锚固段长度可按式（2-12）确定，对于重要工程内锚固段长度还应通过现场拉拔试验进行验证。

$$L_1 \geqslant \frac{r_0 \psi r_d r_c r_p P_m}{\pi D c} \tag{2-12}$$

式中：L_1 为内锚固段长度，m；r_0 为结构的重要性系数，Ⅰ级锚固工程采用1.1，Ⅱ级锚固工程采用1.0，Ⅲ级锚固工程采用0.9；ψ 为设计状况系数，持久状况采用1.0，短暂状况采用0.95，偶然状况采用0.85；r_d 为结构系数，仰孔采用1.3，俯孔采用1.0；r_c 为黏结强度分项系数，采用1.2；r_p 为单根预应力锚张拉力分项系数，采用1.15；P_m 为单根预应力锚杆超张拉力，kN；D 为锚索孔直径，mm；c 为胶结材料与孔壁的黏结强度，MPa，当缺乏试验资料时，可按表2-8和表2-9选取。

表2-8　水泥浆胶结材料与围岩的黏结强度

围岩类别	Ⅰ	Ⅱ	Ⅲ	Ⅳ	Ⅴ
黏结强度 c/MPa	1.5	1.5～1.2	1.2～0.8	0.8～0.3	≤0.3

表2-9　树脂材料与围岩的黏结强度

围　岩　类　型	围岩抗压强度/MPa	黏结强度 c/MPa
黏土岩、粉砂岩	5.0	1.2～1.6
煤、页岩、泥灰岩、砂岩	14.0	1.6～3.0
砂岩、石灰岩	50.0	3.0～5.0
花岗岩及类似花岗岩的火成岩	100.0	5.0～7.0

2.《岩土锚杆（索）技术规程》（CECS 22：2005）推荐

锚索岩体中锚索内锚固段长度的计算式从式（2-13）及式（2-14）从中取一大值：

$$L_a > \frac{K N_t}{\pi D f_{mg} \psi} \tag{2-13}$$

$$L_b > \frac{KN_t}{n\pi d\xi f_{ms}\psi} \tag{2-14}$$

式中：K 为锚固体抗拔安全系数，可参照表 1－6 确定；N_t 为锚索轴向拉力设计值，kN；L_a 为考虑注浆体与围岩黏结强度的内锚固段长度，m；L_b 为考虑注浆体与钢绞线黏结强度的内锚固段长度，m；f_{mg} 为锚固段注浆体与围岩黏结强度标准值，kPa，也可按表 1－17 或表 2－10 取值；f_{ms} 为锚固段注浆体与钢绞线黏结强度标准值，kPa，也可按表 1－18 取值；D 为锚固段钻孔直径，mm；d 为一股钢绞线的直径，mm；ξ 为采用 2 股或 2 股以上钢绞线时的界面黏结强度折减系数，一般取 0.6～0.85；n 为钢绞线的股数；ψ 为锚固长度对黏结强度的影响系数，见表 2－11。

表 2－10　典型的岩石与注浆体间的极限黏结强度

（美国 PTI 1996，岩层与土体预应力锚杆的建议）

岩石类型	平均极限黏结强度/MPa	岩石类型	平均极限黏结强度/MPa
花岗岩与玄武岩	1.7～3.1	砂岩	0.8～1.7
白云质灰岩	1.4～2.1	风化砂岩	0.7～0.8
软石灰岩	1.0～1.4	白垩	0.2～1.1
板岩与硬质页岩	0.8～1.4	风化泥灰岩	0.15～0.25
软页岩	0.2～0.8	混凝土	1.4～2.8

表 2－11　锚固长度对黏结强度的影响系数 ψ 建议值

锚固地层	土层					软岩或极软岩				
锚固段长度/m	13～16	10～13	10	6～10	3～6	9～12	6～9	6	4～6	2～4
ψ 取值	0.6～0.8	0.8～1.0	1.0	1.0～1.3	1.3～1.6	0.6～0.8	0.8～1.0	1.0	1.0～1.3	1.3～1.6

3. 工程实践经验方法

工程实践表明，锚索的破坏主要是在注浆体与锚固体的黏结强度不够，因此，内锚固段长度的确定也可按式（2－15）简单计算：

$$L = \frac{T_w S_f}{\pi D \tau_s} \tag{2-15}$$

式中：T_w 为锚索工作锚固力，kN；D 为钻孔直径，m；L 为锚固段长度，m；S_f 为安全系数，见表 2－2；τ_s 为孔壁与注浆体之间的极限黏结强度，kPa。

由于岩体强度、所使用锚索的类型和施工方法都控制着黏结强度的发挥，而岩体的类型千差万别，所以现有资料所提供的数据和实际的黏结强度可能有较大的出入。在一般情况下，岩体与注浆体之间黏结强度应在进行现场试验的基础上确定。在无试验条件的情况下，工程实践总结出了一些极限黏结强度的经验值，见表 2－12，可作为设计时的参考。

表 2-12　　设计推荐的岩体与注浆体的黏结强度

岩石类型		容许黏结强度/MPa	极限黏结强度/MPa	安全系数	资料来源
火成岩	中硬度玄武岩	—	5.73	3.40	印度
	风化花岗岩	—	1.50～1.50	—	日本
	玄武岩	1.21～1.39	3.86	2.80～3.20	英国
	花岗岩	1.38～1.55	4.83	3.10～3.50	英国
	蛇纹石	0.45～0.59	1.55	2.6～3.50	英国
	花岗岩和玄武岩	—	1.72～3.10	1.50～2.50	美国
变质岩	片麻岩	0.70	2.80	4.00	美国
	板岩与坚硬页岩	—	0.83～1.38	1.50～2.50	美国
	石灰质沉积物				
	石灰岩	1.00	2.83	2.80	瑞士
	白垩——标号Ⅰ-Ⅲ	0.01N	0.22～1.07	1.50～2.00（临时的） 3.00～4.00（永久的）	英国（N 为标准贯入试验打入 0.3m 的击数）
	第三纪石灰岩	0.83～0.97	2.76	2.90～3.30	英国
	白垩石灰岩	0.86～1.00	2.76	2.80～3.20	英国
	软质石灰岩	—	1.03～1.52	1.50～2.50	美国
	白云质石灰岩		1.38～2.07	1.50～2.50	美国
砂质沉积物	硬质粗晶砂岩	2.45	—	1.75	加拿大
	风化砂岩	—	0.69～0.85	3.00	新西兰
	良好胶结泥岩	—	0.69	2.0～2.50	新西兰
	砂岩	0.40	—	3.0	英国
	砂岩（极限抗压强度大于 2.0MPa）	0.60	—	3.0	英国
	硬质细砂岩	0.69～0.83	2.24	2.70～3.30	英国
	砂岩	—	0.83～1.73	1.5～2.50	美国
泥质沉积物	泥灰岩	—	0.17～0.25	3.00	英国
		—	0.45C_u	—	（C_u＝不排水剪切强度）
	易碎页岩	0.10～0.14	0.35		加拿大
	软质砂岩与页岩	—	0.37	2.70～3.70	英国
	软质页岩		0.21～0.83	1.50～2.50	美国
	一般强岩石单轴抗压强度大于 20MPa	单轴抗压强度/30（最大值达 1.40MPa）	单轴抗压强度/10（最大值达 4.2MPa）	3.00	英国

续表

岩石类型		容许黏结强度/MPa	极限黏结强度/MPa	安全系数	资料来源
泥质沉积物	易碎岩石	0.35～0.70	—	—	澳大利亚
	中等岩石	0.70～1.50	—	—	
	强岩石	1.05～1.40	—	—	
	广泛的各种火成岩和变质岩	1.05	—	2.00	澳大利亚
其他各种岩石		0.98	—	—	法国
		0.50	—	—	瑞士
		0.70	—	—	瑞士
		—	1.24～2.50	—	瑞士
		0.70	—	2.00～2.50（临时的）	意大利
		—		3.00（永久的）	
		0.60	2.76	4.00	加拿大
		1.40	4.20	3.00	美国
		—	浆体抗压强度的15%～20%	3.00	澳大利亚
混凝土		—	1.38～2.76	1.50～2.50	美国

英国小约翰根据某些代表性岩体抗剪强度试验结果，提出了岩体—锚固体黏结强度的设计值（表2-13）。表中数值假定拉锚荷载传到孔周围的应力为均匀分布。在缺乏岩体剪切试验资料时，黏结强度 c 可取岩芯获得率为100%时的单轴抗压强度 R_c 的1/10。

表2-13　　小约翰建议设计用的岩体—锚固体黏结强度

岩石类型		设计容许黏结强度/MPa	极限黏结强度/MPa	安全系数 K
岩浆岩	玄武岩	1.21～1.38	3.86	2.8～3.2
	花岗岩	1.38～1.55	4.83	3.1～3.5
	流纹岩	0.45～0.59	1.55	2.6～3.5
	风化花岗岩	—	1.72～3.10	1.5～2.5
沉积岩	灰岩	1.00	2.83	2.8
	白云质灰岩	—	1.38～2.07	1.5～2.5
	石灰砂岩	2.45	—	1.75
	泥岩	—	0.69	2.0～2.5
	砂岩	—	0.83～1.73	1.5～2.5
	页岩	—	0.37	2.7～3.7
	软岩	0.35～0.70	—	—
	中等强度岩石	0.70～1.05	—	—
	坚硬岩石	1.05～1.40	—	—

根据我国岩体分布特征，国内工程地质手册中，提出了岩体—锚固体黏结强度的建议设计值（表2-14）。

表2-14　岩体—锚固体黏结强度设计值

岩体类型	黏结强度/MPa	岩体类型	黏结强度/MPa
板岩	0.195～0.433	中厚层砂岩	0.462
风化岩质泥质页岩	0.147～0.23	变质岩	0.462
泥质粉砂岩	0.20～0.40	太古界片麻岩	0.62～1.02
薄层灰岩夹页岩	0.40～0.58	风化砂岩	0.48
强风化砂岩夹页岩	0.252～0.389		

我国也有人根据钻探过程中的岩芯获得率 *RQD* 确定岩体与锚固体间黏结强度，其基本依据为岩体的完整程度。长江科学院韩军等根据国内三峡、葛洲坝和隔河岩3个大型水利工程现场基岩与混凝土界面的黏结强度实测值，提出了按岩石强度等级确定的锚固体与岩体间黏结强度建议值（表2-15）。

表2-15　锚固体与岩体间黏结强度建议值

岩石种类	岩石单轴饱和抗压强度/MPa	岩体—锚固体黏结强度标准值/MPa
硬岩	＞60	1.5～2.8
中硬岩	30～60	1.0～1.5
软岩	＜30	0.3～1.0

4. 根据锚索体与注浆体界面的实际锚固力分布计算内锚固段长度

目前国内外对锚索体与注浆体之间剪应力的分布与传递机理的研究，尚不成熟，很多资料所提供的数据都是在预应力钢筋混凝土研究中得到的，所以对于这一问题，仍需要进行大量的试验研究工作。

在岩体中的锚索，锚固力主要受注浆体与锚索体界面的剪应力的控制和影响，在该界面上剪应力包括以下3个因素。

（1）黏着力：锚索体表面与注浆体之间的物理黏着力，当该界面上由于剪力作用而产生应力时，黏着力就成为发生作用的基本抗力；当锚索锚固段产生位移时，这种力就会消失。

（2）机械嵌固力：由于锚索体材料表面的肋节、螺纹和沟槽等的存在，注浆体与锚索之间形成机械联锁，这种力与黏着力一起发生作用。

（3）表面摩擦力：枣核状锚固段在受力时，注浆体有一部分被锚索夹紧，表面摩擦力的产生与夹紧力以及材料表面粗糙度相关。

目前在许多资料中给出的锚索体与注浆体界面的剪应力值，通常是指以上这3个力的合力。

对于拉力型锚索，其表面剪应力沿锚固段长度上的分布呈指数关系，Phillips（1970）

将其表述为式（2－16）：

$$\tau_x = \tau_0 e^{-\frac{Ax}{d}} \tag{2-16}$$

式中：τ_x 为距锚固段近端 x 处剪应力；τ_0 为锚固段近端的剪应力；d 为锚索直径；A_x 为锚索中结合应力与主应力相关的常数。

沿锚固段长度 L 积分，可得到极限锚固力的理论表达式

$$T_u = \frac{1}{A}\pi d\tau_0 \tag{2-17}$$

但该公式在实际使用中有所不便，一般来说，随着施加应力的增加，剪应力的最大值 τ_0 将以渐近方式向锚固段远端转移并改变剪应力的分布。在设计中，确定锚索体在注浆体中锚固长度的计算公式（2－18）是根据剪应力均匀分布的假定而得到的。

$$L = \frac{S_f T_w}{n\pi d\tau_u} \tag{2-18}$$

式中：n 为钢绞线根数；d 为钢绞线直径，m；L 为锚固段长度，m；τ_u 为极限剪应力，kPa；S_f 为安全系数；T_w 为工作锚固力。

极限剪应力的大小与锚索体材料表面粗糙度和注浆体强度有关，建议注浆体抗压强度不小于 30MPa，但过高的强度对剪应力的增加并无明显作用。对于任何情况，剪应力不应大于注浆抗压强度的 1/10，且不大于 4MPa。对于不同的界面，剪应力的取值可按以下不同情况选取：

（1）对于干净的光面钢筋或钢丝 $\tau_u \leqslant 1.0$MPa；

（2）刻痕钢丝 $\tau_u \leqslant 1.5$MPa；

（3）钢绞线 $\tau_u \leqslant 2.0$MPa；

（4）有枣核状的钢绞线 $\tau_u \leqslant 3.0$MPa；

（5）波纹套管 $\tau_u \leqslant 3.0$MPa。

锚索体与砂浆间的黏结强度按表 2－16 取值。

表 2－16　　钢筋、钢绞线与砂浆间的黏结强度设计值　　单位：MPa

锚杆类型 \ 水泥或水泥砂浆强度等级	M25	M30	M35
水泥砂浆与螺纹钢筋间	2.10	2.40	2.70
水泥砂浆与钢绞线、高强钢丝间	2.75	2.95	3.40

注　1. 当采用二根钢筋点焊成束的做法时，黏结强度应乘 0.85 折减系数。
　　2. 当采用三根钢筋点焊成束的做法时，黏结强度应乘 0.7 折减系数；成束钢筋的根数不应超过三根钢筋截面总面积不应超过锚孔面积的 20%，当锚固段钢筋和注浆材料采用特殊设计，并经试验验证锚固效果良好时，可适当增加锚杆钢筋用量

【例题 2－1】　使用预应力锚索加固岩石边坡，内锚固段采用枣核状结构，已知单根锚索的工作锚固力 $T_w = 1500$kN，注浆体抗压强度为 30MPa，经计算决定使用 9 根 $7\phi5$ 钢绞线（公称直径为 15mm），试计算锚固长度。

解：

（1）根据边坡的加固目的，取 $S_f = 2.5$；

（2）取岩体与注浆体的黏结强度 $\tau=2.5\text{MPa}=2500\text{kN/m}^2$；

（3）由式（2-10）计算其锚固长度：

$$L=\frac{S_f T_w}{n\pi d\tau}=\frac{2.5\times1500}{9\times\pi\times0.015\times2500}=3.5(\text{m})$$

由计算可知，该锚索的锚固段长度为 3.5m。

简要说明：锚固段最佳长度与黏结力的分布范围、地层类型以及锚索预应力的大小有关。目前对于这一问题的研究尚在继续，有限的研究成果可以作为参考。对于岩体中的锚索，在某些条件下，即使采用较大的安全系数，远小于 3m 的锚固段长度也已足够，例如现场试验表明，对于钢绞线，每厘米锚固长度可承载约 10kN 的抗拔力。但对于应力较大的锚索，若是锚固长度过短，锚固段岩体质量的突然下降或施工质量的原因可能会严重降低锚索的锚固力。建议锚固段的实际长度不宜小于 2m，对于锚固力较大的锚索，锚固段的实际长度不宜小于 3m。

（二）锚固段在稳定地层中的长度计算

锚索能否成功地锚固于地层之中，能否达到预计的锚固力，除了取决于锚索体材料强度、注浆体与地层界面的黏结力和注浆体与锚索体界面的握固力外，也取决于地层抵抗锚索被拉出的抗力，特别是承受锚索锚固段压力的那部分地层和不受这部分压力的那部分地层之间的抗剪强度。这种抗力只有在大于或等于锚索的锚固力时才能保证结构的稳定，否则将出现地层的破坏。所以在设计时应对地层的稳定性进行验算，采用锚固深度的概念来评价稳定性，所谓的锚固深度，是指稳定地层表面到锚固段中点的地层厚度。

1. 锚固段在岩体中的锚固深度

（1）对于良好的均质岩体，单根锚索的锚固深度可按式（2-19）进行计算；锚索群的锚固深度可按式（2-20）进行计算：

$$h=\sqrt{\frac{S_f T_w}{4.44\tau}} \tag{2-19}$$

$$h=\frac{S_f T_w}{2.83\tau a} \tag{2-20}$$

（2）对于不规则的断裂岩体，单根锚索的锚固深度可按式（2-21）进行计算；锚索群的锚固深度可按式（2-22）进行计算：

$$h=\sqrt[3]{\frac{3S_f T_w}{\gamma\pi\tan^2\phi'}} \tag{2-21}$$

$$h=\sqrt{\frac{S_f T_w}{\gamma a\tan\phi'}} \tag{2-22}$$

（3）对于侵入性的不规则断裂岩体，单根锚索的锚固深度可按式（2-23）进行计算；锚索群的锚固深度可按式（2-24）进行计算：

$$h=\sqrt[3]{\frac{S_f T_w}{(\gamma-\gamma_w)\pi\tan^2\phi'}} \tag{2-23}$$

$$h=\sqrt{\frac{S_f T_w}{(\gamma-\gamma_w)a\tan\phi'}} \quad (2-24)$$

式中：τ 为岩体的抗剪强度，kPa；S_f 为锚索抗破坏安全系数，见表 2-2；a 为锚索间距，m；ϕ' 为岩体有效内摩擦角，(°)；T_w 为锚索工作锚固力，kN；γ 为岩石容重，kN/m^3；γ_w 为水的容重，kN/m^3。

2. 锚固段在非黏性土中的锚固深度

对于松散干燥的非黏性土，其锚固深度应按下列公式进行计算。

(1) 当锚索轴向间距 $a \geqslant \sqrt{\frac{12T_w}{\pi\sigma_v}}$ 时，其锚固深度按式（2-25）进行计算：

$$h=\sqrt{\frac{3T_w S_f}{\pi\sigma_v \tan^2\phi}}+1 \quad (2-25)$$

(2) 当锚索轴向间距 $a < \sqrt{\frac{12T_w}{\pi\sigma_v}}$ 时，其锚固深度按式（2-26）进行计算：

$$h=\frac{a}{2\tan\phi}+\frac{B'+\sqrt{B'^2-a^4\sigma_v^2/\tan^2\phi}}{2a\sigma_v}+1 \quad (2-26)$$

其中
$$B'=\frac{a^2\sigma_v}{2\tan\phi}+2\cos\varphi\left(T_w S_f-\frac{a^2\pi\sigma_v}{12}\right) \quad (2-27)$$

式中：h 为锚固深度，m；a 为锚索间距，m；T_w 为锚索工作锚固力，kN；σ_v 为土体作用在锚固段上的径向压力，kPa；S_f 为锚索抗破坏安全系数，见表 2-2；φ 为内摩擦角，(°)；B' 为系数，按式（2-27）计算确定。

对于饱和的非黏性土，其锚固深度应按下列公式进行计算。

(1) 对于垂直锚索，其锚固深度应按式（2-28）进行计算：

$$h_v=\sqrt{\frac{S_f T_w}{\pi d(\gamma-1)k_0\tan\phi}} \quad (2-28)$$

其中
$$k_0=\frac{v}{1-\nu} \quad (2-29)$$

(2) 对于水平锚索，其锚固深度应按式（2-30）进行计算：

$$h_z=\frac{S_f T_w}{\pi d(\gamma-1)h_v\tan\phi} \quad (2-30)$$

(3) 对于倾斜锚索，其锚固深度应按式（2-31）进行计算：

$$h_s=\frac{S_f T_w}{\pi d(\gamma-1)h_v\cos\varphi(\tan\varphi+\tan\phi)} \quad (2-31)$$

式中：h_v、h_z、h_s 分别为垂直、水平、倾斜锚索的锚固深度，m；S_f 为抗破坏安全系数，见表 2-2；T_w 为锚索锚固力，kN；d 为锚固段钻孔直径，m；γ 为土体容重，kN/m^3；k_0 为系数；ν 为土壤的泊松比；φ 为锚索与水平向的夹角，(°)；ϕ 为土体内摩擦角，(°)。

3. 锚固段在黏性土中的锚固深度

(1) 对于单根锚索或 $a \leqslant L\tan\phi$ 的群锚，其锚固深度按式（2-32）进行计算：

$$h=\sqrt{\frac{3S_fT_w\cos\varphi}{\pi\tan\varphi(3c+\sigma_v\sin\varphi)}} \tag{2-32}$$

（2）对于 $a\leqslant L\tan\phi$ 的锚索群，其锚固深度按式（2－33）进行计算：

$$h=\frac{S_fT_w\cos\phi}{a(2c+\sigma_v\tan\phi)} \tag{2-33}$$

式中：L 为锚索锚固段长度，m；h 为锚固深度，m；S_f 为抗破坏安全系数，见表 2－2；T_w 为锚索锚固力，kN；σ_v 为锚固段上土体侧面的应力，kPa；a 为锚索间距，m；ϕ 为内摩擦角，(°)；c 为地层的黏结强度，kPa。

（三）外锚固段长度

外锚固段长度主要包括外锚墩的厚度。一般为 0.5m。

（四）自由张拉段长度

根据稳定分析或有限元数值模拟结果，确定自由张拉段长度。

七、锚索体截面设计

锚索体截面积按式（2－34）计算：

$$A=\frac{S_fT_d}{f_{ptk}} \tag{2-34}$$

式中：A 为锚索体截面积，m^2；S_f 为安全系数；T_d 为锚索设计锚固力，kN；f_{ptk} 为锚索体材料破断强度，kPa。

【例题 2－2】 使用按美国标准（ASTMa 416—96）生产的 $7\phi5$ 钢绞线制作预应力锚索，已知钢绞线强度级别为 270kPa，锚索的设计锚固力为 $T_d=2500$kN，试计算每根锚索所需钢绞线的数量。

解：

（1）查表 2－3 得钢绞线的公称抗拉强度 $f_{ptk}=1860$MPa、截面积 $A=140$mm。

（2）查表 2－2，取安全系数 $S_f=1.6$。

（3）按式（2－26）计算锚索体材料的总截面积为

$$A_t=\frac{S_fT_d}{f_{ptk}}=\frac{1.6\times2500}{1860}=2150(\text{mm}^2)$$

（4）计算钢绞线根数 n：

$$n=\frac{A_t}{A}=\frac{2150}{140}=15.3$$

由计算可知，该锚索可使用 15～16 根钢绞线。

八、锚索外锚头结构设计

1. 外锚头结构设计的原则

预应力锚索的外锚头，应由专门厂家采用金属材料制造。制造锚头的材料应符合规定。特殊情况下通过现场试验论证后可采用其他型式的外锚头，外锚头的结构设计应符合下列规定。

（1）外锚头及其各部件的承载能力必须同单根锚索的最大张拉力相匹配，其材料性能应符合相关标准的规定。

(2) 外锚头的结构型式应有利于孔口设备的布置与安装，有利于锚索的张拉，有利于锚索的锁定和多余钢绞线的切除。

(3) 当锚索张拉时，采用的锚夹具应保证锚索受力均匀，夹片的硬度适中，不损伤钢丝或钢绞线。锁定时，钢丝或钢绞线的回缩量不宜大于5mm。

(4) 孔口混凝土垫墩应保证传力均匀，垫墩尺寸应根据单根锚索的最大张拉力、垫墩材料性质、锚索孔口周围的地质情况及其力学性质，通过计算确定。垫墩混凝土的强度等级不应低于C30。

(5) 垫墩顶面应设置钢垫板，其平面尺寸可略小于垫墩上平面尺寸，厚度不宜小于2mm。钢垫板和垫墩的承力面应垂直于锚索孔的轴线，其角度偏差不宜大于±2°。

2. 常用的锚具形式

锚具可采用OVM锚固体系（包括配套的锚垫板、锚板、夹片和螺旋筋），主要技术参数为：锚固效率系数（即受预应力钢材根数影响等，考虑预应力筋应力不均匀的系数）$\eta_A \geqslant 0.195$；破断总应变 $\varepsilon_u \geqslant 012\%$；内缩量 $\lambda \leqslant 5$mm；锚口摩阻损失系数为0.025。张拉千斤顶可选用YDC240Q型千斤顶进行预紧和补偿张拉。另外，常用的钢绞线锚固的锚具还有JM系列、XM系列、XYM系列和QM系列等。

九、锚索体防护设计

《水电工程预应力锚固设计规范》(DL/T 5176—2003) 规定，预应力锚固工程中的锚索体，可按表2-17中的标准进行防腐防锈处理。对于防腐保护要求见表2-17。

表2-17 预应力锚索防腐与防锈标准

工作环境	工作时间	
	临时性预应力锚索	永久性预应力锚索
无侵蚀性	按A级防护	张拉后15d内按C级进行耐久性防护
中等侵蚀性	张拉前按A级或B级防护	张拉前按A级或B级进行防护；张拉后按C级进行耐久性防护
强侵蚀性	张拉前按B级防护；张拉后按C级进行耐久性防护	张拉前按B级进行防护；张拉后按C级进行耐久性防护

注 A级防护材料为液态防护材料，如石灰水、防腐油；B级防护材料为塑态防护材料，如凝胶、树脂、防锈油脂等；C级防护材料为刚性防护材料，如水泥浆、水泥砂浆、波纹管及其他措施等。

锚索体防腐防锈处理时所使用的材料及其附加剂中不得含有硝酸盐、亚硫酸盐、硫氰酸，盐氯离子含量不得超过水泥重量的0.02%。具体可参照《岩土锚杆（索）技术规程》(CECS 22：2005)（表2-18）。

预应力锚索采用水泥砂浆或水泥浆作为封孔灌浆或胶结材料时，胶结材料掺入的减水剂、早强剂、膨胀剂中对钢材有腐蚀作用的物质含量应符合相关技术规定。无黏结预应力锚索内锚固段所使用的胶结材料，应符合相关技术规定。对于张拉段也必须采用水泥浆或水泥砂浆进行全孔封闭、灌浆防护的永久性预应力锚索封孔灌浆后，对于外锚头应采用水泥砂浆包裹封闭，对于观测的预应力锚索应设置密封的保护罩。锚索防护构造如图2-34和图2-35所示。

表 2-18　　锚索Ⅰ级、Ⅱ级防腐要求

防腐保护等级	锚索类型	预应力锚索和锚具的防护要求		
		锚　　头	自　由　段	内锚固段
Ⅰ级	拉力型、拉力分散型	采用过滤管，锚具用混凝土封闭或钢罩保护	采用注入油脂的护套，或无黏结钢绞线，或有外套保护管的无黏结钢绞线	采用注入水泥浆的波形管
	压力型、压力分散型	采用过滤管，锚具用混凝土封闭或钢罩保护	采用无黏结钢绞线	采用无黏结钢绞线
Ⅱ级	拉力型、拉力分散型	采用过滤管，锚具用钢罩保护或涂防腐油脂	采用注入油脂的护套，或无黏结钢绞线	注浆

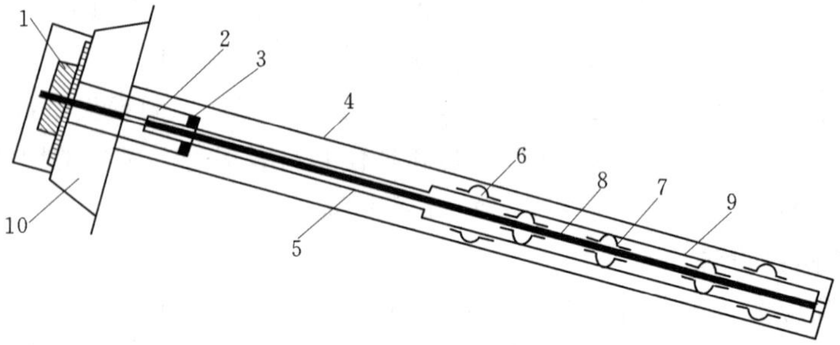

图 2-34　锚索Ⅰ级防护构造

1—锚具；2—过滤管（管内注入防腐剂）；3—密封；4—锚索注浆；5—注入防腐剂套管；6—对中支架；7—内部隔离支架；8—预应力筋材；9—波形套管；10—垫座

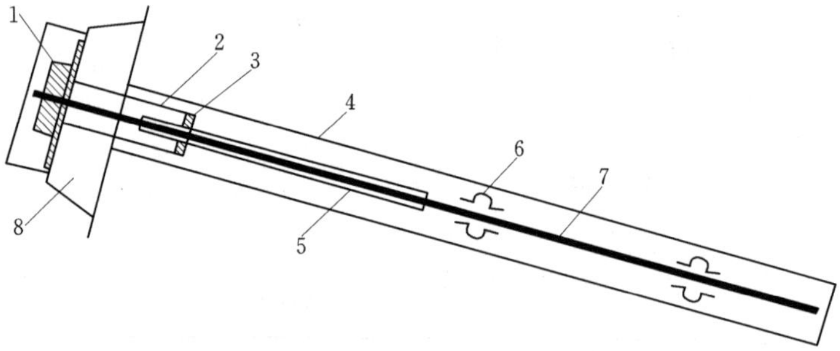

图 2-35　锚索Ⅱ级防护构造

1—锚具；2—过滤管（管内注入防腐剂）；3—密封；4—锚索注浆；5—注入防腐剂套管；6—对中支架；7—预应力筋材；8—垫座

十、锚索张拉设计

对于岩体锚固工程，锚索中的各股钢丝或钢绞线的平均应力，施加设计张拉力时，不宜大于钢材抗拉强度标准值的 60%；施加超张拉力时不宜大于钢材抗拉强度标准值的 70%。

对于水工建筑物的锚固工程，锚索中各股钢丝或钢绞线的平均应力，施加设计张拉力时不宜大于钢材抗拉强度标准值的 65%；施加超张拉力时，不宜大于钢材抗拉强度标准值的 75%。

超张拉力的数值应根据锚夹具的性能和造孔质量确定，一般情况下，超张拉力不宜超过设计张拉力的15%。

当被锚固后的岩体可能继续变形时，除应按岩体稳定需要确定设计张拉力外，还应按岩体可能继续变形值的大小确定锚索的实际安装荷载。

预应力锚索张拉程序设计应符合下列规定。

(1) 对由多股钢丝或钢绞线组成的预应力锚索，在正式张拉前，应按20%的设计张拉力，对各股钢丝或钢绞线进行预张拉。

(2) 锚索的张拉力，应分级施加、逐级增加至超张拉荷载。

(3) 每级张拉荷载，应持荷5min，锚索锁定后，当预应力损失超过设计张拉力的10%时，应进行补偿张拉。补偿张拉应在锁定值基础上一次张拉至超张拉荷载，最多进行两次。

(4) 对于布置多根预应力锚索工程，应优化张拉程序设计，当邻近锚索产生应力松弛的幅度超过设计张拉力的10%时，应进行补偿张拉。

张拉设备的选择应满足下列要求。

(1) 张拉设备的出力应满足超张拉的要求，其最大出力宜为设计张拉力的150%。

(2) 张拉设备的行程，宜大于锚索的弹性伸长与接触变形之和。

(3) 张拉设备应按计量法规定进行标定。

压力分散型锚索的不同承载体上钢绞线长度不等，根据其结构特点，锚索预应力施力应对每一根锚索的承载体按由内向外的顺序，对同一承载体上的钢绞线采用多级单根张拉、YDC240Q小千斤顶对称张拉的方式进行（图2-36）。同一承载体上的钢绞线其张拉程序为：将各承载体上的钢绞线按由内向外的顺序依次对称进行张拉到位。锚索的张拉力分级施加，逐级增加至设计荷载。当预应力损失超过设计张拉力的10 %时，应进行补偿张拉。补偿张拉在锁定值的基础上一次张拉至超张拉荷载，超张拉力不超过设计张拉力的115 %。

张拉步骤如下。

(1) 拉拔准备：剥除工作段PE管，洗净钢绞线，按图组装好机具。

(2) 先将大千斤顶空打出一定长度的活塞行程，以使每一循环结束后好退锚，同时锁死与大千斤顶配套的高压油泵。

(3) 将相应的垫环、工作锚具安放好在大千斤顶上（图2-37）。

(4) 用YDC240Q小千斤顶按承载体由孔底至孔口方向的顺序将每根绞线预紧至设计的力锁定（图2-38）。

(5) 用大千斤顶整体拉至设计的力，测量初值记录。

(6) 用YDC240Q小千斤顶将长于基准绞线（以离孔口最近的承载体上的绞线为基准）的钢绞线进行该循环的下一级加荷补偿，补偿完一个承载体上的绞线后再补偿下一个承载体的绞线，顺序仍按由内至外进行，直至补偿完毕，每一根绞线补偿完后锁定。

(7) 用大千斤顶整体张拉至该级次的荷载，按规定进行加压观测、记录，重复工作直至加荷至该循环的最大检验荷载。

(8) 逐级加荷、卸荷、观测、记录。

(9) 每一循环拉拔完后须卸掉补偿的力，再按以上步骤(2)～(7)的工作进行下一循环的加荷检验，如此进行直至拉拔结束。

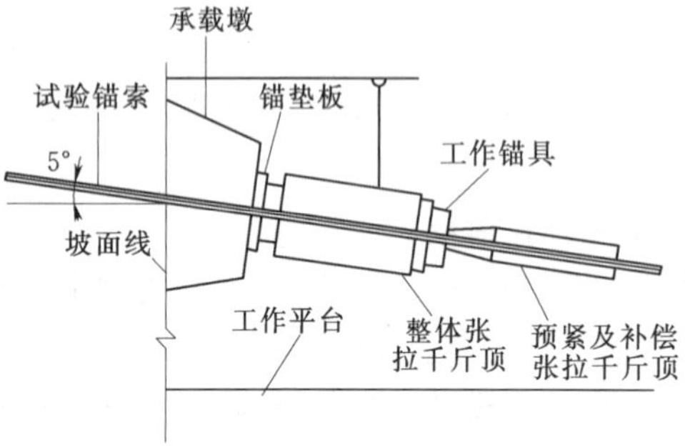

图 2-36 锚索张拉示意图

图 2-37 预应力锚索张拉设备

图 2-38 预应力锚索整体张拉

十一、锚固段的相互作用

众所周知，锚索群的平均力学特征与单根锚索的特征是完全不同的，当锚索的间距很小时，它们之间要发生相互影响，相互影响的程度受以下因素的控制。

（1）距离：随着相互距离的增加，其相互影响逐渐变小。

（2）地层硬度：地层的硬度越大，其相互影响越大。

（3）地层构造：地层中裂隙和缺陷的存在将减小其相互影响。

由于锚索群中各锚索所承受的荷载并不是按设计的那样均衡分布，所以，锚索群的总体承载效率总是低于单根锚索的承载效率。根据这一认识，国外许多规范中均对锚索的相互作用采取了相应的处理方法。例如在德国工业标准 DIN4125 中，计算锚索的锚固力时，采取一个折减系数来考虑锚索群的相互影响，把单根锚索的承载力乘以一个折减系数后作为在锚索群中的承载力。但是尚存在许多值得研究的问题，例如锚索群在地层中应力如何分布，出现群体破坏时锚索布置的密度应多大，注浆压力对形成锚索相互作用有何影响，已有研究结果表明，在相邻 4 倍钻孔直径的范围内仍有应力的变化，锚固段的间距应大于 4 倍锚索孔的直径。所以，锚索的相互影响仍然是今后需要进一步分析研究的课题。

第七节 预应力锚索施工说明编制与设计图件

一、预应力锚索施工说明应包含的内容

（一）施工说明应包含的基本内容

（1）预应力锚索的钻孔要求：包括开孔位置允许偏差、孔轴方向和倾角允许偏差、孔

底处的孔径允许偏差、扫孔等要求。

（2）孔口部位施工支承墩的承力面要求。

（3）锚索的材料选择要求：选用高强钢丝或钢绞线的质量要求、预应力锚索防护材料的质量要求。

（4）锚索加工的有关规定：如高强钢丝或钢绞线表面不得有损伤、锈蚀和污染；锚索加工应在有覆盖的车间或工棚内进行。

（5）锚索预应力钢材下料长度要求。

（6）内锚固段、张拉段设置隔离架或内芯管要求；编排钢丝或钢绞线与绑扎要求。

（7）钢丝或钢绞线与内外锚头的连接要求。

（8）止浆环、安装注浆管和排气管要求。

（9）锚索的安装与灌浆的要求。

（10）锚索的张拉与锁定的要求。

（11）封孔灌浆与锚索防腐的要求，如封锚、灌浆等。

（12）锚索长期观测的要求。

（二）施工说明的一般格式

1. 锚索体制作

（1）预应力筋表面不应有污物、铁锈或其他有害物质，并严格按设计尺寸下料。

（2）锚索体在安装前应妥善保护，以免腐蚀和机械损伤。

（3）索体制作时应按设计规定安放套管、隔离架、波形管、承载体、注浆管和排气管，杆体内的绑扎材料不宜采用镀锌材料。

2. 钻孔

（1）钻孔的孔深、孔径均应符合设计要求，钻孔深度不宜比规定值大 200mm 以上，钻头直径不应比规定的钻孔直径小 3.0mm 以上。

（2）钻孔与锚索预定方位的允许角偏差为 1°～3°。

3. 孔口承压垫座

（1）钻孔孔口必须设有平整、牢固的承压垫座。

（2）承压垫座的几何尺寸、结构强度必须满足设计要求，承压面应与锚孔轴线垂直。

4. 锚索的安装与灌浆

（1）预应力锚索体在运输及安装过程中，应防止明显的弯曲、扭转，并不得破坏隔离架、防腐套管、注浆管、排气导管及其他附件。

（2）锚索体放入锚孔前，应清除钻孔内的石屑与岩粉，检查注浆管、排气管是否畅通，止浆器是否完好。

（3）灌浆料可采用水灰比为 0.45～0.50 的纯水泥浆，也可采用灰砂比为 1∶1，水灰比为 0.45～0.50 的水泥砂浆（具体工程可选一种）。

（4）当使用自由段带套管的预应力筋时，宜在锚固段长度和自由段长度内采取同步灌浆。

（5）当采用自由段无套管的预应力筋时，应进行两次灌浆，第一次灌浆时必须保证锚固段长度内灌满，但浆液不得流入自由段。预应力筋张拉锚固后应对自由段进行第二次灌浆。

（6）永久性预应力锚索，应采用封孔灌浆；应用浆体灌满自由段长度顶部的孔隙。

（7）灌浆后浆体强度未达到设计要求前，预应力筋不得受扰动。

5. 锚索张拉与锁定应遵守下列规定

（1）预应力筋张拉前，应对张拉设备进行率定。

（2）预应力筋张拉，应按规定程序进行；在编排张拉程序时，应考虑相邻钻孔预应力筋张拉的相互影响。

（3）预应力筋正式张拉前，应取20%的设计张拉荷载，对其预张拉1～2次，使其各部位接触紧密钢丝或钢绞线完全平直。

（4）压力分散型或拉力分散型锚索，应按张拉设计要求先分别对单元锚索进行张拉。当各单元锚索在同等荷载条件下因自由段长度不等而引起的弹性伸长差得以补偿后，再同时张拉各单元锚索。

（5）预应力筋正式张拉时应张拉至设计荷载的105%、110%，再按规定值进行锁定。

（6）预应力筋锁定后48h内，若发现预应力损失大于锚索拉力设计值的10%时，应进行补偿张拉。

（7）灌浆材料达到设计强度时，方可切除外露的预应力筋，切口位置至外锚具的距离不应小于100mm。

6. 预应力锚索的试验和监测

预应力锚索的试验要求如下。

（1）基本试验锚索数量不得少于3根。

（2）基本试验所用的锚索结构施工工艺及所处的工程地质条件，应与实际工程所采用的相同。

（3）基本试验最大的试验荷载，不宜超过锚索体承载力标准值的0.9倍。

（4）基本试验应采用分级循环加卸荷载法。拉力型锚索的起始荷载可为计划最大试验荷载的10%，压力分散型或拉力分散型锚索的起始荷载可为计划最大试验荷载的20%。

（5）锚索破坏标准：采用后一级荷载产生的锚头位移增量达到或超过前一级荷载产生位移增量的2倍、锚头位移不稳定及锚索体拉断等3个标准。

长期监测要求如下。

（1）预应力锚索及用于重要工程的临时性预应力锚索，应对其预应力变化进行长期监测。

（2）预应力锚索的监测数量不应少于锚索数量10%，临时性预应力锚索的监测数量不应少于锚索数量的5%。

（3）预应力变化值不宜大于锚索拉力设计值的10%，必要时可采取重复张拉或适当放松的措施以控制预应力值的变化。

二、某工程预应力锚索施工设计总说明实例

（一）设计依据

（1）《水电工程预应力锚固设计规范》（DL/T 5176—2003）。

（2）《水利水电工程喷锚支护施工规范》（DL/T 5181—2015）。

（3）各相关规程、规范。

（二）设计要求

预应力锚索施工内容有：钻孔、固结灌浆、编索、穿索、灌浆、外锚墩施工、安装锚具、张拉及补张拉、孔口段注浆及外锚头封闭。

1. 定位钻孔及固结灌浆

（1）钻孔定位允许偏差为100mm，孔深允许偏差为±200mm，孔轴方向和倾角允许最大偏差为±2°。本工程1200kN级锚索钻孔直径150mm，钻孔深度比锚索体设计长度长500mm。

（2）若钻孔达到预定孔深但未按预计穿透全风化和强风化花岗斑岩带时，应延长钻孔。确保内锚头段为弱风化岩石。

（3）安装锚索之前应通过锚索孔对岩体进行固结灌浆处理。水泥浆配比宜为0.5～0.6，孔口到孔底灌浆压力为0.5～2MPa，待浆液强度超过5MPa后，再进行扫孔。

2. 编索及穿索

（1）锚索加工应在有覆盖的车间或工棚内进行。无黏结钢绞线不得有损伤、锈蚀和污染，外套表面不得有裂缝。预应力锚索的切割须采用砂轮切割机，不得使用电焊或氧炔焰切割。

（2）预应力钢绞线下料长度应大于钻孔长度＋外锚固段长度＋张拉工作段长度，具体长度承包人根据施工情况调整。每个承载板上钢绞线长度应一致，钢绞线张拉端自由段长度应一致。

（3）内锚段承载板定位应正确，平面应与锚索体轴线相垂直，采取一定的措施确保锚索体安装过程中不会使承载板发生位移或偏转。内锚段固定用P锚与钢绞线连接必须牢固，其抗拉强度应大于锚索的超张拉荷载。

（4）钢绞线剥皮外露部分应进行临时防锈防潮防护，临时措施必须有效。

（5）锚索在安装过程中应防止弯折、扭转，并不得损坏隔离架、防腐套管及其他附件。锚索放入锚孔前、后均应检查注浆管是否通畅，止浆环是否完好。

3. 灌浆

（1）锚索就位后，监理人应尽快验收，以便尽早进行灌浆。承包人应在灌浆前对水泥浆配合比进行试验，试验合格并经监理人验收同意后的配合比方可使用。

（2）灌浆为有压灌浆，灌浆压力为0.2～0.3MPa，当孔口溢出浆液浓度与进浆管一致并稳压20min后，方可停止注浆，并应封堵进浆管以防止浆液流出。

（3）灌浆后，在浆体达到设计要求之前，锚索体不得受扰动。

4. 外锚墩施工

（1）外锚墩应按图绑扎钢筋，同时安装定位钢管、螺旋钢筋及锚垫板。

（2）孔口定位PVC管安装位置应准确，管轴线与钻孔轴线同轴，偏差不得大于5mm，钢绞线外露部分应全部穿过锚垫板，应按照图纸要求安装就位并支承牢固，安装误差应小于5mm，锚板中心线应与钻孔中心线同轴，角度误差应小于0.5，锚板与定位钢管连接应同轴，两者接口处用麻丝塞紧，以防止水泥浆渗入，安装锚板时灌浆（排气）孔必须朝上。

（3）应采取延长拆模时间、表面覆盖等措施加强混凝土的养护工作。

（4）锚、夹具安装，锚夹具使用与锚垫板相应的配套产品，锚夹具必须无锈斑。

5. 安装锚具、张拉及补张拉

（1）检查张拉端钢绞线是否生锈，如生锈应先行除锈。

（2）锚索张拉过程分预紧和分级张拉两个主要环节。其中预紧采用单绞线小千斤顶循环法，单根钢绞线预紧吨位30kN。每根钢绞线至少进行两个循环预紧，要求两次预紧伸长值差小于3mm，且每根钢绞线的伸长值与理论伸长值的差值不能超过理论伸长值的10%。否则进入下一循环继续预紧，直到满足要求才能进入整体张拉。

（3）张拉分级如下：预紧→500kN→750kN→1000kN→1200kN→1320kN→锁定。

（4）张拉时升卸荷速率应平稳、缓慢，张拉力控制以压力表读数为准，理论伸长值和实测伸长值比较为辅，兼备测力机观测，当实测伸长值超过理论伸长值10%或小于5%时，应停止张拉，查明原因后再行张拉。

（5）锚索锁定回缩量应小于5mm，若大于5mm应检查锚、夹具及千斤顶安装对中和顶压锚固操作工艺。

（6）锚索补张拉：若锚索张拉后锁定，48h内预应力值损失超过设计值的10%，应进行补张拉，补张拉值应达到设计超张拉值。

（7）张拉及补张拉过程须作详细记录并提交监理人。

6. 孔口段注浆及外锚头封闭

（1）经验收检查合格并经监理人确认同意可将多余钢绞线切除。切割机械采用砂轮切割机。锚夹具必须无锈斑。

（2）补张拉结束后进行封孔灌浆，水泥浆材料及灌浆要求要求同锚固灌浆材料。

（3）外锚头封闭采用环氧树脂外包C40混凝土双层保护。封闭材料同锚墩接触面应全面凿毛。

三、预应力锚索典型施工样图

预应力锚索施工设计图纸见图2-39～图2-43。

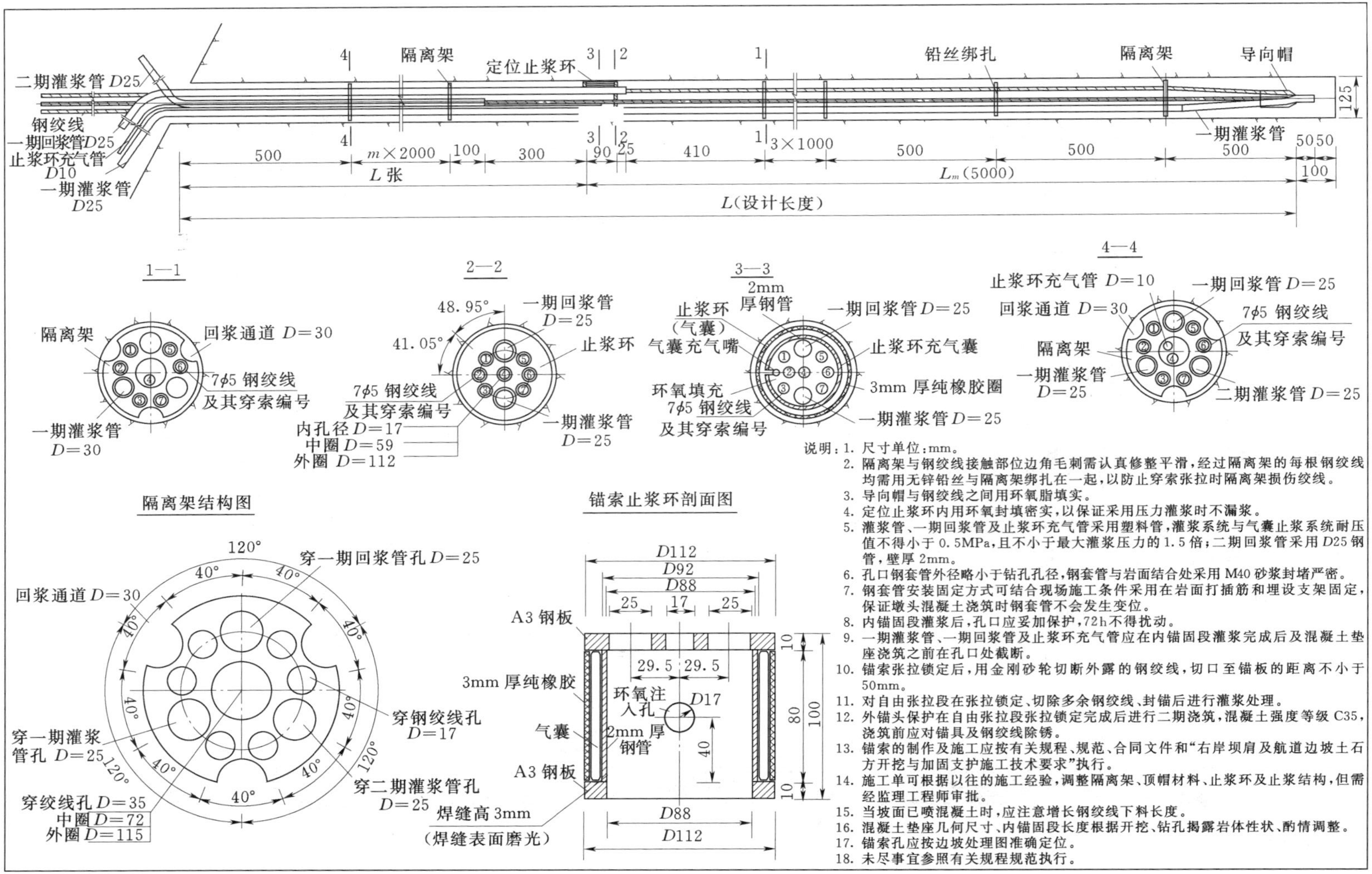

说明：1. 尺寸单位：mm。

2. 隔离架与钢绞线接触部位边角毛刺需认真修整平滑，经过隔离架的每根钢绞线均需用无锌铅丝与隔离架绑扎在一起，以防止穿索张拉时隔离架损伤绞线。
3. 导向帽与钢绞线之间用环氧脂填实。
4. 定位止浆环内用环氧封填密实，以保证采用压力灌浆时不漏浆。
5. 灌浆管、一期回浆管及止浆环充气管采用塑料管，灌浆系统与气囊止浆系统耐压值不得小于0.5MPa，且不小于最大灌浆压力的1.5倍；二期回浆管采用D25钢管，壁厚2mm。
6. 孔口钢套管外径略小于钻孔孔径，钢套管与岩面结合处采用M40砂浆封堵严密。
7. 钢套管安装固定方式可结合现场施工条件采用在岩面打插筋和埋设支架固定，保证墩头混凝土浇筑时钢套管不会发生变位。
8. 内锚固段灌浆后，孔口应妥加保护，72h不得扰动。
9. 一期灌浆管、一期回浆管及止浆环充气管应在内锚固段灌浆完成后及混凝土垫座浇筑之前在孔口处截断。
10. 锚索张拉锁定后，用金刚砂轮切断外露的钢绞线，切口至锚板的距离不小于50mm。
11. 对自由张拉段在张拉锁定、切除多余钢绞线、封锚后进行灌浆处理。
12. 外锚头保护在自由张拉段张拉锁定完成后进行二期浇筑，混凝土强度等级C35，浇筑前应对锚具及钢绞线除锈。
13. 锚索的制作及施工应按有关规程、规范、合同文件和“右岸坝肩及航道边坡土石方开挖与加固支护施工技术要求”执行。
14. 施工单可根据以往的施工经验，调整隔离架、顶帽材料、止浆环及止浆结构，但需经监理工程师审批。
15. 当坡面已喷混凝土时，应注意增长钢绞线下料长度。
16. 混凝土垫座几何尺寸、内锚固段长度根据开挖、钻孔揭露岩体性状，酌情调整。
17. 锚索孔应按边坡处理图准确定位。
18. 未尽事宜参照有关规程规范执行。

图2-39　1000kN有黏结预应力锚索端锚型结构图

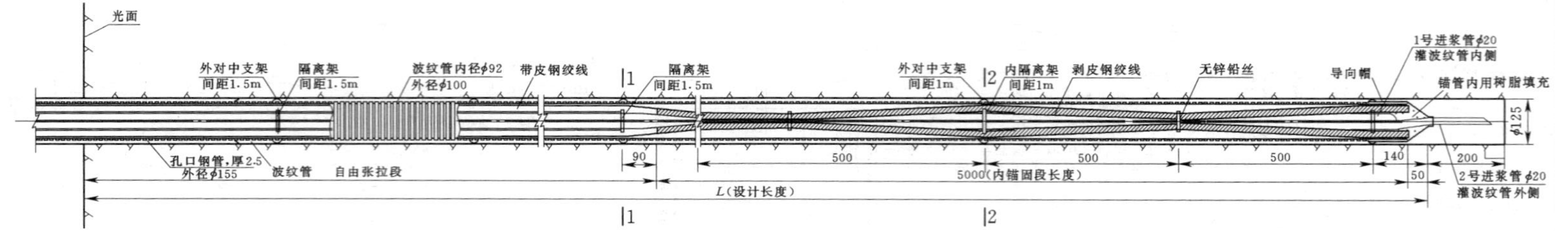

1000kN 无黏结式预应力锚索端锚型结构图

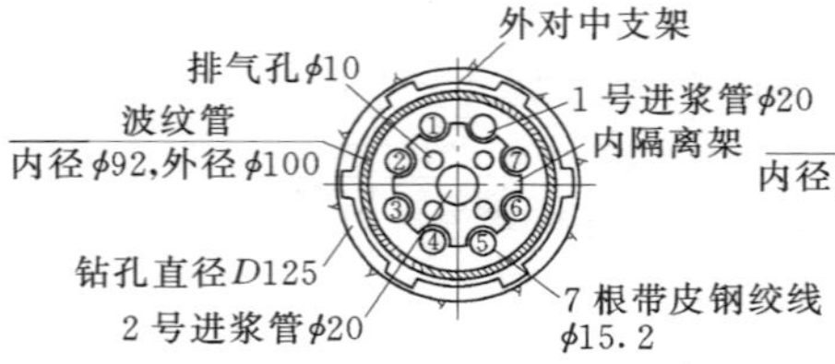

1—1

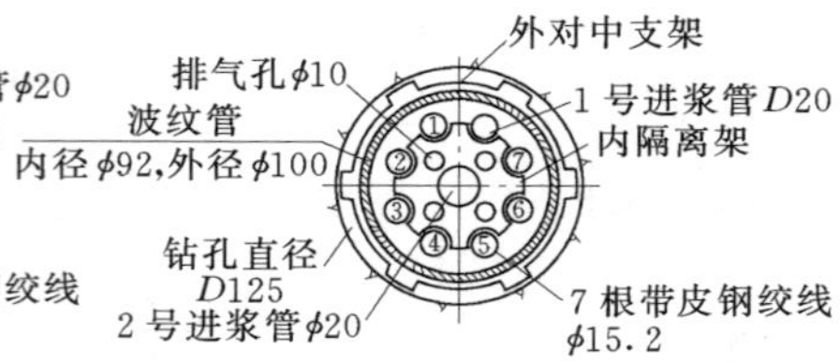

2—2

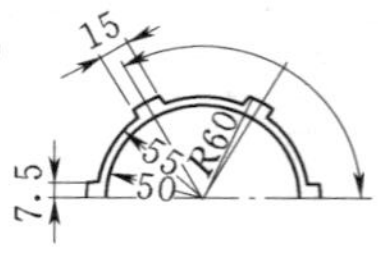

外对中支架大样图

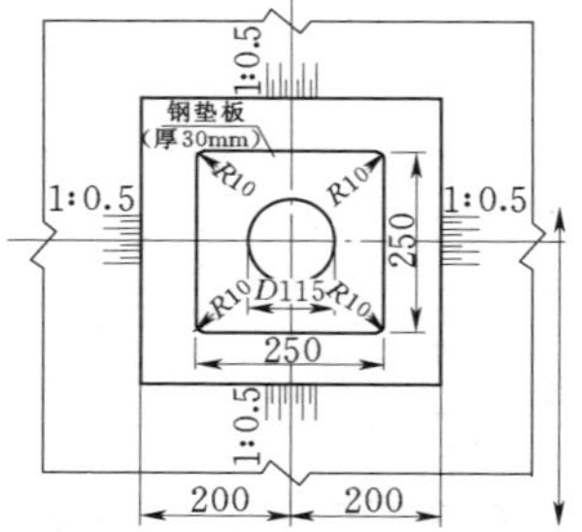

混凝土垫座立视图

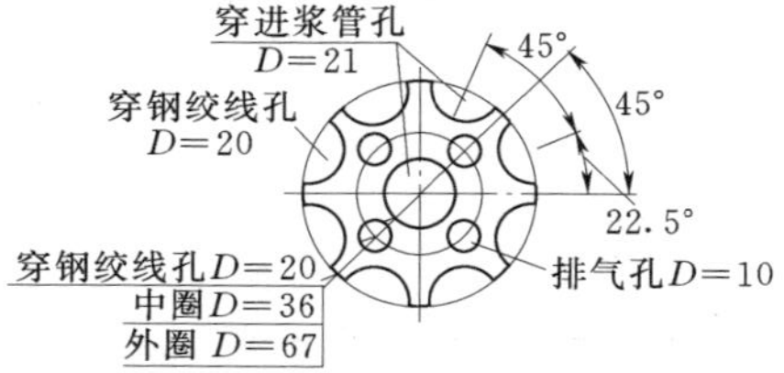

隔离架结构图

说明:

1. 尺寸单位:mm。
2. 内隔离架与钢绞线接触部位边角毛刺须认真修整平滑,经过内隔离架的每根钢绞线均需用锌铅丝与隔离架绑扎在一起,以防止穿索时内隔离架损伤钢绞线。
3. 孔口钢套管外径略小于钻孔孔径,钢套管与岩面结合处采用M40 砂浆封堵严密。
4. 钢套管固定安装方式可结合现场施工条件采用在岩面打插筋和埋设支架固定,保证墩头混凝土浇筑时钢套管不会发生变位。
5. 灌浆材料采用M30 水泥浆。
6. 锚板在灌浆结束后安装,锚索灌浆时须在锚垫板表面临时放置一个隔离架,以保证孔口附近钢绞线定位,待锚索张拉前取消隔离架。
7. 锚板上的穿进回浆管孔用于灌注靠近锚垫板灌浆不密实处,外对中支架两个半圆的安装应采用铁丝绑扎。
8. 内锚固段每1m安装一个内隔离架和一个外对中支架,自由张拉段每1.5m 安装一个内隔离架和一个外对中支架。
9. 锚索张拉锁定后,用金刚砂轮切断外露的钢绞线,切口位置至锚板的距离不小于50mm。
10. 外锚头保护:在锚索张拉锁定完成后进行二期浇筑,混凝土强度等级C30,浇筑前应对锚具和钢绞线除锈。
11. 内隔离架、外对中支架及导向帽材料可由施工单位根据以往经验和实际情况报经监理工程师审批同意后适当调整。
12. 垫座采用现浇混凝土C30。
13. 外锚头垫座几何尺寸受岩体承载强度控制,施工中根据开挖揭露的岩体性状,酌情调整垫座尺寸。

图 2-40　1000kN 无黏结预应力锚索结构图

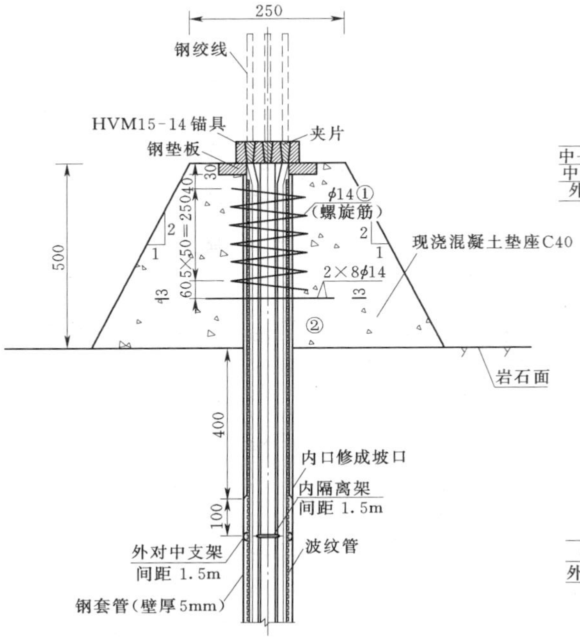

外锚头结构图

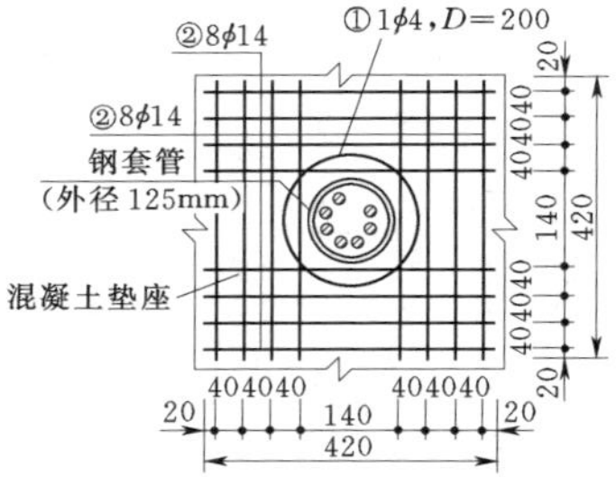

3—3

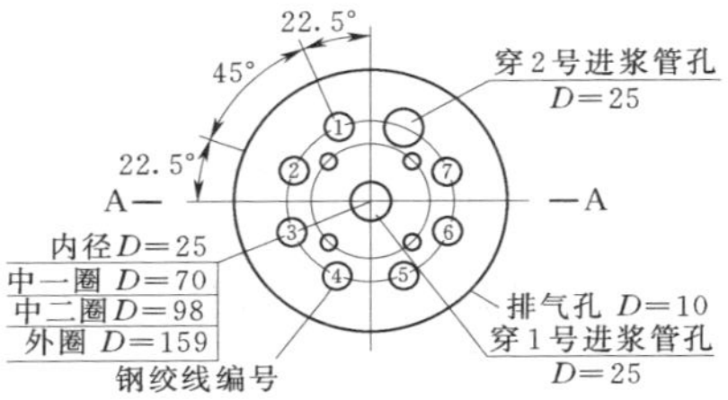

临时隔离架结构图

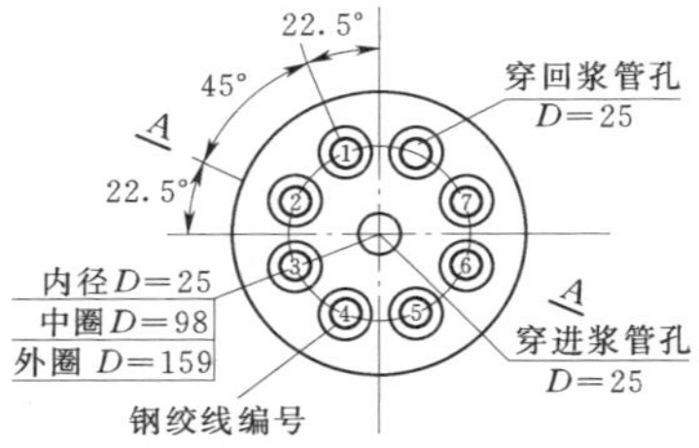

锚板结构图

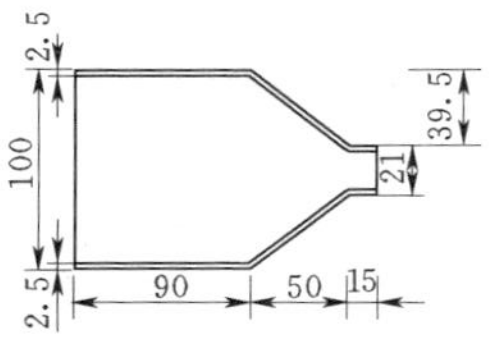

导向帽详图

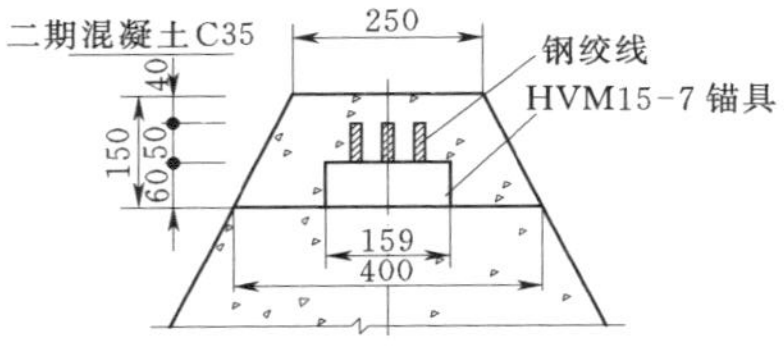

锚索外锚头保护大样

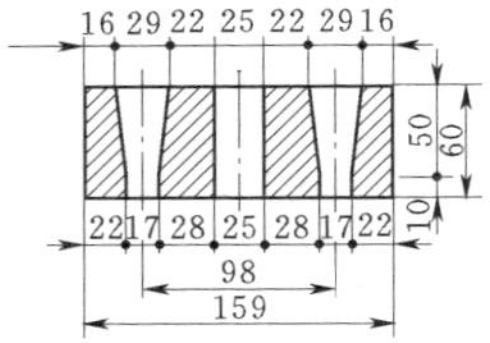

A—A

单束锚索工程量表

名称	规格	单位	数量	备注
钢绞线	ASTMA416-87a	m	$7(L+1.2)$	带皮钢绞线（7φ7）
工作锚	HVM15-7	套	1	
垫座混凝土	C30	m^3	0.24	
外锚头二期混凝土	C30	m^3	0.017	
垫座钢筋	φ14	kg	8.2	
	φ20	kg	9.5	螺旋直径200mm,螺距50mm
内隔离架	5mm厚Q235钢	个	$L_1/1.5+5$	内隔离架每个重 0.065kg
临时隔离架	5mm厚Q235钢	个	1	临时隔离架每个重0.661kg
外对中支架	60mm 宽橡胶	个	$L_1/1.5+5$	
钢垫板	3mm厚Q235钢	块	1	钢垫板每个重12.174kg
钢套管	Q235钢	个	1	钢套管每个重 12.79kg
导向帽	2.5mm厚Q235钢	kg	0.846	
无锌铅丝	14号	kg	2	
1号灌浆管	D20 塑料管	m	$L+0.7$	
2号灌浆管	D20 塑料管	m	$L+0.8$	
波纹管	橡胶(内径125mm,外径135mm)	m	$L+0.5$	
石方槽挖		m^3	0.306	

注：L 为锚索设计长度，L_1 为张拉段长钢绞线与进浆管长度仅供下料参考。

图 2-41 1000kN级典型锚索外锚端结构图(单位：mm)

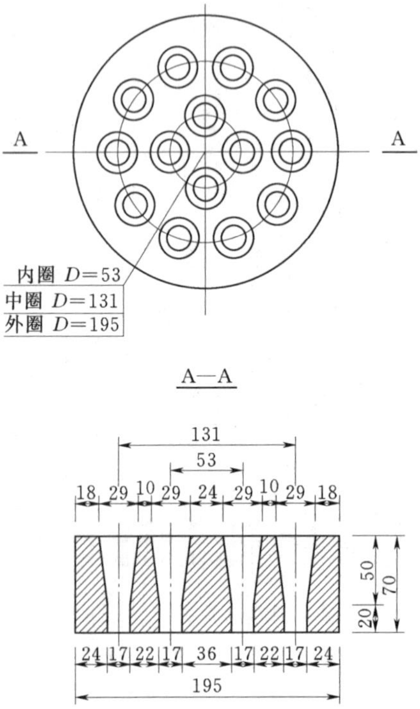

图 2-42　2000kN 锚索锚板大样图
（单位：mm）

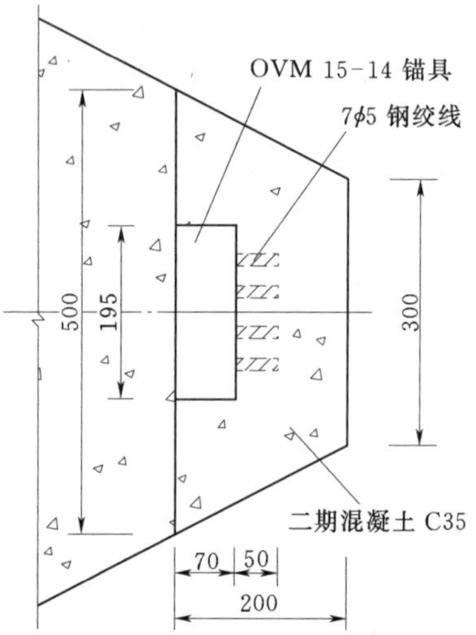

图 2-43　2000kN 锚索锚头防护结构图
（单位：mm）

第八节　小浪底水利枢纽地下厂房预应力锚索加固设计实例

一、工程概况

小浪底水利枢纽地下厂房位于大坝左岸，由主厂房、主变室及安装间组成，主厂房长、宽、高分别为 251.5m、26.2m、57.94m。由于厂房顶拱以上有三层连续的泥化夹层，经有限元数值模拟、地质力学模型试验及参考已有大型地下洞室层状围岩加固工程进行类比等综合分析，厂房顶拱不稳定体的加固采用系统锚杆、挂网喷混凝土和预应力锚索组成。根据计算，整个厂房顶拱共须用 325 根预应力锚索进行加固。

二、预应力锚索设计

1. 锚索参数的确定

工程类比及计算分析表明，厂房顶拱需要提供支护力 0.15～0.20MPa，除 ϕ32 张拉锚杆外，还需要采用 1500kN 级锚索，间排距 4.5m×6.0m。对于顶拱以上 20m 高度内主要分布的三层泥化夹层，有限元分析表明，顶拱最大屈服域深度 22m 左右，所以锚索长采用 25m。

2. 锚索材料

锚索按 ASTMA416/87a 标准设计，选用 270 级钢绞线，公称直径 15.24mm，每根钢绞线净面积为 $140mm^2$，极限强度为 1860MPa。

每根钢绞线允许工作荷载为

$$T_w \leqslant \frac{1}{1.6} A R_Y = 162.75\text{kN}$$

式中：A 为钢绞线净面积，mm^2；R_Y 为钢绞线极限强度，kN/mm^2。

1500kN 锚索需要的钢绞线的根数为

$$G \geqslant 1500/T_w = 9.22(\text{根})$$

因此选用 10 根钢绞线组成一根锚索，一根锚索的极限承载力为

$$f_{pu} = 10 A R_Y = 2604\text{kN}$$

3. 内锚头设计

（1）钢绞线和水泥砂浆间的黏结。根据工程类比及设计经验，净距大于 5mm，灌浆浆体最小抗压强度为 30MPa 的干净的多股钢绞线的均匀极限黏结强度为 2.0MPa，当锚固长度采用 6.0m 时安全系数为

$$K_1 = L d_1 \pi \times 10 \tau_1 / f_{pu} = 2.2$$

式中：L 为锚固长度，m；τ_1 为均匀极限黏结应力 MPa；d_1 为钢绞线公称直径。

（2）灌浆和 PVC 孔壁间的黏结。波纹管外径为 125mm，据工程经验，灌浆与 PVC 管间的黏结应力不小于 3.0MPa，故沿此面破坏的安全系数为

$$K_2 = L d_1 \pi \times 10 \tau_2 / f_{pu} = 2.71$$

式中：d 为波纹管外径，mm；τ_2 为灌浆与 PVC 管间的黏结应力，MPa。

（3）灌浆和孔壁间的黏结。钻孔直径为 165mm，根据现场岩石情况和工程实例，灌浆和孔壁间的黏结应力极限值取 2.0MPa，故沿此面破坏的安全系数为

$$K_3 = L d_1 \pi \times 10 \tau_3 / f_{pu} = 2.39$$

式中：d_2 为钻孔直径，mm；τ_3 为灌浆与孔壁间的黏结应力，MPa。

根据以上计算，选择 10 根钢绞线组成锚索。锚固段长度为 6.0m 时，锚索抗拔能力安全系数大于 2.0，符合现行规范。

三、锚索构造与施工

小浪底地下厂房预应力锚索所用的钢绞线、PVC 波纹管等为进口材料。锚索体在内锚固段有双层防腐保护，第一层为水泥浆或水泥砂浆，第二层为锚索体外封闭的 PVC 波纹管。采用一次性灌浆，张拉段内砂浆与钢绞线之间用 PE 管隔开；使锚索体受力均匀，双层保护措施能长期有效地保证锚索发挥作用。

1. 主要部件及材料

预应力锚索由外锚头、张拉段及内锚固段三部分组成，主要部件为：①高强钢丝组成的钢绞线，公称直径 15.244mm；②钢绞线外涂油脂并用 PE 管包裹；③内、外部灌浆管、排气管；④PVC 波纹管；⑤内部 PVC 硬质塑料支架；⑥PE 塑料端帽；⑦外部定心器；承压板；⑧预制钢筋混凝土锚固墩；⑨外部带有螺纹的锚固板；⑩钢质过渡段（喇叭形）等。

2. 锚索组装

锚索组装在锚索车间内进行，其程序如下：

（1）将成圈的钢绞线按要求的长度进行切割，其长度等于内锚固段＋自由段＋施工要求最小外露长度（一般为1.2m）。

（2）除去锚固端的PE管，用高压开水冲洗，除去锚固端的涂油层，形成单根钢绞线备用。

（3）将钢绞线和两根塑料灌浆管（上仰锚索为排气管）捆扎成一束，中间以硬质塑料支架分隔，支架约1.0m一个，保证钢绞线间有均匀的间距，使每根钢绞线与灌浆充分地接触胶结，使张拉段内钢绞线顺直。外部以钢丝扎紧，使成为一个整体。

（4）将绑扎成一体的钢绞线束套入PVC波纹管内，波纹管靠近内锚固段顶端部用PE塑料端帽封口。其中一根塑料灌浆管伸出端帽外，作为波纹管外部灌浆管；另一根塑料管在端帽内，距端帽0.1m间隙，作为波纹管内部灌浆管。

（5）在PVC波纹管外部安置外部定心器，以保证锚索安装在钻孔的中心，使周围有均匀的间隙，以保证PVC波纹管与孔壁之间有15～25mm厚的水泥浆或水泥砂浆，定心器间距在内锚固段1.5m左右一个，在自由段3.0m一个。

（6）对组装好的锚索进行编号，并妥善放置好便于备用。

3. 锚索的安装和张拉

（1）锚索的安装。小浪底地下厂房预应力锚索的施工按以下顺序进行。

1）测量定位。

2）钻孔。

3）对钻孔进行清洗和预灌浆。

4）锚索就位。安装时用与锚索端部临时钢帽相连的锚索体捆绑在一起的钢丝绳，通过安装于钻孔附近的定滑轮带动锚索体进入钻孔中。送入过程中在钻孔孔口要用人工导向，随送随解开钢丝绳与锚索之间的捆绑，直至全部将锚索送入孔中。

5）通过安装于锚索内部和外部的灌浆管对锚索进行灌浆。

6）当灌浆达到设计强度30MPa后，对锚索张拉，张拉按规范要求进行。

7）安装、张拉和锁定后，将露出的钢绞线切割至要求的长度，装上保护帽，钢帽内多余空间用水泥砂浆灌满，以保护端部。

（2）张拉锁定。锚索张拉按以下要求进行，以压力计或荷载仪控制，均匀加载达到工作荷载的125%，加载速率为40kN/min。测量锚索的位移值。保持荷载20min，这期间进一步测取位移读数。当锚索的张拉结果达到下述条件后，即认为该锚索合格。

1）当荷载达到工作荷载的125%，保持20min后，所测得的锚索的徐变不超过2mm。

2）在荷载峰值时，预应力锚索的弹性变形在下述两个限值之内。

a. 上限对应于锚索的伸长值等于自由长度加50%黏结长度时的理论弹性伸长值。

b. 下限对应于锚索伸长值等于80%自由长度的理论弹性伸长值。

当锚索张拉合格后，将荷载降到设计规定的荷载1000kN锁定。

4. 外锚头保护

按设计要求进行外锚头的保护。

习题与思考题

2-1 预应力锚索与预应力锚杆有何区别？

2-2 锚索内锚固段的剪力分布有何特征？为何要采用分散式预应力锚索？

2-3 预应力锚索设计的主要工作内容有哪些？

2-4 预应力锚索是如何来提高岩体的稳定性的？

2-5 使用预应力锚索加固岩石边坡，内锚固段采用枣核状结构，已知单束锚索的工作锚固力 $T_w=2800$kN，注浆体抗压强度为 30MPa，经计算决定使用 9 根 $7\phi5$ 钢绞线（公称直径为 15mm），试计算锚固段长度。

2-6 试总结预应力锚索设计的关键问题。

2-7 预应力锚索系统破坏的主要形式有哪些？

2-8 如何确定预应力锚索最佳锚固角？试以一开挖具有单一滑动面的边坡为例，根据锚索提供的抗滑力，推导出最大抗滑力锚固角的表达式，并用图表示出来。

第三章　抗滑桩设计

第一节　概　　述

抗滑桩又称阻滑桩，是一种大截面侧向受荷桩。其基本原理是在滑坡体中的适当位置设置一系列桩，桩身穿过滑面进入下部稳定滑床中，利用锚固段向滑坡体提供一个抗力，以阻止坡体的滑动。国外在20世纪30年代就开始应用，我国1954年首次用于整治宝成线史家坝滑坡工程获得成功。近几十年来已在铁路、公路、水电和煤矿等领域广泛采用。欧美国家和苏联多用钻孔钢筋混凝土灌注桩，直径1.0～1.5m，深20～30m。日本则多用钻孔钢管桩，钻孔直径400～500mm，深20～30m，孔中放入直径318.5～457.2mm，壁厚10～40mm的钢管，钢管内外灌入混凝土或水泥砂浆，为增加桩的抗剪断能力，有时在钢管中再放入H形钢。桩间距1.5～4.0m，且以2.0～2.5m者居多。为了增加桩的抗弯能力和桩壁受力，国外常将两排或三排桩顶用承台连接，形成刚架受力，也有少数用打入桩的。20世纪70年代后期，在日本开始应用直径1.5～3.5m的挖孔抗滑桩。我国为了解决抗滑挡土墙基础的困难，曾在贵昆线二梯岩滑坡治理中采用沉井式挡土墙。同时在成昆线建设中，成功地应用大截面挖孔钢筋混凝土抗滑桩，由于它抗滑能力大，破坏滑坡体稳定性小，施工方便，很快在滑坡治理中被广泛应用，在治理大、中型滑坡中几乎取代了抗滑挡土墙。已使用的抗滑桩截面有1.2m×2.0m、1.8m×2.4m、2.0m×2.0m、2.0m×3.0m、3.0m×4.0m、3.0m×5.0m、3.5m×7.0m，长度一般在15～35m，大者达50m以上。70年代中后期，在深入研究抗滑桩受力状态和设计理论的同时，又研究开发了排架桩、刚架桩、椅式桩等新的结构形式，改变了抗滑桩的受力状态，节省圬工和钢材。抗滑桩通过桩与桩周岩（土）体的相互嵌制作用把滑坡推力传递到稳定地层中，从而利用稳定地层的锚固作用和被动抗力，提高滑坡体的稳定性。

抗滑桩计算的主要内容是确定抗滑桩由于滑坡体移动所承受的桩内力及弯矩值，并确定由于抗滑桩作用使边坡稳定程度的增加值。一般将地基视为弹性介质，应用弹性地基学的原理进行计算，目前常用的抗滑桩设计方法有单纯抗剪计算、静力平衡法、弹性地基梁法及布鲁姆法等。弹性地基梁法是国内抗滑桩设计的最常用方法，目前对抗滑桩的设计通常采用该方法，按桩与周围介质的刚度，分别采用弹性桩与刚性桩推导出计算公式。其基本假定是抗滑桩桩身任一点处的抗力与该点的位移成正比。具体解法有解析法、有限差分法和有限元法三种，本教材主要介绍弹性地基梁法的应用。

第二节　抗滑桩的分类与特征

一、抗滑桩的分类

1. 按桩与桩周介质的相对刚度划分

抗滑桩可用于加固松散的滑坡体，也可以用于加固潜在的不稳定岩体。显然，作为抗滑桩在加固上述两类物质时的作用机理不同，按桩与桩周介质的相对刚度可分为以下两种类型，而目前抗滑桩的设计，通常按这两种分别采用不同的计算公式计算抗滑桩的内力。

（1）刚性桩：与桩体本身相比，桩周围介质为近似刚性体，常见的岩石边坡加固中的抗滑桩可视为刚性桩。

（2）弹性桩：与桩体本身相比，桩周围介质为近似弹性体，通常将松散滑坡体或土坡中的抗滑桩作为弹性桩考虑。

2. 按桩顶固定程度划分

（1）桩头固定式抗滑桩：为提高抗滑桩的整体抗滑力，有效利用滑坡体不同位置间的相互作用力，可以在桩顶用钢筋混凝土台板或梁联结，形成桩顶梁（冠梁）（图 3－1）。在治理好的滑坡表面附近能看见混凝土梁。

图 3－1　桩头固定式抗滑桩

（2）桩头自由式抗滑桩：大部分抗滑桩的桩顶是自由式的，即桩与桩之间是相互独立的结构。

3. 按桩身埋置情况分类

根据设桩的位置及桩前滑坡体的稳定情况，抗滑桩可分为全埋式、半埋（悬臂）式两种。

（1）全埋式：抗滑桩的桩顶埋于滑坡体内的一种形式。当桩前滑坡体能保持稳定，抗滑桩将按全埋式桩考虑。

（2）半埋式：又称悬臂式抗滑桩，桩前滑坡体不能保持稳定可能滑走的情况，或因上部结构的需要，设置的抗滑桩一部分裸露于滑坡体外的抗滑桩。

4. 按平面布置形式分类

（1）单排桩：在整个滑坡体中，仅有一排抗滑桩，主要是用于滑坡体规模较小的滑坡治理。

（2）多排桩：对于滑坡体规模大、下滑力大的滑坡体，难以用一排抗滑桩提供抗力时，通常采用多排抗滑桩进行治理。

5. 按断面形式分类

（1）圆形桩：抗滑桩的截面为圆形，是最常用的一种形式，该类型的抗滑桩大多采用钻孔灌注桩（图 3－2）。

（2）矩形桩：对于前期勘察阶段人工开挖的竖井，在后期改造为抗滑桩时，就形成矩形截面的抗滑桩，如图 3-3 为江苏宜兴抽水蓄能电站上水库坝基矩形抗滑桩施工截面。

图 3-2　圆形抗滑桩

图 3-3　矩形抗滑桩施工截面

（3）方形桩：是矩形桩的一种特殊形式，即采用的截面为正方形。

（4）管桩：利用现成的预制管桩加固滑坡体的抗滑桩（图 3-4）。

6. 按成桩材料划分

（1）木桩：是最古老的一种抗滑桩形式，桩体材料采用木材，常见于小型滑坡体的临时性支护中。

（2）钢筋（轨）混凝土桩：采用钻机或人工成孔后，向孔中置入钢筋笼，再向孔中灌入一定强度的混凝土所形成的桩，成为钢筋混凝土抗滑桩。如在孔中放置钢轨，则形成钢轨混凝土桩。该类桩是目前最常见的抗滑桩形式（图 3-5）。

图 3-4　管桩外形图

图 3-5　钢筋混凝土桩

（3）钢筋混凝土管桩：管桩中配置有一定量钢筋的抗滑桩。

（4）钢管及钢管中加 H 形钢桩：采用一定直径的钢管作为抗滑桩。

（5）钢轨桩：铁路部门常采用的一种抗滑桩，在桩中央布置一定数量的钢轨。

（6）钢板桩：用一定厚度的钢板作为支挡滑坡体的一种抗滑桩，常见于深基坑边坡支护。

7. 按施工方法分类

(1) 沉井桩：以沉井的方式施工的抗滑桩，称为沉井桩。

(2) 钻孔插入或打入桩：采用钻孔成桩的方式形成的抗滑桩称为钻孔桩（图 3－6）。

(3) 人工挖孔桩：采用人工开挖方式形成的抗滑桩称为人工挖孔桩。

8. 按受力条件划分

抗滑桩也可以按桩的受力条件划分为一般抗滑桩（图 3－7）、椅式桩墙（图 3－8）、门形刚架桩（图 3－9）、排架式桩（图 3－10）、h 形排架桩（图 3－11）及预应力锚索抗滑桩（图 3－12）等类型。

图 3－6　钻孔桩

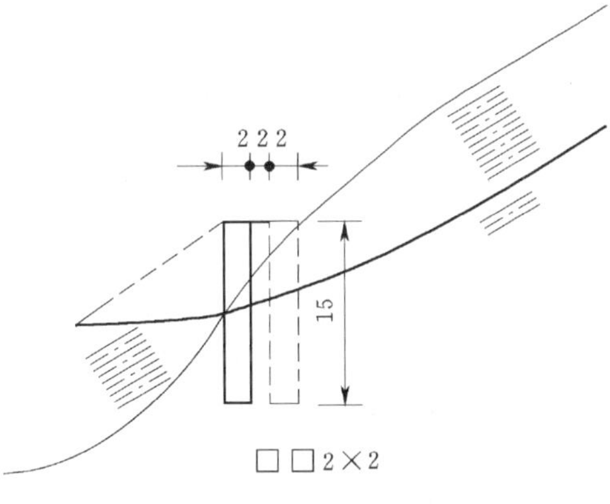

图 3－7　一般抗滑桩（单位：m）

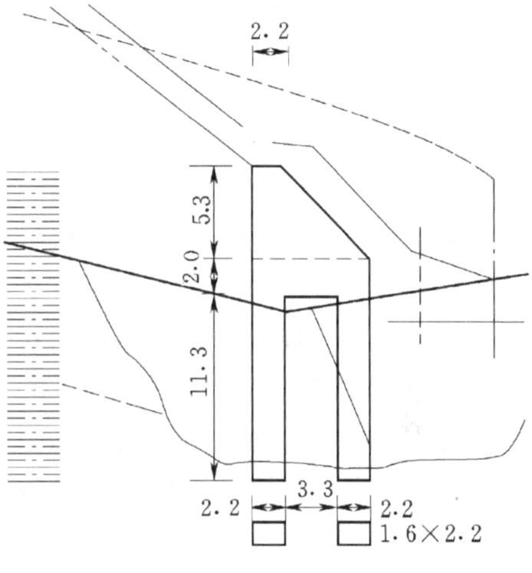

图 3－8　椅式桩墙（单位：m）

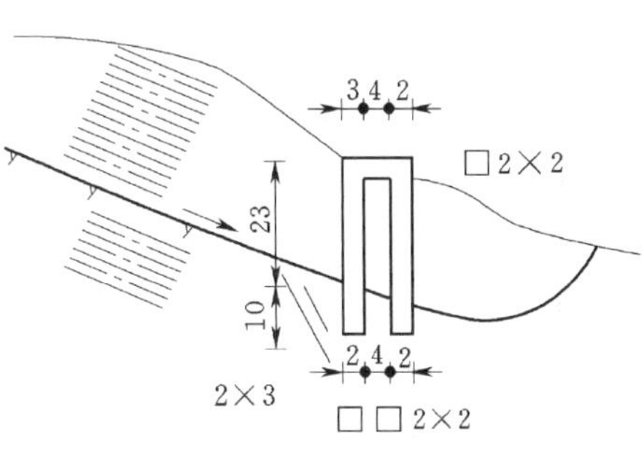

图 3－9　门形刚架桩（单位：m）

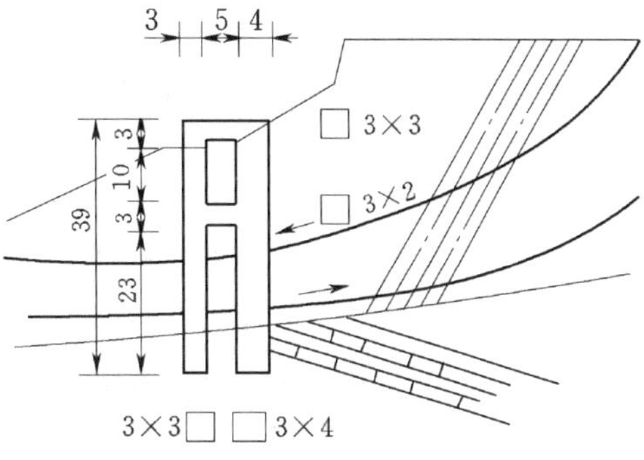

图 3－10　排架式桩（单位：m）

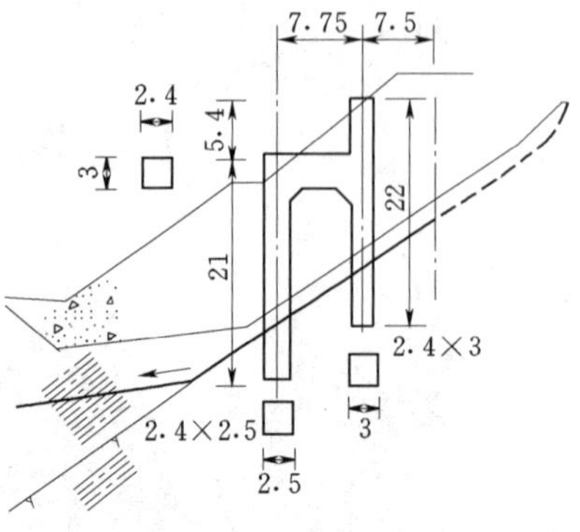

图 3-11　h形排架桩（单位：m）

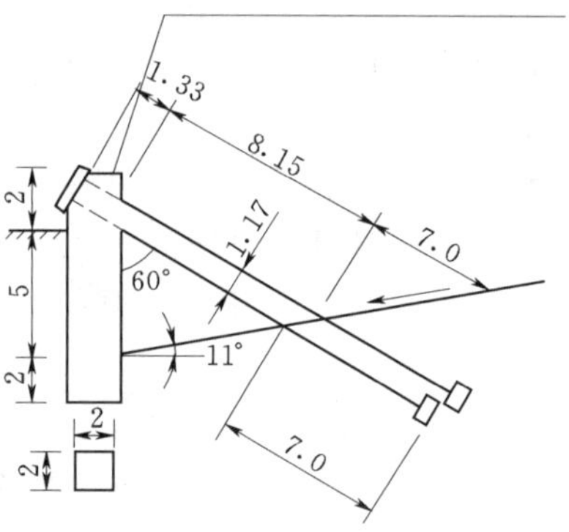

图 3-12　预应力锚索抗滑桩（单位：m）

二、抗滑桩特点与适用条件

抗滑桩具有抗滑能力强、适宜场地广泛、结构布置灵活（单排或多排，单独或结合其他工程使用）、施工简便（可采用人工挖孔成桩或钻孔成桩等）、工作面多（多根桩可以同时施工）、挖方量小、工期短、收效快、费用低、对滑体扰动小、安全可靠等诸多优点，并可根据开挖桩孔直接校核地质条件，进而可以检验和修改原来的设计，如南京方山石龙路滑坡治理中，原设计桩长为 14m 抗滑桩，施工过程揭露基岩埋深超过 20m，及时对设计方案进行了调整，保证了抗滑桩加固效果。抗滑桩作为滑坡治理的重要方法，是通过滑动面以下完整岩土体提供一个抗力来抵抗滑坡体向下滑动的，因此，使用抗滑桩的条件是滑坡体具有明显的滑动面，滑面以下又具备能提供抗力的稳定岩土体。当然，如果抗滑桩的下方有一定体积且稳定的抗力体，则对抗滑桩的稳定性更为有效。实际工程中，目前的应用效果表明，除流塑性滑坡以外的各种类型滑坡都可以使用抗滑桩作为治理滑坡的有效措施。如南京地区秦淮河治理中的草场门—汉中门段虽然左岸地质条件较差，以杂填土及黏土为主，但在岸坡稳定性加固中，采用钢筋混凝土抗滑桩加固效果很好。

第三节　抗滑桩设计规范规程及一般要求

一、抗滑桩现行设计规范与规程

(1)《水电水利工程边坡设计规范》(DL/T 5353—2006)。

(2)《砌体结构设计规范》(GB 50003—2011)。

(3)《建筑桩基技术规范》(JGJ 94—2008)。

(4)《建筑地基基础设计规范》(GB 50007—2011)。

(5)《水工混凝土结构设计规范》(DL/T 5057—2009)。

(6)《建筑边坡工程技术规范》(GB 50330—2013)。

(7)《混凝土结构工程施工质量验收规范》(GB 50204—2015)。

(8)《混凝土结构设计规范》(GB 50010—2010)。

(9)《长江三峡工程库区滑坡防治工程设计与施工技术规则》(国土资源部，2000 年 5 月试行)。

二、抗滑桩设计的一般要求

抗滑桩加固滑坡体的目的是保证滑坡体在抗滑桩作用下满足安全要求。因此，在进行抗滑桩设计时，必须遵循以下原则。

（1）通过抗滑桩的加固，整个滑坡体要满足安全运行的要求。由于抗滑桩将滑坡体的剩余下滑力传递到滑动面以下稳定地层中，因此要求对滑坡体未来发展趋势及稳定性判别有充分的依据，特别是水利水电工程库区大型滑坡的整治，必须考虑水库蓄水后对滑坡体的不利影响，保证稳定计算结论的可靠性。

（2）抗滑桩桩体本身要有足够的安全储备，桩身配筋要满足桩截面内力的要求。

（3）抗滑桩作用于桩底和桩侧的压力应小于相应岩土强度的设计值。

（4）抗滑桩的截面面积、混凝土强度等级、抗滑桩的配筋应根据抗滑桩的剪力和弯矩按《水工混凝土结构设计规范》（SL 191—2008）规范中的计算方法确定。

（5）桩体的间距、埋深、锚固段的深度等应保证在滑坡推力作用下有一定的安全储备，桩间土不发生流动挤出，通常桩间距可选择在5～10m。

（6）抗滑桩桩身的变形及滑坡体的变形应保证滑坡体的变形稳定性。

（7）抗滑桩的桩长不宜超过40m，抗滑桩在滑面以下嵌固段的长度一般为桩长的1/3～2/5，在坚硬岩石中的嵌固深度宜为桩长的1/4。

（8）若抗滑桩作为建筑物桩基础应用时，应按《建筑桩基技术规范》（JGJ 94—2008）进行桩基竖向承载力、桩基沉降、水平位移和挠度等验算。

（9）设计的抗滑桩要方便施工，经济合理，不必要造成过多的浪费而增加工程投资。

总之，抗滑桩的设计要合理确定桩的平面位置、桩的锚固深度、截面尺寸和结构强度等。对于重大工程，必须充分认证、提出合理的方案。

第四节　抗滑桩设计步骤与内容

一、抗滑桩的设计步骤

1. 抗滑桩设计要点

抗滑桩的设计应满足以下基本要求。

（1）抗滑桩能提供足够的阻滑力以平衡滑坡产生的下滑力，保证提高滑坡的稳定系数达到规定的安全值。

（2）滑坡体不能从桩顶及桩间滑出，不会产生新的滑动体。

（3）抗滑桩本身要有足够的强度和稳定性，保证自身不会破坏。

2. 抗滑桩的设计具体步骤

基于以上设计要求，抗滑桩的设计步骤如下。

（1）分析滑坡的规模与稳定性。针对拟进行抗滑桩处理的滑坡，首先进行工程地质勘察，了解滑坡体的规模、物质组成、滑动面的性质与位置、获得滑坡体物理力学指标，特别是滑动面岩土体的抗剪强度指标。同时，开展滑坡稳定性的评价，从滑坡体宏观滑动特征，初步判别滑坡体的现状稳定性，掌握滑坡体滑动的主滑方向。运用极限平衡理论计算滑坡体的稳定系数。

（2）计算滑坡推力。根据地质特征，选择有代表性的剖面进行滑坡推力的计算。根据桩前后的单宽水平外力及间距计算每一根桩前后承受的总水平外力和荷载强度，计算时应考虑计算宽度。

（3）确定桩位与范围。根据滑坡推力与地形地质条件，结合桩的受力条件，初步确定桩位及桩前后的单宽水平外力，再根据外力、滑体厚度和嵌入地层情况选定桩的截面形状与大小、桩间距及埋深。

（4）根据推力大小，拟定桩长、锚固深度、桩截面尺寸及桩间距。

（5）进行以下的结构计算。

1）根据抗滑桩嵌入滑床的岩土情况以及滑坡体的地质条件与滑坡体物理性质，选定计算采用的地基系数。

2）根据抗滑桩嵌入滑床的岩土情况计算变形系数，再结合桩的埋深得出计算深度，从而判明桩属于刚性桩还是弹性桩，选用对应的计算公式计算桩的内力大小。

3）根据桩底边界条件，采用相应的计算公式计算桩上段作用于滑面处的剪力和弯矩（桩前滑面以上当弹性抗力考虑的桩除外）。计算刚性桩转点位置，刚、弹性桩的转角及不同截面处的侧向位移值，再计算各截面的侧应力、剪力、弯矩值及三者的最大值。

4）根据滑体及滑床的岩土情况，确定桩前岩土的侧向容许承载力值。

（6）校核强度。验算桩身各截面（着重验算桩底及最大侧应力截面）的侧向容许承载力是否满足稳定条件，否则需调整桩长、截面尺寸及间距等。

（7）编制全桩的侧应力、剪力及弯矩图、材料覆盖图，供配筋计算用。

（8）配筋计算与配筋校核。运用公式对已完成的配筋合理性进行校核，判别是否少筋或多筋，以便于及时修改。

（9）施工大样图及施工总说明的编制。

二、抗滑桩的具体设计内容

李军海提出抗滑桩标准化设计内容如下。

（1）根据地质勘探所获得的滑坡体地质资料，如滑坡的性质、滑动范围、滑动面及滑坡的主轴方向等，选择计算剖面，计算滑坡体的剩余推力。计算方法是：在主滑方向选择一定的计算宽度的剖面，将滑坡体划分为若干条块，进行受力分析，按照第五节滑坡推力计算方法计算推力，绘制天然下滑力曲线。

（2）分析与设计。进行抗滑桩设计之前，需要确定设计下滑力曲线。具体方法为依据滑坡体治理后的安全系数要求，采用强度折减法，计算下滑力曲线。

（3）抗滑桩布置。根据工程实践经验并结合地形条件，选择桩位，初步估计桩距与截面尺寸。布置一排或若干排抗滑桩，然后按以下几种情况重新计算滑坡推力：①无抗滑桩，即天然状态的稳定性；②设置一排抗滑桩；③设置两排抗滑等。除①各条块推力可以自上而下依次转递外，其他情况各条块推力依次转递到相应抗滑桩，即滑坡体推力已由各抗滑桩分担。

（4）初步选择桩的型式、宽度、厚度、埋深等值，确定基床系数及锚固段地基系数。

（5）抗滑桩结构设计。根据推力计算成果，得出各排抗滑桩各自承担的推力，按照悬臂梁（一般抗滑桩）或简支梁（锚索抗滑桩）进行受力分析，就可以很快地得到各自的最

大弯矩 M_{max} 和最大剪力 Q_{max}。在上述计算完成后，进行抗滑桩的结构设计和配筋计算。

抗滑桩习惯上采用圆形截面，不但施工方便还有利于施工安全，但配筋计算则按圆环截面进行，这样偏于安全。

（6）配筋计算。

（7）抗滑桩设计成图、设计概算及设计报告编写。

（8）提出施工技术要求，拟定施工方案。

第五节　抗滑桩设计荷载的确定

作用于抗滑桩上的力系主要有两大部分：作用于桩上部的滑坡推力和桩周地层对桩的反力（地基反力）。对有锚桩，还有锚杆或锚索系统对桩上部的横向拉力和压力。

一、作用于抗滑桩上的力系分析

作用在抗滑桩的力系包括：滑动面以上滑体对桩产生的滑坡推力（包括外加荷载）、桩前土层提供的抗力（滑动面以上）及锚固段（滑动面以下土层）产生的抗力。桩侧摩阻力和黏聚力以及桩身重力和桩底的反力可不参与计算。

作用于抗滑桩的外力包括以下几种。

（1）滑坡推力。

（2）受荷段地层（滑体）抗力。

（3）锚固段地层抗力。

（4）桩侧摩阻力和黏着力以及桩底应力等。

这些力均为分布力。

除以上作用于滑体上的基本力系外，还需考虑附加作用力的影响，应分别加入到抗滑或下滑力系中，包括以下几种。

（1）作用于条块上的外荷载。

（2）滑体处于泡水状态且与滑带水连通时，应考虑动水压力及水对滑块的浮托力。

（3）滑体裂隙中充水但不与滑带水连通时，应加入水的重量。

（4）滑体两端有贯通至滑带的裂隙，在滑动时裂隙充水，应考虑静水压力。

（5）滑动面上有承压水时，应考虑其浮力。

（6）在高烈度地震区，应考虑地震力的作用。

抗滑桩截面大，桩周面积大，桩与地层间的摩擦阻力、黏着力大，由此产生的平衡弯矩对桩显然有利，但其计算复杂，所以一般不予考虑。

抗滑桩的基底应力主要是由自重引起的。而桩侧摩阻力、黏着力又减少或抵消了一部分自重。实测资料表明，桩底应力，一般相当小，加之在完整的岩层中，桩底还可能出现拉应力，情况更复杂。所以，为简化计算，对桩底应力通常也忽略不计。这样，计算稍偏安全，而对整个设计影响不大。

二、滑坡推力的确定方法

滑坡推力作用于滑面以上部分的桩背上，其方向假定与桩穿过滑面点处的切线方向平行。滑坡推力可采用不平衡推力传递系数法计算。

1. 滑坡剩余推力计算的不平衡推力传递系数法

(1) 基本原理。在进行抗滑桩的结构设计时，首先需要确定作用于抗滑桩上的力，目前通用的计算方法为传递系数法，其计算原理如下。

如图 3-13 所示，根据滑坡体的物质组成及滑动面的几何特征，将滑坡体划分为 N 个条块，每个条块具有物理性质相似、块体相对是一个刚体、滑动面几何特征相似等特点，取其中的一个条块，建立力的平衡方程，任意条块的受力系统见图 3-14。该条块作用有上一条块传来的不平衡下滑力 E_i，抗滑力与滑动力分别可以表示为下列两个方程。

滑动力：

$$T_i = W_i \sin\alpha_i + E_{i+1}\cos(\alpha_{i+1} - \alpha_i) \tag{3-1}$$

抗滑力：

$$Q_i = [W_i \cos\alpha_i + E_{i+1}\sin(\alpha_{i+1} - \alpha_i)]\tan\varphi_i + c_i l_i + E_i \tag{3-2}$$

稳定系数可以表示为

$$K_i = \frac{Q_i}{T_i} \tag{3-3}$$

式中：W_i 为第 i 条块自重，N；φ_i 为第 i 条块底边摩擦角，(°)；α_i 为第 i 条块底面倾角，(°)；α_{i+1} 为第 $i+1$ 条块底面倾角，(°)；E_{i+1} 为第 $i+1$ 条块对第 i 条块的剩余推力，N；E_i 为第 i 条块对第 $i-1$ 条块的剩余推力反力，N；c_i 为第 i 条块底面的黏聚力，$N \cdot m^{-2}$；l_i 为第 i 条块底边长度，m。

由式 (3-2)、式 (3-3) 得

$$E_i = K_i[W_i \sin\alpha_i + E_{i+1}\cos(\alpha_{i+1} - \alpha_i)] - [W_i \cos\alpha_i + E_{i+1}\sin(\alpha_{i+1} - \alpha_i)]\tan\varphi_i - c_i l_i \tag{3-4}$$

$$E_{i+1} = \frac{W_i \cos\alpha_i \tan\varphi_i + c_i l_i - K_i W_i \sin\alpha_i + E_i}{K_i \cos(\alpha_{i+1} - \alpha_i) - \sin(\alpha_{i+1} - \alpha_i)\tan\varphi_i} \tag{3-5}$$

若将土条的重力分解为平行滑动面的下滑力 T_i 与垂直滑动面的力 N_i 两个分力，则在条块的下界面上将有一个平行于本土条底面的不平衡下滑力 E_i，其值由式 (3-6) 计算获得：

$$E_i = E_{i+1}\psi_i + T_i - N_i \tan\varphi_i - c_i l_i \tag{3-6}$$

式中：ψ_i 为传递系数。

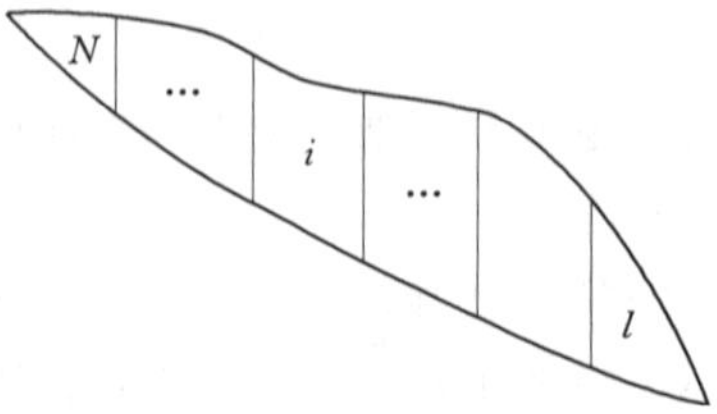

图 3-13 滑坡体的条分

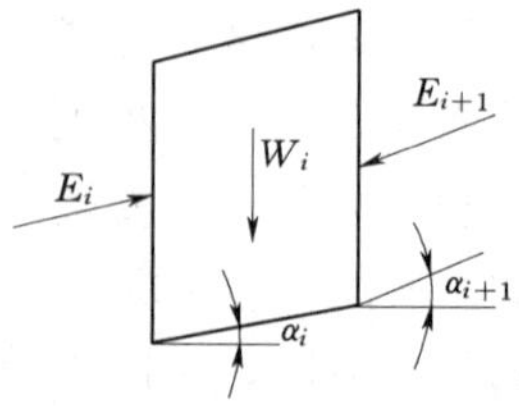

图 3-14 条块受力分析图

(2) 自然状态下的剩余推力。设边坡在未设置抗滑桩时的稳定系数为 K^0，各个条块的稳定系数均应与整个边坡的稳定系数一致，即 $K_i = K^0$，由式 (3-4) 得

$$E_i = K^0[W_i \sin\alpha_i + E_{i+1}\cos(\alpha_{i+1} - \alpha_i)] - [W_i \cos\alpha_i + E_{i+1}\sin(\alpha_{i+1} - \alpha_i)]\tan\varphi_i + c_i l_i \tag{3-7}$$

由顶端条块 N，$E_{N+1}=0$，可求得 E_N，以此类推可得各条块的剩余推力，由各剩余推力绘制成曲线，见图 3-15（a）。

由图 3-15（a）知，fd 左边区域，剩余推力逐渐增加，属不稳定区，fd 右边区域，剩余推力逐渐减少，属稳定区。显然，抗滑桩宜布置在稳定区。

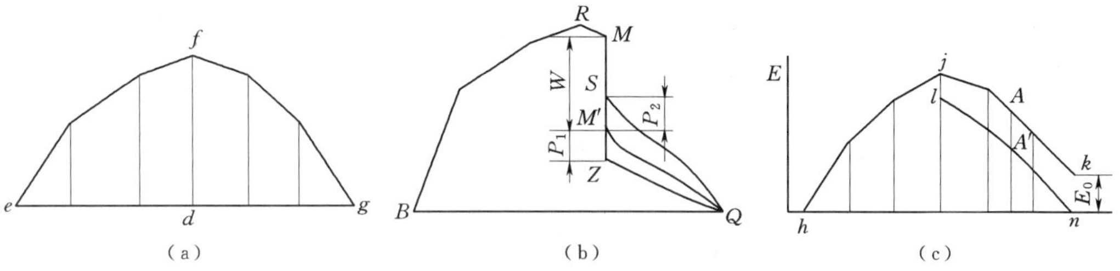

图 3-15　传递系数法分析简图

(a) 剩余推力曲线；(b) 设桩处桩前后推力曲线；(c) 设计剩余推力曲线

2. 计算滑坡体推力（下滑力）简化方法

对于均质边坡，特别是具有相同沉积特征的松散堆积体，可认为其具有相同的容重、强度指标，并且滑动以整体式为主，不具备推移式滑坡的特征。在进行推力计算时，可忽略滑坡前缘的抗力作用，将滑坡体沿主轴方向取单宽土条进行受力分析。在进行推力计算时，系将滑坡体沿主轴方向取单宽土条（如 1m 宽）进行受力分析，根据滑坡体的地质剖面图，从滑坡体的后缘起，沿主轴方向，把滑动土体分成若干条块，然后分别计算出每个条块的土体重量、滑面长度、滑面与水平面的交角等，从最上面的第一条块开始计算其下滑力 F_1，计算第二条块下滑力 F_2 时系将第一条块推力 F_1 作为外力，这样自上而下依次进行计算，直至最下面的那个条块为止，计算公式如下：

$$E_i=kW_i\sin\alpha_i-fW_i\cos\alpha_i-cl_i+E_{i-1}\cos(\alpha_{i-1}-\alpha_i)-E_{i-1}f\sin(\alpha_{i-1}-\alpha_i) \tag{3-8}$$

式中：E_i 为第 i 条块土体的剩余下滑力（推力）；k 为设计安全系数；W_i 为第 i 条块土体的重量；α_i 为第 i 条块土体滑面与水平面的夹角；α_{i-1} 为第 $i-1$ 条块土体滑面与水平面的夹角；c 为黏聚力；f 为滑面摩擦系数；E_{i-1} 为第 $i-1$ 条块土体下滑力。

若第 i 条块的计算结果为负时，则表明该条块已无下滑力，土体稳定。

3. 滑坡推力的分布形式

每根抗滑桩所承受的滑坡推力等于两桩中心间距宽度内的滑坡推力，即前述方法计算的推力乘以桩间距。滑坡推力在桩背上的分布和作用点位置与滑坡的类型、地层性质、变形情况及地基反力系数等因素有关。对于滑坡体为液性指数小、较密实的岩土体，整个滑坡呈现整体滑移的模式，其推力的分布视为矩形；相反，对于液性指数小、刚度较小、密实度不均匀的塑性滑坡体，在滑动时靠近滑动面的滑动速度较快，而滑体表层的滑动速度较小，滑坡推力的分布呈三角形；介于上述两者间的情况可假定推力分布为梯形，详见图 3-16。

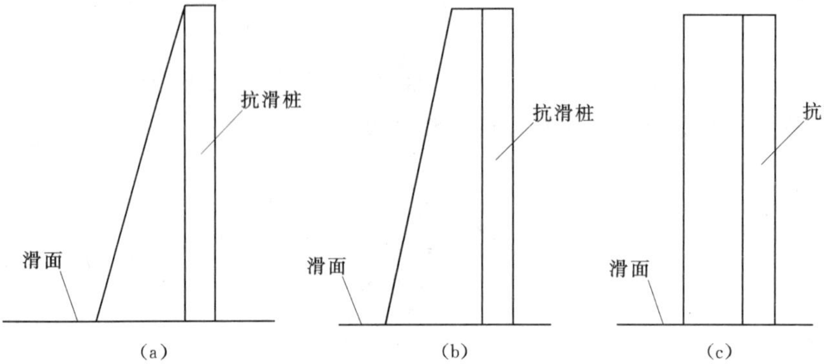

图 3-16　滑坡推力的应力分布

(a) 三角形分布；(b) 梯形分布；(c) 矩形分布

三、地基反力的确定

1. 地基反力的概念

桩将滑坡推力传递给滑面以下的桩周土（岩）时，桩的锚固段前后岩（土）体受力后发生变形，并由此产生岩（土）体的反力，称为地基反力。反力的大小与岩（土）体的变形状态有关。处于弹性阶段时，可按弹性抗力计算，处于塑性阶段变形时，情况则比较复杂，但地基反力应不超过锚固段地基土的侧向容许承载能力。

2. 地基反力系数

桩侧岩土体的弹性抗力系数简称为地基反力系数，也称为地基系数，是地基承受的侧压力与桩在该位置处产生的侧向位移的比值。也即单位土体或岩体在弹性限度内产生单位压缩变形时所需施加于其单位面积上的力。目前常采用的有 3 种假设：①假设地基系数不随深度而变化，即地基系数为常数的 K 法；②假定地基系数随深度而呈直线变化的 m 法；③地基系数沿深度按凸抛物线增大的 C 法。

(1) 地基系数的变化规律及其适用条件。

一般认为，地基系数 K 随深度 y 按幂函数规律变化，尚能比较接近实际，其表达式为

$$K=m(y_0+y)^n \tag{3-9}$$

式中：m 为地基系数随深度变化的比例系数，$kN/m^{(n+3)}$；n 为随岩、土类别而变的系数，如 0、0.5、1、…；y_0 为与岩、土类别有关的常数。

m、n、y_0 值最好通过试验确定。

由所取的 n 值不同，按式（3-9）绘出的地基系数 K 随深度 y 的变化图形，如图 3-17 所示。

1）当 $n=0$ 时，K 值为常数，其图形为矩形，见图 3-17（a）。通常按这种规律变化的计算方法，称为 K 法。

2）当 $n=1$ 时，K 值随深度成梯形变化，见图 3-17（c），若地基系数在地面处 $y_0=0$ 时，则

$$K=my \tag{3-10}$$

这种假定是我国铁路、公路桥梁规范中所采用的方法，称为 m 法。

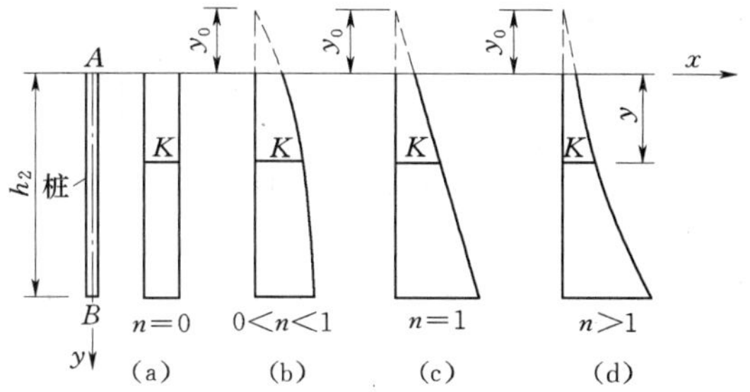

图 3-17 地基系数 K 随深度变化图

当 $n>1$ 时，K 值随深度为内凹的抛物线形变化，见图 3-17（d）。

3）当 $0<n<1$ 时，K 值随深度为外凸的抛物线变化，见图 3-17（b）。我国公路部门采用试桩的实测资料，反算求得 n 值在 0.5～0.6，建议采用 $n=0.5$。通常按这种规律变化的计算方法，称为 C 法。

综合以往的试验资料和实践经验，关于地基系数变化规律的各种假定，其适用条件大致如下。

1）地基系数为常数（即 $n=0$ 的 K 法）的假定，适用于较完整的硬质岩层、未扰动的黏性土或性质相近的半岩质地层。

2）地基系数与深度成正比例增加（即 $n=1$ 的 m 法）的假定，适用于一般硬塑－半坚硬的砂黏土、碎石土或破碎成土状的软质岩层，以及密实度随深度增加而增加的地层。

3）地基系数与深度成正比例增加，并且表层地基系数非零的假定，适用于一切受历史压力而尚未完全释放、密实度随深度增加而增加的地层，如压密黏土层，地面有附加荷载的地层或某些半岩质地层。

在抗滑桩计算中，通常是以滑动面为界，将桩分成两段来考虑。

（2）地基系数的确定。地基系数应通过试验确定，在尚无试验资料的情况下，表 3-1、表 3-2 可供参考。

当地基土为多层土时，采用按层厚以等面积加权求平均的方法求算地基反力系数。当地基土为 2 层时，有

$$m=\frac{m_1 l_1^2+m_2(2l_1+l_2)l_2}{(l_1+l_2)^2} \tag{3-11}$$

当地基土为 3 层时，有

$$m=\frac{m_1 l_1^2+m_2(2l_1+l_2)l_2+m_3(2l_1+2l_2+l_3)l_3}{(l_1+l_2+l_3)^2} \tag{3-12}$$

式中：m_1、m_2、m_3分别为第 1 层、第 2 层、第 3 层地基土的 m 值；l_1、l_2、l_3分别为第 1 层、第 2 层、第 3 层地基土的厚度。

其他多层土可仿此进行计算。

当采用 C 法时，地基反力系数式为 $C_x=C^{\frac{1}{x}}$，C 为地基系数的比例系数，x 为深度。研究表明，当 x 达到一定深度时，地基系数渐趋于常数。比例系数 C 值参见表3-3。

表 3-1　　不同岩石物理力学指标与地基系数 K 值关系参考表

岩石工程地质特征	结构特征与完整性	重度/(kN/m³)	地基系数 K/(万 kN/m³)
坚硬岩类（单轴饱和抗压强度大于 60MPa），节理不发育，无软弱夹层，受地质构造影响小；厚层层状岩层且层间结合良好	巨块状整体结构	26.0～28.0	1.80～2.8
硬质岩石（单轴饱和抗压强度 30～60MPa），受地质构造影响较强，节理较发育，有少量软弱面；中厚层岩层，层间结合一般。或受地质构造影响小、节理不发育的软岩（单轴饱和抗压强度小于 30MPa）	块状结构	25.0～27.0	1.20～1.80
坚硬岩类（单轴饱和抗压强度大于 60MPa），节理发育，有软弱夹层，受地质构造影响严重；中层或薄层层状岩层且层间结合差。或受地质构造影响严重、节理发育的软岩（单轴饱和抗压强度小于 30MPa）	镶嵌结构	23.0～25.0	0.50～1.20
硬质岩石（单轴饱和抗压强度大于 60MPa），受地质构造影响很严重，节理很发育；软岩受地质构造影响严重、节理发育；黏性土、砂土、老黄土及大块石土	岩石被切割成碎块状；土成压密结构	19.0～22.0（老黄土 17.0～18.0）	0.20～0.50
破碎岩石；第四系可塑状黏性土；潮湿的非黏性土；新黄土等	松散结构	17.0～20.0（新黄土用 15.0）	0.10～0.20（不包括黄土）
断层破碎带；软塑状黏性土；潮湿粉细砂	松软结构	15.0～16.0	<0.10

表 3-2　　非岩石地基 m 参考值

序号	土的类型	m/(kN/m⁴)	序号	土的类型	m/(kN/m⁴)
1	$I_L>1.0$ 的流塑性黏土、淤泥	3000～5000	4	半干硬性黏土、细砂、中砂	20000～30000
2	$0.5\leqslant I_L\leqslant 1.0$ 的软塑性黏土、粉砂	5000～10000	5	砾砂、角砾砂、砾石土、碎石土、卵石土	30000～80000
3	$0<I_L<0.5$ 的硬塑性黏土、细砂、中砂	10000～20000	6	块石、漂石夹砂土	80000～120000

表 3-3　　比例系数 C 值

序号	土类	C 值/(MN/m$^{3.5}$)	$[y_0]$ /mm
1	$I_L>1.0$ 的流塑性黏土、淤泥	3.9～7.9	≤6
2	$0.5\leqslant I_L\leqslant 1.0$ 的软塑性黏土、粉砂	7.9～14.7	≤5
3	$0<I_L<0.5$ 的硬塑性黏土、细砂、中砂	14.7～29.4	≤4
4	半干硬性黏土、细砂、中砂	29.4～49.0	≤4
5	砾砂、角砾砂、砾石土、碎石土、卵石土	49.0～78.5	≤3
6	块石、漂石夹砂土	78.5～117.7	≤3

注　$[y_0]$ 为桩在地面处的水平位移允许值。

四、锚固段地基反力的确定

锚固段岩土层提供的抗力与岩土体的变形相关，当岩土体的变形处于弹性阶段时，视地层为弹性体，受荷岩土层的抗力为该地层的地基反力系数与相应变形的乘积；当岩土体的变形处于塑性阶段时，岩土层的抗力等于地基反力系数与弹性极限时的压缩变形值的乘积，但地基抗力不超过该层岩土的侧向容许承载力。

在弹性限度内，桩周岩、土抗力与变位成正比例者，属弹性抗力。一般是从弹性理论出发，根据地基系数概念来计算桩周岩、土作用于桩身的弹性抗力值及其分布。假定地层为弹性介质，桩为弹性构件，作用于桩侧任一点 y 处的弹性抗力 σ_y，用公式表示为

$$\sigma_y = KB_p x_y \tag{3-13}$$

式中：x_y 为地层 y 处的水平位移值，m；B_p 为桩的计算宽度，m；K 为地基系数，或称弹性抗力系数或基床系数，其物理意义是使单位面积的地层变位一单位时所需的力，kN/m^3。

式（3-13）是计算弹性抗力的基本公式。其中桩的计算宽度由以下公式计算：

矩形桩：
$$B_p = b + 1 \tag{3-14}$$

圆形桩：
$$B_p = 0.9(d + 1) \tag{3-15}$$

式中：b 为矩形桩的宽度，m；d 为圆形桩的直径，m。

五、桩前抗力的计算

对于滑动面以上桩前无土体的抗滑桩，或桩前土体不能保持稳定有可能滑走时，不应考虑桩前土体对桩的抗力，抗滑桩嵌固于滑面以下的地基中，相当于悬臂桩。当抗滑桩前存在有体积较大的稳定土层时，该部分土层能提供反力以平衡滑体推力，此时抗滑桩按“全埋式桩”考虑，将桩前抗力作为已知外力计入桩体的内力计算中，其值可由极限平衡时滑坡推力曲线或朗肯被动土压力确定，设计时取小值。

第六节　抗滑桩内力计算方法

一、计算方法

（1）悬臂桩法：将滑动面以上桩段（受荷段）视为悬臂梁，而滑动面以下（锚固段）视为温克尔（Winkler）弹性地基梁。悬臂桩法由于对桩的实际受力状况作了偏于安全的简化，因而对桩的内力计算结果是过于保守。悬臂桩法出现较早、计算简单、在实际中应用较多，常用于桩前滑体可能滑走的全埋式抗滑桩内力计算。《铁路路基支挡结构设计规范》（TB 10025—2006）推荐的即是该法。计算步骤如下。

1）将受荷段桩身所受的滑坡推力、桩前剩余抗滑力或被动土压力作为已知力，计算受荷段桩身内力。

2）将滑面处的弯矩剪力作为已知力，根据锚固段地基系数，计算锚固段桩身内力、桩身变位。

（2）地基系数法：又称为弹性地基梁法，计算时将滑动面以上桩身所受的滑坡推力作为已知荷载，而将整个桩作为弹性地基梁计算，采用该法时，要求所求得的桩前抗力不大于剩余抗滑力或被动土压力，否则应采用剩余抗滑力或被动土压力。地基系数法由于没有考虑滑面的存在及其影响（即假设桩前滑体也产生弹性抗力），因此，仅适用于桩前滑体弹性抗力小于等于桩前滑体实际具有的抗力的情况。

抗滑桩内力计算方法见表3-4。

表 3-4　　**抗滑桩内力计算方法**

计算方法		受荷段	锚固段	备注
悬臂桩法		悬臂梁	弹性地基梁	适用于刚性桩、弹性桩
地基系数法	全桩按刚性桩计算			
	全桩按弹性地基梁计算			
	初参数法	m	m	m 法
		k	k	K 法
		m	k	m－K 法
	无量纲法	m	k	m－K 法
		k_1	k_2	K－K 法
		m_1	m_2	m－m 法

无论是悬臂桩法还是弹性地基梁法，对于下部锚固段所处地基，均假设其处于弹性工作阶段，满足温克尔（Winkler）地基假说，包括假定桩的水平位移与该处岩土体水平位移一致；桩与岩土体之间只传递压应力而不传递拉应力与剪应力。

二、刚性桩与弹性桩的判别

抗滑桩受到滑坡推力后，将产生一定的变形。根据桩和桩周土的性质和桩的几何性质，其变形有两种情形：一种是桩的位置发生了偏离，但桩轴线仍保持原有线型，桩仅发生转动，变形是由于桩周土的变形所致，称为刚性桩。另一种是桩的位置和桩轴线同时发生改变，即桩轴线和桩周土同时发生变形，称为弹性桩。试验研究表明，当抗滑桩埋入稳定地层内的计算深度为某一临界值时，可视桩的刚度为无穷大，桩的侧向极限承载力仅取决于桩周土的弹性抗力大小。工程中就把这个临界值作为判断是刚性桩或弹性桩的标准。

在进行抗滑桩内力计算时，应首先判定抗滑桩属于刚性桩还是弹性桩，选用相应的内力计算公式。抗滑桩的属性根据桩的变形系数按以下计算式判定：

（1）按 K 法计算的情况，桩的变形系数为 β（m^{-1}）：

$$\beta = \sqrt[4]{\frac{KB_p}{4EI}} \tag{3-16}$$

式中：K 为地基系数，kN/m^3；B_p 为桩的计算宽度，m；E 为桩的弹性模量，kPa；I 为桩截面惯性矩，m^4。

判别条件：若 $\beta h_2 \leqslant 1.0$，属刚性桩；若 $\beta h_2 > 1.0$，属弹性桩。其中 h_2 为嵌固段长度（m）。

（2）按 m 法计算的情况，桩的变形系数为 α（m^{-1}）：

$$\alpha = \sqrt[5]{\frac{mB_p}{EI}} \tag{3-17}$$

式中：m 为地基系数随深度变化的比例系数，kN/m^3；其余符号含义同前。

判别条件：若 $\alpha h_2 \leqslant 2.5$，属刚性桩；若 $\alpha h_2 > 2.5$，属弹性桩。其中 h_2 为嵌固段长度（m）。

三、抗滑桩桩底支承条件

抗滑桩的顶端，一般为自由支承。而底端，则由于锚固程度不同，可以分为自由支承、铰支承、固定支承 3 种（图 3－18）。通常采用前两种。

1. 自由支承

如图 3－18（a）所示，在滑动面以下桩的 AB 段，地层为土体、松软破碎岩时，在滑坡推力作用下，桩底有明显的位移和转动。这种条件，桩底按自由支承处理，可令 $Q_B=0$，$M_B=0$。

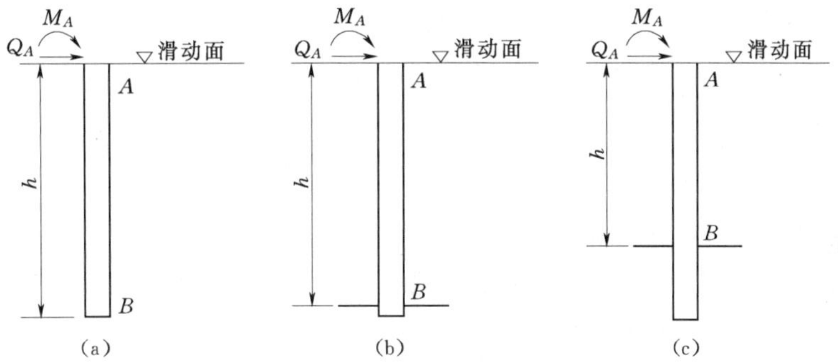

图 3－18　桩底支承条件

2. 铰支承

如图 3－18（b）所示，当桩底岩层完整，并较 AB 段地层坚硬，但桩嵌入此层不深时，桩底按铰支承处理，可令 $x_B=0$，$M_B=0$。

3. 固定支承

如图 3－18（c）所示，当桩底岩层完整、极坚硬，桩嵌入此层较深时，柱身 B 点处按固定端处理，可令 $x_B=0$，$\varphi_B=0$。但抗滑桩出现此种支承情况是不经济的，故应少采用。

四、抗滑桩内力与变形分析基本理论

1. 抗滑桩挠曲微分方程

根据假定，由材料力学中梁的挠曲微分方程：

$$\frac{\mathrm{d}^4 x}{\mathrm{d}y^4}+\alpha^5 xy=0 \tag{3-18}$$

$$\alpha=\sqrt[5]{\frac{mB_p}{EI}} \tag{3-19}$$

式中：m 为地基系数随深度变化的比例系数，$\mathrm{kN/m^4}$；α 为桩的变形系数，$\mathrm{m^{-1}}$；EI 为桩身抗弯刚度；B_p 为桩身计算宽度，圆形截面时取 $B_p=0.9(1.5d+0.5)$，其中 d 为圆形桩的直径。

2. 滑动面以上抗滑桩的位移及内力分析

对于滑动面以上抗滑桩的位移及内力分析主要作为悬臂梁求解。当其分别受均布荷载及线性荷载时，由变形微分方程式：

$$\frac{\mathrm{d}^2 x}{\mathrm{d}y^2}=\frac{M(y)}{EI} \tag{3-20}$$

并考虑在滑动面处其转角及位移边界条件分别为 φ_A 及 x_A，可求得均布荷载下抗滑桩滑面以上部分的位移及转角方程为

$$\left.\begin{aligned}\varphi&=\frac{\mathrm{d}x}{\mathrm{d}y}=\frac{q}{6EI}(y^3-l^3)-\varphi_A\\x&=\frac{q}{24EI}(y^4-4l^3y+3l^4)+\varphi_A(l-y)+x_A\end{aligned}\right\} \tag{3-21}$$

线性分布荷载下抗滑桩滑面以上部分的转角及位移为

$$\left.\begin{aligned}\varphi&=\frac{\gamma}{24EI}(y^4-l^4)+\varphi_A\\x&=\frac{\gamma}{120EI}(y^5-5l^4y+4l^5)+\varphi_A(l-y)+x_A\end{aligned}\right\} \tag{3-22}$$

3. 滑动面以下锚固段抗滑桩的内力及变形分析

抗滑桩位于滑动面以下部分主要为弹性地基梁，采用弹性地基梁理论确定其变形及内力。当受均布荷载及线性荷载时分别讨论如下。

(1) 当受均布荷载作用时（K 法），桩顶受水平荷载时抗滑桩扰曲微分方程为

$$EI\frac{\mathrm{d}^4 x}{\mathrm{d}y^4}+yKB_p=0 \tag{3-23}$$

式中：yKB_p 为地基作用于桩上的水平抗力，$\mathrm{kN/m^2}$。

引入变形系数 $\beta=\sqrt[4]{\frac{KB_p}{4EI}}$，即 $KB_p=4EI\beta^4$，式（3-23）可写成

$$\frac{\mathrm{d}^4 x}{\mathrm{d}y^4}+4\beta^4 y=0 \tag{3-24}$$

解上述微分方程，得到滑动面以下桩身任一界面的变位和应力的计算公式：

$$\left.\begin{aligned}x(y)&=x_A\varphi_1+\frac{\varphi_A}{\beta}\varphi_2+\frac{M_A}{\beta^2EI}\varphi_3+\frac{Q_A}{\beta^3EI}\varphi_A\\\varphi(y)&=\beta\left(-4x_A\varphi_4+\frac{\varphi_A}{\beta}\varphi_1+\frac{M_A}{\beta^2EI}\varphi_2+\frac{Q_A}{\beta^3EI}\varphi_3\right)\\\frac{M_y}{\beta^2EI}&=-4x_A\varphi_3-\frac{\varphi_A}{\beta}\times4\varphi_A+\frac{M_A}{\beta^2EI}\varphi_1+\frac{Q_A}{\beta^3EI}\varphi_2\\\frac{Q_y}{\beta^3EI}&=-4x_A\varphi_2-\frac{\varphi_A}{\beta}\times4\varphi_3-\frac{M_A}{\beta^2EI}\times4\varphi_A+\frac{Q_A}{\beta^3EI}\varphi_1\\\sigma_y&=Kx_y\end{aligned}\right\} \tag{3-25}$$

其中：$\varphi_1=\cos(\beta y)\mathrm{ch}(\beta y)$；$\varphi_2=\frac{1}{2}[\sin(\beta y)\mathrm{ch}(\beta y)+\cos(\beta y)\mathrm{ch}(\beta y)]$；$\varphi_3=\frac{1}{2}\sin(\beta y)\mathrm{sh}(\beta y)$；$\varphi_4=\frac{1}{2}[\sin(\beta y)\mathrm{ch}(\beta y)-\cos(\beta y)\mathrm{ch}(\beta y)]$。当桩底为自由端时，$M_b=0$，$Q_b=0$，可得

$$\left.\begin{aligned} x_A &= \frac{M_A}{\beta^2 EI}\frac{4\varphi_4^2+\varphi_1\varphi_3}{4\varphi_3^2-4\varphi_2\varphi_4}+\frac{Q_A}{\beta^3 EI}\frac{\varphi_2\varphi_3-\varphi_1\varphi_4}{4\varphi_3^2-4\varphi_2\varphi_4} \\ \varphi_A &= -\frac{M_A}{\beta EI}\frac{4\varphi^3\varphi_4+\varphi_1\varphi_2}{4\varphi_3^2-4\varphi_2\varphi_4}-\frac{Q_A}{\beta^2 EI}\frac{\varphi_{22}-\varphi_1\varphi_3}{4\varphi_3^2-4\varphi_2\varphi_4} \end{aligned}\right\} \tag{3-26}$$

（2）当受线性分布荷载作用时（m 法），桩的挠曲微分方程为

$$EI\frac{\mathrm{d}^4 x}{\mathrm{d}y^4}=-myxB_p \tag{3-27}$$

结合边界条件解该方程可得

$$\left.\begin{aligned} x(y) &= x_A A_1+\frac{\varphi_A}{\alpha}B_1+\frac{M_A}{\alpha^2 EI}C_1+\frac{Q_A}{\alpha^3 EI}D_1 \\ \varphi(y) &= \alpha\left(x_A A_2+\frac{\varphi_A}{\alpha}B_2+\frac{M_A}{\alpha^2 EI}C_2+\frac{Q_A}{\alpha^3 EI}D_2\right) \\ M(y) &= \alpha^2 EI\left(x_A A_3+\frac{\varphi_A}{\alpha}B_3+\frac{M_A}{\alpha^2 EI}C_3+\frac{Q_A}{\alpha^3 EI}D_3\right) \\ Q(y) &= \alpha^2 EI\left(x_A A_4+\frac{\varphi_A}{\alpha}B_4+\frac{M_A}{\alpha^2 EI}C_4+\frac{Q_A}{\alpha^3 EI}D_4\right) \\ \sigma_y &= myx \end{aligned}\right\} \tag{3-28}$$

式中：$x(y)$ 为锚固段桩身任一截面的位移，m；$\varphi(y)$ 为锚固段桩身任一截面的转角，rad；$M(y)$ 为锚固段桩身任一截面的弯矩，kN·m；$Q(y)$ 为锚固段桩身任一截面的剪力，kN；x_A 为滑动面处桩的位移，m；φ_A 为滑动面处桩的转角，rad；M_A 为滑动面处桩的弯矩，kN·m；Q_A 为滑动面处桩的剪力，kN；A_j 、B_j 、C_j 、D_j 分别为随桩的换算深度 $\alpha(y)$ 而异的 m 法影响函数值；E 为混凝土的弹性模量，kPa；I 为桩的截面惯性矩，m^4；$\alpha=\left(\frac{mB_p}{EI}\right)^{\frac{1}{5}}$ 为桩的变形系数，m^{-1}。

$$A_i=\sum_{n=0}^{m}\frac{(\alpha y)^{(5n-i+1)}\ (-1)^n\prod_{i=0}^{n}[5(j-1)+1]}{(5n-i+1)\,!} \tag{3-29}$$

当 $j=0$ 时，取 $5\times(j-1)+1=1$

$$B_i=\sum_{n=0}^{m}\frac{(\alpha y)^{(5n-i+2)}\ (-1)^n\prod_{i=0}^{n}[5(j-1)+2]}{(5n-i+2)\,!} \tag{3-30}$$

$$C_i=\sum_{n=0}^{m}\frac{(\alpha y)^{(5n-i+3)}\ (-1)^n\prod_{i=0}^{n}[5(n-1)+3]}{(5n-i+3)\,!} \tag{3-31}$$

$$D_i=\sum_{n=0}^{m}\frac{(\alpha y)^{(5n-i+4)}\ (-1)^n\prod_{i=0}^{n}[5(n-1)+4]}{(5n-i+4)\,!} \tag{3-32}$$

当 $j=0$ 时，取 $5\times(j-1)+4=1$。

上述公式中规定：若 K 为正整数，则 $(-K)!=-\infty$。为保证计算精度，各式中应取

$m \geqslant 4$ 的正整数。

如当桩底为自由端时，有

$$\left.\begin{aligned} x_A &= \frac{M_A}{\alpha^2 EI}\frac{B_3C_4 - C_3B_4}{A_3B_4 - B_3A_4} + \frac{Q_A}{\alpha^3 EI}\frac{B_3D_4 - B_4D_3}{A_3B_4 - B_3A_4} \\ \varphi_A &= \frac{M_A}{\alpha EI} - \frac{C_3A_4 - A_3C_4}{A_3B_4 - B_3A_4} + \frac{Q_A}{\alpha^2 EI}\frac{D_3A_4 - A_3D_4}{A_3B_4 - B_3A_4} \end{aligned}\right\} \tag{3-33}$$

将各种边界条件下相应的 x_A 、φ_A 代入式（3－28）和式（3－32）即可求得自由段和嵌固段桩身任一截面的内力和位移。

五、刚性桩内力计算

刚性桩的计算方法较多，目前常用的是悬臂桩法。

1. 计算假设

（1）把滑面以上抗滑桩受荷载段上所有的力均当作外力，桩前的滑体抗力按其大小从外荷载中减去或予以折减，将滑坡推力和桩前滑面以上的抗力折算成在滑面上作用的弯矩和剪力并作为外荷载。

（2）抗滑桩的锚固段（滑面以下部分），滑面下桩周土的侧向应力和土的抗力可由脱离体的力学平衡求得，并进而计算桩的内力。

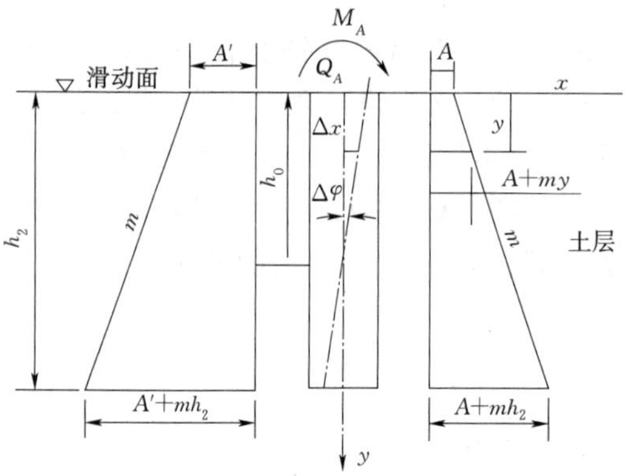

图 3－19　单一地层刚性桩内力计算图

2. 地基土为单一土层时

（1）转动轴心 y_0 求解。地基土为单一土层时，如图 3－19 所示，滑面以下为同一 m 值，桩底自由，滑面处的弹性抗力系数分别为 A、A'，y_0 为下部桩段转动轴心距滑面的距离。

桩身变位：

$$\Delta x = (y_0 - y)\Delta\varphi \quad (0 \leqslant y \leqslant y_0) \tag{3-34}$$

桩身应力：

$$\sigma_y = (A + my)(y_0 - y)\Delta\varphi \quad (y_0 \leqslant y \leqslant h_2) \tag{3-35}$$

桩身应力：

$$\sigma_y = (A' + my)(y_0 - y)\Delta\varphi$$

根据静力平衡条件，水平方向的合力为 0 得

$$\Sigma R = Q_A - \int_0^{h2} \sigma_y B_p \mathrm{d}y = 0 \tag{3-36}$$

$$Q_A - \int_0^{y0} B_p(A + my)(y_0 - y)\Delta\varphi \mathrm{d}y - \int_{y0}^{h2} B_p(A' + my)(y_0 - y)\Delta\varphi \mathrm{d}y = 0 \tag{3-37}$$

$$Q_A - \int_0^{y0} B_p A(y_0 - y)\Delta\varphi \mathrm{d}y - \int_{y0}^{h2} B_p A'(y_0 - y)\Delta\varphi \mathrm{d}y - \int_0^{h2} B_p my(y_0 - y)\Delta\varphi \mathrm{d}y = 0 \tag{3-38}$$

$$Q_A - B_p A \Delta\varphi \frac{y_0^2}{2} + B_p A' \Delta\varphi \frac{(h_2 - y_0)^2}{2} - \frac{1}{6} B_p m \Delta\varphi h_2^2 (3y_0 - 2h_2) = 0 \quad (3-39)$$

根据静力平衡条件，以抗滑桩的底部为支点，合力矩为0得

$$\Sigma M_{h2} = M_A + Q_A h_2 - B_p \int_0^{h2} (h_2 - y) \sigma_y \mathrm{d}y = 0 \quad (3-40)$$

$$M_A + Q_A h_2 - \int_0^{y0} B_p (A + my)(y_0 - y) \Delta\varphi (h_2 - y) \mathrm{d}y - \int_{y0}^{h2} B_p (A' + my)(y_0 - y) \Delta\varphi (h_2 - y) \mathrm{d}y = 0 \quad (3-41)$$

$$M_A + Q_A h_2 - \int_0^{y0} B_p A (y_0 - y) \Delta\varphi (h_2 - y) \mathrm{d}y - \int_{y0}^{h2} B_p A' (y_0 - y) \Delta\varphi (h_2 - y) \mathrm{d}y - \int_0^{h2} B_p m y (y_0 - y) \Delta\varphi (h_2 - y) \mathrm{d}y = 0 \quad (3-42)$$

$$M_A + Q_A h_2 - \frac{1}{6} B_p A \Delta\varphi y_0^2 (3h_2 - y_0) + \frac{1}{6} B_p A' \Delta\varphi (h_2 - y_0)^3 - \frac{1}{12} B_p m \Delta\varphi h_2^3 (2y_0 - h_2) = 0 \quad (3-43)$$

$$Q_A - B_p A \Delta\varphi \frac{y_0^2}{2} + B_p A' \Delta\varphi \frac{(h_2 - y_0)^2}{2} - \frac{1}{6} B_p m \Delta\varphi h_2^2 (3y_0 - 2h_2) = 0 \quad (3-44)$$

令 $h_0 = \frac{M_A}{Q_A}$，等式左右两边同时除以 $\frac{B_p \Delta\varphi}{6}$，可得求解 y_0 的计算公式为

$$A_0 y_0^3 + B_0 y_0^2 + C_0 y_0 - D_0 = 0 \quad (3-45)$$

其中

$$A_0 = A - A'$$

$$B_0 = 3h_0 (A - A')'$$

$$C_0 = h_2^2 m (3h_0 + 2h_2) + 3h_2 A' (2h_0 + h_2)'$$

$$D_0 = h_2^3 m (2h_0 + 1.5h_2) + h_2^2 A' (3h_0 + 2h_2)$$

（2）剪力计算。

当 $0 \leqslant y \leqslant y_0$ 时

$$Q = Q_A - B_p \int_0^y \sigma_y \mathrm{d}y = Q_A - \frac{1}{6} B_p \Delta\varphi [y^2 m (3y_0 - 2y) + 3yA(2y_0 - y)] \quad (3-46)$$

当 $y_0 \leqslant y \leqslant h_2$ 时

$$Q = Q_A - B_p \int_0^{y0} \sigma_y \mathrm{d}y - B_p \int_{y0}^{y} \sigma_y \mathrm{d}y = Q_A - \frac{1}{6} B_p \Delta\varphi [y^2 m (3y_0 - 2y) + 3yA'(2y_0 - y) + 3y_0^2 (A' - A)] \quad (3-47)$$

由桩底支座条件 $y = h_2$，$Q_{h2} = 0$，可得剪力计算公式为

$$Q_y = Q_A + \frac{B_p \Delta\varphi m}{3} y^3 + \frac{B_p \Delta\varphi (A - m y_0)}{2} y^2 - B_p A \Delta\varphi y_0 y \quad (3-48)$$

（3）弯矩计算。

当 $0 \leqslant y \leqslant y_0$ 时

$$M = M_A + \int_0^y Q \mathrm{d}y = Q_A (h_0 + y) - \frac{1}{12} B_p \Delta\varphi [y^3 m (2y_0 - y) + 2y^2 A (3y_0 - y)] \quad (3-49)$$

当 $y_0 \leqslant y \leqslant h_2$ 时

$$M = M_{y0} + \int_{y0}^{y} Q\mathrm{d}y = Q_A(h_0 + y) - \frac{1}{12}B_p\Delta\varphi[my^3(2y_0 - y) + 2y_0^2A(3y - y_0) - 2A'(y - y_0)^3] \tag{3-50}$$

由桩底支座条件 $y = h_2$，$Q_{h2} = 0$，可得弯矩计算公式为

$$M(y) = M_A + Q_Ay - \frac{1}{2}B_p\Delta\varphi Ay_0y^2 + \frac{1}{6}B_p\Delta\varphi(A - my_0)y^3 + \frac{1}{12}B_p\Delta\varphi my^4 \tag{3-51}$$

式中：Q_A 为滑动面处的剪力，kN；M_A 为滑动面处的弯矩，kN·m；y 为桩体位于滑动面以下的深度，m；y_0 为桩体旋转的中心点位于滑动面以下的深度，m；$\Delta\varphi$ 为旋转角，rad。

（4）锚固段桩身位移计算。锚固段桩身转角计算公式为

$$\Delta\varphi = \frac{Q_A}{\dfrac{B_pAy_0^2}{2} - \dfrac{B_pA'(h_2 - y_0)^2}{2} + \dfrac{B_pmh_2{}^2(3y_0 - 2h_2)}{6}} \tag{3-52}$$

桩身位移由式（3-53）计算确定：

$$\Delta x = (y_0 + H)\Delta\varphi \tag{3-53}$$

式中：y_0 为桩体旋转的中心点位于滑动面以下的深度，m；H 为计算位置与滑面的距离，m；h_2 为滑面以下锚固段长度，m；A、A'分别为滑面处桩前、后的地基系数；其余符号意义同前。

3. 地基土为两种地层时

桩身置于两种不同的地层，桩底按自由端考虑，桩变位时，旋转中心将随地质情况变化而变化。仍采用单一土层时求静力平衡方程$\sum H = 0$ 和$\sum M = 0$ 的条件求解。先求解出 x_0，再进行计算。

六、弹性桩内力计算

抗滑桩滑面以上部分所受荷载，可以将其对滑面以下桩段进行简化，简化后桩的计算图式见图 3-20。将桩视为弹性地基上的竖向弹性梁，滑动面以上的外力换算为剪力 Q_0 及弯矩 M_0，建立挠曲线微分方程，求解可得到抗滑桩桩身任一深度处的内力及变位的一般表达式，再根据桩底边界条件计算出滑面处的位移和转角，计算出桩身任一深度处的变位和内力，计算简图见图 3-20。

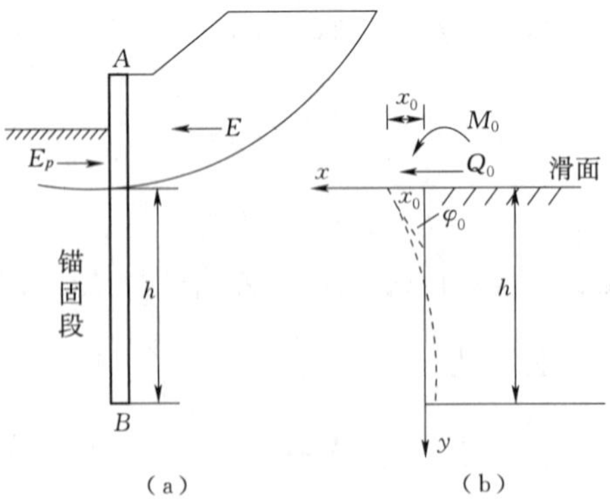

图 3-20　弹性桩计算简图

(a) 抗滑桩位置图；(b) 抗滑桩受力图

1. 计算步骤

（1）将滑面以上抗滑桩受荷段上所有作用力均当做外荷载。

（2）根据桩周地层的性质确定弹性抗力系数（即地基系数），建立桩的挠曲微分方程式。

（3）通过数学求解可得滑面以下桩身任一截面的变位和内力计算的一般表达式。

(4) 根据桩底边界条件计算出滑面处的位移和转角。

(5) 计算桩身任一深度处的变位和内力。

2. m 法

桩在水平外力作用下的挠曲线微分方程为

$$EI\frac{d^4x}{dy^4}+myxB_p=0 \tag{3-54}$$

通过对式 (3-54) 求解，可以得到任一深度桩身内力及变位的一般表达式：

$$x(y)=x_0A_1+\frac{\varphi_0}{\alpha}B_1+\frac{M_0}{\alpha^2EI}C_1+\frac{Q_0}{\alpha^3EI}D_1 \tag{3-55}$$

$$\varphi(y)=\alpha\left(x_0A_2+\frac{\varphi_0}{\alpha}B_2+\frac{M_0}{\alpha^2EI}C_2+\frac{Q_0}{\alpha^3EI}D_2\right) \tag{3-56}$$

$$M(y)=\alpha^2EI\left(x_0A_3+\frac{\varphi_0}{\alpha}B_3+\frac{M_0}{\alpha^2EI}C_3+\frac{Q_0}{\alpha^3EI}D_3\right) \tag{3-57}$$

$$Q(y)=\alpha^3EI\left(x_0A_4+\frac{\varphi_0}{\alpha}B_4+\frac{M_0}{\alpha^2EI}C_4+\frac{Q_0}{\alpha^3EI}D_4\right) \tag{3-58}$$

式中：x_0 为桩在滑动面处的位移，m；φ_0 为桩在滑动面处的旋转角，rad；M_0 为桩在滑动面处的弯矩，kN·m；Q_0 为桩在滑动面处的剪力，kN。

相关系数见表 3-5，在计算滑面处的位移和旋转角时，常根据以下不同的边界条件确定。

(1) 当桩嵌固于坚硬岩石，桩底可视为固定端，边界条件 $x_h=0$，$\varphi_h=0$。

(2) 当桩支撑在岩石层面上，桩底可视为铰接端，边界条件 $x_h=0$，$M_h=0$。

(3) 当桩埋于土层或风化破碎岩层内，桩底可视为自由端，边界条件 $Q_h=0$，$M_h=0$。

由上述边界条件确定了 x_0、φ_0 后，代入式 (3-55) ～式 (3-58)，即可求出滑动面以下桩身任意截面处的位移、转角、弯矩及剪力。

表 3-5　　m 法的相关系数

$\alpha(y)$	A_1	B_1	C_1	D_1	E_1
0	1.00000	0.00000	0.00000	0.00000	0.00000
0.1	1.00000	0.10000	0.00500	0.00017	0.00000
0.2	1.00000	0.20000	0.02000	0.00133	0.00007
0.3	0.99998	0.30000	0.04500	0.00450	0.00034
0.4	0.99991	0.39999	0.08000	0.01067	0.00107
0.5	0.99974	0.49996	0.12500	0.02083	0.00260
0.6	0.99935	0.59987	0.17998	0.03600	0.00540
0.7	0.99860	0.69967	0.24495	0.05716	0.01000
0.8	0.99727	0.79927	0.31988	0.08532	0.01706

续表

$\alpha(y)$	A_1	B_1	C_1	D_1	E_1
0.9	0.99508	0.89852	0.40472	0.12146	0.02733
1.0	0.99167	0.99722	0.49941	0.16657	0.04165
1.1	0.98668	1.09508	0.60384	0.22163	0.06097
1.2	0.97927	1.19171	0.71787	0.28757	0.08633
1.3	0.96908	1.28660	0.84127	0.36536	0.11886
1.4	0.95523	1.37910	0.97373	0.45587	0.15978
1.5	0.93681	1.46839	1.11484	0.55996	0.21041
1.6	0.91280	1.55346	1.26404	0.67841	0.27212
1.7	0.88201	1.63307	1.42060	0.81192	0.34637
1.8	0.84313	1.70575	1.58362	0.96108	0.43467
1.9	0.79467	1.76973	1.75190	1.12634	0.53856
2.0	0.73502	1.82294	1.92402	1.30798	0.65962
2.2	0.57492	1.88710	2.27217	1.72039	0.95947
2.4	0.34691	1.87449	2.60882	2.19530	1.34612
2.6	0.03314	1.75474	2.90669	2.72360	1.82963
2.8	−0.38548	1.49039	3.12845	3.28761	2.41635
3.0	−0.92809	1.03679	3.22473	3.85829	3.10653
3.2	−1.61194	0.34278	3.13221	4.39178	3.89102
3.4	−2.44967	−0.64750	2.77223	4.82566	4.74721
3.6	−3.44542	−1.99135	2.05038	5.07509	5.63403
3.8	−4.58980	−3.74207	0.85751	5.02907	6.48605
4.0	−5.85329	−5.94095	−0.92675	4.54767	7.20694
4.2	−7.17823	−8.60589	−3.42725	3.46084	7.66258
4.4	−8.46929	−11.71596	−6.76190	1.57015	7.67453
4.6	−9.58278	−15.19163	−11.02433	−1.34502	7.01496
4.8	−10.31551	−18.87009	−16.25910	−5.51489	5.40440
5.0	−10.39409	−22.47610	−22.42791	−11.78600	2.51465
5.2	−9.46672	−25.58918	−29.36578	−18.44757	−2.02050
5.4	−7.09981	−27.60937	−36.72658	−27.46552	−8.58323
5.6	−2.78320	−27.72502	−43.91853	−38.13644	−17.53387

续表

α(y)	A_1	B_1	C_1	D_1	E_1
5.8	4.05145	−24.88855	−50.03197	−50.14434	−29.15273
6.0	13.99309	−17.80855	−53.76463	−62.82830	−43.55636
α(y)	A_2	B_2	C_2	D_2	E_2
0	0.00000	1.00000	0.00000	0.00000	0.00000
0.1	0.00000	1.00000	0.10000	0.00500	0.00017
0.2	−0.00007	0.99999	0.20000	0.02000	0.00133
0.3	−0.00034	0.99996	0.30000	0.04500	0.00450
0.4	−0.00107	0.99983	0.39998	0.08000	0.01067
0.5	−0.00269	0.99918	0.49993	0.12499	0.02083
0.6	−0.00540	0.99870	0.59981	0.17998	0.03600
0.7	−0.01000	0.99720	0.69951	0.24493	0.05716
0.8	−0.01706	0.99454	0.79891	0.31983	0.08531
0.9	−0.02733	0.99016	0.89779	0.40462	0.12145
1.0	−0.04165	0.98334	0.99583	0.49921	0.16654
1.1	−0.06097	0.97317	1.09262	0.60345	0.22156
1.2	−0.08631	0.95866	1.18756	0.71716	0.28747
1.3	−0.11883	0.93817	1.27990	0.84002	0.36516
1.4	−0.15973	0.91037	1.35865	0.97164	0.45550
1.5	−0.21030	0.87316	1.45259	1.11145	0.55932
1.6	−0.27193	0.82666	1.53020	1.25872	0.67734
1.7	−0.31604	0.76413	1.59963	1.41248	0.81019
1.8	−0.43112	0.68645	1.65867	1.57150	0.95835
1.9	−0.53767	0.58968	1.70468	1.73122	1.12214
2.0	−0.65821	0.47061	1.73456	1.89872	1.30165
2.2	−0.95615	0.15129	1.73109	2.22300	1.70684
2.4	−1.33888	−0.30271	1.61287	2.51873	2.16820
2.6	−1.81478	−0.92598	1.33485	2.74971	2.67236
2.8	−2.38753	−1.75478	0.84178	2.86653	3.19537
3.0	−3.05316	−2.82403	0.06837	2.80404	3.69914
3.2	−3.79622	−4.16287	−1.05910	2.47914	4.12733
3.4	−4.58492	−5.78813	−2.61941	1.78930	4.40086

续表

$\alpha(y)$	A_2	B_2	C_2	D_2	E_2
3.6	−5.36534	−7.69539	−4.69037	0.61270	4.41336
3.8	−6.05453	−9.84716	−7.33918	−1.18938	4.02716
4.0	−6.53312	−12.15789	−10.6084	−3.76645	3.07053
4.2	−6.63771	−14.47566	−19.49625	−7.26771	1.33758
4.4	−6.15405	−16.56083	−18.9303	−11.82405	−1.40771
4.6	−4.81250	−18.06264	−23.73398	−17.52124	−5.42113
4.8	−2.28769	−18.49537	−28.58544	−24.36215	−10.95882
5.0	1.79174	−17.21722	−32.96967	−32.21617	−18.2456
5.2	7.84071	−13.41642	−36.12597	−40.75423	−27.42751
5.4	16.25497	−6.11121	−36.99502	−49.36951	−38.50482
5.6	27.38777	5.82694	−34.17277	−57.08507	−51.24208
5.8	41.45479	23.61537	−25.88225	−62.45345	−65.05316
6.0	58.42435	48.45246	−9.97907	−63.45715	−78.861
$\alpha(y)$	A_3	B_3	C_3	D_3	E_3
0	0.00000	0.00000	1.00000	0.00000	0.00000
0.1	−0.00017	−0.00001	1.00000	0.10000	0.00500
0.2	−0.00133	−0.00013	0.99999	0.20000	0.02000
0.3	−0.00450	−0.00068	0.99994	0.30000	0.04500
0.4	−0.01067	−0.00213	0.99974	0.39998	0.08000
0.5	−0.02083	−0.00521	0.99922	0.49991	0.12499
0.6	−0.03600	−0.01080	0.99806	0.59974	0.17997
0.7	−0.05716	−0.02001	0.99580	0.69935	0.24402
0.8	−0.08532	−0.03413	0.99181	0.79854	0.31979
0.9	−0.12144	−0.05466	0.98524	0.89705	0.40153
1.0	−0.16652	−0.08329	0.97501	0.99446	0.49901
1.1	−0.22151	−0.12192	0.95975	1.03016	0.60307
1.2	−0.28730	−0.17260	0.93783	1.18342	0.71645
1.3	−0.36495	−0.23760	0.90727	1.27320	0.83878
1.4	−0.45514	−0.31934	0.85574	1.35821	0.90955
1.5	−0.55869	−0.42039	0.81054	1.43680	1.10806
1.6	−0.67628	−0.54318	0.73859	1.50695	1.25340
1.7	−0.80846	−0.69144	0.64637	1.56621	1.40435
1.8	−0.95562	−0.86715	0.52997	1.61162	1.55938

续表

α(y)	A_3	B_3	C_3	D_3	E_3
1.9	−1.11794	−1.07037	0.38503	1.63968	1.71655
2.0	−1.29532	−1.31361	0.20676	1.64629	1.87344
2.2	−1.69331	−1.90568	−0.27087	1.57637	2.17388
2.4	−2.14113	−2.66328	−0.94884	1.35210	2.42880
2.6	−2.62120	−3.59900	−1.87738	0.91680	2.59313
2.8	−3.10333	−4.71751	−3.10701	0.19728	2.60570
3.0	−3.54050	−5.99981	−4.68788	−0.89127	2.38556
3.2	−3.86405	−7.40337	−6.63295	−2.44320	1.83083
3.4	−3.97863	−8.84653	−9.01581	−4.55680	0.81617
3.6	−3.75702	−10.19600	−11.75089	−7.33525	−0.80563
3.8	−3.03605	−11.25190	−14.77432	−10.82106	−3.19951
4.0	−1.61430	−11.73063	−17.91863	−15.07545	−6.53869
4.2	0.74657	−11.24932	−20.90227	−20.0484	−10.98828
4.4	4.31469	−9.31209	−23.29456	−25.58958	−16.67935
4.6	9.37248	−5.30302	−24.47806	−31.38891	−23.67093
4.8	16.18898	1.60929	−23.61178	−36.91681	−31.89724
5.0	24.97623	11.94853	−9.60110	−41.35574	−41.0978
5.2	35.82509	26.87946	−11.08309	−43.52697	−50.72899
5.4	48.61601	47.11770	3.56014	−41.82015	−59.85741
5.6	62.90107	73.28704	26.14335	−34.13766	−67.03850
5.8	77.75522	105.61026	58.55356	−17.87215	−70.18836
6.0	91.59823	143.61927	102.53238	10.05604	−66.46333

α(y)	A_4	B_4	C_4	D_4	E_4
0	0.00000	0.00000	0.00000	1.00000	0.00000
0.1	−0.00500	−0.00033	−0.00001	1.00000	0.10000
0.2	−0.02000	−0.00267	−0.00020	0.99999	0.20000
0.3	−0.04500	−0.00900	−0.00101	0.99992	0.29999
0.4	−0.08000	−0.02133	−0.00320	0.99966	0.39997
0.5	−0.12350	−0.04167	−0.00781	0.99896	0.49989
0.6	−0.17997	−0.07199	−0.01620	0.99741	0.59968
0.7	−0.24490	−0.11431	−0.03001	0.99440	0.69918
0.8	−0.31975	−0.17060	−0.05119	0.98908	0.79818
0.9	−0.40443	−0.24285	−0.08199	0.98032	0.89631

续表

$\alpha(y)$	A_4	B_4	C_4	D_4	E_4
1.0	−0.49881	−0.33299	−0.12493	0.96668	0.99306
1.1	−0.60268	−0.44292	−0.18286	0.94634	1.08770
1.2	−0.71574	−0.57451	−0.25886	0.91712	1.17927
1.3	−0.83753	−0.72950	−0.35631	0.87637	1.26650
1.4	−0.96746	−0.90954	−0.47883	0.82101	1.34776
1.5	−1.10468	−1.11611	−0.63027	0.74745	1.42101
1.6	−1.24808	−1.35043	−0.81466	0.65157	1.48371
1.7	−1.39623	−1.61347	−1.03618	0.52871	1.53281
1.8	−1.54728	−1.90570	−1.29909	0.37368	1.56461
1.9	−1.69889	−2.22748	−1.60770	0.18071	1.57475
2.0	−1.84818	−2.57800	−1.96620	−0.05652	1.55812
2.2	−2.12482	−3.35955	−2.84858	−0.69158	1.41995
2.4	−2.33901	−4.22816	−3.97323	−1.59150	1.09191
2.6	−2.43695	−5.14025	−5.35541	−2.82106	0.50057
2.8	−2.34558	−6.02301	−6.99007	−4.44490	−0.44309
3.0	−1.96927	−6.76472	−8.84028	−6.51971	−1.84214
3.2	−1.18727	−7.20390	−10.82226	−9.08236	−3.80956
3.4	0.14717	−7.11792	−12.78668	−12.13313	−6.46001
3.6	2.20465	−6.21211	−14.49634	−15.61293	−9.89623
3.8	5.17208	−4.11147	−15.60095	−19.37352	−14.18824
4.0	9.24375	−0.35784	−15.61050	−23.14032	−19.34331
4.2	14.68961	5.58352	−13.87018	−26.46802	−25.26497
4.4	21.32923	14.30231	−9.54133	−28.69034	−31.69927
4.6	29.47642	26.39967	−1.59546	−28.86740	−38.16749
4.8	38.87054	42.41401	11.16907	−25.73656	−43.88593
5.0	49.08509	62.70634	30.07446	−17.67648	−47.67563
5.2	59.31370	87.29438	56.45843	−2.69874	−47.86864
5.4	68.23464	115.62512	91.49619	21.51278	−42.22257
5.6	73.85997	146.27796	135.92622	57.48755	−27.86204
5.8	73.38160	176.59590	189.65530	107.74502	−1.27470
6.0	63.03608	202.25181	251.21978	174.42061	41.59958

注 函数 $F_1 \sim F_4$ 可由函数 $A_1 \sim A_4$ 求得，其关系如下：$F_1=1-A_1$，$F_2=-A_2$，$F_3=-A_3$，$F_4=-A_4$。

3. K 法

桩在水平外力作用下的挠曲线微分方程为

$$EI\frac{\mathrm{d}^4x}{\mathrm{d}y^4}+yK_HB_p=0 \tag{3-59}$$

式中：yK_HB_p 为地基作用于桩上的水平抗力。

引入变形系数 $\beta=\left(\frac{K_HB_p}{4EI}\right)^{\frac{1}{4}}$，即 $K_HB_p=4EI\beta_4$

$$\frac{\mathrm{d}^4x}{\mathrm{d}y^4}+4\beta^4x=0 \tag{3-60}$$

通过数学求解，得到滑动面以下任一截面的变位、侧应力和内力的计算公式：

变位：
$$x(y)=x_0\varphi_1+\frac{\varphi_0}{\beta}\varphi_2+\frac{M_0}{\beta^2EI}\varphi_3+\frac{Q_0}{\beta^3EI}\varphi_4 \tag{3-61}$$

转角：
$$\varphi(y)=\beta\left(-4x_0\varphi_4+\frac{\varphi_0}{\beta}\varphi_1+\frac{M_0}{\beta^2EI}\varphi_2+\frac{Q_0}{\beta^3EI}\varphi_3\right) \tag{3-62}$$

弯矩：
$$M(y)=-4x_0\beta^2EI\varphi_3-4\varphi_0\beta EI\varphi_4+M_0\varphi_1+\frac{Q_0}{\beta}\varphi_2 \tag{3-63}$$

剪力：
$$Q(y)=-4x_0\beta^3EI\varphi_2-4\varphi_0\beta^2EI\varphi_3-4M_0\beta\varphi_4+Q_0\varphi_1 \tag{3-64}$$

侧向应力：
$$\sigma_y=K_Hx_y \tag{3-65}$$

其中

$$\varphi_1=\cos(\beta y)\mathrm{ch}(\beta y)$$

$$\varphi_2=\frac{1}{2}[\sin(\beta y)\mathrm{ch}(\beta y)+\cos(\beta y)\mathrm{sh}(\beta y)]$$

$$\varphi_3=\frac{1}{2}\sin(\beta y)\mathrm{ch}(\beta y)$$

$$\varphi_4=\frac{1}{2}[\sin(\beta y)\mathrm{ch}(\beta y)-\cos(\beta y)\mathrm{sh}(\beta y)]$$

计算时先求滑动面处的 x_0 和 φ_0，即可求桩身任一深度截面的变化、内力等，以下为按 3 种边界确定滑面处的参数：

（1）当桩嵌固于坚硬岩石，桩底可视为固定端，边界条件 $x_h=0$，$\beta_h=0$。

（2）当桩支撑在岩石层面上，桩底可视为铰接端，边界条件 $x_h=0$，$M_h=0$。

（3）当桩埋于土层或风化破碎岩层内，桩底可视为自由端，边界条件 $M_h=0$，$Q_h=0$。

将上述各种边界条件相应的滑面处 x_0 和 φ_0 代入式（3－61）～式（3－65），可求得滑动面以下桩身任一截面的变位及内力，相关系数见表 3－6。

表 3－6　　K 法的相关系数

$\beta(y)$	φ_1	φ_2	φ_3	φ_4
0	1	0	0	0
0.05	1.0000	0.0500	0.0013	0.0000
0.10	1.0000	0.1000	0.0050	0.0002
0.15	1.0000	0.1500	0.0113	0.0006

续表

$\beta(y)$	φ_1	φ_2	φ_3	φ_4
0.20	0.9997	0.2000	0.0200	0.0014
0.25	0.9993	0.2500	0.0313	0.0026
0.30	0.9987	0.2999	0.0450	0.0045
0.35	0.9975	0.3498	0.0613	0.0072
0.40	0.9957	0.3997	0.0800	0.0107
0.45	0.9932	0.4494	0.1012	0.0152
0.50	0.9895	0.4990	0.1249	0.0208
0.52	0.9878	0.5188	0.1351	0.0234
0.54	0.9858	0.5385	0.1457	0.0262
0.56	0.9836	0.5582	0.1567	0.0293
0.58	0.9811	0.5778	0.1680	0.0325
0.60	0.9784	0.5974	0.1798	0.0360
0.62	0.9754	0.6170	0.1919	0.0397
0.64	0.9721	0.6364	0.2044	0.0437
0.66	0.9684	0.6559	0.2174	0.0479
0.68	0.9644	0.6752	0.2307	0.0524
0.70	0.9600	0.6944	0.2444	0.0571
0.72	0.9552	0.7136	0.2584	0.0621
0.74	0.9501	0.7326	0.2729	0.0675
0.76	0.9444	0.7516	0.2878	0.0730
0.78	0.9384	0.7704	0.3030	0.0790
0.80	0.9318	0.7891	0.3186	0.0852
0.82	0.9247	0.8077	0.3345	0.0917
0.84	0.9171	0.8261	0.3509	0.0986
0.86	0.9090	0.8443	0.3676	0.1057
0.88	0.9002	0.8624	0.3846	0.1133
0.90	0.8931	0.8804	0.4021	0.1211
0.92	0.8808	0.8981	0.4199	0.1293
0.94	0.8701	0.9156	0.4380	0.1379
0.96	0.8587	0.9329	0.4565	0.1469
0.98	0.8466	0.9499	0.4753	0.1562
1.00	0.8337	0.9668	0.4945	0.1659
1.01	0.8270	0.9750	0.5042	0.1709

续表

$\beta(y)$	φ_1	φ_2	φ_3	φ_4
1.02	0.8201	0.9833	0.5140	0.1760
1.03	0.8129	0.9914	0.5238	0.1812
1.04	0.8056	0.9995	0.5338	0.1865
1.05	0.7980	1.0076	0.5438	0.1918
1.06	0.7902	1.0155	0.5540	0.1973
1.07	0.7822	1.0233	0.5641	0.2029
1.08	0.7740	1.0311	0.5744	0.2086
1.09	0.7655	1.0388	0.5848	0.2144
1.10	0.7568	1.0465	0.5952	0.2203
1.11	0.7479	1.4540	0.6057	0.2263
1.12	0.7387	1.0613	0.6163	0.2324
1.13	0.7293	1.0687	0.6269	0.2386
1.14	0.7196	1.0760	0.6376	0.2449
1.15	0.7097	1.0831	0.6484	0.2514
1.16	0.6995	1.0902	0.6593	0.2579
1.17	0.6891	1.0971	0.6702	0.2646
1.18	0.6784	1.1040	0.6813	0.2713
1.19	0.6674	1.1107	0.6923	0.2782
1.20	0.6561	1.1173	0.7035	0.2852
1.21	0.6446	1.1238	0.7147	0.2923
1.22	0.6330	1.1306	0.7259	0.2997
1.23	0.6206	1.1365	0.7373	0.3068
1.24	0.6082	1.1426	0.7486	0.3142
1.25	0.5955	1.1486	0.7601	0.3218
1.26	0.5824	1.1545	0.7716	0.3294
1.27	0.5691	1.1602	0.7832	0.3372
1.28	0.5555	1.1659	0.7948	0.3451
1.29	0.5415	1.1714	0.8065	0.3531
1.30	0.5272	1.1767	0.8183	0.3612
1.31	0.5126	1.1819	0.8301	0.3695
1.32	0.4977	1.1870	0.8419	0.3778
1.33	0.4824	1.1919	0.8538	0.3863
1.34	0.4668	1.1966	0.8657	0.3949

续表

$\beta(y)$	φ_1	φ_2	φ_3	φ_4
1.35	0.4508	1.2012	0.8777	0.4036
1.36	0.4345	1.2057	0.8898	0.4124
1.37	0.4178	1.2099	0.9018	0.4214
1.38	0.4008	1.2149	0.9140	0.4305
1.39	0.3833	1.2179	0.9261	0.4397
1.40	0.3656	1.2217	0.9383	0.4490
1.41	0.3474	1.2252	0.9506	0.4585
1.42	0.3289	1.2286	0.9628	0.4680
1.43	0.3100	1.2318	0.9751	0.4777
1.44	0.2907	1.2348	0.9865	0.4875
1.45	0.2710	1.2376	0.9998	0.4974
1.46	0.2509	1.2402	1.0122	0.5075
1.47	0.2304	1.2426	1.0246	0.5177
1.48	0.2095	1.2448	1.0371	0.5280
1.49	0.1882	1.2468	1.0495	0.5384
1.50	0.1664	1.2486	1.0620	0.5490
1.51	0.1442	1.2501	1.0745	0.5597
1.52	0.1216	1.2516	1.0870	0.5705
1.53	0.0986	1.2526	1.0995	0.5814
1.54	0.0746	1.2534	1.1121	0.5925
1.55	0.0512	1.2511	1.1246	0.6036
1.56	0.0268	1.2515	1.1371	0.6149
1.57	0.0020	1.2516	1.1497	0.6264
$\pi/2$	0	1.2546	1.1507	0.6273
1.58	−0.0233	1.2545	1.1622	0.6380
1.59	−0.0490	1.2542	1.1748	0.6496
1.60	−0.0753	1.2533	1.1873	0.6615
1.61	−0.1019	1.2526	1.1998	0.6734
1.62	−0.1291	1.2513	1.2124	0.6854
1.63	−0.1568	1.2501	1.2249	0.6976
1.64	−0.1849	1.2481	1.2374	0.7099
1.65	−0.2136	1.2164	1.2498	0.7224
1.66	−0.2427	1.2441	1.2623	0.7349

续表

$\beta(y)$	φ_1	φ_2	φ_3	φ_4
1.67	−0.2724	1.2415	1.2747	0.7476
1.68	−0.3026	1.2386	1.2871	0.7604
1.69	−0.3332	1.2354	1.2995	0.7734
1.70	−0.3644	1.2322	1.3118	0.7863
1.71	−0.3961	1.2282	1.3241	0.7996
1.72	−0.4284	1.2240	1.3364	0.8129
1.73	−0.4612	1.2196	1.3486	0.8263
1.74	−0.4945	1.2148	1.3608	0.8399
1.75	−0.5284	1.2007	1.3729	0.8535
1.76	−0.5628	1.2042	1.3850	0.8673
1.77	−0.5977	1.1984	1.3970	0.8812
1.78	−0.6333	1.1923	1.4089	0.8953
1.79	−0.6694	1.1857	1.4208	0.9094
1.80	−0.7060	1.1789	1.4326	0.9237
1.81	−0.7433	1.1716	1.4444	0.9381
1.82	−0.7811	1.1640	1.4561	0.9526
1.83	−0.8195	1.1560	1.4677	0.9672
1.84	−0.8584	1.1476	1.4792	0.9819
1.85	−0.8980	1.1389	1.4906	0.9968
1.86	−0.9382	1.1297	1.5020	1.0117
1.87	−0.9790	1.1201	1.5132	1.0268
1.88	−1.0203	1.1101	1.5244	1.0420
1.89	−1.0623	1.0997	1.5354	1.0573
1.90	−1.1049	1.0888	1.5464	1.0727
1.91	−1.1481	1.0776	1.5572	1.0882
1.92	−1.1920	1.0659	1.5679	1.1038
1.93	−1.2364	1.0538	1.6785	1.1196
1.94	−1.2815	1.0411	1.5890	1.1354
1.95	−1.3273	1.0281	1.5993	1.1514
1.96	−1.3736	1.0146	1.6095	1.1671
1.97	−1.4207	1.6196	1.6196	1.1835
1.98	−1.4683	1.6296	1.6296	1.1998
1.99	−1.5166	1.6393	1.6393	1.2161

续表

$\beta(y)$	φ_1	φ_2	φ_3	φ_4
2.00	−1.5656	1.6490	1.6490	1.2325
2.01	−1.6153	1.6584	1.9584	1.2491
2.02	−1.6656	1.6678	1.6678	1.2658
2.03	−1.7165	1.6769	1.6769	1.2825
2.04	−1.7682	1.6859	1.6859	1.2993
2.05	−1.8205	1.6947	1.6947	1.3162
2.06	−1.8734	1.7033	1.7033	1.3332
2.07	−1.9271	1.7113	1.7117	1.3502
2.08	−1.9815	1.7200	1.7200	1.3674
2.09	−2.0365	1.7280	1.7280	1.3845
2.10	−2.0923	1.7359	1.7359	1.4020
2.11	−2.1487	1.7435	1.7435	1.4191
2.12	−2.2058	1.7509	1.7509	1.4368
2.13	−2.2636	1.7581	1.7581	1.4544
2.14	−2.3221	1.7651	1.7651	1.4720
2.15	−2.3814	1.7718	1.7718	1.4897
2.16	−2.4413	1.7783	1.7783	1.5074
2.17	−2.5020	1.7846	1.7846	1.5253
2.18	−2.5633	1.7906	1.7906	1.5431
2.19	−2.6254	1.7963	1.7963	1.5611
2.20	−2.6882	1.8018	1.8018	1.5791
2.21	−2.7518	1.8070	1.8070	1.5971
2.22	−2.8160	1.8120	1.8120	1.6152
2.23	−2.8810	1.8166	1.8166	1.6333
2.24	−2.9466	1.8210	1.8210	1.6515
2.25	−3.0131	1.8251	1.8251	1.6698
2.26	−3.0802	1.8288	1.8288	1.6880
2.27	−3.1481	1.8323	1.8323	1.7063
2.28	−3.2167	1.8355	1.8355	1.7247
2.29	−3.2861	1.8383	1.8383	1.7430
2.30	−3.3562	1.8408	1.8408	1.7614
2.31	−3.4270	1.8430	1.8430	1.7798
2.32	−3.4986	1.8448	1.8448	1.7983

续表

$\beta(y)$	φ_1	φ_2	φ_3	φ_4
2.33	−3.5708	1.8462	1.8462	1.8167
2.34	−3.6439	1.8473	1.8473	1.8352
2.35	−3.7177	1.8481	1.8481	1.8537
2.36	−3.7922	1.8485	1.8485	1.8722
2.37	−3.8676	1.8481	1.8485	1.8906
2.38	−3.9435	1.8473	1.8481	1.9091
2.39	−4.0202	1.1671	1.8473	1.9276
2.40	−4.0976	−0.1386	1.8461	1.9461
2.41	−4.1759	−0.1800	1.8446	1.9645
2.42	−4.2548	−0.2221	1.8425	1.9830
2.43	−4.3345	−0.2651	1.8401	2.0014
2.44	−4.4150	−0.3089	1.8373	2.0198
2.45	−4.4961	−0.3534	1.8339	2.0381
2.46	−4.5780	−0.3988	1.8302	2.0564
2.47	−4.6606	−0.4450	1.8259	2.0747
2.48	−4.7439	−0.4920	1.8213	2.0930
2.49	−4.8280	−0.5399	1.8161	2.1111
2.50	−4.9128	−0.5885	1.8105	2.1293
2.51	−4.9984	−0.6381	1.8043	2.1474
2.52	−5.0846	−0.6885	1.7977	2.1654
2.53	−5.1716	−0.7398	1.7906	2.1833
2.54	−5.2593	−0.7920	1.7829	2.2012
2.55	−5.3477	−0.8459	1.7747	2.2190
2.56	−5.4368	−0.8989	1.7660	2.2367
2.57	−5.5266	−0.9538	1.7576	2.2543
2.58	−5.6172	−1.0095	1.7469	2.2718
2.59	−5.7084	−1.0661	1.7365	2.2892
2.60	−5.8003	−1.1236	1.7256	2.3065
2.61	−5.8929	−1.1821	1.7141	2.3237
2.62	−5.9862	−1.2415	1.7019	2.3408
2.63	−6.0802	−1.3018	1.6892	2.3578
2.64	−6.1748	−1.3631	1.6759	2.3746
2.65	−6.2701	−1.4253	1.6620	2.3913

续表

$\beta(y)$	φ_1	φ_2	φ_3	φ_4
2.66	−6.3661	−1.4885	1.6474	2.4078
2.67	−6.4628	−1.5527	1.6322	2.4242
2.68	−6.5600	−1.6177	1.6163	2.4405
2.69	−6.6580	−1.6838	1.6327	2.4566
2.70	−6.7565	−1.7509	1.5827	2.4725
2.71	−6.8558	−1.8190	1.5648	2.4882
2.72	−6.9556	−1.8881	1.5463	2.5037
2.73	−7.0560	−1.9581	1.5271	2.5191
2.74	−7.1571	−2.0292	1.5071	2.5343
2.75	−7.2588	−2.1012	1.4865	2.5493
2.76	−7.3611	−2.1743	1.4651	2.5640
2.77	−7.4639	−2.2484	1.4430	2.5786
2.78	−7.5673	−2.3236	1.4201	2.5929
2.79	−7.6714	−2.3998	1.3965	2.6070
2.80	−7.7759	−2.4770	1.3721	2.6208
2.81	−7.8810	−2.5553	1.3470	2.6344
2.82	−7.9866	−2.6347	1.3210	2.6477
2.83	−8.0929	−2.7151	1.2943	2.6608
2.84	−8.1995	−2.7965	1.2667	2.6736
2.85	−8.3067	−2.8790	1.2383	2.6862
2.86	−8.4144	−2.9627	1.2091	2.6984
2.87	−8.5225	−3.0473	1.1791	2.7103
2.88	−8.6312	3.1731	1.1482	2.7220
2.89	−8.7404	−3.2200	1.1164	2.7333
2.90	−8.8471	3.3079	1.0838	2.7443
2.91	−8.9598	−3.3969	1.0503	2.7550
2.92	−9.0703	−3.4872	1.0158	2.7653
2.93	−9.1811	−3.5784	0.9805	2.7753
2.94	−9.2829	−3.6707	0.9443	2.7849
2.95	−9.4039	−3.7642	0.9071	2.7942
2.96	−9.5158	−3.8588	0.8690	2.8031
2.97	−9.6281	−3.9545	0.8299	2.8115
2.98	−9.7407	−4.0514	0.7899	2.8196

续表

$\beta(y)$	φ_1	φ_2	φ_3	φ_4
2.99	−9.8536	−4.1493	0.7489	2.8273
3.00	−9.9669	−4.2485	0.7069	2.8346
3.01	−10.0804	−4.3187	0.6639	2.8414
3.02	−10.1943	−4.4501	0.6199	2.8479
3.03	−10.3083	−4.5526	0.5749	2.8538
3.04	−10.4225	−4.6562	0.5289	2.8594
3.05	−10.5317	−4.7611	0.4817	2.8644
3.06	−10.6516	−4.8670	0.4336	2.8690
3.07	−10.7665	−4.9741	0.3844	2.8731
3.08	−10.8816	−5.0823	0.3341	2.8767
3.09	−10.9966	−5.1917	0.2828	2.8798
3.10	−11.1119	−5.3023	0.2303	2.8823
3.11	−11.2272	−5.4139	0.1767	2.8844
3.12	−11.3427	−5.5268	0.1220	2.8859
3.13	−11.4580	−5.6408	0.0662	2.8868
3.14	−11.5736	−5.7660	0.0092	2.8872
π	−11.5919	−5.7744	0.0000	2.8872
3.15	−11.6590	−5.8722	−0.0490	2.8870
3.16	−11.8045	−5.9898	−0.1083	2.8862
3.17	−11.9200	−6.1084	−0.1688	2.8848
3.18	−12.0353	−6.2281	−0.2305	2.8828
3.19	−12.1506	−6.3491	−0.2934	2.8802
3.20	−12.2656	−6.4711	−0.3574	2.8769
3.21	−12.3807	−6.5943	−0.4227	2.8731
3.22	−12.4956	−6.7188	−0.4894	2.8685
3.23	−12.6101	−6.8442	−0.5571	2.8533
3.24	−12.7373	−6.9710	−0.6262	2.8573
3.25	−12.8388	−7.0988	−0.6969	2.8507
3.26	−12.9527	−7.2277	−0.7682	2.8434
3.27	−13.0662	−7.3578	−0.8411	2.8354
3.28	−13.1795	−7.4891	−0.9154	2.8266
3.29	−13.2934	−7.6214	−0.9909	2.8171
3.30	−13.4048	−7.7549	−1.0678	2.8068

续表

$\beta(y)$	φ_1	φ_2	φ_3	φ_4
3.31	−13.5168	−7.8895	−1.1460	2.7957
3.32	−13.6285	−8.0252	−1.2256	2.7839
3.33	−13.7395	−8.1620	−1.3605	2.7712
3.34	−13.8501	−8.3000	−1.3888	2.7577
3.35	−13.9601	−8.4390	−1.4725	2.7434
3.36	−14.0695	−8.5792	−1.5575	2.7282
3.37	−14.1784	−8.7205	−1.6441	2.7122
3.38	−14.2866	−8.8627	−1.7321	2.6953
3.39	−14.3941	−9.0062	−1.8214	2.6776
3.40	−14.5008	−9.1507	−1.9121	2.6589
3.70	−17.1662	−13.9315	−5.3544	1.7049
4.00	−17.8499	−19.2524	−10.3265	−0.7073
4.30	−14.7722	−24.2669	−16.8773	−4.7501
4.60	−5.5791	−27.5057	−24.7117	−10.9638
$3\pi/2$	0.0000	−27.8317	−27.8272	−13.9159
4.80	5.3164	−27.6052	−30.2589	−16.4604
5.10	30.9997	−22.4661	−37.9619	−26.7317
5.40	7.02637	−7.6440	−42.7727	−38.9524
5.70	124.7352	21.2199	−41.1454	−51.7563
6.00	193.6813	68.6578	−28.2116	−62.5106
2π	267.6972	133.8476	0.0000	−66.9038
6.60	349.2554	231.8801	57.2528	−58.6870
6.90	404.7145	347.3499	143.4927	−30.1819
7.20	407.4216	469.4772	265.7664	31.0281
7.50	313.3700	580.6710	423.9858	133.6506
7.80	65.8475	642.1835	609.2596	288.1681
8.00	−216.8647	628.8779	737.3101	422.8713
8.30	−867.9091	473.5998	907.5542	670.7544
8.60	−1843.2880	75.6088	997.2527	959.4484
8.90	−3172.6917	−667.9794	918.3664	1252.3561
9.20	−4824.0587	−1860.5365	551.4928	1481.7611
3π	−6195.8239	−3097.9120	0.0000	1548.9560
9.70	−7851.7063	−5034.4714	−1108.6183	1408.6174
10.00	−9240.8733	−7616.1462	−2995.7095	812.3636

七、《水电水利边坡工程设计规范》(DL/T 5353—2007) 推荐抗滑桩计算方法

抗滑桩单桩所受推力方向与滑体滑动方向平行，单排单桩所受推力大小按桩中心两侧各 1/2 中心距范围内滑动岩土体满足设计安全系数要求所需平衡的剩余下滑力计算。抗滑桩所受推力可根据滑坡体的物质结构和变形滑移特性，按三角形、矩形或梯形分布考虑。

单桩承载面积应按桩的计算宽度计算。对于单桩或单排桩：

矩形截面桩：

当 $b \geqslant 1$m 时，
$$B_p = b + 1 \tag{3-66}$$

当 $b < 1$m 时，
$$B_p = 1.5b + 0.5 \tag{3-67}$$

圆形截面桩：

当 $d \geqslant 1$m 时，
$$B_p = 0.9(d + 1) \tag{3-68}$$

当 $d < 1$m 时，
$$B_p = 0.9(1.5d + 0.5) \tag{3-69}$$

式中：B_p 为桩的计算宽度，m；b 为矩形桩的宽度，m；d 为圆形桩的直径，m。

对单排 n 根桩的计算宽度总和，应满足：

$$nB_p \leqslant B + 1 \tag{3-70}$$

式中：B 为一边桩外侧所包的总宽度，m。

抗滑桩桩前土自身稳定，不被冲刷破坏时，其桩前土压力可取桩前滑体的剩余抗滑力，分布为矩形。当被动土压力小于滑体剩余抗滑力时，桩前的阻滑力按被动土压力计算。桩前被动土压力可按式（3-71）计算：

$$E_p = 0.5r_1h_1\tan^2(45° + \varphi/2) \tag{3-71}$$

式中：E_p 为被动土压力，kN/m；r_1 为岩土体的重度，kN/m^3；φ 为桩前岩土体的内摩擦角，(°)；h_1 为抗滑桩受荷段的长度，m。

假定抗滑桩嵌固段为温克尔地基：假定桩的水平位移与该处岩土体水平位移一致，桩与岩土体之间只传递压应力，不传递拉应力与剪应力；假定桩项与地面平齐，在水平力和力矩作用下，桩顶在地面处产生水平位移和转角。

一般采用 K 法和 m 法，第三种情况应通过现场试验确定。

抗滑桩设计地基系数的经验值参见表 3-7。

抗滑桩底和桩侧岩土压力应小于相应岩土强度的设计值。

抗滑桩嵌固段围岩允许侧压力可按式（3-72）和式（3-73）确定：

（1）较完整硬质岩体：

$$\sigma_{max} \leqslant \rho_1 R \tag{3-72}$$

式中：σ_{max}为嵌固段围岩允许最大侧压力值，MPa；ρ_1 为折减系数，与岩土特性有关，可根据实际情况取 0.1～0.5；R 为岩石单轴抗压强度，MPa。

（2）严重风化破碎岩层、堆积体或土体：

$$\sigma_{max} \leqslant \rho_2(\sigma_p - \sigma_A) \tag{3-73}$$

式中：σ_{max} 为嵌固段岩土体允许最大侧压力值，MPa；ρ_2 为折减系数，与岩土特性有关，可根据实际情况取 0.5～1.0；σ_p 为桩前被动土压力，MPa；σ_A 为桩后主动土压力，MPa。

表 3-7 岩石物理力学指标与地基系数 K 值参考表

地层种类	内摩擦角/(°)	弹性模量 E_0/万 kPa	泊松比	地基系数 K (万 kPa/m)/(kN/m³)
细粒花岗岩、正长岩、 辉绿岩、玢岩	>80	5430～6900 6700～7870	0.25～0.30 0.28	2.0～2.5 2.5
中粒花岗岩、粗粒正长岩、 坚硬白云岩	>80	5430～6500	0.25 0.25	1.8～2.0
坚硬灰岩、坚硬砂岩 大理岩、粗粒花岗岩 花岗片麻岩	>80	4400～10000 4660～5430 5430～6000	0.25～0.30	1.2～2.0
较坚硬灰岩 较坚硬砂岩 不坚硬花岗岩	75～80	4400～9000 4460～5000 5430～6000	0.25～0.30	0.8～1.2
坚硬页岩 普通灰岩 普通砂岩	70～80	2000～5500 4400～8000 4600～5000	0.15～0.30 0.25～0.30 0.25～0.30	0.40～0.80
坚硬泥灰岩 较坚硬页岩 不坚硬灰岩 不坚硬砂岩	70	800～1200 1980～3600 4400～6000 1000～2780	0.29～0.38 0.25～0.30 0.25～0.30 0.25～0.30	0.30～0.40
较坚硬泥灰岩 普通页岩 普通灰岩	65	700～900 1900～3000 4400～5000	0.29～0.38 0.15～0.20 0.25	0.20～0.30
不坚硬泥灰岩 硬化黏土 软片岩 硬煤	45	30～500 10～300 500～700 50～300	0.29～0.38 0.30～0.37 0.15～0.18 0.30～0.40	0.06～0.12
密实黏土 普通煤 胶结卵石 掺石土	30～45	10～300 50～300 50～100 50～100	0.30～0.37 0.30～0.40	0.30～0.40

第七节 抗滑桩要素设计

一、抗滑桩的平断面设计

抗滑桩的平面布置应符合以下规定。

（1）抗滑桩宜设在边坡或滑坡体的前缘阻滑区或主滑段的前部。

（2）排桩抗滑桩的布置方向与边坡主滑方向相垂直。

（3）抗滑桩的桩间距宜为 5～10m。

具体确定抗滑桩的平面位置和间距，一般通过滑坡体的物质组成、滑坡推力大小、滑动面坡度、滑体厚度及施工条件等因素综合考虑决定。

工程实践中，工程师们通常参考以下条件确定抗滑桩在滑坡体中的位置。

（1）根据滑坡体的自然分布与滑动特征，一般滑坡体的上部，滑坡体厚度较小，且滑动面陡，后缘张拉裂缝分布普遍，不宜设置抗滑桩。

（2）滑坡体的中部，滑动面埋深大，承受上部滑坡体下滑的力大，因此不宜设抗滑桩。

（3）在滑坡体的下部，一般滑动面较平缓，滑体厚度较薄、滑面相对较缓或在反翘点附近，这样桩承受推力相对较小；且可能存在部分抗力体，因此下滑力较小，常能提供一定的桩前抗力，通常是设桩的较好位置。

在平面上，抗滑桩应布置在滑坡体的前缘，滑动面平缓、坡体厚度较薄、锚固段地基强度较高的地段，同时也要考虑施工条件的便利。排桩应根据滑坡的规模及稳定性可设置一排或多排，一排桩呈直线形或曲线形，多排可按“品”字或梅花形交错布置，排桩的走向尽量与滑体的滑动方向垂直。当坡体规模较大或多级滑坡时，可分级采用抗滑桩处理。

桩的布置通常为排桩式，布置方向应与滑体滑动方向垂直或接近垂直或呈弧形间隔设置，以提供最大抗力。对于大型滑坡，当计算所得到的下滑力巨大时，也可布置两、三排抗滑桩。

当滑坡下滑力特别大时，在平面上可把桩按“品”字交错布置成梅花形，必要时，也可用梁将若干单桩的顶端连接起来形成桩顶梁，增大桩体的抗滑力；还可结合滑坡和施工条件等情况，采用其他型式的抗滑桩。

抗滑桩合理位置可按以下方法简单确定。

在确定边坡的设计安全系数后，根据式（3－4），自上而下得到边坡各条块间的设计剩余推力，根据式（3－5），自上而下得到在稳定区内边坡各条块间的设计剩余推力，得到两条设计剩余推力曲线，见图3－21。前者即 hjk 线称为上设计剩余推力线，后者 $lA'n$ 线称为下设计剩余推力曲线。如 A 点为稳定区内桩的位置，可以找出它在上设计剩余推力曲线上对应的设计剩余推力 E_A，在下设计剩余推力曲线上对应的设计剩余推力 $E_{A'}$，故有

$$W = E_A - E_{A'} \tag{3-74}$$

$$P = \frac{W}{1-\xi} = \frac{E_A - E_{A'}}{1-\xi} \tag{3-75}$$

由式（3－75）知，在 ξ 一定时，$E_A - E_{A'}$ 越小，抗滑桩承受的荷载越小，在其他因素允许的情况下，$E_A - E_{A'}$ 最小的点即为抗滑桩的合理位置点。

确定桩的间距，目前尚无很成熟的计算方法。

合适的桩距应该使桩间滑体具有足够的稳定性，在下滑力作用下，不致从桩间挤出。实际工作中，若有滑坡体自然成拱作用资料，可参照能形成自然拱的跨距作为间距，否则可根据滑体的密实程度、含水情况、推力大小、桩截面尺寸等综合考虑。一般是以桩间土体与两桩侧面所产生的摩阻力不小于桩间的滑坡推力为控制进行估算。也可以采用物理模拟试验与数值模拟试验，考虑土拱效应，并结合实践经验来考虑桩的间距。一般情况下，当滑体完整、密实或滑坡下滑力较小，桩距可取大些；反之，应取小些。通常滑坡主轴附近桩距小，两侧边部桩距大。

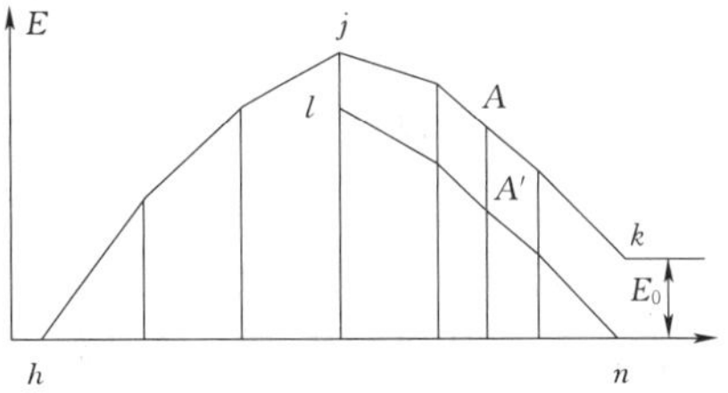

图3－21　滑坡设计推力计算图

桩距设计时，需根据桩的截面、锚固深度及锚固段的侧壁压应力等情况综合考虑。一般采用2～5倍桩径，或采用6～10m间距，并注意在推力较大的主轴附近密些，两侧边缘推力较小处稀些。通常桩截面大，承担推力大，可以适当增大间距。已建工程的桩距，最小为4m，最大为

15m，一般为6～10m。也有按桩身抗剪强度来控制桩距的。

二、抗滑桩的截面形式及计算宽度的确定方法

抗滑桩的截面形状对桩的抗滑作用有一定的影响，目前工程中常用桩的截面为矩形或圆形，小浪底出水口边坡治理中则采用了马蹄形。确定桩截面形状的主要因素为滑坡推力大小、施工对滑体的扰动情况，因为截面小，桩的数量较多，施工干扰大，截面大则相反。抗滑桩宜采用正面一边较短、侧面一边较长的矩形截面为好。尺寸大小根据下滑力大小、桩距以及锚固段的侧壁容许压应力等因素综合考虑。当采用人工挖孔桩时，桩的最小宽度一般不宜小于1.5m。多年来铁路部门常用的截面尺寸为2m×3m、2.5m×3.5m、3m×4m等，尤以2m×3m者最为多见。水利水电部门用于治理滑坡及边坡的抗滑桩截面尺寸较大，如紫坪铺水利枢纽工程溢洪道开挖边坡采用的抗滑桩矩形截面宽2.5m、长4m、深25m。桩内侧受力筋采用8束3ϕ36的钢筋，桩外侧采用8根ϕ32钢筋，箍筋为直径18，桩的间距为5m，共设置了11根。

对于钻孔灌注桩，由于截面是圆形，设计时要把圆形截面换算成相当的矩形截面。根据现有的试验，不同尺寸的圆形桩和矩形桩，施加水平荷载时，直径为d的圆形桩与正面边长为0.9d的矩形桩，在其两侧土体开始被挤出的极限状态下，其临界水平荷载值相等。所以，矩形桩的形状换算系数为1，而圆形桩的形状换算系数为0.9。

另外，在水平荷载作用下，桩侧土体的受力状态实际是较复杂的空间问题。为了简化计算而按平面问题考虑时，应将桩的实际宽度换算成与平面受力条件相当的宽度。受力换算系数对于正面边长$b\geqslant 1$m的矩形桩为$1+1/b$，对于直径$d\geqslant 1$m的圆形桩为$1+1/d$，所以，桩的正面计算宽度B_p等于桩的实际宽度乘以形状换算系数和受力换算系数，计算公式见式（3-14）与式（3-15）。

应该注意的是，只有在计算桩侧弹性抗力时，才用桩的正面计算宽度。计算桩底反力时，仍用桩的实际宽度。而且式（3-14）、式（3-15）没有充分考虑桩两侧土体实际受力状态的空间问题，故计算值B_p略偏小。

三、抗滑桩长度及锚固深度的确定方法

桩的锚固深度与稳定地层的强度、滑坡推力、桩的刚度、桩的截面和间距，以及如何考虑桩前滑体的抗力等因素有关。锚固过浅，稳定性差；锚固过深，施工困难。在同样条件下，锚固过深，也不经济。因此，锚固过深是不合适的。为此，有时采用缩小桩距，或者调整桩的截面尺寸，从而达到减小锚固深度的目的。

目前工程上多从控制锚固段桩周地层的强度来考虑桩的锚固深度，即要求抗滑桩传递到滑动面以下地层的侧壁应力，不大于地层的侧向容许抗压强度。其计算方法如下。

1. 一般土层或严重风化破碎岩层

抗滑桩在滑体推力作用下，桩发生转动变位，当桩周岩、土达到极限状态时，桩前岩、土产生被动抗力，桩后岩、土产生主动压力。显然，柱身某点对地层的侧壁压应力，不应大于该点被动抗力与主动压应力之差。

按最简单的情况根据土的极限平衡条件，桩前岩、土作用于桩身的被动抗应力为

$$\sigma_p=\gamma y\tan^2\left(45^\circ+\frac{\varphi}{2}\right)+2\cot\left(45^\circ+\frac{\varphi}{2}\right) \tag{3-76}$$

桩后岩、土作用于桩身的主动压应力为

$$\sigma_a = \gamma y\ \tan^2\left(45° - \frac{\varphi}{2}\right) - 2\cot\left(45° - \frac{\varphi}{2}\right) \tag{3-77}$$

$$\sigma_p - \sigma_a = \frac{4}{\cos\varphi}\left(\gamma y \tan\varphi - \frac{\varphi}{2}\right) \tag{3-78}$$

则桩身对地层的侧壁压应力 σ_{max}（kPa）应符合下列条件：

$$\sigma_{max} \leqslant \frac{4}{\cos\varphi}(\gamma y \tan\varphi + c) \tag{3-79}$$

式中：γ 为地层岩、土的容重，kN/m^3；φ 为地层岩、土的内摩擦角，(°)；c 为地层岩、土的黏聚力，kPa；y 为地面至计算点的深度，m。

一般验算桩身侧壁压应力最大处，若不符合式（3-79）的要求，则调整桩的锚固深度或桩的截面尺寸、间距，直至满足为止。

2. 比较完整的岩质、半岩质地层

桩身作用于围岩的侧向压应力，其容许值 σ_{max}（kPa）为

$$\sigma_{max} \leqslant KCR \tag{3-80}$$

式中：K 为根据岩层构造在水平方向的岩石容许承压力的换算系数，取 0.5～1.0；C 为折减系数，根据岩石的裂隙、风化及软化程度取 0.3～0.5；R 为岩石单轴抗压极限强度，kPa。

对圆形截面桩，因桩周最大压应力为平均应力的 1.27 倍，则式（3-80）可写为

$$\sigma_{max} \leqslant \frac{1}{1.27}KCR \tag{3-81}$$

通过计算，若不符合式（3-81），则调整桩的锚固深度或截面尺寸、间距，直至满足为止。

上述公式，只能作为确定桩的锚固深度及校核地基强度时的参考。从多年的工程实践看，常用的锚固深度，对于土层或软质岩层约为 1/3～1/2 桩长，比较适宜。但对于完整、较坚硬的岩层可以采用 1/4 桩长。

对于土层或软质岩层，锚固长度与非锚固长度之比为 1∶2～1∶1 比较合适，对于完整而坚硬的岩层，可采用 1∶3。

抗滑桩长度宜小于 35m，当滑带埋深大于 25m 时，是否采用抗滑桩应充分论证其可行性。

第八节　抗滑桩结构设计

一、抗滑桩材料选用

1. 混凝土

（1）混凝土用普通硅酸盐水泥拌制，地下水有侵蚀性时，可根据侵蚀性介质的种类、浓度等具体条件按规定选用。

（2）混凝土一般采用 C20。

（3）混凝土的各项设计强度及弹性模量按《混凝土结构设计规范》（GB 50010—2010）选用。

2. 钢材

（1）结构中的钢筋各项设计强度指标按 GB 50010—2010 选用。

（2）在保证质量的前提下，结构中可以因材制宜采用废旧型钢，如钢轨、角钢等来代替钢筋。但使用前务必先作抽样试验，而后确定其各项设计指标。截面面积应视废旧程度进行折减。

二、抗滑桩配筋计算

抗滑桩从使用安全和经济方面考虑，都宜采用钢筋混凝土桩。

钢筋混凝土桩的配筋计算一般根据所算得的桩身最大弯矩值 M_{max}进行配筋计算，再验算最大弯矩值断面的抗裂要求、剪力最大截面处的抗剪强度。抗滑桩的配筋应根据抗滑桩所受的剪力和弯矩计算确定，配筋计算方法与一般钢筋混凝土结构相同。

1. 矩形抗滑桩配筋计算

（1）矩形抗滑桩纵向受拉钢筋的配置。矩形抗滑桩纵向受拉钢筋配置数量应根据弯矩图分段确定，其截面积按如下公式计算：

$$A_s = \frac{K_1 M}{\gamma_s f_y h_0} \tag{3-82}$$

或

$$A_s = \frac{K_1 \alpha_1 f_c b h_0 \xi}{f_y} \tag{3-83}$$

且要求满足条件 $\xi \leqslant \xi_b$。

1）当采用直径 $d \leqslant 25$ 的螺纹钢，相对界限受压区高度系数 $\xi_b = 0.544$；

2）当采用直径 $d = 28 \sim 40$ 的螺纹钢，相对界限受压区高度系数 $\xi_b = 0.566$。

$$\gamma_s = \frac{1 + \sqrt{1 - 2\alpha_s}}{2} \tag{3-84}$$

$$\alpha_s = \frac{K_1 \gamma_0 M}{\alpha_1 f_c b h_0^2} \tag{3-85}$$

$$\xi = 1 - \sqrt{1 - 2\alpha_s} \tag{3-86}$$

式中：A_s为纵向受拉钢筋截面面积，mm^2；M 为抗滑桩弯矩设计值，N·mm；f_y为受拉钢筋抗拉强度设计值，N/mm^2；f_c为混凝土轴心抗压强度设计值，N/mm^2；α_1为矩形应力图的强度与受压区混凝土最大应力 f_c 的比值（查规范）；h_0为抗滑桩截面有效高度，mm；b 为抗滑桩截面宽度，mm；K_1为抗滑桩受弯强度设计安全系数，一般取 1.2。

（2）矩形抗滑桩箍筋的配置。矩形抗滑桩应进行斜截面抗剪强度验算，以确定箍筋的配置，可按如下公式计算：

$$V_{cs} = 0.7 f_t b h_0 + 1.25 f_{yv} \frac{A_{sv}}{s} h_0 \tag{3-87}$$

且要求满足条件：

$$K_2 V \leqslant 0.25 \beta_c f_c b h_0 \tag{3-88}$$

式中：V 为抗滑桩设计剪力设计值，N；V_{cs}为抗滑桩斜截面上混凝土和箍筋受剪承载力设计值，N；f_t为混凝土轴心抗拉强度设计值，N/mm^2；f_c为混凝土轴心抗压强度设计值，N/mm^2；f_{yv}为箍筋抗拉强度设计值，N/mm^2，取值不大于 $310N/mm^2$；h_0为抗滑桩截面有效高度，mm；b 为抗滑桩截面宽度，mm；A_{sv} 为配置在同一截面内箍筋各肢的全部截面面积，mm；$A_{sv}=nA_{sv1}$，n 为在同一截面内箍筋的肢数，A_{sv1} 为单肢箍筋的截面面积；s 为抗滑桩箍筋间距，mm；K_2 为抗滑桩斜截面受剪强度设计安全系数，取 1.3；β_c 为混凝土强度影响系数，当混凝土强度等级不超过 C50 时，取 $\beta_c=1.0$；当混凝土强度等级为 C80 时，取 $\beta_c=0.8$，其间按线性内插法取值。

2. 圆形抗滑桩配筋计算

（1）纵向受拉钢筋的配置。配筋计算公式如下：

$$A_s \geqslant \frac{f_{cm}A_h}{\left(\dfrac{1}{a_c}-2.5\right)f_y} \tag{3-89}$$

$$M \leqslant f_{cm}A_h\frac{r_1+r_2}{2}\frac{\sin\pi a_c}{\pi}+\frac{f_yA_sr_s}{\pi}(\sin\pi a_c+\sin\pi a_t) \tag{3-90}$$

式中：A_s 为全部纵向钢筋的截面面积，mm^2；A_h 为环形截面面积，mm^2；f_y 为纵向钢筋受拉设计强度，N/mm^2；$r_1(r_2)$ 为环形截面的内（外）半径，mm^2；r_s 为纵向钢筋所在圆的半径，mm^2；f_{cm} 为混凝土弯曲抗压设计强度，N/mm^2；a_c 为受拉纵向钢筋的相对面积，mm^2；$a_t=1-1.50a_c$，若 $a_c\geqslant\dfrac{2}{3}$，则取 $a_t=0$。

利用式（3-89）和式（3-90）的计算基本步骤如下。

1）确定 r_1、r_2、r_s、f_{cm}、f_y 及设计弯矩 M。

2）假定一个 a_c 值进行试算，若计算误差 $\theta\leqslant5\%$，则配置纵向钢筋截面面积 A_s 适合。

3）若 $\theta\geqslant5\%$，则应调整 a_c 值或调整 r_1、r_2 值（桩径），还可以调整桩距 L，以改变设计弯矩 M 的大小，然后重新计算，直到满足 $\theta\leqslant5\%$为止。

上述配筋计算适用条件如下。

1）沿环形截面周边均匀配置纵向受力钢筋。

2）纵向钢筋的根数不少于 6 根。

3）$r_1/r_2\geqslant0.50$。

计算出抗滑桩纵向受力钢筋的截面面积 A_s 后，既可以按照惯例选配钢筋。同一排抗滑桩通常在桩与桩之间设置锁口墙，锁口墙可按 1/4 圆弧布置以利于传力。

纵向受力钢筋配置应注意以下几点。

1）纵向受力钢筋宜采用单根排列，若采用束筋时，每束不宜多于 3 根。若配置有困难，可设置两排。配筋长度一般采用 $4.0/\alpha$（α 为桩的变形系数），且通长配筋。配筋率不应于小于 0.2%与 $45f_t/f_y$ 中的较大值（f_t 为混凝土轴心抗拉强度设计值，f_y 为普通钢筋抗拉强度设计值）。

2）纵向受力钢筋直径不宜小于 16mm，净距不宜小于 80mm。

3）纵向受力钢筋接长宜采用焊接，接头类型及质量均应符合规范要求。

4）由于沿桩长弯矩变化较大，因此，纵向受力钢筋可根据弯矩圆形截断。其截断的钢筋至少应伸至按计算不需要该钢筋的截面以外的长度 l_m（mm），一般为

$$l_m = l_d - 5d \tag{3-91}$$

式中：d 为受力钢筋直径，mm；l_d 为受力钢筋接头用搭接而不加焊时的搭接长度。

5）为便于钢筋骨架的绑扎及混凝土的灌注，一般不使用弯起钢筋，而斜截面的抗剪强度通过调整箍筋的直径、间距予以保证。

例如：弯矩设计值 $M=70258$kN/m 时，

$$A_s = \frac{a_1 f_c b h_0 \zeta}{f_y} = \frac{1.0 \times 9.6 \times 2000 \times 3450 \times 0.38}{300} = 839(\text{cm}^2)$$

式中：A_s 为全部纵向钢筋截面总面积，mm^2；$\zeta=0.38$，据钢筋混凝土矩形截面受弯构件计算系数表选定；f_c 为混凝土轴心抗压强度设计值，N/mm^2；f_y 为普通钢筋抗拉强度设计值，N/mm^2；b 为桩截面宽度，mm；a_1 为受压区混凝土的相对面积；h_0 为受拉钢筋合力点至混凝土受压边缘的距离，即截面的有效高度，mm。

选用 84 根直径 36mm 的钢筋，截面面积 $A_y=84 \times 10.1736=855$（$\text{cm}^2$）。

复核验算：

$$\rho = \frac{A_y}{b h_0} = \frac{855}{200 \times 345} = 0.0124 > \rho_{\min}$$

$$\xi = \frac{A_y f_y}{a_1 f_c b h_0} = \frac{85500 \times 300}{1.0 \times 9.6 \times 2000 \times 3450} = 0.387 < \xi_b$$

查表得 $a_s=0.309$。

$$M = a_s f_c b h_0^2 = 0.309 \times 9.6 \times 2000 \times 3450^2 = 70615(\text{kN} \cdot \text{m}) > M$$

符合要求。

（2）圆形桩箍筋配筋。

1）为便于施工，一般采用封闭式箍筋，每一箍筋在一行上所箍的受力钢筋数目可不限制。

2）箍筋的直径、间距由计算确定，箍筋一般直径 6～8mm，间距 200mm，钢筋骨架中，应每隔 2m 左右设一道 12～18mm 加强箍筋，以加强钢筋笼的刚度和整体性。滑动面及地面处的箍筋应适当加密，具体见“抗滑桩承载能力极限状态验算”部分。

3. 纵向构造钢筋和架立钢筋

在桩的两侧，应适当设置纵向构造钢筋，在桩的受压一侧，应适当设置架立钢筋。两者的直径均以 12～14mm 为宜，间距可适当放宽。

4. 混凝土保护层

混凝土强度不宜低于 C20，若地下水有腐蚀性，对永久性使用的抗滑桩水泥应按规定选用。鉴于抗滑桩系地下建筑物，为保证钢筋不锈蚀，以及钢筋和混凝土间有足够的黏着力，其钢筋的混凝土保护层，应比一般的钢筋混凝土结构厚一些，通常不宜小于 7cm，若地下水有侵蚀性时，尚应适当增厚。主筋保护层厚度：一般不小于 35mm，水下灌注混凝土时不小于 50mm。

三、抗滑桩承载能力极限状态验算

抗滑桩属于大断面的地下结构，一般允许有较大的变形。桩身裂缝超过允许值，钢筋的局部锈蚀对桩的强度不会有很大的影响，因此，无特殊要求时，可不做正常使用极限状态验算，而只作承载能力极限状态验算。

承载能力极限状态验算包括正截面受弯承载力验算和斜截面受剪承载力验算。

1. 正截面受弯承载力验算

抗滑桩正截面受弯承载力验算（图 3-22）由式（3-92）计算。

$$M \leqslant \alpha_1 f_c b x\left(h_0-\frac{x}{2}\right) \tag{3-92}$$

$$\alpha_1 f_c b x=f_y A_a \tag{3-93}$$

当 $x<x_b$ 时，$\varepsilon_c=\varepsilon_{cu}$，$\varepsilon_y>\varepsilon_s$，为适筋梁。

当 $x>x_b$ 时，$\varepsilon_c=\varepsilon_{cu}$，$\varepsilon_y<\varepsilon_s$，为超筋梁。

防止超筋破坏，应满足 $x \leqslant \xi_b h_0$。

防止少筋破坏，应满足 $\rho \geqslant \rho_{min}$。

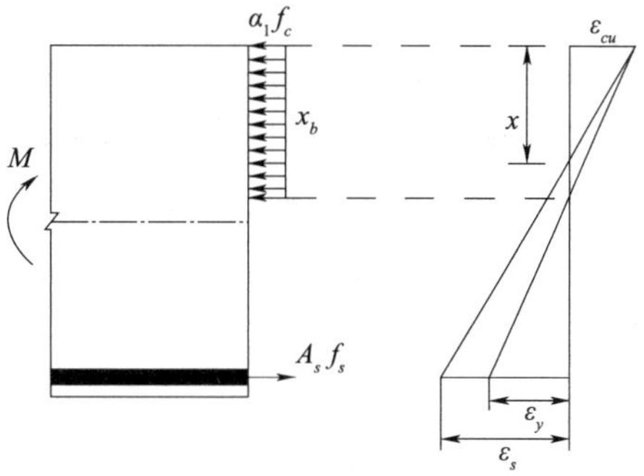

图 3-22　抗滑桩正截面受弯承载力验算图

其中

$$\xi_b=\frac{\beta_1}{1+\dfrac{f_y}{E_s\varepsilon_{cu}}}=\frac{0.8}{1+\dfrac{f_y}{E_s\varepsilon_{cu}}} \tag{3-94}$$

$$\rho=\max\left[0.2,\ \frac{45 f_t}{f_y}\right] \tag{3-95}$$

$$\varepsilon_{cu}=0.0033-(f_{cu,k}-50)\times 10^{-5} \tag{3-96}$$

式中：x 为混凝土受压区高度；x_b 为混凝土界限受压区高度（混凝土、钢筋同时屈服）；b 为矩形截面宽度；h_0 为截面有效高度，$h_0=h-a$；ε_y 为钢筋的极限拉应变；ε_{cu} 为非均匀受压时混凝土极限压应变；f_c 为混凝土轴心抗压强度设计值；f_t 为混凝土轴心抗拉强度设计值；$f_{cu,k}$ 为混凝土立方体抗压强度设计值；f_y 为钢筋抗拉强度设计值；E_s 为钢筋弹性模量。

2. 斜截面受剪承载力验算

矩形、T 形、I 形截面一般受弯构件，仅配箍筋时，斜截面受剪承载力由式（3-97）计算：

$$V \leqslant V_{cs}=0.7 f_t b h_0+1.25 f_{yv}\frac{A_{sv}}{s}h_0 \tag{3-97}$$

$$\rho_{sv}=\frac{A_{sv}}{bs} \tag{3-98}$$

式中：V_{cs} 为斜截面上混凝土、钢筋的受剪承载力设计值；f_t 为混凝土轴心抗拉强度设计值；f_{yv} 为箍筋抗拉强度设计值；A_{sv} 为配置在同一截面内箍筋各肢的全部截面积；ρ_{sv} 为箍筋的配筋率。

为防止因超筋引起的斜压破坏时，应满足：

$$\left.\begin{aligned}&\frac{h_0}{b}\leqslant 4,\ V\leqslant 0.25\beta_c f_c b h_0\\&\frac{h_0}{b}>4,\ V\leqslant 0.20\beta_c f_c b h_0\end{aligned}\right\} \tag{3-99}$$

为防止因少筋引起的斜拉破坏时，应满足：

$$\rho_{sv} \geqslant \rho_{sv,\min} = 0.24\frac{f_t}{f_{yv}} \tag{3-100}$$

若矩形、T形、I形截面一般受弯构件，满足：

$$V \leqslant 0.7f_t bh_0 \tag{3-101}$$

则均不进行斜截面的受剪承载力验算，仅需按构造要求配制箍筋。

如上例中，斜截面上混凝土和箍筋具有的抗剪强度：

$$\begin{aligned} V_0 &= 0.7f_c bh_0 + 1.25f_y\frac{A_y}{s}h_0 \\ &= 0.7\times1.1\times2000\times3450 + 1.25\times210\times\frac{1884}{100}\times3450 \\ &= 22375(\text{kN}) > V_{\max} = 19847\text{kN} \end{aligned}$$

符合要求，其中 $V_{\max}$ 为计算得到的沿桩长的最大剪力。

$$\frac{nA}{s} \geqslant \frac{V-0.7f_t bh_0}{1.25f_{yv}h_0} = 16.05\text{mm}^2/\text{mm}$$

选取直径 20mm 的 6 支箍筋代入上式得 $s \leqslant 117.4$mm，取 $s = 100$mm。

配箍率：$\rho = \frac{nA_1}{bs} = \frac{6\times314}{2000\times100} = 0.942\% > \rho_{\min} = 0.24\frac{f_t}{f_y} = 0.125\%$，且所选箍筋直径和间距均符合构造规定。

四、地基应力校核

一般认为桩不同深度的各截面，计算侧向应力均应不大于该处桩周土石的侧向容许承载力，则满足稳定条件。目前对不同深度处桩周土石的侧向压应力实测资料较少，在这种情况下对岩质的侧向容许承载力（压应力）只有以岩石极限抗压强度的百分数来确定垂直向容许压应力，再以垂直向容许压应力的百分数来确定侧向容许压应力。岩石的侧向容许压应力常用下述经验系数计算。

铁路路基设计手册：

$$[\sigma]_{垂直} = \left(\frac{1}{4}\sim\frac{1}{10}\right)R = (0.25\sim0.1)R \tag{3-102}$$

$$[\sigma]_{侧} = \left(\frac{1}{2}\sim1.0\right)[\sigma]_{垂直} = (0.5\sim1.0)[\sigma]_{垂直} \tag{3-103}$$

式中：R 为岩石的极限单轴抗压强度，MPa。

围岩系数取值如下：①密实土或砂层时，其系数值为 0.5；②较完整的半岩质岩层时，其系数值为 0.6～0.75；③块状或厚层少裂隙的岩层时，其系数值为 0.75～1.0。

铁道部大桥工程局：

$$[R_{垂直}] = \frac{1}{2}[R_{极限}]$$

$$[R_{侧向}] = \frac{1}{2}[R_{垂直}]$$

对土质的侧向容许承载力（压应力）常取各不同深度的主被动土压力差值来确定：

(1) 考虑黏聚力起作用时：$[\sigma_y] = \frac{4}{\cos\varphi}[\gamma(y+h')\tan\varphi + c]$ 适用全埋式桩；$[\sigma_y] =$

$\frac{4}{\cos\varphi}(\gamma y\tan\varphi+c)$ 适用悬臂桩。

（2）未考虑黏聚力起作用时：$[\sigma_y]=\gamma(y+h')\left[\tan^2\left(45°+\frac{\varphi}{2}\right)-\tan^2\left(45°-\frac{\varphi}{2}\right)\right]$ 适用全埋式桩；$[\sigma_y]=\gamma y\left[\tan^2\left(45°+\frac{\varphi}{2}\right)-\tan^2\left(45°-\frac{\varphi}{2}\right)\right]$ 适用于悬臂式桩。

以上各式中：γ 为土的重度，kN/m^3；y 为计算点的埋深，m。

若桩身任何深度的侧向弹性抗力大于该处围岩的容许承载应力时，则需调整桩的埋深、间距、截面尺寸重新计算以满足稳定条件，但对围岩有随深度而逐渐增大强度的情况，可允许在滑面下 1.5m 以内产生塑性变形，且在塑性变形深度内围岩抗力采用其容许值。

五、钢筋混凝土桩的构造要求

（1）混凝土强度：一般采用 C20，不低于 C15，水下灌注时不低于 C20。

（2）主筋保护层厚度：一般不小于 35mm，水下灌注混凝土时不小于 50mm。

（3）主筋不宜小于 $8\phi10$，常用 $12\phi16$ 以上（$D600$ 以上），纵向主筋沿桩身周边均匀布置（圆桩），钢筋净距不应小于 60mm。

（4）配筋长度（滑面以下）宜采用 $4/a$，通长配筋。

（5）配筋率一般不低于 0.65%～0.20%（小桩径取高值，大桩径取低值）。

（6）箍筋率一般不低于 $\phi6@200$，宜采用螺旋箍筋或焊接环式箍筋；钢筋骨架中，应每隔 2m 左右设一道焊接加强箍筋。

（7）钢筋的接长等符合钢筋混凝土构件的构造要求。

【例题 3-1】　已知某碎石土滑坡体，滑体重度为 $\gamma_1=19.0kN/m^3$，$\varphi_1=26°$。拟设抗滑桩附近的滑体厚度为 10m，该处的滑坡推力 $E=1000kN/m$，桩前剩余抗滑力 $E'=500kN/m$。滑面处的地基系数采用 $A=80000kN/m^3$，滑床土的地基系数随深度变化的比例系数采用 $m=40000kN/m^4$，假设抗滑桩采用 C20 钢筋混凝土，其弹性模量 $E_h=26\times10^6kPa$，桩断面为 $b\times a=2m\times3m$ 的矩形，桩长 16m，滑面以上 h_1 为 10m，桩的中心距 $l=6m$，滑面以下桩的埋深 $h_2=4m$。试进行抗滑桩结构设计。

解：

（1）刚性桩与弹性桩的判别。

1）桩的计算宽度 B_p 的计算，按式（3-14）得到 $B_p=2+1=3$（m）。

2）截面对桩中心惯性矩由式（3-104）计算：

$$I=\frac{1}{12}ba^3 \tag{3-104}$$

计算得 $I=4.5m^4$。

3）桩的截面抗弯刚度计算：

$$EI=26\times10^6\times4.5=1.17\times10^5\ (MN\cdot m^2)=1.17\times10^8\ (kN\cdot m^2)$$

4）桩的变形系数 $\alpha=\sqrt[5]{\frac{mB_p}{EI}}=0.252m^{-1}$。

桩的计算深度 $\alpha h=0.252\times6=1.512<2.5$，故按刚性桩计算。

(2) 作用于滑动面以上（受荷段）桩身的内外力计算。

每根桩承受的水平推力 $T=1000\times6=6000$（kN）。

按三角形解，$b\Delta q=\dfrac{T}{0.5h_1}=1200\text{kN/m}$。

每根桩前的剩余抗滑力 $P=500\times6=3000$（kN），按三角形解，$b\Delta q'=\dfrac{P}{0.5h_1}=\dfrac{3000}{0.5\times10}=600$（kN/m）。

桩前被动土压力 $E_p=\dfrac{1}{2}\gamma_1h_1^2\tan\left(45°+\dfrac{\varphi_1}{2}\right)=2433.0\text{kN/m}$。

桩前被动土压力大于桩前剩余抗滑力，故桩前抗力按被动土压力控制。

滑坡推力按三角形分布；桩前抗力按三角形分布，如图 3-23 所示。受荷段剪力 $Q(y)=\dfrac{b\Delta q-b\Delta q'}{h_1}\cdot\dfrac{y}{2}=30y^2$，弯矩 $M(y)=Q(y)\cdot\dfrac{y}{3}=10y^3$。

计算得，滑面处的剪力 $Q_A=3220.34\text{kN}$，滑面处弯矩 $M_A=10000\text{kN}\cdot\text{m}$。

(3) 滑面以下锚固段内力计算。计算简图如图 3-24 所示。

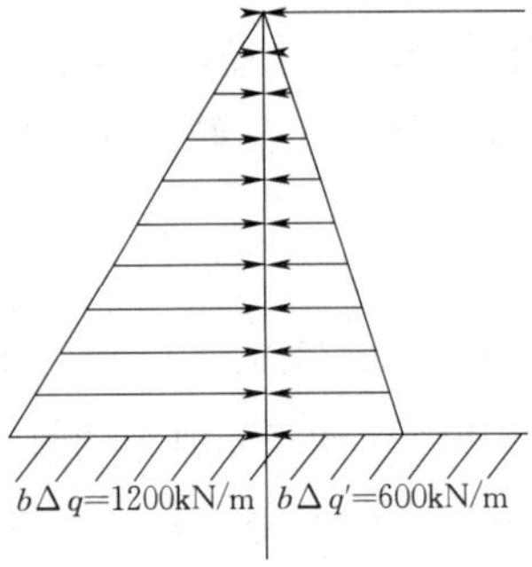

图 3-23 作用于抗滑桩上的荷载分布

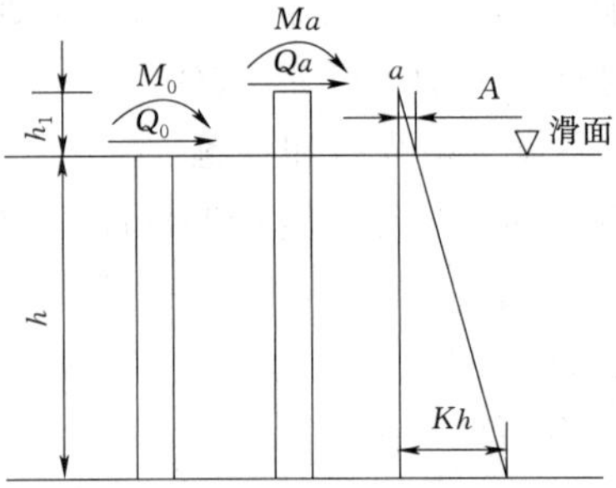

图 3-24 转动中心位置计算简图

1) 桩的转动中心距离滑动面的距离 y_0。对锚固段，根据桩底支承条件按刚体平衡原理，转动中心距离滑动面的距离 y_0 由式（3-45）计算可得

$$y_0=\frac{h_2[2A(3M_A+2Q_Ah)+mh_2(4M_A+3Q_Ah)]}{2[3A(2M_A+Q_Ah)+mh_2(3M_A+2Q_Ah)]}=3.98\text{m}$$

2) 桩的转角 $\Delta\varphi$。由式（3-52）计算桩的转角可得

$$\varphi=2.14\times10^{-2}\text{rad}$$

3) 锚固段剪力。锚固段的剪力按式（3-48）计算，对 Q_y 求导且令其等于 0，则可以求得锚固段最大剪力的位置，即 $Q_y'=0$，$262.80y^2-520.6y-2092.41=0$ 求解得到 $y'=y_0=3.98\text{m}$，即锚固段最大剪力在转动中心处。

$$Q_{\max}=-3928.38\text{kN}$$

4) 锚固段弯矩。锚固段弯矩由式（3-51）（计算，对 M_y 求导且令其等于 0，$87.60y^3-260.30y^2-2092.41y+3000=0$，则可以求得锚固段的最大弯矩的位置，$y_0=1.315\text{m}$ 时 $Q_y=0$，所以：

$$M_{max}=12004.06\text{kN}$$

根据计算结果，绘制桩身整体的剪力曲线图和弯矩曲线图。

5）锚固段地基强度校核。锚固段的地基应力计算公式为

$$\sigma_y=-\Delta\varphi m y^2+(\Delta\varphi m y_0-A_1\Delta\varphi)y+\Delta\varphi A_1 y_0 \tag{3-105}$$

最大侧应力位置：令 $\frac{d\sigma_y}{dy}=0$，求解 $y=0.99(\text{m})$。

最大侧应力在滑面附近。

围岩的容许压应力由式（3-80）计算，最大侧应力处的侧应力 $\sigma=1030.13\text{kPa}$，桩底侧应力为 $\sigma=1544.54\text{kPa}$，滑面处的侧应力为 $\sigma=928.70\text{kPa}$，地基强度满足要求，即锚固深度满足要求。

（4）抗滑桩结构计算。根据混凝土结构设计规范，对应混凝土 C20 的轴心抗压设计强度值 $f_c=9.6\text{MPa}$，轴心抗拉设计强度值 $f_t=1.1\text{MPa}$；纵向受拉钢筋采用 HRB400，抗拉强度设计值 $f_y=360\text{MPa}$，抗压强度设计值 $f_y'=360\text{MPa}$，箍筋采用 HRB335，抗拉强度设计值 $f_y=300\text{MPa}$，抗压强度设计值 $f_y'=300\text{MPa}$，构造钢筋及架立钢筋采用 HPB235，其抗拉强度设计值 $f_y=f_y'=210\text{MPa}$。

1）纵向钢筋设计。抗滑桩结构设计按极限应力状态法，截面强度根据《混凝土结构设计规范》进行计算。

相对受压区计算高度计算见式（3-86），解得 $x=0.49\text{m}$。

配筋面积计算公式见式（3-82）：选用 HRB400 钢筋，$f_y=310\text{MPa}$。

得 $A_s=125.49\text{cm}^2$。

选用 12ϕ40@200，2 排布置。

实际钢筋面积 $A_s=150.80\text{cm}^2$。

配筋率：

$$\rho=\frac{A_s}{bh_0}=\frac{150.80\times10^2}{3\times10^3\times1.42\times10^3}=0.35\%$$

查表得 $\rho_{min}=0.2\%$，故配筋率符合要求。

2）箍筋设计。

$$KQ_{max}=3928.38,\ 0.07f_cbh_0=1182.86$$

所以，需要配抗剪箍筋。

$$Q_{hn}=0.07f_cbh_0+\alpha_{kn}f_y\frac{A_k}{S}h_0$$

式中：S 为箍筋间距，取 40cm；f_y 为箍筋的抗拉设计强度；f_c 为混凝土轴心抗压设计强度；α_{kn} 为抗剪强度影响系数，$\frac{KQ}{bh_0}\leqslant0.2f_c$ 时取 2，$\frac{KQ}{bh_0}\geqslant0.3f_c$ 时取 1.5，$\frac{KQ}{bh_0}$ 为中间值时用内插法取值。

因为 $\frac{KQ}{bh_0f_c}=0.136$，所以 $\alpha_{kn}=2$。

求得同一截面上各肢箍筋截面积之和：

$$A_k=\frac{(Q_{max}-0.07f_cbh_0)S}{\alpha_{kn}f_yh_0}=507.30\text{mm}^2$$

取双肢 $\phi14$，实际面积为 615.76> A_k 。

满足抗剪要求。

第九节　抗滑桩施工大样图与施工总说明编制

一、抗滑桩施工大样图实例

有关滑坡治理抗滑桩设计大样见图 3-25～图 3-27。

二、抗滑桩施工总说明编制

抗滑桩施工说明编制的主要包括以下内容。

(1) 抗滑桩施工时，应平整孔口地面，施工现场出土路线应畅通，开挖的弃渣应运走，不得堆放在孔口周围。

(2) 按施工图准确放出桩位和桩的尺寸，并认真进行技术复核，挖桩前要把桩中心位置向桩四周引出桩心控制点。开挖过程中若发现地质情况与设计有较大出入时，应会同业主、监理和设计单位进行处理。

(3) 开挖应以两端向中部间隔桩开挖，待桩身混凝土灌注完毕 7d 后，方可开挖邻桩。

(4) 桩孔应分节开挖，每节高度宜控制在 1.0m 左右，当土质较松软、破碎或有水时，分节长度宜为 0.5～0.6m，不得在土石层变化处分节；采用 25cm 厚 C15 钢筋混凝土护壁，开挖一节，立即支挡一节。第一节护壁应比下面的护壁厚 100～150mm，并应高出现地面 200～250mm，上下护壁的搭接长度不得少于 50mm。按护壁大样图要求进行施工，护壁钢筋就地绑扎，护壁模板安装时，应设专人严格校核中心位置及护壁厚度，可用十字架对准轴线标记，在十字交叉中心悬吊垂球，复核模板位置，保证垂直度。

(5) 在地下水集中渗漏处，护壁上应预留泄水孔，开挖过程中应及时排除桩孔中的地下水，保证能干燥作业。

(6) 浇筑护壁混凝土时，用竹和木棒插实方法，宜使用速凝剂，尽快达到设计强度要求。发现护壁有蜂窝、漏水现象，及时加以堵塞和导流，保证混凝土强度及安全。护壁混凝土的内模拆除，根据气温等情况而定，一般可在 24h 以后进行，使混凝土有一定强度以能挡土。

(7) 滑体土层段的桩孔开挖，原则上采用人工开挖，有孤石时可采用手风钻，当手风钻难于作业时可以采用小药量、小炮眼的松动爆炸进行分解，每次剥离厚度不宜超过 30cm，开挖基本成型后再人工刻凿孔壁至设计尺寸。

(8) 桩端入岩层后，基岩段的桩孔开挖用手风钻难于作业时，可以采用小药量、小炮眼的松动爆炸方式，每次剥离厚度不宜大于 0.5cm，孔内爆破时，装药量要经过计算，不得超量，严禁大爆破。孔内爆破时，现场其他孔内作业人员必须全部撤离，严格按爆破规定进行操作。

(9) 开挖过程中在桩孔的四角处吊垂线检查桩身的垂直度，保证桩身截面尺寸和开挖深度不小于设计值，不得有尖角。终孔时，清理护壁污泥和桩底的残渣杂物浮土，清除积水（积水厚度不大于 5cm），迅速组织浇筑灌桩心混凝土，以免浸泡使岩土层软化。

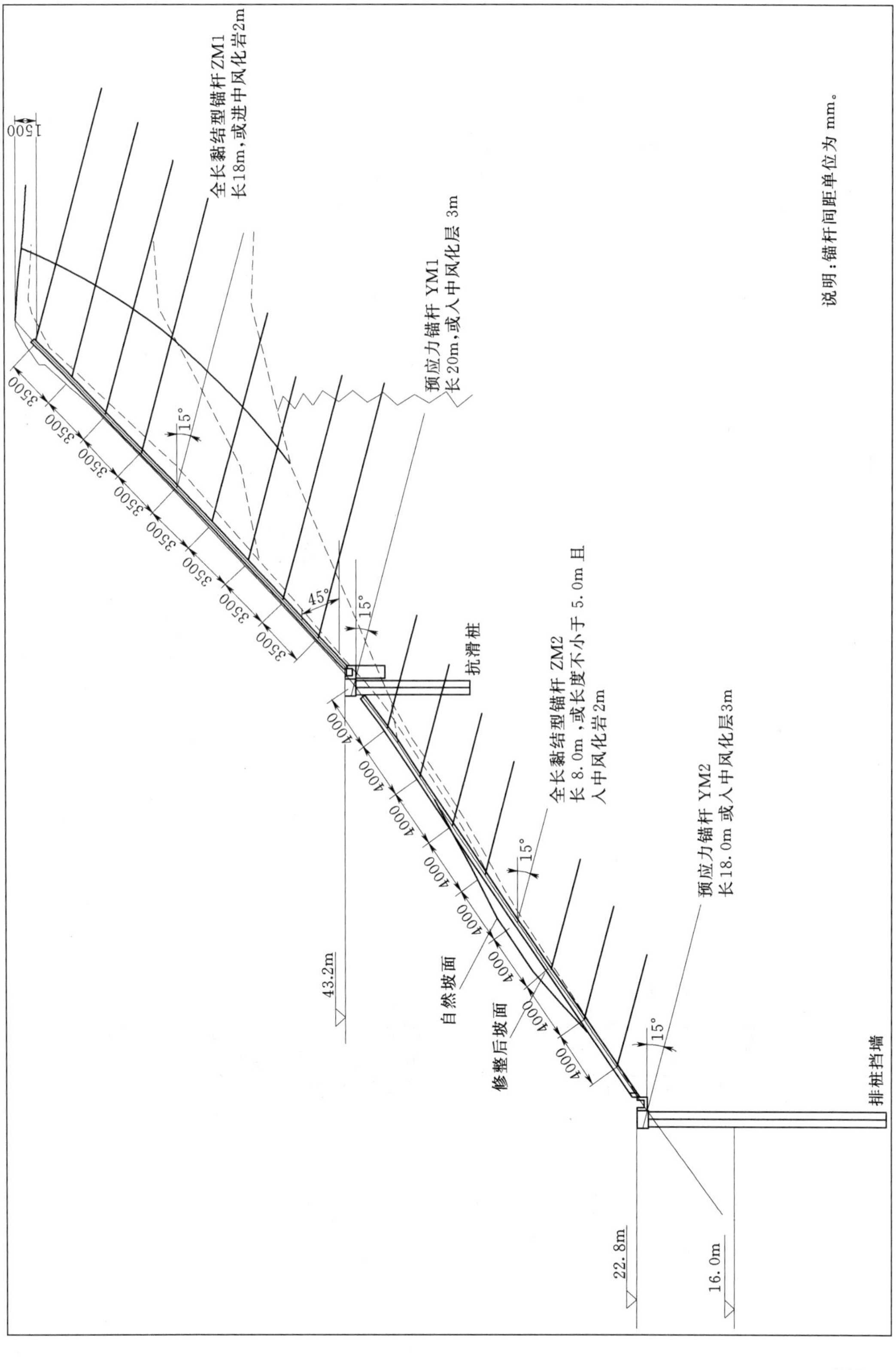

图 3－25　滑坡治理中的抗滑桩剖面布置

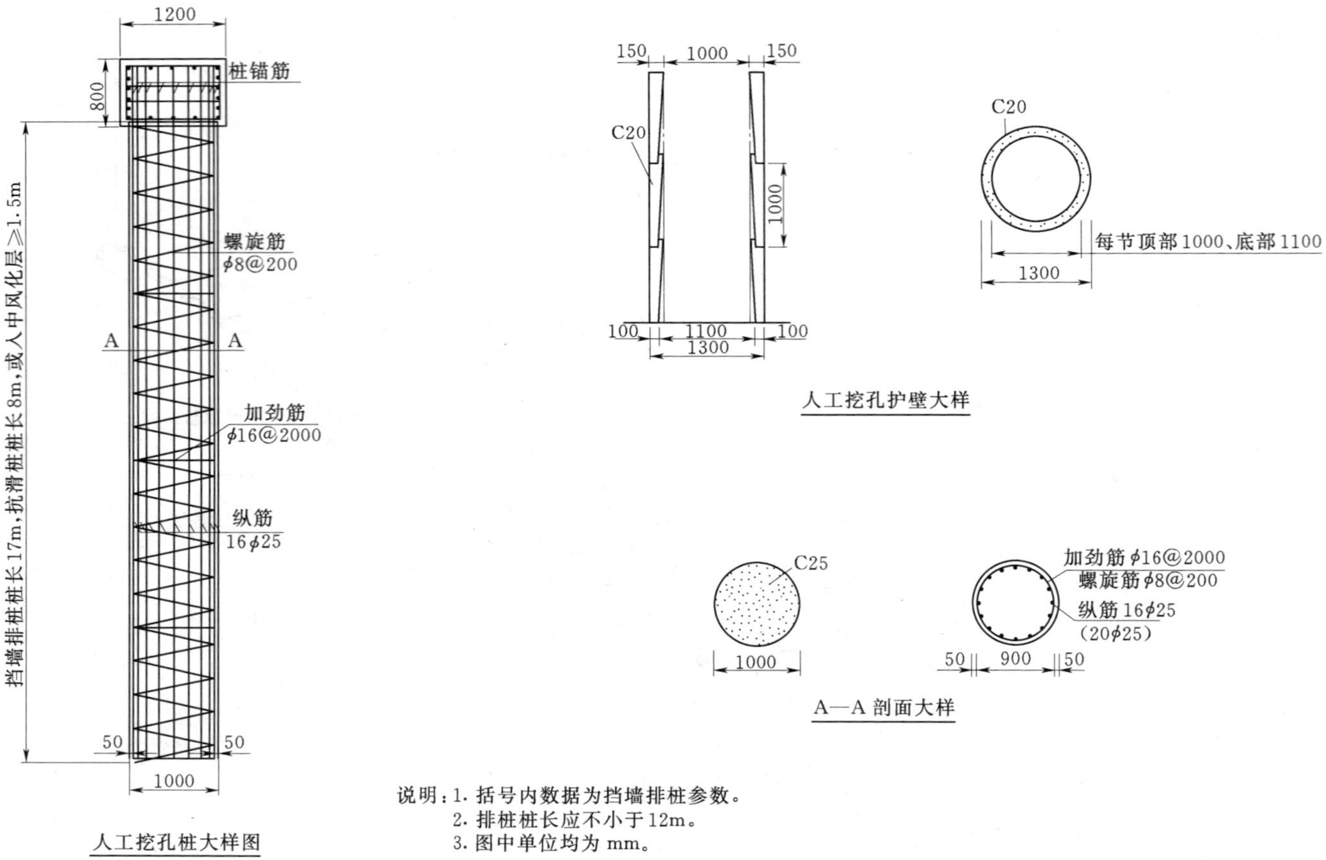

说明：1. 括号内数据为挡墙排桩参数。
2. 排桩桩长应不小于12m。
3. 图中单位均为mm。

图3-26 人工挖孔桩施工大样图（单位：mm）

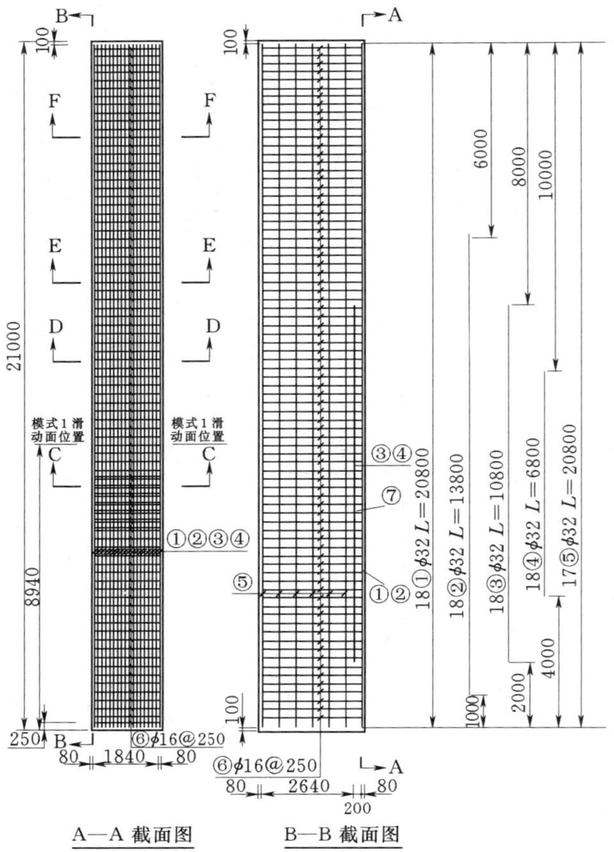

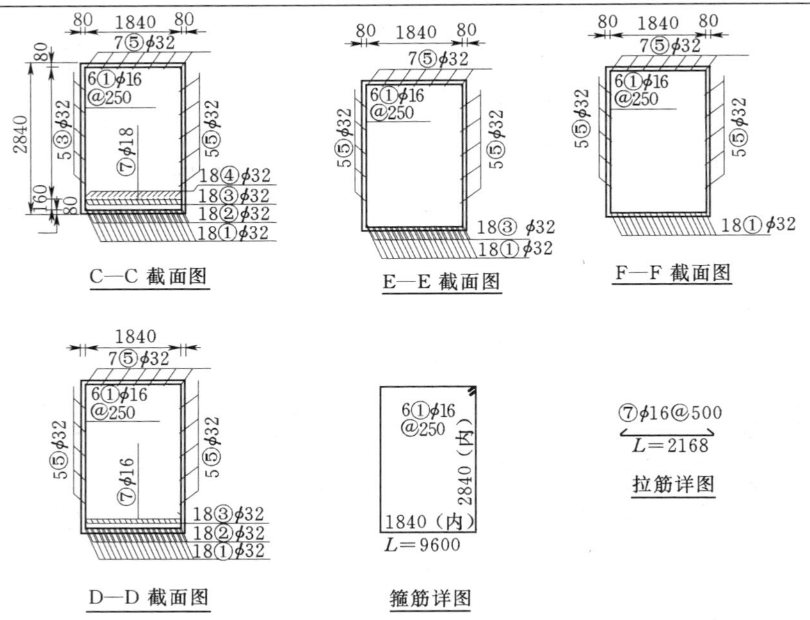

A 形桩钢筋表

钢筋编号	钢筋类型	钢筋直径/mm	钢筋长度/m	根数	总长度/m	每米重/kg	总重量/t	备注
①	Ⅱ级钢	32	20.8	18	374.4	6.31	2.363	
②	Ⅱ级钢	32	13.8	18	248.4	6.31	1.568	
③	Ⅱ级钢	32	10.8	18	194.4	6.31	1.227	
④	Ⅱ级钢	32	6.8	18	122.4	6.31	0.773	
⑤	Ⅱ级钢	32	20.8	17	353.6	6.31	2.232	
Ⅱ级钢合计/t					8.163			
⑥	Ⅰ级钢	16	9.6	85	816	1.578	1.288	
⑦	Ⅰ级钢	16	2.168	23	49.87	1.578	0.079	
Ⅰ级钢合计/t					1.367			
钢筋总量/t					9.530			
C30 混凝土/m^3					126			

说明：1. 束筋的钢筋之间用点焊，用 C30 混凝土浇筑。
2. 箍筋末端两个弯钩的长度皆为 200mm。
3. 本图桩的挡土段长 21m，嵌固段长 8.94m，当挡土段实际不同时，从桩顶截去多余的桩长，嵌固段也相应缩短，嵌固段长约为挡土段的 1/2。
4. 本图所示尺寸以 mm 计。
5. 未尽事宜按相关规范执行。

图 3-27　抗滑桩配筋图

（10）露出地面的桩长部分，模板的支立一次到顶，绑扎钢筋前，浇筑 C15 铺底混凝土厚 5cm，待其强度达到 80％后绑扎钢筋。钢筋的绑扎采用单根孔外预制，孔内安装成型的方法施工，绑扎钢筋时要检查钢筋是否有同模板相抵靠、净保护层是否满足要求，可采用在钢筋笼外侧绑扎预制混凝土垫块（尺寸为设计的保护层厚度）的方法。

（11）桩的纵向钢筋在下料前应采用闪光接触焊焊好，不宜采用搭接接头，焊接接头的面积，在同一焊接接头区段内不得超过纵向钢筋总面积的 1/2，且有焊接接头的截面之间的距离不得小于 45d（d 为纵向钢筋的直径），应符合《混凝土结构工程施工及验收规范》（GB 50204—2015）的要求，竖向受力钢筋的接头不得设在土石层分界处或滑动面处。

（12）抗滑桩工程质量检验标准见表 3－80。

表 3－8　　抗滑桩工程质量检验标准

项目	序号	检查项目				允许偏差或允许值		检查方法
						单位	数值	
主控项目	1	钢筋、水泥、砂石等原材料规格和质量				设计及相关规范要求		检查合格证、检测报告等资料
	2	锚固段长度				设计要求		每桩实测
	3	钢筋笼	钢筋数量			设计要求		全数检查
	4		钢筋搭接			规范要求，搭接位置应避免设在土石分界或滑动面及软弱层		参照《混凝土结构工程施工质量验收规范》及《钢筋焊接及验收规程》等。全数检查
	5		主筋间距			mm	±10	每桩 2 个截面，尺量
	6		钢筋笼长度			mm	±100	每桩用钢尺量
	7	混凝土灌注桩	桩位	钻孔桩	$D\leqslant 1000$mm	mm	$1/6D$，且≤100	用钢尺量，每桩检查
	8				$D>1000$mm	mm	$100+0.01H$	
	9			人工挖孔桩	混凝土护壁	mm	50	
	10				钢套管护壁	mm	100	
	11		桩径	钻孔桩		mm	±50	井径仪或超声波检测，干施工时用钢尺量，人工挖孔桩不包括内衬厚度。每桩检查
	12			挖孔桩		mm	+50	
	13		孔深			mm	+300	只深不浅，用重锤测或测钻杆、套管长度，嵌岩桩应确保进入设计要求的嵌岩深度，每桩测量
	14		混凝土充盈系数			>1		检查每根桩的实际灌注量
	15		桩体质量检验			设计及相关规范要求		按桩基检测技术规范，如钻芯取样，大直径嵌岩桩应钻至桩尖下 500mm
	16		混凝土强度			在合格标准内		依据《混凝土强度检验评定标准》（GB/T 50107—2010）
	17		承载力			设计及相关规范要求		按桩基检测技术规范

续表

<table>
<tr><th rowspan="2">项目</th><th rowspan="2">序号</th><th colspan="3" rowspan="2">检查项目</th><th colspan="2">允许偏差或允许值</th><th rowspan="2">检查方法</th></tr>
<tr><th>单位</th><th>数值</th></tr>
<tr><td rowspan="8">一般项目</td><td>1</td><td rowspan="4">钢筋笼</td><td colspan="2">箍筋间距</td><td>mm</td><td>±20</td><td>每桩 5～10 个间距，尺量</td></tr>
<tr><td>2</td><td colspan="2">直径</td><td>mm</td><td>±10</td><td>每桩 5～10 个，用钢尺量</td></tr>
<tr><td>3</td><td colspan="2">保护层厚度</td><td>mm</td><td>±10</td><td>每桩沿护壁检查 8 处，尺量</td></tr>
<tr><td>4</td><td colspan="2">钢筋笼安装深度</td><td>mm</td><td>±50</td><td>水准仪：测每桩骨架顶面高程后反算</td></tr>
<tr><td>5</td><td rowspan="4">混凝土灌注桩</td><td rowspan="2">竖直度</td><td>钻孔桩</td><td>mm</td><td>1%桩长，且不大于 500</td><td>测壁仪或吊垂线：每桩检查</td></tr>
<tr><td>6</td><td>挖孔桩</td><td>mm</td><td>0.50%桩长，且不大于 200</td><td>吊垂线：每桩检查</td></tr>
<tr><td>7</td><td colspan="2">泥浆比重（黏土或砂性土中）</td><td colspan="2">1.15～1.20</td><td>用比重计测，清孔后在距离孔底 500mm 处取样</td></tr>
<tr><td>8</td><td colspan="2">泥浆面标高（高于地下水位）</td><td>m</td><td>0.5～1.0</td><td>目测</td></tr>
</table>

注 *H* 为施工现场地面标高与桩顶设计标高的距离，*D* 为设计桩径。

习题与思考题

3-1 阐述抗滑桩具体分类的依据及其分类。

3-2 如何确定地基系数？

3-3 抗滑桩内力计算中的悬臂桩法与弹性地基梁法有何特点？

3-4 简述混凝土抗滑桩与预应力锚索联合加固技术的优点。

3-5 预应力锚索抗滑措施常应用于岩石开挖面的加固，但近年来通过一定的联合结构用于松散滑坡体的加固中，试述这些措施的基本方法及其设计内容。

3-6 抗滑桩的设计原则及步骤主要包括哪些内容？

3-7 如何进行抗滑桩刚性桩与弹性桩的划分？

3-8 简述抗滑桩设计荷载的确定方法。

3-9 如何区分刚性桩与弹性桩？

3-10 简述刚性桩与弹性桩的计算方法。

3-11 如何进行抗滑桩的布设和桩型的选择？

3-12 简述桩的配筋计算和构造过程。

第四章　地质工程灌浆设计

第一节　概　　述

在地质工程中，由于地质构造或其他各种原因，所面对的地质体往往不是理想的完美无缺的，都不同程度地存在缺陷，或不能满足工程的要求，这样，就要根据工程的不同需要对地质体进行处理。如前面章节所述，地质体的处理、加固方法很多，而灌浆是比较常用、简单、经济的一种方法，在水电、煤炭、冶金、建筑、交通等领域广泛应用，本章主要介绍水电工程中的大坝坝基灌浆，其他领域可参照引用。

什么叫作"灌浆"？简单地说，灌浆就是将具有胶凝性的浆液或化学溶液，按照规定的配比或浓度，借用机械（或灌浆自重）对之施加压力，通过钻孔或其他设施，压送到需要灌浆的部位（例如大坝坝基岩石裂隙或砂砾石地基的孔隙，隧洞周围岩石的裂隙，隧洞衬砌与围岩之间的空隙，混凝土大坝坝体接缝，以及水工建筑物混凝土缺陷中的孔洞或裂缝等）中的一种施工技术。

灌浆的实质就是充填这些节理、裂隙、孔隙、空隙、孔洞和裂缝之处，形成结石，从而起到固结、黏合、防渗，提高承载强度和抗变形能力以及传递应力等作用。

20 世纪 50 年代末以来，化学灌浆作为一项独具特色而不可或缺的技术手段，在我国水电工程中发挥了重要作用，特别是在细微裂隙岩石基础帷幕防渗、坝基断层破碎带的防渗加固、细砂土壤的固结、大量渗水或流速较大的涌水封堵、修复裂缝缺陷，恢复建筑物整体性等方面取得了重要成就。本章重点介绍水利水电工程混凝土坝坝基灌浆的主要方法与设计方法，包括提高坝基稳定性的固结灌浆与提高抗渗能力的帷幕灌浆等技术方法。

灌浆设计参考规范和规程有以下几种。

(1)《水工建筑物水泥灌浆施工技术规范》(SL 62—2014)。

(2)《水工建筑物水泥灌浆施工技术规范》(DL/T 5148—2012)。

(3)《混凝土重力坝设计规范》(NB/T 35026—2014)。

(4)《混凝土拱坝设计规范》(DL/T 5346—2006)。

(5)《碾压式土石坝设计规范》(SL 274—2007)。

(6)《碾压混凝土坝设计规范》(SL 314—2004)。

(7)《混凝土面板堆石坝施工规范》(DL/T 5016—2011)。

(8)《水工建筑物化学灌浆技术施工规范》(DL/T 5406—2010)。

(9)《通用硅酸盐水泥》(GB/T 175—2007)。

(10)《水工混凝土结构设计规范》(SL/T 191—2008)。

(11)《水文水井地质钻探规程》(DZ/T 0148—2014)。

(12)《水利水电工程钻探规程》(DL 5013—2005)。

第二节 灌浆的作用与灌浆分类

一、大坝坝基灌浆的作用

大坝坝基原始地质条件经常会存在这样或那样的缺陷，例如大的顺河断层，严重漏水，承载能力不足等。不能满足筑坝工程的需要，故而必须进行处理。如果对坝基不做处理或处理不当，必然会造成损失。轻者水库漏水，不能发挥应有效益；严重者会招致大坝失事，造成灾难，国际上不乏先例。

大坝坝基灌浆的作用就在于通过采用灌浆技术处理坝基岩石或砂砾石层，使之满足筑坝工程的需要，确保大坝地基稳定、安全，水库正常运行，发挥应有效益。

由于坝基地质条件、建坝目的和大坝类型的不同，坝基灌浆处理的方法和施工技术的繁简程度也不一样。地质条件比较好的，灌浆工作就简单些，容易些；地质条件复杂的，则灌浆工作量就要大些，施工也要艰难些。对于高坝，坝基处理一定要严格，因为在高水头长期作用下，大坝基岩地质条件易遭受冲蚀或其他损害。

二、灌浆方法分类

根据灌浆的工艺与加固目的，常将灌浆分为以下类型。

1. 充填注浆

对巷道、隧洞背面及建筑物下的大空洞和大空隙进行注浆，以加固整个地基而改善建筑物稳定性的方法称为充填注浆。充填注浆所使用的注浆材料主要是水泥浆、水泥水玻璃浆等悬浮液，有时也使用黏土浆或黏土水泥浆。

2. 裂隙注浆

岩体中存在着互相连通的裂隙而形成涌水的通路，为了封堵裂隙中的水，可在裂隙中注浆（图 4-1）。该类注浆多用于水电工程、隧洞、竖井等的开掘。对于渗透性大的地基，注浆材料可使用水泥浆、水泥黏土浆等；而渗透性小的地基可使用化学浆液。

3. 渗透注浆

将浆液渗透到土颗粒间孔隙内，凝结后起到加固与止水作用的注浆称为渗透注浆。对大孔隙类土可以用水泥浆、水泥黏土浆、水泥水玻璃浆等，其结石体强度较高；较大孔隙（孔径 $D>10$mm）类土可采用水泥浆等悬浮液；中等孔隙（渗透系数为 $K=5\times10^{-2}\sim5\times10^{-3}$cm/s 的中砂）的地基适于化学注浆。

图 4-1 坝基裂隙注浆

4. 脉状注浆

对于土颗粒小，渗透性也小的地基，尤

其是粉细砂及黏土层，注入的浆液几乎都是呈脉状渗透。常用于地基及堤防工程中，也有用于建筑物顶升和纠偏工程。

5. 成层土地基的注浆

对于不同年代所沉积的土，其粒度、性质等不同，在垂直方向出现成层性，垂直于层面与平行于层面两个方向土体的渗透系数、力学性质也不相同。为防止成层土上下渗透性不同在层面产生接触冲刷等渗透破坏而进行的注浆，称为成层土地基的注浆。

6. 应急注浆

在地下构筑物的施工中，有时会出现涌水、流砂及崩塌等，给施工带来困难。处理这些事故往往采用的注浆，称为应急注浆。

7. 挤密注浆

用严格控制的方法将很稠的浆液注入钻孔的注浆称为挤密注浆。对已建成的建筑物软基，进行挤密注浆加固是提高地基承载力的一种良好手段。它具有工效高，造价较低，适应性强，加固范围易于控制，施工材料、工艺和设备较为简单，加固效果较为显著等特点。

三、水利水电大坝坝基灌浆的分类

大坝地基灌浆可按下述标准进行分类。

（1）按照大坝坝基岩类构成，可分为岩石灌浆、砂砾石层灌浆和土层灌浆。

（2）按照灌浆的作用，可分为固结灌浆、帷幕灌浆和接触灌浆。水利水电中的灌浆常按灌浆作用进行划分，本书按该分类方法进行划分。

（3）按照灌注材料，可分为水泥灌浆、水泥砂浆灌浆、水泥黏土灌浆以及化学灌浆等。

（4）按照灌浆压力，可分为高压灌浆（3MPa以上）、中压灌浆（0.5～3MPa）和低压灌浆（0.5MPa以下），后两类也可称为常规压力灌浆。

（5）按照灌浆机理，可分为渗入性灌浆和张裂式灌浆。

第三节　灌浆设计总要求

灌浆方案的确定，是依据灌浆目的、场地施工条件及经济合理性等决定的，应满足以下原则。

（1）功能与目的要求：灌浆设计前，应确定灌浆的目的是什么？通常包括提高地基或结构的承载能力和抗滑稳定性、降低变形量、加强或恢复结构整体性、防止（减少）地基或结构渗透及渗漏、提高渗透稳定性、降低空隙水压力或扬压力、调整和改善地基或结构的力学性能等。应针对工程目的和要求，选择灌浆方法，因地制宜，充分发挥其功能。

（2）场地条件适宜性要求：选择的灌浆参数如压力、孔距、孔深等应根据工程性质、工程地质条件、外部环境及其变化的程度确定。

（3）方便施工要求：指注浆方案中的工程规模、有关参数和技术指标，在目前的技术水平条件下应当是可行的，易于施工单位的实施。

（4）节约投资要求：灌浆方案通过技术经济比较，在满足灌浆要求的前提下，使工程费用较低。

(5) 保护环境要求：避免污染环境或最大限度减少污染，包括避免或减少材料的毒性、粉尘、有害气体及析出物、固化物，降低施工过程中的噪声。

(6) 工程安全要求：指对已有建筑物地区进行灌浆时，灌浆方案应能保障结构和相邻建筑物安全，保证施工人员的安全。

第四节　大坝基岩固结灌浆设计

大坝基岩灌浆是最普遍的灌浆，一般的混凝土重力坝、拱坝、闸坝和面板堆石坝等的坝基灌浆都属于基岩灌浆。按照目的不同分为固结灌浆和帷幕灌浆。而在大坝基岩灌浆中主要进行水泥灌浆，也有进行化学灌浆和其他灌浆的，本节主要介绍水泥灌浆。

一、大坝坝基灌浆的特点

大坝坝基灌浆的主要特点有二：一是隐蔽性工程，灌入的浆液在坝基中充填的情况，无法直观评定，施工质量也难于直观判断。为此施工单位一定要做好资料整理与分析工作，而做好这项工作的前提是要求原始记录必须填写得准确、详细、清楚，并应配备有专职的资料整理人员。二是灌浆工程设计由于未知因素较多，例如各地区地质条件多不相同，施工工艺也多种多样，难以用数学方法或数学公式准确地计算。为了使灌浆设计更符合实际情况，布置更为合理，常常需要在设计以前，先在工地进行灌浆试验，以灌浆试验所得的成果结合已取得的地质、勘探、压水和其他各项试验等有关资料，作为进行坝基灌浆设计和编写施工技术要求的主要参考资料，细心研究，尽量消除或减少重大的意外情况。即使是这样，在灌浆施工过程中，根据施工实践和已灌孔灌浆资料的分析而对灌浆设计做部分修改或少量修改的情况仍会发生，例如在某些地段需要增补，或者可能减少几个孔或一排孔；某些灌浆孔的深度可能需要加深或是可以减少；某些地段施工工艺略有改变等。所以在设计上作或多或少的变更是正常现象，而一成不变却是少见的。多数工程实践证明，设计、施工与监理三方密切合作，相互协商，共同研究，实事求是地解决有关问题，是保证坝基灌浆工程优质、快速和经济的关键。

二、大坝基岩固结灌浆的设计

在岩石地基上建坝，一般多进行固结灌浆。实践经验证明，破碎、多裂隙的岩石经过固结灌浆后，其弹性模量和抗压强度均有明显的提高，可以增强岩石的均质性，减少不均匀沉陷。岩石透水性也大为降低，对改进地基岩石性能、效果很显著。

在进行固结灌浆设计之前，必须弄清地质条件，明确工程坝基固结灌浆的主要目的、主要对象和通过灌浆后基础岩石应达到的技术指标。

各个工程坝基地质条件有好有坏，各不相同，即使在同一大坝的基础范围内，也可能有的部位好，有的部位差。固结灌浆设计必须根据实际地质条件及对基础岩石要求改善的程度而定，不能千篇一律。灌浆工程量的多少，与灌浆设计是否正确合理有直接关系，不同的设计所得出的灌浆工程量不同，有时相差很大，特别是比较高的大坝，基础固结灌浆工程量常常多达数万米，乃至几十万米。国内比较典型的几个大坝坝基固结灌浆工程量见表 4-1。

表 4-1 国内几个典型大坝坝基固结灌浆工程量

编号	工 程 名 称	固结灌浆总量/m
1	金安桥水电站大坝标段	125000
2	小湾水电站右岸大坝标段	252000
3	龙滩水电站右岸大坝标段	109037
4	景洪水电站右岸大坝标段	59241
5	丹江口水库大坝	66226

故进行固结灌浆设计时，尤须慎重，不仅是从技术方面考虑，还应注意节约。因此，一般应在正式灌浆前进行灌浆试验，固结灌浆试验，多选在坝基需要进行固结灌浆的部位上，试灌完毕后，就可以作为坝基固结灌浆的一部分。

（一）固结灌浆的范围

固结灌浆的范围主要是根据大坝基础的地质条件、岩石破碎情况、坝型和基础岩石应力条件等而定。

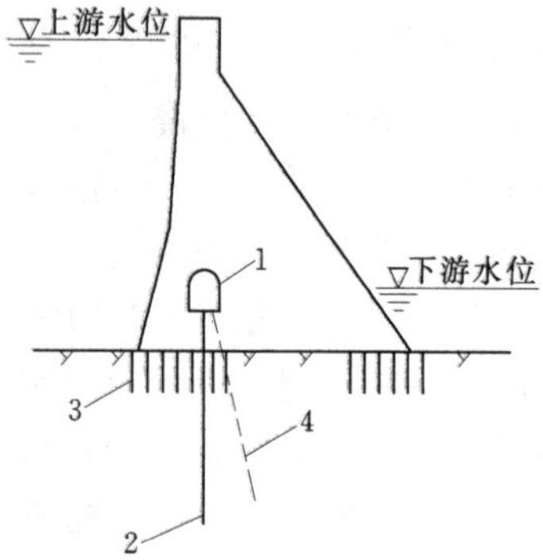

图 4-2 固结灌浆孔位布置图
1—灌浆廊道；2—灌浆帷幕；
3—固结灌浆孔；4—排水孔

对于重力坝，当基础岩石良好时，有的工程仅在坝基内上游和下游应力大的地区进行固结灌浆，灌浆孔位布置图见图 4-2，三峡大坝基岩固结灌浆多数坝段如此布置。此外，在裂隙多，岩石破碎和泥化夹层集中的地区要重点进行固结灌浆。在坝基岩石普遍较差，而坝又较高的情况下，则多进行坝基全面积固结灌浆。例如金安桥大坝、新安江大坝的坝基就是全面积作了固结灌浆。有的工程甚至在坝基以外的一定范围内也进行固结灌浆，例如龙滩大坝、白山水电站大坝各自在坝基的上下游 5m 和 5～10m范围内均进行了固结灌浆。印度的巴克拉混凝土重力坝，高 226m，全基础面积和坝踵上游 15m，坝趾下游 18m 的范围内均进行了固结灌浆。

对于拱坝，因作用于基础岩石上的荷载较大，且较集中。因此，一般多是整个坝基进行固结灌浆，灌浆孔常较深，特别是两岸受拱坝推力大的坝肩座基础，更需加强固结灌浆工作。例如我国已建成的恒山拱坝、龙羊峡拱坝、法国的蒙特纳尔拱坝、日本的下筌拱坝等坝肩拱座基础均进行了特殊的固结灌浆处理工作。

（二）固结灌浆孔的布设

固结灌浆孔的布设采用的形式，一般多为方格形、梅花形和六角形，见图 4-3～图 4-5，也有采用菱形或其他各种形式的。方格形的主要优点是便于补加灌浆孔，在地质条件复杂、岩石破碎、多裂隙地区多采用之；梅花形布孔主要的缺点是不便于补加灌浆孔，所以在地质条件较好、预计灌完浆后不需补加灌浆孔的地区多采用此形式。

由于岩石的破碎情况、节理发育程度、裂隙的状态、宽度和方向的不同，孔距亦随之而异。根据我国一些大坝的固结灌浆资料统计，最终孔距一般在 2.5～5m 之间，而排距

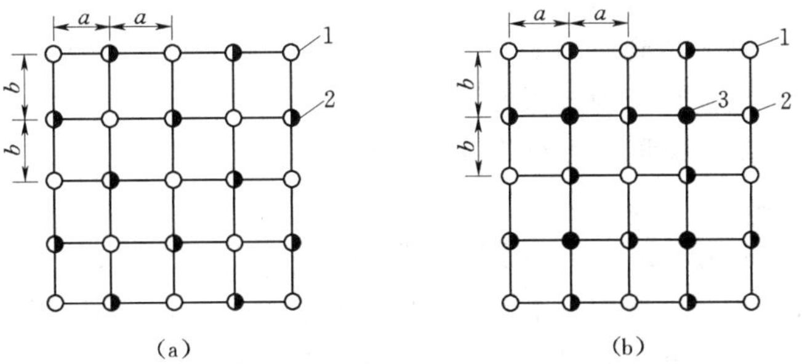

图 4－3　方格形布孔图

(a) 两个排序灌浆；(b) 三个次序灌浆

a—孔距；b—排距；1—第Ⅰ次序孔；2—第Ⅱ次序孔；3—第Ⅲ次序孔

等于或略小于孔距。国外的一些大坝基础固结灌浆，其最终孔距和排距多在 10～20ft (3.05～6.1m) 范围内变化。日本坝基岩层灌浆施工规范中有这样的规定：坝基全面进行均匀的固结灌浆时，第Ⅰ次序固结灌浆孔的孔距可取 5～10m，而后根据灌浆情况，逐次加密，最终孔距达到 2.5～5m。

有的拱坝除在基础全面积进行固结灌浆外，还在坝基应力大的部位布设灌浆孔，常常分为两期进行灌浆施工。第一期固结灌浆在基础全面积上布孔，孔深 5～7m，或更深一些，用较低压力灌浆。第二期固结灌浆，在坝上游、下游钻孔，钻孔较深，或是从灌浆廊道内钻进，钻孔呈放射状，待混凝土浇筑一定高度后，用较高的压力进行灌浆，见图 4－6。

地质条件复杂的坝基或高坝的基础，对岩石固结的程度要求较高时，应先进行灌浆试验，通过试验成果的分析、研究，才能比较正确地确定各项技术参数如孔距、排距、孔深，以及采取适当的布孔形式、灌浆程序和灌浆压力等。

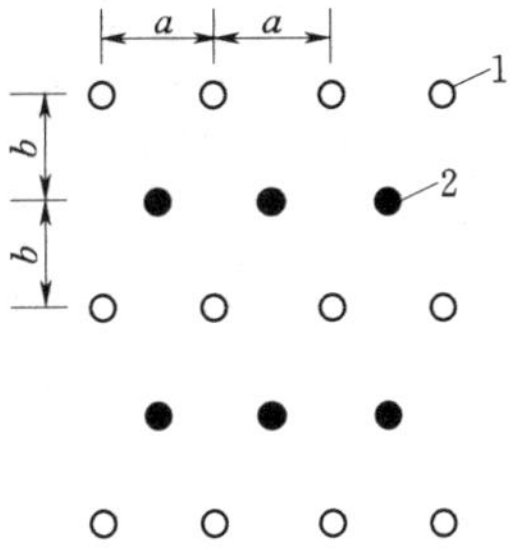

图 4－4　梅花形布孔图

a—孔距；b—排距；

1—第Ⅰ次序孔；2—第Ⅱ次序孔；

$b=a$ 时，为等腰三角形布孔；

$b=0.866a$ 时，为等边三角形布孔

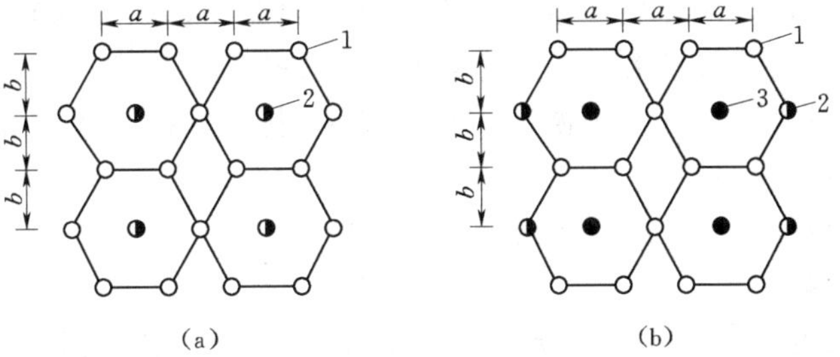

图 4－5　六角形布孔图

(a) 两个次序灌浆；(b) 三个次序灌浆

a—孔距；b—排距；1—第Ⅰ次序孔；2—第Ⅱ次序孔；3—第Ⅲ次序孔

(三) 固结灌浆孔的深度

固结灌浆孔的深度，目前尚无统一的标准，也还没有适合的计算公式，一般都根据地质条件，如岩石的破碎程度、风化深度、裂隙大小、大坝坝型和高度以及基础应力的分布

和大小等多种条件，综合考虑而定。曾有人提出，固结灌浆的深度可根据坝基的应力情况确定，并认为这个深度应达到应力等于50%的基础正应力处，这个深度可根据室内光弹性试验来确定，但也仅能作为确定深度的参考。

固结灌浆依照深度的不同，可分为3类。

1. 浅孔固结灌浆

孔深5m左右，采用风钻钻孔，孔径多为32～50mm。

由于坝基的表层岩石一般均有不同程度的风化现象，节理裂隙较多，或因受卸荷及基础爆破开挖的影响，岩层表面裂隙较多。为了普遍加固表层岩石，一般都进行浅孔固结灌浆（图4-6）。固结灌浆面积大，范围广。因钻孔浅，可采用全孔一次灌浆法灌浆。

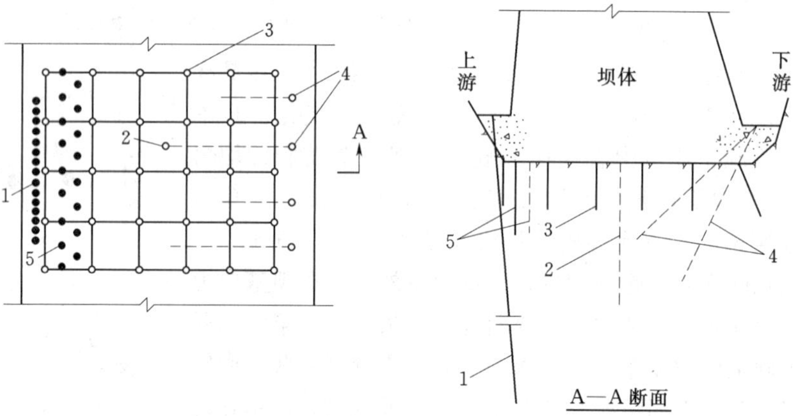

图4-6　拱坝固结灌浆孔布置示意图

1—帷幕灌浆孔（单排孔，孔距2m）；2—先导孔（每一坝段中央部位设置一孔）；3—第一期固结灌浆孔（5m×5m方格形布孔）；4—第二期固结灌孔（混凝土浇筑一定高度后，由下游侧钻22.5°、45°斜孔，孔距5m）；5—接触灌浆孔（两排孔，孔距3m）

2. 中深孔固结灌浆

孔深6～15m，常采用架钻或大型风钻钻孔，孔径多为50～65mm。

在地质条件较差，如风化较严重、节理发育、裂隙多，或在基础较深处有软弱破碎带，以及基础岩石承受荷载较大的部位，多进行中深孔固结灌浆。

高坝的防渗灌浆帷幕前面（上游）常布设1～2排中深固结灌浆孔，兼起防渗作用，其孔深一般多为8m或8m以上。

灌浆方法多采用自上而下或自下而上分段灌浆。

3. 深孔固结灌浆

孔深在15m以上，常用钻机钻孔。孔径根据钻机型式和钻进方法而定，一般多为75～91mm。采用金刚石钻头钻进的孔径较小。因钻孔深，故应采用分段灌浆法灌浆。

在基础岩石深处有破碎带或软弱夹层、裂隙密集且较宽，而坝又比较宽，基础应力也较大的情况下，常需要进行深孔固结灌浆。例如朱庄水库大坝，坝高100m，河床坝段固结灌浆深度15～27m（指在岩石中）；恒山拱坝，坝高69m，左岸拱座基础岩石固结灌浆深度30～40m；日本下筌拱坝，坝高98m，两岸坝肩固结灌浆深度20～30m，因左岸坝肩岩石破碎，在40～80m深处，又布设了上、下高差15～20m的三层灌浆洞，在洞内钻放射状灌浆孔，进行固结灌浆加固岩石。

（四）固结灌浆施工

固结灌浆工作很重要，工程量也常较大，是筑坝施工中一个必要的工序。根据其施工程序，在施工进度上，应为其安排好一定的灌浆时间。这是保证固结灌浆质量的前提。

固结灌浆施工，常与其他工序如开挖、立模、浇筑等发生干扰，遇到这类问题时，应当本着“各方兼顾，均保质量”的原则，很好地、合理地解决，这也是保证固结灌浆质量的关键。

1. 固结灌浆施工时间

固结灌浆施工最好是在基础岩石表面浇筑有混凝土盖板或有一定厚度混凝土，且已达到其设计强度的50%后进行。但也有由于某些原因而安排在混凝土浇筑前进行灌浆的。前者的优点是：岩石表面有盖板后，能够防止岩石表面漏浆，可以使用大的压力灌浆，对灌浆质量有利；缺点是：需直接在混凝土上钻孔，增加了钻孔工程量，而且又易钻坏混凝土内埋设的冷却水管、测试仪器或其他构件，或需要设置预留孔比较费事，或需要预埋导管，耗用管材，同时，也通常易与浇筑混凝土工序相互干扰，影响进度。后者的优点是易于观察到表面冒浆，能及时发现问题，便于迅速处理，即使偶尔因灌浆压力过大，致使岩面发生上抬变形时，也可处理，避免了混凝土坝体上抬的危险。缺点是由于岩石表面无盖重，不能施用大的灌浆压力；在岩石破碎、裂隙多的地带，往往由于灌浆时漏浆，灌不好灌，堵也不易堵，影响灌浆质量。

总的来看，在基岩上浇筑适当厚度的混凝土后再进行灌浆，是有利的，在岩石破碎、多裂隙地带，特别是需要通过固结灌浆提高基岩力学性能的部位，更应如此。三门峡、故县、湖南镇、乌江渡、白山等大坝基础的固结灌浆均是这样做的。

有些大坝固结灌浆施工，在混凝土浇筑前，先行灌注第Ⅰ、第Ⅱ序孔，灌浆压力稍低，当混凝土浇筑到一定厚度后，再用较大的压力灌注第Ⅲ序孔。例如潘家口水库大坝的固结灌浆就是采用这种方法的，日本有些大坝也采用了这种方法。

2. 固结灌浆施工次序

固结灌浆施工的特点是“围、挤、压”，就是先将灌浆区圈围住，再在中间插孔灌浆挤密，最后逐序压实。这样易于保证灌浆质量。所以，固结灌浆的施工次序必须遵循逐渐加密的原则。先钻、灌第Ⅰ序孔，而后开始第Ⅱ序孔的钻进和灌浆工作，依次类推，这样还可以随着各次序孔的循进，及时地检查灌浆效果。

浅孔固结灌浆，在地质条件比较好、岩石又较为完整的情况下，灌浆施工可采用两个次序进行，如图4-3（a）、图4-4和图4-5（a）所示。地质条件较差时，应选用图4-5（b）中3个次序灌注。

深孔和中深孔固结灌浆，为保证灌浆质量，以3个次序施工为宜，如图4-3（b）方格形，图4-5（b）六角形。在钻机多、场地小、施工次序不易安排的情况下，可允许相邻两个次序孔，在高程上相错开2～3段的情况下同时进行灌浆工作。

钻孔应统一编号，做好施工记录，及时整理资料，以便指导灌浆施工。这样做可以防止以后孔位混乱，查找不清，造成质量检查的困难，如遇到问题，由于资料完整，也易于分析和处理。

3. 固结灌浆浆液

固结灌浆浆液一般应以水泥浆为主，在节理裂隙发育地区，注入量很大时，常常在水泥浆液中掺加砂，制成水泥砂浆灌注。因为固结灌浆主要目的是提高基础岩石强度，故一般情况下不掺用黏土。

近期有些工程坝基固结灌浆采用稳定性浆液，水灰比为 0.7∶1，加入 0.5%的膨润土，工程固结灌浆质量标准为透水率 $q \leqslant 5Lu$，也是可以的。应予注意的是若采用稳定性浆液，水灰比应控制在 0.7∶1 左右，马氏漏斗黏度计测试黏度宜小于 38s（以 28～35s 为好）。但有个别工程采用水灰比为 1∶1，掺加 4%膨润土的稳定性浆液，其 28d 抗压强度仅为 6MPa，是不合适的。因为固结灌浆主要目的是提高岩体力学性能，不应采用强度低的浆液。

固结灌浆所用水泥的强度等级可为 32.5 或以上，材质应新鲜，不能有潮湿或结块现象。存放时间较长的水泥除经过试验证明质量合格者外，不得使用。

当地下水有侵蚀性时，应使用具有抗侵蚀性的水泥。

4. 钻孔冲洗工作

固结灌浆中，钻孔冲洗十分重要，特别是在地质条件较坏、岩石破碎、含有泥质充填物的地带，更应重视这一工作。

冲洗的方法有单孔冲洗和群孔冲洗两种。

单孔裂隙冲洗多采用压力水冲洗，冲洗的压力可为该孔段灌浆压力的 80%，将水压入孔底后流出，直至返出的水呈清澈状态为止。当钻孔较深，用压力水冲洗效果不显著时，可以使用空气扬水方法，用气和水进行洗孔。

群孔冲洗，对岩石破碎、裂隙发育的地区，在各钻孔间裂隙相互串通的情况下，可采用这种冲洗方法。利用一组钻孔（4～6 个），使用空气和水进行压力冲洗，从 1～2 个钻孔中进气，另 1～2 个钻孔中进水，从其他钻孔中冲洗出黏土等杂质。而后，轮换进气、进水，反复冲洗，直至一组内的各孔均冲洗干净，再进行群孔灌浆（即串通孔同时灌浆）。灌浆时可以敞开一孔，让其排气、排水，待此孔排出较浓的水泥浆时，关闭此孔，或再开始向此孔内进行灌浆。进行群孔压力冲洗时，还可以加入一些化学剂。

5. 简易压水

钻孔经裂隙冲洗后进行简易压水试验，一个压力点，压力值可为灌浆压力的 80%，此值若大于 0.3MPa 时，也可采用 0.3MPa，稳定时间 30min。

浅孔固结灌浆的压水稳定时间可短一些，一般采用 10～30min 即可。

6. 灌浆压力

灌浆压力是提高灌浆效果的重要手段，在条件允许的情况下，以采用较大的灌浆压力为好。

无混凝土板盖重条件下的浅孔固结灌浆情况比较简单，采用一次灌注法时，将灌浆塞卡在岩面孔口，灌浆压力宜为 0.2～0.4MPa，即使岩面发生少许抬动，在混凝土浇筑前可清理一下，无碍大局。采用分段灌浆法，在灌注第二段时，将灌浆塞卡在岩石中，灌浆压力宜为 0.5～0.7MPa，甚至还可稍大一些。

有混凝土板盖重条件下的浅孔固结灌浆情况比较复杂，主要是担心由于使用灌浆压力不当，引起混凝土板上抬而导致盖板产生裂缝。

工程实践中经常遇有以下情况。

(1) 混凝土盖板厚度 0.5～1.0m，孔深入岩 5～6m，采用一次灌注法，设计灌浆压力 0.2～0.4MPa，盖板面抬动限为 0.2mm。

1）将灌浆塞卡在混凝土盖板中，若能达到设计灌浆压力最好，否则需要采取低压、浓浆、限流、限量等技术措施，缓慢升压，使之达到设计压力，甚至可以试用加大浆液液柱高度，利用自重进行灌注。若仍无效，只有在该部位采取加密灌浆孔的方法解决。

2）将灌浆塞卡在混凝土与岩面接触部位，一般情况下，灌浆压力可以达到 0.2MPa。国内有若干工程，当将灌浆塞卡在混凝土中时，灌浆压力为 0.05～0.1MPa，0.5～1m 厚的混凝土盖板面即发生抬动，采取多种技术措施，均难于达到设计灌浆压力，最后均是采用上述方法解决的。

(2) 混凝土盖板厚度 0.5～1.0m，孔深入岩 6～8m，采用分段灌浆法，第一段灌浆压力 0.2～0.4MPa，第二段 0.5～0.7MPa，盖板面抬动限为 0.2mm。

1）采用自上而下分段灌浆法。钻孔钻深至岩面以下 2m，先灌注第一段，若难于达到设计灌浆压力时，可采用前（1）中所述方法解决。灌注第一段后，继续钻进至设计深度，开始灌注第二段，这时一定要将灌浆塞卡在岩面以下 2m 处，其优点是可以提高灌浆压力，一般情况下均可达到设计灌浆压力的低值。这种方法进度稍慢，但灌浆质量好。

2）采用自下而上分段灌浆。钻孔钻到设计深度，将灌浆塞卡在岩面以下 2m 处，先灌注第二段，一般情况下，灌浆压力可以达到设计灌浆压力低值。而后将灌浆塞上提卡在混凝土盖板中或卡在混凝土与岩面接缝处，灌注第一段。这种方法的优点在于既能保证第二段可以提高灌浆压力，进度也快一些，对固结灌浆质量无影响，一般常采用。

若混凝土盖板厚度增大，还可适当提高灌浆压力。但在地质条件差或软弱岩石地区，也可适当降低灌浆压力。

因特殊目的需要进行高压固结灌浆时，应先进行灌浆试验，通过论证后再行施工。施工过程中，应严加注意，防止混凝土盖板抬动超过设计允许值。

7. 浆液配比与交换

若采用纯水泥浆，以前多由水灰比为 5∶1 的较稀的浆液开始灌注，而后逐级变浓。近期则多采用水灰比为 2、1、0.8、0.6（或 0.5）4 个比级或 1、0.8、0.6（或 0.5）3 个比级。

若采用低水灰比稳定性浆液，则灌浆全过程仅用一种级配的稳定性浆液，例如黄河小浪底大坝坝基固结灌浆浆液就是采用水灰比为 0.7∶1，掺加 0.5%膨润土的稳定浆液。但为了提高灌浆质量，有的工程开始先用水灰比为 2∶1 的水泥浆进行灌注，而后再换用稳定性浆液灌注。

灌注纯水泥浆时，灌浆开始后宜尽快将压力升高到规定值。当某级浆液注入量已达 300L 以上，或灌浆时间已达 20～30min，而灌浆压力和注入率均无改变或改变不显著时，应改变一级水灰比。当注入率大于 30L/min 时，根据具体情况，也可考虑越级变浓。

8. 结束标准和封孔

固结灌浆结束标准的一般规定是：在规定的压力下，孔段的吸浆量不大于 0.4L/

(min·m)，延续30min，即可结束；若采用灌浆自动记录仪记录，则在规定的压力下注入率不大于1L/(min·m)，继续灌注30min，可结束灌浆。由于灌浆孔段长度不等，有的工程规定当注入率不大于0.1L/(min·m)或0.2L/(min·m)时，延续30min后可以结束。

浅孔固结灌浆孔封孔应采用“机械压浆封孔法”或“压力灌浆封孔法”。

9. 冒浆处理

由于受卸荷及爆破的影响，基础岩石表面裂隙比较多，特别是在岩石又比较破碎的情况下进行固结灌浆，若采用无混凝土板盖重灌浆方法，常易发生冒浆现象。处理的方法主要有下列几种：

(1) 表面堵盖处理。

1) 在裂隙冒浆处，可用旧棉花、麻刀、棉线等物紧密地打嵌入缝隙内，必要时，在其上面再涂抹速凝水泥浆或水泥砂浆等，堵塞缝隙。

2) 在冒浆处凿挖岩石，将漏浆集中于一处用铁管引出，先前冒浆的地点用速凝水泥浆或水泥砂浆封闭，待一定时间后将铁管堵住，从而止住冒浆。

3) 冒浆严重难于堵塞时，在冒浆部位浇筑混凝土盖板，而后再行灌浆。

(2) 施工工艺操作控制。

1) 采用低压灌浆的方法。降低灌浆压力，甚至采用自流式灌浆（即仅靠在孔内浆液的自重压力灌浆），同时使用浓浆，如0.6∶1或0.5∶1的浓浆，必要时可加入砂或速凝剂，待将漏浆出路堵塞处理后，再逐步提高灌浆的压力，将浆液变稀，按正常规定继续进行灌浆。

2) 采用限制进浆量法。除采用低压、浓浆外，还可限制进浆量，控制注入率不超过10～15L/min，或再小一些，待浓浆在裂隙中逐渐沉积，最终将其封堵后，再逐渐提高灌浆压力。

3) 采用间歇灌浆法。灌注一定量的浓浆后，或是当发现冒浆处出现浓浆时，即行停灌，间歇十几分钟再行灌浆，停停灌灌，直至冒浆停止，压力达到规定值后，再依照原定规程，正常进行灌浆。

处理冒浆的方法多种多样，应根据条件因地制宜。在灌浆施工过程中，根据工地实际情况，选定合适的处理措施。

这里需要注意的是：当灌浆前进行压力水冲洗时，如果发现基础岩石表面有大量冒水的情况，则应先行将冒水地点处理好后，再行灌浆，这样既可节约水泥又能保证灌浆质量。

10. 其他注意事项

(1) 基岩表面冒浆严重而影响灌浆质量时，该部位应采用有混凝土盖板灌浆法。

(2) 灌浆施工以一台灌浆机灌一个孔为宜。必要时，可以考虑将几个吸浆量小的灌浆孔并联灌浆，并联灌浆的孔数不宜多于3个，严禁串联灌浆。

(3) 钻孔深度大于6m时，宜采用分段灌浆。

(4) 施工区域内应设置观测抬动装置，控制使用灌浆压力。

(5) 在进行灌浆施工的地段30m范围内，尽量不进行爆破工作。若必须爆破，应控制爆破质点振动速度不大于 3cm/s。

第五节　大坝坝基帷幕灌浆设计

防渗帷幕简单的定义为：在大坝基岩中建造的一道连续的、完整的、比大坝基岩渗透性低的、平面上呈条带状、立面上形似舞台上帷幕的防渗结构，以减少地基的渗流量，降低坝底的扬压力。

在岩石地基上筑坝，为了防止坝基渗漏，多采用灌浆方法建造防渗帷幕，简称“灌浆帷幕”，利用这种防渗措施并结合排水是减少大坝基岩渗漏、降低扬压力的主要的和有效的方法。

灌浆帷幕和排水设计的基本原则是先灌浆以防渗，后排水以降压。也就是说，先通过灌浆帷幕将基础岩石渗漏减少到一定程度后，再进行排水，这样对基岩的防渗和稳定最为有效。这种措施一般可分为 3 种情况。

(1) 透水性强的地区，灌浆帷幕防渗效果一般均较显著，宜采用以“阻”为主，结合排水的措施。

(2) 透水性弱的地区，灌浆帷幕防渗效果一般不会很显著，因渗漏量不大，故宜采用以“排”为主，结合少数量的帷幕灌浆的措施。

(3) 特殊地质条件地区，例如断层、挤压破碎带、泥化夹层等，有时岩石透水性虽不大，但为了防止管涌，确保基岩的渗透稳定，仍常采用“阻”“排”并重，或以“阻”为主，结合排水的措施。同时在排水孔中，应采取专门措施，以防止细颗粒土流出。

根据实践经验，在透水性比较大的地区，防渗帷幕常能使坝基幕后扬压力降低到约 $0.5H$（H 为水头）；而防渗帷幕结合排水措施，常可使坝基扬压力在帷幕后主排水孔处降低到 $0.2H \sim 0.3H$。

一、灌浆帷幕设计应考虑的问题

为了做好灌浆帷幕设计工作，一般应考虑下列一些主要的问题。

1. 查清地质情况

为了保证帷幕设计和施工的正确性，一般要求地质工作尽量做的全面、深透，不仅应查明影响大坝渗透稳定的主要地质缺陷和水文地质条件，还应进一步阐明其特性，特别是对于溶洞、裂隙、断层、破碎带等更应详细阐述。只有将地质情况查清后，才能正确地选择地基处理方案及相应的施工工艺。

实践证明，顺河断层是库水最易渗漏的通路，必须予以特别注意。遇到这种断层，除采用结构措施外，还应采取相应的防渗措施。例如有的大坝在帷幕线上断层通过的部位，采用了建造防渗井的措施；有的大坝除在帷幕线上断层通过的部位采用多排孔灌浆外，在帷幕上游断层所在部位还采用深孔固结灌浆和加强防渗的措施等。即使是规模小的顺河断层，也应予以重视，同样地应采取必要的加强防渗的措施，千万不可疏忽大意。

2. 做好灌浆试验

基岩防渗采用灌浆方法处理，应有一定的适用范围和条件，由于各个工程的地质条件和水工设计对地基的要求不同，灌浆的理论计算目前还很不成熟，而帷幕技术参数（如孔距、排距）及灌浆施工工艺（如灌浆压力，施工顺序等）也将因大坝基岩地质条件的不同而异。因此，为了做好灌浆工作，就需要结合工程的具体条件，事先在筑坝地区选择有代表性的地段，针对某些主要问题，进行灌浆试验工作，并以试验所得的资料，作为灌浆设计和施工的主要依据。高坝例如三门峡、乌江渡、潘家口、三峡、水布垭等大坝均进行了一次或多次比较全面和细致的灌浆试验工作，取得了可靠的资料和需要的技术参数，保证了设计的准确性和灌浆施工的顺利进行，达到了预期效果。

灌浆试验的主要任务如下。

（1）论证坝基采用灌浆处理在技术上的可能性、效果上的可靠性和经济上的合理性，验证和修改拟定的灌浆方案。

（2）选择合适的灌浆材料、浆液配比和改善浆液性能的措施。

（3）推荐合理的施工程序和施工工艺。

（4）提出灌浆质量检查的标准和意见。

（5）提出对钻孔灌浆机械设备方面的要求。

（6）提供设计施工所需的技术参数，如孔深、孔距、排距、灌浆压力、浆液稠度等。

灌浆试验应该根据地质条件和水工布置，选择有代表性的地段进行。一般可选在待灌区地质条件中等偏下的地段上。

帷幕灌浆试验可选在拟订的帷幕线的上游部位，这样，可以使试验用的帷幕灌浆起到幕前深孔固结的作用，有利于提高坝基的防渗性能。如果地质条件比较简单，灌浆质量确有把握，也可以选在拟定的帷幕线上，这样所得的试验资料，将更加符合以后的施工条件，而试灌完毕以后，又可以作为防渗帷幕的一部分，减少防渗帷幕的工程量。

一些需要特殊处理的部位，如断层破碎带、软弱夹层等，也应该选择代表性的地段进行灌浆试验，以获得比较可靠的第一手资料。

3. 拟定周密的设计方案

在查明地质情况，做好灌浆试验工作的基础上，结合水工建筑物整体布局，选定设置帷幕的部位和结构形式（深度、厚度和长度），并根据水工建筑物的重要性及其计算条件，选定防渗标准与质量检查方法。

当基坑开挖后，地质条件如有变化，则在任何条件下，都要按开挖后实际的地质情况调整帷幕结构，使其更符合客观情况。

4. 考虑备留日后帷幕补修、补强灌浆的施工条件

由于大坝基岩地质条件多变和灌浆技术的局限性、复杂性，帷幕灌浆比较难于做到尽善尽美。即使灌浆帷幕质量很好，经过若干年运行后，也有可能出现一些问题。为此，在进行帷幕设计时，应考虑为日后补灌工作创造有利的施工条件，如设置足够尺寸的廊道、预留补充灌浆的施工部位、必要时可以降低库水位的措施等，使以后工作不至于被动。

5. 妥善安排灌浆施工工序

帷幕灌浆施工设计中，应注意在大坝修建期间其他各工序的施工情况，要相互联系，密切配合，避免干扰，妥善地安排好灌浆施工工序。

二、灌浆帷幕设计的特点

灌浆帷幕设计与一般的水工建筑物设计有所不同，因帷幕设计中应用的参数较多，且

难于准确地计算，在很多情况下还需凭借施工实践经验和参照已有的工程实例进行设计。灌浆帷幕设计的特点如下。

（1）灌浆帷幕设计常常不是一成不变的，随着基坑的开挖和灌浆施工的逐步进展，常会揭露出或新发现一些以前没有预料到的情况，因而可能有些改动，甚至有较大的修改。

帷幕灌浆设计最基本、最重要的地质资料是帷幕线上的工程地质和水文地质渗透剖面。这项资料在勘测阶段，由于真正位于帷幕线上的勘探孔一般较少，孔距很大，所以其反映的地质情况，对灌浆设计来讲，往往精度不够，不能满足要求，并且在基础开挖后，由于卸荷和爆破等的影响，岩石的透水性较原先也会有所变化，只有在灌浆施工正式开始后，根据先导孔和Ⅰ序孔的地质和灌浆资料，才能使之逐渐完善和准确。由于地质条件一时难于被完全揭露清楚，也难于精确掌握，灌浆施工情况又常有异，且帷幕设计中的参数较多，故而在灌浆施工过程中常会出现修改设计的情况，例如有些坝段需要补加灌浆孔，有些坝段可以削减灌浆孔；有些灌浆孔需要加深，有些灌浆孔的深度可以减少；有时在某些部位需要增加或减少灌浆孔的排数等，这些改变都是正常的现象。

（2）灌浆帷幕设计应根据帷幕线上不同的地质条件和水工要求而定，全工程并不是完全一致的。如有的部位可以布设两排孔或三排孔，必要时，还可能再加一排化学灌浆孔，而有的部位可以仅布设一排孔；有的部位只需进行两个次序灌浆，而有的部位则需要进行3个，甚至4个次序的灌浆；有的部位需要采用自上而下的灌浆方法，而有的部位却可以采用自下而上的灌浆方法；有的部位可能采用水泥灌浆与化学灌浆相结合，如三峡永久船闸上部采用水泥灌浆，底部一定深度采用化学灌浆等。地质条件越复杂，帷幕设计的类型将会越多，对施工的技术要求，也将会随着工程的进展而有不同程度的改变。

（3）帷幕灌浆设计人员应熟悉灌浆施工技术。根据我国目前情况，灌浆帷幕设计人员的职责，不仅要确定帷幕结构的灌浆孔排数、孔距、排距、孔深、帷幕线位置和长度等，而且还要制定主要的灌浆技术要求，如灌浆方法、灌浆压力、浆液变换、结束标准，以及冲洗、压水试验和质量合格标准、检查方法等。这些帷幕参数和技术要求对帷幕的质量、进度和工程造价等都有很大关系，而灌浆施工人员的主要职责仅是依照灌浆技术要求进行施工，如需要改变技术要求，需征得监理和设计的同意。所以设计人员不仅要熟悉灌浆业务和灌浆施工技术，还应深入工地随时掌握现场灌浆情况，便于及时发现问题和解决问题，同时也可以和施工人员相互研究，听取意见，改进施工工艺，修改设计，使灌浆设计更趋完善，更适合该工程的具体条件。

（4）帷幕灌浆设计在满足防渗功能的前提下，应考虑施工的可能性和可行性，尽量降低施工难度，这对实现帷幕功能，降低造价，提高效率是很关键的。如帷幕深度很大时，应分层施工，可以在两岸坝肩布置灌浆平洞来实现。

三、灌浆帷幕的位置

拟订灌浆帷幕的位置，既要防止因受拉而使帷幕断裂失效，又应使尽量多的坝基岩石都受到帷幕的保护。一道有效帷幕的建立，将在其前积聚起很高的压力水头，若太靠近下游，就会使较多的坝基岩石处在高扬压力和孔隙水压力的作用之下，对坝和基岩的稳定极为不利。为此，应尽量将帷幕往后放在远离拉应力区。因此，帷幕位置的确定应依据大坝形式及其基础应力状况而定。

1. 混凝土重力坝

这类坝体较厚，坝基较宽，在设计时一般不允许在底面上存在拉应力区。美国在海瓦西和坦那重力坝上做过应力实测，证实了在整个坝基内均为压应力，这就为将帷幕尽量移向前缘提供了依据。因此，灌浆帷幕布置的原则是尽可能靠近大坝的上游面，这样对降低扬压力有利。一般情况下，帷幕中心线多设在距上游坝踵 $0.06H_0 \sim 0.1H_0$ 的部位（H_0 为坝前最大水深，即指在正常高水位时，坝前由基岩面起算的水深），或设在 0.1 倍左右坝底宽度的部位，见图 4-7。帷幕灌浆施工，可在上游坝面底部或灌浆廊道中进行。

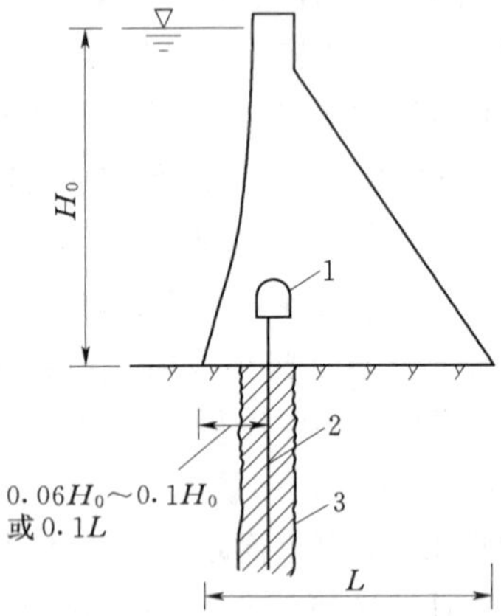

图 4-7　混凝土重力坝基岩灌浆帷幕的位置

1—灌浆廊道；2—灌浆帷幕的钻孔；3—浆液扩散范围

为了降低坝基的扬压力，还应设置排水系统，使之与灌浆帷幕相互结合，共起作用。

2. 拱坝

一般拱坝基础底宽较小，通常仅为坝高的 15%～40%。在设计拱坝时，上游坝踵处常常会出现有拉应力，在坝的后部则为压应力区。在拉应力区经常会引起坝底部混凝土和基岩开裂，从而将大量的水和全水头压力导入坝基。在受压区，则会使坝基受压缩而变得更不透水，从而使排水效率降低。在这种情况下，帷幕和排水的位置应设置在压应力区之内，以防止破坏。

以前，大都认为扬压力问题对拱坝的影响不大，但后来的事实说明，这个问题对拱坝的影响比重力坝还大，尤其在两岸坝肩。因此，拱坝的基础岩石和两岸承受拱坝主要推力的岩石，应具有足够的强度和完整性，在设置帷幕防渗后，幕后排水设施仍有必要。特别是两岸拱座部位的排水设施，尤应加强。

重力拱坝帷幕设置的原则，可参照重力坝中所述。

3. 土坝和堆石坝

在这类坝中，一方面有由坝体渗漏引起的作用在坝体或心墙内的孔隙水压力，另外还有由地基渗漏引起的作用在地基内的孔隙水压力（也称扬压力）。这两种压力可以互相替补，在某种程度上决定着渗流的方向。有下列 3 种状态。

（1）坝体内的压力与地基内的压力相等——最好，这时，坝体和地基内的渗流各行其道，分别流往下游。

（2）坝体内的压力略高于地基内的压力——较好，这时，坝体内有一小部分渗流串入地基，有利于坝体浸润线的降低。

（3）坝体内的压力低于地基内的压力——不好，这时，地基内的部分渗流串入坝体，不但会使坝体浸润线升高，如渗流量很大，还会使坝体受到冲刷。

在自然条件下，坝体内（或心墙）的孔隙水压力，一般是在上游坡脚处为上游水深，在下游坡脚处为下游水深，中间各点近似直线变化。

地基内的孔隙水压力，在坝体或心墙的上游坡脚处也为上游水深，但是往后的分布则较为复杂。它取决于防渗帷幕的位置及其透水性大小、坝体或心墙后面地基的排水条件等。

灌浆帷幕的位置，根据坝内防渗体的位置而定，有的设置在坝上游面处，见图 4-8 (a)，有的设置在基础中部，见图 4-8 (b)，但是帷幕本身都必须与坝内防渗体紧密相连，以达到有效阻水的目的。

有资料显示：①就帷幕的合理位置而言，帷幕的防渗标准越高，越应该往上游布置，同时应采取某种措施对幕后的岩面加以处理；②如果地基的渗流量不会很大，最好不做帷幕，如果要做，则应当允许产生部分渗流（即帷幕的降压效率要低），以省掉对基岩面的封闭处理。

4. 混凝土面板堆石坝

灌浆帷幕一般是沿趾板中心线布置。

5. 坝的两岸

当有必要将帷幕向两岸延伸时，一方面应使延伸的长度尽量缩短，另一方面应当有利于岩体和帷幕的稳定。照此原则，应该尽量使帷幕的轴线向上游折转。

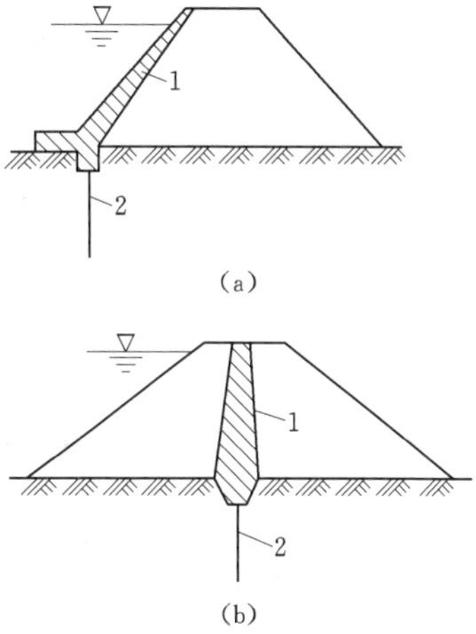

图 4-8　土石坝基础的灌浆帷幕位置

(a) 黏土斜墙坝；(b) 黏土心墙坝

1—防渗体；2—灌浆帷幕

在坝肩部分，通常由于地下水位较高，再加上绕坝渗流的影响，岩体中的水位即孔隙水压力会更高。只有把灌浆帷幕与排水帷幕尽量移向上游，才能最大限度地降低它，这一点对于拱坝尤为重要。若将帷幕折向下游，不但会将一部分受力的岩体置于高孔隙水压力作用之下，而且使灌浆帷幕后的支撑岩体变薄，渗漏梯度加大。帷幕和岸坡岩体容易受到破坏。

四、灌浆帷幕防渗标准和灌浆压力

灌浆帷幕设计首先考虑的应是帷幕的防渗标准和灌浆压力。

（一）帷幕的防渗标准

在帷幕灌浆设计时，确定防渗标准是首要一环。只有确定了防渗标准，才能确定灌浆帷幕的必要性和灌浆范围。帷幕的防渗标准关系到大坝基岩的渗漏量与渗透稳定，也与帷幕灌浆施工造价密切相关，故必须持慎重态度。

帷幕的防渗标准一般应根据坝型、坝高、基岩地质条件、库水使用价值以及其他有关因素等确定。而最主要考虑的应是两个因素：一是大坝基岩的渗透稳定；二是库水的经济价值。

霍尔斯贝（Houlsby A. C.）于 1976 年著文提出一种新的灌浆帷幕防渗标准，见图 4-9。这个标准将大坝型式、基岩特性、帷幕的排数以及库水的经济价值等结合起来一并考虑，可供参考，在使用中应注意以下事项。

（1）坝基岩石渗透性大于方格内的吕容值时，需要灌浆；灌浆帷幕需要达到方格内的吕荣值。

（2）该标准仅具有指导意义，各坝址可根据具体情况加以修改。

(3) 该标准仅适用于岩石灌浆，主要用于表面段，岩层部位较深处允许采用更大值。

(4) 当按图 4-9 标准确定无需灌浆时，也应相隔一定距离打一定数量的校核孔。

从总的趋势看，国内关于灌浆帷幕防渗标准问题倾向于逐渐降低要求。

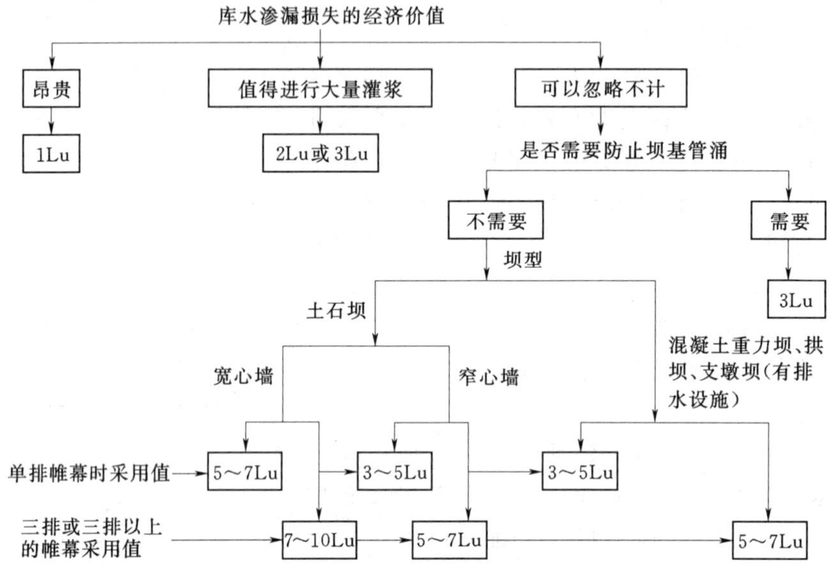

图 4-9　帷幕的防渗标准

根据《混凝土重力坝设计规范》(NB/T 35026—2014) 规定：坝高 100m 以上，防渗标准透水率 $q=1\sim3$Lu；坝高为 50～100m，$q=3\sim5$Lu；坝高 50m 以下，$q=5$Lu。抽水蓄能电站上库或水源短缺的水库，q 值控制标准宜取小值。

《碾压式土石坝设计规范》(SL 274—2001) 规定：1 级、2 级坝及高坝灌后基岩的透水率宜为 3～5Lu，3 级及其以下的坝透水率宜为 5～10Lu。抽水蓄能电站上库可取低值。

从基岩防渗的要求看，透水率 $q=1$Lu 的标准已经不低了，一般情况下，q 再低则无必要。

另外，一座大坝基岩灌浆帷幕防渗标准也可根据该部位承受水头的大小和该部位在工程上的重要程度采用 2 种或 3 种，例如贵州省东风水电站大坝基岩灌浆帷幕防渗标准就是采用 3 种。

(二) 灌浆压力 (指中值)

1. 灌浆压力的组成与效应

灌浆压力是提高帷幕灌浆质量和保证帷幕灌浆质量的重要因素之一。为将浆液输送到预定范围的地层空隙里，就必须给以一定的压力。这个压力通常是由灌浆泵施加，并通过连续前进的浆液本身传递；有时也可以通过抬高浆液源的位势来达到。压力的一部分首先是用来克服浆液本身的黏聚力和内摩擦力；另一部分则要用来克服浆液沿管路、钻孔及裂隙或孔隙壁面的流动摩擦力。

显然，压力越大，浆液在一定裂缝或孔隙系统里的运行距离 (即填充范围) 就会越大。因此，采用高一些的压力，可以期望达到减少钻孔工程量，降低造价的目的。此外，高压灌浆可以产生以下效应。

(1) 使岩缝在弹性范围内扩宽，从而可使细小的岩缝也能灌进颗粒状材料并可渗入到较远距离。

(2) 使那些可灌性通常不好的软土和软岩受劈裂产生一些新的人为裂隙，促成能接受更多的浆液，获得灌浆效果。

(3) 使地层获得一定程度的预加应力，此应力可以抵消一部分荷载，增强岩体的抗剪强度，有助于浆液的排水固结和结石密实。

(4) 在产生以上效应的同时，使地层受到挤压，增进密实性，减小变形性，提高承载力。

2. 灌浆压力的确定原则与方法

从近期一二十年的设计情况看，国内帷幕灌浆比较倾向于使用高压，在选用高压时需注意下列问题。

(1) 从设计原则上讲，一般情况下，采用的灌浆压力应以不使岩体劈开，不引起永久变形为好，否则必须通过现场试验和详细论证。

(2) 在岩溶发育地区修高坝，为了使溶洞内的充填物固结、密实，常常使用高压。根据实践经验，一般情况下灌浆压力为5～6MPa就够了，大于6MPa的灌浆压力似无必要。

(3) 宜考虑大坝承受水头的因素，一般情况下，坝高100～150m时，帷幕灌浆压力不宜大于4倍坝前水深；坝高150～200m，不宜大于3倍坝前水深。

(4) 宜考虑岩体结构和岩体强度，岩体结构是缓倾角水平层状的岩体和抗压强度低的岩体，如页岩、板岩、泥质砂岩等，不宜采用过大的灌浆压力。

与帷幕的防渗标准一样，一座高坝的基岩帷幕灌浆也可由于各部位承受坝前水头的不同，采用2种或3种灌浆压力。

在如何确定灌浆压力的问题上，至今没有一个统一的准则，仅有一些各自的经验法则。这主要是因为理论认识上和各自的实践经验与传统习惯不同所致。

在美国，确定灌浆压力时按下列公式进行计算。

对于良好的成层岩石：

$$P = h + 1.33h\left(\frac{h}{900} + \frac{\sqrt[3]{h}}{20}\right) \tag{4-1}$$

对于某灌浆段以上都已灌过浆的良好成层岩石：

$$P = h + 1.33h\left(\frac{h}{400} + \frac{\sqrt[3]{h}}{40}\right) \tag{4-2}$$

对于坚硬致密的大块体岩石：

$$P = h + 1.33h\left(\frac{h}{100} + \frac{\sqrt[3]{h}}{20}\right) \tag{4-3}$$

式中：P 为压力，lb/in^2（$1lb/in^2 = 0.07kg/cm^2$）；h 为灌浆段深度，ft（1ft = 304.8mm）。

在欧美国家，认为用上述办法求出的灌浆压力是安全的，但需要在实践中检验和修正。

在日本，一般在良好的岩层上建高坝时，固结灌浆采用（0.4～0.6）h（0.1MPa），帷幕灌浆采用（0.5～1）h（0.1MPa）；在不很好的岩层上建中等以上的坝时，灌浆压力多采用（0.25～0.4）h（0.1MPa），其中 h 为灌浆段以上的岩石厚度（以 m 计）。也有采用很高的，对坚硬的基岩有时达到 $2h$（0.1MPa）。奈川渡坝的帷幕灌浆，第一段（0～5m）为 2MPa（吕荣试验的临界压力），以下每增加 5m，压力提高 0.5MPa，最大为 5MPa。但同时规定，在采用高压力灌浆时应严密监视压力与吸浆率的关系，规定吸浆率一般不超过 1～2L/(min·m)，以此来限制浆液的作用面积和总的上抬力，不致对基岩造成危害。

我国多采用下式来计算灌浆压力：

$$P = P_0 + mh \tag{4-4}$$

式中：P 为灌浆压力，MPa；P_0 为基岩表层允许灌浆压力，MPa，由表 4-2 查得；m 为基岩每加深 1m 可增加的压力，单位为 0.1MPa，也从表 4-2 查得；h 为灌浆段深度，m。

在采用分次序逐步加密法施工时，可将后次序孔的灌浆压力提高 20%左右。

当在被灌浆的地基上已经有了盖重时，灌浆压力还可在式（4-4）的基础上，再增加一项由该盖重引起的附加压力。

近年来，我国出现了进一步提高灌浆压力的趋势。所采用的 m 值远比表 4-2 中所列的高。例如乌江渡水利工程（坝基为石灰岩）、龙羊峡水利工程（坝基为坚硬致密的花岗闪长岩）的帷幕灌浆，均是表层段采用 0.5MPa 压力，10m 深以下采用 6MPa 压力，相当于 m=0.55MPa。

表 4-2　　P_0 与 m 值选用表

岩层性状	m/MPa	P_0/MPa	常用压力/MPa
具有陡斜裂隙及低透水性的坚固性大块结晶岩石与岩浆岩	0.2～0.5	0.3～0.5	4～10
风化的中等的块状结晶岩、变质岩或大块体少裂隙的沉积岩	0.1～0.2	0.2～0.3	1.4～4.0
坚固的半岩性岩石、砂岩、黏土页岩、凝灰岩、强或中等裂隙的沉积岩	0.05～0.1	0.15～0.2	0.5～1.5
坚硬的小的半岩性岩石、软质石灰岩、胶结弱的砂岩及泥灰岩，裂隙很发育的较坚固的岩石	0.025～0.05	0.05～0.15	0.25～0.5
松软的、未胶结的泥沙土壤、砾石、砂、砂质黏土	0.005～0.025	0	0.05～0.25

特别值得提出的是，三峡水利枢纽工程帷幕灌浆更是使用了比其他工程高的灌浆压力，其压力使用标准列于表 4-3。不但如此，在 2001 年 5 月以后，根据国务院质量专家组的意见，为加强孔口段灌浆效果，提高帷幕的耐久性，将孔口段灌浆压力提高为大坝蓄水后水头的 2 倍。

世界各国的专家，大多也主张采用尽可能高一些的灌浆压力。但是，具有广泛影响的澳大利亚的灌浆专家霍尔斯贝（Houlsby A. C.）在《大坝水泥灌浆》一文中指出，灌浆的压力应适度，不应采用高压来迫使裂隙产生较大的扩张或掀动地层。

表 4-3　三峡水利枢纽工程帷幕灌浆所采用的灌浆压力

帷幕类别		灌前压水试验压力/灌浆压力/MPa				灌浆后压水试验/MPa		备注
		第一段（2m）	第二段（1m）	第三段（2m）	第四段及以下（5m）	检查孔压水试验	物探孔压水试验	
调整压力前	主帷幕	1.0/1.5	1.0/3.0	1.0/4.5	1.0/6.0	第一段及以下为 2.0	第一段及以下为 1.0	灌后检查孔及物探孔压水试验段长划分同灌浆前的段长
	封闭帷幕	0.3/1.0	0.3/1.5	1.0/2.0	1.0/4.0	第一段及以下为 1.0	第一、二段 0.3，第三段及以下为 1.0	
调整压力后	主帷幕	1.0/3.5	1.0/4.0	1.0/4.5	1.0/5.0	第一段及以下为 2.5	第一段及以下为 1.0	
	封闭帷幕	1.0/1.5	1.0/2.0	1.0/3.0	1.0/3.0	第一段及以下为 1.0	第一段及以下为 1.0	

注　表中灌浆压力是指安装在孔口回浆管上压力表所指示的压力值。

最后，需着重指出，无论采用哪一种经验法则或方法计算出的灌浆压力，都应在专门做的灌浆试验或初期施工中加以检验。由于地层情况的多样性，原先已经确定的灌浆压力不应当一成不变，必要时可以由有经验的工程师根据对地层情况的判断，随时加以修改。

3. 灌浆压力的合成与施测

通常所说的灌浆压力，应当是指作用到灌浆段中点上的、人为增加的压力，一般称此压力为过剩压力，用 p_0 表示。

在实际灌浆中，灌浆压力通常是用装在孔口上的压力表来控制和调节的。这样在压力表上所显示的只是孔口上的压力，而不是实际作用到灌浆段上的压力。灌浆段上实际压力，随不同灌注方式和情况，由不同的部分合成。有以下 4 种情况。

（1）填压式（孔内不循环）灌浆：

$$p_0 = p + p_s \tag{4-5}$$

（2）循环式灌浆，压力表装在进浆管上：

$$p_0 = p + p_s - p_\xi \tag{4-6}$$

（3）循环式灌浆，压力表装在回浆管上：

$$p_0 = p + p_s + p_\xi \tag{4-7}$$

（4）灌浆孔口在地下水位以下（有承压水）时：

$$p_0 = p + p_s \pm p_\xi - p_H \tag{4-8}$$

式中：p_0 为作用到灌浆段中点上的实际压力，MPa；p 为孔口处压力表上显示的压力，MPa；p_s 为浆液自重产生的压力，MPa；p_ξ 为浆液在流经自压力表到灌浆段中点的沿程损失，MPa；p_H 为压力表低于稳定地下水位的水头压力，即用压力表测得的承压力，MPa。

浆液自重压力 p_s 和沿程损失压力 p_ξ 计算相当麻烦，而且很难得做到十分准确。因此，在实际施工中，除非其所占比例相对很大（要求的灌浆压力较小或浆液自重压力较大时），才予以适当考虑。一般都是以压力表上的指示压力 p 作为灌浆压力 p_0。

值得注意的是，当采用孔内循环灌浆时，尤其当孔内吃浆率很小，而灌浆泵的输浆率又很大时，孔内浆液的返回流速很大，因而 p_ξ 值将会很大，这时，将压力表同时装在进浆管上和回浆管上，两块压力表所显示的压力值是很不相同的。在目前，大多数情况下是以回浆管上的表压力作为灌浆压力的。

（三）混凝土面（或岩面）抬动

无论选用任何灌浆压力均应以不引起混凝土面（或岩面）抬动，或抬动不超过允许值为准。切实防止由于上抬而使混凝土产生裂缝，影响水工建筑物的整体性。一般规定混凝土面上抬值应小于0.2mm，且帷幕灌浆应在无抬动工况下进行。

五、灌浆帷幕的形式和深度

（一）帷幕的形式

1. 封闭式帷幕

灌浆帷幕深入基岩的相对不透水岩层，基本上全部截断渗流，称为封闭式帷幕。这种帷幕的防渗效果好，在可能的条件下，大坝基岩宜采用这种形式的灌浆帷幕。

英国葛兰德对欧美一些大坝灌浆帷幕所进行的分析认为，对于均质透水岩层，即使帷幕深度达到透水岩层厚度的90%，而经过其余10%透水岩层厚度的渗漏量，仍然高达相当于完全未处理（即没设帷幕时）时渗漏量的35%。这说明帷幕深度应该深入到相对不透水岩层，才能收到显著的防渗效果。

2. 悬挂式帷幕

在相对不透水岩层埋藏较深的或分布无规律的坝址区，其帷幕深度没有达到相对不透水岩层的，称为悬挂式帷幕。采用这种形式的帷幕，一般常需配合其他的防渗措施，如在上游设置铺盖，下游增设排水设施等。

当帷幕由两排或多排钻孔组成时，各排钻孔深度有时不同，有些钻孔深达相对不透水岩层，起到主要防渗作用，称为主帷幕。其他几排帷幕孔较浅，主要是增进基岩的整体性、密实性，加强防渗效果，称为副帷幕。

对于混凝土重力坝来讲，这两种帷幕有的是在同一廊道内施工；有的则不同，主帷幕在廊道内施工，而副帷幕在坝的上游面底部施工（图4-10）。在后者情况下，主帷幕孔多向上游倾斜或是垂直，副帷幕则向下游倾斜，主、副帷幕孔随着钻孔深度的增加而逐渐接近。有时恰与此相反，主帷幕在坝的上游面底部钻孔，而副帷幕却在廊道内钻孔，见图4-11，这种形式一般不常采用，因主帷幕施工时间易受限制，且干扰大。

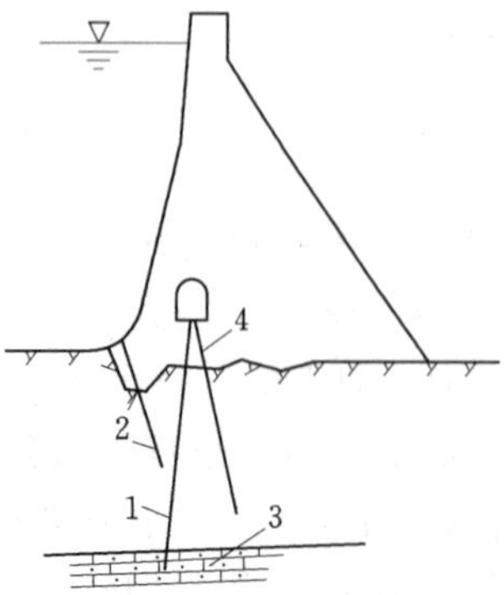

图4-10　灌浆帷幕形式

1—主帷幕；2—副帷幕；3—相对不透水岩层；4—排水孔

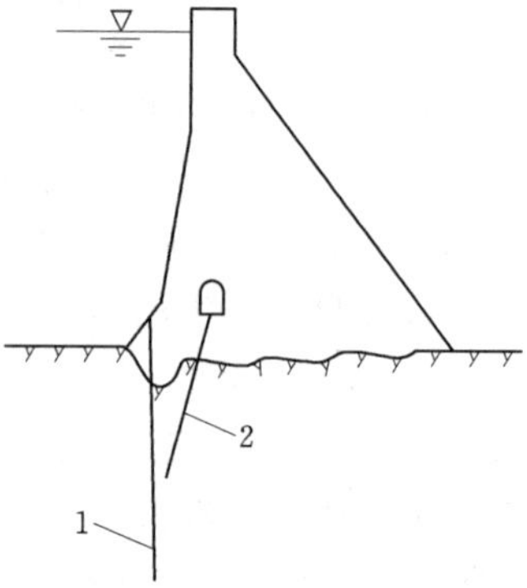

图4-11　主、副帷幕位置

1—主帷幕；2—副帷幕

（二）帷幕的深度

按照现在最流行的观点，灌浆帷幕的作用主要是堵塞大的渗漏通道，减少渗透流量。因此，坝基灌浆帷幕的深度最好是能深入基岩的相对不透水岩层，这样做效果好。但若相对不透水岩层埋藏很深，则只好选用悬挂式帷幕了。

悬挂式帷幕深度应根据地质条件、地层的透水性、坝基扬压力允许值、坝基排水措施等因素，结合大坝工程实际需要，参照渗流计算成果及其他类似工程的实践经验，综合考虑确定。一般情况下主帷幕深度不宜小于坝前最大水深的30%。

国内一些大坝，其帷幕深度一般约为坝高的45%，见图4-12，其变化范围多在30%～70%。

美国垦务局总结了许多大坝的灌浆帷幕设计与施工的经验，认为在坚硬致密的岩石中，帷幕深度可为坝前最大水深的30%～40%，在不良基岩中，孔深应达到坝前最大水深的70%。在灌浆过程中，可由现场条件决定实际的或最终的灌浆深度。

苏联在1977年颁发的规范中规定，无隔水层时，帷幕深度可取坝上全水头的一半。

英国葛兰德统计了欧、美一些大坝的帷幕深度与坝前最大水深关系的资料，见图4-12。并提出了确定悬挂式帷幕深度的简单公式：

$$D=\frac{H_0}{3}+C \tag{4-9}$$

式中：D为帷幕深度，m；H_0为坝前最大水深，m；C为常数，一般取8～25m。

日本土木协会除采用式（4-9）外，还经常采用式（4-10）计算帷幕深度：

$$D=\alpha H_0 \tag{4-10}$$

式中：α为常数，为0.5～1.0；其余符号意义同前。

同一个坝，由于各个部位的条件不同，对帷幕深度的规定也不完全相同。例如朱庄水库大坝，在河床部位，帷幕深度规定进入相对不透水岩层5m；而在左岸坝肩部位，坝高自该处岩面算起仅20～35m，但岩石破碎，透水性大，相对不透水岩层埋藏很深，所以帷幕深度规定为该处坝高的1倍左右。

在岩溶地基及其他可能存在大型通道的地基上建坝，上述经验均不能借用。过去在此类地基上建坝的经验表明，往往从个别几条岩溶通道或其他大型通道中漏掉的水量，比从其余整个一般性裂隙中漏掉的水量多得多，经常占全部漏水量的90%以上。堵住了这一部分漏水，就使全坝的漏水问题得到基本解决。因此，不论在离坝多深的地方存在这种通道，都要尽量把它找到，堵死。以往，在此类岩基上所做的帷幕深度，一般采用1倍坝高，个别深部岩溶十分发育的，有时达到坝高的2～3倍，岩溶程度轻微的，可按一般岩层布置。

一般情况下，当帷幕钻孔深度超过100m后，施工比较困难，钻孔容易偏斜，影响帷幕的连续性和完整性，工程造价也高，很不经济，所以坝基帷幕钻孔深度以不超过100m为宜。

这里必须指出，帷幕钻孔深度与帷幕深度有时是不一致的，通常有两种情况：①帷幕钻孔的深度就是帷幕的深度，见图4-13；②各层灌浆平洞中钻孔深度之和为帷幕的深度，见图4-14。

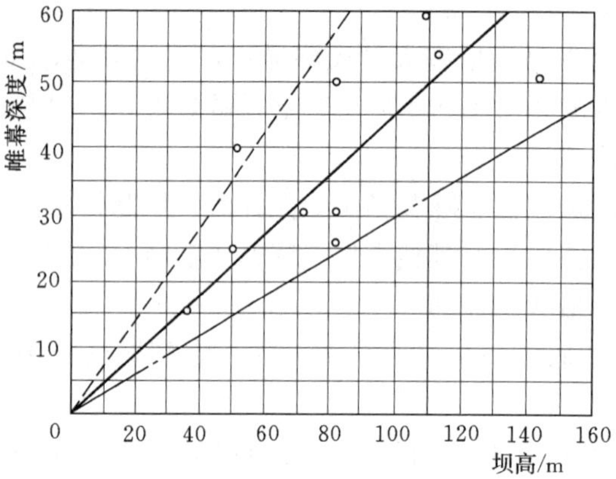

图 4-12　帷幕深度与坝高的关系

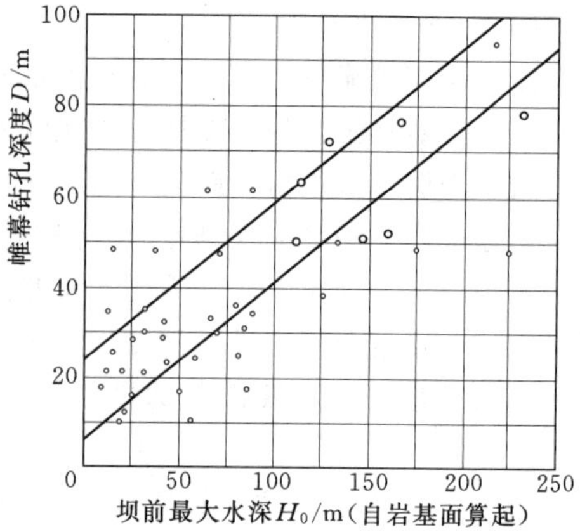

图 4-13　帷幕深度与坝前最大水深的关系

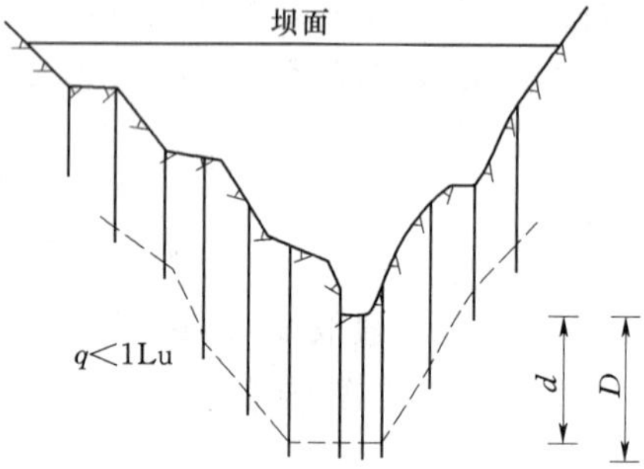

图 4-14　帷幕深度

d—钻孔深度；*D*—帷幕深度；

q—透水率

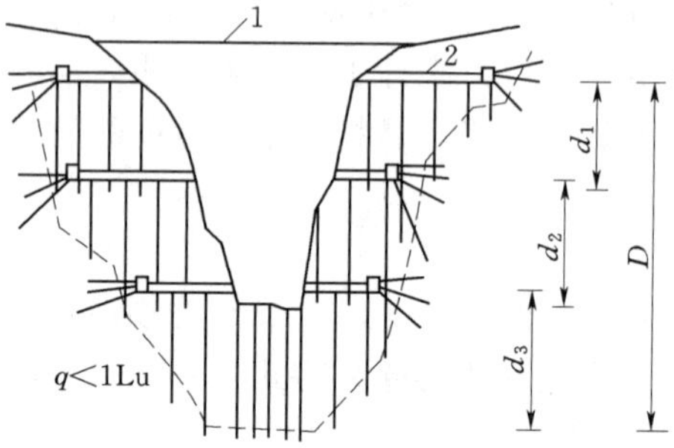

图 4-15　钻孔上下相互衔接情况下的帷幕深度

d_1、d_2、d_3—各层平洞内钻孔的深度；*D*—帷幕深度

1—坝顶；2—灌浆平洞

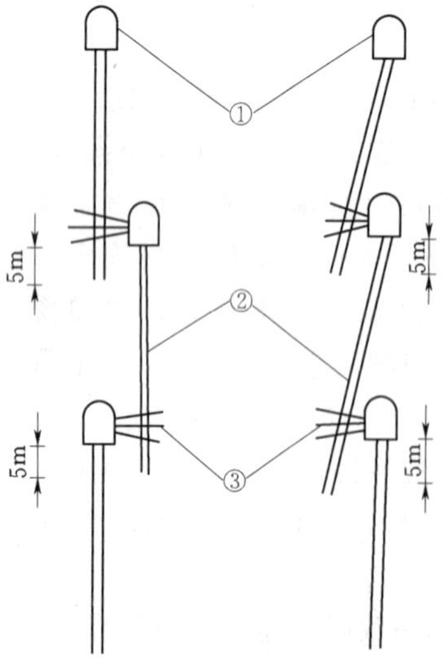

图 4-16　上下帷幕相互衔接剖面图

①—灌浆廊道；②—灌浆帷幕；③—衔接帷幕

当坝基的相对不透水岩层埋藏很深，需要设置较深的帷幕时，为了施工方便而又不使钻孔深度过大，常常在两岸专门开挖几层平洞，在平洞内进行钻孔灌浆。这样，由两岸各层平洞中所钻的灌浆孔，即构成上下相互衔接的帷幕，见图 4-14 和图 4-15。在岩溶地区修建的高坝，也常常采用这种类型的帷幕，例如乌江渡大坝、隔河岩大坝等防渗帷幕就是采用这种类型的。

拱坝由于地形条件的关系，在两岸也经常采用开挖平洞方法，在平洞内进行钻孔灌浆。例如意大利桑塔·久斯庭纳拱坝就是在两岸专门开挖的三层平洞内进行钻孔灌浆的（图 4-16）。

六、灌浆帷幕的厚度和水平延伸长度

1. 帷幕厚度设计应遵循的原则

帷幕的厚度主要是根据地质条件，帷幕允许的水力坡降，大坝基础的防渗标准和幕体本身的密实性、稳定性而决定的。

在致密、坚硬、裂隙少、透水性小的岩石基础中，设置一排孔的帷幕即可。在岩石破碎、节理裂隙发育、透水性大的地区，为了保证幕体的密实性，减少渗透性，使岩石透水率按设计要求达到1～3Lu，常常需要设置二排或三排钻孔组成的较宽的帷幕。

在复杂的地质条件下，如岩石中遇有大的断裂构造，或是含有可溶性岩层，或是岩溶强烈发育、大量漏水等情况，应考虑设置较宽厚的帷幕，帷幕钻孔也常为两排或两排以上。

对于高坝，为了降低坝基扬压力值，或由于某些原因，对坝基岩体防渗性要求很高时，也应考虑设置较宽的帷幕。

2. 灌浆帷幕钻孔排数的选用

如何确定灌浆孔排数，至今还没有建立起一个统一的准则，各地的做法差异很大。

我国在2005年颁布的《混凝土重力坝设计规范》（SL 319—2005）中规定帷幕排数在考虑帷幕上游区的固结灌浆对加强基础浅层的防渗作用后，一般情况下，坝高100m以上的可采用两排，坝高100m以下的可采用一排。对地质条件较差、岩体裂隙特别发育或可能发生渗透变形的地段加强防渗帷幕时，可适当增加帷幕排数。当帷幕由多排灌浆孔组成时，其中的一排宜钻灌至帷幕设计深度，其余各排孔的孔深可取帷幕设计深度的1/2～2/3。实际上，我国修建的一些较高的大坝，除少数基岩地质条件良好者外，一般的防渗帷幕多由2～3排灌浆孔所组成，其中一排多深达相对不透水岩层，其他各排较浅，起增强帷幕上部的防渗和稳定作用。

在美国，设计中通常使用单排孔，孔距10ft，根据灌浆情况再加大或缩小。这些孔从廊道内钻进，称为A类孔；对于高坝，当坝基廊道距上游坝面较远时，可由一排C类孔加以辅助，作为对主排A孔的补充，C类孔是从上游坝面向下游倾斜钻进的，深度一般为75ft，孔距与A孔相同；另外，在帷幕前后要做固结灌浆，称为B类孔。

苏联有人建议：当一排灌浆帷幕钻孔的最终距离已缩短至0.5m，而仍未达到规定的防渗标准时，建议帷幕钻孔应增为两排。

在日本修建的混凝土重力坝，主要是根据基岩的状况，再结合坝高来确定灌浆孔排数。对于风化的岩石、砂砾石层等，认为灌浆的充填范围较小，加固程度较低，需要增加排数，加大帷幕厚度；在坚硬新鲜的基岩上，即使坝很高，也大多采用一排孔；在属于软弱的基岩上，灌浆帷幕多采用主、副帷幕形式。比较高的大坝，主帷幕多为两排；拱坝基础的灌浆帷幕采用一排的较多。

以上各种不同的做法，有一个共同点，就是在基岩比较软弱和坝很高时，都倾向于采用多排孔（2～3排）。在基岩比较坚硬、新鲜时，有的认为高坝必须采用多排，有的则认为一排即可。

张景秀在《坝基防渗与灌浆技术》中认为：无论是高坝或低坝，只要能用孔距1.5～3.0m，由一排灌浆孔能达到规定防渗标准的，就可采用一排孔，否则，就需要采用多排孔。也就是说，决定灌浆孔排数的关键因素是基岩状况，而坝的高低影响只反映在所要求的防渗标准上。

通过工程实践，我们认为在地质条件复杂、岩石破碎、裂隙多、透水性大的基岩中建造帷幕，如果要求幕体透水率$q \leqslant 1$Lu时，可设置三排钻孔，其孔距可稍大一些。灌浆时先灌边排，后灌中间排，挤密压实，这样做灌浆效果好，帷幕也较厚，而钻孔工程量并不一定多。例如朱庄水库大坝河床第8～10号3个坝段，坝基透水性大，帷幕设计为三排灌浆孔，孔距3m。灌浆后效果良好，其工程量与孔距1m的单排孔相同。对地质条件比较好的坝基，坝工设计对基础岩石又没有特殊要求时，其帷幕组成是设计一排孔还是两排孔，如何考虑孔深、孔距，则应结合具体情况通过灌浆试验确定。在某些风化破碎较严重、性质特别软弱、水平裂隙特别发育的岩层中灌浆，由于承受不了很高的灌浆压力，行浆较近，挤密较差，很难用一排孔达到规定的防渗标准，因此，有时采用先做1～2排较低压灌浆孔，再做一排较高压灌浆孔。当基岩中的裂隙较宽、帷幕夹角较大时，若采用在一排孔上加密，有时还不如做成二排或三排更经济，效果更好。

通常的做法是：在基岩的表层需要布置多排孔（有时结合用固结灌浆代替），在基岩的深部，大多可用一排。当采用二排或三排灌浆孔时，最好是将上游排或中间排作为主孔，深度达到规定的幕深，最先施工；将下游排或两边排作为辅助孔，深度为主孔的1/2～2/3，最后施工。排与排之间的距离，一般为孔距的0.7～0.8倍，孔的平面位置应相互错开排列，以便尽量多地封堵住裂隙。

两排孔或多排孔组成的帷幕，排距一般不再变动。根据地质条件的变化，需要补加灌浆孔时，一般多在各排上补孔加密，缩短孔距。故在设计灌浆帷幕时，一般的原则应为排距小于孔距。

3. 帷幕厚度设计

帷幕厚度与帷幕幕体内的水力坡降的最大允许值有关，并可用式（4-11）表示：

$$I_a = \frac{\delta}{T} H$$

即

$$T = \frac{\delta}{I_a} H \tag{4-11}$$

式中：I_a 为帷幕体内（即帷幕前后）的允许水力坡降，表4-4可以作为设计时的参考；δ 为通过帷幕的水头衰减系数，等于帷幕前后的水头差与水头的比值；H 为水头，m；T 为帷幕厚度，m。

对混凝土重力坝岩石基础的防渗帷幕，其幕体允许的水力坡降值见表4-5。

对悬挂式帷幕，通过帷幕的水头衰减系数 δ 的近似值，可按表4-6中的资料求得。

4. 灌浆孔的距离

灌浆孔距离设计得是否恰当，将在很大程度上影响帷幕造价。如果孔距设计得太大，最终将达不到规定的防渗标准，以至于不得不再进行大量的补充灌浆。如果孔距设计得太小，将会使后来的一部分孔做不必要的重复灌浆。恰当的孔距应当是：使相邻孔的有效充填范围能彼此衔接起来，到最后既不会遗留下导致透水性超标的大裂隙，又不使搭接重叠的部分太多。以能形成一个具有一定防渗标准的连续帷幕，又使钻孔量最少为原则。

由于影响灌浆充填范围的因素很多，有地质状况、材料粗细与性质、压力大小、施工工艺、人员素质等，因此，到目前为止，灌浆孔距都是设计人员根据所建坝的基岩状况和已建类似坝的经验进行判断，假设合理的孔距，然后在施工中通过逐渐加密法进行验证，或者在现场做灌浆试验进行确定。

表 4-4　帷幕厚度与幕体允许水力坡降的关系

帷幕厚度 T/m	允许水力坡降 I_a
<1	10
1～2	18
>2	25

表 4-5　防渗帷幕幕体允许的水力坡降值

幕体透水性		允许的水力坡降值 I_a
透水率 q/Lu	渗透系数 K/(cm/s)	
<5	$<1\times10^{-4}$	10
<3	$<6\times10^{-5}$	15
<1	$<2\times10^{-5}$	20

表 4-6　水头衰减系数与帷幕形式的关系

帷幕形式	坝底宽度 B 与帷幕深度 S 的比值		
	<1	1～2	>2
水头衰减系数 δ 近似值	0.85～0.75	0.75～0.70	0.70～0.65

注　帷幕后有铅直排水。

5. 帷幕厚度与孔距、排距等参数的关系

假定条件如下。

(1) 受灌介质是均质岩层，浆液扩散范围呈圆形，其有效半径为 R。

(2) 各灌浆孔灌入的浆液彼此相互连接，不使幕体留有空隙，而又不相互搭接过多，造成钻孔工程量的增加。

理想的各灌浆孔浆液扩散范围连接情况如图 4-17 所示。

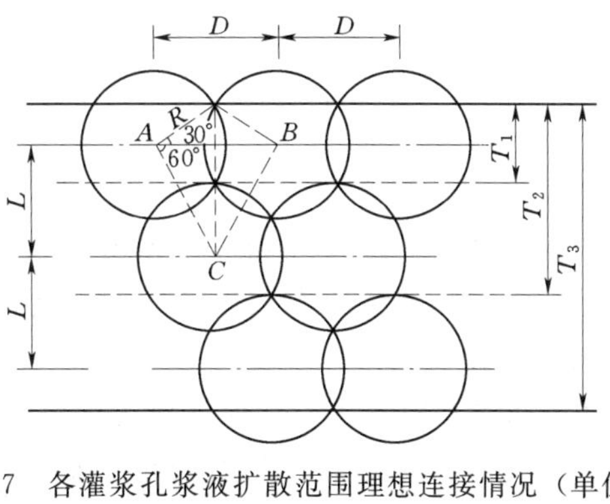

图 4-17　各灌浆孔浆液扩散范围理想连接情况（单位：m）

A、B、C—灌浆孔；D—孔距；L—排距；R—浆液扩散半径；

T_1、T_2、T_3—第一排、第二排、第三排的帷幕厚度

图 4-17 中三角形 ABC 为等边三角形，由几何关系得出以下几项关系式：

孔距与排距的关系：

$$L=D\sin 60°，即\ D=1.15L \tag{4-12}$$

孔距与浆液扩散半径的关系：

$$D=2R\cos 30°，即\ D=1.73R \tag{4-13}$$

幕厚与孔距的关系：

$$T=D[\tan 30°+(N-1)\sin 60°]，即\ T=(0.87N-0.29)D \tag{4-14}$$

式中：N 为帷幕钻孔的排数。

根据式（4-14）得

第一排钻孔帷幕厚度 $T_1=0.58D$；

第二排钻孔帷幕厚度 $T_2=1.45D$；

第三排钻孔帷幕厚度 $T_3=2.32D$。

幕厚与排距，幕厚与浆液扩散半径的关系为

$$T=(1.5N-0.5)R \tag{4-15}$$

$$T=(N-0.33)L \tag{4-16}$$

以上是在理想的均质的条件下进行理论计算的成果，实际上浆液在岩石中的扩散情况多系沿裂隙灌入，呈树枝状，并非圆形，灌浆孔的孔排距也不能保证浆液扩散恰如图 4-17 中所示的情况，故上述的关系式纯属理想，并不能直接用于工程中。为简便计，在工程上常采用下述方法估算帷幕的厚度：单排孔帷幕厚度约为孔距的 70%～80%；多排孔帷幕厚度约为两边边排之间的距离再加上边排孔孔距的 60%～70%。

6. 浆液扩散半径的估算

估算浆液扩散半径 R 的公式很多，这里仅列出在裂隙均匀分布的岩石中，较为常用的一个公式和隆巴迪公式仅供参数，难以实际应用。

（1）常用公式：

$$R=\sqrt{\frac{2}{n}Kt\sqrt{Hr}\,\frac{\mu_1}{\mu_2}} \tag{4-17}$$

式中：K 为灌浆前岩层的渗透系数；t 为灌浆的延续时间；H 为灌浆压力，以水柱高度计；r 为钻孔半径；μ_1、μ_2为水与浆液的黏滞系数；n 为岩层的有效孔隙率。

（2）隆巴迪公式：

$$R_{\max}=\frac{p_{\max}t}{c} \tag{4-18}$$

隆巴迪采用力的平衡法表示出缝宽为 $2t$ 的缝中，浆液最大扩散半径 $R_{\max}$的计算公式。表明 $R_{\max}$依下列 3 个因素而变；最大灌浆压力 $P_{\max}$、缝的宽度 $2t$；以及浆液的黏聚力 c 。

7. 灌浆帷幕水平延伸长度确定的原则

为了减少绕坝渗流，降低两岸孔隙水压力，保证岸边坝块的稳定，灌浆帷幕往往需要沿坝轴线向两端延伸一定距离，其延伸长度应依地质条件确定，一般可根据下面两个原则考虑。

（1）帷幕延伸至水库正常高水位与相对不透水岩层标准范围线在两岸的相交处，见图 4-18。

（2）帷幕延伸至水库正常高水位与水库蓄水前两岸的地下水位线相交处，见图4－19。

如果缺少以上资料，或是按上述两项原则计算，帷幕线需延伸很远时，则可根据当地地质条件和水工设计实际情况，暂定向两岸延伸 30～50m，或再稍长一些。待大坝竣工蓄水后，观测渗漏情况，如有必要，再行延伸。

8. 灌浆帷幕的钻孔方向

帷幕灌浆的钻孔方向（顶角）应本着便于施工、尽量多地穿过裂隙、有利于帷幕与基岩的稳定等原则来确定。

通常，以钻进垂直孔或顶角较小的钻孔为多，这样便于施工和保证质量。当基岩中主要裂隙组的倾角较陡时，作倾斜钻孔比垂直钻孔能穿过更多的裂隙，灌浆效果较好，能减少钻孔工作量。一般是使钻孔与主要裂隙组的夹角不小于 45°，能接近 90°最好。如果主要裂隙组是倾向上游的，这时不宜为追求钻孔多穿过裂隙而将钻孔向下游倾斜，因为这样会不利于帷幕和岩体的稳定，对排水孔的布置和减小扬压力也不利。

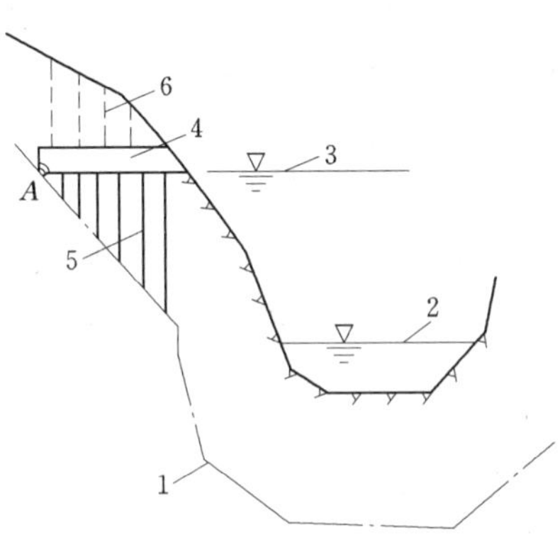

图 4－18 帷幕长度设计之一

A—正常高水位与相对不透水岩层线相交处；1—相对不透水岩层标准范围线；2—原河床水位；3—大坝建成后的正常高水位；4—灌浆平洞；5—帷幕灌浆孔；6—排水孔

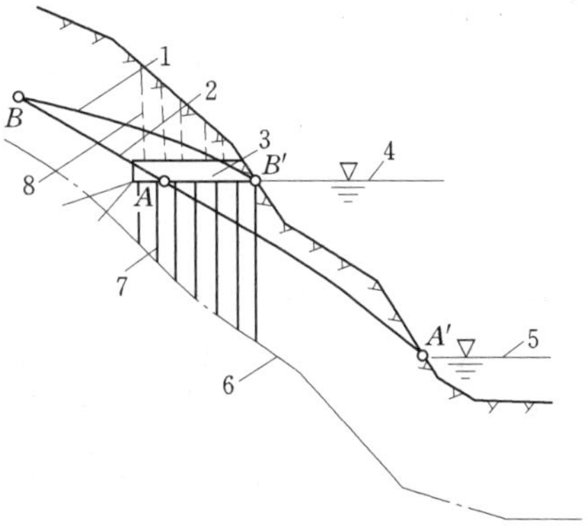

图 4－19 帷幕长度设计之二

A—正常高水位与原地下水位线相交点；1—BB′线，即蓄水后地下水位线；2—AA′线，即原来地下水位线；3—灌浆平洞；4—大坝建成后的正常水位；5—原河床水位；6—相对不透水岩层标准范围线；7—帷幕灌浆孔；8—排水孔

七、弱透水岩石坝基防渗帷幕设计

在弱透水性岩石（通常系指透水率 $q<1\sim3\text{Lu}$ 的岩石）地基上建坝，如何设计帷幕，这是关系到能否保证大坝安全、节约资金和加快工程进度的问题，需要深入探讨和认真对待。我国三门峡、龙羊峡、潘家口、板桥水库复建工程以及长江三峡等大坝基础岩石中，有大部分岩石属于弱透水性的，所以简要总结一下这方面的设计经验有利于其他工程参考。

1. 设计思路和设计依据

对于帷幕灌浆来讲，灌浆设计需要在下述条件的基础上进行考虑和研究。

（1）在设计帷幕线上应有足够的地质勘探孔，用来说明基岩透水性情况。从较多工程宏观看基岩透水性小、透水率 $q\leqslant1\sim3\text{Lu}$ 的占 80%或 90%以上，但通过加密勘探孔或灌浆先导孔细查，发现有小断层、破碎带等透水率大的部位。

(2) 还需了解每个坝段岩石透水性强弱的程度和分布状况，了解岩石在设计灌浆压力下吸浆的情况。有的岩体在灌浆压力小于 1MPa 时，吸浆量很小，大于 1MPa 时吸浆量变大。

(3) 要充分掌握断层、裂隙等在坝基平面和纵深方向的分布情况。所求得的 q 值，往往是一个试段的平均值，有可能在一个试段中只有一条或几条相对透水性较大的裂隙，这样就有可能出现透水率较小，而实际透水较严重的情况。因此，在这种情况下，透水性弱也应该要进行帷幕灌浆。

(4) 要确定在水库蓄水后不会再进行灌浆工作。因为水库蓄水后，在高水头作用下，灌浆孔口易产生较高的涌水压力，灌浆施工困难，对灌浆质量也有影响。所以，若无太大把握，一般宁愿在蓄水前多做一些灌浆工作，多掌握一些资料。当然，还必须结合经济、节约一同考虑，做到两者兼顾。

2. 设计方案

为了保证安全可靠，应该做到三个“一定”，即做一定数量的灌浆帷幕；少数帷幕灌浆孔需达到一定深度；灌堵可能存在的渗漏水量大的部位，将基岩渗漏量减少到一定的程度。

帷幕设计为单排孔。灌浆先导孔孔距 12～18m，孔深不小于坝前最大水深的 30%～50%，或不小于 45～55m，实际上兼起勘探孔和灌浆试验孔的作用，用以了解在帷幕设计范围内岩体的透水情况和灌浆情况，并可据之简略勾画出渗透剖面图。根据先导孔压水试验和灌浆情况，结合水工设计要求，确定各部位灌浆帷幕孔的孔距、孔数、孔序和孔深。

对于高坝，完全采取排水设施而不考虑帷幕灌浆配合是不合适的。

有时，鉴于工程的重要性，对基础岩石提出较高的要求；或是为了某一特殊目的，需尽量降低基础岩石渗水流速或渗漏量时，即使大坝基础岩石透水性较小，也常常进行一定数量的帷幕灌浆。

八、灌浆帷幕结构的验算

根据大坝基岩稳定计算要求、地质勘探资料和灌浆试验成果，初步确定了帷幕结构形式、幕深、幕厚和幕体渗透性。对于帷幕的防渗效果、降低扬压力的程度及幕体本身的稳定性，则可依照渗流理论建立物理和数学模型，采用有限元方法或其他方法进行计算。这里仅介绍一种比较简便的手算方法供参考。

1. 封闭式帷幕渗流计算

假定透水岩层为有限厚，且为均匀介质。帷幕深入相对不透水岩层，相对而言，帷幕本身渗透性虽很低，但并非完全不透水，渗流通过帷幕渗至下游，如图 4-20 (a) 所示。

在这种情况下，可先将帷幕厚度 T 按其透水性变换为一个当量厚度 l_3：

$$l_3=\frac{K}{K_c}T \tag{4-19}$$

或

$$l_3=\frac{q}{q_c}T$$

式中：K 为灌浆前岩体的渗透系数；K_c 为灌浆后帷幕幕体的渗透系数；q 为灌浆前岩体的透水率；q_c 为灌浆后帷幕幕体的透水率。

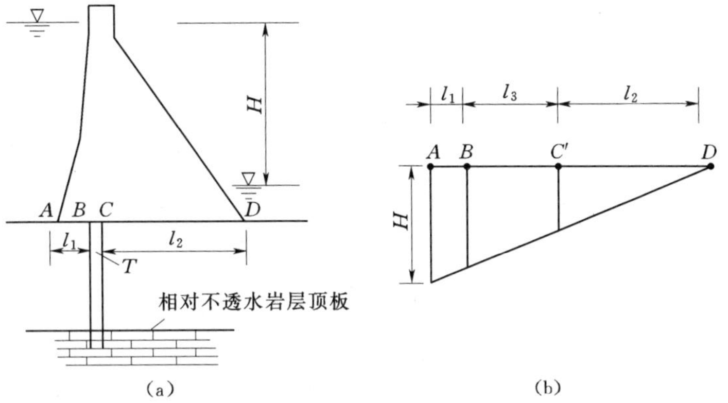

图 4-20　透水岩层为有限厚度时的情况

H—水头（上下游水位差）；T—帷幕厚度；l_1—帷幕与上游坝踵间的距离；l_2—帷幕与下游坝趾间的距离

这样就将实际的计算条件转换为图 4-20（b）所表示的设想计算条件，坝底宽度改换为 $l_1+l_2+l_3$。

假定基础岩层为均匀介质，沿基础岩层表面的渗透水头可依照比例关系，近似地确定。

在 B、C' 两点处的水头值可以分别代表相应于帷幕前、后的水头，而 C' 点的水头与总水头的比值 $H_{C'}/H$，即为扬压力衰减系数 α_1。

B、C' 两点的水头 H_B、$H_{C'}$ 的数值如下：

$$H_B=H\frac{l_2+l_3}{l_1+l_2+l_3} \tag{4-20}$$

$$H_{C'}=H\frac{l_2}{l_1+l_2+l_3} \tag{4-21}$$

$$\alpha_1=\frac{l_2}{l_1+l_2+l_3} \tag{4-22}$$

【例题 4-1】　某大坝帷幕深入相对不透水岩层，为封闭式帷幕（图 4-21），已知帷幕上下游水位差 $H=80$m，帷幕至上游坝踵与下游坝趾处的距离分别为 $l_1=8$m，$l_2=72$m，帷幕厚度 T 为 3.5m，基岩透水率 q 平均值为 20Lu，帷幕防渗标准为 1Lu。

试验算：①幕后水头（即 C' 点水头）可否降到 $0.5H$（即 $\alpha_1=0.5$）；②幕体水力坡降是否小于规范允许值。

解： 首先将帷幕厚度换算为当量厚度：

$$l_3=\frac{q}{q_c}T=\frac{20}{1}\times3.5=70(\text{m})$$

渗径总长：

$$L=l_1+l_2+l_3=8+72+70=150(\text{m})$$

由图 4-21（b）求出：

B 点水头：

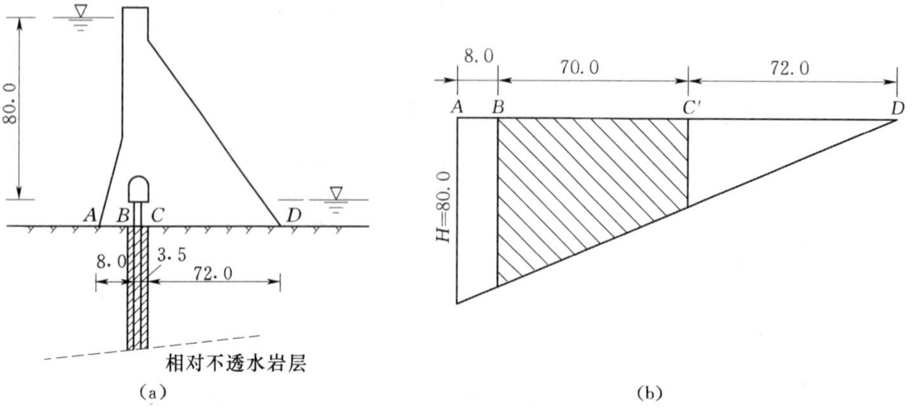

图 4-21　封闭式帷幕结构验算（单位：m）

（a）封闭式帷幕结构；（b）水头计算图

$$H_B = H\frac{l_2 + l_3}{L} = 80\times\frac{72+70}{150} = 75.7(\text{m})$$

C'点水头：

$$H_{C'} = H\frac{l_2}{L} = 80\times\frac{72}{150} = 38.4(\text{m})$$

$$\alpha_1 = \frac{C'\text{点水头}}{\text{总水头}} = \frac{38.4}{80} = 0.48 < 0.50$$

幕体水力坡降：

$I = \frac{75.7 - 38.4}{3.5} = 10.7$，小于表 4-4 中的允许水力坡降 25；也小于表 4-5 中的允许值 20。帷幕结构满足要求。

2. 悬挂式帷幕渗流计算

假定透水岩层较厚，帷幕深度没有达到相对不透水岩层，为悬挂式帷幕。帷幕幕体渗透系数小，透水岩层渗透系数大，渗流沿帷幕边缘渗至下游，如图 4-22 所示。

现假定渗流在铅直方向的水头损失较水平方向的大 1 倍（此比值系根据岩石具体条件而定）。设 q_c、q_1、q_2分别表示帷幕幕体、坝基透水岩体、帷幕底部岩体的透水率值。

先将帷幕底部厚度 t，变换为一个当量厚度 t_1：

$$t_1 = \frac{q_1}{q_2}t \tag{4-23}$$

则实际的计算条件可换为图 4-22（b）所示的设想计算条件，渗径总长 L 改换为 $l_1 + 2d + t_1 + 2d + l_2$。

$$H_B = \frac{L - l_1}{L}H \tag{4-24}$$

$$H_C = \frac{l_2}{L}H \tag{4-25}$$

幕体水力坡降：

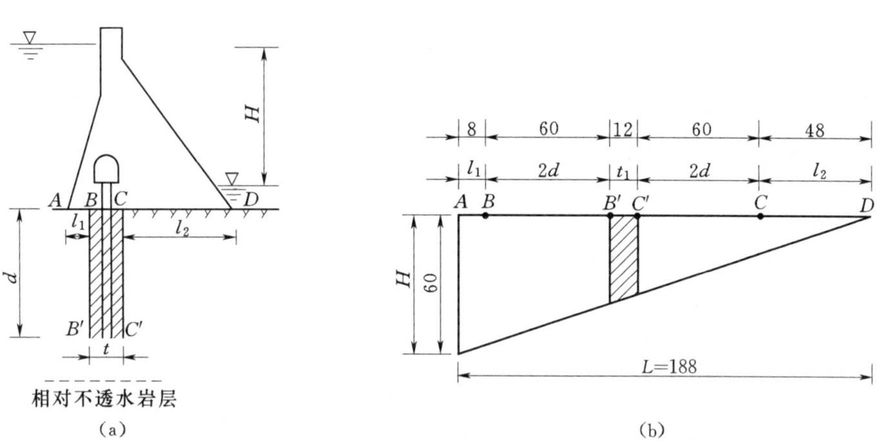

图 4-22　悬挂式帷幕结构验算（单位：m）

（a）悬挂式帷幕结构；（b）水头计算图

$$I=\frac{H_B-H_C}{t}=\frac{L-l_1-l_2}{L}\frac{H}{t} \tag{4-26}$$

扬压力衰减系数：

$$\alpha_1=\frac{l_2}{L} \tag{4-27}$$

如果假定渗流在铅直方向的水头损失与水平方向的相等，而帷幕底部岩体的透水率与坝基透水岩体也相同时，则渗径总长 L 应为 $l_1+d+t+d+l_2$，余者计算同前。

【例题 4-2】　某坝坝基帷幕为悬挂式帷幕，坝基岩体透水率 q 平均值为 25Lu，帷幕底部岩体透水率为 5Lu，帷幕上下游水位差 $H=60$m，帷幕至上游坝踵与下游坝趾处的距离分别为：$l_1=8$m，$l_2=48$m，帷幕深度 $d=30$m 帷幕厚度 $t=2.4$m，幕体透水率为 1Lu。试验算：①幕后水头（即 C'点水头）可否降到 $0.5H$（即 $\alpha_1=0.5$）；②幕体水力坡降是否小于规范允许值。

解： 仍假定岩体中渗流在铅直方向的水头损失较水平方向大 1 倍。

依前述程序：$t_1=\frac{q_1}{q_2}t=\frac{25}{5}\times 2.4=12.0(\text{m})$

渗径总长：$L=l_1+2d+t_1+2d+l_2=8+60+12+60+48=188(\text{m})$

扬压力衰减系数：$\alpha_1=\frac{l_2}{L}=\frac{48}{188}=0.26<0.5$

幕体水力坡降：$I=\frac{H_B-H_C}{t}=\frac{L-l_1-l_2}{L}\frac{H}{t}=\frac{188-8-48}{188}\times\frac{60}{2.4}=17.6$，幕体水力坡降小于表 4-4 中的允许值 25，也小于表 4-5 中的允许值 20，帷幕结构满足要求。

九、帷幕的防渗效率

灌浆帷幕的主要目的是减少大坝基岩内的渗流。采用简单的公式，概略地估算一下帷幕的效率。图 4-23 中所示，在透水岩体中间有一渗透系数低的帷幕，两者总的厚度为 L。

根据达西定律：

$$V=KI \tag{4-28}$$

而

$$I=\frac{h_1-h_2}{L} \tag{4-29}$$

$$Q = VA = K\frac{h_1 - h_2}{L}A \tag{4-30}$$

在研究单宽的情况下，$A=1$。

基岩不设帷幕时的单宽渗流量为

$$Q_B = K_1\frac{h_1 - h_2}{L} \tag{4-31}$$

式中：Q_B为不设帷幕时基岩的单宽渗流量；K_1为基岩的渗透系数；h_1为上游面水头；h_2为下游面水头；L为坝基宽度（$L=l_1'+l_2+l_2''$）。

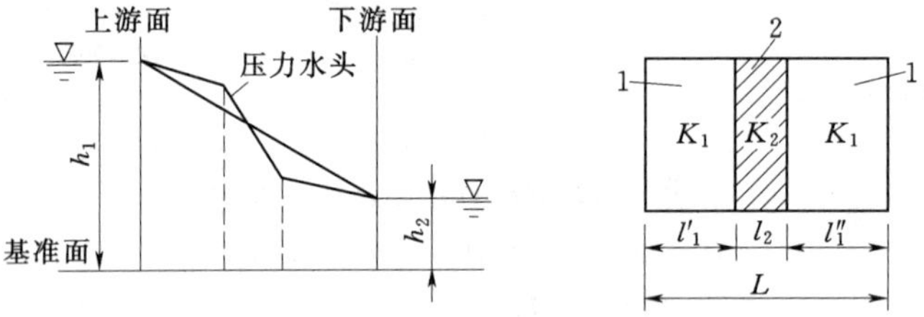

图 4-23 夹有中间层的透水岩层

l_1—透水层的厚度（$l_1=l_1'+l_1''$）；l_2—帷幕的厚度；K_1、K_2—透水岩层、帷幕的渗透系数；h_1、h_2—上游、下游的压力水头；1—透水岩层；2—帷幕

设置帷幕（相当于在基岩中有一透水性很小的岩层）后的单宽渗流量计算式与式(4-31)的情况相似，通过推导得出：

$$Q_A = \frac{K_1(h_1 - h_2)}{(L - l_2) + \frac{K_1}{K_2}l_2} \tag{4-32}$$

即

$$Q_A = \frac{K_1K_2(h_1 - h_2)}{K_2(L - l_2) + K_1l_2} \tag{4-33}$$

式中：Q_A为设置帷幕后的单宽渗流量；K_2为帷幕体的渗透系数；l_2为帷幕的厚度；$\frac{K_1}{K_2}l_2$为帷幕的当量厚度。

根据定义，灌浆帷幕的防渗效率E_c为

$$E_c = \frac{Q_B - Q_A}{Q_B} \tag{4-34}$$

将式（4-31）中的Q_B、式（4-33）中的Q_A代入式（4-34），得

$$E_c = \frac{\left(1 - \frac{K_2}{K_1}\right)\frac{l_2}{L}}{\frac{l_2}{L}\left(1 - \frac{K_2}{K_1}\right) + \frac{K_2}{K_1}} \tag{4-35}$$

令$\alpha = \frac{K_2}{K_1}(K_2 < K_1)$、$\beta = \frac{l_2}{L}$代入式（4-35），则得

$$E_c = \frac{\beta(1-\alpha)}{\beta(1-\alpha)+\alpha} \tag{4-36}$$

式中：E_c为防渗效率；α为渗透系数比；β为层厚比。

式（4－36）可用图 4－24 表示。

由图 4－24 中可以看出，当 α 为一定值时，β 值越大，E_c 值越大，也就是说 l_2 越大，帷幕越厚，防渗效率越高。若 β 为一定值时，则 α 值越小，E_c 值越大，也就是说 K_2 值越小，帷幕的渗透性越小时，或 K_1 值越大，在强透水性岩石中时，防渗效率越高。

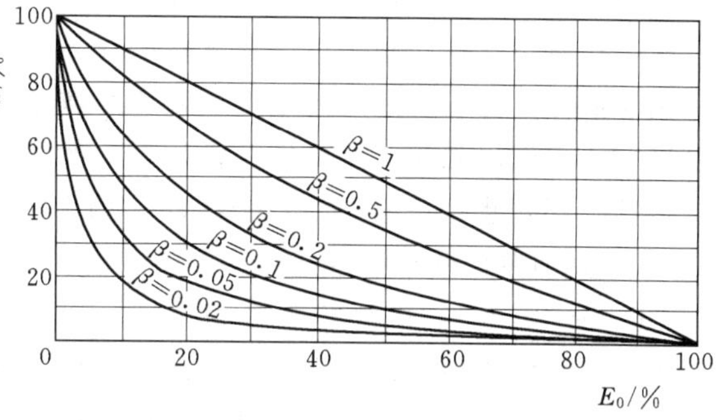

图 4－24 防渗效率与渗透系数比和层厚比的关系

防渗效率 E_c 是个百分数，它仅表示经过灌浆后岩石基础渗透流量较灌浆前减少了百分之多少。岩石基础透水性大的，E_c 值易高；透水性小的，E_c 值一般不会很高。所以，不要以 E_c 值的大小来作为评定帷幕灌浆施工质量的标准。

如果坝基岩石渗透系数 K_1 原先就很小，与帷幕渗透系数 K_2 相接近，此时 α 值将近等于 1，由式（4－36）计算，则防渗效率 E_c 值将会很小，这就说明了为什么在弱透水基础岩石中，灌浆帷幕的效果一般不很显著，而这与帷幕灌浆施工质量好坏无关。

为了提高防渗效率，在设计灌浆帷幕厚度和确定幕体的防渗标准时，均需慎重。

十、基岩帷幕灌浆施工

灌浆实践表明，即使是优良的防渗帷幕设计，也需要通过精心的灌浆施工，才能获得理想的灌浆效果。

（一）灌浆的施工次序与施工方法

1. 灌浆施工次序的原则

灌浆施工次序的原则是逐序缩小孔距，即钻孔逐渐加密。

逐渐加密的优点是：浆液逐渐挤密压实，可以促进灌浆帷幕的连续性和完整性；能够逐序升高灌浆压力，有利于浆液的扩散和提高浆液结石的密实性；根据对各次序孔的单位注入量和透水率的分析，能够反映灌浆情况和灌浆质量，为增、减灌浆孔提供论据；减少邻孔串浆现象，有利于施工。

2. 帷幕孔的灌浆次序

大坝基岩防渗帷幕通常是由一排孔、二排孔或三排孔构成，多于三排孔的比较少。

（1）多排孔帷幕的施工次序。多排孔帷幕的施工，在排序上也要遵循逐渐加密的原则，在基岩内有地下水活动或在有水头压力的情况下，排序施工可按下述要求进行。

1）由两排孔组成的帷幕，先灌下游排，后灌上游排。

2）由三排孔或多排孔组成的帷幕，先灌下游排，再灌上游排，最后灌中间排。

在基岩内无地下水活动的情况下，对于两排孔组成的帷幕没有排序的要求，对于三排孔或多排孔组成的帷幕，应先灌两边的边排孔，最后灌中间排孔。

（2）同一排上灌浆孔的施工次序，首先钻灌第Ⅰ次序孔，然后钻灌第Ⅱ次序孔，最后钻灌第Ⅲ次序孔。

在帷幕灌浆的先灌排的或主帷幕孔中宜布置先导孔，就是灌浆前根据对岩层的预估情况，在帷幕线上每隔一定距离（多为3～4倍第Ⅰ次序孔距的距离或18～24m）选择一个第Ⅰ次序孔兼作导孔。施工时，首先钻灌先导孔，以便了解这一范围内帷幕线上的地质条件和钻灌情况，为以后在此范围内灌浆应采取什么样的措施提供出可靠的依据。故对导孔的钻进、压水试验和灌浆的要求，都比对一般灌浆孔的要求要高一些，孔也要深一些。

单排帷幕灌浆孔一般多为3个次序。第Ⅰ次序孔距多为8～12m，最终孔距多为2～3m。国外大坝单排帷幕灌浆孔也多按3～4个次序施工，其第Ⅰ次序孔距通常选为20～40ft（6.1～12.2m），最终孔距多为2.5～5ft（0.75～1.53m）。两排孔和三排孔灌浆施工，每排孔可考虑为2个次序，因为还要考虑排序，故总的施工次序还要多些。

在裂隙发育、充填有黏泥、杂质的岩石中灌浆时，为了冲洗出裂隙中的泥质充填物，有时采用群孔冲洗。冲洗孔组的划分与施工次序，根据帷幕孔的排数而定。

3. 灌浆的施工方法

根据不同的地质条件和工程要求，基岩灌浆方法可选用全孔一次灌浆法、自上而下分段灌浆法、自下而上分段灌浆法、综合灌浆法或孔口封闭灌浆法。现将各类灌浆方法概述如下。

（1）全孔一次灌浆，就是把全孔作为一段进行灌浆。一般在孔深入岩不超过6m的浅孔、地质条件良好、岩石较完整、漏水又较小的情况下，可考虑全孔一次灌浆，孔径可以尽量小一些。

（2）全孔分段灌浆，根据钻孔各段的钻进和灌浆的相互顺序，又可分为以下几种灌浆方法。

1）自上而下分段灌浆法。自上而下分段灌浆就是自上而下逐段钻进，随段位安设灌浆塞，逐段灌浆的一种施工方法，这种分段灌浆的方法在下述情况下适宜采用：①岩石破碎、孔壁不稳固，孔径不均匀；②竖向节理、裂隙发育；③渗漏情况严重。

灌浆段的施工程序一般是：钻进（一段）→冲洗→简易压水→灌浆→待凝→钻进（下一段）。

自上而下分段灌浆的优点有：①由于灌浆塞安设在已灌段的底部，易于堵塞严密，不致产生绕塞返浆；②随着灌浆段位深度的增加，能逐段加大灌浆压力；③压水试验成果准确；④计算灌入的干料量准确；⑤灌浆质量比较好。

此法也有一些缺点：①每段灌浆后常需要待凝一定时间；②钻孔与灌浆两个工序交替进行，互相等待，费时较多。但在《水工建筑物水泥灌浆施工技术规范》（DL/T 5148—2001）中规定："采用自上而下分段灌浆时，灌浆塞应阻塞在该灌段段顶以上0.5m处，防止漏灌。各灌浆段灌浆结束后一般可不待凝，但在灌前涌水、灌后返浆或遇其他地质条件复杂情况，则宜待凝，待凝时间应根据设计要求和工程具体情况确定。"这是一个较大的改进。

2）自下而上分段灌浆法。自下而上分段灌浆就是将钻孔一直钻到设计孔深，然后自下而上逐段进行灌浆。在岩石比较坚硬完整，裂隙不很发育、渗透性不很大的岩石中进行帷幕灌浆时，常采用此法。

自下而上分段灌浆的优点有：①工序简化，钻进、灌浆两个工序各自连续施工；②无需待凝，节省时间，工效较高。

此法灌浆常遇到的问题是：①灌浆压力的增高受到一定程度的限制；②压水试验成果和单位注入量数值不很准确；③孔段裂隙在钻进过程中易受岩粉堵塞，影响灌浆质量，段位越上，影响越大；④在陡倾角裂隙发育或孔径不均的孔段，灌浆塞常难塞堵严密，且在灌浆时，压力大，容易发生浆液绕塞上流，时间一长，会造成沉淀埋塞事故。如果绕塞返浆严重形成孔口冒浆，则上部待灌段的灌浆质量也将受到影响；⑤由于岩石破碎或孔径不均等原因，致使灌浆塞卡塞不严，故常需上下移动调整灌浆塞位置，这样不仅造成操作上的不便，多费时间，而且有时由于多次上提塞位，致使灌浆段过长，影响灌浆质量。

采用这种灌浆法时，由于多种原因，有时灌浆塞在规定的位置卡不住，不得不上提，甚至多次上提致使灌浆段很长，影响灌浆质量。因此规范规定："采用自下而上分段灌浆法时，灌浆段的长度因故超过 10m，对该段宜采取补救措施。"主要的措施有：对该部位重新钻开进行分段复灌，或以后在其旁布设检查孔，一方面检查灌浆质量，另一方面通过对检查孔进行灌浆，起到补强的作用等。

3）综合分段灌浆法。综合分段灌浆是一种自上而下与自下而上相结合的分段灌浆方法。在深帷幕孔灌浆中，有时把全孔深分成几个大综合段，每个大综合段中又包含有几个灌浆段。从全孔的施工进程来看，以大综合段为单元计，表现是自上而下灌浆的，但从每个大综合段内的各灌浆段来看，则又是自下而上灌浆的。大综合段段数的划分和其中各灌浆段的长度，根据地质条件而定，其优点是若发生灌浆塞卡塞不严而需多次上提时，灌浆段最长不超过 3 个孔段。

有时，由于上部岩层裂隙多，又比较破碎，所以在上部几段地质条件坏的部位先采用自上而下分段灌浆法，而在下部地质条件较好部位的多数孔段则采用自下而上分段灌浆法。

在地质条件比较复杂而钻孔又深的情况下，可考虑采用综合分段灌浆法，对灌浆质量和施工进度都是有利的。

4）小口径钻孔、孔口封闭、无栓塞、自上而下分段灌浆法（简称孔口封闭灌浆法），就是把封闭器（即灌浆塞）设置在孔口，自上而下分段钻进，逐段灌浆并不待凝的一种分段灌浆方法。这种分段灌浆方法是在砂砾石层中所使用的循环钻灌法的基础上发展起来的，20 世纪 70 年代首次在乌江渡大坝岩溶基础帷幕灌浆中正式应用，取得了很好的效果。此法有许多优点：①全部孔段均能自行复灌；②工艺简单；③免去了起塞、下塞工序和塞堵不严的麻烦；④不需待凝，节省时间；⑤孔径小，效率高，成本低，进度快；⑥一个机组可负责钻孔，又负责灌浆，钻灌合一，便于调度；⑦先钻孔、后灌浆，可连续作业；⑧发生孔内事故的可能性较少等。但也有一些缺点：①埋入孔口管多，不易回收，耗用一部分钢材；②全孔多次复灌，孔内占用水泥量较多；③各段压水试验成果和单位注入量值的准确性稍差等。

规范规定："孔口封闭灌浆法适用于高压水泥灌浆工程，小于 3MPa 的灌浆工程可参照应用。"孔口封闭灌浆法是由一套完整的施工程序组成的，不宜分割而任意取用其中的一部分。施工要点为：①孔口管必须镶铸牢实，最大灌浆压力为 5MPa 时埋入深度不宜小于 2m；②各灌浆段灌浆时必须下入灌浆管，管口距段底不得大于 50mm；③钻孔孔径宜为 60mm 左右；④孔口管以下的 3～5 个灌浆段，段长宜短一些，压力递增宜快一些。再往下的各灌浆段段长宜为 5m，灌浆压力可提高到设计的最大灌浆压力；⑤在该灌浆段最大设计压力下，注入率不大于 1L/min，继续灌注 60～90min，可结束灌浆。

20 世纪 80 年代以来，比较高的大坝或采用灌浆压力比较大的基岩帷幕灌浆多采用这种灌浆方法施工。

采用这种方法施工，孔口封闭器的效能与质量是一个重要因素。若灌注浓浆时间较长，例如灌注水灰比为1∶1～0.6∶1的浓浆，灌注时间达1～2h以上时，常易发生“固管”现象，就是灌浆孔内灌浆管被孔内水泥浆凝固住，而无法拔出来。防止发生这样事故的主要技术措施就是在灌浆过程中需要经常转动灌浆管，而在转动时又不降低灌浆压力。因此要求孔口封闭器应具备这种性能。

（二）灌浆段的长度

灌浆段的长度是根据岩石裂隙发育程度、破碎情况、渗透性以及设备能力等条件而定，灌浆段的长短与灌浆质量有关。

岩石中各处的裂隙状态多是不一致的，如裂隙的宽窄、分布的疏密以及其中填充物等情况都是多变化的。在较小的范围内，即在灌浆段较短的情况下，其变化的程度要小些，简单些，灌浆容易些，灌浆质量也会好些；而在较大的范围内，即在灌浆段较长的情况下，裂隙变化的程度要大些，复杂些，灌浆要难些，灌浆质量也常易受一定程度的影响而稍差些。

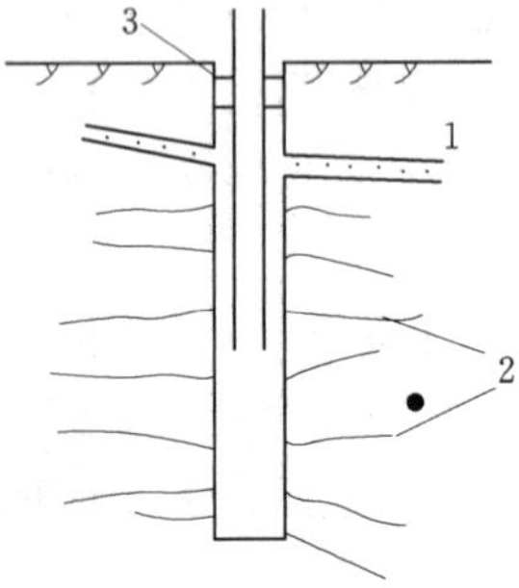

图4-25　灌浆段中裂隙分布示意图
1—宽大裂隙；2—中、小裂隙；3—灌浆塞

在裂隙大小不均匀的孔段中进行灌浆时，常不易将大的、小的裂隙都同样灌好。例如一个较长的灌浆段，其上部有一条宽大的裂隙，而其他部位分布着较多的中、小裂隙，见图4-25。灌浆时，由于这一条宽大裂隙的存在，吸浆量很大，按照一般规定，采取针对吸浆量大的灌注措施，如较快地变换浆液浓度，缓慢升压等进行灌注。这样一来，一是由于压力偏低和浆液较浓，灌浆段内的中、小裂隙将会过早地被堵塞，灌注范围受限；二是由于大部分浆液流入宽大裂隙，孔段内宽大裂隙以下的部位流量小、流速慢、浆液容易沉淀，将此部位填实，致使中小裂隙得不到有效的灌注。这些均会影响全段的灌浆质量。

另外，在裂隙很发育、渗透性很大的岩石中，如果采用的灌浆段过长，常会发生供不上浆，升压困难等现象，易于影响灌浆质量。

一般讲，各灌浆段在灌浆前做的简易压水，其成果只是代表该段岩石渗透性的平均值，并不能如实地反映该段内各部位渗透性的真实情况。所以灌浆段越长，反映渗透性的真实程度越低；灌浆段越短，则能较为真实而又比较准确地反映出该段岩石的渗透性。

由上述情况看，灌浆段短些，灌浆质量要好些；灌浆段长些，灌浆质量可能会差些，灌浆段过长，则会影响灌浆质量。

从各灌浆工程的实践情况来看，在一般地质条件下，段长多控制在5～6m；岩石条件较好、渗透性较弱的地区，段长可放长些，但一般也不宜超过10m；在岩石破碎、裂隙发育、渗漏情况严重的地区，段长应缩短至3～4m；在渗漏量特大的地区，如遇到大溶洞，则应根据具体情况做特殊处理。

采用孔口封闭、自上而下分段灌浆法施工时，灌浆段长度宜稍短些，在表层10m以内，段长可取2～3m；10m以下、段长可取为4m或5m。

坝基混凝土体与基岩之间的接触面应作为一短段，段长在岩石中不大于2m，单独先行灌浆。灌浆塞塞在混凝土中基岩面以上0.5m左右处。无论采用上述的哪一种灌浆方法，接触段均宜先行灌浆。灌完后，再进行以下各孔段的钻孔灌浆工作。例如采用自下而上的灌浆方法时，也宜先将接触段灌完，而后再一直钻到终孔深度，进行自下而上的灌浆。

为了保证灌浆质量，在钻孔过程中，当遇到漏水量大、孔口不返水的孔段，即应停钻，将此处作为一短段，先行灌好，而后再继续钻进。

（三）灌注浆液的方式

水泥浆或由其他固体颗粒材料所制成的浆液，在静止状态下，都有沉淀现象。如果浆液处于流动状态，其运动能力超过颗粒下沉的能力，则颗粒在浆液中便容易保持均布的悬浮状态，浆液浓度将是均匀的。为此，灌注浆液须保持适当的流速，对灌浆质量有利。

就每一灌浆段来说，灌浆方式可分为以下两种。

1. 纯压式灌浆

灌入灌浆段内的浆液，都扩散到岩石的裂隙中去，从孔内不再返回的，称为纯压式灌浆。这是相对循环式灌浆而言的。

由于灌浆段内的浆液不是经常处于具有一定流速的运动状态，特别是经较长时间的灌注，吸浆量逐渐减少，流速逐渐降低，浆液易于沉淀，水泥颗粒下沉，便会堵住裂隙进口，影响灌浆质量，这是纯压式灌浆的一个缺点。

在裂隙不甚发育、渗透性不大的孔段，最好不选用纯压式灌浆。因为浆液在孔段内流动缓慢，水泥颗粒易于沉淀，这样将会过早地堵塞孔壁上裂隙的进口，影响浆液的扩散范围。只有在岩石吸浆量大的情况下才使用纯压式灌浆。

2. 循环式灌浆

灌浆泵以一定的排浆量压送浆液，在泵的排浆量大于岩石的吸浆量的情况下，进入孔段内的浆液一部分进入裂隙而扩散，余下的那一部分浆液便经回浆管路返出孔外，流回到浆液搅拌机中，这种方法称为循环式灌浆。采用这种灌浆方法可使灌浆段内浆液始终保持着循环流动的状态，减少灌浆段内沉淀现象，有利于灌浆质量。为此，一般在灌浆施工技术要求中规定，循环式灌浆塞中的射浆管距离孔底不宜大于0.5m，这样将有利于浆液在孔段内流动。

（四）关于透水率小于1Lu的灌浆段是否需要灌浆的问题

在帷幕灌浆施工中，经常遇到这样的问题：帷幕设计质量标准为透水率$q<1$Lu，而在灌浆施工时，若某一灌浆段灌前压水试验求得的$q<1$Lu时仍需要灌浆，主要的原因是：①帷幕灌浆孔的每一灌浆段都需要通过在设计压力下的实际灌浆，才能确保帷幕灌浆质量；②灌前压水试验多为简易压水，或是利用压力冲洗工序求得的q值，精度低，不十分准确；③简易压水所用的压力小，而灌浆压力大，所以有时$q<1$Lu的孔段，也能灌入较多的水泥；④q值为孔段透水性的平均值，有时孔段岩石并非均质，可能仅有1～2条裂隙，这种情况下的简易压水求得的q值虽小，但也可能灌入较多的水泥。在灌浆实践中，经常发生一个灌浆段的透水率值小，而浆液注入量大的现象。所以既然灌浆段已钻，简易压水已做，而灌浆也并不费事，此时，还是以进行灌浆为宜，这样可以消除一些失误，有利于灌浆质量。如果连续几段的透水率值均很小，则可考虑增长灌浆段，仍以进行灌浆为好。

（五）灌浆工作中的注意事项

（1）在灌浆过程中，应根据岩石吸浆量的情况，按照设计和施工的要求，正确地掌握压力。记录的压力要准确地反映压力表所指示的实际压力，指针如有摆动，则可记录下其摆动的范围，例如记录为 1.5～1.8MPa。

(2) 控制的压力一般多以压力表指针摆动范围的中值为准，但也有的工程规定以指针摆动的最大读数为准，这须在灌浆技术要求文件中予以说明。

(3) 选用压力表时，压力表的规格应与灌浆压力相适应，一般情况下灌浆压力（指压力表指示压力）应在压力表极限刻度的 1/3～3/4 范围内，压力表应灵敏、准确。在使用前，应检验其性能，其误差不应大于 5%，不符合要求的不要使用。

(4) 灌浆过程中，注意观察是否发生有异常现象发生，例如地表冒浆，压力突然升降，单位吸浆量的突然增减等，发现有这些情况后，除立即作妥善处理或调整外，应详作记录，并说明其原因。

(5) 制浆所用的各种材料，要依照配比中规定所需的加入量进行称量。加水量可用定容积的搅拌槽中的液面高度来控制。总之，加料要准确。在灌浆过程中，可用比重秤来测定浆液的比重，用以检查加料是否准确。

(6) 水泥浆应连续搅拌。但经连续搅拌在 4h 以上而未灌入孔段内者，一般不应再作为浆液灌注，应予废弃。经过专门搅拌试验的水泥浆，则按其试验成果来确定其适用时间。

(7) 浆液灌入岩石裂隙或空洞后，宜给以一定的时间，目的是使其达到一定的强度，以避免在浆液凝结前由于下一工序的操作而受到影响或破坏，这种措施叫做待凝。采用自上而下分段灌浆时，孔口无涌水的孔段，在灌浆结束后，可不待凝；但在断层破碎带等地质条件复杂、不良的地区，则宜待凝。待凝时间的长短，视水泥的品种特性、是否新鲜、岩石裂隙情况以及地下水活动情况等并通过现场试验而定。一般情况下，以能从灌浆孔中取出比较结实的水泥结石柱的时间即可。

（六）高压灌浆施工

从灌浆理论上讲，有渗入性灌浆和张裂式灌浆两种。渗入性灌浆就是在设计的灌浆压力作用下，浆液在裂隙中流动和扩散而不改变岩石的基本结构状态；张裂式灌浆则是所施加的灌浆压力超过了岩层的初始应力和抗拉强度，致将岩层中原有的裂隙撑大张开或是形成新的裂隙，以提高岩石的可灌性和浆液扩散的能力。严格地区分，张裂式灌浆又可分为启缝灌浆和水力劈裂灌浆两种。启缝灌浆是指在灌浆时，由于施用相对较高的压力，迫使岩体中原有的某些裂隙被撑开，裂隙两侧岩体产生压缩变形，以利于浆液的进入。一般认为裂隙的扩大张开应在弹性范围以内，即当外力消除后，仍可闭合，以不使岩块产生永久变形，破坏岩石构造为好。而水力劈裂灌浆则是施加更大的压力，将液体压入孔内，强行使整体岩块压裂，产生较多新的裂隙。一般来讲，大坝基岩帷幕灌浆多是遵循渗入性灌浆理论进行设计的，相对张裂式灌浆而言，采用的灌浆压力要低一些。

我国自 20 世纪 70 年代乌江渡大坝防渗帷幕采用高压（6MPa）灌浆获得优异成果以后，特别是鉴于溶洞内充填的黏土经过高压灌浆后，强度和弹性模量有了显著的提高，甚至于黏土在性质方面也有了某种程度的改善，高压灌浆的方法引起了设计人员特别是地基处理工程界的重视，希望通过高压灌浆能进一步解决目前灌浆工程中尚存在的一些难题。

所谓“高压”，有两个概念。一种是以压力绝对值为准，20 世纪 70 年代及其以前大坝基岩帷幕灌浆采用的压力最大值多为 3MPa，所以我们暂以超过压力 3MPa 的灌浆称为“高压灌浆”；另一种是以能使岩体中的基本裂隙扩开的压力，称为高压。这种压力随岩石种类和埋藏深度的不同而异。本节所论述的高压灌浆，是指前者。

1. 高压灌浆的应用和效果

继1980年乌江渡大坝基岩帷幕灌浆工程以后，1982年在龙羊峡大坝又进行了高压固结灌浆试验，F18、F120断层经6MPa高压水泥灌浆后，其变形模量由灌前的0.6GPa提高到5GPa，效果显著。

紧接着湖北省隔河岩大坝、贵州省东风大坝、辽宁省观音阁大坝以及云南省五里冲无坝水库等岩溶发育地区在基岩修造帷幕，采用5～6MPa的高压，均取得了理想的灌浆效果。目前高坝基岩帷幕灌浆多已采用了大于3MPa的灌浆压力。

2. 高压灌浆施工方法

在地质条件允许时，宜采用孔口封闭、自上而下分段灌浆法。该法施工方便，不易出事故，灌浆质量好。也可采用孔内卡塞自上而下或自下而上分段灌浆的方法。应予注意的是，由于灌浆压力大，往往灌浆塞在钻孔内卡不住而向上移动。以前的做法是加长栓塞上橡胶塞的长度和选用合适的橡胶材料，必要时在孔口再增设固定栓塞的装置。目前有些单位已研制出气压（或液压）式栓塞，耐压6MPa以上，可由胶管下送到孔内规定的部位，实施纯压式灌浆。

3. 灌浆设备

高压灌浆应有以下专用设备。

（1）高压灌浆可使用压力为10MPa或12MPa的高压灌浆泵。

（2）输浆管路可采用双层钢丝编织胶管，耐压11MPa。

（3）采用特制的管路接头。

（4）采用特制的耐磨高压阀门。

4. 适用条件

能否采用高压灌浆主要应看基岩的地质条件，例如葛洲坝一期工程，大坝基岩主要为白垩系下统陆相沉积红色碎屑岩，岩类有砂岩、粉砂岩、黏土岩等，灌浆压力稍大些，岩面即发生抬动，所以大坝基岩帷幕灌浆就难以使用高压；其次是基岩上面的压重情况。防渗帷幕灌浆为了加大灌浆压力，有的工程曾做这样规定：当基岩上面混凝土厚度达到20m后，再开始帷幕灌浆，这就有利于使用高压灌浆。

5. 地面抬动

灌浆压力应以不引起地面抬动或抬动值不超过规定的允许值为准。

第六节　坝基灌浆施工总说明编制及大样图模板图纸

当设计完坝基灌浆的各项参数后，应相应地编制灌浆施工大样图及施工总说明文件，以便施工人员根据施工图和施工说明进行灌浆。

一、灌浆施工说明应包含的基本内容

坝基灌浆一般分为固结灌浆和帷幕灌浆，两种灌浆的目的不同，布置形式也不一样，因而施工的方法和要求也有差异，可以参照《水工建筑物水泥灌浆施工技术规范》（DL/T 5148—2001）中的规定编制施工说明，包含以下具体内容。

（1）坝基固结灌浆的布置范围与分区。应根据坝型和坝基地质条件说明坝基固结灌浆的布置范围及分区特点，结合坝基开挖图绘制固结灌浆平面布置图。应重点说明断层破碎带的处理范围和孔位、孔深布置。

（2）说明典型分区的固结灌浆布置特性，包括平面和剖面布置，钻孔布置方式（如梅花形、正方形、多边形等），孔距、排距、孔深、钻孔顶角等。

（3）说明固结灌浆的分序情况，一般应分Ⅲ序，特殊情况下可分Ⅱ序或Ⅳ序，按照逐渐加密的原则以缩小孔距。

（4）说明对钻孔机械的要求，一般情况下，固结灌浆孔可以采用回转钻或风动钻机进行钻孔。

（5）说明固结灌浆监测与试验的要求。如物探孔的布置与试验要求，抬动观测孔的布置与观测要求等。

（6）钻孔要求如下。

1）固结灌浆应在有盖重混凝土的条件下进行，盖重混凝土应达到50%设计强度后方可开始钻孔；采用无盖重灌浆时应经监理工程师同意。

2）物探孔、抬动观测孔和检查孔应用地质钻机钻孔，孔径一般不小于73mm，要求采取岩芯，并进行描述，一般固结灌浆孔的孔径不得小于38mm。

3）一般固结灌浆孔，当孔深小于6m时，钻孔不分段；孔深大于6m时则应分段钻孔。

4）固结灌浆的孔位偏差不得大于10cm，孔深应符合设计规定，实际孔位、孔深应有记录。

5）所有灌浆孔应采取措施保证钻孔孔底偏斜不大于孔深的1/20。深孔固结灌浆可参照帷幕灌浆的技术要求进行施工。

6）灌浆孔（段）在钻进结束后，应进行钻孔冲洗，即用导管向钻孔孔底通入大流量水流，冲净孔内岩粉岩屑，直至孔内残存的沉积物厚度不超过20cm。

7）钻孔过程中，遇岩层、岩性变化，发生掉钻、坍孔、钻速变化、回水变色、失水、涌水等异常情况，应详细记录。

8）钻孔遇有洞穴、塌孔或掉块难以钻进时，可先进行灌浆处理，再行钻进；如发现集中漏水或涌水，应查明情况、分析原因，经处理后再行钻孔。

9）当施工作业暂时中止时，孔口应妥加保护，防止流进污水和落入异物。

（7）裂隙冲洗和压水试验要求如下。

1）所有固结灌浆孔灌浆前均应进行钻孔冲洗，并结合冲洗进行简易压水试验。

2）应选择5%～10%的固结灌浆孔进行“单点法”压水试验。其余孔段可结合裂隙冲洗进行简易压水试验。

3）裂隙冲洗水压采用80%的灌浆压力并不大于1MPa，冲洗时间20min。

4）对于地质复杂的地段，是否进行裂隙冲洗或采用何种冲洗方式，应根据施工图要求或通过现场试验确定。

5）灌浆孔（段）钻孔冲洗后，该孔（段）应立即连续进行灌浆作业。因故中断时间间隔超过48h，应在灌浆前重新进行裂隙冲洗。

6）简易压水试验应在裂隙冲洗后或结合裂隙冲洗进行。压力为灌浆压力的80%，该值若大于1MPa时，采用1MPa。压水20min，每5min测读一次压水流量，取最后的流量值作为计算流量，其成果以透水率表示。“单点法”压水试验按DL/T 5148—2001执行。

（8）灌浆材料和浆液要求如下。

1）应根据施工图要求，选用灌浆用的水泥品种，用于帷幕灌浆的水泥强度等级可为32.5或以上的普通硅酸盐水泥。

2）帷幕灌浆的水泥细度要求通过80μm方孔筛，其筛余量不大于5%。

3）灌浆用的水泥必须符合规定的质量标准，不得使用受潮结块的水泥。水泥不应存放过久，超过出厂期3个月的水泥不应使用。

4）在灌浆施工过程中，应对水泥的强度、细度、凝结时间等进行抽样检查。

5）灌浆用水应符合拌制水工混凝土用水的规定。

6）一般使用纯水泥浆液，在特殊地质条件下或有特殊要求时，根据需要通过现场灌浆试验论证，可使用细水泥浆液、稳定浆液、混合浆液、膏状浆液等。

7）根据灌浆需要，可在水泥浆液中掺入砂、黏性土、粉煤灰和水玻璃等掺和料。各种掺和料质量应符合DL/T 5148—2012的规定，其掺入量应通过试验确定。

8）根据灌浆需要，可在水泥浆液中掺入速凝剂、减水剂、稳定剂以及其他外加剂。各种外加剂的质量应符合DL/T 5148—2012的规定，其最优掺加量应通过室内试验和现场灌浆试验确定。所有能溶于水的外加剂应以水溶液状态加入。

9）纯水泥浆液可不进行室内试验。其他类型浆液应根据工程需要，有选择地进行掺和料的细度和颗分曲线、浆液的流动性或流变参数、浆液的沉降稳定性、浆液的凝结时间、浆液的结石密度、强度、弹性模量和渗透性等性能试验。

（9）灌浆方法与灌浆方式要求如下。

1）一般要求：①在需要从岩石表面进行灌浆的区域，在灌浆前应将漏浆或漏水的裂隙进行清理，并将松动岩石移走，以便堵漏；②对设有抬动观测设备的灌区，须待抬动观测仪器装置完毕，并完成灌浆前测试工作后，方可进行灌浆作业。在进行裂隙冲洗、压水试验和灌浆施工过程中均应进行抬动监测，抬动变形值超过设计值时应立即停止施工，并研究处理措施；③在已完成或正在灌浆的地区，其附近30m以内一般不得进行爆破作业；④在灌浆过程中出现灌浆中断、串孔、冒浆、漏浆、孔口涌水、吸浆量大等情况时，应按DL/T 5148—2012的要求处理。

2）灌浆压力和灌浆方法：①灌浆压力应按施工图确定，灌浆压力应尽快达到设计值，接触段和注入率大的孔段应分段升压；②灌浆应按分序加密的原则进行，并执行DL/T 5148—2012的有关规定；③根据不同的地质条件和工程要求，坝基帷幕灌浆方法可采用全孔一次灌浆法、自上而下或自下而上分段灌浆法、综合灌浆法和孔口封闭灌浆法，帷幕灌浆方式宜采用循环式灌浆，也可采用纯压式灌浆；④进行帷幕灌浆时，坝体混凝土和基岩接触段部位的灌浆段应先行单独灌浆并待凝。接触段在岩石中的长度不得大于2m，以下灌浆段长度可采用5～6m，特殊情况下可适当缩短或加长，但不得大于10m，采用自下而上分段灌浆法，若灌浆段的长度因故超过10m，对该段宜采取补救措施；⑤采用自上而下分段灌浆时，灌浆塞应阻塞在灌浆段段顶以上 0.5m 处，以防漏灌。孔口无涌水的孔段，灌浆结束后可不待凝，但在断层、破碎带等地质条件复杂地区则宜待凝，待凝时间应根据地质条件和工程要求确定；⑥帷幕灌浆孔各灌浆段不论透水率大小均应按技术要求进行灌浆；⑦采用循环式灌浆时，压力表应安装在孔口回浆管路上，采用纯压式灌浆时，压力表应安装在孔口进浆管路上，压力值宜读取压力表指针摆动的中值，指针摆动范围应小于灌浆压力的 20%，摆动范围宜作记录，采用灌浆自动记录仪时，自动记录仪应能测记间隔时段内灌浆压力的平均值和最大值；⑧灌浆应尽快达到设计压力，但对于注入率较大或易于抬动的部位应分级升压。

3）浆液水灰比和变浆标准：①应按灌浆试验确定的水灰比施灌，帷幕灌浆浆液的水灰比可采用 5、3、2、1、0.8、0.6（或 0.5）共 6 个比级，灌注细水泥浆液时，水灰比可采用 2、1、0.6 或 1、0.8、0.6 共 3 个比级，灌注稳定浆液、混合浆液、膏状浆液时，比级宜少，其配比和变换方法应通过室内浆材试验和现场工艺试验确定；②灌浆浆液应由稀到浓逐级变换。当灌浆压力保持不变，注入率持续减少时，或当注入率保持不变而灌浆压力持续升高时，不得改变水灰比；③当某一比级浆液注入量已达 300L 以上，或灌注时间已达 30min，而灌浆压力和注入率均无显著改变时，应换浓一级水灰比浆液灌注。当注入率大于 30L/min 时，根据施工具体情况，可越级变浓。

4）灌浆结束标准：帷幕灌浆采用自上而下分段灌浆法（包括孔口封闭法）时，在规定压力下，当注入率不大于 1L/min 时，继续灌注 60min，灌浆即可结束；采用自下而上分段灌浆时，当注入率不大于 1L/min 时，继续灌注 30min，灌浆即可结束。

5）灌浆孔封孔：帷幕灌浆采用自上而下分段灌浆法时，灌浆孔封孔应采用分段灌浆封孔法或全孔灌浆封孔法；采用自下而上分段灌浆时，应采用全孔灌浆封孔法。

6）灌浆质量检查：①帷幕灌浆质量检查应以检查孔压水实验成果为主，结合对施工记录、成果资料和检验测试资料的分析，进行综合评定；②帷幕灌浆检查孔应在分析施工资料的基础上布置在帷幕中心线上，岩石破碎、断层、大孔隙等地质条件复杂的部位，末序孔注入量大的孔段附近，钻孔偏斜过大的部位，灌浆情况不正常以及分析认为帷幕灌浆质量有问题的部位；③帷幕灌浆检查孔的数量应为灌浆孔总数的 10%，一个单元工程内至少应布置一个检查孔；④帷幕灌浆检查孔压水试验应在该部位灌浆结束 14d 后进行；⑤帷幕灌浆检查孔应按规定采取岩芯，绘制钻孔柱状图；⑥帷幕灌浆的封孔质量应进行抽样检查；⑦帷幕灌浆压水试验透水率以小于规定的吕荣值为合格，坝体混凝土与基岩接触段及其下一段的透水率的合格率应为 100%，其余各段的合格率应为 90%以上，当设计防渗标准为小于 2Lu 时，不合格孔段的透水率不超过设计规定的 200%，当设计防渗标准不小于 2Lu 时，不合格孔段的透水率值不超过设计规定的 150%，且不合格时段的分布不集中，则可认为灌浆质量合格。

二、坝基灌浆施工说明文本格式与样书

现将某工程锚杆施工的施工说明作为样本格式，供读者参考。

（一）范围

某工程坝基灌浆包括固结灌浆和帷幕灌浆，具体如下：

（1）坝基固结灌浆主要对坝基和两岸坝肩上下游轮廓线以外 5m 范围的基岩进行灌

浆，对坝基范围内断层破碎带进行重点处理。

(2) 坝基帷幕灌浆。

(二) 本规定适用条件

本施工说明书适用于工程施工图纸所示各建筑物的钻孔和灌浆，其内容如下。

1. 钻孔

包括勘探孔、灌浆孔、检查孔和排水孔的钻孔，以及钻孔和灌浆所需进行的钻取岩芯和试验、钻孔冲洗、压水试验、灌浆前孔口加塞保护等全部钻孔作业。

2. 灌浆

水泥灌浆适用的范围为坝基帷幕灌浆、固结灌浆。

3. 灌浆分类

(1) 普通水泥灌浆：采用普通硅酸盐水泥进行灌浆。

(2) 超细水泥灌浆：采用经磨细后比表面积大于 $7500cm^2/g$ 的细水泥进行灌浆。

(3) 化学灌浆：主要用于坝基断层、蚀变带、贯穿上下游节理密集带（有高岭土充填）的帷幕和固结加强灌浆。

(三) 材料

1. 水泥

(1) 用于帷幕灌浆、固结灌浆的水泥为 42.5 级普通硅酸盐水泥。

(2) 帷幕灌浆的水泥细度要求通过 $80\mu m$ 方孔筛，其筛余量不大于 3%。

(3) 灌浆用的水泥必须符合规定的质量标准，不得使用受潮结块的水泥。水泥不应存放过久，出厂期超过 3 个月的水泥不应使用。

(4) 在灌浆施工过程中，应对水泥的强度、细度、凝结时间等进行抽样检查。

(5) 超细水泥可以干磨，也可以湿磨，要求比表面积大于 $7500cm^2/g$，平均粒径 $D_{50}<5\sim8\mu m$，最大粒径 $D_{max}<30\mu m$。

(6) 在特殊部位，如断层带、蚀变带考虑采用超细水泥加硅粉的混合浆液进行灌注。

2. 水

灌浆用水应符合《混凝土用水标准》(JGJ 63—2006) 的规定。

3. 掺和料

根据灌浆需要，可在水泥浆液中掺入砂、黏性土、粉煤灰和水玻璃等掺和料。各种掺和料质量应符合 DL/T 5148—2012 的规定，其掺入量应通过试验确定。

4. 外加剂

根据灌浆需要，可在水泥浆液中掺入速凝剂、减水剂、稳定剂或批准的其他外加剂。各种外加剂的质量应符合《水工建筑物水泥灌浆施工技术规范》(DL/T 5148—2012) 的规定，其最优掺加量应通过室内试验和现场灌浆试验确定。所有能溶于水的外加剂应以水溶液状态加入。

5. 化学灌浆材料

帷幕灌浆化学灌浆采用丙烯酸盐类、丙烯酰胺、聚氨酯类化学材料，材料的性能应通过室内试验并结合现场实际情况确定。

固结灌浆采用改性环氧树脂类化学材料，浆材性能参数见表 4-7。

表 4－7　改性环氧树脂类化学材料性能参数

起始黏度/(mPa·s)	抗压强度/MPa	抗拉强度/MPa	抗剪强渡/MPa
5.4～12.5	60～80	15～20	20～30

（四）设备

1. 钻孔设备

（1）在地下洞室及其他封闭区域中使用气动钻孔设备时，应带有消音器和除尘装置，不得使用内燃机驱动的钻孔设备。

（2）钻机和钻头应根据工程的地质条件选用。帷幕灌浆孔、先导孔、检查孔、抬动变形观测孔以及波速测试孔等的钻孔应采用回转式钻机，按孔径要求采用金刚钻头或硬质合金钻头，不得使用碾砂钻头。

（3）使用的钻孔冲洗和压水试验设备应保证在所有压力下都有足够的供水量，保证压力稳定、出水均匀、工作可靠。

（4）应准备足够的流量计、压力表、压力软管、供水管及阀门等备品。

2. 灌浆设备

（1）灌浆泵性能应与灌浆液的类型和浓度相适应，其容许工作压力应大于最大灌浆压力的 1.5 倍，并应有足够的排浆量和稳定的工作性能，灌注纯水泥浆液应采用多缸拉塞式灌浆泵。

（2）根据灌浆需要配置高速和低速浆液搅拌机，搅拌机的转速和拌和能力应分别与所搅拌的浆液类型及灌浆泵排浆量相适应，并应保证均匀、连续地拌制浆液。所有搅拌设备，在用于拌制浆液前应在现场进行试运行。

（3）灌浆管路应保证浆液流动畅通，并能承受 1.5 倍的最大灌浆压力。灌浆泵和灌浆孔口处均应安装压力表，进浆管路亦应安装压力表。所选用的压力表在使用前应进行率定，使用过程中应经常检查核对，不合格和已损坏的压力表严禁使用。压力表和管路之间应设有隔浆装置。

（4）灌浆塞应与采用的灌浆方法、灌浆压力及地质条件相适应，胶塞应具有良好的膨胀性和耐压性能，在最大灌浆压力下能可靠地封闭灌浆孔段，并易于安装和卸除。

（5）灌浆压力大于 3MPa 时，应配置下列灌浆设备和机具：①高压灌浆泵，其压力摆动范围不大于灌浆压力的 20%；②耐蚀灌浆阀门；③钢丝编织胶管；④大量程压力表，其最大标值应为最大灌浆压力的 2～2.5 倍；⑤孔口封闭器或专用高压灌浆塞。

（6）集中制浆站的制浆能力应满足灌浆进度高峰期所有机组用浆需要，制浆站应配备除尘设备，当浆液需掺加掺合剂或外加剂时，应增设相应的设备。

（7）必须配备并要求使用灌浆自动记录仪。

（8）若采用湿磨水泥，必须配备湿磨机。

（9）所有灌浆设备、仪器、仪表均应始终保持工作状态正常，并应配有足够的备用设备。电力驱动的设备，应在接地良好并经确认能保证施工安全时，方可使用。

（10）钻孔灌浆的计量器具，如测斜仪、压力表、流量计、密度计、自动记录仪等，应定期进行校验或检定，保持量值准确。

（五）钻孔

（1）钻孔的孔位、深度、孔径、钻孔顺序和孔斜等应按施工图纸要求执行。

（2）在钻孔过程中，应进行孔斜测量，并采取措施控制孔斜，孔斜应不大于1/20孔深。

（3）钻孔结束，应进行检查验收，检查合格后方可进行下一步操作。

（4）灌浆孔的钻孔要求如下。

1）灌浆孔的开孔孔位应符合施工图要求，帷幕灌浆孔的开孔孔位与设计位置的偏差不得大于10cm。

2）钻机安装应平整稳固，钻孔前应埋设孔口管，钻孔方向应按施工图纸要求确定，钻孔时必须保证孔向准确。

3）灌浆孔的施钻应按灌浆程序，分序分段进行。

4）固结灌浆孔的孔底偏差应不大于1/20孔深。

5）所有帷幕灌浆孔均应全孔测斜。应采取可靠的防斜措施，如发现钻孔偏斜超过规定时，应及时纠偏，或采取其他补救措施。纠偏无效时，应报废原孔，重新钻孔。帷幕灌浆孔的孔底偏差不得大于表4-8的规定。

表4-8　帷幕灌浆孔的孔底偏差

孔　深/m		20	30	40	50	60	>60
允许偏差/m	单排孔	0.25	0.45	0.70	1.00	1.3	1.5
	多排孔	0.25	0.5	0.80	1.15	1.5	1.5

6）钻孔过程中，遇岩层、岩性变化，发生掉钻、坍孔、钻速变化、回水变色、失水、涌水等异常情况，应进行详细记录。

7）先导孔应比帷幕灌浆孔深1～2段深度。

（5）勘探孔的钻孔要求如下。

1）勘探孔的孔位应按施工图的要求确定。

2）钻孔的孔底偏差应不小于1/40孔深或符合施工图纸规定。

（6）钻孔取芯和芯样试验。

1）勘探孔、灌浆先导孔、观测孔、检查孔等钻孔，应予钻取岩芯，按取芯次序统一编号，填牌装箱，并绘制钻孔柱状图和进行岩芯描述。

2）钻进循环的最大长度应限制在3m以内，一旦发现芯样卡钻或被磨损，应立即取出。除另有规定，对于1m或大于1m的钻进循环，若芯样获得率小于80%，则下一次应减少循环深度50%，以后依次减少50%，直至50cm为止。如果芯样的回收率很低，应更换钻孔机具或改进钻进方法。

3）在钻孔过程中，应对钻孔冲洗水、钻孔压力、芯样长度及其他能充分反映岩石或混凝土特性的因素进行监测和记录。

4）应对钻取的岩芯和混凝土芯进行试验，并提交试验记录和成果。

5）应对每盒或每箱芯样拍两张彩色照片，做好钻孔操作的详细记录。

6）应予保存的岩芯，应按指定的地点存放，防止散失和混装。

(7) 钻孔保护。施工图纸所示的所有钻孔，应妥加保护，直到验收合格为止。

(六) 钻孔冲洗和压水试验

(1) 在灌浆前，应对所有灌浆孔（段）进行裂隙冲洗和压水试验。

(2) 在断层、大裂隙等地质条件较复杂的区域，其裂隙冲洗，应通过现场试验确定的方法进行。

(3) 冲洗要求如下。

1) 灌浆孔均应进行冲洗。应采用风水联合冲洗或用导管通入大流量水流，从孔底向孔外冲洗的方法进行冲洗。裂隙冲洗方法应根据不同的地质条件，通过现场灌浆试验确定。

2) 冲洗压力：冲洗水压采用80%的灌浆压力，压力超过1MPa时，采用1MPa；冲洗风压采用50%灌浆压力，压力超过0.5MPa，采用0.5MPa。

3) 裂隙冲洗应冲至回水澄清后10min结束，且总的时间要求，本孔不少于30min，串通孔不少于2h。对回水达不到澄清要求的孔段，应继续进行冲洗，孔内残存的沉积物厚度不得超过20cm。

4) 当邻近有正在灌浆的孔或邻近灌浆孔结束不足24h时，不得进行裂隙冲洗。

5) 灌浆孔（段）裂隙冲洗后，该孔（段）应立即连续进行灌浆作业，因故中断时间间隔超过24h者，应在灌浆前重新进行裂隙冲洗。

(4) 压水试验。

1) 压水试验应在裂隙冲洗后进行。帷幕灌浆的先导孔和检查孔均采用“五点法”进行压水试验；固结灌浆灌前要选取5%的钻孔、灌后按总孔数的5%进行检查，均进行“单点法”压水试验；帷幕灌浆的各灌浆孔段和固结灌浆各孔段均进行“简易压水”。

2)“五点法”“单点法”压水试验技术要求见DL/T 5148—2012附录A及SL 251—2015。

3)“五点法”“单点法”压水试验采用自上而下分段钻孔、分段压水、分段灌浆（检查孔除外）的方法进行。分段长度同灌浆段长度。

4) 帷幕灌浆的先导孔应每个坝段或每个单元布置一个。先导孔“五点法”压水试验要求：压水试验压力为0.3MPa、0.6MPa、1.0MPa、0.6MPa、0.3MPa。

5) 帷幕灌浆的检查孔按总孔数的10%控制，但每个坝段或每个单元必须有一个检查孔。检查孔“五点法”压水试验要求：①高程1140m以下帷幕灌浆，压水试验压力为0.6MPa、1.2MPa、2.0MPa、1.2MPa、0.6MPa；②高程1140m以上帷幕灌浆，压水试验压力为0.3MPa、0.6MPa、1.0MPa、0.6MPa、0.3MPa。

6) 固结灌浆灌前压水试验孔和灌后检查孔压水试验压力均为1MPa，对于灌浆压力大于3MPa时，压水试验压力均另行确定。

7) 简易压水应在裂隙冲洗后或结合裂隙冲洗进行。压力为灌浆压力的80%，该值若大于1MPa时，采用1MPa；压水时间20min，每5min测读一次压水流量，取最后的流量值作为计算流量，其成果以透水率表示。

(七) 灌浆试验

1. 浆液试验

(1) 应对不同水灰比、不同掺和料和不同外加剂的浆液进行下列项目的试验：①浆液配制程序及拌制时间；②浆液密度或比重测定；③浆液流动性或流变参数；④浆液的沉淀稳定性；⑤浆液的凝结时间，包括初凝或终凝时间；⑥浆液结石的容重、强度、弹性模量；⑦其他试验内容。

（2）用于现场灌浆试验的浆液水灰比以及掺和料、外加剂等的品种及其掺量应通过浆液试验选择。

2. 现场灌浆试验

（1）应根据本技术条款所附灌浆试验任务书以及工程建筑物布置和地质条件，选择地质条件与实际灌浆区相似的地段作现场灌浆试验。

（2）根据灌浆试验任务书、工程施工图的要求选定试验孔布置方式、孔深、灌浆分段、灌浆压力等试验参数。

（3）在每一灌浆试验区内，按批准的灌浆试验大纲拟定的施工程序和方法进行灌浆试验，检查灌浆的效果。应整理分析各序孔和检查孔的单位吸水率、单位耗灰量等试验资料。

（4）不得在帷幕灌浆线上进行灌浆试验。

（八）制浆

1. 制浆材料称量

制浆材料必须按规定的浆液配比计量，计量误差应小于5%。水泥等固相材料应采用重量称量法计量。

2. 浆液搅拌

（1）各类浆液必须搅拌均匀，测定浆液密度和黏滞度等参数，并做好记录。

（2）纯水泥浆液的搅拌时间：使用普通搅拌机时，应不少于3min；使用高速搅拌机时，应不少于30s。浆液在使用前应过筛，从开始制备至用完的时间宜少于4h。

（3）拌制细水泥浆液和稳定浆液，应加入减水剂和采用高速搅拌机。高速搅拌机搅拌转速应大于1200r/min，搅拌时间应通过试验确定。细水泥浆液从制备至用完的时间宜少于2h。

3. 集中制浆

（1）集中制浆站宜制备水灰比为0.5∶1的纯水泥浆液，输送浆液流速应为1.4～2.0m/s，各灌浆地点应测定来浆密度，并根据各灌浆点的不同需要调制使用。

（2）浆液温度应保持在5～40℃，低于或超过此标准的应视为废浆。

（九）坝基帷幕及固结灌浆

1. 一般要求

（1）固结灌浆和帷幕灌浆都必须采用三参数（压力、流量、水灰比）自动记录仪进行数据采集和分析。

（2）在需要从岩石表面进行灌浆的区域，在灌浆前应将漏浆或漏水的裂隙进行清理，并将松动岩石移走，以便堵漏。

（3）固结灌浆一般采用有盖重方式施工。根据施工进度的要求在特殊情况下，经设计认可固结灌浆亦可按不同部位分别采用无盖重灌浆或引管、有盖重灌浆的方式进行灌浆，其中有盖重灌浆的钻孔和灌浆均需在相应部位混凝土达到50%设计强度后进行。

（4）施工次序：物探测试孔及灌前测试→抬动观测孔及安装→Ⅰ序孔钻孔、灌浆→Ⅱ序孔钻孔、灌浆→Ⅲ序孔钻孔、灌浆→检查孔钻孔、压水试验、灌浆→物探测试孔的灌后测试。

（5）采用自上而下分段灌浆法和孔口封闭法进行灌浆时，同一排相邻的两个次序孔之间以及后序排的第Ⅰ次序孔与其相邻部位前序排的最后次序孔之间，在岩石钻孔灌浆的高差不得小于15m。

（6）采用有盖重灌浆方式施工的固结灌浆孔，为避免打断（坏）结构钢筋、止水片、冷却水管或监测仪器，需要采取相应施工措施，局部可采用预埋管法施工，但应保证预埋管孔向准确，防止歪斜，否则应采取补救措施处理。

（7）灌浆过程中如发现与建筑物结构分缝及抬动观测孔、物探测试孔、预埋孔冷却水管等串通时，应立即停灌，按有关要求对串通灌浆孔段作彻底冲洗，并及时研究相应的处理措施。

2. 灌浆方法

（1）灌浆按分序加密的原则，采用自上而下孔内循环法施工，帷幕孔必须作单孔灌注。在保证正常供浆前提下，固结孔也可采用并联灌注，但每组并联孔数不宜超过3孔，严禁串联灌注。

（2）帷幕灌浆不论采用什么方法，混凝土与基岩接触段必须先行单独灌注并待凝24h后，再进行下一段的钻灌作业。

（3）帷幕灌浆先导孔采用自上而下分段钻孔、分段“五点法”压水、分段灌浆方式进行。

（4）帷幕灌浆采用孔口封闭、自上而下、一般不待凝、孔内循环方式进行。其接触段段长一般为2m，以下第2、第3灌浆段的长度2～3m，以下各段以5m为宜，特殊情况下可适当缩短或加长，但最大段长不得大于8m。

（5）固结灌浆的基岩段长小于6m可采用全孔一次灌浆法，大于6m时选用自上而下分段灌浆孔内循环方式、自下而上分段灌浆或孔口封闭孔内循环方式灌浆。

（6）采用超细水泥灌时，灌浆段长度为3～4m。

（7）帷幕灌浆及有盖重固结灌浆采用自上而下分段施工时，灌浆塞第1段应阻塞在基岩面以上混凝土内0.5m左右，以防漏灌。以下各段应分别阻塞在距上一灌段底0.5m左右，并保证射浆管距孔底不超过0.5m。如遇灌浆塞阻塞不住时，应逐渐上移灌浆塞（不宜下移），灌浆塞移动后，应保证射浆管距孔底不超过0.5m，否则应重新配置射浆管。

（8）固结灌浆采用无盖重方式施工时，是采用自上而下还是采用自下而上灌浆，待现场试验完成后确定。

（9）固结灌浆采用无盖重方式时，对基岩表面3m范围内的孔段均需进行引管灌浆，引管可就近引入坝基廊道或坝后有施工条件的部位，表层灌浆达不到要求时，应加密表层固结灌浆。

（10）各灌浆段灌浆结束后一般可不待凝，但在灌前涌水、灌后返浆或遇其他地质条件复杂情况，则宜待凝，待凝时间应根据地质条件和具体情况确定。

（11）各种灌浆方式，射浆管距孔底的距离不得大于50cm。

3. 灌浆压力

（1）灌浆压力应按施工图确定，灌浆压力应尽快达到设计值，接触段和注入率大的孔段应采用分级升压方式逐级升压至设计压力。具体操作时可以压水试验压力为基础，按每0.05MPa为一级，逐级升压至设计压力，分级升压时每级压力的纯灌时间不少于15min。

（2）无盖重灌浆压力需根据无盖重灌浆专项试验成果以及现场生产性试验成果进行补充确定，并最终按图纸上设计压力进行。

（3）灌浆压力以安装在回浆管路上的灌浆压力表的中值控制，资料分析整理时须换算成全压力。

（4）串通孔（组）或多孔并联灌浆时，应分别控制灌浆压力，同时应加强抬动监测，防止混凝土发生抬动破坏。

4. 浆液水灰比和变浆标准

（1）应按灌浆试验确定的水灰比施灌，灌浆浆液应由稀到浓逐级变换。当灌浆压力保持不变而注入率持续减少时，或当注入率保持不变而灌浆压力持续升高时，不得改变水灰比。

（2）当某一比级浆液注入量已达 300L 以上，或灌注时间已达 30min，而灌浆压力和注入率均无显著改变时，应换浓一级水灰比浆液灌注。

（3）当注入率大于 30L/(min・m）时，根据施工具体情况，可越级变浓。

5. 灌浆结束标准

（1）帷幕灌浆各灌浆段的结束条件如下。

1）采用自上而下分段灌浆时：灌浆段在最大设计压力下，当注入率不大于 0.4L/(min・m）时，继续灌注 60min，可结束灌浆。

2）采用自下而上分段灌浆时：灌浆段在最大设计压力下，当注入率不大于 0.4L/(min・m）时，继续灌注 30min，可结束灌浆。

3）采用孔口封闭自上而下分段灌浆时：应同时满足以下两个条件：①灌浆段在最大设计压力下，当注入率不大于 1L/(min・m）时，继续灌注 90min；②灌浆全过程中，在设计压力下灌浆时间不得小于 120min。

（2）固结灌浆各灌浆段的结束条件如下。

1）A 灌浆区：灌浆段在最大设计压力下，单孔注入率不大于 0.4L/(min・m)，群孔注入率不大于 0.8L/(min・m)，继续灌注 30min，可结束灌浆。

2）除 A 区以外的灌浆区：按帷幕灌浆结束标准执行。

（3）灌浆过程中，如发现回浆变浓，应改用回浓前的水灰比新浆进行灌注，若继续回浓，延续灌注 30min 后可结束灌浆作业。其回浓情况应反映在灌浆综合成果表中。

（4）兼作帷幕的固结灌浆孔、有涌水的固结灌浆孔、灌浆过程中发生中断的固结灌浆孔、地质缺陷部位的固结灌浆孔，其终孔段灌浆结束后，应进行全孔复灌至相关要求后可结束灌浆作业，复灌压力采用终孔段灌浆压力。

6. 灌浆孔封孔

（1）每个帷幕灌浆孔全孔灌浆结束后，应及时进行验收，验收合格的灌浆孔才能进行封孔。

（2）帷幕灌浆采用自上而下分段灌浆法时，灌浆孔封孔应采用分段灌浆封孔法或全孔灌浆封孔法；固结灌浆孔封孔应采用导管注浆封孔法或全孔灌浆封孔法。

（3）对采用引（埋）管法施工的固结灌浆孔，在灌浆达到设计结束标准后，应采用水灰比为 0.5 的浓浆替换孔内稀浆，待回浆管排出水灰比为 0.5 的浓浆后封闭孔口，作闭浆封孔。

（4）单元工程灌浆结束后，抬动观测孔、物探测试孔等亦应进行封孔处理，其封孔方法及要求同固结灌浆孔。

7. 特殊情况处理

(1) 灌浆过程中如地表发生冒(漏)浆现象时，根据冒(漏)浆量的大小，可采用下述方法处理：①如冒浆量较小，可不作专门处理按正常灌浆方式灌注至灌浆结束标准；②如冒浆量较大，一般可采用低压、浓浆、限流、限量、间歇灌注等方法处理，必要时应采取嵌缝、地表封堵方法处理。

(2) 钻孔穿过断裂构造发育带，发生塌孔、掉块或集中渗漏时，应立即停钻，查明原因，一般情况下，可采取压缩段长进行灌浆处理后，再进行下一段的钻灌作业。

(3) 钻灌过程中如发现灌浆孔串通时，应查明串通量和串通孔数、范围，并按现行技术要求方法处理。

(4) 对孔口有涌水的孔段，灌前应测计涌水压力和涌水量，根据涌水情况，可按相应措施综合处理。

(5) 灌浆工作应连续进行，因故中断应尽快恢复灌浆，恢复灌浆时，使用开灌水灰比的浆液灌注，如注入率与中断前相近，可改用中断前水灰比的浆液灌注，如恢复灌浆后，注入较中断前减少较多，且在短时间内停止吸浆，应研究相应的处理措施。

(6) 如遇注入率大、灌浆难以正常结束的孔段时，应暂停灌浆作业，对灌浆影响范围内的地下洞井、岸坡、结构分缝、冷却水管等进行彻底检查，如有串通，应采取措施后再恢复灌浆，灌浆时可采用低压、浓浆、限流、限量、间歇灌浆法灌注，必要时亦可掺加适量速凝剂灌注，该段经处理后应待凝 24h，再重新扫孔、补灌。

(十) 化学灌浆

1. 一般要求

(1) 根据设计图纸文件，在某些特殊部位采用化学材料灌浆。

(2) 化学材料包括：帷幕灌浆采用丙烯酸盐类、丙烯酰胺、聚氨酯类化学材料。固结灌浆采用改性环氧树脂类化学材料。

(3) 化学浆材的灌浆要求，视实际使用部位，另行规定。

(4) 化学灌浆材料，主、配剂原料均为高分子材料，一般均具有一定毒性，应加强防护，避免人体接触。废浆、废料应妥善处理，防止人、畜中毒和污染环境及水源。

2. 化灌试验

应按施工图纸的要求进行下列各项试验。

(1) 配合比试验：应按化灌材料生产厂家推荐的配合比进行试验，测定各种材料有关技术参数和性能，选择满足施工图纸要求的化灌浆液配合比。

(2) 现场化灌试验：应根据工程布置和地质条件选择与实际灌浆区地质条件相似的地段进行现场化灌试验，试验的布孔方式、灌浆分段、灌浆压力均应报批。试验过程中应详细记录现场化灌试验的各项参数。试验完成后，应按要求布设检查孔对灌浆效果进行检查，并提交现场化灌试验成果报告，内容包括现场化灌试验参数、各序孔的单位吸水率、单位耗材量以及检查孔试验资料等。

(3) 其他试验：应进行化灌材料的物理力学性能试验、毒理试验及废浆回收试验等。

3. 化灌施工

(1) 应按现场化灌试验成果选择化灌施工的程序和方法。

（2）灌浆压力应按施工图纸所示，通过现场化灌试验选定，应做到在较短时间内，将灌浆压力上升到规定的最大允许压力，以保证灌浆的密实性和增大有效扩散范围。

（3）化学灌浆开灌后应连续灌注，不允许发生中断。在夏季露天施工时，所有设备管路应采用遮蔽措施，并应避免浆液被积水稀释，影响化灌质量。

（4）为了减少孔内占用化学灌浆材料，化学灌浆孔宜采用较小孔径。

（十一）物探测试

（1）设有物探孔的部位，灌浆前和灌浆结束14d后应分别进行物探测试工作。应在相应钻孔和灌浆结束后及时安排测试工作。

（2）在灌浆前物探测试工作完毕后，应对测试钻孔妥善保护，保护措施可采用细砂或其他材料，孔口要严加保护。

（3）物探测试孔应按钻孔取芯要求采集岩芯，自上而下分段钻进、分段压水。

（4）物探测试钻孔深度应达到设计深度要求。

（5）灌浆后物探测试钻孔应在原孔进行扫孔、冲洗，并自上而下分段进行压水试验后再进行物探测试。

（6）测试单位应根据设计文件、图纸要求进行灌前、灌后物探测试工作，测试包括单孔声波测试和跨孔声波测试。另选部分孔进行地震波测试。测试密度均要满足《水利水电工程物探规程》（DL/T 5010—2005）的要求。

（十二）抬动变形观测

（1）抬动变形观测包括相应的钻孔、抬动变形观测的埋设安装及观测、封孔等工序的作业。

（2）设有抬动变形观测的部位，其观测孔临近的灌浆孔段在裂隙冲洗、压水试验及灌浆过程中均应进行观测。

（3）抬动变形允许值暂定为200μm。

（4）抬动变形观测应委派专人进行观测记录，在裂隙冲洗、压水试验及灌浆等作业过程中，当变形值接近变形允许值或变形值上升较快时，应及时报告各工序操作人员采取降低压力措施，防止发生抬动破坏。如施工中发现变形超过规定的允许值，应立即停止施工，并采取处理措施。

（5）抬动变形观测的千分表应经常检查，确保其灵敏性和准确性。

（6）抬动观测过程中，应严格防止碰撞，保证能在正常工作状态下进行观测，确保观测精度。

（7）灌浆工作结束后，抬动观测孔应进行封孔处理。

（十三）灌浆质量检查

1. 帷幕灌浆质量检查

（1）帷幕灌浆质量检查应以检查孔"五点法"压水试验成果为主，结合对施工记录、成果资料和检验测试资料的分析，进行综合评定。

（2）其钻孔位置应选在：①帷幕中心线上；②岩石破碎、断层、大孔隙等地质条件复杂的部位；③末序孔注入量大的孔段附近；④钻孔偏斜过大的部位；⑤灌浆情况不正常以及分析认为帷幕灌浆质量有问题的部位。

(3) 帷幕灌浆检查孔的数量应为灌浆孔总数的10%，一个坝段或一个单元工程内至少应布置一个检查孔。

(4) 帷幕灌浆检查孔压水试验应在该部位灌浆结束14d后进行。

(5) 帷幕灌浆检查孔应按本技术条款的规定提取岩芯。

(6) 帷幕灌浆的封孔质量应逐孔进行检查。

(7) 帷幕灌浆压水试验合格标准：要求透水率 $q \leqslant 1Lu$，坝体混凝土与基岩接触段及其下一段的合格率应为100%；再以下各段的合格率应为90%以上；不合格段的透水率值不超过设计规定值100%，且分布不集中，则灌浆质量可认为合格。否则，应采取措施进行处理。

(8) 帷幕灌浆检查孔在压水试验结束后按自下而上分段法进行灌浆和封孔。

2. 固结灌浆质量检查

(1) 采用压水试验和测量岩体波速或静弹性模量，并结合分析灌浆孔钻孔、检查孔取芯和灌浆试验成果等进行综合评定。

(2) "单点法"压水试验检查孔的数量不应少于灌浆孔总数的5%。检查结束后应进行灌浆和封孔。

(3) 压水试验在灌浆结束7d后进行。岩体波速在灌浆结束14d后进行。静弹性模量检查应在该部位灌浆结束28d后进行。

(4) 固结灌浆质量的压水试验检查标准：根据设计图纸灌浆分区进行评定，A区透水率 $q \leqslant 3Lu$，其余灌区透水率 $q \leqslant 1Lu$。压水试验孔段合格率，在帷幕轴线上游的范围的合格率应在90%以上，其余范围为85%以上，不合格孔段的透水率值不超过设计规定值的50%，且分布不集中，则灌浆质量可认为合格。若达不到上述合格标准的，应采取措施进行处理。

(5) 坝基声波标准：Ⅰ类、Ⅱ类岩体跨孔声波波速大于4500m/s；坝基中心线上游的断层、蚀变带经过固结灌浆后跨孔声波波速大于3800m/s；坝基中心线下游的断层、蚀变带经过固结灌浆后跨孔声波波速大于4200m/s。

3. 化学灌浆质量检查

(1) 化灌施工完毕后，应在3个月以后进行检查孔的施工，检查孔数量为总化学灌浆孔数的10%，其深度应大于灌浆孔深5m，检查孔应采用金刚石钻头，专用岩芯钻具取芯，逐段做压水试验，检查结束后按水泥灌浆技术要求封孔。

(2) 对检查孔芯样进行物理力学指标试验。

(3) 对检查孔进行物探纵波测试。

(十四) 灌浆工程验收

1. 灌浆工程施灌过程的验收

灌浆工程的验收应在钻孔和灌浆作业过程中，按照本技术条款规定的各项施灌工艺标准，以及各类灌浆工程的质量检查项目和内容进行逐项验收。

2. 灌浆工程的完工验收

各类灌浆工程完工后，应按本技术条款的有关规定申请完工验收，并按本技术条款的有关规定提交完工验收资料。

三、坝基灌浆施工大样图图示

坝基灌浆施工大样见图4-26～图4-28。

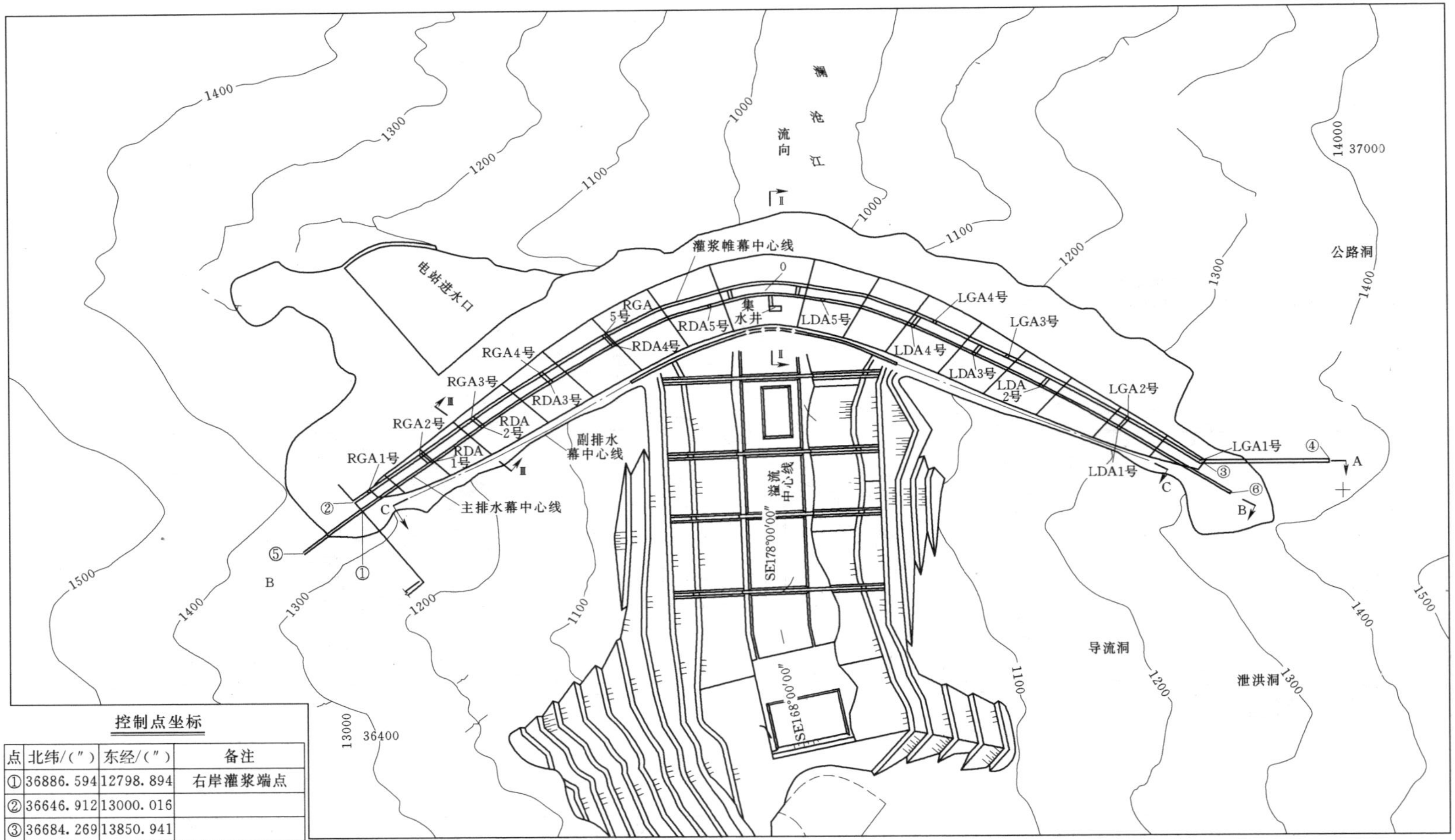

控制点坐标

点	北纬/(″)	东经/(″)	备注
①	36886.594	12798.894	右岸灌浆端点
②	36646.912	13000.016	
③	36684.269	13850.941	
④	36684.269	13981.016	左岸灌浆平洞端点
⑤	36594.928	12950.259	右岸排水平洞端点
⑥	36651.736	13881.479	左岸排水平洞端点
0	36863.000	13416.000	拱坝中心点

说明：1. 图中高程尺寸以 m 计。
2. 本图仅示坝基防渗帷幕及排水幕部分，其他部分另见有关图纸。
3. 本套图共三张，此为第一张。

图 4-26　某大坝坝基帷幕灌浆布置图

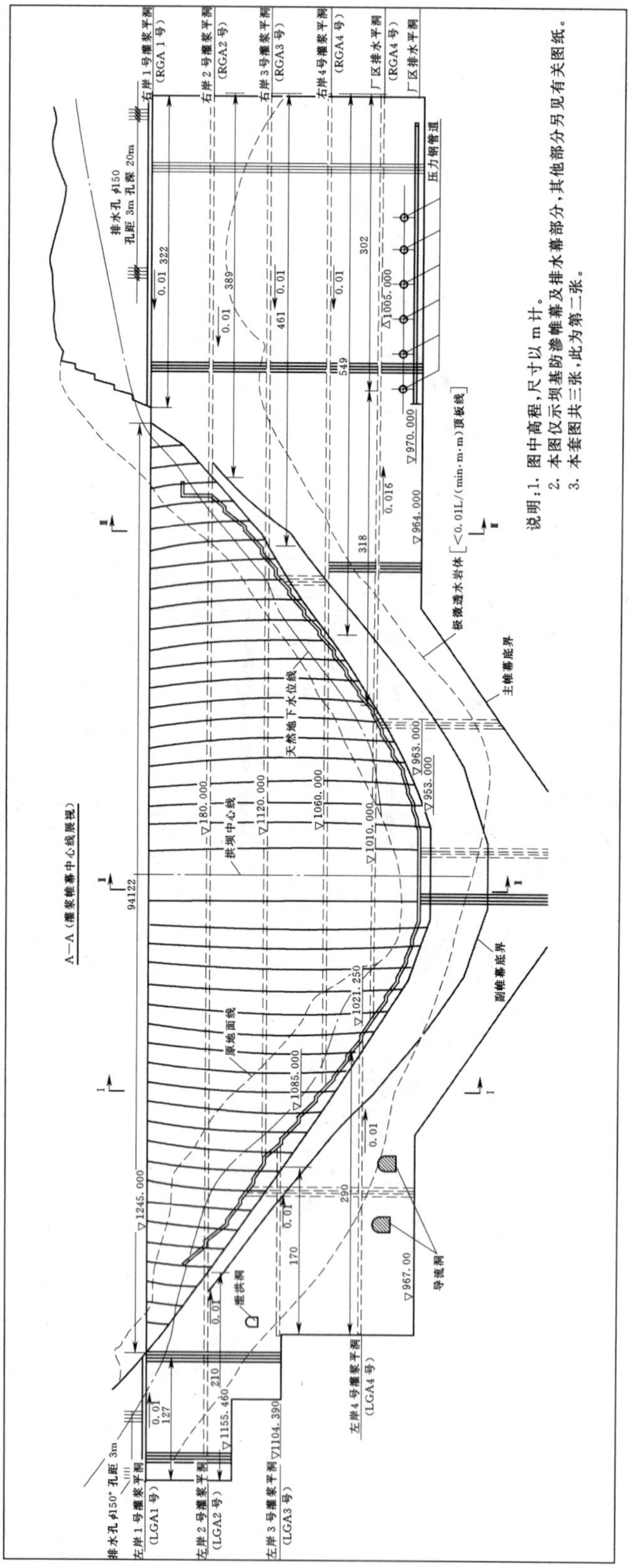

图 4-27 帷幕灌浆中心线剖面图

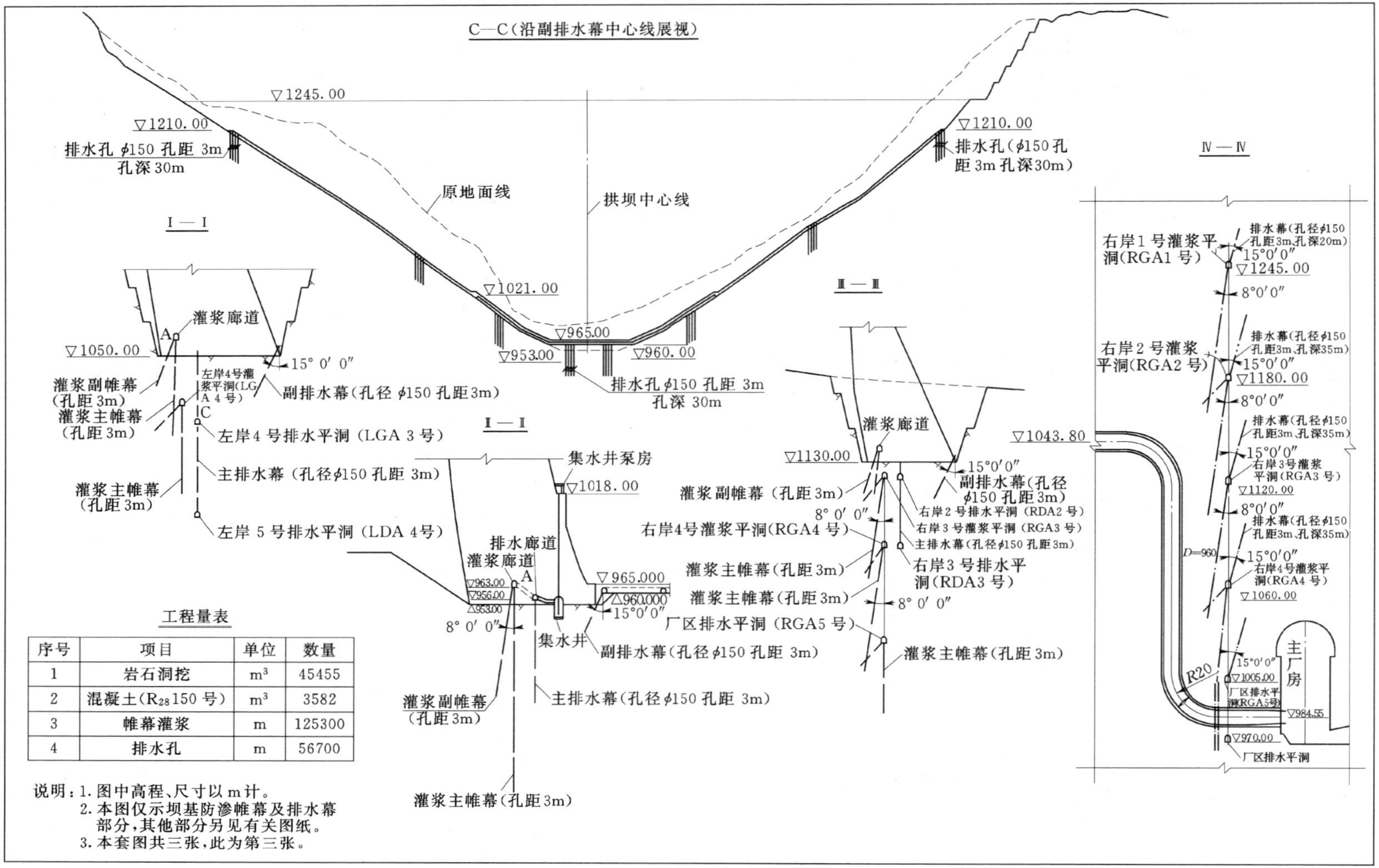

工程量表

序号	项目	单位	数量
1	岩石洞挖	m^3	45455
2	混凝土(R_{28}150 号)	m^3	3582
3	帷幕灌浆	m	125300
4	排水孔	m	56700

说明：1. 图中高程、尺寸以 m 计。
2. 本图仅示坝基防渗帷幕及排水幕部分，其他部分另见有关图纸。
3. 本套图共三张，此为第三张。

图 4-28　帷幕灌浆典型布置图

第七节 三峡水利枢纽二期工程固结灌浆设计实例

一、固结灌浆布置原则

三峡左岸二期工程主体建筑物基岩除部分利用弱风化下部岩体外，均为微新岩体，基岩坚硬、完整、强度较高。因而固结灌浆一般对浅层基岩进行，局部位置根据具体情况加深。

（1）根据坝应力分布的差异，上、下游部位应力较大，且坝踵、坝趾基岩直接与上、下游水库相通，防渗要求较高，因此确定坝基上、下游各1/4左右范围内基岩采取固结灌浆加固处理。同时为加强浅层岩体防渗性能，在主防渗帷幕上游及封闭帷幕下游分别布置两排和一排中深孔固结兼辅助帷幕灌浆孔，以增加帷幕幕体厚度。

（2）对坝基范围内出露的规模较大、性状较差的断层、岩脉、断裂交切带、裂隙密集发育带等缺陷部位采取重点固结加固处理。

（3）对坝基有特殊要求的部位及高陡边坡部位，视实际情况采取加固处理。

（4）根据Ⅰ序孔压水、灌浆资料分析，确认地质条件较好的地段，优化部分固结灌浆工程量。

二、固结灌浆孔的设计参数

（1）固结灌浆孔一般为梅花形布置。一般部位常规固结灌浆孔孔排距为2.5m×2.5m，基岩灌浆孔深为5～6m。

（2）地质缺陷部位或有特殊要求的部位，固结灌浆孔孔排距为2.5m×2.5m，视实际地质情况可加密为2.0m×2.0m；基岩灌浆深度，根据地质构造的性状确定，一般为8～15m。

（3）陡边坡部位固结灌浆孔孔排距为2.0m×2.0m，基岩灌浆深度一般为8～12m。

（4）主帷幕前的两排固结灌浆兼辅助帷幕灌浆孔孔排距为2.0m×2.0m，孔深分别为20m和10m；封闭帷幕下游第一排固结兼辅助灌浆孔孔距为2.5m，孔深为10m。

为监测固结灌浆施工过程中坝基抬动变形情况，以及为配合固结灌浆压水质量检查，灌浆效果评定，在固结范围内分别布置少量抬动观测和基岩弹性波检测孔。

三、主要技术要求

1. 造孔机具

一般性浅表层常规固结灌浆孔（孔深 $h<6$m）、抬动观测孔，采用各类适宜钻机造孔，孔径不小于46mm；深孔固结灌浆兼辅助帷幕灌浆孔全部使用回转式钻机金刚石钻头造孔，孔径不小于76mm。

2. 灌浆孔间距、排距及孔深

常规固结灌浆孔呈梅花形布置，孔位与孔深误差不得大于0.1m与0.2m，间排距2.5m×2.5m，孔深5～6m；在上游基础灌浆廊道（主帷幕线）上游（迎水侧）布置两排固结兼辅助帷幕孔，按2m×2m布置，其中上游排孔深为10m，下游排孔深为20m；在下游基础灌浆廊道（封闭帷幕线）下游迎水侧布置一排固结兼辅助帷幕孔，孔距2.5m，孔深10m。

另外，经Ⅰ序孔压水、灌浆，查证岩质条件好的部分坝块，其优化后的常规固结灌浆孔孔距达到了5m；对存在一定地质缺陷、有一定吸浆量的部位形成了全坝段或坝块基础的固结灌浆处理。

3. 钻孔冲洗

一般常规固结灌浆的单孔钻孔冲洗，先采用敞开孔口进行一般高压水冲洗，至孔口返清水后10min止。随后再进行封闭式单孔裂隙高压水脉动冲洗，压力一般为80%的灌浆压力，总的洗缝时间不少于30min；固结灌深孔兼辅助帷幕灌浆孔亦采用封闭式孔内循环、高压水脉动冲洗裂隙；冲洗结束后，再进行简易压水试验，单孔裂隙冲洗与压水检查采用的压力主要按表4-9进行控制。

表4-9　　钻孔冲洗及简易压水试验压力控制表

条　件	裂隙冲洗压力/MPa		压 水 压 力/MPa		
给定压力	80%P<1MPa	80%P≥1MPa	80%P<0.3MPa	0.3MPa≤80%P<1MPa	80%P≥1MPa
使用压力	80%P	1MPa	80%P	0.3MPa	1MPa

注　P为灌浆压力。

4. 灌浆压力

全孔一次灌浆的固结灌浆孔及分段灌浆的固结灌浆孔，一般第一段灌浆压力：Ⅰ序孔为0.25～0.45MPa，Ⅱ序孔为0.3～0.5MPa。具体各序孔第一段灌浆压力基本按表4-10控制。

表4-10　　固结灌浆第一段灌浆压力表

压力/MPa　孔序 盖重/m	Ⅰ序孔	Ⅱ序孔
<3.0	0.25	0.4
=3.0	0.25～0.3	0.5
找平混凝土封闭式灌浆	0.2～0.3	0.3～0.5>
>3.0	$P_{3.0}$+（L-3）×0.025	$P_{3.0}$+（L-3）×0.025

注　1. $P_{3.0}$为混凝土盖重等于3.0m时的灌浆压力，L为基岩面以上混凝土盖重实际厚度。
　　2. 盖重为3.0m时，Ⅰ序孔在浅层缓倾角裂隙发育部位，灌浆压力采用0.25MPa。
　　3. 采用浇筑找平混凝土封闭方式灌浆施工时，陡直立坡部位Ⅰ序孔采用0.2MPa；Ⅱ序孔采用0.3MPa。

第一段以下各段灌浆压力按式（4-37）计算：

$$P=P_0+\alpha h \tag{4-37}$$

式中：P为灌浆段的灌浆压力，MPa；P_0为第一段的灌浆压力，MPa；h为阻塞器以上的基岩段长，m；α为系数，根据基岩的破碎情况具体确定，一般部位取0.05，断裂构造发育带、破碎带、强透水带等部位取0.025。

对于接触段、注入率较大的孔段，以及构造断层或裂隙发育带，尤其是缓倾角发育带灌浆时，为防止局部抬动，采用分级升压方式灌浆。

5. 段长划分

（1）常规固结灌浆孔。当灌浆孔内基岩段长小于6m时，可不分段，采用一次性钻孔、洗缝、压水、灌浆及封孔。阻塞器一般阻塞在基岩以上混凝土内 0.3～0.5m，部分采用浇筑找平混凝土进行封闭式灌浆的部位，阻塞器阻塞在孔口以下 0.2m，一次性灌封。

（2）固结灌浆深孔及固结灌浆兼辅助帷幕灌浆孔采用自上而下分段钻孔、压水、灌浆。第一段（接触段）段长为 2m，第二段及以下各段为 5m，终孔段在特殊情况下最大段长不超过 8m。

6. 灌浆材料

固结灌浆采用不低于 42.5 级的普通硅酸盐水泥，灌浆水泥必须保持新鲜无结块（距出厂日期小于 40d），普通硅酸盐水泥细度检测要求通过 80μm 的方孔筛，其筛余量小于 5%；湿磨水泥浆液要求 $D_{95}<40\mu m$。

7. 浆液水灰比

普通硅酸盐水泥浆液采用 3∶1、2∶1、1∶1、0.8∶1、0.6∶1、0.5∶1 共 6 个比级，开灌水灰比采用 3∶1；湿磨水泥浆液采用 3∶1、2∶1、1∶1、0.6∶1 共 4 个比级，开灌水灰比均采用 3∶1。

8. 灌浆结束标准

在设计灌浆压力下，当灌浆孔段单孔注入量不大于 0.4L/min，群孔不大于 0.8L/min 时，延灌 30min 后可结束。

9. 检查孔合格标准

固结灌浆孔检查孔合格标准为基岩透水率 $q\leqslant 3$Lu。

四、生产性灌浆试验

1. 试验目的

验证采用 52.5 级普通硅酸盐水泥替代 42.5 级水泥（部分湿磨）进行固结灌浆在技术上的可行性。

2. 室内试验内容

（1）浆液细度。要求测出 42.5 级水泥浆液水灰比 1∶1 和 0.5∶1 大于 40μm、大于 30μm 颗粒所占百分比，平均粒径、$d50$ 等。

（2）各种水灰比（6 个比级 3∶1、2∶1、1∶1、0.8∶1、0.6∶1、0.5∶1）浆材的性能试验。

1）黏度：延时黏度变化（1min、5min、10min、30min、60min、120min、180min）。

2）初、终凝时间。

3）密度。

4）稳定性。

5）7d、28d 结石的抗压强度、抗渗强度、孔隙率、容重。

3. 现场试验内容

（1）按设计技术要求进行钻孔、灌浆。

（2）每 30min 检测一次进、回浆密度和温度。

五、试验部位的选定

比较已提供的施工部位情况，泄洪 19 坝段下块混凝土盖重厚 2.5m，其下部基岩为前震旦系闪云斜长花岗岩，岩体较完整，构造裂隙以陡倾角微细裂隙为主，透水性较小，灌浆试验结果具有一定的代表性，因此选定在泄洪19号坝段下块进行固结灌浆生产性试验。该部位设计布灌浆孔73个，抬动观测孔2个。

六、试验施工方法

灌浆试验结合生产进行，其技术要求与常规施工技术要求相同。

（1）施工程序：施工准备→抬动观测孔→钻灌Ⅰ序孔→钻灌Ⅱ序孔→检查孔。

（2）钻孔：抬动观测孔及常规固结灌浆孔采用跟管钻机造孔；固结兼辅助帷幕灌浆孔采用岩芯钻机造孔，孔径均为76mm。

（3）抬动装置安装：抬动观测孔终孔后，先冲洗干净钻孔，然后用砂浆埋一根ϕ19mm钢管，底部埋深1m，待凝24h后投入0.8m厚黏土，最后下设ϕ73mm保护管。

（4）压水试验：灌前选取5%的灌浆孔做压水试验，其他孔仅做简易压水。

（5）灌浆：浆材选用新鲜无结块的42.5级普通硅酸盐水泥，细度为通过80μm方孔筛且筛余量小于5%。浆液由泄洪23号坝段下游集中制浆站供浆。制浆站配置两台ZJ-400型高速搅拌机和两台SGB6-10型灌浆泵，浆液经ϕ50mm钢管输送至灌浆部位的低速搅拌桶。采用2SNS-15型砂浆泵灌浆，GJY-Ⅲ型自动记录仪进行灌浆记录。所有孔段不论透水率大小，均进行灌浆。

七、主要施工机械设备

主要施工机械设备见表4-11。

表4-11　主要施工机械设备表

序号	名　称	规格/型号	单位	数量
1	跟管钻机	SM-400	台	1
2	岩芯钻机	XY-2PC	台	2
3	锚杆钻机	MJ-50	台	1
4	灌浆泵	SGB6-10	台	2
5	灌浆泵	2SNS-15	台	3
6	自动记录仪	GJY-Ⅲ	台	3
7	高速搅拌机	ZJ-400	台	2
8	低速搅拌机	JJS-2A	台	3
9	空压机	$21m^3/min$	台	1

第八节　三峡水利枢纽二期大坝基础岩石帷幕灌浆及排水孔设计

一、工程概况

三峡水利枢纽主体建筑物基岩为闪云斜长花岗岩，基岩除部分利用弱风化下部岩体外，均为微新岩体，优质、良质岩体所占坝基面比例达92%～98%，其余一般为中等质量岩体，基岩坚硬、完整、强度较高，其中微新岩石湿抗压强度达100MPa以上。基岩透水率q一般小于15Lu，局部达5～10Lu。从总体看，建坝岩体工程地质条件较好，基岩透水性微弱，多属微或极微透水岩体。但仍有断裂构造发育，基岩中存在不同规模的断层、破碎带、裂隙密集带和断裂构造交切带等地质缺陷，且沿断层带、裂隙密集带、断裂接触的岩脉接触面、断裂交切带等地质构造部位一定深度范围内，岩体透水性较强，基础开挖后受开挖爆破及卸荷作用影响，浅层岩体透水性将会普遍增大。因此，根据坝基工程地质、水文地质条件及坝基应力分布，在坝基浅层一定范围内采取了固结灌浆加固处理，对坝基渗流采取了常规防渗排水和封闭抽排两个基本方案，即在坝基开挖高程较高、基础稳定无特殊要求的坝段基础上游布置主防渗灌浆帷幕及排水幕，构成常规防渗排水系统；在坝基开挖高程较低、下游水深较大的坝段及基础抗滑稳定有特殊要求的建筑物基础部位，上游布置主防渗灌浆帷幕，幕后布置主排水幕，下游布置封闭灌浆帷幕及封闭排水幕，其间根据需要布置辅助排水幕形成封闭抽排水系统。

以下重点介绍左岸电站厂房11～14号坝段、导墙坝段、左导墙和泄洪1～23号坝段的岩石封闭抽排灌浆帷幕和排水幕（孔）工程的设计与施工技术。

二、技术要求总则

帷幕灌浆必须同时具备下述条件才能进行施工。

(1) 一般部位（含相邻坝块）上部结构混凝土浇筑厚度应达到30m以上。上部结构混凝土厚度不足30m的部位，须等混凝土浇筑达到完建高程和设计强度。

(2) 必须完成灌浆区邻近30m范围内的地下洞室、勘探平洞、大口径勘探孔的混凝土衬砌、回填灌浆、围岩固结灌浆、基岩接触灌浆、坝体基础层接缝灌浆、喷锚支护、清理及混凝土回填等作业。

(3) 设有物探测试孔的坝段，必须完成灌前测试工作。

(4) 抬动变形观测装置安装完毕且能进行正常测试工作。

(5) 必须对已埋设的各种内、外观监测仪器、电缆、孔、管等设施妥善保护。

(6) 基础排水孔须待相应部位及邻近侧各30m范围内帷幕灌浆施工完毕且检查合格后方可施工。

(7) 蓄水前必须完成相应蓄水位高程以下的帷幕灌浆和排水孔的施工及单项工程验收。

(8) 在已完成或正在灌浆的地区，其附近30m范围内不得进行爆破作业。如必须进行爆破时，应采取可靠的减震、防震措施，并控制安全质点振动速度不大于1.5cm/s，各项措施须经监理单位批准、设计单位同意后方可实施。

(9) 根据地形、地质条件，施工单位应选择有代表性的先导孔进行灌前稳定地下水位观测，所选择的先导孔应报监理单位批准，其观测成果应及时报送监理、设计等有关单位。

(10) 灌浆工程所用的风、水、电应设专用线路、管路，以保证灌浆作业能连续进行。

(11) 灌浆工程应使用灌浆自动记录仪进行记录。

(12) 灌浆工程应设置集中制浆站，输浆管路应采取妥善的防寒、防晒措施，确保浆液温度能保持在5～10℃之间。

(13) 帷幕灌浆系隐蔽工程，施工中必须如实、准确地做好各项原始记录。对施工中出现的事故、灌浆过程中出现的新情况、揭露的地质问题及损坏、影响监测设施正常工作状况等特殊情况，均应详细记录并及时报告监理等有关单位，同时抄送设计单位研究处理措施。

(14) 先导孔取芯应严格按有关取芯要求作业，确保岩芯获得率及采取率，并为地质素描创造必要的条件。

(15) 灌浆工程各项资料（含取芯、压水、灌浆、物探测试、抬动观测、质量检查等）必须及时整理分析，并及时提供监理、设计单位及工程项目部，以便指导灌浆工作的顺利进行。单元工程结束后，应及时进行质量检查和验收。

(16) 根据灌浆需要，对必须采用化学灌浆的部位，通过必要的生产性试验，另行补充有关技术要求。

三、帷幕灌浆与排水孔设计

1. 防渗标准

帷幕灌浆防渗标准按灌后检查孔的孔段透水率 q 值确定，合格标准为 $q \leqslant 1$Lu。

2. 帷幕孔的布置原则

主防渗灌浆帷幕及封闭灌浆帷幕孔在一般部位均按单排分Ⅲ序孔布置，主帷幕孔孔距 2.0m，封闭帷幕孔孔距 2.5m。在断层、裂隙密集带及断裂接触的岩脉等基岩透水性较强的部位，根据实际情况，布置两排帷幕灌浆孔，孔距仍分别为 2.0m 和 2.5m，排距为 0.2～0.5m。此外，在坝基主灌浆帷幕前及封闭帷幕下游布置 1～2 排中深固结灌浆孔，兼辅助防渗作用。

3. 帷幕孔孔深控制原则

(1) 深入基岩相对不透水岩体顶板以下 5m。

(2) 深度满足：

$$H \geqslant \frac{1}{3}h + C \tag{4-38}$$

式中：h 为幕前水深（主帷幕为上游水深，封闭帷幕为下游水深）；C 为常数，取 5～8m。

(3) 主防渗帷幕的深度穿入建筑物下游基础开挖高程以下 10～20m。

(4) 主帷幕前兼辅助防渗作用的中深固结灌浆孔孔深分别为 10m 和 20m；封闭帷幕下游兼辅助防渗作用的固结灌浆孔孔深为 10m。

(5) 布置两排帷幕灌浆孔的部位，对透水岩体深度在 40m 以内的地段，要求第二排孔伸入相对不透水岩体内 5m，透水岩体较深时，要求第二排孔深度不小于第一排孔深度的 2/3。

4. 帷幕灌浆及排水孔布置

根据上述设计基本原则，结合各建筑物的工程地质及水文地质条件，建筑物灌浆帷幕及排水孔布置如下。

(1) 灌浆、排水路线。左厂 11～14 号坝段、左导墙坝段及泄洪坝段，在坝基上游距挡水前缘一般 6～14m 的基础灌浆廊道内，布置一道主帷幕及主排水幕；在坝基下游距坝趾 6～15m 的基础灌浆廊道内，布置一道封闭帷幕及封闭排水幕；在距上游主排水幕 20～

22m 及下游封闭排幕 22～28m 的纵向基础排水廊道内，分别布置一道纵向辅助排水幕；同时，在横向每隔 70～90m 沿基础横向排水廊道布置一排横向辅助排水幕。

（2）左厂坝段帷幕孔布置。左厂 11～14 号坝段基岩透水性较强，相对隔水岩体顶板高程一般为－20～20m，透水岩体厚度为 40m，局部为严重透水岩体，q 值最大达 330Lu，坝基浅层较严重透水带主要分布在左厂 13 号、14 号坝段，部分斜穿左厂 11 号、12 号坝段，并与上、下游大面积透水岩体相连，形成面积较大的渗漏区域。坝基范围内，断裂较发育，主要断层有 F4、F7、F18、F19、F20、F314、F316、F307、F118、F360 等，断层一般胶结较好，局部胶结较差。

该区段均布置一排主帷幕及封闭帷幕。其中左厂 11 号坝段主帷幕底线高程为－50m 左右，孔深 70～90m，左厂 12～14 号坝段主帷幕高程为－42m 左右，孔深 70～80m。左 11～14 号坝段封闭帷幕高程为－35～58m，孔深 70～75m。

（3）泄洪坝段及左导墙坝段帷幕孔布置。泄洪及左导墙坝段位于河床、史经滩及中堡岛部位，基岩透水性受断层、裂隙、花岗岩脉内裂隙发育带的影响较大，本区段大部分基岩为微透水和极微透水岩体，少数地段为中等透水岩体，局部坝基存在浅层较严重透水带。坝基相对隔水岩体顶板在泄 19～23 号坝段较高，左导墙坝段～泄 9 号坝段较低，最深达高程－80m 左右。断层以 NNE 组最发育，次为 NNW 组和 NWW 组，现揭露的主要断层有 F410～F413 断层组、F344、F42、F195、F359、F12 等，其中 F410～F413 断层组裂隙密集发育区段帷幕灌浆处理的重点为坝基浅层透水带，透水深槽及 F410～F413 断层组等规模较大的地质缺陷。

该区段左导墙坝段至泄 10 号坝段透水深槽及泄 14～19 号坝段较强透水区的主帷幕均布置两排灌浆孔，其余坝段主帷幕及封闭帷幕一般布置一排灌浆孔，在施工过程中，视需要增加布置部分地质缺陷处理。该区段主帷幕孔孔深一般为 60～70m 左右，局部地段如左导墙及泄 1～3 号坝段达 95m 左右，封闭帷幕孔深一般为 40～70m，局部达 70m 左右。

5. 排水孔设计参数

（1）孔距：主排水孔孔距为 2.0m，封闭排水孔孔距为 2.5m，辅助排水孔孔距为 2.5m，横向分区排水孔孔距为 2.5m。

（2）孔深：一般部位主排水孔孔深为 50～60m，封闭排水孔孔深为 30～40m，纵向辅助排水孔孔深一般为 20～30m，横向辅助排水孔孔深一般为 20m。

（3）孔向：主排水和封闭排水孔分别为倾向下游和倾向封闭抽排区内的斜孔，顶角为 15°；辅助排水孔为垂直孔。

（4）孔径：主排水孔及封闭排水孔均为 ϕ110mm，其余各类排水孔均为 ϕ91mm。

（5）孔口保护：排水孔孔口均设孔口管，并安装孔口装置进行保护。

四、帷幕灌浆设计的修改与调整

灌浆压力是灌浆能量的来源，是控制灌浆质量的一个重要因素，一般情况下，使用较高的压力是有利的。长期以来在帷幕灌浆施工中一直存在孔口段（一般指建筑基面以下约 5m 范围内）渗流水力梯度最大但灌浆压力最小的问题，解决的办法通常在建基面以下作固结灌浆和设置辅助帷幕，以增加防渗层的厚度。灌浆压力大小是决定帷幕防渗性能的关键因素之一，提高压力无疑会增强帷幕的防渗性能，但存在混凝土及基岩抬动的风险。三峡工程孔口段首段灌浆压力原定为 1.5MPa，根据原三峡灌浆试验成果，小于 3～4MPa 的灌浆压力其灌浆效果不明显；又据已施工的帷幕灌浆资料统计，孔口段单位耗灰量很小，平均只有 2.44kg/m。三峡帷幕大部分为单排，帷幕的防渗性能令人担忧。为此专家们提出将孔口段灌浆压力提高到幕前水头的 1.5～2 倍，即在泄洪深槽坝段达到 3.5MPa 左右。为慎重起见，决定分两批，在能代表三峡工程不同坝基、不同岩体性能的部位进行孔口段灌浆压力的升压试验，据试验成果情况再应用于生产中。

第一批在左非溢流坝段（以下简称“左非坝段”）、泄洪及左导墙坝段布置 6 个试验孔，第二批在左厂和泄洪坝段布置 4 个试验孔。10 个孔上部混凝土压盖约 75～90m，其中左非部位的试验孔所处坝段未曾有灌浆布置，其他均布置在帷幕灌浆廊道内。试验项目主要有：简易压水、高压灌浆、抬动观测等，试验完成后，进行取芯和孔内录像检查。

1. 试验施工程序

（1）试验施工程序

钻抬动观测孔、埋观测装置→钻灌试孔第一段→埋孔口管（待凝 3～5d）→钻灌试验孔第二、三（四、五）段。

2. 试验孔孔径

帷幕试验孔：采用 ϕ91mm 或 ϕ110mm 开孔（第一段）；以下各段为 ϕ76mm 或 ϕ60mm。

抬动观测孔：采用 ϕ76mm，布置在帷幕轴线外 1.6m 处，孔深为深入基岩 7.0m，观测装置采用常规方法埋设。

3. 灌段长及灌浆压力

基岩内段长设计要求采用三段制和五段制两种。段长与压力对应关系见表 4-12。

表 4-12　升压试验孔段长及压力表

试验部位	段长和压力	第一段	第二段	第三段	第四段	第五段
左非坝段（第一批孔）	段长/m	0.5	0.5	1.0	1.0	2.0
	压力/MPa	2.5～4.0	2.5～4.0	2.5～4.0	3.0～4.5	4.5～5.0
泄洪坝段左导墙坝段（第一批孔）	段长/m	2.0	1.0	2.0	—	—
	压力/MPa	2.5～4.0	3.0～4.5	4.5～5.0	—	—
左厂坝段泄洪坝段（第二批孔）	段长/m	2.0	1.0	2.0	—	—
	压力/MPa	2.5～4.0	3.0～4.5	4.5～5.0	—	—

开灌时按常规设计给定的小压力值控制，当孔内注入率小于 5L/min 后，各段分别以 2.5MPa、3.0MPa、4.5MPa 作为起始压力开始升压，升压时采用分级增压方式进行，按每 10min 增加 0.5MPa 的速率，将压力分段（五段或三段）分别升压至 4.0MPa、4.5MPa 和 5.0MPa。

4. 灌浆材料及浆液浓度

第一批 6 个孔，采用荆门 42.5 级普通硅酸盐水泥，不湿磨，由于试验过程中吸浆量均较小，实际除左非坝段 2 个孔采用水灰比为 1∶1 浆液开灌外，其他段均采用 2∶1 开灌，开灌至正常结束均未变浆。第二批 4 个孔，采用荆门 42.5 级普通硅酸盐湿磨细浆液，实际仅用到 3∶1 一个比级。

5. 注入率与灌浆压力、最佳水灰比

为确保升压试验时大坝的安全和灌浆质量，在灌浆前规定了试验孔注入率与灌浆压力、最佳水灰比相匹配关系，控制标准见表 4－13，但实际没有用上，单耗普遍小，有些孔段根本不吸浆。

表 4－13　试验孔注入率与灌浆压力、最佳水灰比对应关系表

注入率/(L/min)		>50	30～50	10～30	5～10	<5
灌浆压力	第一段/MPa	0.5	1.0	1.5	2.5	2.5～4.0
	第二段/MPa	0.5	1.0	2.0	3.0	4.0～4.5
	第三段/MPa	0.5	1.0	2.5	4.0	4.5～5.0
最佳水灰比		0.5	0.5	0.6	0.8	1.0

注　表中压力均指回浆管口压力表峰值。

6. 结束标准

每段次灌浆结束标准，必须同时满足下述两个条件。

（1）每灌段注入率小于 0.5L/min 后，连续灌浆 1h 以上。

（2）灌浆的最大压力持续 1h，即可结束。

7. 封孔

封孔前，先将灌浆孔扫到孔底返回清水后，再注入 0.5∶1 的新鲜水泥浆进行置换；待所返出的浆液比为 0.5∶1 后，再用最大灌浆压力进行纯压灌浆 2h 结束。

8. 试验成果及检查试验完成工程量

本次升压试验共选 10 个试验孔，计分 34 个段次进行钻孔、压水和灌浆，总结灌进尺 52.7m。试验自 2001 年 2 月 25 日开始至 2001 年 4 月 9 日结束，总历时 1.5 个月。

（1）压水试验成果分析。压水试验采用 1MPa 压力的简易压水，共计压水 34 段，其中透水率大于 10Lu 有 2 段，5～10Lu 有 1 段，1～5Lu 有 4 段，1Lu 以下有 27 段。

压水透水率较大（5Lu 以上）的孔段，均在左厂坝段（总段数 10 段），其中 ZF15－Ⅰ-2 孔首段达 7.5Lu，ZF16－Ⅰ－4 孔首段达 10.5Lu、第 4 段达 11.8Lu，但这两孔在压水试验过程中相应观测孔返水较明显，每分钟返水量估计可达总注水量的 30%～50%。泄洪深槽段（总段数 24 段）除 ZD－Ⅱ－16 孔压水透水率为 3.3Lu 外，其他孔段透水率均较小，有 13 段为 0。

另外，第二批所布 4 个孔与第一批孔相比，压水透水率没有明显增大。

（2）水泥耗量分析。表 4－14 中，与已施工帷幕情况相比，水泥单耗略有增加，但无明显区别。尤其第二批孔系采用湿磨细稀水泥浆（3∶1），但水泥耗量甚微，不仅低于第

一批孔单耗，甚至远低于相邻已灌孔（采用1.5MPa压力）的水泥单耗。

表 4-14　灌浆水泥耗量统计表

布孔时段	段数	平均单耗/(kg/m)	第一段（2m）平均单耗量/（kg/m）	备　注
第一批6个孔	22	6.99	4.32	试验10个升压孔共钻灌34段，平均单耗为4.68kg/m。其中第1段（按原第1段段长2m）平均单耗3.42kg/m。单耗大于5kg/m的孔段共7段，占总段数的20.6%，均属于第一批布孔，其余27段单耗均在3kg/m以下，占总段数的79.4%，其中20段单耗在1kg/m以下占总段数的58.8%。
第二批4个孔	12	1.22	1.2	

（3）抬动观测。第一批所布6个孔，有3个孔压水和灌浆过程中均未发生抬动；有2个孔压水时未抬动，灌浆时发生少许抬动。但ZF16－Ⅰ－4孔第1段在压水试验时，抬动42 μm，灌浆时未抬动，至第5段升压到3.05MPa时抬动观测孔发生异常抬动现象，经谨慎降压后缓慢升压，其最终抬动变形值约在102 μm左右。ZF15－Ⅰ－2第3段抬动变形3 μm，压水试验时有漏水现象。第二批所布4个孔，仅压水时ZC11－Ⅲ－13第1段抬动19 μm，灌浆过程中均未发生抬动。

（4）芯样及孔内电视检查。第一批孔：在X3－Ⅱ－2与X4－Ⅱ－11两孔分别采用孔内电视录像检查。录像资料显示，钻孔部位混凝土质量正常；混凝土砂浆与基岩面胶结良好，无裂缝、张开等；岩质新鲜、坚硬、裂隙不发育。X3－Ⅱ－2孔揭露5条裂隙，宽度一般1～2mm，充填石英或绿帘石；X4－Ⅱ－11孔揭露了3条裂隙，部分充填绿帘石1～3mm，局部张开1～2mm。第二批孔：4孔取芯资料显示，钻孔部位混凝土质量正常，岩体呈灰白色、中粗粒结构、块状构造，RQD值约为37.5%～70%，陡倾角裂缝较发育，其中ZC－Ⅲ－11和ZC－Ⅲ－13两孔在第2、3段发现有缓倾角裂隙。未见水泥结石。

9. 结论意见

（1）三峡工程在80m混凝土压重条件下，帷幕灌浆首段最大压力可以慎重地提高到3.5MPa。但压力的递增速度不宜太快，宜控制在0.5MPa/10min以内较为合适。

（2）升压时的最大压力值应按表4－13控制，特别是注入率大于30L/（min・m）时，其压力不宜大于1.5MPa。

（3）压水试验时应特别注意透水率变化，如有增大现象，应迅速降压，以免产生有害抬动。

（4）根据试验成果统计，湿磨细水泥浆和普通水泥浆，及其水灰比1∶2与1∶3的变化，其单位耗灰量无显著差异。

（5）据34段升压灌浆试验成果统计，单耗灰量与原施工中采用的1.5MPa灌浆压力相比，无显著差异。反映出三峡地区灌浆压力在4.0MPa以下，对改善岩石的可灌性作用不明显。

习题与思考题

4-1　大坝坝基灌浆作用和目的是什么？

4-2　地质工程中的灌浆可分为哪些类型？

4-3　如何确定帷幕灌浆的形式与深度？

4-4　帷幕灌浆结构验算包含哪些内容？

4-5　固结灌浆设计的内容有哪些？

4-6　如何确定灌浆帷幕的防渗标准？

4-7　强透水地基与弱透水地基的防渗帷幕设计有何不同？

4-8　灌浆施工说明的编写应包括哪些内容？

下篇　地质工程设计应用

第五章　边坡工程设计

第一节　概　　述

边坡工程是地质工程中重要研究领域，20 世纪 80 年代以来，随着我国经济的高速增长，大型工程数量与日俱增，在水利水电、铁路、交通、矿产及城市建设的不同领域，大量出现了高边坡工程问题。以水利水电为例，我国水电资源集中在中、西部山区，边坡工程是水电工程的重要组成部分。在边坡稳定分析和加固设计方面，应采用综合工程措施以确保边坡安全。如控制爆破开挖、减载、排水、设置抗滑桩、抗剪洞、预应力锚索等措施以加固边坡。使用预应力锚索和抗滑桩来加固边坡已成为水电工程设计人员常用的手段。我国铁道建设中，经常用抗滑桩、抗剪洞和锚固洞等混凝土结构来加固边坡，取得了较好的效果。特别是遇到风化破碎岩体时，预应力锚索不能有效地提供抗滑力，更需考虑设置抗滑桩等混凝土结构。

人工开挖边坡是因工程建设的需要而开展的。边坡作为工程建（构）筑物的一部分，破坏了自然边坡的平衡状态，设计不当将带来边坡变形与失稳，形成边坡地质灾害。因此，正如黄润秋教授所指出，岩石边坡的稳定问题不仅涉及工程本身的安全，同时也涉及整体环境的安全；岩石边坡的失稳破坏不仅会直接摧毁工程建设本身，而且也会通过环境灾难对工程和人居环境带来间接的影响和灾害。开挖边坡的加固已成为现代工程建设的重要方面。

近年来，预应力锚索技术在铜官山、小浪底、龙滩、小湾、三峡、黄登、苗尾、十三陵等水电工程的边坡加固中已获得了广泛的应用。

目前常用的边坡加固处理措施有：①开挖和压脚，采用上部开挖、下部压脚；②地面排水采用排水沟网。地下排水采用排水孔、排水洞、排水垫层等；③坡面支护采用喷混凝土、喷纤维混凝土、混凝土面板、沥青混凝土面板、锚杆和混凝土塞等；④深层加固：锚索（杆）、预应力锚索（杆）、锚固洞等；⑤灌浆处理采用水泥灌浆和化学灌浆等；⑥支挡措施采用各类挡土墙和防护网等。

本章将系统分析边坡设计的有关内容，为地质工程中的高边坡稳定分析、边坡设计提供重要的参考依据。

一、边坡加固设计的依据与规范规程

在边坡工程加固设计时，应根据边坡工程的特点，采用相应的支护方法，主要应采用的规范与依据如下。

(1)《建筑边坡工程技术规范》(GB 50330—2013)。

(2)《建筑结构荷载规范》(GB 50009—2012)。

(3)《岩土锚杆与喷射混凝土支护工程技术规范》(GB 50086—2015)。

(4)《砌体结构设计规范》(GB 50003—2011)。

(5)《水电水利边坡工程设计规范》(DL/T 5353—2006)。

(6)《混凝土结构设计规范》(GB 50010—2010)。

(7)《岩土锚杆(索)技术规程》(CECS 22：2005)。

(8)《公路边坡柔性防护系统构件》(JT/T 528－2004)。

(9)《岩土工程勘察规范》(GB 5021—2001)。

(10)《建筑抗震设计规范》(GB 50011—2010)。

(11)《建筑地基基础设计规范》(GB 50007—2011)。

二、边坡设计的基本原则

边坡工程设计的基本原则如下。

(1) 边坡设计总体方案应做到满足工程功能与结构要求。

(2) 在边坡安全运行的前提下，充分利用边坡岩体强度高的特性，以节约工程量，如边坡可能挖成直立坡，以减少边坡开挖工程量。

(3) 边坡总体稳定通过选择合适的边坡坡角，采取以截、防、排水系统措施为主，岩锚加固措施为辅的方案进行改善。

(4) 边坡上的局部不稳定体，采取岩锚加固和喷锚支护措施进行处理。

(5) 设计方案应方便施工，同时为工程的运行、管理、维修及观测创造条件。

(6) 施工方案的选取，应充分体现保护岩体的思想，采用有效的施工方法与措施，保证施工边坡的特定性。

三、边坡工程设计的基本步骤

开挖边坡设计的基本步骤如下。

(1) 边坡轮廓设计。依据边坡的功能要求与边坡所处的工程地质条件，设计边坡的开挖轮廓。

(2) 边坡开挖坡度的确定。依据边坡工程地质条件，以边坡自稳为依据，按照工程类比的方法，确定边坡开挖坡度。

(3) 边坡整体稳定性分析与评价。首先确定边坡可能的失稳模式和危险滑动面，采用极限平衡理论、数值分析、块体分析等方法，计算不同荷载组合条件下的稳定性。

(4) 边坡加固方案的设计。根据边坡工程地质条件、稳定分析计算结果，当不满足稳定要求时，对边坡加固的方案进行论证，具体可以采取锚固、排水、喷混凝土，以及采用抗滑桩、抗剪洞、锚固洞等措施加固边坡。

(5) 边坡监测设计。

第二节 岩石边坡破坏类型分析

岩石边坡，由于各部位岩体结构的差异或岩体结构面产状与边坡面组合关系的不同，将形成不同类型的边坡失稳破坏类型（表5-1）。而不同的破坏模式，应采用不同的加固方法，常见的可能破坏模式有平面（弧面）、楔体和倾倒破坏。

表5-1　　岩石边坡失稳破坏类型

失稳破坏类型		破坏特征
崩塌		边坡岩体坠落或滚动
滑动	平面型	边坡岩体沿某一结构面滑动
	弧面型	散体或碎裂的岩石边坡沿弧形面滑动
	楔形体	结构面组合的楔形体，沿交线方向滑动
蠕变	倾倒	岩层倾向与坡向相反的反倾向层状结构的边坡，表部岩层逐渐向外弯曲、倾倒
	溃屈	顺层向层状结构的边坡，岩层倾角与坡脚大致相似，边坡下部岩层逐渐向上鼓起，产生层面拉裂和脱开
	侧向张裂	双层结构的边坡，下部软岩产生塑性变形，使上部岩层发生扩张、移动张裂和下沉
流动		崩塌碎屑类堆积向坡脚流动，形成碎屑流

一、平面（弧面）破坏

平面（弧面）破坏在岩质边坡中是比较常见的一种类型。发生单一平面滑动（在实际工程中，多为以该平面为主组合形成弧形滑动面）的几何条件为有一组结构面，且要求如下。

（1）结构面走向与坡面平行或接近平行（约在±20°的范围之内）。

（2）结构面在边坡面出露，即结构面倾角 ϕ_b 小于坡面倾角（ϕ_f），$\phi_f>\phi_b$。

（3）结构面的倾角必须大于该面的摩擦角，即 $\phi_b>\varphi$。

（4）岩体中存在对于滑动仅有很小阻力的解离面，它规定了滑动的侧面边界。

对于平面破坏的边坡，其坡顶面和坡面上常常出现有张裂缝，而这种裂缝正是不稳定的标志。当地下水位升高或降雨直接进入裂缝中，充斥于滑面上时，不仅会使沿滑面分布的水压加大，而且由于水的作用，将滑面软化，降低了抗剪强度指标，使抗滑力减小。另外，滑动面切割坡脚增加了滑动临空界面，降低了下滑体的阻滑力。当已确认某一平面滑动的边坡处于不稳定状态时，除了削坡减载以外，有必要考虑采用排水疏干等措施来稳定边坡。

二、楔体破坏

楔体破坏型式也是工程中较为常见的典型破坏型式，主要由层面、裂隙和断层破碎带等结构面组合切割而成。除了非常明确的控制性结构面组合形成的定位楔体外，一般来说，由于组成楔体的结构面在边坡面上出露位置具有不确定性，同时结构面的延伸范围受发育规模的限制而具有不连续性，所以楔体大多具有随机特征。从某种意义上讲平面破坏是楔体破坏的一种特例，楔体的失稳滑动判别原则与平面滑动类似。可以归纳为：坡面倾角 ϕ_f＞两组结构面的交线（或结构面）倾角 ϕ_b＞摩擦角 φ。

同样，岩体抗剪强度、水压对楔体稳定的影响也很大。工程加固治理方式方法与前述平面破坏型式基本相同。

三、倾倒破坏

倾倒破坏一般来说要满足下列条件。

（1）边坡面的倾角大于 30°。

（2）边坡面的倾向与结构面的倾向相反，且两者倾角的夹角不小于 120°。

（3）结构面倾向位于坡面反倾向的±10°方位。

可能发生倾倒破坏的边坡为岩质层状反倾向边坡。岩体由厚薄不均、软硬相间的岩层组成，这种岩性成层不均一性有利于变形的形成和发展。岩层在重力作用下易向临空方向产生弯曲、倾倒；加之顺层向裂隙和众多层间错动发育，降低岩层抗弯曲强度，尤其在未胶结的软弱破碎带中，将为岩层弯曲、倾倒提供均匀的变形空间。

倾倒破坏的边坡治理方式需采用综合措施，其技术上相对前两种破坏型式要复杂一些。

第三节 工程边坡安全等级与安全系数取值

一、边坡工程安全等级

1.《水电水利工程边坡设计规范》（DL/T 5353—2006）

该规范规定，水电水利工程边坡按其所属枢纽工程等级、建筑物级别、边坡所处位置、边坡重要性和失事后的危害程度，划分边坡类别和安全级别，见表 5-2。

表 5-2 水电水利工程边坡类别和级别划分

级别＼类别	A 类枢纽工程区边坡	B 类水库边坡
Ⅰ级	影响 1 级水工建筑物安全的边坡	滑坡产生危害性涌浪或滑坡灾害可能危及 1 级建筑物安全的边坡
Ⅱ级	影响 2 级、3 级水工建筑物安全的边坡	可能发生滑坡并危及 2 级、3 级建筑物安全的边坡
Ⅲ级	影响 4 级、5 级水工建筑物安全的边坡	要求整体稳定而允许部分失稳或缓慢滑落的边坡

枢纽工程区边坡失事仅对建筑物正常运行有影响而不危害建筑物安全和人身安全的，经论证，该边坡级别可以降低 1 级。

经研究，确认水库滑坡或潜在不稳定岸坡属于蠕变破坏类型，通过安全监测可以预测、预报其稳定性变化，并能够采取措施对其失稳进行防范的，该边坡或滑坡体级别可以降低 1 级或 2 级。

2.《建筑边坡工程技术规范》（GB 50330—2013）

边坡工程应按其损坏后可能造成的破坏后果、危及人的生命造成经济损失、产生社会不良影响的严重性、边坡类型和坡高等因素，根据表 5-3 确定安全等级。

表 5-3　　　　　　　　　　　　边坡工程安全等级

边坡类型		边坡高度 H/m	破坏后果	安全等级
岩质边坡	岩体类型为Ⅰ类或Ⅱ类	$H\leqslant30$	很严重	一级
			严重	二级
			不严重	三级
	岩体类型为Ⅲ类或Ⅳ类	$15<H\leqslant30$	很严重	一级
			严重	二级
		$H\leqslant15$	很严重	一级
			严重	二级
			不严重	三级
土质边坡		$10<H\leqslant15$	很严重	一级
			严重	二级
		$H\leqslant10$	很严重	一级
			严重	二级
			不严重	三级

注　1. 一个边坡工程的各段，可根据实际情况采用不同的安全等级。
　　2. 对危害性极严重、环境和地质条件复杂的特殊边坡工程，其安全等级应根据工程情况适当提高。

破坏后果很严重的下列建筑边坡工程，其安全等级应定为一级：①由外倾软弱结构面控制的边坡工程；②危岩滑坡地段的边坡工程；③边坡塌滑区内或边坡塌方影响区内有重要建（构）筑物的边坡工程。

破坏后果不严重的上述边坡工程的安全等级可定为二级。

二、边坡工程安全系数

边坡工程安全系数是判断边坡稳定性、确定边坡处理工程量的重要指标，直接关系着边坡工程的安全性、经济性与合理性。定得高，会浪费大量的处理工程费用；定得太低，又将危及工程正常运行，甚至导致失事带来更大的经济损失或花费更多的补救处理费用。目前国内对边坡（包括自然滑坡）的设计和施工，尚无统一的规范和标准可循。因此，边坡安全系数需要根据具体边坡的实际情况，分析影响边坡稳定安全系数的各种因素，并类比同类工程的实践经验和邻近行业的规程规范，综合分析确定。

影响边坡稳定系数取值的主要因素包括以下几种。

（1）对边坡客观地质条件的认识深度，特别是对控制边坡稳定的各种断裂结构面的产状、规模、性状以及它们的分布和组合情况了解的准确性。

（2）计算采用的各项物理力学参数的准确度，包括试样的代表性、试样的数量、试验的方法和试验成果的分析取值等。

（3）计算模式选取的合理性及外荷载组合和计算分析方法选用的正确性。

（4）边坡工程的重要性及边坡失稳破坏后的危害大小、修复处理的难易程度。

1.《水电水利工程边坡设计规范》(DL/T 5353—2006)

该规范第5章中规定，水电水利工程边坡稳定分析应区分不同的荷载效应组合或运用状况，采用极限平衡方法中的下限解法进行时，其设计安全系数应不低于表5-4中规定的数值。

表5-4　水电水利工程边坡设计安全系数

级别 \ 类别及工况	A类枢纽工程区边坡			B类水库边坡		
	持久状况	短暂状况	偶然状况	持久状况	短暂状况	偶然状况
Ⅰ级	1.30～1.25	1.20～1.15	1.10～1.05	1.25～1.15	1.15～1.05	1.05
Ⅱ级	1.25～1.15	1.15～1.05	1.05	1.15～1.05	1.10～1.05	1.05～1.00
Ⅲ级	1.15～1.05	1.10～1.05	1.00	1.10～1.00	1.05～1.00	≤1.00

该规范还规定：针对具体边坡工程所采用的设计安全标准，应通过对边坡与建筑物关系、边坡工程规模、工程地质条件复杂程度以及边坡稳定分析的不确定性等因素进行分析，从表5-4中所给范围内选取。对于失稳风险度大的边坡，或稳定分析中不确定因素较多的边坡，设计安全系数宜取上限值，反之可取下限值。对于特别重要或有变形极限要求的边坡，应经过边坡应力变形分析论证确定设计安全系数，通常要求高于表5-4中的规定。

2.《建筑边坡工程技术规范》(GB 50330—2013)

边坡工程稳定性验算时，其稳定性系数应不小于表5-5规定的安全系数，否则应对边坡进行处理。

表5-5　边坡稳定安全系数

计算方法 \ 边坡工程安全等级	一级边坡	二级边坡	三级边坡
平面滑动法、折线滑动法	1.35	1.30	1.25
圆弧滑动法	1.30	1.25	1.20

3.《碾压式土石坝设计规范》(DL/T 5395—2007)

该规范第七章第三节稳定计算中指出土坝抗滑稳定安全系数，应不小于表5-6规定的数值。

表5-6　土坝稳定安全系数

运用条件 \ 工程等级	Ⅰ	Ⅱ	Ⅲ	Ⅳ、Ⅴ
正常运用条件	1.30	1.25	1.20	1.15
非常运用条件Ⅰ	1.20	1.15	1.10	1.05
非常运用条件Ⅱ	1.10	1.05	1.05	1.00

4.《建筑物地基基础设计规范》(GB 50007—2011)

该规范第六章第五节滑坡防治中第3条规定的安全系数见表5-7。

表5-7　滑坡稳定安全系数

建筑物级别	1	2	3
安全系数	1.25	1.15	1.05

5.《水利水电工程地质勘察规范》(GB 50487—2008)

该规范第七章第五节边坡稳定分析第6条指出边坡定性可按稳定系数 K_c 评价：

稳定的　$K_c>1.1\sim1.3$

基本稳定的　$K_c>1.05\sim1.1$

临界稳定状态　$K_c>1.00\sim1.05$

不稳的　$K_c<1.00$

6.《水利水电工程地质手册》(水利水电规划设计院主编，水利电力出版社，1985)

该书第三章第一节工程地质条件与参数选择中指出："在进行边坡稳定分析中，边坡稳定系数，有的建议对土质边坡的稳定系数不小于1.2～1.3；岩质边坡不小于1.3～1.5。"

7.《岩石边坡工程》(英 E. Hoek、J. W. Bray 著，卢世宗等译，冶金工业出版社，1983)

该书第二章边坡破坏的基础力学，第十节边坡安全系数中指出："把安全系数从1.0增加到1.3，一般对于矿山边坡将是合适的，因为不需要长时间地使边坡保持稳定。对于邻近运输道和重要设备的关键边坡，常可采用1.5的安全系数。"

8.《边坡工程手册》(加拿大矿物和能源技术中心编，祝玉学等译，冶金工业出版社，1984)

该书第六章机械加固，第三节加固设计中指出："当边坡处在极恶劣的条件下，设计安全系数取1.05～1.1可能是合理的，在此情况下，地下水和地震均包括在内。"

9. 香港边坡设计标准

对10年一遇降雨条件下新边坡的安全系数值见表5-8。同时指出："地下水位与降雨密切相关，设计标准采用10年一遇降雨。降雨频率即要考虑到一次暴雨，也要考虑到雨季总降雨。对一些重要的边坡工程，还要校核可能发生最不利的地下水工况，此时允许降低设计安全系数，但不得小于1.1。"

10. 日本滑坡和边坡稳定对策设计和施工

确定滑坡防治安全系数以1.05为最低目标。

表5-8　香港边坡设计标准

经济损失 \ 生命危险	忽略	较小	较大
忽略	>1.0	1.2	1.4
较小	1.2	1.2	1.4
较大	1.4	1.4	1.4

日本学者的研究和工程实践认为，一般设计安全系数上限为1.25～1.3，下限为1.05。

11. 法国煤炭研究中心

矿山工程岩体边坡稳定安全系数值不小于1.5～2.0。当岩层构造简单，很多影响因素被掌握时，有时用1.1为最小安全系数。

12. 瑞典电力咨询服务公司

1985年完成的《关于三峡船闸工程岩石边坡稳定性开挖方案的研究》（初步报告、英文）中对三峡高边坡稳定的判定指标采用1.5。

三、边坡工程安全系数取值实例

国外边坡工程安全系数取值实例见表5－9。国内边坡工程安全系数取值实例见表5－10。

表5－9　　国外边坡工程安全系数取值实例

序号	国家	工程和建筑物	岩性	坡高/m	坡角/(°)	标准系数 k_1 / 稳定系数 k_2
1	苏联	康斯坦丁诺夫斯克水利枢纽导流渠边坡	下元古代花岗岩（花岗岩、火成岩、片麻岩）	38	70	1.25 / 1.25
2	苏联	塔什雷克抽水蓄能电站厂房基坑挡水边坡	下元古代花岗岩类（花岗岩～片麻岩，片麻岩）	65	61	1.25 / 1.27
3	苏联	库列依斯克水电站厂房基坑边坡	粗玄岩，粉砂岩，边坡基础为石墨～粗玄岩～角砾花岗岩	70	62	1.14 / 1.32
4	苏联	英古里水电站右岸大坝连接段边坡	下白垩纪石灰岩、白云岩	90	64	1.25 / 1.41
5	苏联	托克托古尔水电站天然边坡	石灰岩、白云岩、页岩、砂岩	123	56	1.19 / 1.61
6	日本	田川坝坝线附近边坡	凝灰角砾岩	80	50	正常1.20 地表1.10 水位聚降1.20
7	西班牙	露天矿边坡		300		1.30

表5－10　　国内边坡工程安全系数取值实例

序号	工程和建筑物	岩性	坡高/m	坡角/(°)	稳定安全系数 Ke	
					施工期	运行期
1	安康水电站左岸溢洪道边坡	震旦系千枚岩	74～149		1.05～1.1	1.20
2	安康水电站厂房边坡	震旦系千枚岩	200		1.05	
3	安康水电站厂房尾水渠右岸边坡	震旦系千枚岩	＞100			1.15

续表

序号	工程和建筑物	岩性	坡高/m	坡角/(°)	稳定安全系数 Ke	
					施工期	运行期
4	乌江渡水电站小黄崖危岩体	二叠系灰岩，乐平煤系	145			正常 1.30 地表 1.10
5	鲁布格水电站溢洪道边坡	白云岩，灰岩				自重 1.50 自重+水压 1.20
6	清江隔河岩厂房边坡	石龙洞灰岩、石牌页岩	正向坡： 施工期 155 运用期 110 侧向坡： 施工期 195 运用期 145		排水正常： 无地震 1.30 地震 1.20 排水失效： 无地震 1.10 地震 1.00	排水正常： 无地震 1.00 地震 1.30 排水失效： 无地震 1.00 地震 1.05
7	李家峡水电站左坝肩下游边坡	前震旦系古老变质岩	150	63～76	表层 $K\geqslant1.00$ 上盘 $K\geqslant1.05$	
8	二滩水电站尾水渠内侧边坡	玄武岩、火山碎屑角砾集块岩	144	63		正常情况 1.20～1.25 特殊情况 1.10
9	黑龙江桦树川水库溢洪道左岸山体滑坡	二叠系上统开山屯组板岩	50	45		1.30
10	黑龙江龙凤山水库输水洞进口左岸边坡	花岗岩、花岗闪长岩及煌斑岩脉	60	45		1.10
11	漫湾水电站左岸边坡	流纹岩	170～340	50	1.05	正常 1.25 地震 1.05
12	长江链子崖危岩体	石灰岩	≈100			正常 1.25～1.30 特殊 1.15～1.20
13	天生桥二级水电站厂房高边坡	中三叠统白云岩、砂岩夹泥岩和页岩	380	25～35		1.20
14	水口水电站开挖边坡	中粗粒黑云母花岗岩	50～70	70		自重 1.50 自重+水 1.20
15	水口水电站龙溪口镇移民安置 2 号区人工开挖边坡	强风化片麻岩内含风化黑云母、长石	41	40～50		3.00
16	红水河上游龙滩水电站船闸边坡		80	70		1.30
17	岩滩水电站导流明渠上游段高边坡	辉绿岩、蚀变辉绿岩、大理石岩、灰岩	75～150 最大 210			1.30

续表

序号	工程和建筑物	岩性	坡高/m	坡角/(°)	稳定安全系数 Ke	
					施工期	运行期
18	五强溪水电站左岸高边坡	前震旦系浅变质千枚状板岩、板岩、砂质板岩、砂岩、石英砂岩				正常 1.56 非常 1.14

资料显示，国内外各类边坡工程或滑坡处理工程设计采用及处理以后，实际达到的安全系数一般为 1.05～1.5，采用较多的是 1.2～1.3。

第四节 边坡工程开挖设计

一、开挖目的

从改善岩质斜坡稳定性的目的出发，采用开挖法既可以减少促成破坏的下滑力，达到减载目的，又可以清除可能引起斜坡破坏（即岩崩和滑坡）的局部不稳定的或潜在不稳定的部分。开挖边坡的坡形、戗道宽度、梯段高度与坡度，应依据边坡的地质条件来确定。

边坡开挖的目的如下。

（1）清除不稳定的或潜在不稳定的岩土体。

（2）放缓斜坡，提高边坡的整体稳定性。

（3）斜坡上方减重。

（4）在斜坡中设平台，其宽度不宜小于 2m。

（5）边坡开挖应采用控制爆破施工工艺，以对岩体稳定危害最小的方式开挖。

二、开挖坡度的选择

《建筑边坡设计规范》（GB 50330—2013）规定，土质边坡的坡率允许值，应根据经验按工程类比的原则，并结合已有稳定边坡的坡率值分析确定，当无经验且土质均匀良好、地下水贫乏、无不良地质现象或地质环境条件简单时可按表 5-11 确定。

表 5-11　　土质边坡坡率允许值

边坡土体类别	状态	坡率允许值（高宽比）	
		坡高小于 5m	坡高 5～10
碎石土	密实	1∶0.35～1∶0.50	1∶0.50～1∶0.75
	中密	1∶0.50～1∶0.75	1∶0.75～1∶1.00
	稍密	1∶0.75～1∶1.00	1∶1.00～1∶1.25
黏性土	坚硬	1∶0.75～1∶1.00	1∶1.00～1∶1.25
	硬塑	1∶1.00～1∶1.25	1∶1.25～1∶1.50

注　表中碎石土的充填物为坚硬或硬塑状态的黏性土；对于砂土或充填物为砂土的碎石土，其边坡坡率允许值应按自然休止角确定。

岩质边坡开挖的坡率允许值，在边坡保持整体稳定的条件下，应根据实际经验按工程类比的原则，并结合已有稳定边坡的坡率值分析，确定没有外倾软弱结构面的边坡可按表5－12确定。

表5－12　　岩质边坡坡率允许值

边坡岩体类别	风化程度	坡率允许值（高宽比）		
		$H<8m$	$8m\leqslant H<15m$	$15m\leqslant H<25m$
Ⅰ类	微风化	1：0.00～1：0.10	1：0.10～1：0.15	1：0.15～1：0.25
	中等风化	1：0.10～1：0.15	1：0.15～1：0.25	1：0.25～1：0.35
Ⅱ类	微风化	1：0.10～1：0.15	1：0.15～1：0.25	1：0.25～1：0.35
	中等风化	1：0.15～1：0.25	1：0.25～1：0.35	1：0.35～1：0.50
Ⅲ类	微风化	1：0.25～1：0.35	1：0.35～1：0.50	
	中等风化	1：0.35～1：0.50	1：0.50～1：0.75	
Ⅳ类	中等风化	1：0.50～1：0.75	1：0.75～1：1.00	
	强风化	1：0.75～1：1.00		

注　表中 H 为边坡高度，Ⅳ类强风化包括各类风化程度的极软岩。

《水电水利工程边坡设计规范》（DL/T 5353—2006）的条文说明中，建议岩质开挖边坡梯段高度在15～20m，不宜超过30m。建议水平或平缓戗道宽度不小于2m。对于非结构面控制稳定的岩质边坡建议开挖坡度见表5－13。

表5－13　　岩质边坡建议开挖坡度

岩体特征	建议开挖坡度	备　注
散体结构岩体	≤天然稳定坡	结合表层保护及拦石措施
全/强风化岩体	1：1	结合系统锚固或随机锚固
中/弱风化岩体	1：0.5	结合随机锚固
微风化/新鲜岩体	1：0.3～直立（临时）	
整体/完整结构岩体	1：0.1～直立（临时）	
层状岩体逆向坡	1：0.15～1：0.25	逆向坡应防止倾倒破坏，结合系统锚固或随机锚固
层状岩体顺向坡	≤层面边坡	

三、开挖施工控制设计

爆破扰动对岩体稳定性的影响较大，使边坡岩体的安全系数明显降低，因此在边坡开挖过程中应尽量减少爆破扰动。主要手段包括：①采用高效炸药；②优化控制爆破设计参数；③采用合理的装药结构；④控制单响药量；⑤采用微差、梯段爆破等。

根据我国有关水电工程边坡开挖的经验，单响药量控制标准如下。

（1）距设计边坡20m以外，不超过250kg。

（2）距设计边坡8～20m范围，不超过150kg。

（3）距设计边坡8m之内，不超过75kg。

设计方面可以有所作为的是改变水利水电工程中沿用的斜坡式开挖方式，采用矿山工程中得到广泛应用的台阶式开挖剖面。如图5－1所示，在不改变边坡总的坡度的前提下，如果沿一个接一个的垂直的台阶面下挖，可以使边坡开挖效率大大提高，获得极好的光面爆破效果。图 5-2 是国外一个大型露天矿按台阶式开挖形成的边坡。目前，露天矿最大的开挖高度可达 1000m。这一开挖方法最大的好处是便于施工，提高爆破效率，这样也就可以大幅度地减少炸药用量。图 5-3 所示的半孔率极高的光面爆破面，如果改为斜坡面开挖，是很难做到的。

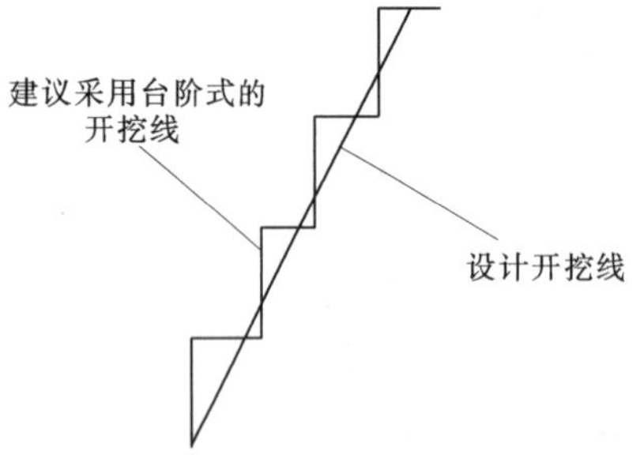

图 5-1 台阶式开挖的施工方式

图 5-2 矿山工程中采用台阶式开挖的一个典型例子

图 5-3 洪家渡工程中对垂直掌子面采用光面爆破的效果

第五节 边坡工程排水设计

在所拟定的边坡防治工程中，首先应考虑的是各种排水法，通过降低地下水水位，改善地表排水条件与地下排水条件，可以增加边坡的稳定性。各种排水措施与其他可能使用的措施相比较，经常以较低的费用而收到实际的效益。对于有几千立方米的大型滑体除了一些排水措施之处，任何方法都不能将破坏控制在实际可行的限度内。作为边坡设计和稳定斜坡的组成部分，地表和地下排水由于造价低、效果好，在规划的一开始就应予以考虑，当然，目前我国工程边坡几乎全部采用排水措施。

一、地表排水设计

合适的地表排水设施，特别是对于软弱岩层或易受侵蚀的岩层，能够改善由于地表水作用引起的斜坡稳定性降低。排水设计的前提是彻底调查不稳定斜坡上部后面的区域，以便确定地表水是流向不稳定地区还是流入土层中，或者是两者的结合。采用的措施如下。

（1）疏干边坡所在区域以上的池塘、积水凹地和小溪冲成的凹地中的水流，这些水能渗入不稳定区域。

（2）重整地表以达到控制水流和地表径流。

（3）在坡顶以上用混凝土、泥浆、沥青或聚乙烯板，临时地或永久地封闭或填塞裂缝和其他明显的高渗透地区，这些地区将为大量水的渗入提供通道（封闭裂缝也将防止裂缝中的水冻结）。

（4）设置有衬砌（铺砌、灌注泥浆）或无衬砌明渠、涵洞、排水沟、水槽或水管，将有危害地表水流引入稳定地区。

（5）尽量不要破坏植被，而应促使植物生长。

1. 边坡地表截、排水设计内容及要求

（1）边坡开挖或治理边界以外的截、排水沟。

（2）边坡开挖或治理边界以内的截、排水沟。

（3）采取边坡防水措施，如跨缝构造、填缝夯实等。

（4）地表截、排水沟的排水流量设计标准，应根据边坡的重要性，工程区降雨特点、集水面积大小、地表水下渗对边坡稳定影响程度等因素综合分析确定，一般按照2～20年一遇降雨强度计算排水流量。

（5）截、排水沟的断面尺寸和底坡应根据水力计算成果并结合地形条件分析确定。

（6）边坡截、排水沟宜采用梯形或矩形断面，护面材料可采用浆砌石或混凝土，砂浆或混凝土强度等级不宜低于C15，护面厚度不宜小于20～30mm。

2. 排水沟断面设计

（1）设计流量的计算：

$$Q_s = CSF^{2/3} \tag{5-1}$$

式中：Q_s 为设计流量，m^3/s；C 为系数，按不同地貌确定，一般地区可取0.6；S 为相应于设计洪水频率的1h降雨量，mm，如可取百年一遇1h降雨量100mm；F 为汇水面积，km^2，利用地形图进行求算。

在实际计算中，对于较长的沟渠，其流量沿程有所变化，所以采取分段计算后将流量叠加。各段的长度等于前面诸段的累计值：

$$Q_s = \sum_{i=1}^{n} Q_{si} \tag{5-2}$$

（2）水力计算。对于梯形断面的排水沟，水力计算的基本公式如下。

1）通过流量 Q（m^3/s）：

$$Q = \omega v \tag{5-3}$$

式中：ω 为沟渠的过水断面面积，m^2；v 为平均水流速度，m/s。

2）过水断面面积 ω（m^2）：

$$\omega = bh + mh^2 \tag{5-4}$$

式中：b 为沟底宽度，m；h 为水流深度，m；m 为排水沟边坡坡率。

3）湿周 P（m）：

$$P = b + kh \tag{5-5}$$

式中：k 为计算系数，对对称梯形边沟，$k=2\sqrt{1+m^2}$；对不对称梯形边沟，$k=\sqrt{1+m_1^2}+\sqrt{1+m_2^2}$，对矩形边沟，$m=0$，$k=2$。

4）水力半径 R（m）：

$$R=\omega/P \tag{5-6}$$

5）水流速度 v（m/s）：

在等流速情况下水在沟渠内的流速，按式（5－7）计算：

$$v=C\sqrt{Ri} \tag{5-7}$$

其中

$$v=\frac{1}{n}R^{0.167} \tag{5-8}$$

式中：i 为沟底纵坡，以小数表示；C 为流速系数；n 为沟渠断面底糙率，一般可取 $\frac{1}{n}$ 为 60。

【例题 5－1】 某边坡位于无锡市，根据无锡市气象资料，取暴雨重现期为 50 年，最大暴雨强度 116.4mm/h 为设计暴雨强度，降雨历时标准取 60min。汇水面积 0.01km^2，计算得到坡面地表排水最大洪峰流量 $Q_m=0.29\text{m}^3/\text{s}$，若采用底宽 0.5m，顶宽 0.5m，深度 0.5m 的排水沟，试验算排水沟断面是否满足设计要求。

解： 流量计算根据谢才明渠流公式和满宁公式计算：

$$Q=WC\sqrt{RI} \tag{5-9}$$

其中：

$$W=(b+mH)H \tag{5-10}$$

$$C=R^{1/6}/n \tag{5-11}$$

$$R=W/X \tag{5-12}$$

$$X=b+2H\sqrt{1+m^2} \tag{5-13}$$

式中：Q 为断面流量，m^3/s；I 为沟道纵坡降；C 为流速系数；R 为水力半径，m；b 为排水渠底宽，m；H 为水深，m；m 为排水渠迎水面坡比；n 为糙率。各参数取值见表5－14。

经验算，排水沟过流量 0.61m^3/s＞设计汇流量 0.29m^3/s，设计满足要求。

表 5－14　　排水沟设计计算表

汇水面积/km^2	设计降雨强度/(mm/h)	径流系数	设计汇流量/(m^3/s)	排水沟过流量/(m^3/s)	糙率	水力半径	排水沟断面尺寸/m				过水面积/m^2	水力坡降	流速系数
							下底宽	坡比	水深	沟深			
0.01	116.40	0.90	0.29	0.61	0.03	0.15	0.50	0.00	0.40	0.50	0.20	0.10	24.40

二、地下排水设计

地下排水措施应根据边坡所处位置、边坡与建筑物关系、工程地质和水文地质条件，确定地下截、排水系统的整体布置设计方案，可选用截水渗沟、排水孔、排水井、排水洞、大口径管井、水平排水管或排水截槽等。当排水管在地下水位以上时，应采取措施防止渗漏。对于重要的水利水电工程边坡，宜设多层排水洞形成立体地下排水系统，必要时，在各层排水洞之间以排水孔形成排水帷幕，各层排水洞高差不宜超过 40m。坝肩边坡的防渗帷幕和排水系统设计应遵循混凝土重力坝、混凝土拱坝等设计规范的规定。

1. 排水孔设计原则

边坡工程应设排水孔，排水孔布置是决定排水效果最重要的一个环节。对岩质边坡的排水孔，宜优先设置于裂隙发育、渗水严重的部位，边坡坡脚、分级平台和支护结构前应设排水沟，当潜在破裂面渗水严重时，排水孔宜深入至潜在滑裂面内。

排水孔边长或直径不宜小于 100mm，外倾坡度不宜小于 5%，间距宜为 2～3m，并宜按梅花形布置。最下一排泄水孔应高于地面或排水沟底面不小于 200mm，在地下水较多或有大股水流处，泄水孔应加密。

水利水电工程中的边坡表层的喷锚支护、格构、挡墙等均应配套有系统布置的排水孔，必要时，设置反滤措施。岩质边坡表层系统排水孔孔径不应小于 50mm，深度不应小于 4m，钻孔上仰角度不宜小于 5°。

为提高排水效果，可以在排水洞中布置排水孔。根据排水洞开挖后地质素描图，排水孔尽量布置在构造线和节理裂隙带上。在横断面上沿顶拱、上游侧边墙（或外侧边墙）、底板 3 个方向布置排水孔。排水孔孔径、沿洞轴线方向间距、孔深等参数的确定应通过相关的渗流计算分析获得。

排水孔保护是排水孔设计的一部分，应将排水孔中的钻探岩屑、淤泥、黏土和其他物质彻底清洗。采用高压空气、高压水，在某些情况下甚至用洗涤剂来清洗排水孔。在破碎的岩体中应特别注意保证孔中的坍落物质不堵塞排水孔。一旦坍孔严重，就应设置花管，确保排水畅通。对于有冻结的情况，应保护排水孔出口，以免因结冰而引起堵塞。可以使用的保温材料有稻草、锯末、砾石或碎石，也有采用电热法使排水管保持足够的温度以免结冰。在排水孔进水侧，应设置反滤层或反滤包，反滤层厚度不应小于 500mm，反滤包尺寸不应小于 500mm×500mm×500mm，反滤层顶部和底部应设厚度不小于 300mm 的黏土隔水层。

对于排水洞中的排水孔，在一般围岩洞段，只需安装孔口管，内部不保护；而节理密集带、断层及断层影响带中排水孔，孔内应设置滤管。滤管可采用外径 75mm 的 PVC 多孔管外包土工滤布，滤管结构参见图 5－4。

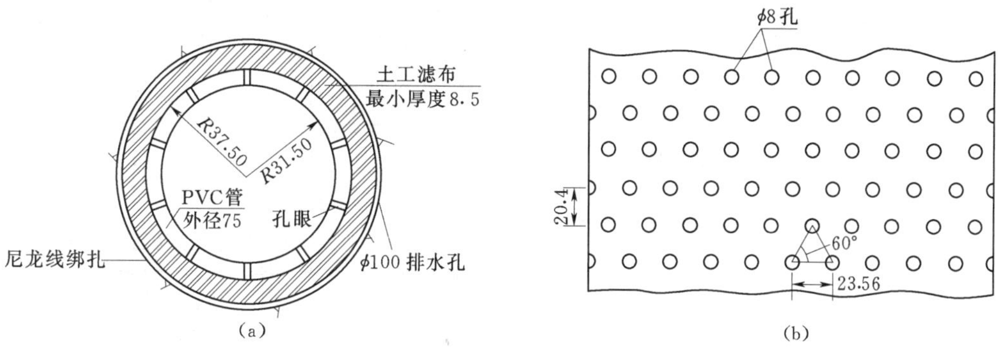

图 5－4　排水滤管结构图（单位：mm）

(a) 滤管剖面图；(b) PVC 管展开布孔图

2. 排水洞设计原则

为提高边坡的稳定性，大型岩质边坡、堆积层边坡和滑坡体内可设置排水隧洞，以降低施工期和运行期坡内的地下水位，通过采用排水洞排出地下水。排水洞布置原则是在平面布置上，洞线应能控制整个边坡；在剖面布置上，应不与已有的边坡加固工程如锚索直接交叉。同时，应满足排水要求，使坡内水位降低到计算稳定的地下水位一定高程以下。

排水洞的布置应考虑到隔水软弱层带、滑面或滑带上盘的上层滞水和下盘承压水的排泄通道。排水洞洞径不宜小于 1.5m×2m（宽×高），应设有巡视检查通道。排水洞洞底坡度不宜小于 1%，洞内一侧应设排水沟，尽量使地下水自流排出坡外。

排水洞宜从稳定岩体进口，平行滑面下盘布置主洞，垂直滑面的方向布置支洞穿过隔水软弱层带或滑带。当岩体渗透性弱，排水效果不良时，排水洞项和洞壁应设辐射状排水孔，孔径不应小于 50mm，排水孔应作反滤保护。排水洞通过破碎岩体和软弱层带时，应作必要的衬砌保护，排水孔应作反滤保护。当排水洞低于地表排泄通道时，应在洞内布置有足够容量的集水井，用水泵将集水排出洞外。图 5-5 为小浪底排水洞洞线布置图。

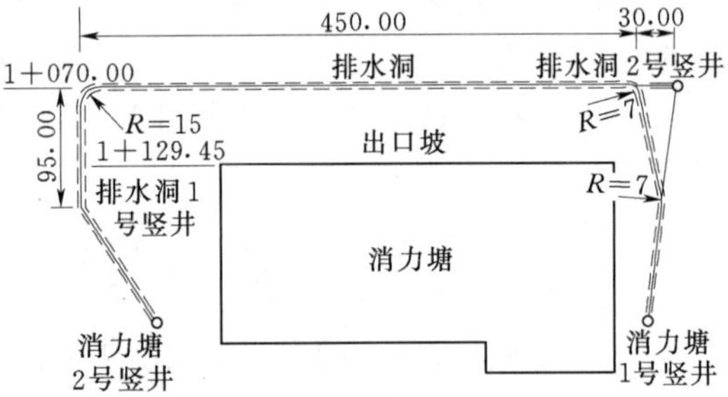

图 5-5　小浪底出水口边坡排水洞洞线布置图（单位：m）

排水洞可采用全断面钢筋混凝土衬砌，并根据不同的围岩类型进行钢筋混凝土衬砌或支护。图 5-6 和图 5-7 为小浪底出水口边坡排水洞的典型断面开挖支护图与混凝土衬砌和排水孔图。A 形断面开挖尺寸 2.9m×3.5m（宽×高），衬砌后断面尺寸 2.1m×2.8m（宽×高）。临时支护锚杆 ϕ20mm，$L=2.0$m，@1.2m×1.2m，挂钢筋网 ϕ8mm@0.2m×0.2m，一层，喷混凝土厚 0.10m。钢筋混凝土衬砌厚 0.30m，混凝土标号 R_{28}250 号。图 5-8 和图 5-9 为典型的边坡工程排水洞布置与衬砌设计图。

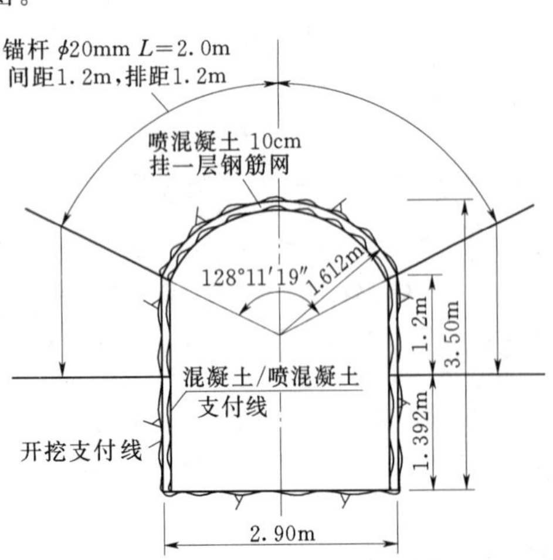

图 5-6　A 形断面开挖支护图

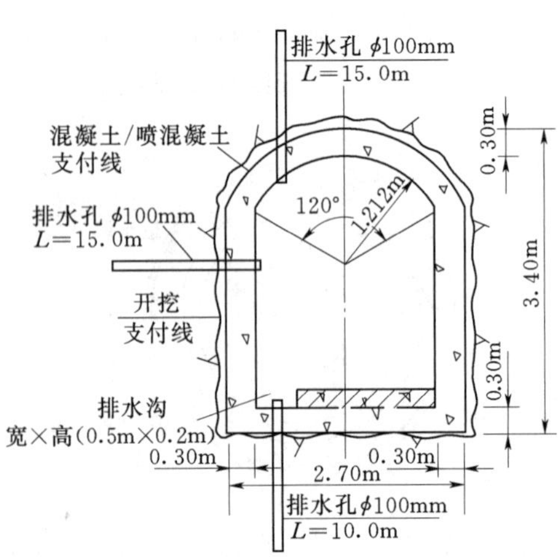

图 5-7　A 形断面混凝土衬砌和排水孔

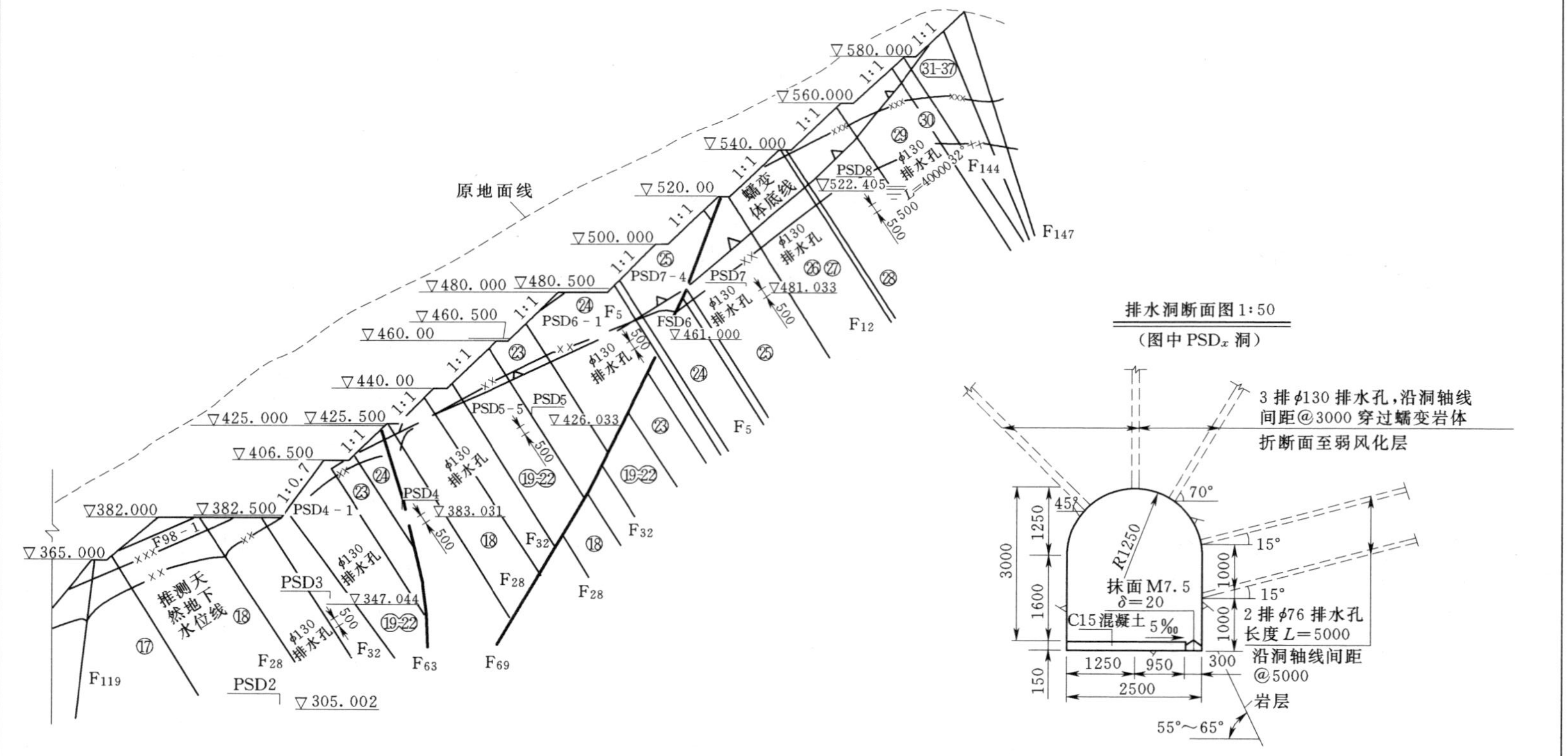

说明：1. 单位：高程、桩号为m，尺寸为mm。

2. 排水孔的孔位根据现场开挖揭露的地下水发育及渗水逸出情况，酌情进行适当调整。原则上，在地下水发育和地下水逸出处适当加密间距。

3. 除顶层排水洞(PSD8)、蠕变体B区排水洞外，原则上要形成上、下层连续的排水幕孔（ϕ130），排水幕孔以穿过上层排水洞洞底500控制。PSD7洞P7－P9～P7－P11和PSD3洞P3－P7～P3－P8之间ϕ130排水孔，仰倾角以尽可能多穿岩层为原则，孔深45m。

4. 排水支洞洞壁根据开挖揭露的地下水情况，按现场工程师要求，酌情布置放射状排水孔(ϕ76)。

5. 排水孔内设置透水软管反滤和防护。

6. 为保持洞内整洁，排水孔出口处设置连接管(PVC管)，将排水孔出水引入洞内排水沟。

图5-8　边坡排水洞布置图

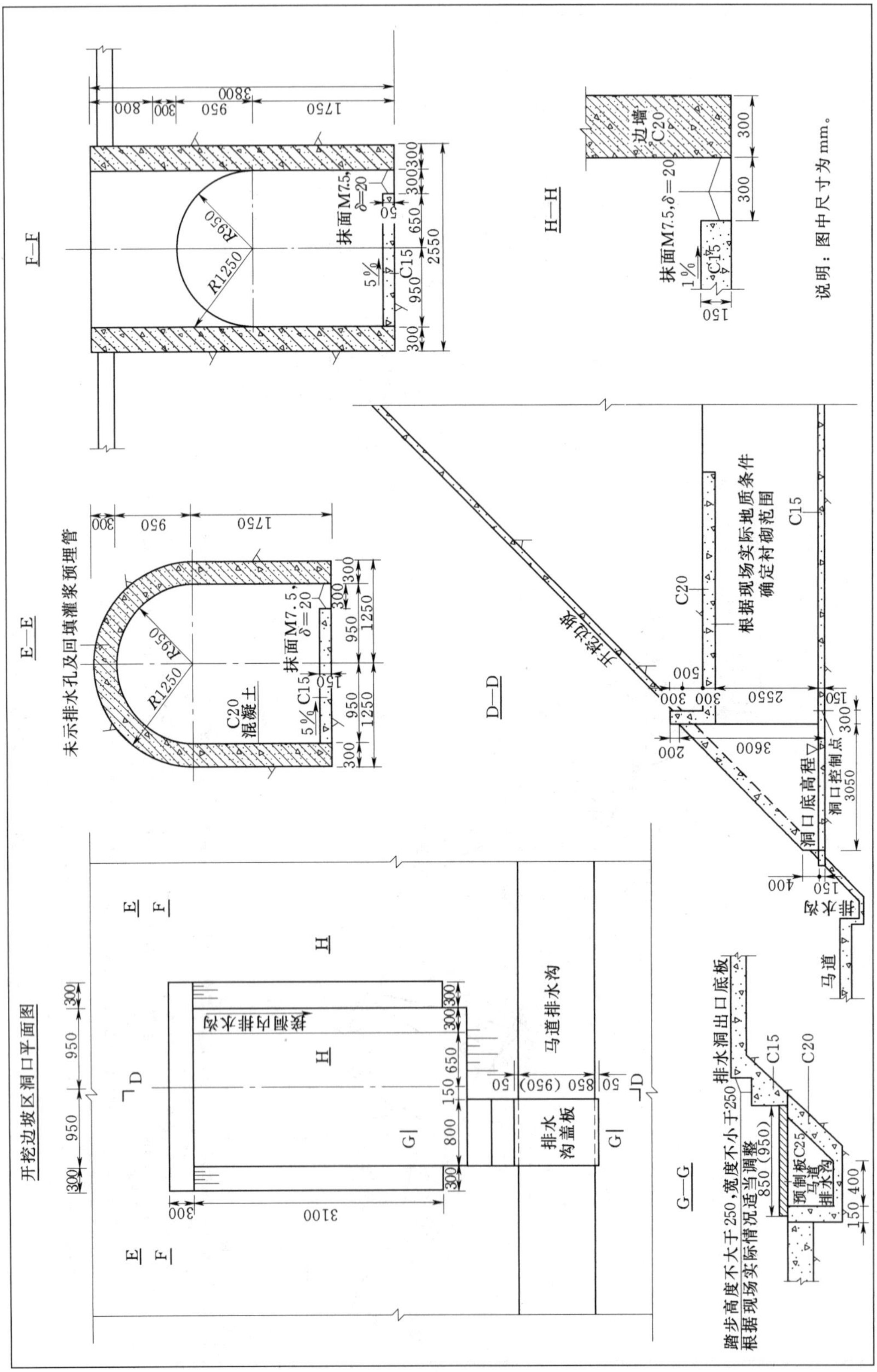

图5-9　边坡排水洞衬砌设计

第六节　边坡工程加固设计

边坡处理应综合考虑开挖减载、排水、坡面支护、深层加固和灌浆等多种处理措施，使得边坡处理方案满足安全和经济的要求。除上一节介绍的排水措施外，若稳定性不能满足工程要求时，还可采用以下加固措施。

(1) 开挖和压脚：上部开挖，下部压脚。

(2) 坡面支护：喷混凝土、喷纤维混凝土、混凝土面板、沥青混凝土面板、锚杆和混凝土塞等。

(3) 深层加固：锚索（杆）、预应力锚索（杆）、锚固洞等。

(4) 灌浆处理：水泥灌浆和化学灌浆等。

(5) 支挡措施：各类挡土墙和防护网等。

建筑工程边坡支护结构型式，可根据场地地质和环境条件、边坡高度以及边坡工程安全等级等因素参照表 5-15 选定。

表 5-15　　边坡支护结构常用型式

结构类型＼条件	边坡环境	边坡高度 H/m	边坡工程安全等级	说明
重力式挡墙	场地允许，坡顶无重要建（构）筑物	土坡，$H\leqslant8$ 岩坡，$H\leqslant10$	一级、二级、三级	土方开挖后边坡稳定较差时不应采用
扶壁式挡墙	填方区	土坡，$H\leqslant10$	一级、二级、三级	土地边坡
悬壁式支护		土坡，$H\leqslant8$ 岩坡，$H\leqslant10$	一级、二级、三级	土层较差，或对挡墙变形要求较高时，不宜采用
板肋式或格构式锚杆挡墙支护		土坡，$H\leqslant15$ 岩坡，$H\leqslant30$	一级、二级、三级	坡高较大或稳定性较差时宜采用逆作法施工。对挡墙变形有较高要求的土质边坡，宜采用预应力锚杆
排桩式锚杆挡墙支护	坡顶建（构）筑物需要保护，场地狭窄	土坡，$H\leqslant15$ 岩坡，$H\leqslant30$	一级、二级、级	严格按逆作法施工，对挡墙变形有较高要求的土质边坡，应采用预应力锚杆
岩石锚喷支护		Ⅰ类岩坡，$H\leqslant30$ Ⅱ类岩坡，$H\leqslant30$ Ⅲ类岩坡，$H\leqslant15$	一级、二级、三级 二级、三级 二级、三级	
坡率法	坡顶无重要建（构）筑物，场地有放坡条件	土坡，$H\leqslant10$ 岩坡，$H\leqslant25$	二级、三级	不良地质段，地下水发育区，流塑状上时不应采用

一、边坡加固设计的原则

边坡工程加固应遵循以下原则。

（1）消除和减轻地表水和地下水的危害。在边坡外围修建截水沟、排水沟、混凝土护面等，常采用水平钻孔疏干、垂直孔疏干、竖井排水、隧洞疏干、支撑盲洞等排干地下水。

（2）改善边坡岩土体的力学强度。

1）消坡减载。用降低坡高或放缓坡角来改善边坡岩土体的稳定性。

2）边坡人工加固。

边坡工程常用以下加固方法。

1）修筑挡土墙，护墙等支挡不稳定岩体。

2）钢筋混凝土抗滑桩作为阻滑工程。

3）预应力锚杆或锚索（图 5－10 和图 5－11）。

4）固结灌浆或电化学加固法。

5）锚固洞或抗滑键以提高边坡岩体强度。

6）用预裂爆破和减震爆破等控制爆破技术防止岩土体强度的削弱。

图 5－10　边坡锚索支护

图 5－11　边坡锚杆施工

二、边坡坡面防护与浅表层加固设计

岩质边坡可采用锚喷支护。Ⅰ类岩质边坡宜采用混凝土锚喷支护，Ⅱ类岩质边坡宜采用钢筋混凝土锚喷支护，Ⅲ类边坡坡高不宜大于 15m，且应采用钢筋混凝土锚喷支护。

（一）坡面防护

坡面防护通常采用喷混凝土的方法。喷射混凝土由粒径为 2cm 的集料和灰浆组成，通过风枪直接喷在被处理岩面上。这是处理岩质边坡不稳定区段的基本方法之一。它可用于防止岩层表面的风化和剥落，并在块体间造成表面加固层。在喷射混凝土之前应将岩质边坡彻底清除，以提供稳固的岩质坡面条件。

1. 适用条件

（1）易风化但未遭受严重风化的岩石边坡，坡面较干燥。

（2）对高而且陡的边坡，上部岩层较破碎而下部岩层完整的边坡和需大面积防护的边坡。

（3）对成岩作用差的黏土岩边坡不宜采用。

2. 结构及材料

喷射混凝土的厚度以8～10cm为宜，分2～3次喷射，水泥常用普通硅酸盐水泥，必要时可选用特种水泥，水泥强度等级应不低于32.5MPa。石子为纯净的中粗砂，粒径为0.25～0.50mm，含土量不超过5%，含水率以5%～7%为宜。混凝土的粗骨料为卵石或碎石，最大粒径不大于15mm，施工时可根据需要添加外加剂，掺外加剂的混凝土性能必须满足设计要求，掺量应通过试验确定。

混凝土的配合比：干法喷射水泥与砂、石子重量比宜为1∶4.0～1∶4.5，水灰比宜为0.40～0.45；混法喷射水泥与砂、石之重量比宜为1∶3.5～1∶4.0，水灰比宜为0.2～0.5，砂率宜为50%～60%。喷射混凝土能和钢丝网、岩体锚栓结合使用，以求一定的结构支撑并形成承受小荷载的扶壁。

（二）钢纤维混凝土

在第六章地下洞室围岩加固设计中有详细介绍。

（三）SNS柔性防护网加固

1. SNS系统简介

对于开挖边坡中的一些危石，为防止其滚落，从经济的角度可采用SNS柔性防护网加固。SNS（safety netting system）系统是瑞士布鲁克集团独家拥有的、以钢丝绳网作为主要构成部分并以覆盖（主动防护）和拦截（被动防护）两大基本类型来防治崩塌落石、风化剥落、爆破飞石、泥石流和岸坡冲刷等斜坡坡面地质灾害的柔性安全防护系统技术和产品。其被动防护系统于1956年首先由瑞士布鲁克集团研制开发并应用于雪崩防护，之后随着科学技术和经济建设的不断发展。特别是进入80年代后，该系统在技术上已日趋完善，形成了一种地质工程领域内不可替代的成熟的柔性防护新技术，产品类型的开发也越来越多样化，并实现了标准化，在斜坡安全防护特别是崩塌落石防护领域得到了大量推广应用。

与传统的典型圬工结构相比，SNS系统不仅能起到传统的防护作用，还具有以下几个方面的综合技术经济优势：①充分利用柔性材料的易铺展性和高防冲击能力，通过系统的开发和大量的现场试验形成了适应各类坡面地质灾害防护的系统化技术，通过定型化的均衡设计和部件的工厂化生产来实现系统的标准化和最优化，并便于工程质量控制和工程量的准确计量；②充分利用高强金属材料的质轻特点来实现系统的轻型化和积木式部件安装，以最短的工期和最少的劳动力来实现施工安装和维护的简单快速化，并最大限度地适应各种复杂的地形地貌环境，避免或尽可能降低因开挖所造成的环境破坏及其对其他作业和周边建筑物正常运营的干扰，可以同步或超前于土石方主体开挖工程的施工，即能实现逆作法施工或平行作业；③充分利用系统的开放性来减小系统的视觉干扰和保护原有植被及其生长条件，并给实施人工绿化提供了可能，充分利用植物根系的护坡加固作用和绿色植物的环境绿化美化功能，将工程治理与环境保护和改造融为一体；④采用特殊防腐处理的钢丝、钢丝绳材料来确保系统较长的防腐寿命，一般可达30～50年。

2. SNS系统的产品系列型号与特征

在目前SNS系统的产品系列中，适合边坡的地形特征、危害防护特点及防护要求的产品类型有是GTC-65型、GPS2Q型主动防护网。GPS2Q型主动防护网以强度为

1770MPa、经过热镀锌处理的钢丝绳编织成的网孔为300mm的钢丝绳网为主要受力构件，结合经过超强防腐处理的钢丝编织成的格栅网，组成的双层主动防护系统；GTC－65型防护网是以强度为1770MPa、经过超强防腐处理的钢丝编织成的内切圆直径为65mm的网孔的TECCO网为主要受力构件的单层防护系统。这两种产品选用强度足够的材质并经过有效的防腐处理，在使用时不仅有足够的防护效果，同时可以确保系统满足30年以上的使用寿命。在主动防护系统中GPS2Q、GTC－65A型防护网都适用于坡面崩塌、风化剥落、溜坍、溜滑或塌落类地质灾害的加固防护，其明显特征是采用系统锚杆固定，通过预应力锚杆来对柔性网部分实现预张拉，从而对整个边坡形成连续支撑，并通过其预张拉作业使系统尽可能紧贴坡面，形成了抑制局部岩土体移动或在发生局部位移或破坏后将其裹缚于原位附近的预应力，从而实现其主动防护功能。该系统在施工工艺上为确保其尽可能紧贴坡面，锚杆孔口应开凿孔口凹坑或灵活利用天然低凹位置设置锚杆进行系统布置。SNS系统的作用原理类似于喷锚支护和土钉墙等面层护坡体系，但因其柔性特征能使系统将局部集中荷载向四周均匀传递以充分发挥整个系统的防护能力，即局部受载、整体作用，从而使系统能承受较大的荷载并降低单根锚杆的锚固力要求。此外，由于系统的开放性，地下水可以自由排泄，避免了由于地下水压力的升高而引起的边坡失稳问题。该系统除对稳定边坡有一定作用外，还能抑制边坡遭受进一步的风化剥蚀，且对坡面形态特征无特殊要求，不破坏和改变坡面原有地貌形态和植被生长条件，其开放特征给随后或今后有条件并需要时实施人工坡面绿化保留了必要的条件，绿色植物能够在其开放的空间上自由生长，植物根系的固土作用与坡面防护系统结为一体，从而抑制坡面破坏和水土流失，反过来又保护了地貌和坡面植被，实现最佳的边坡防护和环境保护目的。

3. 柔性防护网施工顺序及工法

（1）清除坡面防护区域内威胁施工安全的浮土及浮石，对不利于施工安装和影响系统安装后正常功能发挥的局部地形（局部堆积体和凸起体等）进行适当修整。

（2）放线测量确定锚杆孔位（根据地形条件，孔间距可有0.3m的调整量），在孔间距允许的调整量范围内，尽可能在低凹处选定锚杆孔位；对非低凹处或不能满足系统安装后尽可能紧贴坡面的锚杆孔（一般连续悬空面积不得大于5m^2，否则宜增设辅助锚杆，该锚杆结构同系统锚杆，但长度可缩减为1～1.5m，每一孔位处凿一深度不小于锚杆外露环套长度的凹坑，一般口径50cm，深20cm）。

（3）按设计深度钻凿锚杆孔并清孔，孔深应大于设计锚杆长度5～10cm，孔径不小于ϕ42；当受凿岩设备限制或局部孔位处因地层松散或破碎而不能成孔时，可以采用断面尺寸不小于0.4m×0.4m的C15混凝土基础置换不能成孔的岩土段。

（4）注浆并插入锚杆，采用标号不低于M20的水泥砂浆，宜用灰砂比1∶（1～1.2）、水灰比0.45～0.50的水泥砂浆或水灰比0.45～0.50的纯水泥浆，水泥宜用42.5普通硅酸盐水泥，优先选用粒径不大于3mm的中细砂，确保浆液饱满，在进行下一道工序前注浆体养护不少于3d。

（5）对于GPS2Q网：安装纵横向支撑绳，张拉紧后各绳卡与锚杆外露环套固定连接。从上向下铺挂格栅网，进行搭接并用铁丝扎结；从上向下铺设钢绳网并缝合，缝合绳为ϕ8钢绳，每张钢绳网均用缝合绳与四周支撑绳进行缝合并预张拉，缝合绳两端用绳卡与网绳进行固定联结。

(6) 对于GTC－65A网：从上向下铺挂TECCO格栅网，格栅网间重叠宽度不小于5cm，两张格栅网间横向或纵向接缝用$\phi 8$热镀锌钢丝绳进行缝合，每段缝合绳张拉紧后两端各用2绳卡固定连接。

(7) 安装边界绳：边界绳安装使用长度为2m的$2\phi 16$的柔性锚杆，柔性锚杆的施工工序和要求同系统锚杆，每段边界绳的设置长度不宜大于40m，每段边界绳张拉紧后两端各用4绳卡与锚杆外露环套固定连接。

(8) 安装锚垫板并拧紧螺母施加预应力，使格栅张紧并紧贴坡面或稍压入地层，格栅悬空处的锚杆预应力不应大于30kN；锚垫板的弯钩必须卡入格栅网孔内，上边界及侧边界绳必须卡压在锚杆外侧，下边界绳必须卡压在锚杆的上侧。

(9) 检查格栅与坡面的贴紧情况，根据需要布置安装辅助锚杆。

三、边坡锚固设计

1. 边坡锚固设计的原则

(1) 依据已查明的地质资料，在对边坡可能失稳或破坏型式分类的基础上，采用极限平衡理论进行稳定性分析。确定失稳边坡的范围、滑动面位置和下滑力的大小。

(2) 确定预应力锚杆（锚索）施加的阻滑力大小。

根据《水电工程预应力锚固设计规范》中的规定，对于边坡工程，锚固后的稳定状态应满足式(5－14)：

$$\gamma_0 \Psi \gamma_Q q_k \leqslant \frac{1}{\gamma_d} \frac{n p_k}{\gamma_k} \tag{5-14}$$

式中：γ_0为结构的重要性系数，Ⅰ级边坡工程采用1.1，Ⅱ级边坡工程采用1.0，Ⅲ级边坡工程采用0.9；Ψ为设计状态系数，持久状况采用1.0，短暂状况采用0.95，偶然状况采用0.85；γ_Q为下滑力作用分项系数，采用1.1；n为预应力锚杆根数；γ_d为结构系数，采用1.15～1.0；γ_k为抗滑力作用分项系数，采用1.1；p_k为单根预应力锚杆提供的阻滑力，kN；q_k为预应力锚杆承担的不稳定块体下滑力，kN。

2. 定位楔体最佳锚固方向和最小锚固力的确定

在实际应用中，对于由结构面组合形成的定位楔锚固力的大小通常是未知的，需根据边坡的稳定要求来具体确定，即需要计算将安全系数提高到某个规定值F时所需的最小锚索或锚杆张力$T_{\min}$，通过调整锚固力的方向，分析在给定锚固力方向(Ψ_t，α_t)和规定安全系数F下实际所需锚固力T的大小。

由于安全系数F是一个包含锚固力T的复杂的计算过程，很难将锚固力T用安全系数的显式方程表示出来，因此必须采用迭代的方法求解，具体方法如下。

(1) 计算在给定安全系数F，且没有锚固力($T_1=0$)的情况下的不平衡力UF_1，即

$$T_1 = 0 \tag{5-15}$$

$$UF_1 = FS_1 - q_1 \tag{5-16}$$

式中：S_1、q_1分别为楔体滑动的滑动力和阻滑力。

(2) 计算在给定安全系数F下的最小锚固力$T_{\min}$。

(3) 按调整后的锚固方向和最小锚固力，计算在给定安全系数F下的不平衡力，即

$$T_2 = T_{min} \tag{5-17}$$

$$UF_2 = FS_2 - q_2 \tag{5-18}$$

（4）在上述基础上计算迭代初始值，具体公式如下：

$$T_1 = T_1 - (T_2 - T_1)/\mu \tag{5-19}$$

其中

$$\mu = (UF_2 - UF_1)/UF_1 \tag{5-20}$$

（5）令 $T = T_1$ 计算不平衡力：

$$UF = FS - q \tag{5-21}$$

并进一步计算 $T = T - D_t$ 和 $T_2 = T + D_t$ 下的不平衡力：

$$UF_1 = FS_1 - q_2 \tag{5-22}$$

$$UF_2 = FS_2 - q_2 \tag{5-23}$$

式中：D_t 为叠代步长，一般可取 $D_t = 0.01T$ 。

（6）判断计算结果能否满足精度要求，计算公式如下：

设

$$H = (UF_2 - UF_1)/(T_2 - T_1) \tag{5-24}$$

$$DT = -UF/H \tag{5-25}$$

如果 $DT < \xi$（ξ 为要求的计算精度，可取 $\xi = 1$），则计算结果满足精度要求，锚固力 T 即所求结果，否则令

$$T_i = T + DT \tag{5-26}$$

重复（5）、（6）直到精度满足要求为止。

定位楔体的稳定计算公式，可参看由 Hoek 和 Bray 撰写的《岩石边坡工程》一书。

3. 预应力锚索体设计

预应力锚索设计的内容主要包括确定每种规格锚索的钢绞线根数、内锚头设计和外锚头设计。

（1）钢绞线根数的确定。目前工程中通常采用符合美国标准 $ASTM_a416-87a$ 的钢绞线，每股由 7 根 ϕ5mm 低松弛高强钢丝组成，公称直径为 15.24mm，单根钢绞线保证破断力为 260.7kN。预应力锚索的材料强度保证利用系数一般为 55%～65%。

一般地，设计工作荷载为 1000kN 的锚索，需要钢绞线 7 股；设计工作荷载为 2000kN 的锚索，需要钢绞线 14 股；设计工作荷载为 3000kN 的锚索，需要钢绞线 19 股。

（2）预应力锚索的内锚头设计主要是确定内锚固段长度。该长度由以下 3 个条件确定：①保证水泥凝固体不沿孔壁滑移；②保证钢绞线与周围水泥凝固体不脱开；③对双层保护自由式锚索，保证波纹管与其内外水泥凝聚体间不产生剪切破坏。

内锚固段的长度由式（5-27）计算确定：

$$L_i = \frac{KP_i}{\pi d_i c_i} \tag{5-27}$$

式中：K 锚索安全系数，可取 2.0；P_i 为锚索最大张拉荷载；d_i 为计算滑移面所围体的直径；c_i 为计算滑移面上的黏结力。

根据目前工程设计的结果，一般情况下，设计工作荷载为 1000kN 的锚索，最大张拉荷载为 1250kN，钻孔直径为 150mm，内锚头长度为 8.00m；设计工作荷载为 2000kN 的锚索，最大张拉荷载为 2500kN，钻孔直径为 180mm，内锚头长度为 10.00m；设计工作

荷载为 3000kN 的锚索，最大张拉荷载为 3750kN，钻孔直径为 220mm，内锚头长度为 12.00m。

(3) 外锚头设计的主要内容是锚墩的设计，锚墩一般采用钢筋混凝土结构（图 5-12），属纯受压构件。它的作用是把锚具的集中荷载均匀地传到岩体上。锚墩为上小下大的梯形断面，底面积的大小主要取决于锚索设计工作荷载和锚墩下部与岩体接触面的允许承载能力。

一般而言，预应力锚索锚墩混凝土标号为 C30。锚墩强度安全系数取 1.5，锚墩设计尺寸根据锚索荷载大小与锚下岩体的强度确定。锚墩顶部应设钢垫板，3000kN 锚索尺寸一般为 400mm×400mm，厚 60mm；1000kN 锚索尺寸为 300mm×300mm，厚 40mm。中心正交焊接一薄壁导向钢管。设置导向钢管的作用是保证锚墩表面与锚索轴线垂直。锚墩内布置钢筋网，1000kN、2000kN 级布置 3 层，3000kN 级布置 4 层。在导向钢管周围设置螺旋筋。锚墩内所有钢筋直径均为 12mm。表 5-16 为小浪底进、出口边坡预应力锚索外锚墩采用的尺寸。

图 5-12 锚索外锚墩结构

表 5-16 进、出口边坡预应力锚索外锚墩设计尺寸

工程部位	设计工作荷载/kN	外锚墩/m			导向钢管/mm		
		顶面边长	底面边长	高度	内径	壁厚	长度
进口边坡	1000	0.3	1.08	0.39	114	3	1000
	2000	0.4	1.52	0.56	158	5	1200
出口边坡	2000	0.4	1.6	0.6	168	5	1550
	3000	0.4	1.8 或 2.0	0.7 或 0.8	180	7	1600

(4) 预应力锚杆与水平面的夹角可按式 (5-28) 确定：

$$\beta=\theta\pm\left(45^\circ+\frac{\varphi}{2}\right) \tag{5-28}$$

式中：β 为锚固角，即预应力锚杆轴线与水平面的夹角；θ 为滑动面（软弱结构面）倾角；φ 为滑动面的内摩擦角。

4. 预应力锚杆设计

(1) 锚杆的轴向拉力标准值和设计值可按式 (5-29) 和式 (5-30) 计算：

$$N_{zk}=\frac{H_{tk}}{\cos\alpha} \tag{5-29}$$

$$N_a=\gamma_q N_{zk} \tag{5-30}$$

式中：N_{zk} 为锚杆轴向拉力标准值；N_a 为锚杆轴向拉力设计值；H_{tk} 为锚杆所受水平拉力

标准值；α 为锚杆倾角；γ_q 为荷载分项系数，可取 1.30，当可变荷载较大时，应按现行荷载规范确定。

（2）锚杆钢筋截面面积应满足式（5-31）的要求：

$$A_s \geqslant \frac{\gamma_0 N_a}{\xi_2 f_y} \tag{5-31}$$

式中：A_s 为锚杆钢筋或预应力钢绞线截面面积；ξ_2 为锚筋抗拉工作条件系数，永久性锚杆取 0.69，临时性锚杆取 0.92；γ_0 为边坡工程重要性系数；f_y 为锚筋或预应力钢绞线抗拉强度设计值。

（3）锚杆锚固体与地层的锚固长度应满足式（5-32）要求：

$$l_a \geqslant \frac{N_{zk}}{\xi_1 \pi d f_{rb}} \tag{5-32}$$

式中：l_a 为锚固段长度；D 为锚固体直径；f_{rb} 为地层与锚固体黏结强度特征值，应通过试验确定。当无试验资料时，可按相关经验取值；ξ_1 锚固体与地层黏结工作条件系数，对永久性锚杆取 1.00，对临时性锚杆取 1.33。

（4）锚杆长度应按式（5-33）确定：

$$L = L_1 + L_2 + L_3 \tag{5-33}$$

式中：L_1 为内锚固段长度，胶结式内锚固段长度应按式确定，机械式内锚固段应根据锚杆与内锚固段的搭接长度确定；L_2 为张拉段长度；L_3 为外露段长度。

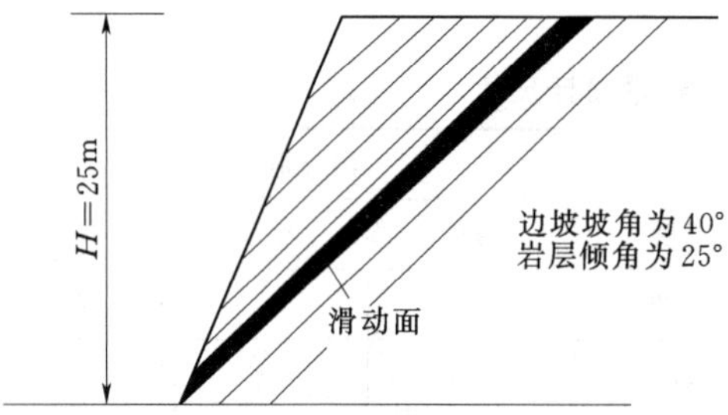

图 5-13 边坡开挖计算图

【例题 5-2】 某公路路堑开挖边坡如图 5-13所示，根据工程地质勘察表明，该边坡由砂岩夹薄层页岩组成，边坡岩体有可能沿软弱的页岩层底面发生滑动，已知该页岩的抗剪强度参数为：$C=20\text{kPa}$，$\varphi=15°$，砂岩重度为 26kN/m^3，试根据所学的知识，初步判别在不考虑地下水与地震作用工况下该边坡的稳定性。如根据安全性要求，安全系数取为 1.35，此时，该边坡是否满足安全要求？如不满足，拟采用预应力锚索进行加固，请设计出锚索的有关技术参数。

解：坡高 $H=25\text{m}$，边坡坡角 $\alpha=40°$，岩层倾角 $\beta=25°$，$c=20\text{kPa}$，$\varphi=15°$，$\gamma=26\text{kN/m}^3$。

滑坡体体积：

$$V=\frac{1}{2}H^2\cot\beta-\frac{1}{2}H^2\cot\alpha=\frac{1}{2}\times25\times25\times(\cot 25°-\cot 40°)=296.88\ (\text{m}^3)$$

滑坡体重量：

$$W=\gamma V=26\times296.88=7718.9\ (\text{kN})$$

稳定系数：

$$F_s=\frac{cl+W\cos\beta\tan\phi}{W\sin\beta}=\frac{20\times\dfrac{25}{\sin 25°}+7718.9\times\cos 25°\times\tan 15°}{7718.9\times\sin 25°}=0.94<1.35$$

故不满足安全要求。

垂直滑动面进行锚索加固，设锚固力大小为 F_m 。则

$$F_s=\frac{cl+(W\cos\beta+F_m)\tan\phi}{W\sin\beta}$$

将 $F_s=1.35$ 代入，得

$$\frac{20\times\frac{25}{\sin 25^\circ}+(7718.9\times\cos 25^\circ+F_m)\times\tan 15^\circ}{7718.9\times\sin 25^\circ}=1.35$$

解得达到安全要求所需锚固力 $F_m=5043.8\text{kN}$。

根据前述知识，锚索采用 3000kN 两根，每根锚索采用钢绞线根数为 $19\times7\phi5$，锚索孔直径为 180mm，可由计算得到满足边坡稳定要求。

四、边坡支挡加固设计

扶壁、护岸和挡墙等是公路、铁路边坡常采用的加固方法，属于外部支挡系统。这些措施通过增加岩体强度和增强不连续面的抗剪强度，从而提高边坡的稳定性。由于该部分内容已在土力学中详细介绍，在此，就做一简要回顾，有关设计方法请详见土力学教材。

1. 扶壁和护岸墙

扶壁和护岸墙常用于危岩即将掉落、已发生轻微的裂缝或者是竖向位移将要发生的地方。在交通系统内，扶壁通常建筑在和公路或铁路面同高程的位置。在陡峻地形区，尤其在有河流侧蚀的地区，扶壁或护岸墙壁是特别有用的。

2. 挡土墙

对于岩质边坡工程，挡土墙主要用于阻止边坡中大量岩体变形、失稳，并通过增加边坡移动的阻力控制和防止失稳，岩石边坡抗滑挡墙施工见图 5-14。挡土墙可减缓岩质边坡的风化作用，因此起到了永久性的防护作用。土质边坡也广泛地采用挡土墙结构。挡土墙的形式有普通重力式、悬臂式挡墙、现场浇注的混凝土墙、带锚定连杆的预制混凝土板、中间有预制混凝土嵌板的竖向混凝土肋柱和带锚定连杆的钢板桩等。

图 5-14　岩石边坡抗滑挡墙施工

第七节　边坡生态支护设计

近年来，在边坡治理中已迫切要求将美化环境提到一定的高度，生态护坡技术应运而生。在城市环境治理、大型水利水电工程、高等级公路及铁路建设中，已大量使用生态护坡技术（图 5-15～图 5-18）。生物护坡综合了柔性工程防护（铁丝网）和生物防护（植被防护）的优点，起到复合防护的作用。铁丝网网片每延米强度在 30kN 以上，可控滑石

方重量在2t左右。经分析计算，同时参考国内外研究资料，浅层滑动体影响范围一般在1m左右。铁丝网强度可满足控制浅层变形稳定要求。

图5-15　水电工程高边坡生态治理

图5-16　江苏镇江一滑坡采用的生态与人工石护坡

图5-17　抗滑桩与蓄水池结合形成景观

图5-18　公路开挖边坡的生态治理

永久性边坡工程必须具有良好的耐久性。生物护坡技术以生态系统自然循环和调节为核心理论基础，尤其是施工完成1年后，建成的草灌生态系统可实现稳定的循环，后期保养和维护费用低。另外，为了提高铁丝网等结构的耐久性，在施工过程中，对网材、固定件等需要进行防锈蚀处理，处理原则按《建筑防腐蚀工程施工及验收规范》（GB 50212—2014）进行，铆钉、锚杆头等采用防锈油漆、砂浆保护层等措施进行防锈蚀处理。

生态层物种选择宜满足主根不发达、侧根发达的要求，这样不会对边坡表层裂隙有过大的拉张作用。因为根系对岩面的破坏作用远低于对坡面的保护作用。

经综合生态护坡治理实施后，与周围环境相协调，形成赏心悦目的景观（图 5－19），给周边生活的居民一种安全、舒适、自然的美感，改善了环境条件，防止炫光，净化空气，可以降低噪音，调节小气候，减轻环境污染，其生态效益和社会效益显著。

图 5－19　坡面植物立体景观示意图

一、边坡生态支护设计原则

（1）通过技术措施的实施，解决边坡稳定性，其次综合考虑边坡生态环境治理效果。

（2）因地制宜，乔、灌、草结合运用。

（3）短期效果和长期效果结合原则。

（4）技术可行性，经济合理性原则。

（5）物种选择当地化，尽可能与周围植被融合。

二、边坡生态支护设计参考法律法规

（1）《中华人民共和国水土保持法》。

（2）《中华人民共和国水土保持法实施条例》。

（3）《中华人民共和国环境保护法》。

（4）《国务院关于进一步加强环境保护工作的决定》（1990 年 12 月）。

（5）《生物多样性公约》。

（6）《建筑边坡工程技术规范》（GB 50330—2013）。

（7）业主的期望和要求。

（8）野外调查、勘察的结果。

三、喷附（喷混植生）工艺特性及优势

1. 喷附工艺特性

喷附工艺其核心是在岩质坡面上营造一个既能让植物生长发育的种植基质又避免被冲刷的多孔稳定结构。将岩质陡坡植被生长所需要的大量持续性较强、且具有较持久肥力的活性土（人工土），与草种、乡土草木种子及防止水土流失的土壤安定剂、黏合剂、保水剂等掺和后，喷射在岩坡上，形成喷射厚度较大、黏稠度较高的活性土，它可以提供植物长期生长所需要的养料。活性土的配制是以泥炭土、腐殖土、保水剂、黏合剂和长效复合肥、草（木）纤维等混合制成，经搅拌机搅拌均匀后，以干料用空压机和混凝土喷射泵输

送，在喷射口前与水混合，喷射到钉网处理后的岩面。

该工艺具有较厚的植物生长基质，使植物即使在近陡坡上也能持续自然生长。且该基质可形成类团粒结构，并具有一定的强度和通气、保温、保墒等优良性，促使种子早期发芽，使较陡岩坡的绿化变为可能，即使在冬、夏季节，也能将种子保存在发芽状态。这种绿化基材经改良后具有较强的肥力，且厚度较大，所以无需经常追肥，就可以达到长期绿化的效果。

2. 喷附工艺优势

(1) 实现人工群落向原始群落的顺利演替。为了能在较短的时间内（3～5 年）把边坡尽量恢复到未开挖之前的状态，真正实现“恢复自然”，就得使强化绿化的植物群落结构要能模拟野生群落的结构，并按野生群落的演替规律发生、发展、消亡。在植物配比以及施工和养护过程中，充分考虑当地自生优势群落的结构特点，尽量模拟当地的植物群落结构，实现人工群落向自然群落的顺利演替。

在对当地的野生植物群落作详尽的调查、研究和分析的基础上，在生物护坡技术施工时把握了喷播时的植物配比和最终形成的植物群落之间的生态关系。

(2) 有效解决边坡枯黄期长的问题。从总体来看，边坡上植物的枯黄期比较长，尤其是炎热的夏季，冷季型植物完全处于休眠状态，颜色比较黄，加上冬季的枯黄期，边坡一年的绿期不超过 6 个月，会影响景观。采用喷混植生技术的植物种群由多种属种子配制，使边坡植物四季有绿色，三季有花，草灌木合理配置，对物种予以引导性生态平衡。

(3) 解决边坡片状剥落的问题。在绿化种植完成的初期，如果对边坡浇水，或者植被建植速度比较慢而边坡受到雨水冲刷，都会使边坡产生片状剥落，不仅使植物脱落，而且对边坡的稳定构成威胁。喷混合植生土可在岩石表面上形成一层有一定厚度的具有连续空隙的硬化种植体，种植体能免遭冲蚀，又能使植物生长。降雨侵蚀实验表明，在喷射后 12h，当降雨强度为 150mm/h 时，混合植生土形成的绿化基质的流失量为 600g/m^2，而喷射 2 个月后，当降雨强度为 150mm/h 时，基质的流失量为小于 20g/m^2。

四、施工工艺说明

1. 喷附（喷混植生）的施工工艺

(1) 施工工艺流程见图 5-20。

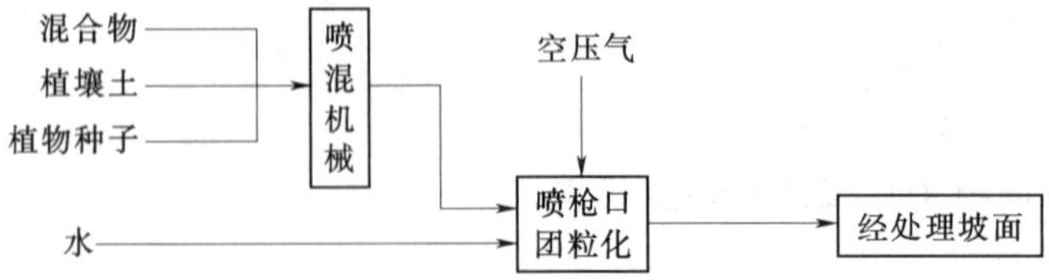

图 5-20　喷混植生施工工艺流程图

(2) 每百平方米坡面（按 8～10cm 厚度计）基质配合比：泥炭土 15kg，过筛腐殖土 80kg，草木纤维 5kg，砻糠 3kg，固结剂 15kg，保水剂 18g，复合缓释肥 50g，水根据喷射情况做出调整，以达到既能黏结在岩面上又不致产生流淌为宜。（以上为理论建议配比，可根据实际施工情况做出适当调整。）

2. 施工方法与步骤

施工工序为坡面处理→铺网钉网→喷混植生→客土吹附→植生袋→养护。

(1) 坡面处理。人工清除表面松散石块及坡面杂物，包括突出的岩石，确保坡面基本平整，清除落石隐患，对坡面转角处及坡顶的棱角进行修整，使之呈弧形。

(2) 铺网钉网。铺网：选用网孔 5cm×5cm 的镀 PVC 菱形铁丝网铺设坡面，长度根据需要裁剪，坡顶延伸不低于 50cm，开沟并用桩钉固定后回填或埋入截水沟中。坡顶固定后自上而下铺设。左右两片之间搭接宽度不小于 10cm。

钉网的紧固件根据实际情况拟采用 L 形 6～8mm 的钢锚钉，锚钉长度根据实际情况分别采用 150mm 或 400mm。在坡顶及搭接处用主锚钉固定，其中坡顶布置一行。锚钉横向间距 50cm。坡面铁网搭接处布置一行，间距 100cm，在坡面其余位置每平方米不少于 4～5个锚钉梅花形布置，嵌入大于 100cm。岩石处用电钻钻孔后用锚钉紧固，局部采用水泥注浆。铁丝网与坡面保持一定间隙，并均匀一致。对于个别不平顺的坡面须增设锚钉。目的是保证铁网贴附坡面。但网面不须紧贴坡面，可留 2～3cm 左右间隙。

(3) 喷混植生。钉网等工序完成后，即可进行喷混植生。将保水剂、黏合剂或固化剂、植物纤维、泥炭土、腐殖土、缓释复合肥等混合干料，按比例搅拌均匀后，用喷射泵和空压机将干料送至喷射管口，在喷射管口将混合土与适量的水混合后喷射在坡面和铁丝网上，用水量控制在使喷射在岩面上的基质稠度达到既能黏结在岩面上又不致产生流淌为宜。最终喷射混合材料平均厚度应为 8～10cm。施工时须严格核准材料混合比例及用水量。

(4) 客土吹附。对于土加石边坡也可考虑采用客土吹附工艺。具体方法是：将过筛腐殖土、草纤维、泥炭土、缓释营养肥、黏合剂、保水剂、水等混合材料用喷播机充分搅拌，然后通过喷播机的高压将材料送至坡面，喷附到预先固定在坡体上的铁丝网上，平均喷射厚度 6～10cm。将经过催芽处理后的种子加入过筛的腐殖土、草纤维、黏合剂、保水剂、缓释复合肥等搅拌均匀后，喷射到混合土层上，喷射厚度 1～2cm。喷射时，均匀覆盖，不漏喷、不重复。

(5) 植生袋。在土加石边坡上有一小段平台，可采用植生袋围堰工艺。具体方法是：将改良种植土和种子（草种、花种、灌木种子）装入 PVC 网袋，以梯形方式垒砌固定，高度不低于 60cm，用卷扬机将改良种植土回填并保证厚度不低于 60cm，内种小乔木或灌木，在喷播过程中将植生袋一起覆盖，植生袋外侧则种植下挂植物进行覆盖（如黄馨，连翘等），可增加生态效益和景观效益。为防止围堰内过量积水的情况发生，在其底部设置一个直径 50mm 泄水孔排除过量的水。为防止泄水孔被堵塞，在泄水孔进水处设置反滤层，孔口铺盖土工布。

(6) 养护。通过适时浇灌、喷灌等方法，对坡面植物进行养护。

五、物种选择及配比

1. 选择原理

要恢复被破坏的边坡表面植被条件，其生态恢复过程是：人为引进的先锋植物进入被破坏的地方定居和繁殖，稳固植被赖以生存的土壤环境，进而改善了被破坏地的环境，为其他当地物种侵入、生存提供条件，并被部分或全部取代，进一步改善环境和使更多的物种侵入，其结果是生态系统逐渐恢复到它原来的外貌和物种，这就是生物群落的演化。它具有如下几项特征：①植物群落对地域的要求从低到高，繁盛迁移变化；②土壤厚度逐步增加；③植物群落的高度从低到高变化；④从寿命短的种类向寿命长的种类发生变化；⑤先锋植物在一系列变化中起到重要作用。

根据生物群落演绎理论，岩质边坡上的生态恢复顺序一般是：先锋植物（人工选择草灌类植物）→当地草灌种→灌木→乔木。先锋植物的选择尤其重要，因为它关系到初期有效保持和改良固定的土壤，一般应选择根系发达、生长迅速、抗病能力强的草类。为保持一定的观赏性应选择冷暖季型草类适当搭配；为更快改善土壤结构和养分自给能力，应考虑豆科植物和菌肥的使用。

2. 群落的定位

考虑工程周边有良好的植被群落，是否具备着植物顺利演替的条件，且周围群落以乔木居多。为使边坡复绿后的生态效果在短期内即可融入周边环境，可将前期人工创造群落定位为以灌木类植被为优势种群，草本类为伴生种的灌草型多样化群落，不仅延长了此群落的生存时间，减少了人为养护的财力、人力、物力，也可顺利过渡到自然环境中。

3. 物种的确定

物种应选用适应性强、抗旱、抗寒、抗贫瘠性能好，且根系发达的品种作为首选物种。同时应考虑到种群的合理搭配。在采用机械播种时，每平方米立地范围中草种用量宜控制在10g左右，其中禾本科草种占2/3；豆科草种应占1/3。草种喷播的同时宜掺和8～9g的抗逆性强、生长快的灌木种子，以尽快建立起灌草型物种群落。

施工时的季节对施工质量有影响，在月均气温0～5℃时，草种均处于休眠期，一般不会发芽，夏季气温31℃以上的干旱高温气候条件下，萌发的幼苗极易枯萎。因此在冬季严寒季节及伏夏干旱季节，应尽量避免喷播种子施工。若工期等因素控制必须施工时，应做好覆盖保温和遮阴降温等措施。

护坡类应用比较成功的优势物种有以下种类。

（1）灌木类（优势种群）：紫穗槐、胡枝子、马棘、盐肤木、小叶女贞、多花木兰等。

（2）暖季型（次生种群）：百喜草、狗牙根。

（3）暖季型（伴生种群）：弯叶画眉草。

（4）冷季型（次生种群）：高羊茅、无芒雀麦。

（5）冷季型（伴生种群）：黑麦草。

（6）豆科草类：苜蓿、草木犀、白三叶、沙打旺。

（7）爬藤类：爬山虎、常青藤、凌霄、蔷薇、紫藤等。

（8）野花类：二月蓝、野菊花、波斯菊。

如结合某具体工程的实际情况，可建议春（夏）边坡生态治理施工物种配比如下。

（1）暖季型草：狗牙根1.0g，百喜草1.0g。

（2）冷季型草：高羊茅2.5g，多年生黑麦草2.0g。

（3）豆科草种：紫花苜蓿2.0g，白三叶1.0g，沙打旺0.5g。

（4）灌木：胡枝子2.0g，马棘2.0g，紫穗槐2.0g，小叶女贞1.0g，黄花刺槐1.0g。

第八节　边坡工程监测设计

一、概述

监测工作对正确评估边坡的安全状态、指导施工、反馈和修改设计、改进边坡设计方法等多方面具有非常重要的意义，监测技术的引入使边坡工程的设计和施工在安全稳定和经济合理的协调统一中起到了不可或缺的桥梁作用。高边坡安全监测系统是工程安全监测系统中的一个重要方面。由于高边坡系人工开挖而成，边坡高陡且分布有各种地质缺陷，不可预测因素多，在边坡开挖过程中必将因卸荷引起岩体应力调整和变形。因而，边坡稳定与否对工程的影响极大。为了保证高边坡这一隐蔽工程在施工期和运行期的安全，检验边坡设计和施工工艺的正确性，必须设置安全监测系统。

边坡监测方法大体上可分为两大类：外观法和内观法，两类监测方法各有其适用范围和优缺点。从方法选择上的技术进步表现在：①从以前的单纯依靠外观法搞边坡监测发展为内、外观结合与优势互补；②为及时发现坡体的稳定性异常迹象，在施工初期更多地采用了内观法；③坡体位移较大、稳定性异常时，以外观法作为了监控与临滑预报的主要手段。

外观法以坡体表面位移为观测对象，其中精密大地测量技术最为成熟、精度最高，是目前广泛使用的最有效的外观方法。大地测量法的技术进步表现在工作效率和观测精度的提高：①仪器与测量技术方面从早期采用经纬仪、水准仪和测距仪发展到使用电子经纬仪、全站式速测仪，目前更进一步采用了具有目标自动识别功能（automatic target recognition）的测量机器人，使依靠人眼的光学测量转变为计算机控制的自动测量，不仅减小了工作强度，也大大地降低了观测误差；②仪器的进步、计算技术的发展及平差理论的深入，不仅使坡体变形观测的误差满足了工程需要（毫米级），同时数据处理时间大大缩短；③自动化测量与快速数据处理的实现，使边坡变形的实时动态观测成为可能，为滑坡险情的预测预报提供了强有力的技术支持。另外，在外观法中新技术的发展如GPS测量技术、近景摄影测量和INSAR干涉雷达测量等，在近年也取得了明显的进步，其中GPS测量技术由于观测精度的不断提高，目前逐步进入实用阶段，有较乐观的发展前景。

内观法是将仪器埋入坡体内部，监测坡体在工程实施过程中各种物理量的变化的方法。内观法仍以最直观的物理量——坡体变形作为主要的观测对象，但内观法可探测坡体内部的变形分布，观测精度较高（可达0.01～0.1mm），资料规律性较好，易于实现自动化，故内观法发展较快，目前成为边坡监测中的主要手段。

内观法在我国从20世纪80年代开始，其主要的技术成就表现为：①仪器从引进、解剖、消化、试制到完善，已发展为系列产品，填补了技术空白；②仪器观测精度不断提高，从80年代的科研试用已转化为生产实用；③监测方法与手段的多样性，便于监测成果的相互印证与综合分析，如变形观测常用的仪器有：多点位移计、倾斜仪、测缝计、沉降仪、收敛计等，另可对影响坡体变形的相关因子和环境因素进行观测，如水位、渗压、应力变化、降雨、地温、地声、振动等，便于分析坡体变形的原因；④研制了监控支护结构运行状态的仪器，如锚索应力计、锚杆测力计、土压力盒等，可与设计计算对比分析；⑤自动化监测系统的研制与应用。

边坡监测方法基本可分为常规大地测量法、埋设仪表法、陆地摄影测量法、全球定位系统四大类。

二、边坡工程监测目的与监测设计遵循的原则

1. 边坡监测目的

(1) 对边坡的稳定性进行监测和安全预报。一旦发现异常迹象，及时采取补救措施，及时采取补救措施，确保边坡在施工期和运行期的安全。

(2) 检验边坡设计和施工工艺的正确性，为边坡工程动态设计提供资料。根据监测资料，实时掌握高边坡的变形性状和应力变化，通过反馈分析验证边坡设计参数和施工工艺的合理性，以利后续施工过程中修改设计和加工方案，加快工期和运行期应力状态和变形的全过程。

(3) 掌握高边坡岩体在施工期和运行期应力状态和变形的全过程，并合理取得初始值，以利于资料整理分析。

(4) 了解边坡工程预应力加固措施的长期锚固效果。

(5) 为科学研究积累资料，并检验已有的科研成果，为更合理地建立边坡安全监控数学模型提供依据。

2. 边坡安全监测设计遵循的原则

边坡安全监测系统应结合边坡特点进行设计。一般边坡应以整体稳定性监测为主，兼顾局部稳定性监测：稳定性监测以变形监测为主；对于滑动面确定的滑坡，以地表变形监测为主。对于某一具体的边坡来讲，监测设计时应考虑以下因素。

(1) 以安全监控为主，兼顾设计、施工及科研等的需要。

(2) 边坡监测的重点是边坡岩体整体稳定性。主要监测项目为岩体变形、地下水动态，以及边坡加固措施的效果和运行状态；对重大工程形成重大威胁的边坡，除常规监测手段外，宜辅以全球定位系统（GPS）等监测方法。

(3) 各类监测仪器（测点）的布置，应从整体出发，分清主次、突出重点、兼顾一般。考虑边坡的等级、类型和高度，以及失事后造成的危害等因素，确定观测的项目、仪器数量。地表监测与岩体深部监测相结合，原因量量测与效应量量测相互配套，以利于监测资料整理分析和高边坡安全评价，并满足建立安全监控模型的需要；地震基本烈度为Ⅶ度及以上地区的水利水电高边坡，或附近有爆破施工的边坡应进行地震反应或质点振动速度监测。

(4) 监测仪器应统一规划，分期实施，施工期安全监测应与永久性安全监测相结合。各监测项目，均应在施工初期开始观测，以便及时对观测资料进行处理和分析，迅速向设计和施工部门反馈可靠的信息，以便优化设计和改进施工工艺。

(5) 监测设施的选取要满足实用性、稳定性、精确性及耐久性等要求。对重点部位的关键性效应量采用一种以上手段平行监测，以便观测成果能互相验证。

(6) 边坡安全监测除仪器量测系统外，还必须重视工程人员现场巡视检查，以便两者紧密结合。

(7) 监测资料的采集与整理应快速及时，以便有效地指导设计和施工。根据边坡所在区域的地形、地质条件，以及建筑物布置和结构特点，结合施工期和运行期安全监测的需要，确定高边坡的主要监测部位，其他则为一般监测部位。在主要监测部位内又划分为重要监测断面和次要监测断面。一般监测部位内则设置一般监测断面。在重要及次要监测断面上拟综合布置各类监测仪器，一般监测断面上仅布置少量的变形及渗流测点。

三、边坡监测主要内容

边坡的变形破坏机制类型很多，有效的边坡监测系统必须能够针对边坡可能的变形失稳破坏方式，建立相应的监测模型，才能有效地监测边坡的稳定状况，因此，针对不同的边坡变形失稳破坏方式的有效监测模式，需要合理确定监测项目，选择监测仪器，布置监测点等，以提高监测设计的针对性、有效性、可靠性。水利水电边（滑）坡监测的项目可依据表5-17确定。

表5-17　　边（滑）坡监测项目选用表

序号	监测项目	人工边坡		天然边坡		
		施工期	运行期	前期	整治期	整治后
1	大地测量水平变形	√	√	√	√	√
2	大地测量垂直变形	√	√	√	√	
3	正垂倒垂线		√			
4	表面倾斜	√		√		
5	地表裂缝	√	√	√	√	
6	钻孔深部位移	√	√	√	√	
7	爆破影响监测	√		√		
8	渗流渗压监测	√	√	√	√	
9	雨量监测	√	√	√	√	
10	水位监测		√	√	√	√
11	松动范围监测	√				
12	加固效果监测	√	√		√	√
13	巡视检查	√	√	√	√	√

因此，对于Ⅰ级、Ⅱ级边坡和100m以上的高边坡应设置下列观测项目，其他边坡可适当简化。边坡监测的内容包括以下几方面。

1. 位移与变形监测

（1）外部监测即地面位移监测：较重要的边坡应建立三角网和水准网，采用大地测量方法对地面观测点进行监测。一般边坡可采用视准线等简易测量方法监测，包括坡面位移和沉降监测，坡面裂缝长度与开度监测。

（2）内部监测即深部变形监测、地下变形监测、滑面或断层活动监测，常用仪器有：

1）钻孔倾斜仪：为查明滑动面位置或了解多层滑面相对位移时采用。测斜孔最大深度不宜超过90m，对100m以上的高边坡，可用多级测斜孔组合的方法进行监测。由于测斜仪在滑面处量程有限，不宜用于滑动量大的滑坡。测斜孔可与地下水监测孔结合，有利于多因素相关分析。

2）多点位移计：为查明边坡岩体拉张变形时采用。根据稳定和变形计算成果，并参照类似工程设定孔深、位移点数和位移点位置。

3）对重要工程边坡可在监测洞内做地面倾斜监测、岩体变形收敛仪、引张仪监测，特殊情况可在垂直钻孔内做垂线监测。

（3）边坡地表和深部裂缝监测。视其重要性采用二维或简易测缝计进行监测。对地表裂缝还应根据其分布范围、数量与长度进行地质巡视和监测。

2．地下水监测

应对边坡体内的地下水位或地下孔隙水压力、廊道或地表渗流量进行监测。在雨季或库水位上升、骤降期应加密观测。对来自库水的廊道内的渗流水，宜专设量水堰，进行自动监测。地下水监测的主要内容是地下水位或水压力监测、排水点水量监测、地下水质监测。

3．边坡加固结构监测

边坡加固结构监测包括抗滑桩、抗剪洞与锚固洞、锚杆锚索、挡墙的应力应变监测等。对边坡治理中采用了预应力锚杆（索），应布置锚杆（索）测力计（预应力传感器）监测，其数量不得少于总根数的5%；选择边坡代表性地段对抗滑桩、抗剪洞与锚固洞、挡土墙进行应力应变监测，必要时，对坡体的应力应变进行监测；对排水廊道和重点排水孔排水量和排出水的水质、析出物进行监测。

4．其他专项监测

用于重要工程边坡的专项监测，如降雨量、地应力、地震监测等。对边坡的地形地貌特征变化、地下水补给与排泄情况、加固结构和建筑物的变形破坏情况，以及边坡环境的变化进行地质巡视，并对边坡稳定性变化作出分析和判断。

四、边坡安全监测总体布置

根据边坡地形、地质条件，以及建筑物布置和结构特点，结合施工期和运行期安全监测的需要，确定主要监测部位，其他则为一般监测部位。在主要监测部位内又划分为重要监测断面和次要监测断面。根据边坡地质与加固工程特点，布置1条或多条代表性监测剖面，每个剖面不少于3个监测点。监测剖面应尽可能与地质勘探剖面及稳定性分析剖面相结合。地面位移监测点布置应与地下变形监测点位置相结合，以便建立地面与地下位移和变形的相关关系。

1．监测断面的选定

（1）重要监测断面：主要是指开挖边坡高度大、几何形态复杂、并存在复杂地质结构等的断面。在重要监测断面上需全面和综合布置各种监测设施。

（2）次要监测断面：为配合重要监测断面，并为验证设计和科研计算成果，选择一定数量的断面作为次要监测断面，以利于对高边坡的稳定性进行总体评价。次要监测断面主要以变形和渗流监测为主并兼顾其他监测项目。

（3）一般监测断面：在一般监测断面仅设置少量的变形测点及渗流测点，其目的是结合重要、次要监测断面，全面了解边坡的整体变形状态。

2．变形监测的主要内容

边坡变形监测主要由变形监测网和边坡岩体变形监测两部分组成。

（1）变形监测网。

1）水平位移监测网。水平位移监测网采取从整体到局部并逐层发展的布网方案。对于大型开挖边坡，拟设立简网和最简网，并由工程的全网进行检测。简网为边角网，用于定期检测简网固定点的稳定性，同时测定网中其他点位所代表的边坡岩体位移量；最简网则选择简网中的点位为固定点，视现场需要分成若干个最简网，主要用于检测各种水平位移工作基点和边坡的水平位移，采用的监测方法是边（角）交会法。

2）垂直位移监测网。垂直位移监测网是整个边坡工程垂直位移监测网的第二层网，用于检测这个部位内垂直位移监测工作基点的稳定性。

（2）边坡岩体变形监测主要内容为施工期和运行期岩体深、表层的垂直位移、水平位移及倾斜监测等。

1）边坡主要监测部位变形监测。在主要监测部位的重要监测断面及次要监测断面上，按其相对重要性及断层分布情况，在边坡表层布置水平及垂直位移标点、钻孔倾斜仪、引张线、倒垂孔、伸缩仪、滑动测微仪、多点位移计及倾角计等监测设施。从而使其在该部位构成一个多项目、多层次、相互联系、立体的变形监测体系。

2）边坡一般监测部位变形监测。根据边坡结构形态，在一般监测断面上布设少量的垂直位移和水平位移标点。

3. 渗流监测

边坡岩体渗流监测主要内容为：施工期和运行期边坡地下水动态监测、各排水洞（孔）排水量监测、降水量及地表径流监测等。

（1）边坡地下水动态监测。边坡地下水水位是影响边坡稳定的重要因素。为全面了解地下水的变化规律及排水减压设施的工程效果，在各重要和次要监测断面上的排水洞和监测支洞内均可以布设地下水观测孔，在坡面倾斜仪钻孔内，以及在直立坡上布设孔隙水压力计。

（2）排水洞（孔）排水量监测。对各排水洞排水总量的监测，主要是在各排水洞出水口处设置量水堰进行。对采用集水井抽排的排水洞，则在集水井入水口处设置量水堰进行观测。

当各层排水洞内排水孔形成后，采用容积法对其进行全面的观测。可以根据观测成果选择其若干排水量大的典型排水孔进行观测。

另外，对各典型排水孔的出水情况还要定期进行水质分析。

（3）降水量及地表径流监测。为了解降水量与地表径流和地下水三者之间的关系，必须要获取较完整降水量资料。对于地表径流监测则在下雨时利用坡顶截水沟和坡面排水沟对其排水量进行监测，对山顶地表水的走向和入渗条件也要进行观测。有条件时，应在坡面上布设雨量计监测降雨量。

4. 锚固结构受力状态及地震反应监测

（1）锚杆和锚索受力状态监测。为掌握锚杆和锚索在施工期和运行期的受力情况，正确评价其加固效果，在各重要和次要监测断面上适当选取若干锚杆和锚索进行专门的应力监测，为便于资料分析，在部分锚索测力器附近可以设置岩石变位计。

（2）地震反应监测。为了解高边坡在地震作用下的动力特性，对于重要工程中的高边坡，可以根据需要布置强震仪和微震仪。

5. 边坡施工期其他专项监测

（1）边坡深部岩体地应力及其回弹监测。通过布置地应力及岩体回弹变形监测设备，对施工期边坡深部岩体应力及变形变化的全过程进行监测。主要监测方法有一等精密水准、精密量距、水压致裂法、应力计、回弹应变计及声波法等。

(2) 爆破振动及围岩松动范围监测。为掌握爆破振动对边坡岩体的影响程度及围岩松动范围，为锚喷及衬砌支护提供科学依据，在高边坡的施工期需进行如下内容监测。

1) 爆破时质点振动速度及加速度。

2) 岩体动应变。

3) 边坡围岩松动范围（用声波法）等。

6. 边坡活动迹象巡视检查

对于开挖边坡范围广、施工周期长，且监测仪器数量有限的高边坡工程，即使设置比较完善的监测系统，也难以对边坡进行全面的监测，而必须加强边坡活动迹象的巡视检查。

(1) 主要有以下检查项目。

1) 开挖坡面及平洞内岩体有无挤压、错动、松动和鼓出；表面裂缝出现的位置、规模、延伸方向及变化情况。断层出露处上、下盘有无错动。

2) 坡面有无异常的升降变形和滑动，其发生的时间、位置、形态、幅度。

3) 局部楔形体有无滑移的迹象，塌方或滑动发生的时间、位置、形态及体积。

4) 地表排水沟是否通畅，排水孔（幕）运用是否正常，各排水洞内渗流量及浑浊度有无变化，以及排出地下水的其他物化特征。

5) 检查监测设施的完好程度，有无受到爆破或其他的人为损坏。

(2) 检查分类及方法。巡视检查分为日常巡视检查、年度巡视检查及特殊情况下的巡视检查三类。其检查方法除主要依靠人的感官（目视、手摸、耳听、鼻嗅）外，还采用各种工具，以及摄像机及照相机等。

五、边坡工程主要监测方法

根据典型滑坡（工程边坡）及其他一些工程边坡和滑坡监测工作情况，对滑坡、工程边坡进行长期监测的项目可分为以下三大类。

(1) 地面监测：其监测手段主要有三角网、沉降水准和视准线测量以及收敛计。

(2) 地下监测：其监测手段主要有钻孔测斜仪、多点位移计、地下水测压孔。

(3) 深埋建筑物监测：其监测手段主要有钢筋计、预应力锚索测力计、土压力盒、测缝计等。

另外有些工程还根据其具体情况，设置一些简易观测项目，如量水堰、简易测桩、平洞底部浇低标号素混凝土观测变形和地面地质巡视等，还有部分工程边坡监测与地震监测结合进行。这些工程监测的一个显著特点是：对边坡岩土体变形监测不是仅用某一个项目单独监测，而是采用地面监测、地下监测和治理建筑物监测中两个及以上的综合监测方案，监测变形的同时，也注意对影响边坡岩土体稳定的主要外部因素的监测，以便分析它们对变形量的影响程度。常用的监测段主要是：地面监测以测量方法为主；地下监测以钻孔测斜仪、多点位移计及钻孔地下水位和渗压计为主：治理建筑物监测以预应力锚索测力计、钢筋应力计等为主；另外渗压计与治理工程（锚洞、锚桩）、钻孔测斜仪等相结合，可节省投资。

在边坡开挖前后，对全部边坡区进行陆地摄影测量，获取岩体初始状态资料。以后，随着施工的进展，岩体将逐步被开挖，需定期地对边坡区进行陆地摄影测量。获取岩体状态资料，与其初始状态资料比较，可以全面地了解边坡区整体稳定性的发展趋势，及时发现可能出现险情的地段。陆地摄影测量具有监测面广、能够积累长期而完整的形象资料系列等优点。

现以高边坡监测的设计为例，简述边坡监测的方法。

1. 边坡表面常规变形监测

边坡表面变形监测常规的方法是采用精密大地测量方法，建立高精度的控制网测量水平移和垂直位移，如可以采用 Leica 高精密 TCA2003 测量机器人，可以结合现场实际条件和精度要求，选择极坐标差分法和前方交会法进行监测，目前的精度为平面中误差小于±3.5mm，高程中误差小于±3.5mm。极坐标差分法基准点设在同岸稳定位置，测距控制为 100～700m，为提高成果精度，需对斜距、球气差、方位角的观测量进行差分改正。

但对于高陡边坡采用常规的方法监测十分困难的情形，如我国西部地区的高边坡或滑坡。由于受到山区等地形条件限制，观测时受施工干扰较大，不仅测量控制网难以全面布置，而且网形结构较差、较差、投入人力多且作业时间长，从而导致观测精度较低。此外，采用常规的监测方还有劳动强度大、不能实时自动化监测的缺陷，还可能造成人员伤亡和仪器的损失。因此，河海大学何秀凤等研制了 GPS 一机多天线新方法，建立了 GPS 高边坡远程自动化形变监测系统。该系统克服了常规的方法的缺点，采用一机多天线技术，用 GPRS 方式进行数据传输和 GPS 解算程序解算，每个解的观测时段为 1～2h，平面中误差小于±3.5mm，高程中误差小于±6mm，实现全天候无人值守监测，大大降低了高陡边坡形变监测系统的成本。GPS 高边坡远程自动化形变监测系统，使工程人员不需要携带 GPS 接收机到施工现场，监测数据可以 24h 不间断地自动传输至控制中心，实现现场监测数据的实时自动化采集，从而节省了大量的人力物力，也保证了人员和仪器的安全。

2. 边坡内部变形监测

采用钻孔测斜仪监测边坡内部不同深度内水平向（垂直钻孔轴向）连续位移量，以判断深部边坡稳定性，仪器有美国 Sinco 数字式测斜仪。采用多点位移计监测边坡内各锚点沿钻孔的轴向位移，以判断边坡深部变形和稳定性，位移计采用 GeoKon 和 RocTest 公司原装进口产品。采用瑞士 Solexperts 公司生产的电感式滑动测微计，主要监测坝基岩体不同深度位置卸荷松弛变形量，该仪器测点多、精度高，是国际上较先进的监测仪器。在勘探平洞内安装监测系统监测大范围、长距离的边坡深部变形情况，采用 DAU2000 智能分布式数据采集系统实现数据自动采集和存储。在测斜孔内有明显变形带位置安装固定式测斜仪，监测变形带的大变形发展规律，以此对边坡稳定性作出预报。

3. 预应力锚固监测

采用锚索测力计、锚杆测力计、锚杆应力计监测预应力锚索和锚杆的受力情况。

4. 渗压和渗流量的监测

渗压是影响边坡稳定因素之一，因此对岩体渗压变化必须进行监测。渗压计测点布置可以在边坡不同高程上。岩体内孔隙水压力的监测，可以通过打孔埋设渗压计实现。一般可利用排水廊道打孔埋设仪器，渗流量的监测在排水廊道和基础廊道内设置量水堰进行监测。

5. 边坡监测的观测频率

边坡工程监测的观测频率，除设计和工程的特殊规定，一般要求如下所述。

(1) 大地变形观测。对于人工边坡，水平位移监测网每两个月至一年观测 1 次，各测点水平位移每月观测 1 次。首测应在最短时间内连续、独立观测两次。采用边角交会测量时，应使最后一次水平位移监测点位移量中误差在施工期不大于±0.5mm，在运行期不大于±3.0mm。按国家一等、二等水准测量规范中二等水准测量精度进行垂直位移测量，每月 1 次。首次观测应在最短时间内连续独立观测两次，如遇特大暴雨等特殊情况时应适当加密。

对于天然滑坡，监测网每年观测 1 次。监测点一般每年 4～8 次，即每年旱季两个月 1 次，雨季一个月 1 次。监测网和监测点的首次值观测应连续观测两次；要求监测网点坐标中误差不大于±3mm；监测点坐标中误差不大于±5mm。观测频率应根据实际的需要和经费的可能适当加密。

（2）正倒垂线观测。

（3）表面倾斜观测。

1）埋设完以后一周开始观测读数。

2）第一周内每天观测 1 次。

3）取得初始稳定值后每周观测 1 次。

4）如遇异常，视实际需要，加密观测。

（4）钻孔测斜仪观测。

1）钻孔灌浆后 24h 开始读数，每天观测 1 次，达到初始稳定状态后开始正式观测读数。

2）在施工期间，3～5d 观测 1 次，或根据变化速率调整。

3）放炮开挖前后各观测 1 次。

4）运行期间 7～10d 观测 1 次。

5）如遇特殊情况，视实际需要适当加密观测。

（5）多点位移计观测。对于注浆固定的锚点，应待安装灌浆后 24h 开始观测初始读数。然后每天观测。在施工期间，3～5d 观测 1 次，或根据变化速率调整。放炮开挖前后各观测 1 次。运行期间 7～10d 观测 1 次。如遇特殊情况，视实际需要适当加密观测。

（6）爆破影响监测。爆破影响监测应针对监测点附近的爆破影响和下部爆破对上部边坡的动力作用进行开展，监测应在爆破过程中进行，放炮前应通知监测人员，事先做好准备。监测的频率为每测点观测 5～6 次，要求测量误差不大于±15%。

（7）岩体松动范围观测。工程开挖结束后一次性观测稳定值。

第九节　水利水电开挖高边坡工程整体设计实例

一、边坡设计原则及总体布置

三峡永久船闸高边坡是永久船闸的重要组成部分，其安全与否，除直接影响着船闸的正常运行和过闸船只与人员的生命财产安全外，还影响到长江黄金水道的航运畅通，属重要建筑物。但由于影响高边坡稳定的地质条件在设计中不可预见因素较多，技术相当复杂。因此，该边坡工程总体设计方案除具有足够的安全裕度和可行性外，还不断通过施工中的安全监测和施工地质反馈，及时调整和优化完善设计，达到既安全又经济的目的。这一动态设计的思想和方法是岩石高边坡工程必然遵循的原则，应贯穿于整个工程设计和施工的全过程。基本资料及设计条件如下。

（1）工程等级。三峡工程为一等工程，永久船闸高边坡按一级建筑物设计。

（2）水位流量。上游校核洪水位 180.4m，上游设计洪水位 175m（初期 170m），上游最高通航水位 175m（初期 156m），上游最低通航水位 145m（初期 135m），下游校核洪水位 83.1m，下游设计洪水位 76.4m，下游最高通航水位 73.8m，下游最低通航水位 62m，上游检修水位 175m，下游检修水位 68m，最大通航流量 56700m^3/s，各闸室运行水位见表 5-18。

表 5-18　　各闸室运行水位　　单位：m

通航水位 \ 闸室	第一闸室	第二闸室	第三闸室	第四闸室	第五闸室
最高通航水位	175	156	135	112.67	92.42
最低通航水位	145	124.25	103.5	82.75	62

（3）降雨资料。实测多年平均年降水量为 1147mm，实测 1d 最大降水量为 386mm，实测 1h 最大降水量为 101.6mm。

（4）闸室有效尺寸。根据船闸通航要求，工程设计闸室尺寸为 280m×34m×5m（长×宽×槛上最小水深）。

（5）地震。基本烈度：Ⅵ度，设防烈度：Ⅶ度。

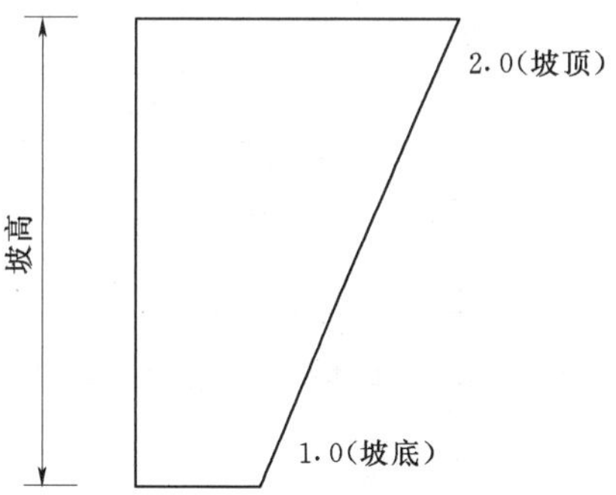

图 5-21　边坡动力放大系数

（6）边坡动力放大系数。随坡高分布如图 5-21 所示。

（7）边坡稳定安全系数。基本荷载组合时取 1.5，而特殊荷载组合时取 1.1～1.3。

（8）地表排水设计标准。1h 实测最大降雨量 101.6mm，排水沟不漫流。

（9）基岩开挖坡比及马道宽度。全风化段：永久边坡取 1∶1.0～1∶1.5；临时边坡取 1∶0.85～1∶1.0；强风化段：永久边坡取 1∶1.0，临时开挖边坡取 1∶0.7，弱风化段取 1∶0.5，微新岩体取 1∶0.3（其中闸室结构衬砌部分为直立坡，每 15m 设一 0.3m 平台）。设计马道宽度一般 5m，局部加宽至 10～15m。

（10）基本材料参数。大体积混凝土容重为 24.5kN/m^3，钢筋混凝土容重为 24.5～25.0kN/m^3，锚杆、锚索砂浆标号为非预应力锚杆，锚索 R_{28}250 号；预应力锚杆，锚索 R_{28}300 号。锚索张拉混凝土标号为 R_{28}350 号。喷混凝土标号为 R_{28}200 号。锚杆抗拉强度，其中普通锚杆：34kN/cm^2。预应力及高强锚杆：90000N/cm^2。预应力锚杆设计承载力为 250～350kN，锚索设计承载力为 1000～3000kN，锚索设计应力强度系数 0.6，锚索超张拉应力强度系数 0.65，锚索钢绞线强度 186000N/cm^2（ASTMA416-87a）。

（11）岩体物理力学参数（表 5-19）。

表 5-19　　三峡工程船闸区岩体强度及变形指标

岩石名称	风化程度	容重/(kN/m³)	湿抗压强度/MPa	抗拉强度/MPa	弹模 E_e/GPa	变模 E_d/GPa	泊松比 μ	岩体抗剪断强度 f'	岩体抗剪断强度 c'/MPa	岩体抗剪残余强度 f	岩体抗剪残余强度 c/MPa
闪云斜长花岗岩	微新	27.0	100	1.5	40	35	0.22	1.8	1.8	1.3	0.7
	弱风化	26.8	50	1.0	15	10	0.24	1.3	1.0	1.1	0.35
	强风化	26.5	20	0.5	1.0	0.5	0.30	1.0	0.35	0.9	0.15
	全风化	25.0	1		0.1	0.05	0.35	0.7	0.1	0.7	0.07

注 1. 片岩捕虏体：微新采用花岗岩弱风化值；弱、强风化采用花岗岩强风化值。
2. 辉绿岩脉：采用花岗岩相应风化层值。

(12) 结构面抗剪强度参数（表 5-20)。

表 5-20　　三峡工程船闸区岩体结构面强度指标

岩性	结构面类型	风化程度	抗剪强度 f'	抗剪强度 c'/MPa	残余强度 f	残余强度 c/MPa	切向刚度 K_s/(MPa/cm)	法向刚度 K_n/(MPa/cm)
花岗岩	硬性结构面		0.70	0.20	0.60	0.10	30	75
	软弱结构面	微新、弱风化	0.6	0.18	0.50	0.08	10	25
		强风化	0.40	0.12	0.35	0.05	10	25

(13) 渗流力学参数（表 5-21)。

表 5-21　　三峡工程船闸区岩体渗透系数（张量）表

水文地质结构类型		b	c_1	c_2	主渗透方向
渗透系数	K_1/(cm/s)	3.29×10^{-5}	4.92×10^{-7}	1.80×10^{-7}	NE6.4°∠2.0°
	K_2/(cm/s)	9.92×10^{-5}	1.48×10^{-6}	5.42×10^{-7}	NW276.5°∠1.9°
	K_3/(cm/s)	1.15×10^{-4}	1.78×10^{-6}	6.51×10^{-7}	SE14.2°∠87.4°

注 1. b类结构体：主要由弱风化岩体组成。
2. c类结构体：为出现于微新岩体中的裂隙网络结构体。其中：c_1类：为微新岩体表部。c_2类：为基本未受卸荷影响的微新岩体。

二、边坡轮廓设计

1. 边坡开挖轮廓设计原则

(1) 开挖轮廓应满足船闸结构布置要求。

(2) 开挖轮廓应满足边坡稳定要求，即在无地质缺陷条件下，梯段比应达到梯段自稳；在排水条件下，边坡综合坡比应使边坡达到总体自稳。

(3) 边坡马道宽度、梯段高度应方便施工期坡面排水、坡面喷护和岩锚加固等项目的施工，并为边坡的运行、管理、维护、检修及安全监测创造便利条件。

2. 各闸室底板开挖高程

根据船闸结构布置要求，各级闸室底板均已位于微新岩体内，其开挖高程由结构需要控制，相应一至五闸室分别为 122.60m、112.95m、92.20m、71.45m 和 50.70m 高度。

3. 梯段开挖坡比

根据永久船闸主体段的工程地质条件、岩体及结构面的力学特性，边坡稳定分析的成果及坝区自然边坡与人工边坡的调查结果，并类比其他边坡工程的实践经验，综合分析确定船闸高边坡梯段开挖坡比如下。

微新岩体为1∶0.3（闸室衬砌墙段采用直立坡）。

弱风化岩体为1∶0.5。

强风化岩体为1∶1。

全风化岩体为1∶1～1∶1.5。

4. 边坡梯段高度和马道宽度

边坡梯段高度和马道宽度主要根据边坡开挖、支护施工和运行期维护、检修的需要确定。工程经验表明，马道宽一般不宜小于5m，梯段坡高一般不宜大于15m。据此确定边坡马道宽度一般为5m，梯段坡高一般为15m。

(1) 墙顶以下直立坡：为满足预裂爆破钻孔施工需要，每隔15m设一级宽0.3m的施工小平台。

(2) 闸墙顶宽马道：根据船闸结构布置和枢纽总布置要求，南边墙墙顶需设置一条贯通船闸主体段、宽度为15m的上坝斜坡公路；各闸室北边墙墙顶需设置一条宽10m的水平交通公路，分别通过第二、第三、第四、第五、第六闸首公路桥与南坡上坝公路相连；在各闸首附近，因布置输水隧洞阀门井及其启闭设备的需要，在此部位的闸墙顶均设置有一段凹身山体的“大耳朵”平台。根据上述结构及布置需要，为增加边坡的整体稳定性，避免边坡轮廓过分凹凸，在南北两侧边坡的闸墙顶部位，均设置一条宽15m的宽平台。

(3) 边坡中部的宽马道：为增加边坡的整体稳定性，同时根据三峡开发总公司技委会在审查永久船闸山体排水系统工程发包设计时的意见，在第二、第三闸室边坡高度较大的部位，分别于北坡215m高程和南坡200m高程（对应弱风化岩体顶部高程），各增设一条宽度为10～15m的宽马道。

5. 坡顶开挖平台及最大坡高

北坡第二闸室中部至三闸首，大岭斜穿而过，地面高程230～260m，是北坡最大坡高所在。由于陈坛路与过坝路在此处与原设计边坡后缘交汇，公路高程230m，为增加边坡总体稳定，将此处边坡后缘削平至230m，与公路相通。由此，北坡最大坡高移至三闸首门坎下游处，高约140m。

南坡地形最高点坛子岭位于第三闸室南坡中部，高程为263m，边坡后缘已部分将其切削，为减少坡顶风化层荷重，增加边坡整体性，将坛子岭削平至250m高程。由此，南坡最大坡高约为160m。

三、防渗及排水系统设计

国内外最大的实践经验表明，在改善和提高边坡稳定性的各项工程措施中，防渗和排水是改善和提高边坡稳定性的一项经济有效的处理措施。三峡船闸高边坡稳定分析结果也表明，地下水是影响边坡稳定的主要因素之一，排水降压对提高边坡稳定性的效果显著。因此，排水是三峡船闸高边坡处理的首选工程措施。

（一）船闸高边坡岩体水文地质特点

岩体水文地质特性：船闸高边坡岩体不同风化层的水文地质特性存在着明显的差异。全强风化岩体为孔隙-裂隙介质，以垂直渗透为主，透水性强；弱风化岩体为裂隙介质，相对富水，储水率高，是主要的地下水储水带，该带内地下水除水平运动外，还垂直下渗补给微新岩体；微新岩体极微透水，一般沿张扭性的 NEE、NWW 向断层、裂隙渗水。

地下水的补给、运移和排泄：岩体中的地下水要靠大气降雨补给，地下水位多位于弱风化顶板附近，年变幅 3～9m。地下水的运移主要受裂隙网络控制，一部分地下水沿渗透性较好的结构面在沟谷深切地段以泉水形式排泄，大部分地下水则沿复杂的裂隙网络继续向低处运动，在不同高度处以潜水或局部承压水的形式排泄入长江。

（二）渗流分析研究成果

（1）船闸开挖后的稳定渗流状态分析成果表明当船闸开挖形成之后，若无排水设施，南北坡山体地下水均在较高位置出逸；当设置排水洞后，地下水位较无排水情况有所降低，但效果不明显；当在排水洞中设置排水孔幕之后，地下水位有较大幅度降低，南北坡地下水出逸点已接近闸室底板，排水效果显著。

（2）现场疏干试验成果。为探讨排水措施的效果，曾在 8 号勘探平洞的 4 号支洞内作了专门性的排水疏干试验。试验表明：由于弱风化岩体（b 类结构体）储水丰富，而微新岩体（c 类结构体）渗透性微弱，排水缓慢。在微新岩体中如只采用单一的排水洞，不能产生明显的排水效果。当在排水洞内钻设排水孔时，则有明显的疏干效果。

（三）三峡船闸高边坡排水方案

经综合分析边坡体内地下水的补排关系、渗透性能等水文地质条件，结合渗流计算、渗流试验、工程地质条件等资料综合分析，拟定三峡船闸高边坡采用地表截、防、排水与地下排水相结合的综合排水方案，以地下排水为主，地表截、防、排水为辅，有机结合，通过截、防、导排，尽可能降低边坡岩体地下水位，减少渗水压力，改善边坡稳定条件，提高边坡稳定性。

（四）防渗及排水系统设计

1. 地表截防排水系统

地表截防排水系统的任务是减少入渗，阻隔地面与地下水的水力联系，将地表水尽快排离边坡范围。措施包括边坡开口线外围设周边截水沟、周边排水沟，坡面喷混凝土、设坡面排水沟、坡面排水孔等。

（1）周边截水沟：为阻止地表径流汇入边坡范围、增加坡面入渗机会、恶化边坡稳定条件，在距边坡开口线以外 15～30m 处设置，周边截水沟设计标准为实测最大小时降雨量 101.6mm 控制截水沟不漫流。周边截水沟采用梯形断面，浆砌块石衬砌，断面尺寸为底宽 0.8m，顶宽为 1.8m，深为 1.0m。周边截水沟在地形变化较大处设有沉沙消力池。

（2）坡面喷混凝土防护：为防止降雨入渗及边坡表层岩体风化，结合坡面支护处理，将周边截水沟以内的天然地表及开挖坡面全部作喷混凝土防护。其中边坡开口线与周边截水沟之间坡顶进行表面清理后喷 12cm 厚混凝土护面；坡面全强、弱风化层（具体在 1∶0.5 边坡面及其以上坡面）挂网后喷 12cm 厚混凝土；闸墙顶以上微、新岩体喷 7cm 厚素混凝土。边坡马道及中隔墩顶全部浇 20cm 厚混凝土面板防护。

（3）坡面排水：包括坡面排水孔和坡面排水沟两部分。

坡面排水孔的主要目的是释放由于各种原因在喷混凝土层后形成的残余渗水压力，增加喷混凝土层及表层岩体的稳定性，坡面排水孔的布置型式为水平上倾 10°仰孔，孔排距

3m×3m，孔径 ϕ46mm；孔深在 1∶1～1∶1.5 边坡面上为 0.7m，在 1∶0.3～1∶0.5 边坡面上为 3.0m。1∶1～1∶1.5 边坡面中的排水孔均作孔内保护，1∶0.3～1∶0.5 边坡中的排水孔仅在软弱断层带部位进行孔内保护。

坡面排水沟的主要目的是将地表降雨和坡面排水孔排出的渗水及时排离坡面，避免重新入渗。布置形式为坡面各级马道上均设置纵向排水沟，各条纵向排水沟通过周边排水沟与设置在开口线以外的周边截水沟相连。纵向排水沟断面型式为矩形断面，断面尺寸（宽×高）：0.4m×0.25m～0.4m×0.6m（一般马道部位）、0.8m×0.3m～0.8m×0.7m（宽马道部位）及 1.0m×1.0m～1.0m×1.8m（闸墙顶宽平台部位）、混凝土衬砌式结构。周边排水沟采用梯形断面，底宽 0.5m，顶宽 1.1m，高 0.6m，浆砌石衬砌。此外沿坡面走向每 100～150m 左右设一条横向排水沟，连接上、下层纵向排水沟，使无条件直接排往周边截水沟的水经纵向排水沟集中排向宽马道纵向排水沟（主纵沟）后，排向周边截水沟或上、下游引航道。横向排水沟为矩形断面，断面尺寸为（宽×高）0.45m×0.6m，混凝土衬砌式结构。

2. 山体地下排水系统

（1）山体地下排水系统设计原则。山体地下排水系统由排水洞及洞内钻设的排水孔幕组成，其主要目的是降低地下水位，减小渗透压力。其设计原则如下。

1）山体排水系统是边坡主要的排水措施，布置要合理，效果要可靠，且有利于运行管理与维护检修。

2）山体排水洞必须布置在边坡稳定岩体内。

3）山体排水洞在使用功能上应具备一洞多用条件。排水洞的主要功能是导排地下水，同时兼顾地质勘探、安全监测和科学试验要求；位于直立坡段上部和中部高程的排水洞段，还应兼作边坡预应力锚索内锚头施工的施工洞。

4）排水孔幕应自强风化岩体底部贯穿至闸室底板高程。因水文地质条件的差异性，排水孔在不同部位的布置要区别对待，并在施工过程中，根据断裂结构面的实际发育情况和岩体特性进行优化，使每个区段内的排水孔尽可能多地穿过岩体结构面，增强排水效果。

（2）山体排水洞。在船闸南北两侧边坡岩体内各布置 7 层共 14 条排水洞，各排水洞距边坡面的水平距离为 30～45m，各排水洞高程自上至下分别为 200m、170～175m、130～152m、110～125m、89～94m、70～72m，排水洞除局部地段外，一般纵坡为 5‰。位于直立坡段中部和上部的排水洞兼作各直立坡段锚固施工洞，位于闸室底板高程部位及闸墙顶以上的各排水洞段则不考虑兼顾锚固施工。排水洞均为城门洞型断面，不兼锚固施工的排水洞断面为 2.5m×3.0m，兼作锚固施工的排水洞断面为 3.0m×3.5m。

此外，为保证施工期及运行期必要的通风条件和施工期吊物的需要，在南北两侧边坡各布置两条通风吊物竖井，通过水平交通支洞与各层排水洞相连。断面为圆形，直径 3.0m。

上述排水洞中均在靠山体侧布置一条排水沟，断面 0.25m×0.3m。

（3）山体排水孔。排水孔在山体排水洞中钻设，它是边坡体排水系统的主体，与排水洞一道组成山体排水系统。

1）孔排距：由于边坡岩体地下水的补给、渗流和排泄条件的差异，不同部位的排水孔幕，采用不同的布置型式。弱风化岩体顶板附近是地下水富集带，也是天然地下水位变动带，为有效导排地下水，南、北坡第七层排水洞及其余各层排水洞在相对最上层范围的洞段采用 2 排排水孔，孔距 2.5m。其余洞段均为 1 排布孔，其中第一闸室部位因距上游库水较近，库水补给的渗径较短，其孔距加密为 2m，其余部位孔距均为 2.5m。

2）孔深：各闸室最上层排水洞段中的排水孔按深入强风化岩体 3～5m 控制。

3）孔径：一排孔孔径均为 91mm。

4）孔向：一排孔部位排水孔均为斜向上的仰孔，两排孔部位的排水孔，其中一排为垂直向上仰孔，另一排为斜向上仰孔。斜向上仰孔角度视各部位上下洞的具体位置确定。

5）孔位：排水孔一般布置在排水洞靠山体一侧。一排排水孔洞段，排水孔布设在洞顶偏山体侧 65～75m 处；二排排水孔洞段，垂直排水孔布设在洞顶，另一排布设在洞顶偏山体 65～75m 处。两排孔洞段，排水孔为相间布置。

6）孔内及孔口保护：排水孔在穿过地质缺陷、强风化岩体的孔段，视需要采取孔内保护措施。保护材料为塑料花管外包工业过滤布。为保证排水孔中渗水顺畅引导至洞中排水沟内，并保持洞内整洁美观和便于观测，所有排水孔孔口均安装孔口装置，孔口装置由带法兰盘的孔口管、变径管、垫片、弯头、水管、管箍等组成，其材料为改性聚丙烯塑料。

根据渗流计算分析，由上述排水洞中和洞内排水孔组成的山体排水系统可起到良好的排水效果，排水后的地下水位线基本为各排水洞连线。

四、边坡加固及支护设计

（一）边坡加固及支护设计原则

像三峡船闸如此大规模的陡高边坡，要靠加固支护来维持或解决整体稳定问题，其技术难度和耗费的投资是难以想象的。因此三峡船闸边坡加固支护是指在采取了充分的排水措施和维持基本自稳的边坡开挖轮廓的前提下，为解决边坡局部稳定，增加和改善边坡稳定性和应力变形条件而进行的加固支护，其设计原则如下。

（1）对边坡面出露的不稳定或稳定条件的块体，主要采取锚固支护或喷混凝土支护予以加固，一般不考虑采用其他支护措施。

（2）对直立边坡和中隔墩中上部岩体由于开挖卸荷而出现的较大范围拉剪应力区和塑性区，为改善其应力状态，限制拉应力区追踪裂隙形成张拉裂缝而进一步恶化边坡稳定条件，采取预应力锚索或预应力锚杆予以处理。

（3）边坡岩体是闸室结构的组成部分，直立段边坡（包括中隔墩）的稳定支护与闸室混凝土衬砌墙的稳定支护相结合，混凝土衬砌墙亦可兼作边坡支护的措施之一。

（4）由于对边坡岩体的长期变形及锚索钢绞线预应力损失情况难以准确预测，因此，位于直立墙段的预应力锚索应尽可能具备后期能进行预应力调整及补救处理的条件。

（5）三峡船闸高边坡锚固支护总工程量大，工期紧，与其中施工项目或施工工序干扰大，施工技术复杂。锚固工程的施工速度直接影响船闸乃至整个三峡工程的建设进度。因此，锚固支护工程必须采用先进的技术、材料、设备和快速高效的施工工艺及合理的施工程序。

（6）由于三峡船闸高边坡范围大，地勘资料难以全面完整地反映边坡岩体复杂的客观地质条件。因此，必须随工程建设的进展情况，及时根据开挖施工（包括山体排水洞洞挖和闸室明挖）揭露的地质资料及边坡安全监测反馈分析的成果，不断地调整、优化边坡的锚固支护设计。

（二）坡顶及坡面喷锚和防护

边坡开挖后，由于受开挖爆破和卸荷影响，边坡表层岩体受到一定程度的损伤，导致原生节理裂隙张开或产生新的爆破裂隙，使表层岩体及结构面力学强度降低，边坡稳定性下降。因此，为提高边坡表层岩体的整体性和稳定性，防止坡面岩体加速风化及降（大、暴）雨对边坡表面冲刷并防止降雨入渗，必须对边坡坡面及坡顶进行全面喷混凝土保护。喷混凝土布置结合坡面随机块体、卸荷带及防渗水系统布置综合拟定。

1. 坡顶喷混凝土防护

为防止地表水的入渗而引起不利于边坡稳定的地下水压力，边坡开口线与周边截水沟之间的坡顶采用表层清理后喷 12cm 厚素混凝土。此外，在南北坡周边截水沟外侧各布设一道贯穿船闸主体段的周边防护栏网，防护栏网由外包 PVC 的机编铁丝网和防护立杆组成（防护网架立在立杆上）。以便开船闸运行管理、增加航运安全和防止对边坡的人为破坏。

2. 坡面喷锚和防护

(1) 缓坡段（1∶1～1∶1.5)：该坡段主要为全、强风化岩体。根据计算分析和现场开挖公路边坡类比分析，该坡段稳定性较好。坡面喷护处理的主要目的是防止自然营力对其进一步加速风化和防止降（大、暴）雨对边坡表面冲刷、水土流失导致边坡局部塌滑，并防止降雨的入渗，故坡面采用挂网喷混凝土保护。挂网采用 2m 幅宽机编镀锌铁丝网，喷混凝土层厚 12cm，挂网绑扎在 2×2m、深 1.5m、直径 25mm、垂直坡面布置的挂网锚杆上。同时，在喷混凝土层上钻设 3×3m、深 70mm、孔径 46mm、上倾 10°垂直坡面走向布置的排水孔，以释放喷混凝土层后可能形成的渗水压力。

(2) 中陡坡段（1∶0.5)：该坡段主要为弱风化岩体。在该坡段底部设有 10～15m 的宽马道，根据计算分析，该坡段稳定性较好。坡面喷护处理的主要目的是防止坡面岩体的进一步风化和加固边坡表层由原生裂隙或爆破隙构成的局部不稳定的随机关键块体、表层爆破和开挖卸荷松动带，同时防止地表水的入渗而引起边坡山体地下水压力的增加。采取的处理措施是坡面布设系统锚杆和挂网锚杆后挂网喷混凝土保护。系统锚杆 4m×4m、直径 25mm、水平下倾角 7°垂直边坡走向布置，紧邻马道平台下部两排深 8m，其余均为 6m。在系统锚杆之间布有 2m×2m、深 1.5m、直径 25mm、垂直坡面的挂网锚杆。坡面采用机编镀锌铁丝网外喷 12cm 厚混凝土保护。喷混凝土层上钻设 3m×3m、深 3m、孔径 46mm、水平上倾 10°垂直坡面走向布置的排水孔，排水孔穿过软弱断层部位作孔内保护。

(3) 陡坡段（1∶0.3)：该坡段为微新岩体。坡面喷护主要是处理该坡段出露的随机块体、爆破和开挖卸荷松动带，同时防止地表水的入渗。该部位系统锚杆采用 3m×3m、直径 25mm、下倾 7°垂直坡面走向布置，紧邻马道下部两排系统锚杆深为 8m，以下为 5m 和 8m 相间布置。表面喷混凝土厚 7cm，同时在喷混凝土面钻设 3m×3m、深 3m、孔径 46mm、上倾 10°垂直坡面走向布置的排水孔，穿过软弱断层部位的排水孔进行内保护。

(4) 直立坡（1∶0)：该段为微新岩体。坡面喷护主要加固处理该坡段出露的随机块体、爆破和开挖卸荷影响松动带、部分破损区（塑性区），同时用作闸室混凝土衬砌墙的锚固。该部位采用上长下短（上部 12～14m，下部 8～10m)、上疏下密（上部 2m×2m，下部 1.3m×1.3m）布置的锚杆，锚杆均为下倾 5°垂直边坡走向布设，锚杆直径均为

28mm。混凝土衬砌墙背设排水管网以降低墙背水压力。

(5) 边坡马道：各级马道（包括宽马道），均采用20cm厚混凝土护面，有公路交通要求的采用25cm厚混凝土护面（兼作公路路面）。在北坡215.0m高程和南坡200.0m高程两级宽马道上设混凝土拦石坎（高1m，宽0.5m），防止意外事故影响航运安全。

（三）边坡加固

根据地质资料和稳定分析成果，对在边坡坡面上出露的随机块体、半定位块体、定位块体及由于开挖卸荷引起的塑性受损区，需采取加固措施，以改善和增加其稳定性。

1. 随机块体加固

根据节理裂隙统计资料，用块体理论和裂隙网络模拟相结合，对坡面上随机块体稳定性及其构形、尺度和分布进行的分析表明，当受水荷载作用或考虑到由于开挖爆破及卸荷回弹影响时，随机块体的稳定性多不够，需进行加固处理。但坡面随机块体具有体积小（小于$2m^3$）、埋深浅（小于1m）、块体形状细长、分布稀疏的特点，且主要出现在直立坡段，少量出露于1∶0.3或1∶0.5陡坡段上，其处理的措施是采用系统锚杆与坡面喷混凝土及闸室墙衬砌混凝土相结合，并辅以随机锚杆进行加固，系统杆布置见本章岩锚结构设计相关内容。

2. 定位块体和半定位块体加固

现有地质资料揭露的定位块体和半定位块体数量不多。计算分析成果表明，定位块体在各种荷载作用下能基本满足设计安全系数，属稳定或基本稳定，埋深为6～48m，体积700～$8000m^3$，全部在直立坡段顶部出露；半定位块体在无论何种荷载组合情况下，多数不稳。其埋深一般小于5m，个别达8m，体积一般小于$20m^3$，个别达$60m^3$左右，大多在直立坡段顶部露，少数出现于1∶0.3或1∶0.5梯段坡顶。

由于地质工作精度有限，开挖施工过程中实际揭露的定位、半定位块体无论在数量、规模和位置上都会有所改变，同时由于受开挖卸荷及爆破松动影响，岩体结构面参数均会产生不同程度的降低，因而必须根据现场施工情况随时进行分析和稳定复核，并视具体情况对不稳定块体及时进行加固。目前拟定的加固措施为锚杆和锚索加固，具体如下。

(1) 对埋深小于5m的小规模块体，结合边坡随机块体及表层破损区加固，采用系统锚杆和随机锚杆加固。

(2) 对埋深5～8m的中等规模块体一般采用预应力锚杆和加固，对需加固力较小的块体，也可采用普通锚杆加固。预应力杆深8～14m，锚杆直径28mm，吨位250～350kN，其布置型式和数量视具体情况确定。

(3) 对埋深大于8m的较大规模块体，一般采用预应力锚杆索加固，锚固吨位1000kN，锚索钢绞线强度$186000N/cm^2$（ASTMA416－87a），锚索由7根$7\times\phi5$钢绞线组成，长度及数量根据需要确定。

3. 塑性受损区加固

根据二维、三维有限元数值计算成果分析，边坡开挖后，左右两侧边坡及中隔墩出现一定范围的拉应力区，边坡直立墙顶以上拉应力区集中分布在全强风化带及微新岩体顶部，微新岩体顶部拉应力分布深度一般在15m以内，最大拉应力值为1.01～1.34MPa。

直立墙顶以下拉应力区集中分布在边坡直立墙壁顶部至1/4直立坡高处的三角形或矩形区内，拉应力分布深度一般超过20～30m，拉应力值在0.6MPa以内。中隔墩上部约3/4范围均为拉应力区，最大拉应力达0.85～2.48MPa。在左右闸室底部坡脚处存在一定程度的压应力集中现象，最大压应力值在28～36MPa之间。

同时，边坡开挖后，在左右两侧边坡表层局部及中间岩体隔墩部位均出现大小不等的塑性受损区，其中闸墙顶以上微新岩体中，各梯段坡顶出现零星分布的浅部（深一般小于5m）小范围拉剪塑性区。边坡直立墙顶平台以下至直立坡高1/3处，出现呈上大、下小的斜向闸室的三角形分布的拉剪塑性区（深度一般小于15m），中隔墩上部约1/2为拉或拉剪塑性区。在左右两侧边坡坡脚处存在小范围压剪塑性区，闸室底板中部有小片拉剪塑性区。

另对直立坡段塑性区分析表明，假定在闸墙顶后缘产生深7.5m的充水拉裂缝，其底滑面为岩体，并将其强度降至残余值，且设其底滑面裂隙连通率为20%，在此情况下边坡仍能维持稳定，但当拉裂缝进一步扩展时，其稳定性变差。

考虑到实际工程中具有许多不确定因素，可能产生更不利的荷载组合工况。为避免上述塑性区在各种特殊工况下的进一步恶化而产生拉裂缝扩展及拉应力区的进一步屈服，并改善边坡体的应力状态，为此决定对上述塑性区部位作如下处理。

（1）对闸墙顶以上各坡段出现的塑性区，由于其产生的范围有限，且上部边坡形态较缓，采用坡面系统功杆和喷混凝土支护相结合的方式使其得到加固，避免其进一步恶化。

（2）对直立坡段的塑性区，采用系统布置的预应力锚索进行加固。两侧直立边坡布置两排3000kN级锚索，上排设置在直立墙顶以下5～6m处，深40～45m，下排设在直立坡中部，深35～40m，锚索间距3m，均为对穿锚，内锚头锚固在边坡山体排水洞内。

（3）中隔墩部位拟采取预应力锚索加固，其锚索型式、布置部位等结合研究塑性区性质、阀门井处理措施、中隔墩长期变形特征及控制措施等综合分析确定。目前按2排3000KN级锚索布置。

按上述布置，沿船闸轴线方向边坡锚索的数量为每延米0.67根，对三峡船闸高边坡如此规模的重要工程，这个锚固数量是不大的，也是十分必要的。

按上述锚索布置，经有限元分析表明，左右边坡的水平位移量最大减小约0.3mm，中隔墩两侧水平位移减小约0.7mm。边坡内应力状态有所改善，直立墙壁内的拉应力减小0.1～0.4MPa，边坡拉应力区的范围明显减少，平均减少约20%，坡脚处压应力集中亦有所减小，对限制塑性区的恶化有重工的作用。

（四）岩锚结构设计

三峡永久船闸边坡加固采用的岩锚型式有普通锚杆、预应力锚杆和预应力锚索。

1. 普通锚杆

普通锚杆主要用于加固坡面随机块体和增加边坡表层岩体的整体性。按照布置方式可分为系统锚杆和随机锚杆。均为全黏结砂浆锚杆，杆体材料为3级螺纹钢筋，砂浆标号R_{28}250号。

（1）系统锚杆：系统锚杆设计的内容包括锚杆长度、布置尺寸、方位角和倾角等。系统锚杆的主要作用是加固边坡表层岩体，同时兼顾坡面随机块体的处理，因而设计中主要考虑结构尺寸与岩体受力影响范围的关系。按照一般经验，锚杆的深度和布置尺寸应满足 $L/B \geqslant$（1.2～1.5）倍的关系（L 为锚杆深度，B 为孔排距中最大尺寸），才能在岩体中形成连续受力拱，且锚杆以长短相间布置效果较好；锚杆的方位角和倾角则考虑施工方便、便于控制注浆质量和较好的受力状态等因素综合确定。据此，确定的锚杆结构参数为：直立坡以上系统锚杆孔直径 25mm 普通螺纹钢筋，锚杆孔直径 46mm；直立坡部位系统锚杆因需兼顾闸墙稳定要求，长 8～14mm，下倾 5°，垂直坡面走向布置，采用直径 28mm 高强钢筋，锚杆孔直径 56mm。

（2）随机锚杆：在直立坡部位出现的关键块体和其他坡面出现的有可能危及继续施工的关键块体，采用随机锚杆进行锚固，随机锚杆按纯剪设计。经计算，一根 20MnSi 的 ϕ25 锚杆可提供剪力 100kN。对坡面出现的多数随机块体和多数半定位块体，一根 ϕ25 的 20MnSi 全黏结砂浆锚杆即可维持其稳定。施工时，根据块体的大小，采用一根或多根锚杆进行加固。

2. 预应力锚杆

预应力锚杆采用全黏结二次注浆型全固结锚杆。由于要求锚杆提供较大的锚固力，设计选用国产主强螺纹钢筋（容许应力 90000N/cm^2）。设计锚固力 350kN，锚杆直径 28mm，锚杆孔直径 56mm，砂浆标号 R_{28}300 号。

（1）锚杆长度。锚杆由外锚固段、张拉段和内锚固段三部分组成，参见图 5－22。

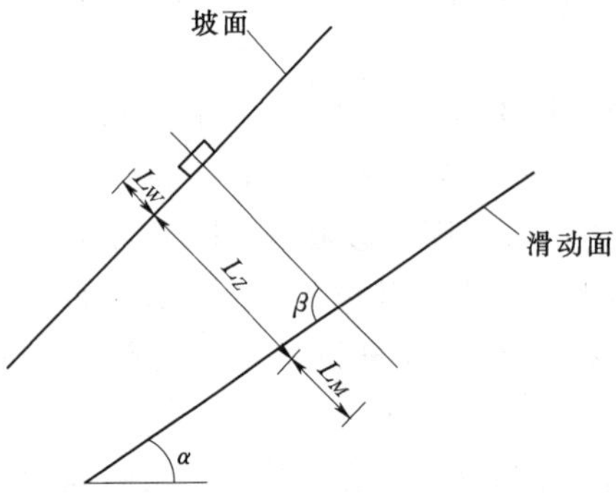

图 5－22　锚杆锚固角示意图

内锚固段长度 L_M 按锚杆与砂浆的黏结强度和砂浆与孔壁岩石的黏结强度分别计算。其计算式（5－34）和式（5－35）。在目前尚未开展现场试验的条件下，作如下估算：

按锚杆与砂浆的黏结强度计算：

$$L_M = \frac{T}{S_1 \tau_{ap}} \tag{5-34}$$

式中：T 为锚杆最大张拉力，取设计锚固吨位的 1.2 倍，即 $T=420$kN；S_1 为锚杆断面周长；τ_{ap} 为锚杆与砂浆黏结强度，一般经验为 250～400N/cm^2，取 $\tau_{ap}=250$N/cm^2。

则
$$L_M = \frac{420000}{\pi 2.8250} = 191\text{cm} = 1.91\text{m}\ 。$$

按砂浆与孔壁岩石的黏结强度计算：

$$L_M = \frac{T}{S_2 \tau_{ck}} \tag{5-35}$$

式中：S_2 为钻孔断面周长；τ_{ck} 为锚杆孔壁与砂浆黏结力，参照第一章相关内容。

取 $\tau_{ck}=240$N/cm，则 $L_M = \dfrac{420000}{\pi 5.6240} = 99.5\text{cm} = 1.0\text{m}$ 。

经参考其他工程的经验，拟定锚固段长 3m。

外锚固段长度 L_w 需考虑锚垫板厚度、紧固螺帽厚度以及千斤顶工作长度，其长度在 0.5m 左右。

(2) 锚杆方位和倾角。锚杆的方位角根据被锚固块体的形状而定。一般情况下方位角为垂直坡面，当被锚固体呈现明显的主滑面和次滑面时，则方位角为垂直主滑面。

锚杆的倾角按最优锚固角确定，其计算公式为

$$\beta_{优}=45^{\circ}+\frac{\varphi}{2} \tag{5-36}$$

式中：φ 为滑裂面的内摩擦角。

3. 预应力锚索

预应力锚索采用的型式有端头锚和对穿锚两种。端头锚采用二次注浆形全固结锚索，对穿锚由于需要具备后期补偿张拉条件，采用无黏结锚索。

预应力锚索吨位分 1000kN 和 3000kN 两个级别，均采用强度 186000N/cm^2（ASTMA416－87a）的钢绞线，钢绞线公称直径 15.24mm，最小剪断力 260.7kN，延伸率小于等于 3.5%，设计应力强度系数 0.6，超张拉强度系数 0.65。3000kN 级锚索由 $19\times7\phi5$ 钢绞线组成，1000kN 级锚索由 $7\times7\phi5$ 钢绞线组成。

(1) 端头锚。1000kN 级与 3000kN 级锚索均有采用端头锚型式。1000kN 级锚索长 20～30m，钻孔直径 115mm，3000kN 级锚索长 35～45m，钻孔直径 165mm。锚具采用 OVM 型，外锚墩混凝土标号 R28350 号，锚固段浆液结石强度 R7≥35MPa、二次注浆结石强度 R28≥30MPa。

锚索结构长度的组成及确定原则，以及锚索方位角、倾角确定的原则等，与预应力锚杆相同。经进行初步估算并参考其他工程的经验，初步拟定外锚固段长 1.8m，内锚固段长度为 1000kN 锚索级 5m、3000kN 级锚索 8m。锚固角的确定仍按最优锚固角并适当考虑下倾以保证施工质量等综合确定（详见图 5－23 和图 5－24）。

(2) 对穿锚。在左右侧直立坡部位采用，中隔墩部位也可能采用。吨位 3000kN 级，锚索长度：直立坡部位 35～45m，中隔墩部位 36～55m。所采用的无黏结钢绞线，外涂一层专用建筑树脂后包一层约 1mm 厚的高密度聚乙烯。锚夹具为 OVM 型专用锚具，要求在锚固洞内的锚具具备后期补偿张拉的功能。锚索一般为水平布置，均为直径 165mm 的锚索孔，锚墩混凝土标号 $R_{28}350$ 号。

图 5－23 三峡永久船闸边坡外貌

图 5－24 三峡永久船闸边坡加固中的预应力锚索外锚墩

五、边坡加固及支护设计图纸

水利部长江水利委员会对三峡永久船闸高边坡开挖设计的图纸见图 5－25 和图 5－26。

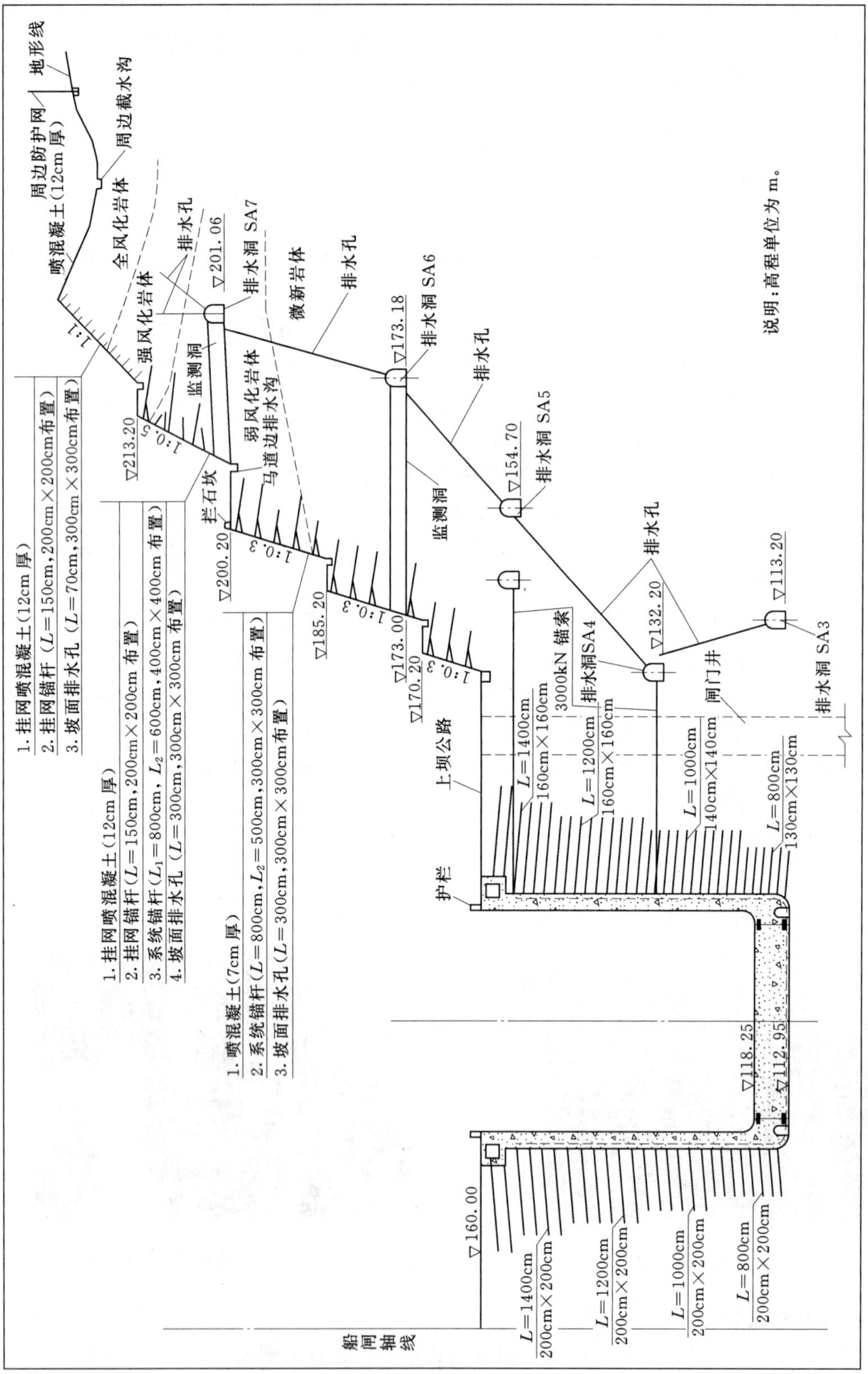

图 5-25 16—16 剖面加固设计图

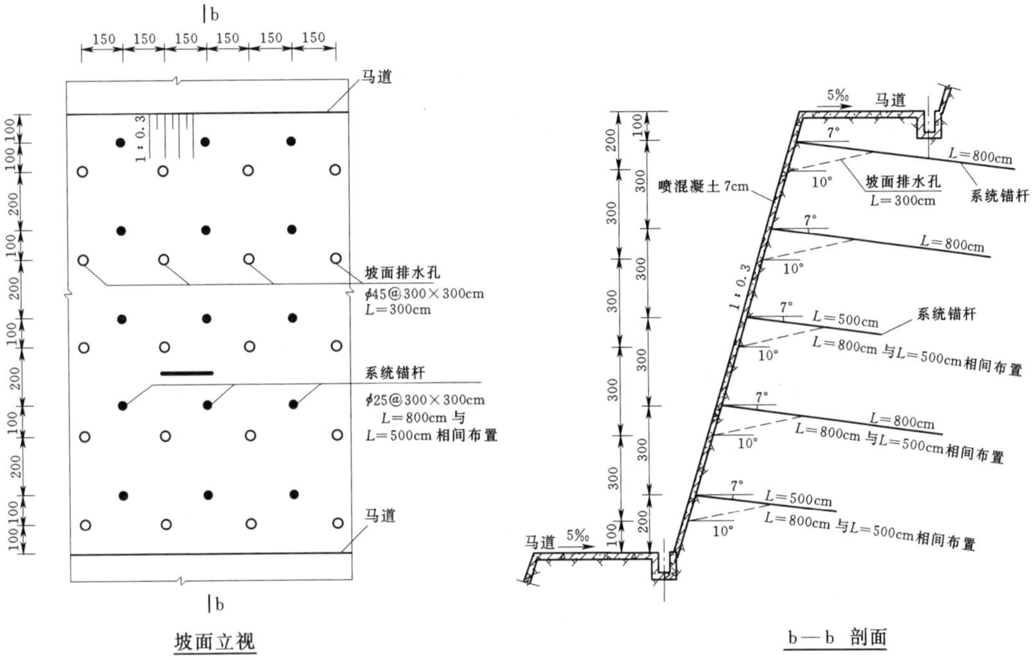

图 5-26　边坡喷锚支护及排水孔典型布置图（单位：cm）

第十节　高速公路开挖边坡加固设计实例

一、工程概况

浙江省上三高速公路新天段途经新昌县、天台县境内，线路大多地段处于山岭重丘区，很多线路在山体中下部经过时，都采用路堑形式处理，即对原有山体切削以修建路基，形成了很多陡坡，这些坡面岩体在建设之初表面经由喷射混凝土处理，阻止了坡面破碎岩体节理发育和崩塌落石发生，一段时间以来有效保障道路行车的安全。但随着时间的推移，边坡岩体表面的喷射混凝土在风雨等自然因素的侵蚀下逐渐破坏并形成碎落块，对高速公路上的车辆和人员安全构成很大威胁。路段 K70＋100～K90＋100 之间及新昌服务区左区边坡均有破碎块体存在。

根据实地调查，病害边坡分布于道路左右两侧，坡面长约 80～300m，高度介于 20～100m 之间，坡率界于 1∶0.3～1∶0.5 之间，坡面形态基本上呈单坡状，在坡口线以上基本上还有自然斜坡，原生植被较发育。除 K77＋650～750 坡面外，其余坡面表面目测基岩稳定。

边坡病害主要表现为喷射混凝土破碎掉落块，块体粒径大小不一，根据了解块体大小介于 10～100cm 之间。其病害表现为碎落块在坡面形成后，沿坡面滚动下落，因为坡面缺少碎落台等堆存设施，碎落块会一落到底，而在其加速下落的过程中如遇有坡面凹凸，就会发生弹跳，从而发生碎落块掉落至高速公路行车车道的事故，对高速公路的行车安全构成极大威胁。其中部分边坡于 2006 年由原施工单位进行了坡面修复。根据业主提供资料及现场实地调查，该12处坡面的基本数据及形态描述见表5-22。

表5-22 边坡形态特征表

序号	坡面起始终到里程	坡面长度/m	最大高度/m	坡度	需防护面积/m^2	坡面、病害描述
1	新昌服务区路左	130	50	1∶0.8	5095	岩石裸露，崩塌落石
2	K74+420～570路左	150	42	1∶0.3	2100	喷射混凝土护面碎落块
3	K75+180～330路左	150	25	1∶0.3	1100	喷射混凝土护面碎落块
4	K77+200～350路左	150	28	1∶0.3	1400	喷射混凝土护面碎落块
5	K77+650～750路右	100	40	1∶0.3	1333	喷混碎落块、岩体稳定性差
6	K81+150～350路右	200	96	1∶0.5	6400	喷射混凝土护面碎落块
7*	K87+170～250路左	80	53	1∶0.5	1413	喷射混凝土护面碎落块
8*	K87+400～500路左	100	45	1∶0.5	1500	喷混碎落块、危岩体
9*	K87+780～900路右	120	48	1∶0.5	1920	喷射混凝土护面碎落块
10*	K88+090～400路左	310	50	1∶0.5	5166	喷射混凝土护面碎落块
11*	K88+670～800路左	130	42	1∶0.5	1820	喷射混凝土护面碎落块
12*	K89+470～670路右	200	40	1∶0.5	2666	喷射混凝土护面碎落块

注 其中带“*”表示2006年原施工单位进行过修复的坡面。

二、设计依据

（1）《上虞至三门一级汽车公路初勘报告》（1996年10月）。

（2）《建筑边坡工程技术规范》（GB 50330—2013）。

（3）《岩土锚杆喷射混凝土支护工程技术规范》（GB 50086—2015）。

（4）《滑坡防治工程设计与施工技术规范》（DZ/T 0219—2006）。

（5）《铁路沿线斜坡柔性安全防护网》（TB/T 3089—2004）。

（6）《公路边坡柔性防护系统构件》（JT/T 528—2004）。

（7）《建筑地基基础设计规范》（GB 50007—2011）。

（8）《岩土工程勘察规范》（GB 5021—2001）。

（9）国家现行有关规程、规范及相关规定。

三、地质环境条件

1. 气象水文

工程区为亚热带季风气候区，四季分明，气候温暖湿润，雨量充沛，光照充足。多年平均气温16.4℃，历年最高气温40.7℃，历年最低气温－13.0℃，年温差21.6～22.9℃。降水量为1600～1700mm，多集中在5—6月及8—9月；蒸发量为910～1100mm，相对湿度在80%左右，无霜期均在200d以上，冬季以西北风为主，夏季以东南风为主。

2. 地形地貌

工程区地貌上属于浙东低山丘陵区，1～5号边坡地处为起伏不平的低丘陵地区，地形坡度在18°～30°之间，相对高差50～150m，线路主要沿山谷斜坡布置；6～12号边坡地处为高丘陵地区，山峰高度大都超过200m，最高可达400m以上，地形起伏较大，坡度在25°～35°之间，相对高差100～300m，地形特点是谷深、坡陡、顶平，线路主要沿山谷斜坡布置（隧洞除外）。

开挖边坡坡面一般长 80～300m，高度界于 20～100m 之间，坡率界于 1∶0.3～1∶0.5 之间，坡面形态基本上呈单坡状，在坡口线以上基本上还有自然斜坡，原生植被较发育。其中除 1 号边坡新昌服务区路左仅在坡脚设有挡碴墙，未进行喷射混凝土护面外，其余 11 个边坡均已进行喷射混凝土护面，其中 5 号边坡下部及坡脚设有混凝土贴面墙，上部有锚杆、锚索加固。

3. 地层岩性

工程区第四系覆盖层不发育，12 个边坡均为岩质边坡，分布的地层岩性较为简单，主要为早白垩世朝川组和晚侏罗世大爽组，现将其岩性分述如下。

（1）早白垩世朝川组（K1*c*）：岩性为紫红色砂岩、泥岩、常含钙质结核并间夹较多的火山岩层，厚 650～1350m，主要出露在 1～6 号边坡。

（2）侏罗世大爽组（J3*d*）：岩性为灰紫、黄绿色砾岩、砂岩、粉砂岩，沉凝灰岩夹流纹质玻屑凝灰岩，厚度 460～1000m，主要出露在 7～12 号边坡。

4. 地质构造与区域稳定性

上三高速新天段 12 个隐患边坡均在新昌境内，且均在新昌县城以南，其大地构造属华南褶皱系浙东南褶皱带丽水—宁波隆起新昌—定海断隆。区域性断裂主要有：走向约 N45°E 的鹤溪—风化断裂斜贯工程区东南侧，走向约 N25°E 丽水—余姚断裂斜贯工程区西北侧，走向约 N50°W 孝丰—三门断裂从工程区北侧穿过，走向约 N80°E 的衢州—天台山断裂在工程区南侧穿过。

根据上三高速工程勘察资料，在 2 号边坡附近距线路 50～100m 平行线路发育有近南北向，长约 4000m 的断层，地形上为直线型河谷，为侏罗系与白垩系分界断裂；在 5 号边坡附近距线路 30～200m 平行线路发育有近南北向，长约 3000m 的断层。

据 1∶400 万《中国地震动参数区划图》（GB 18306—2001），评估区地震动峰值加速度小于 0.05*g*，对应地震基本烈度小于Ⅵ度，属区域地壳稳定区。

5. 水文地质特征

根据地下水的埋藏、赋存条件、水理性质和水动力特征，工程区 12 个边坡为岩质边坡，第四系覆盖层不发育，工程区内地下水类型主要为基岩裂隙水，又可细分为白垩系陆相碎屑岩孔隙裂隙水和上侏罗统火山碎屑岩构造裂隙水。

（1）陆相碎屑岩孔隙裂隙水：主要分布在 1～6 号边坡，地下水主要赋存在白垩纪朝川组钙质砂岩、泥岩、砂砾岩夹凝灰岩中，单井涌水量一般在 30～60m^3/d，当 2～3 组近直立节理裂隙发育时，流量大大增大，最大可达 2.94L/s。该类型地下水水质较好，一般为低矿化度的 $HCO_3 \cdot SO_4 - Na$ 型极软水。

（2）火山碎屑岩构造裂隙水：主要分布在 7～12 号边坡，地下水主要赋存于节理裂隙和构造破碎带中，富水性差异极大，根据埋藏条件，分为以下几类。

1）节理裂隙水。主要赋存、富集在节理裂隙密集带和地貌上有利的部位。节理裂隙水常呈侵蚀泉、接触泉和溢泉出露。

2）构造破碎带裂隙水。富水性取决于地貌、岩性、断裂力学性质、规模及所属构造体系。通常断裂通过平缓开阔的斜地、平台、分水岭或集水洼地、坳沟等有利的地貌部位，往往富水性较好；张性、张扭性、压性、扭性、压扭性断裂带富水性依次变差。同一断裂上盘比下盘富水性好。

此类地下水水质较好，多位 HCO_3 - Mg、HCO_3 - Ca 型低矿化度弱酸性的极软～软水。对混凝土一般无侵蚀性。

6. 工程地质条件

根据上三高速相关勘察成果及地质灾害调查，主要有以下工程区工程地质层。

(1) 混凝土层。为边坡护面喷射混凝土。

(2) 全风化层（K1*c*、J3*d*）：岩性为紫红杂色砂岩、砂砾岩、粉砂岩、沉凝灰岩，结构构造已全部破坏，但结构商可辨认，尚有微弱的残余内部联结，矿物已完全分解，碎石可用手捏碎，岩体风化成散体状。

(3) 强风化层（K1*c*、J3*d*）。岩性为紫红色砂砾岩、粉砂岩、沉凝灰岩，结构已部分破坏，岩体被节理裂隙分割成 2～20cm 碎块，用手可折断，矿物成分已显著变化。分布丘陵山区表部，一般厚 1.5～4.0m。

(4) 中风化层（K1*c*、J3*d*）。岩性为紫红色砂砾岩、粉砂岩、沉凝灰岩，裂隙较发育，岩石完整性差，岩体被节理裂隙分割成 20～40cm 碎块，裂隙面风化较严重，岩块不易击碎。

(5) 微风化层（K1*c*、J3*d*）。岩性为中酸性火山碎屑岩夹碎屑沉积岩、流纹岩，岩石完整性好，仅断裂带及其附近岩石较破碎，结构未破坏，岩体分割成大于 40cm 块状，岩质新鲜，表面稍有风化迹象。

四、边坡地质灾害分类与边坡稳定性评价

（一）边坡地质灾害分类

根据现场地质灾害调查，边坡地质灾害分类可以分成四类，第一类边坡地质灾害主要为边坡表面喷射混凝土破坏后产生的碎落块；第二类边坡地质灾害主要为裸露岩石节理发育贯通后形成崩塌落石；第三类边坡地质灾害主要为边坡稳定性可能失稳形成崩塌落石并且边坡表面喷射混凝土破坏后产生碎落块；第四类边坡地质灾害主要为边坡局部存在危岩体，同时边坡表面喷射混凝土破坏后产生碎落块。

（二）边坡稳定性评价

1. 第一类边坡稳定性评价

第一类边坡地质灾害主要为边坡喷射混凝土破坏后产生的碎落块，其成因是坡率 1∶0.3～1∶0.5，局部垂直或倒倾，坡高 20～96m，坡面局部发育临空面或喷射混凝土裂缝，易形成混凝土掉块。需对喷射混凝土潜在碎落块进行防护。

2. 第二类边坡稳定性评价

该类型的边坡，曾经开挖山体，对原有山体切削以后形成了一道陡坡，随着时间的推移，边坡岩体在风雨等自然因素的侵蚀下节理裂隙逐渐发育，不时有小块或较大块落石发生，对坡底停车场的车辆和人员安全构成威胁。

边坡呈 NW—SE 向展布于山体西南坡，长约 150m，相对服务区停车场路面高 50m 左右，坡度约 50°～70°，平均坡度约 60°，坡面基岩稳定。坡口线以上有一小自然斜坡，最高处相对坡口线高约 5m，自然斜坡地带原生植被较发育，坡面形态呈单坡状。

边坡位于上三高速公路服务区左侧，整个坡体在服务区停车场内凸出形成品字形状，落石来源主要为突出岩体的3个边坡，3个岩面，均为裸露岩石，岩体破碎，岩性为白垩系朝川组砂岩，强～中风化，且无植物生长，坡度为50°～60°，根据地质灾害治理“以人为本，以防为主，防治结合”的原则，本工程坡面灾害治理只需对山体的凸出体的3个坡面进行治理，在本工程防治设计中分别命名为A、B、C三个区域，见图5-27。

图5-27　新昌服务区路左边坡

（1）A区稳定性评价。开挖边坡总体走向为N54°W，倾向SW，上边长度27m，下边长度58.5m，斜坡长度57m，最大坡高约40m，坡比1∶0.75，坡角约53°，坡脚1.5m设有挡墙；开挖边坡岩体破碎，岩层产状不明显。主要发育的节理有三组：①N30°W SW∠63°，较发育，延伸不长，闭合；②N15°W SW∠70°，薄层状；③N30°W SW∠70°～80°，较发育，延伸长，闭合。三组节理与边坡小角度相交，虽三组倾角大于开挖坡角，但由于倾向顺坡，三组中～陡倾角节理相互切割形成的块体易形成崩塌。同时结合现场调访，该段边坡坡面有松动岩块，A区边坡存在崩塌隐患。

（2）B区稳定性评价。开挖边坡总体走向为N12°E，倾向NW，上边长度12.5m，下边长度21.5m，斜坡长度49.5m，最大坡高约40m，坡比1∶1，坡角约45°，坡脚1.5m设有挡墙；开挖边坡岩体破碎，岩层产状不明显。主要发育的节理有四组：①N50°W SW∠70°，延伸长，面弯曲；②N15°W SW∠70°，薄层状；③N30°W SW∠70°～80°，较发育，延伸长，闭合；④N30°W SW∠63°，较发育，延伸不长，闭合。四组节理均为陡倾角节理，相互切割形成的块体易倾倒，四组中～陡倾角节理相互切割形成的块体易形成崩塌。同时结合现场调访，该段边坡坡面有松动岩块，B区边坡存在崩塌隐患。

（3）C区稳定性评价。开挖边坡总体走向为N80°E，倾向SE，上边长度29m，下边长度41.5m，斜坡长度51.5m，最大坡高约40m，坡比1∶1，坡角约45°，坡脚1.5m设有挡墙；开挖边坡岩体破碎，岩层产状不明显。主要发育的节理有三组：①N50°W SW∠70°，延伸长，面弯曲；②N15°W SW∠70°，薄层状；③N30°W SW∠63°，有擦痕。同时边坡发育有一组方解石岩脉，产状为N30°W SW∠70°，宽1.5m，可见延伸长约10m。三组节理均为陡倾角节理，同时与陡倾角岩脉相互切割形成的块体易倾倒，易形成崩塌。同时结合现场调访，该段边坡坡面有松动岩块，C区边坡存在崩塌隐患。

3. 第三类边坡稳定性评价

5号边坡 K77+650～750 路右，坡面长度约 100m，最大坡高约 40m，坡比为 1∶0.3，坡角约 73°，岩质边坡，岩性为白垩系朝川组砂岩，边坡所处为构造-剥蚀低丘软质岩石工程地质。边坡局部下部有混凝土贴面墙，上部有锚杆锚索加固。坡面凹凸明显，且有较大岩体呈倒悬状结构，这些岩体在重力作用及自然风雨的侵蚀下，节理发育条件较好，容易导致边坡突发性整体失稳，形成小型滑坡。

4. 第四类边坡稳定性评价

8号边坡 K87+400～500 路左，坡面长度约 100m，最大坡高约 45m，坡比为 1∶0.5，坡角约 63°，岩质边坡，岩性为白垩系大爽组晶屑玻屑熔结凝灰岩，边坡所处为构造-剥蚀高丘硬质岩石工程地质。边坡全面喷射混凝土护面，有混凝土零星掉块现象，同时在边坡天台端侧顶部存在危岩，约 2m×2m×6m。危岩体存在崩落隐患。

五、防护设计

1. 防护设计总体思路

根据现场调查，目前各边坡存在的主要安全隐患归纳如下。

(1) 边坡开挖放坡过陡，坡率为 1∶0.5～1∶0.3，且一坡到顶，最大坡高达 80～100m，坡面未设置台阶。

(2) 边坡表面素混凝土与岩体黏结强度差，在雨水浸润和风化作用下剥落掉块。

(3) 部分边坡存在结构面不利组合、裂缝、临空面以及危岩体等灾害因素。

(4) 边坡顶部风化较深，岩体破碎，崩塌、掉块隐患大。

综上，本次防护主要针对边坡表面的崩塌、掉块等地质灾害。结合本工程边坡的特点，提出以下几条防护原则。

(1) 边坡安全等级二级，设计采用动态设计法。

(2) 一定要保证线路的运营安全，尽量避免崩塌落石灾害发生，即便有岩体松动或脱离坡面下落，也要在防护措施的控制范围内。

(3) 处理措施简单易行，施工周期短，尽量减少开挖或不开挖以避免对边坡稳定性的进一步破坏。施工便捷且所用建筑材料尽可能轻便，对路面施工行车或其他施工干扰小或没有干扰。

(4) 具有足够的工作寿命，在使用年限内无须维护。

(5) 经济性可观，在同等防护效果的前提下尽量节约资金。

2. 防护方案的比较与确定

根据以往的工程经验，常用的崩塌防治措施有削方卸载、设置滚落隔断区、锚喷支护以及 SNS 柔性防护网等。结合本工程现场具体情况，削方卸载方虽然施工方法简单，效果也较显著，但该方案的实施会影响高速公路的正常运营，同时现场无挖方堆放区域，结合现场与外界的交通联系，外运也不易实现，因而土石方处置较为困难；设置滚落隔断区同样也不具备条件，隔断区需要有足够的空间设置缓冲带，对已运行多年的上三高速公路，根本没有设置隔断区的场地。因此，本工程防护方案可考虑锚喷支护或 SNS 柔性防护网。

3. 边坡防护范围

经过对本工程中边坡坠落物的危害性分析，2～12号边坡坠落物在上半坡以上区域发生时，坠落物在坡面滚落过程中才容易发生弹跳，掉落到车道上造成灾害，而下半坡的坠落物因为下落高度小，坡面运动加速距离短，发生弹跳飞入车道的概率非常小，因此本工程防护处理只作上半坡，下半坡视情况再作相应处置；1号边坡位于服务区，须进行全坡面防护。

4. 边坡防护方案

本工程坡面地质灾害防治可选用SNS主动防护或被动防护来实施防止坡面坠落物造成行车、路面破坏或人员伤亡的目的。

（1）SNS主动防护方案。从防止灾害发生的思路考虑进行治理，本工程防护可以采用SNS主动防护系统。

本工程采用主动防护方案时，针对各坡面特点，具体防护方案及面积见表5-23。需要说明的是，在采用主动防护网进行坡面防护时，为防止边坡开挖线处土石体发生契形体溜坍，应向边坡外延伸不小于1m的距离，以确保坡面防护效果；除新昌服务区路左边坡以外，其他各坡面为防止坡面碎落块滚落中加速距离过长，碎落块发生弹跳飞跃至高速公路行车道，故每个坡面防护区域的下边位置离路基高度不宜超过20m。

表5-23　边坡防护方案一览

序号	坡面起始终到里程	坡面长度/m	最大高度/m	坡度	需防护面积/m^2	防护系统型号
1	新昌服务区路左	130	50	1∶0.8	5095	GTC-65A
2	K74+420～570路左	150	42	1∶0.3	2100	GTC-65A
3	K75+180～330路左	150	25	1∶0.3	1100	GTC-65A
4	K77+200～350路左	150	28	1∶0.3	1400	GTC-65A
5	K77+650～750路右	100	40	1∶0.3	1333	GPS2Q
6	K81+150～350路右	200	96	1∶0.5	10508	GTC-65A
7	K87+170～250路左	80	53	1∶0.5	1413	GTC-65A
8	K87+400～500路左	100	45	1∶0.5	1500	GTC-65A
9	K87+780～900路右	120	48	1∶0.5	1920	GTC-65A
10	K88+090～400路左	310	50	1∶0.5	5166	GTC-65A
11	K88+670～800路左	130	42	1∶0.5	1820	GTC-65A
12	K89+470～670路右	200	40	1∶0.5	2666	GTC-65A

本方案防治工程主要为SNS柔性网等，主要工程量统计及费用概算见表5-24。

表5-24　SNS主动防护方案主要工程量统计及费用概算表

序号	定额编号	工程或费用名称	单位	工程量	综合单价/元	合价/元
1		GTC-65A防护网（含施工）	m^2	36113	150.00	5416950
2		GPS2Q防护网（含施工）	m^2	1443	210.00	303030
3		ϕ25钢筋锚杆	m	60	200.00	12000
4	一	小计	元			5731980

续表

序号	定额编号	工程或费用名称	单位	工程量	综合单价/元	合价/元
5	二	规费（2.634%）（一×2.634%）	元			150980
6	三	税金（3.513%）（一～二）×3.513%	元			206668
7	四	一～三合计	元			6089628
8	五	工程监理费（2%）	元			121793
9	六	概算造价（四～五合计）	元			6211421

（2）锚喷方案。根据现场调查情况，上三高速新天段1～12号边坡喷射混凝土剥落的原因主要分为两种情况：一是施工过程中喷层过薄（小于5cm），导致喷层中粗骨料的含量过少，引起收缩开裂。同时，过薄的喷层不足以抵抗岩块的移动，出现局部开裂或剥落；二是喷层与岩体的黏结强度低，在局部不稳定块体的作用下，喷层呈现黏结破坏。结合以上分析，1～12号边坡若全部采用锚喷支护结构，能够有效地控制坡面崩塌落石的发生。锚喷支护结构就是由锚杆和喷射混凝土面板组成的支护结构，作为永久边坡防护结构，其设计使用年限为50年。锚喷处理范围同SNS柔性防护网方案，锚杆采用ϕ22钢筋锚杆，L=4.5m@3.0m×3.0m，钢筋网ϕ6.5@200×200，喷射混凝土强度等级C20，厚度20cm。针对8号边坡出露的危岩体，采用ϕ25钢筋锚杆（随机）进行加固，L=6.0m。本方案防治工程主要为锚杆、挂网喷混凝土等，主要工程量统计及费用概算见表5-25。

表5-25　　锚喷方案主要工程量统计及费用概算表

序号	定额编号	工程或费用名称	单位	工程量	综合单价/元	合价/元
1		ϕ22钢筋锚杆	m	17572.5	150.00	2635875
2		ϕ25钢筋锚杆	m	60	180.00	10800
3		挂网喷混凝土（含泄水孔）	m^2	36093	150.00	5413950
4	一	小计	元			8060625
5	二	施工措施费（3%）	元			241819
6	三	规费（2.634%）	元			218686
7	四	税金（3.513%）	元			299347
8	五	一～四合计	元			8820477
9	六	工程监理费（2%）	元			176410
10	七	概算造价（五～六合计）	元			8996887

5. 方案比选

上述两方案优缺点分析如下。

（1）SNS柔性防护网方案（方案一）。

优点：①可有效阻止坡面崩塌落石的发生；②属开放性系统，可确保地下水自由排泄；③施工方法简单，从坡顶挂安全绳即可施工，不需占用坡脚车道，对交通影响较小。

缺点：由于SNS柔性防护网系金属材料制作，且为野外使用，有发生施工磨损以及人为破坏或偷窃可能性，故施工结束后需进行现场封闭，并派人定期进行巡查维护。

（2）锚喷方案（方案二）。

优点：①可有效阻止坡面崩塌落石的发生，并能控制任意粒径的落石。②通过系统锚杆的设置，不仅能增加边坡的稳定性，还能克服高陡边坡由于素喷引起的风化剥落。

缺点：①需与注浆、加筋护面墙结合使用，施工技术要求相对较高，施工周期长。②施工设备、材料多，需要一定的堆放场地，势必会占用部分车道，从而造成道路通行不畅，对交通影响较大。③与SNS柔性防护网方案相比，造价要高出278.55万元。④属封闭式系统，墙背易产生动静水压力，必须加强排水措施。

综上，本工程采用SNS柔性防护网方案。

六、SNS柔性网防护施工说明与施工大样图设计

1.SNS柔性网防护设计图纸

有关柔性网防护设计图见图5-28和图5-29。

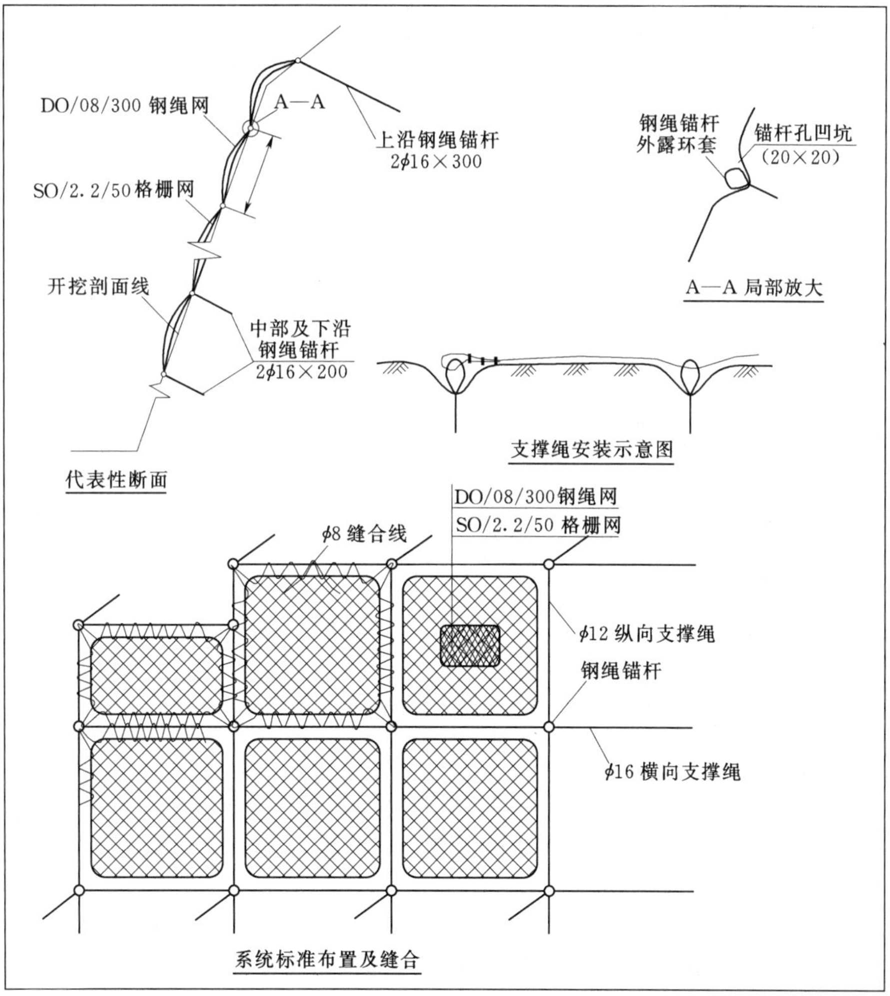

图5-28　柔性防护网总体施工大样图（单位：mm）

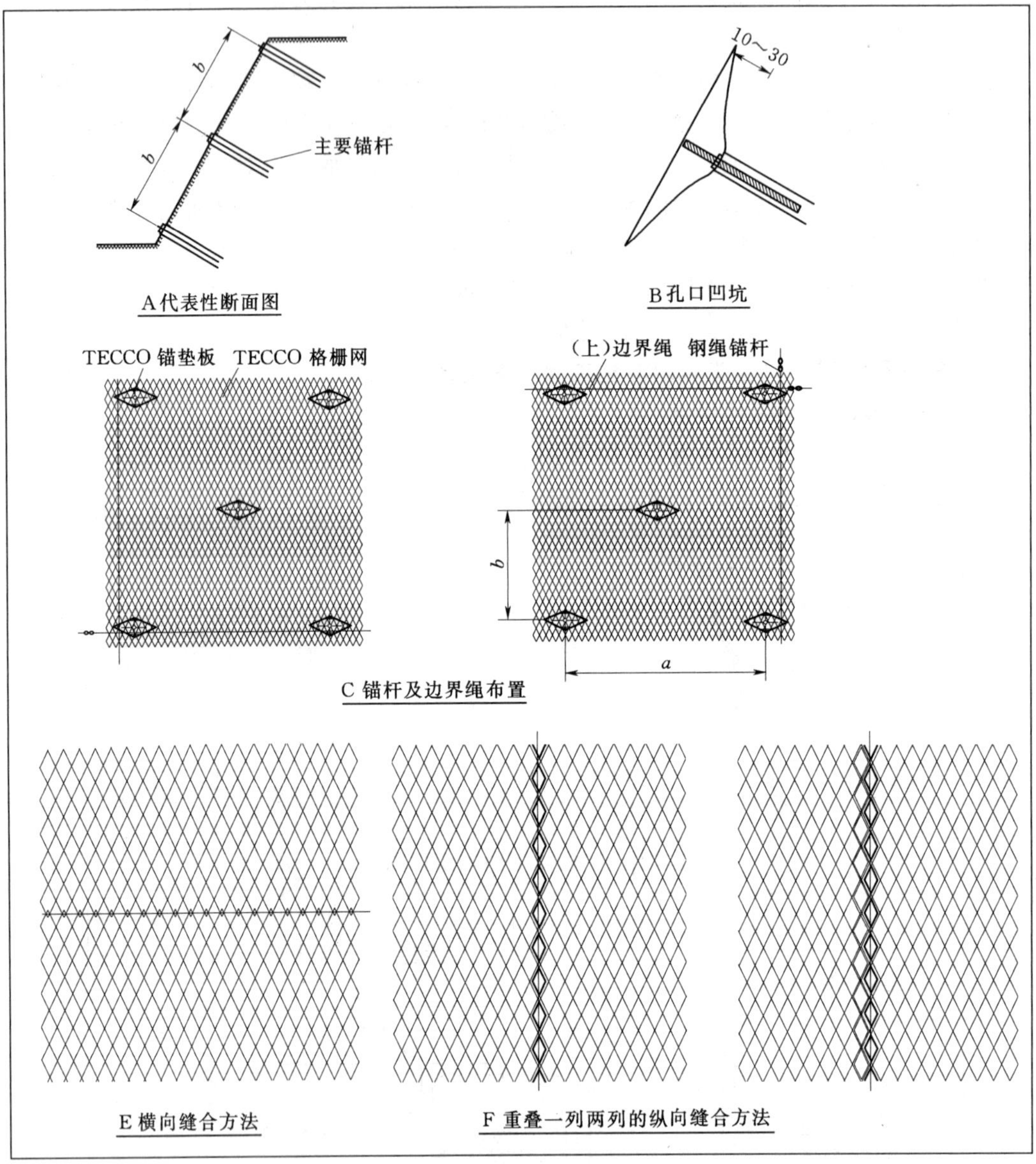

图 5-29 防护网施工大样（单位：mm）

2. SNS 柔性网防护施工总说明编制

（1）GTC-65A 系统采用带锚垫板的预应力钢筋锚杆将专用 TECCO 高强度格栅张紧固定覆盖于边坡上，适用于本工程有风化剥落、危岩落石等地质灾害岩石边坡的加固和防护。

（2）主要构成。

1）TECCO 格栅：由高强度不小于 1770MPa 的经防腐处理的钢丝编制，菱形网孔内切圆直径 65mm，网块标准规格 30cm/20cm/10cm×3.5m。

2）锚杆：采用外露段带加工螺纹的 ϕ25 普通螺纹钢筋锚杆，并根据需要进行热镀锌防腐处理。

3）TECCO 锚垫板：菱形钢板，4 个角带有弯钩，尺寸不小于 350mm×170mm，厚度不小于 8mm。

4）边界绳：选用 ϕ12 热镀锌钢绳，单根长度不宜大于 40m，每根两端各配一根长度为 2m 的 2ϕ16 双股钢丝绳锚杆。

5）辅助锚杆：选用件。用于在局部低凹或边界处使格栅更好地紧贴坡面，构成与主要锚杆相同，长度一般选用 1～1.5m。

（3）设计参数与材料配置。

1）防护区域：一般应向既有或潜在破坏区外延伸至少 1m 以上。

2）锚杆间距 a 和 b：标准间距为 a＝3.3m；b＝4m。

3）锚杆长度 L：取 2.15m，安装时外露段长度为 10～18cm。

4）锚杆直径 D：25mm，保证单根杆体抗破断拉力不低于 100kN。

5）锚杆倾角：一般宜近于垂直坡面，当格栅有悬空时，宜使锚杆与张紧后的格栅表面近于垂直。

6）锚杆孔：一般应干钻，孔径为 42mm 以上。

7）TECCO 格栅：需用材料面积为 1.05～1.08 倍拟防护面积，就近取为整数张格栅的面积，现场可根据需要进行纵向分割。

8）缝合钢丝或钢丝绳：网块间的纵向接长或横向连接采用 ϕ8 热镀锌钢丝绳，长度约为缝合路径直线长度的 1.2 倍。

9）锚垫板：数量与锚杆根数相同，并带专用螺母。

（4）施工顺序与方法。

1）清坡：规整地形边界，清除浮土浮石，需要时回填凹坑。

2）以坡脚为基准线放线布置锚杆孔位，宜设于天然凹坑处，但间距不应大于设计值的 10%。

3）在不具备能使格栅紧贴坡面的天然凹坑的孔位处开凿孔口凹坑。

4）自上向下钻凿锚杆孔。

5）安装锚杆并注浆，清理锚杆头并使其裸露长度为 10～18cm。

6）格栅铺设与逢合，格栅纵向边界应重叠 1～2 个网孔宽度，横向上无需重叠，缝合丝或绳穿过搭接孔，端头应与格栅丝纽结或用绳卡固定。

7）边界绳从格栅网孔穿过至两端钢绳锚杆，张紧并用 4 个绳卡固定。

8）安装锚垫板并拧紧螺母施加预应力，使格栅张紧并紧贴坡面或稍压入地层，格栅悬空处的锚杆预应力不应大于 30kN；锚垫板的弯钩必须卡入格栅网孔内，上边界及侧边界绳必须卡压在锚杆外侧，下边界绳必须卡压在锚杆的上侧。

9）检查格栅与坡面的贴紧情况，根据需要布置安装辅助锚杆。

（5）未及之处按《铁路沿线斜坡柔性安全防护网》（TB/T 3089—2004）及其他规范规程执行。

七、喷锚防护施工说明及施工大样图

锚喷防护施工图见图 5-30 和图 5-31。施工说明如下。

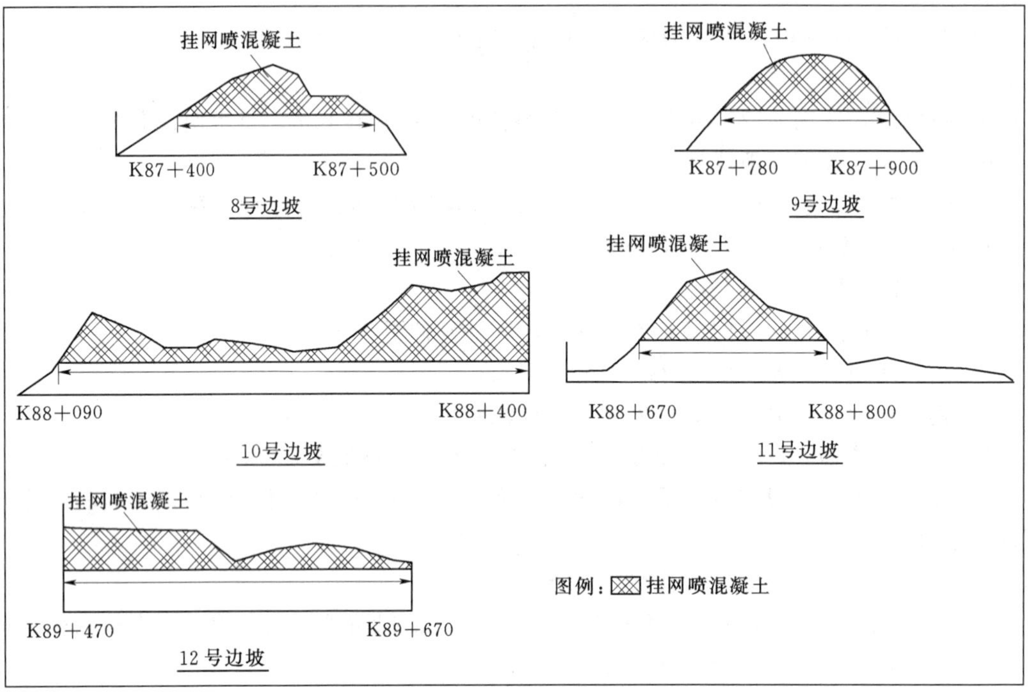

图 5－30　挂网喷混凝土施工图

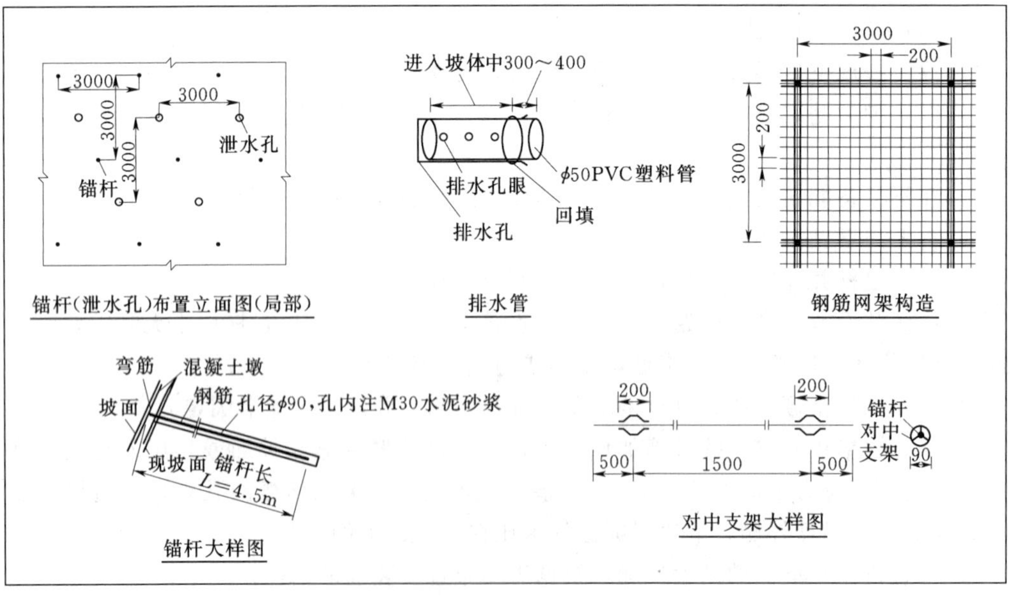

图 5－31　锚杆支护大样图（单位：mm）

（1）图中尺寸除钢丝绳直径和网孔规格以 mm 计外，其余尺寸均以 cm 为单位。

（2）本工程设计防护网由强度为 1770MPa 的热镀锌钢丝绳编制，格栅网材料防腐处理工艺为锌铝稀土合金，产品的工作寿命不低于 30 年。

（3）系统说明：纵横交错的 $\phi16$ 横向支撑绳和 $\phi12$ 纵向支撑绳与 4.5m×4.5m 正方形模式（边沿局部根据需要有时为 4.5m×2.5m）布置的锚杆相联结并进行预张拉，支撑绳构成的每个 4.5m×4.5m（或 4.5m×2.5m）网格内铺设一张 DO/08/300/4m×4m（或 4m×2m）型钢丝绳网，每张钢丝绳网与四周支撑绳间用缝合绳缝合联结并拉紧，该预张拉工艺能使系统对坡面施以一定的法向预紧压力，从而提高表层岩土体的稳定性，尽可能地阻止崩塌落石的发生并将小部分落石限制在一定的空间内运动，同时，在钢绳网下铺设小网孔的 SO/2.2/50 型格栅网，以阻止小尺寸岩块的崩塌或限制局部岩土体的破坏。

（4）施工顺序及工法。

1）清除坡面防护区域内威胁施工安全的浮土及浮石，对不利于施工安装和影响系统安装后正常功能发挥的局部地形（局部堆积体和凸起体等）进行适当修整。

2）放线测量确定锚杆孔位（根据地形条件，孔间距可有 0.3m 的调整量），在孔间距允许的调整量范围内，尽可能在低凹处选定锚杆孔位；对非低凹处或不能满足系统安装后尽可能紧贴坡面的锚杆孔（一般连续悬空面积不得大于 $5m^2$，否则宜增设长度不小于 2.0m 的局部锚杆，该锚杆可采用直径不小于 $\phi12$ 的带弯钩的钢筋锚杆或直径不小于 $2\phi12$ 的双股钢绳锚杆），应在每一孔位处凿一深度不小于锚杆外露环套长度的凹坑，一般口径 20cm，深 20cm。

3）按设计深度钻凿锚杆孔并清孔，孔深应大于设计锚杆长度 5～10cm，孔径不小于 $\phi42$；当受凿岩设备限制时，构成每根锚杆的两股钢绳可分别锚入两个孔径不小于 $\phi35$ 的锚孔内，形成人字形锚杆，两股钢绳间夹角为 15°～30°，以达到同样的锚固效果；当局部孔位处因地层松散或破碎而不能成孔时，可以采用断面尺寸不小于 0.4m×0.4m 的 C15 混凝土基础置换不能成孔的岩土段。

4）注浆并插入锚杆，采用标号不低于 M20 的水泥砂浆，宜用灰砂比 1∶1～1∶1.2、水灰比 0.45～0.50 的水泥砂浆或水灰比 0.45～0.50 的纯水泥浆，水泥宜用 42.5 普通硅酸盐水泥，优先选用粒径不大于 3mm 的中细砂，确保浆液饱满，在进行下一道工序前注浆体养护不少于 3d。

5）安装纵横向支撑绳，张拉紧后两端各用 2～4 个（支撑绳长度小于 15m 时为 2 个，大于 30m 时为 4 个，其间为 3 个）绳卡与锚杆外露环套固定连接。

6）从上向下铺挂格栅网，格栅网间重叠宽度不小于 5cm，两张格栅网间以及必要时格栅网与支撑绳间用 $\phi1.5$ 铁丝进行扎结，当坡度小于 45°时，扎结点间距一般不得大于 2m，当坡度大于 45°时，扎结点间距一般不得大于 1m（有条件时本工序可在前一工序前完成即将格栅网置于支撑绳之下）。

7）从上向下铺设钢绳网并缝合，缝合绳为 $\phi8$ 钢绳，每张钢绳网均用一根长约 31m（或 27m）的缝合绳与四周支撑绳进行缝合并预张拉，缝合绳两端各用两个绳卡与网绳进行固定联结。

（5）未及之处按中华人民共和国铁道部标准《铁路沿线斜坡柔性安全防护网》（TB/T 3089—2004）及其他规范规程执行。

习题与思考题

5－1　边坡与滑坡有何区别？

5－2　边坡工程设计的主要步骤与内容有哪些？

5－3　如何依据岩石边坡的破坏类型选用边坡加固方法？

5－4　边坡工程的安全等级如何确定？

5－5　简述边坡工程排水的意义及排水设计的方法。

5－6　何谓边坡生态支护？如何选择物种？

5－7　简述边坡支护中植喷技术的设计要点。

5－8　人工开挖边坡的设计过程包含哪些内容？

第六章　地下洞室围岩支护设计

第一节　概　　述

伴随我国国民经济建设的快速发展，地下空间已成为社会发展的重要领域，从传统的开挖到地铁建设、公路与铁路隧道、地下大型运动场、地下厂房、废料处置、地下城市等都在应用地下空间。由于地下工程具有不占地面位置、对地面水工建筑物施工干扰小、工期较短等优点，国内外已大量使用与开发地下工程，地下空间开发建设中的技术也从明挖发展到现代 TBM 掘进。国外地下空间的发展历史悠久，经历了从大型建筑物向地下的延伸、复杂的地下综合体及与地下快速轨道、交通系统相结合的地下城等阶段，如芬兰、瑞典、挪威、日本、加拿大等。我国也建成了如北京西单文化广场、上海人民广场、西安鼓楼广场等地下工程，积极开发利用地下空间。由于城市空间的有限性，促使交通工程、地下矿产资源的开发、大型地下军事工程、核废料的储存等都大量使用地下工程。

在水利水电行业，受筑坝类型、地质条件及安全的影响，已大量采用地下厂房。目前已建或在建的大型地下工程如构皮滩地下厂房全长 230.45m（不包括小桥机机库、风机室），高 75.32m，宽 27m，厂房内设计安装 5 台单机容量 60 万 kW 的水轮发电机组；拉西瓦地下厂房长 311.75m，顶宽 30m，桥机轨道以下宽 27.09m，总高 75m，石方开挖总量 70 多万 m^3；天荒坪抽水蓄能电站地下厂房洞室群主要有长 200.7m、宽 21m、高 48m 的主副厂房安装间，主变室，母线廊道，尾水闸门室，尾水隧洞和其他一些用于交通、通气、排水的洞室和竖井；二滩地下厂房的尺寸为 280.3m×30.7m×65.38m（长×宽×高），主变室与主厂房间有跨度为 8.4m 的 6 条母线洞相连，两洞室之间岩柱厚度为 35m（岩台以上）；龙滩地下引水发电系统由引水、地下厂房和尾水三大系统组成，开挖总量达 300 多万 m^3。整个系统工程在 0.5km^2的山体内挖出 119 条总长达 30km 的洞室群，宛如一个庞大的“地下迷宫”，其中地下厂房长 388.5m、高 76.4m、宽 30.7m，厂房内设计安装 9 台单机容量 70 万 kW 的水轮发电机组；大朝山水电站地下厂房设计最大开挖尺寸为 23390m×2640m×6730m（长×宽×高），总开挖量 2792 万 m^3；三峡右岸地下电站长 311.3m、宽 32.6m、高 87m，工程规模仅次于龙滩电站地下厂房；西龙池抽水蓄能电站地下厂房系统主要建筑物有主副厂房、主变室、通风机室、母线洞、出线兼安全洞（含出线竖井）、交通洞、通风兼安全洞、进风洞、排水廊道、地面副厂房及开关站等，地下洞室断面均为城门洞型，主厂房轴线方向为 NW280°（安装场中心点坐标为 $x=4267.236$km，$y=38436.437$km），地下主副厂房和主变室平行布置，两洞间净距 45m，由 4 条母线洞和 1 条交通洞连接，主厂房开挖尺寸为 149.5m×21.75m×49m（长×宽×

高)。主变室开挖尺寸为130.9m×16.4m×17.5m（长×宽×高)，环绕主副厂房和主变洞设有三层排水廊道。另外还有溪洛渡水电站、清江水布垭、索风营水电站地下厂房、百色水利枢纽地下厂房、南阳回龙抽水蓄能电站、棉花滩水电站、响洪甸抽水蓄能电站、小浪底地下厂房、十三陵抽水蓄能电站、瀑布沟水电站、江垭水电站等都采用了地下式厂房的布置方案。

在大量开挖地下洞室的同时，地下洞室围岩常常发生破坏而引发灾难。因此，对于工程师必须准确预测建设过程中的围岩变形现象，了解围岩的结构特性与工程特性，通过地质工作，了解围岩的力学性质、结构面的分布与组合，进行系统围岩分类，提出支护建议。对大型水利水电工程中的地下厂房，应根据枢纽布置和主厂房选择，确定地下厂房轮廓尺寸和体积，进行形状设计，确定地下厂房围岩稳定和支护型式，进行喷锚支护设计、地下洞室衬砌计算等，从工程布置及地质条件，拟订初步支护参数。目前有关的地质工程工作有用块体平衡法校核局部稳定，采用有限元和地质力学模型试验验证整体加固效果等。

地下洞室的围岩加固应优先采用由喷混凝土（包括喷钢纤维混凝土)、钢筋网、锚杆、锚索中的一种或几种组合而成的柔性支护。当单独使用柔性支护难以满足围岩稳定要求时，宜采用柔性支护与钢筋混凝土衬砌组合的复合式支护。Ⅳ类～Ⅴ类围岩宜采用钢筋混凝土衬砌形式的刚性支护或复合式支护。地下厂房柔性支护的设计和施工技术要求，应符合现行《水利水电工程锚喷支护技术规范》(DL/T 5181—2015)、《水工预应力锚固设计规范》(SL 212—2012) 的有关规定。

本章将系统分析地下洞室围岩的变形与破坏类型、地下工程围岩加固设计的方法。

一、地下洞室围岩加固设计依据

地下洞室的支护设计应根据围岩的地质条件、洞室断面形式和大小及施工方法，通过工程类比和围岩稳定分析选择合适的支护型式。施工中应适时支护围岩，充分发挥围岩的自身承载能力，满足工程安全施工和运行的要求。地下洞室围岩加固设计依据与规范，不同的行业有不同的规程，主要可参考以下规程。

(1)《水工隧洞设计规范》(SL 279—2016)。

(2)《水工隧洞设计规范》(DL/T 5195—2004)。

(3)《水工隧洞预应力混凝土衬砌锚束施工总则》(DL/T 5083—1998)。

(4)《水工预应力锚固施工规范》(SL 46—94)。

(5)《预应力筋用锚具、夹具和连接器应用技术规范》(JGJ 85—2010)。

(6)《水工建筑物水泥灌浆施工规范》(SL 62—2014)。

(7)《公路隧道设计规范》(JTG D70/2—2014)。

(8)《公路隧道照明设计细则》(JTG/T D70/2—01—2014)。

(9)《公路隧道通风设计细则》(JTG/T D70/2—02—2014)。

(10)《公路隧道施工技术规范》(JTG F60—2009)。

(11)《公路水泥混凝土路面设计规范》(JTG D40—2011)。

(12)《岩土锚杆与喷射混凝土支护工程技术规范》(GB 50086—2015)。

(13)《水电水利工程锚喷支护施工规范》(DL/T 5181—2015)。

二、地下洞室围岩变形与破坏类型

地下洞室围岩破坏主要有脆性张裂破坏、塑性挤压流动破坏和剪切流动破坏等形式，常见的围岩变形与破坏方式有以下几种。

（1）脆性破裂：变形方式为岩爆、开裂，主要表现为地下开挖时围岩岩爆或岩柱劈裂，发育于整体状及块状岩体、岩性坚硬的岩体中。

（2）块体运动：变形方式为块体的滑落、滑动、转动，变形特征为块体沿结构面拉开或滑动，向洞内发生位移，在顶拱一般为崩塌，在洞壁为滑动，在动荷载下可产生倒塌或抛掷。发育于裂隙块状岩体、受贯穿结构面切割的块状岩体及层状岩体中有显著的软弱结构面切割的结构中。

（3）弯曲折断：变形方式为弯曲、挤入、折断、塌落，变形特征为岩层向临空面弯曲，折断，并崩塌，在边墙上边可表现为倾倒，主要发生在层状岩体、薄层及软硬互层岩体中。

（4）松动解脱：变形方式为塌落、边墙垮塌、石流。表现为崩塌或滑动，岩体碎裂松动，解脱而散开，主要发生在块状夹泥碎裂结构、镶嵌结构的岩体中。

（5）塑性变形：变形方式为塑性挤入、剪切破坏、底鼓收缩，表现为围岩的塑性变形、洞体收缩或局部挤出和剪切破坏，发生在碎块碎裂结构及层状碎裂结构、松软结构的岩体中。

第二节　围岩支护设计参数的确定

一、围岩压力与塑性区开展深度的计算

围岩塑性区开展深度的计算目的，是为了确定系统锚固的深度，合理确定预应力锚杆或锚索的长度。现简要介绍国内普遍采用的计算方法。在地下洞室设计中，山岩压力、围岩的弹性抗力及外水压力等数值，是进行支撑衬砌计算的重要依据。

围岩压力应根据围岩条件、埋设深度、洞室断面形状与大小、施工方法及支护情况等因素，按实际情况及以下原则分析确定。

（1）薄层及松散围岩，可按下列公式计算，并根据实际情况进行修正：

竖直方向　$$q_v=(0.2\sim0.3)r_RB \tag{6-1}$$

水平方向　$$q_h=(0.05\sim0.10)r_RH \tag{6-2}$$

式中：q_v为竖直均布围岩压力，kN/m^3；q_h为水平均布围岩压力，kN/m^3；r_R为岩体重度，kN/m^3；B为洞室开挖宽度，m；H为洞室开挖高度，m。

（2）块状、中厚层至厚层状围岩，可根据围岩中不稳定块体的重量（力）来确定围岩压力。

（3）不能形成稳定拱的浅埋洞室，宜按洞室顶拱上覆岩体的重量（力）来确定围岩压力。

（4）当采用复合式支护时，作用于衬砌上的围岩压力宜考虑围岩卸荷过程予以适当折减。

（5）具有流变或膨胀等特殊性质的围岩，围岩压力应经专门研究确定。

具体也可按以下计算方法计算确定。

（一）普氏压力拱理论计算

普氏压力拱理论法是确定山岩压力的重要方法。目前，国内大型地下洞室的山岩压力的确定大多采用该法。普氏把岩体视为被节理切割而失去内部联系的松散体。洞室开挖后由于顶部失去支撑而塌落成一个拱形（图 6-1），这个拱称为塌落拱，也有称其为平衡拱或压力拱。塌落拱内岩体的重量就是垂直的山岩压力。普氏认为塌落拱为抛物线形，其理论假定是：①围岩被视为因节理切割而失去内部联系的松散体，但仍具有黏聚力；②洞室开挖后洞顶因塌落而形成一个自然冒落拱，两帮形成滑动体；③洞顶的山岩压力就是拱形塌落体的重量。

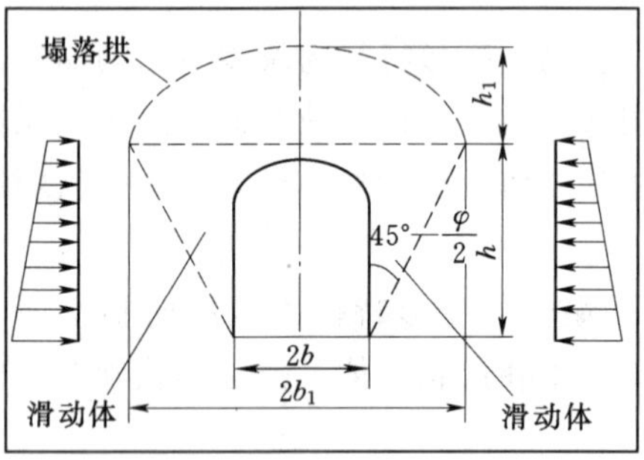

图 6-1　塌落拱示意图

普氏根据围岩的坚固系数 f_k，提出了压力拱的方程：

$$y=\frac{x^2}{f_k b} \tag{6-3}$$

压力拱高度为

$$h_1=\frac{b_1}{f_k} \tag{6-4}$$

式中：f_k 为围岩的坚固系数，又称普氏系数，对于黏性土，$f_k=\tan\varphi+c/\sigma$，对于砂性土，$f_k=\tan\varphi$，对于岩石，$f_k=R_w/100$，其中 c 为土的凝聚力；φ 为土的内摩擦角；R_w 为岩石的单轴湿抗压强度；σ 为洞顶岩土层的自重应力，kPa；b 为隧洞跨度之半，m；b_1 为平衡拱跨度之半，m；h_1 为平衡拱高度，m。

普氏压力拱理论确定山岩压力的计算公式如下。

（1）边墙稳定时洞顶山岩压力按式（6-5）计算：

$$P=\frac{2}{3}\gamma\ (2b)\ h=\frac{4}{3}\gamma bh \tag{6-5}$$

（2）边墙不稳定时洞顶山岩压力按式（6-6）计算：

$$P'=\frac{2}{3}\gamma(2b_1)h_1 \tag{6-6}$$

式中：P、P' 为洞顶单位长度的垂直山岩压力，kN/m；γ 为岩石重度，kN/m^3。

若洞壁是垂直的，当其发生侧壁滑塌时，滑动面与侧壁的夹角为 $\alpha=45°-\varphi/2$，则 b_1 为

$$b_1=b+H\tan\left(45°-\frac{\varphi}{2}\right) \tag{6-7}$$

式中：H 为隧洞开挖高度，m；φ 为岩石的内摩擦角，(°)。

根据普氏理论，只要求得岩石的坚固系数 f_k 值，就可以计算垂直的山岩压力。

洞室顶板处的垂直压力 Q 为

$$Q=\frac{2rb}{3f_k b_1}(3b_1{}^2-b^2) \tag{6-8}$$

作用于边墙上的侧压力 P_h 为

$$P_h=\frac{1}{2}rh(2h_1+h)\tan^2(45^\circ-\frac{\varphi_k}{2}) \tag{6-9}$$

式中：φ_k 为松散岩体的折算摩擦角；其余符号意义同前。

如龙滩水电站主厂房、主变室、调压井等主要地下建筑物，90%以上属Ⅱ类～Ⅲ类围岩，相应的普氏坚固系数 $f_k=6\sim12$，按普氏压力拱理论计算表明：主厂房顶拱最大塌落高度1.65～4.25m，最大山岩压力为0.045～0.114MPa；主变室顶拱最大塌落高度0.95～2.15m，最大山岩压力为0.025～0.058MPa；调压井顶拱最大塌落高度1.42～3.90m，最大山岩压力为0.038～0.105MPa。实践证明，压力拱理论不适用于坚硬完整岩体，对地下水活动强烈的断层带也不适用，仅适用于地下水活动不强烈的大断层或断层交汇带。

（二）芬纳公式

1. 变形压力公式

设圆形洞室的半径为 r，在 $r=R$ 的可变范围内出现了塑性区。在塑性区内的任何一个单元体，其径向平面互成 $\mathrm{d}\theta$ 角，两个圆柱面相距 $\mathrm{d}r$。

根据平衡条件，沿着单元体径向轴上的所有力之和为0，即 $\sum F_r=0$，得到下列平衡方程式：

$$(\sigma_\theta-\sigma_r)\,\mathrm{d}r=r\mathrm{d}\sigma \tag{6-10}$$

塑性区内的应力除了应满足平衡方程外，还应满足塑性条件：

$$\frac{\sigma_r+c\cot\varphi}{\sigma_\theta+c\cot\varphi}=\frac{1-\sin\varphi}{1+\sin\varphi}=\frac{1}{N_\varphi} \tag{6-11}$$

式中：σ_r、σ_θ 分别为径向、切向应力；c 为凝聚力；φ 为内摩擦角；N_φ 为塑性系数。

2. 塑性区半径公式

塑性区半径 R_p 的计算公式：

$$R_p=r_0\left[\frac{p_0(1-\sin\varphi)+c\cot\varphi}{p_i+c\cot\varphi}\right]^{\frac{1-\sin\varphi}{2\sin\varphi}} \tag{6-12}$$

塑性圈最大半径 R_0 的计算公式为

$$\left(\frac{R_0}{r_0}\right)=\left[1+\frac{p_0}{c}(1-\sin\varphi)\tan\varphi\right]^{\frac{1-\sin\varphi}{2\sin\varphi}}$$

或者

$$R_0=r_0\left[1+\frac{p_0}{c}(1-\sin\varphi)\tan\varphi\right]^{\frac{1-\sin\varphi}{2\sin\varphi}} \tag{6-13}$$

式中：p_0 为围岩边界上的均匀压力。

3. 洞壁处的围岩压力 p_i

$$p_i=-c\cot\varphi+[p_0(1-\sin\varphi)+c\cot\varphi]\left(\frac{r_0}{R_p}\right)^{\frac{2\sin\varphi}{1-\cos\varphi}} \tag{6-14}$$

(三) 修正的芬纳公式

由于芬纳公式没有考虑弹、塑性区交界面上的凝聚力 c 的影响，但实际上，围岩有一定的凝聚力。如果考虑 c 的影响，则就是修正的芬纳公式：

$$p_i = -c\cot\varphi + [(c\cot\varphi + p_0)(1-\sin\varphi)]\left(\frac{r_0}{R}\right)^{\frac{2\sin\varphi}{1-\cos\varphi}} \tag{6-15}$$

修正的芬纳公式计算塑性区最大半径 R_0：

$$R_0 = r_0\left[\frac{(p_0 + c\cot\varphi)(1-\sin\varphi)}{c\cot\varphi}\right]^{\frac{1-\sin\varphi}{2\sin\varphi}} \tag{6-16}$$

(四) 卡柯公式

卡柯 (Caquot) 和恺利施尔 (Kerisel) 认为，洞室开挖后，由于支撑力的不足，可能在半径为 R_p 的塑性圈内导致岩石的松动和削弱，应当计算塑性圈在自重作用下的平衡。

假定塑性圈与弹性岩体脱落，现计算塑性岩体在自重下的山岩压力公式。

取洞室中轴线上塑性区的微小单元体进行近似分析（图 6-2）。根据岩石力学理论可以求得如下平衡方程式：

$$(\sigma_\theta - \sigma_r)\,\mathrm{d}r - r\,\mathrm{d}\sigma_r - \gamma r\,\mathrm{d}r = 0 \tag{6-17}$$

同样，塑性区中的应力应满足塑性条件。

边界条件：当 $r = R_p$ 时，$\sigma_r = 0$。

有

$$\sigma_r = -c\cot\varphi + c\cot\varphi\left(\frac{r}{R}\right)^{\frac{2\sin\varphi}{1-\sin\varphi}} + \frac{\gamma r(1-\sin\varphi)}{3\sin\varphi - 1}\left[1 - \left(\frac{r}{R_p}\right)^{\frac{3\sin\varphi-1}{1-\sin\varphi}}\right] \tag{6-18}$$

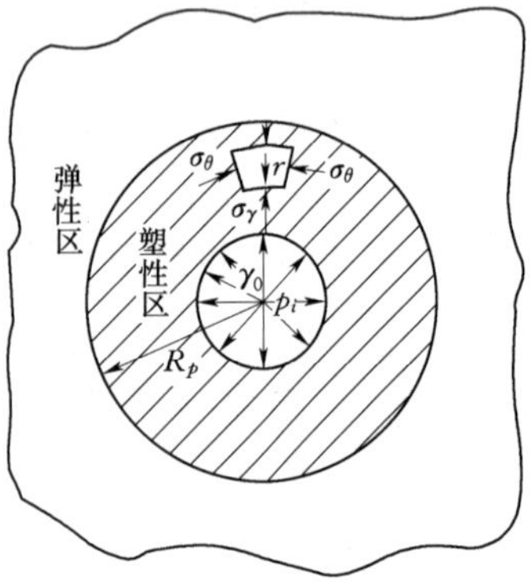

图 6-2　考虑塑性区松动时的情况

令式 (6-18) 中 $r = r_0$，即求得塑性区岩石作用于衬砌上的压力 p_i：

$$p_i = \frac{1-\sin\varphi}{3\sin\varphi - 1}\left[1 - \left(\frac{r_0}{R_p}\right)^{\frac{3\sin\varphi-1}{1-\sin\varphi}}\right] r r_0 - \left[1 - \left(\frac{r_0}{R_p}\right)^{\frac{2\sin\varphi}{1-\sin\varphi}}\right] c\cot\varphi \tag{6-19}$$

应用卡柯公式计算山岩压力首先必须知道塑性圈的半径 R_p。计算时可以认为塑性松动圈已充分发展，以致 $R_p = R_0$。将这一关系代入式 (6-19) 即求得松动压力的公式：

$$p_i = k_1\gamma r_0 - k_2 c \tag{6-20}$$

其中

$$k_1 = \frac{1-\sin\varphi}{3\sin\varphi - 1}\left[1 - \left(\frac{r_0}{R_0}\right)^{\frac{3\sin\varphi-1}{1-\sin\varphi}}\right] \tag{6-21}$$

$$k_2 = \cot\varphi\left[1 - \left(\frac{r_0}{R_0}\right)^{\frac{2\sin\varphi}{1-\sin\varphi}}\right] \tag{6-22}$$

(五) 太沙基理论

太沙基假定岩体为“散粒体”，对岩石作了比较简单的假定。洞室开挖后，其上方的

岩体趋向下沉，形成垂直滑动面 AD 和 BC，见图 6-3。这两个滑动面上的抗剪强度为

$$\tau_f = c + \sigma \tan\varphi \tag{6-23}$$

岩石的块体密度为 γ，地面上作用着强度为 p 的均布荷载。在地表以下任何深度处的垂直应力为 σ_z，而相应的水平应力为

$$\sigma_x = K_0 \sigma_z \tag{6-24}$$

式中：K_0 为岩石的侧压力系数。

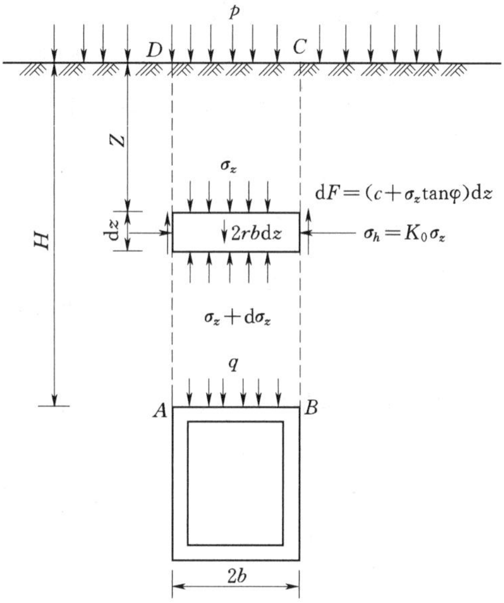

图 6-3 用太沙基理论计算围岩压力

设在表面以下 Z 深度处，在 $ADCB$ 岩柱中取厚度为 dz 的薄层进行分析。薄层的重量等于 $2b\gamma dz$（以垂直图形平面的单位长度计）。作用在薄层上的垂直力之和等于 0。根据这个条件，可以写出下列方程式：

$$2b\gamma dz = 2b(\sigma_z + d\sigma_z) - 2b\sigma_z + 2c dz + 2K_0\sigma_z \tan\varphi dz \tag{6-25}$$

洞顶处的垂直山岩压力 q 为

$$q = \frac{br - c}{K_0 \tan\varphi}(1 - e^{-K_0 \frac{H}{b}\tan\varphi}) + p e^{-K_0 \frac{H}{b}\tan\varphi} \tag{6-26}$$

式（6-26）对深埋洞室和浅埋洞室都适用。当洞室为深埋时，可令 $H \to \infty$，得

$$q = \frac{br - c}{K_0 \tan\varphi} \tag{6-27}$$

当 $c = 0$ 时，有

$$q = \frac{br}{K_0 \tan\varphi} \tag{6-28}$$

对于洞室侧面岩石不稳定的情况也可用类似方法来求山岩压力。这时，洞室侧面从底面起就产生了一个与铅垂线成 $45° - \frac{\varphi}{2}$ 角的滑裂面。垂直围岩压力计算公式如下：

洞顶围岩压力：

$$q = \frac{br - c}{K_0 \tan\varphi}(1 - e^{-k_0 \frac{H}{b}\tan\varphi}) + p e^{-k_0 \frac{H}{b}\tan\varphi} \tag{6-29}$$

当 $H \to \infty$ 时，有

$$q = \frac{br - c}{K_0 \tan\varphi} \tag{6-30}$$

当 $c = 0$ 时，有

$$q = \frac{br}{K_0 \tan\varphi} \tag{6-31}$$

（六）考虑衬砌刚度影响的围岩压力计算

如图 6-4 所示，设洞壁支护反力为 p_i，塑性区的半径为 R_p，洞的半径为 r_0、塑性区的外边界（即与弹性区交界面）的径向位移为 u_e，内边界的径向位移为 u（即洞壁向洞

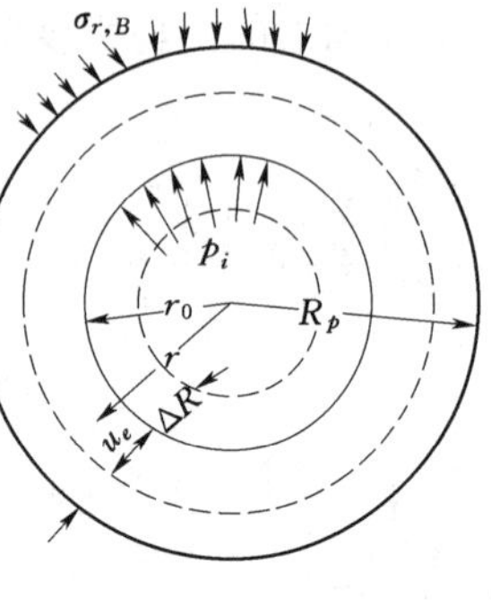

图 6-4　洞壁径向位移示意图

内的位移)，变形后的塑性区用虚线表示。为了求洞壁位移 u，需先求外边界的位移。

1. 弹塑性外边界处的位移 u_e

在弹塑性交界面上，其应力 $\sigma_{r,B}$ 和 $\sigma_{\theta,B}$ 既满足弹性条件，又满足塑性条件。当满足弹性条件时，有

$$\sigma_{r,B}=p_0\left(1-\frac{r_0^2}{R_p^2}\right) \tag{6-32}$$

$$\sigma_{\theta,B}=p_0\left(1+\frac{r_0^2}{R_p^2}\right) \tag{6-33}$$

将式 (6-32) 和式 (6-33) 相加，得

$$\sigma_{r,B}+\sigma_{\theta,B}=2p_0 \tag{6-34}$$

当满足塑性条件时，满足式 (6-33)：

$$\frac{\sigma_{r,B}+c\cot\varphi}{\sigma_{\theta,B}+c\cot\varphi}=\frac{1-\sin\varphi}{1+\sin\varphi} \tag{6-35}$$

由式 (6-34) 和式 (6-35) 消去 $\sigma_{\theta,B}$，可得弹塑性交界处 ($r=R_p$) 的径向应力：

$$\sigma_{r,B}=-c\cot\varphi+(p_0+c\cot\varphi)(1-\sin\varphi) \tag{6-36}$$

交界面上的位移应当是连续的。塑性圈的外边界也就是弹性区的内边界。所以这个交界面的径向位移 u_e，可用求弹性区内边界径向位移的办法求出。这个位移在弹性力学厚壁圆筒的位移解答中已经导得：

$$u_e=\frac{(1+\mu)R_p}{E}(p_0-\sigma_{r,B}) \tag{6-37}$$

式中：E 为岩体弹性模量；μ 为岩体的泊松比；R_p 为塑性圈的半径；其他符号见图 6-4。

将式 (6-36) 的 $\sigma_{r,B}$ 代入，得

$$u_e=\frac{1+\mu}{E}R_p\sin\varphi(p_0+c\cot\varphi) \tag{6-38}$$

2. 塑性区内边界位移 u

假定处于塑性状态的岩体在变形过程中体积保持不变，即认为变形前塑性区岩石的体积与变形后的岩石体积相等。从假定可得

$$\pi(R_p^2-r_0^2)=\pi[(R_p-u_e)^2-(r_0-u)^2] \tag{6-39}$$

以式 (6-38) 的 u_e 代入，经整理后，可得

$$2r_0u-u^2=\left[2-\frac{1+\mu}{E}\sin\varphi(p_0+c\cot\varphi)\right]\frac{1+\mu}{E}\sin\varphi(p_0+c\cot\varphi)R_p^2 \tag{6-40}$$

$$u^2-2r_0u+r_0^2A=0 \tag{6-41}$$

其中

$$A=\left[2-\frac{1+\mu}{E}\sin\varphi(p_0+c\cot\varphi)\right]\frac{1+\mu}{E}\sin\varphi(p_0+c\cot\varphi)\times\left[\frac{p_0(1-\sin\varphi)+c\cot\varphi}{p_i+c\cot\varphi}\right]^{\frac{1-\sin\varphi}{\sin\varphi}} \tag{6-42}$$

解方程式 (6-41) 的 u，得洞壁位移的公式为

$$u = r_0(1-\sqrt{1-A}) \tag{6-43}$$

式（6－43）表明，洞壁位移的大小主要取决于支护反力 p_i。

3. 衬砌位移计算

设内外半径分别为 r_i、r_0 的洞室衬砌，衬砌外半径 $r=r_0$ 处承受均压 p_i，内压为 0。衬砌的径向位移与所受的围岩压力成正比，即

$$p_i = Ku \tag{6-44}$$

式中：K 为衬砌刚度系数。

$$K = \frac{E_0}{(1+\mu_0)r_0}\frac{r_0^2 - r_i^2}{(1-2\mu_0)r_0^2 + r_i^2} \tag{6-45}$$

式中：μ_0 为衬砌的泊松比；E_0 为衬砌的弹性模量。

4. 围岩压力的计算

联合求解式（6－43）与式（6－44），便可求得考虑衬砌作用的围岩压力 p_i，具体可参考图 6－5。

二、围岩块体稳定性计算

1. 块体稳定性分析

对于块状结构岩体，块体失稳是常见的围岩破坏形式，为了提供块体支护设计参数，需要运用块体理论计算块体的体积、山岩压力等。根据不同块体的分布位置，按下列公式计算其稳定性。

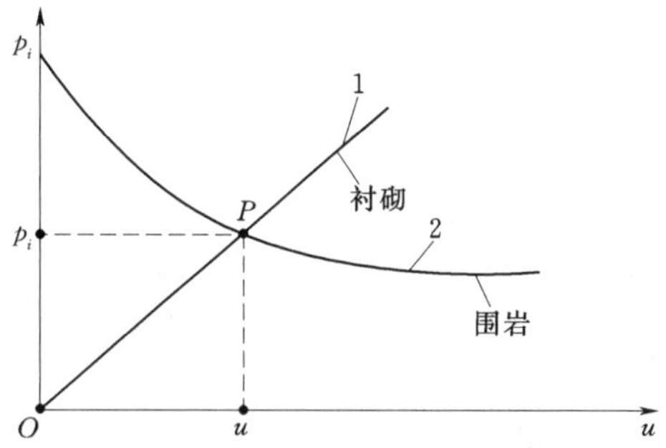

图 6－5　围岩与衬砌的 u－p_i 曲线

直线 1—$p_i = Ku$；曲线 2—$u = r_0\sqrt{1-A}$

（1）洞顶被两组软弱结构面切割成楔形体或方柱体时，如图 6－6 所示。若软弱面的抗剪强度忽略不计，则其单宽山岩压力 P 为

$$P = n\gamma AH \tag{6-46}$$

式中：P 为洞顶山岩压力，kN/m；n 为形状系数，尖顶块 $n=1/2$，方顶块 $n=1$；γ 为岩石的重度，kN/m^3；A 为分离体宽度，m；H 为分离体高度，m。

（2）洞顶或洞壁有斜方柱形分离结构体时，对于图 6－7 中的块体，单宽山岩压力的计算公式为

洞顶　$$P_1 = (T - N\tan\phi)\sin\alpha \tag{6-47}$$

洞壁　$$P_2 = (T - N\tan\phi)\cos\alpha \tag{6-48}$$

式中：P_1、P_2 分别为洞顶、洞壁单宽山岩压力，kN/m；T 为分离体自重 Q 作用在滑动面上的下滑分力，即 $T=Q\sin\alpha$，kN/m；N 为滑动面上的法向分力，即 $N=Q\cos\alpha$，kN/m；ϕ 为结构面的内摩擦角，(°)；α 为滑动面的倾角，(°)。

（3）洞顶部位非坠落的块体计算。

1）若块体为单面滑动的斜四面体，则

$$K = \frac{fW\cos\alpha + cA}{W\sin\alpha} \tag{6-49}$$

2）若块体为双面滑动的斜四面体，则

$$K=\frac{N_1f_1+N_2f_2+c_1A_1+c_2A_2}{W\sin\beta} \tag{6-50}$$

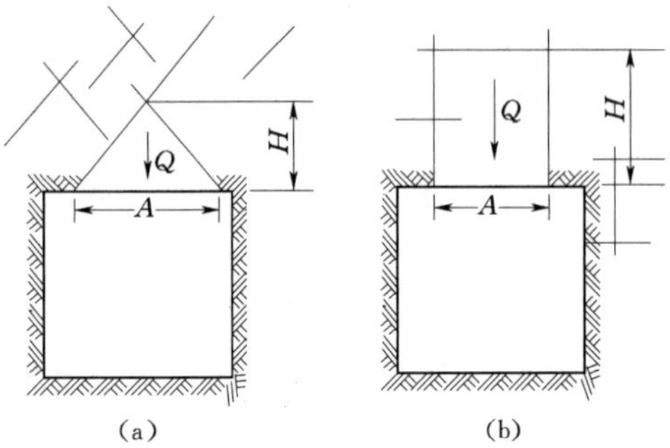

图 6-6　楔形体山岩压力计算简图

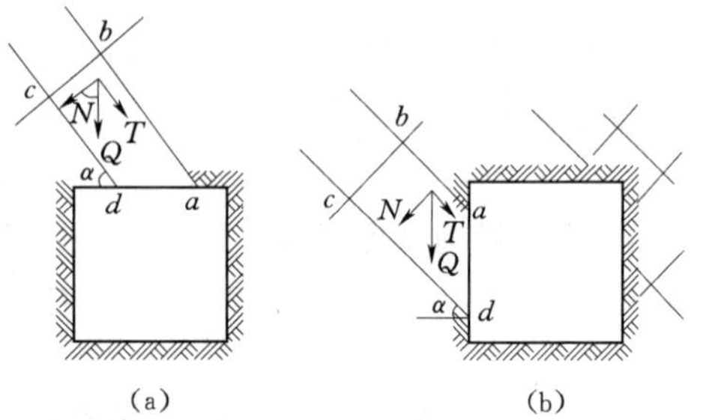

图 6-7　斜方柱分离体塌落时山岩压力计算示意图

(a) 洞顶斜方柱分离体；(b) 侧壁斜方柱分离体

(4) 洞壁部位的块体计算。

1) 若块体沿单面滑动：

$$K=\frac{fW\cos\alpha+cA}{W\sin\alpha} \tag{6-51}$$

2) 若块体沿双面滑动：

$$K=\frac{N_1f_1+N_2f_2+c_1A_1+c_2A_2}{W\sin\beta} \tag{6-52}$$

(5) 当考虑滑动方向上岩桥部分的黏聚力时，洞顶部位块体的安全系数可按以下公式计算。

1) 块体为直四面体，考虑不连续结构面的黏聚力：

$$K_c=\frac{c_jA_j\sin\alpha_j}{W} \tag{6-53}$$

2) 块体为单面滑动的斜四面体：

$$K_c=\frac{fW\cos\alpha+cA+c_jA_j}{W\sin\beta} \tag{6-54}$$

3) 块体为双滑面的斜四面体：

$$K_c=\frac{N_1f_1+N_2f_2+c_1A_1+c_2A_2+c_jA_j}{W\sin\beta} \tag{6-55}$$

(6) 当考虑滑动方向上岩桥部分的黏聚力时，洞壁部位块体的安全系数可按以下公式计算。

1) 块体沿单面滑动：

$$K_c=\frac{fQ\cos\alpha+cA+c_jA_j}{W\sin\alpha} \tag{6-56}$$

2) 块体沿双面滑动：

$$K_c=\frac{N_1f_1+N_2f_2+c_1A_1+c_2A_2+c_jA_j}{W\sin\beta} \tag{6-57}$$

式中：K、K_c 分别为块体安全系数和考虑不连续结构面黏聚力时的稳定系数；W 为块体重量；f、f_1、f_2为块体界面摩擦系数；c、c_1、c_2、c_j为各滑面及结构面的黏聚力；α、α_j分别为各滑面及结构面倾角；A、A_1、A_2、A_j为各滑面及结构面面积；β为双滑面时组合交线的倾角；N_1、N_2为滑体在各滑动面上的正压力。

2. 块体稳定分析实例

某地下厂房主洞室顶拱或侧墙（壁）出露的较大的断层有F5、F12、F18、F1、F13、F56等，其他为随机分布的裂隙性小断层、层间错动和节理。上述软弱结构面组合，可能构成导致洞室围岩失稳的块体有如下几种类型。

（1）由三条断层或两条断层和层间错动（层面）构成的定位楔体，它的规模和稳定性取决于在洞周壁的实际出露形态。该类型楔体主要出露在发电引水洞①号机的下平段，①～⑧号机的上平段顶拱以及主厂房南端主安装场，且多出现在F1断层带两侧。发电引水洞可能出现的楔体体积从几方至上百方，楔体高度（深度）1～14m，维持稳定所需支护力0.01～0.12MPa，主安装场边墙可能出现的最大楔体体积6082m^3，最大楔体高度17.15m。因此，地下洞室开挖遇F1断层应特别注意加强锚固处理。

（2）由断层或层间错动和少量延伸较长（5～20m）的缓倾角节理或裂隙性错动面构成的楔体。该类块体出现的随机性较大，在每条断层与洞壁交汇处、洞室交叉口都有可能发生。块体规模受缓倾角节理和裂隙性错动面长度控制，体积5～1000m^3。由于楔体发育深度一般较小，受地下水和开挖爆破影响失稳，由此产生的山岩压力约0.01～0.1MPa。

（3）由断层或层间错动与复合节理面构成的楔体，是洞室中规模最大的一类楔体，该类块体除需克服阻止块体下滑的摩阻力外，还需拉（剪）断复合节理面中很大部分完整岩体。如主厂房上游侧墙F1、F56断层与层间错动组合构成的悬挂体，最大深度18～29m，体积8000～13000m^3。虽然该类块体规模较大，但一般稳定性尚可，为防止该楔体部位围岩发生较大变形，应对其适当加强支护处理。

（4）由随机节理构成的节理楔体出现概率最大，在洞壁最大出现频率为3～5个/100m^3，块体体积0.002～1.7m^3，其中70%的块体体积小于0.1m^3，大于1m^3的块体仅占10%，块体厚度（深度）一般为0.5～3.0m。可见节理块体虽然数量多，分布广，但其规模小，对洞室围岩稳定影响不大，施工期间这些块体可能失稳危及施工人员安全，撬除危岩和喷锚支护是处理这类块体的有效措施。

洞室交叉口中稳定性较差的楔体主要出现在主变室与母线洞、调压井与尾水管、厂房与尾水管、尾水洞支管与尾水洞等交叉口，最大楔体体积小于500m^3，考虑施工爆破和地下水影响，其楔体失稳频率达50%～70%，因此，应重视各洞室交叉口的锁口支护处理。

三、基于塑性开展区深度计算的围岩系统支护实例

某厂房主要洞室大多数为Ⅱ类～Ⅲ类岩体，仅局部断层出露位置为Ⅳ类岩体。对Ⅱ类～Ⅲ类围岩进行估算，所获得的岩石坚固系数见图6-8。考虑到洞壁围岩受爆破振动影响，围岩c值按实际抗剪强度的50%作为计算参数，计算得到围岩塑性区开展深度见表6-1和图6-9。

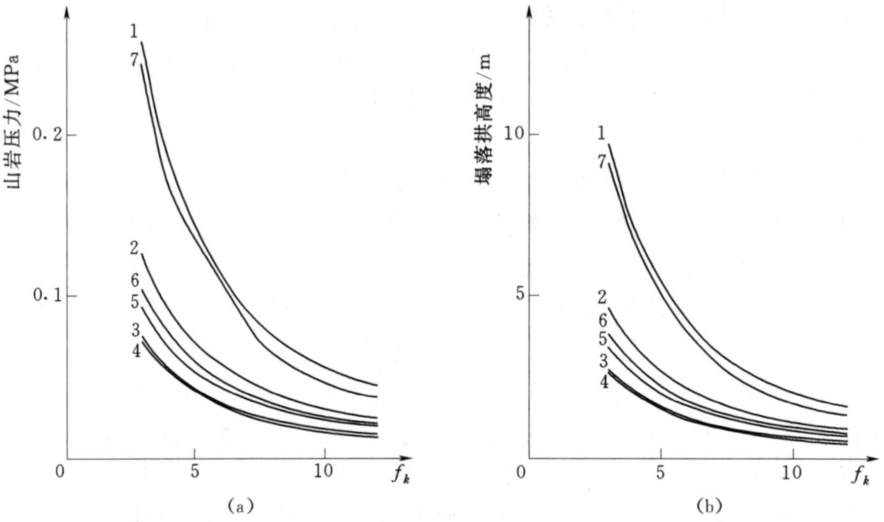

图 6-8　压力拱理论计算成果图

(a) 最大山岩压力 P_0 与坚固系数 f_k 关系；(b) 塌落拱高度与坚固系数 f_k 关系

1—主厂房 31.5m×75m；2—主变室 20m×23m；3—母线洞 10m×19m；4—引水洞 ϕ=12m；

5—尾水管 16.6m×8m；6—尾水管 16.6m×18.9m；7—调压井 23m×90m

表 6-1　　地下洞室各类围岩塑性区开展深度

建筑物名称	半径/m	各类围岩塑性区开展深度/m			
		$Ⅱ_1$	$Ⅱ_2$	$Ⅲ_1$	$Ⅲ_2$
主厂房	15.75	1.44	2.63	4.24	6.19
	(27)	2.48	4.50	7.27	10.61
主变室	10	0.92	1.67	2.69	3.93
	(12)	1.10	2.00	3.23	4.72
母线洞	5	0.46	0.83	1.35	1.97
	(8)	0.73	1.33	2.15	3.15
引水洞	6	0.55	1.00	1.62	2.36
尾水洞	10.5	0.96	1.75	2.83	4.13
调压井	11.5	1.05	1.92	3.10	4.52
	(26)	2.39	4.34	7.00	10.22

注　1. 括号内数值为面积等效半径。
2. 围压一般取 4.8MPa。

可以看出：该工程地下洞室围岩在无支护力的情况下，塑性松弛区深度一般为 2～6m，主厂房、调压井最大约 10m，系统锚杆深度应不小于塑性松弛区深度。按 Caguot 公式计算，在Ⅱ类、Ⅲ类围岩中，只要不存在不稳定的大型楔体，维持各洞室塑性松弛区平衡所需提供的支护力一般不超过 0.1MPa。塑性松弛区深度与围岩质量密切相关，当围岩的黏聚力 $c<0.4$MPa，内摩擦系数 $f<0.8$ 时，塑性松弛区明显扩展；若洞室边墙与层间

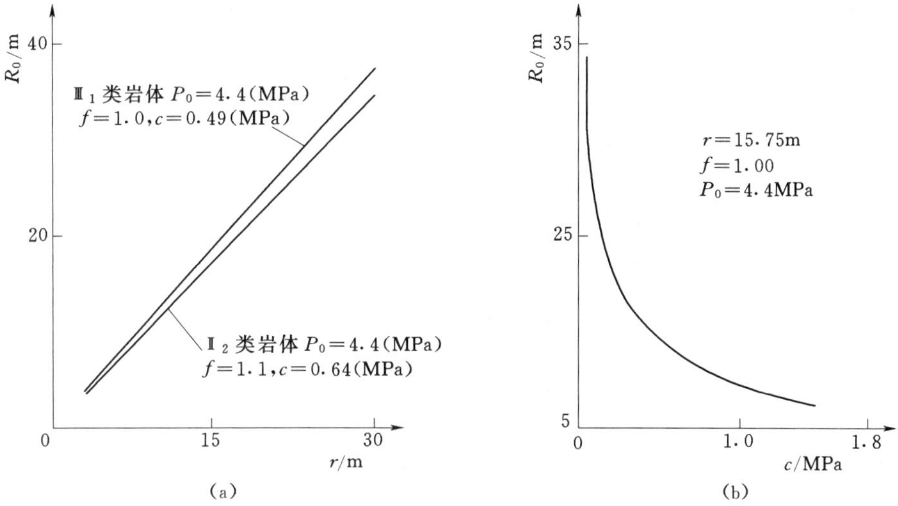

图 6-9　塑性松弛半径敏感性分析图

(a) 洞室跨度 r 与塑性松弛半径 R_0 的敏感性分析；(b) c 值对塑性松弛半径 R_0 的敏感性分析

错动、层面或断层等软弱结构面交汇，特别是呈小角度交汇时，塑性松弛区将迅速扩展；水平地应力大于垂直地应力，亦会对洞室高边墙和洞室间岩墙稳定性有不利影响。因此，对这些部位应及时支护，限制塑性松弛区扩展。

综合多组不同条件下平面有限元计算分析，厂房洞周围岩最大位移发生在上游边墙的中、下部，位移值小于 55mm，围岩主压应力一般小于 10～15MPa，仅相当于围岩单轴饱和抗压强度的 1/4～1/6。拱座和洞壁转折处，局部应力集中系数 2～2.5，最大应力已接近围岩中泥板岩的单轴饱和抗压强度。侧墙出现减压区，洞室间岩柱基本上处于单轴受压状态，边缘有较小的拉应力，纵横洞室交叉部位附近出现较大拉应力，最大值 3.5MPa。在Ⅱ类、Ⅲ类围岩内，洞周塑性破损区一般深度为 2～7.5m，以剪破损为主，多发生在纵横洞室交叉部位、拱座和高边墙的中部，当由断层和层间错动切割，特别呈小角度交汇时，破损区沿断层等软弱面明显扩展。喷锚支护可显著抑制洞壁浅层拉应变和塑性破损区的发展，提高洞室围岩的整体强度。

第三节　围岩塑性区系统喷锚支护设计

地下厂房洞室整体稳定性和支护设计可采用第二节所介绍的经验公式或有限元法进行计算，计算时应根据围岩性质选用合适的力学模型，如坚硬完整围岩可采用弹性力学模型计算；软弱围岩、高地应力围岩宜采用弹塑性力学模型计算；而有流变性质的围岩宜采用黏弹塑性力学模型计算。计算结果作为支护参数确定的基本依据。

一、系统锚喷支护的原则

建造地下隧洞，预应力锚固不仅能将松散、不稳固的表层岩石和深部未遭受松动破坏的岩层介质锚固成一个整体，而且可以调整锚固区范围内岩层的应力状态，使它转化成加筋的压缩体（图 6-10）。该压缩体能承受自身重量，阻止更深处岩层的松动，其效能要比单纯消极支护或衬砌大得多。系统支护可以依据围岩的质量采用不同的方法(图 6－11)。

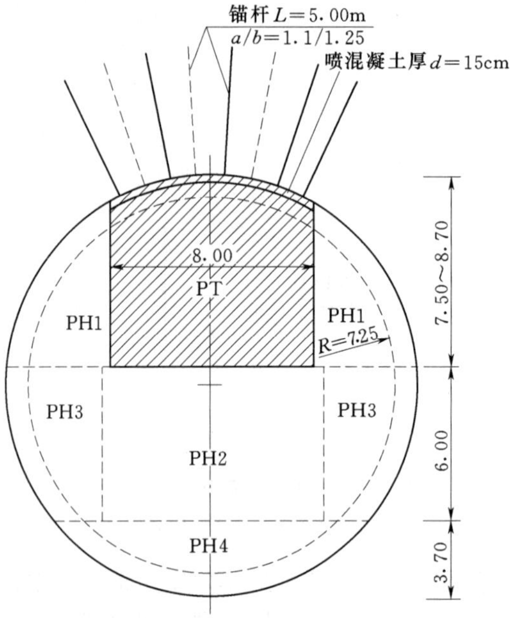

图 6－10　地下洞室采用均布预应力锚杆加固松散岩石（单位：m）

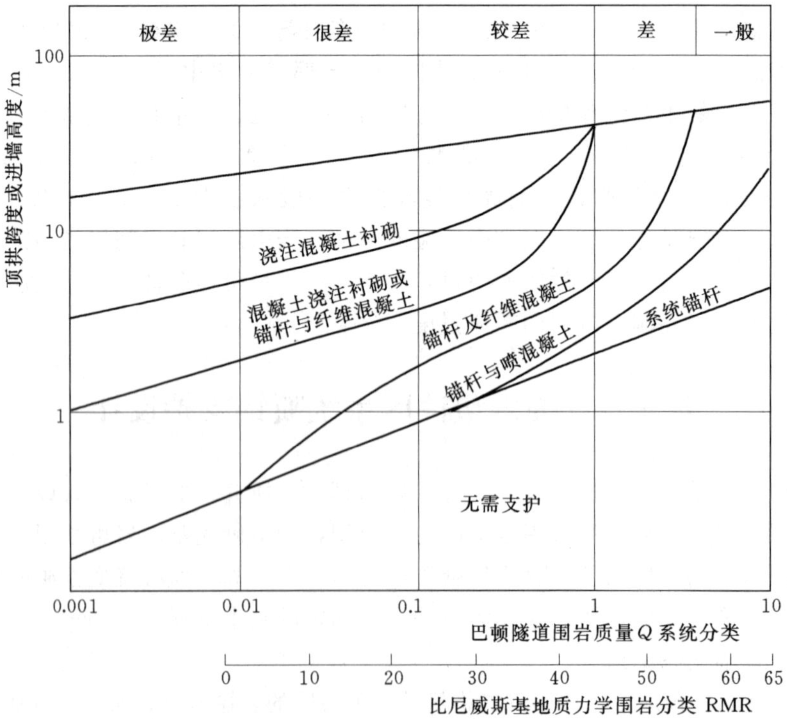

图 6－11　围岩质量与加固措施对应图

（1）喷锚支护钢筋网的布置应符合下列要求。

1）纵向钢筋直径宜为6～10mm，环向钢筋直径宜为6～12mm。

2）网格间距宜为150～300mm。

3）喷射混凝土保护层厚度不宜小于50mm。

4）宜与锚杆焊接固定。

5）交叉点应连接牢固，连接宜采用焊接或绑扎的方法。

6）采用锚喷支护时，喷射混凝土后洞壁相邻表面的起伏差应控制在150mm以内。

（2）采用锚喷与混凝土或锚喷与钢筋混凝土组合式衬砌时，设计应符合下列要求。

1）锚喷衬砌，可按GB 5008—2001的规定通过计算，并结合工程类比确定设计参数。

2）锚喷衬砌如与临时支护结合时，宜紧接开挖面进行，并应进行施工期监测，必要时还应依据监测成果修改设计参数。

3）混凝土或钢筋混凝土衬砌宜适时施工。

二、围岩系统支护

（一）围岩的松动圈和承载圈的概念

洞室开挖后，由于应力重分布，洞周产生应力集中现象，当周边应力大于岩体的强度极限或屈服极限时，周边岩石首先破坏或出现大的塑性变形，并向深部扩展到一定的范围形成松动圈（图6-12）。而原来洞室周边集中的高应力逐渐向松动圈外转移，形成新的应力升高区，该区岩体挤压得紧密，宛如一圈天然加固的岩体，故称承载圈。松动圈一旦形成，围岩就会坍塌或向洞内产生大的塑性变形，如洞顶坍塌、侧壁滑塌形成冒顶及洞底鼓胀隆起等变形破坏现象，围岩的系统加固就是针对松动圈进行加固。

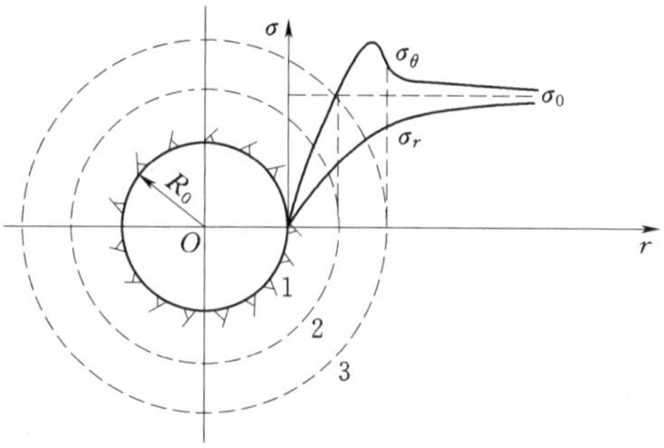

图6-12　围岩的松动圈和承载圈

1—松动圈；2—承载圈；3—原始应力区

（二）喷锚支护型式

喷锚支护包括喷混凝土支护、锚杆支护、喷混凝土＋锚杆支护、喷混凝土＋锚杆＋钢筋网支护及喷混凝土＋锚杆＋钢拱架支护等类型。喷锚支护是新奥法的主要支护措施，也是施工时的临时支护措施。由于喷锚支护能充分利用围岩的自承能力和具有弹塑性变形的特点，是目前大部分地下洞室围岩支护的最基本方法，属于有效控制和维护围岩稳定的新型支护。

喷锚支护及时地填补了围岩表面的超挖部分，使围岩应力状态得到改善。喷层与围岩紧密结合，又有相当高的早期强度，在洞室开挖后围岩应力重分布尚未完成，应力降低区还未充分发展之时，就及时地加固了岩体。喷层与围岩紧密结合，有较高的黏结力和抗剪强度，能在结合面上传递各种应力，可以起到承载拱的作用。由于有较高的喷射速度（100m/s）和压力，浆液能充填张开的裂缝，起加固岩体的作用，提高了岩体的强度和整体性。

喷锚支护原理与沿用的现浇混凝土衬砌的松动围岩压力理论有显著不同，需要适时支护，利用支护与围岩的相互作用。

（三）喷锚支护的作用

支护的目的是维护围岩的稳定，因此，围岩的破坏形式不同，支护型式也不相同。主要可分为两种类型。而支护形式的选取可采用工程类比和现场测试相结合的方法（表6-2）。

（1）局部性破坏，表现形式包括开裂、错动、滑移、崩塌等。在可能出现破坏的部位对围岩进行有效的加固，通常用锚杆进行加固，有时也用喷混凝土支护。

（2）整体性破坏也称强度破坏，是大范围内岩体应力超限所引起的一种破坏现象。对隧洞整个断面进行支护，个别部位的加固措施还要到达稳定岩层的一定深度。常采用喷混凝土锚杆支护、喷混凝土锚杆钢筋网支护和喷混凝土锚杆钢拱架支护等。

表6-2　喷锚支护型式与参数选择

序号	围岩分类	地层特征	跨度/m	支护型式与参数
1	稳定	坚硬、致密完整不易风化的岩层	2～5	不支护
			5～10	不支护或顶拱3～5cm厚喷混凝土
			10～20	>5cm厚喷混凝土
2	较稳定	坚硬、有轻微裂隙的岩层	2～5	3～7cm厚喷混凝土
			5～10	5～7cm厚喷混凝土
			10～20	7～10cm厚喷混凝土
3	中等稳定	节理裂隙中等发育，易引起小块掉落的火成岩、变质岩；中等坚硬的沉积岩	2～5	>5cm厚喷混凝土
			5～10	>10cm厚喷混凝土或>7cm厚喷混凝土加锚杆
			10～20	10～15cm厚喷混凝土加锚杆
4	稳定性较差	裂隙发育的强破碎岩层；裂隙张开、夹泥充填物的岩层或稳定性较差的岩层	2～5	7～10cm厚喷混凝土或5～7cm厚喷混凝土加钢筋网
			5～10	10～15cm厚喷混凝土加锚杆或>10cm厚喷混凝土加钢筋网
			10～20	10～20cm厚喷混凝土加锚杆和钢筋网
5	不稳定	严重的构造软弱带、大断层，易风化解体剥落的松软岩层及其他不稳定岩层	2～5	>10cm厚的喷混凝土加钢筋网
			5～10	喷混凝土、钢筋网、钢拱架联合支护
			10～20	待定

（四）锚杆支护

锚杆是锚固在岩体中的杆件，用以加固围岩，提高围岩的自稳能力。楔缝式锚杆和涨壳式锚杆是属于集中锚固的两种锚杆，它们是由锚杆端部的楔瓣或胀圈扩开以后所提供的嵌固力而得到锚固的。全长锚固的锚杆有砂浆锚杆和树脂锚杆等，它们是由水泥砂浆或树脂在杆体和锚孔间所提供的摩擦力和黏结力而得到锚固的。

洞室中锚杆的布置和锚杆参数的选择，应根据围岩特性和洞室跨度，通过试验确定。

局部锚杆主要用来加固危石，防止掉块，锚杆参数按悬吊理论计算。

对于整体稳定性较差的围岩宜采用系统锚杆。锚杆直径不宜小于16mm，锚杆长度应根据地质条件和隧洞开挖断面尺寸分析确定，并应符合下列要求。

(1) 锚杆宜垂直主结构面布置，若主结构面不明显时，可与洞周边轮廓线垂直布置。

(2) 在岩面上锚杆宜呈菱形布置。

(3) 锚杆间距不宜大于其长度的1/2，Ⅳ类、Ⅴ类围岩中的锚杆间距宜为0.5～1.0m，并不得大于1.5m。

具体可按式(6-58)计算确定：

$$n\frac{\pi d^2}{4}R_g \geqslant \gamma V_g \tag{6-58}$$

式中：n为锚杆根数；d为锚杆的计算直径；R_g为锚杆的设计抗拉强度；γ为围岩容重；V_g为围岩的体积。

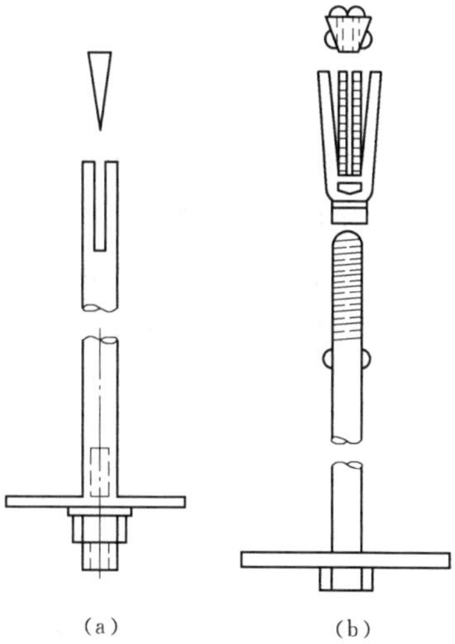

图6-13　围岩支护中的锚杆结构

加固围岩的锚杆总长度应为

$$L = L_1 + L_2 + L_3 \tag{6-59}$$

式中：L_1为锚杆锚入稳定岩体的深度，cm；L_2为锚杆穿过围岩的长度，cm；L_3为锚杆外露的长度，一般取5～15cm。

$$L_1 \geqslant \frac{dR_g}{4\tau} \tag{6-60}$$

式中：τ为锚固体与围岩间的黏结强度，N/m^2。

系统支护中的锚杆及锚索的长度，也可以根据巴顿(Baton)1989年提出的建议方法进行设计。

顶拱部位：	岩石锚杆	$L=2+0.15\times$跨度
	预应力锚索	$L=0.4\times$跨度
侧墙部位：	岩石锚杆	$L=2+0.15\times$洞室高度
	预应力锚索	$L=0.35\times$洞室高度

锚杆设计时应注意以下几点。

(1) 系统锚杆一般按梅花形排列，连续锚固在洞壁内。

(2) 系统锚杆不一定要锚入稳定岩层。当围岩破碎时，用短而密的系统锚杆，同样可取得较好的锚固效果。

(3) 锚杆长度视洞室跨度、围岩特性和锚固部位而定。

(4) 预应力锚杆应穿过破裂区或塑性区，内锚固段必须布置在没有扰动的弹性区内。

(5) 预应力锚杆的间距，不宜大于预应力锚杆张拉段长度的1/2。

(6) 预应力锚杆应均匀布置，锚杆宜沿洞室轮廓线的法向布置。

(7) 属于局部范围压剪破坏塑性区和由各种结构面组成的不稳定块体，应按局部锚固进行设计。

岩石锚杆与预应力锚索的间距也可以按以下方法确定。

(1) 为了保证锚杆与锚索的相互作用而形成系统加固围岩带，间距应小于张拉段长度的一半。

（2）支护间距可参照式（6－61）计算：

$$S=\sqrt{T/P} \tag{6-61}$$

式中：T 为作用于锚杆或锚索上的工作荷载，kN；P 为支护压力，kN。

典型的锚杆及锚索间距在 1～3m，通常，锚杆间距为 1.5m，锚索间距为 2m。

图 6－14 和图 6－15 分别为软弱围岩中采用锚杆与预应力锚索的长度统计结果，可供同类围岩加固设计时参考。

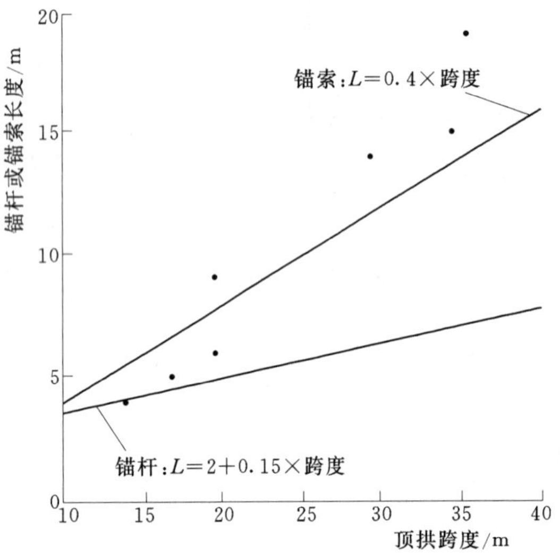

图 6－14　软弱围岩中顶拱支护锚杆与锚索长度统计图

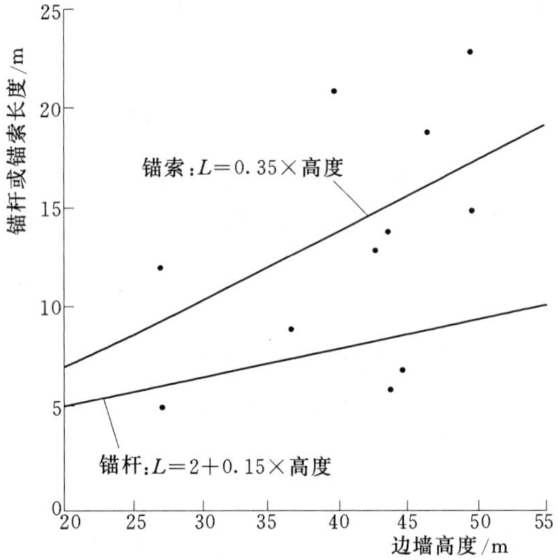

图 6－15　软弱围岩中洞室边墙支护锚杆与锚索长度统计图

（五）喷混凝土

喷混凝土是指将水泥、砂、石等集料，按一定配比拌和后，装入喷射机中，用压缩空气将混合料压送到喷头处，与水混合后高速喷到作业面上，快速凝固而成一种薄层的支护结构。这种支护结构在凝固初期，有一定强度和柔性，能适应围岩的松弛变形，减少围岩的变形压力。喷混凝土可以提高围岩的自身强度，增强围岩抵抗位移和松动的能力；喷混凝土还能封闭围岩，防止风化，缓和应力集中，是一种高效、早强、经济的轻型支护结构。

喷混凝土可分为干喷和湿喷两种：干喷时，将水泥、砂、石和速凝剂加微量水干拌后，用压缩空气输送到喷嘴处，再与适量水混合，喷射到岩石表面；湿喷是将集料和水拌匀以后送到喷嘴处，再添加液体速凝剂，并用压缩空气补给能量进行喷射。湿喷法主要改善了喷射时粉尘较大的缺点。

喷混凝土的原材料技术要求如下。

（1）水泥：普通硅酸盐水泥，标号应不低于 42.5 号。

（2）砂子：一般采用坚硬洁净的中、粗砂，平均粒径 0.35～0.5cm，中砂或中粗砂的含水率以 4%～6%为宜。

（3）石料：石料粒径为 5～20mm，其中大于 15mm 的颗粒宜控制在 20%以下。

（4）水：与一般混凝土对水的要求相同，地下洞室中的混浊水和一切含酸、碱的侵蚀水不能使用。

（5）速凝剂：初凝时间不大于5min，终凝时间不大于10min。

喷混凝土的配合比一般为：水泥与砂石的重量比为1∶4～1∶4.5；砂率45%～55%；水灰比0.4～0.5；速凝剂掺量2%～4%。

（六）钢纤维喷射混凝土

钢纤维喷射混凝土是一种采用喷射法施工的水泥混凝土类复合材料。与普通钢纤维混凝土一样，它是以抗拉强度高、弹性模量大的钢纤维增强混凝土材料，使喷射混凝土的抗拉强度、抗弯强度、抗冲击强度以及抗裂性和韧性等多种性能均有较大提高。作为一种新工艺，它最显著的特点是大大降低了过去那种繁重耗时的钢筋网制作，而代之以机械化的连续的喷混凝土施工。20世纪70年代末，瑞典曾对钢纤维喷混凝土的加固作用进行了大规模的试验研究，包括钢纤维喷混凝土加固与钢筋网喷混凝土加固效果的比较。70年代后期和80年代初期，加拿大广泛开展了钢纤维喷混凝土工艺的应用和研究，并将干拌法钢纤维喷混凝土工艺成功应用于岩石加固措施中。我国首次在小浪底进口高边坡加固中大面积采用了钢纤维喷混凝土加固技术。

1. 钢纤维的类型

钢纤维的类型对加固效果有着很大的影响，为达到较好的加固效果，在喷混凝土中，常见的钢纤维类型见表6-3。

表6-3　　钢纤维类型

制造商	形　状	类　型
Bekaert		ZP30/50，ZP30/80
ILM		25/60，25/90
Fibrocev		22，30
Harex		1～32
Draco		30/80
Edilchem		20，30

2. 原材料及其组成

钢纤维喷射混凝土的原材料主要有以下几种。

（1）钢纤维。钢纤维的种类、制造方法及特征见表6-4，钢纤维的抗拉强度见表6-5。钢纤维喷射混凝土常用的钢纤维直径为0.25～0.4mm，长度为20～30mm。长径比一般为60～100（长径比取得小些，则含纤量可相应大一些）。钢纤维喷射混凝土中钢纤维品种的选用，则因需要确定。不同品种的钢纤维具有不同的功能，碳素钢纤维用于常温下的喷射混凝土；不锈钢钢纤维则用于高温下的喷射混凝土；端头带弯钩的钢纤维比平直的钢纤维具有较高的抗拔强度，因此在获得相同性能时，其掺入量可减少。

（2）水泥。钢纤维喷射混凝土一般采用 42.5 号普通硅酸盐水泥，每立方米喷射混凝土水泥用量为 400kg 左右。

（3）集料。钢纤维喷射混凝土的集料分为粗集料和细集料。细集料按喷射混凝土通常要求；粗集料则不同，其最大粒径为 10～15mm。这是由于粗集料应完全被长为 20～30mm 的纤维所包裹，以保证其良好的力学性能。

表 6-4　　钢纤维的种类、制造方法及特征

钢纤维的种类	制造方法	特征				存在问题
		断面形状	表面	防拔方法	其他	
切断钢纤维	将钢丝切断	圆形	冷拔表面	压痕、折弯	强度高、表面处理容易	成本高
剪切钢纤维	将薄钢板用旋转刀具切断	矩形	压延面切断面	压痕、折弯、扭曲	可使用不锈钢、脱脂	刀具寿命短
切削钢纤维	用铣刀将钢块或钢板切削成金属屑	三角形	切断面皱纹状	扭曲	硬度大、可制成纤维	刀具寿命短
熔融抽丝钢纤维	熔钢黏在冷却的圆盘上被甩	月牙形	氧化皮膜回火色	两端较粗	淬火或回火可使用不锈钢	熔炉耐久性差

表 6-5　　几种钢纤维的抗拉强度

钢纤维的种类		平均断面积/mm^2	拉伸荷载/N	抗拉强度/MPa	钢纤维的种类		平均断面积/mm^2	拉伸荷载/N	抗拉强度/MPa
切断钢纤维		0.10	230	2350	切削钢纤维		0.25	180	710
剪切钢纤维	1 号	0.11	90	790	熔融抽丝钢纤维	1 号	0.26	160	620
	2 号	0.25	140	540		2 号	0.23	150	670
	3 号	0.25	120	460		3 号	0.18	130	760

3. 钢纤维喷混凝土设计

（1）钢纤维喷混凝土特性参数。大多数情况下，喷混凝土设计采用工程类比方法，并用数值分析方法进行验证。不同国家和地区在喷混凝土施工设计中采用的设计标准是不同的。表 6-6 是 Morgen 给出的一个不同钢纤维喷混凝土加固设计特性参数表。

表 6-6　　钢纤维喷混凝土加固设计特性参数表

类型		干拌法					湿拌法				
钢纤维类型		无	无	两端钩形	波形	波形	无	无	两端钩形	波形	波形
钢纤维含量/(kg/m^3)		0	0	60	60	75	0	0	60	60	75
压缩强度/MPa	7d	44.5	42.5	42.4	43.0	43.0	44.5	50.3	46.4	48.3	44.7
	28d	49.6	51.8	55.9	60.0	58.0	55.8	65.7	65.0	66.6	66.1
抗弯强度/MPa	7d	—	—	5.4	4.9	5.1	5.1	5.4	5.2	4.8	4.6
	28d	—	—	7.9	8.0	7.4	6.0	6.9	6.6	6.7	5.9

续表

类　型		干　拌　法					湿　拌　法				
钢纤维类型		无	无	两端钩形	波形	波形	无	无	两端钩形	波形	波形
柔度指数，7d ASTMC1018	I_5	—	—	4.4	2.7	4.1	—	—	4.8	3.4	3.4
	I_{10}	—	—	6.2	3.6	6.7	—	—	7.2	5.2	5.2
柔度指数，28d ASTMC1018	I_5	—	—	2.2	2.1	2.8	—	—	4.3	2.2	3.4
	I_{10}	—	—	3.1	2.3	4.0	—	—	6.4	3.2	4.6
热吸收/%		—	6.7	7.0	6.6	6.9	6.8	6.7	7.8	6.3	7.6
渗透空隙/%		—	14.8	15.6	14.7	15.4	14.8	14.7	17.3	14.1	17.2
回弹/%	竖向	35.0	21.6	22.1	24.5	26.7	3.4	5.4	6.0	6.0	—
	顶面	54.6	26.6	28.5	30.5	32.8	8.9	10.3	14.9	10.3	—

(2) 配合比。钢纤维喷射混凝土的配合比尚没有成熟的设计方法，国内通常选用的钢纤维喷射混凝土配合比为1∶2∶2（水泥∶砂∶石子），钢纤维掺量以每立方米钢纤维喷射混凝土中80～100kg为宜。表6-7给出了钢纤维喷射混凝土的配合用量。

表6-7　钢纤维喷射混凝土的配合用量

组成材料	细集料配合比/（kg/m^3）	10mm集料配合用量/（kg/m^3）	组成材料	细集料配合比/（kg/m^3）	10mm集料配合用量/（kg/m^3）
水泥	450～550	450	钢纤维	40～60	60～120
砂	1500～1680	700～800	速凝剂	变化	变化
10～15mm的粗集料	—	700～875	水灰比	0.40～0.45	0.40～0.45

国外钢纤维喷射混凝土配合比有干式和湿式两种，见表6-8。

表6-8　国外钢纤维喷射混凝土配合比

喷射方式	粗集料最大粒径/mm	细集料比率/%	水灰比	单位水泥用量/（kg/m^3）	钢纤维掺量/%	钢纤维形状尺寸/（mm×mm×mm）
干式	15	70	0.50	350	1.5	0.5×0.5×20
	10	70	0.48	380	1.0	0.5×0.5×20
	5	100	0.48	380	1.0	0.3×0.3×25
湿式	15	70	0.42	510	0.9	0.25×0.25×30
	10	70	0.50	380	1.5	0.5×0.5×30
	10	70	0.55	350	1.0	0.5×0.3×20
	5	100	0.54～0.61	448～500	1.0	0.25×0.25×25

三、钢格栅支护设计

1. 格栅钢架支护的适用范围

格栅钢架支护自稳时间短，主要用于初期变形大的地层，以及对地面下沉量有严格限制的情况。

根据《铁路隧道喷锚构筑法技术规则》（TB 10108—2002）规定，采用格栅钢架支护的适用条件见表 6-9。

表 6-9　　采用格栅钢架支护的条件

围岩类别	单向隧道	双线隧道
Ⅲ	—	必要时设置
Ⅱ	必要时设置	拱部、边墙、仰拱
Ⅰ	拱部、边墙、仰拱	通过试验确定

2. 设计步骤

作为钢筋混凝土结构考虑的格栅钢架的计算方法如下。

（1）进行格栅钢架特征值的预设计，即根据经验及工程类比初步选定格栅钢架的特征值。其中包括以下几个方面。

1）断面形状及钢筋尺寸的选定。

2）节间设计——加强筋形状及尺寸的选定。

3）接头位置及构造的选定。

4）纵向间距的选定。

5）喷混凝土厚度的选定。

（2）按荷载-结构模式或围岩-结构模式进行结构的内力分析，即求解格栅钢架各断面的轴向力、弯矩及剪力。

（3）验算格栅钢架各种状态下的强度、刚度及稳定性。

（4）进行施工监测，把测量值反馈给设计、施工人员，修正格栅钢架的参数。

3. 格栅钢架特征值的预设计

钢架设计应遵循以下原则。

（1）具有与隧道断面形状相适应的结构及形状。

（2）具有与其使用目的相适应的强度及刚度。

（3）选择钢架尺寸时，除考虑作用在钢架上的荷载外，还应考虑喷混凝土的厚度，即喷混凝土的厚度应把钢架全部覆盖，并有一定的保护层厚度，保护层厚度不应小于 4mm。

（4）根据围岩条件的不同，可选择仅在隧道拱部设置的钢架或在拱部及边墙设置的开口钢架，在软弱围岩中，应采用封闭式钢架。

（5）采用分部开挖时，钢架的结构形式应与围岩条件及开挖步骤相适应。

（6）沿隧道纵向，钢架间距不宜大于 1.2m，在各排钢架间应设置钢拉杆，其直径宜为 20～22mm，各类围岩中钢架的间距可参考表 6-10 初步选定。

表 6-10　　钢架间距建议值

围岩类别	格栅钢架			混凝土厚度/cm
	上半部	下半部	标准间距/m	
Ⅲ	设置	原则上不设置	1.2	10
Ⅱ	设置	设置	1.0	15
Ⅰ	设置	设置	<1.0	20～25

（7）钢架的主筋直径不应小于 18mm，一般多采用 20～22mm，箍筋和腹筋一般采用 6～12mm，箍筋间距宜在 20～40mm，钢架高度通常在 16～20cm，宜通过验算确定。

（8）为充分发挥钢架的支护作用，钢架应与喷混凝土组成一体结构，即钢架必须与喷混凝土同时使用，喷混凝土的厚度可参见表 6-10。

4. 格栅钢架喷混凝土结构验算

格栅钢架喷混凝土可视为钢筋混凝土结构的一种类型。因此，在多数场合下，可以采用钢筋混凝土结构的基本设计方法进行验算。设置钢架处应适当加厚，以保证钢架的保护层厚度。格栅钢架的断面形状，基本上是由三角形（三根主筋）和矩形（四根主筋）断面构成的。因此，格栅钢架喷混凝土结构可分别按对称与不对称配筋，进行矩形断面选择与强度验算。

一般说，为提高格栅钢架的整体刚度，使其能适应承受正负弯矩，均设置双配筋，并以对称配置为宜。根据隧道的地质情况和隧道尺寸，一般都事先选定主筋的尺寸和布置，再根据验算结果，调整配筋的参数，直到满足设计要求。

钢筋混凝土结构的强度验算，视受力状态分为大偏心和小偏心两种。前者以受拉破坏为控制状态，后者以受压破坏为控制状态。根据国内外的试验研究和工程实践，当 $\eta e_0 > 0.3h_0$ 时为大偏心、$\eta e_0 < 0.3h_0$ 时为小偏心的受力状态。大、小偏心情况的计算见图 6-16 和图 6-17。

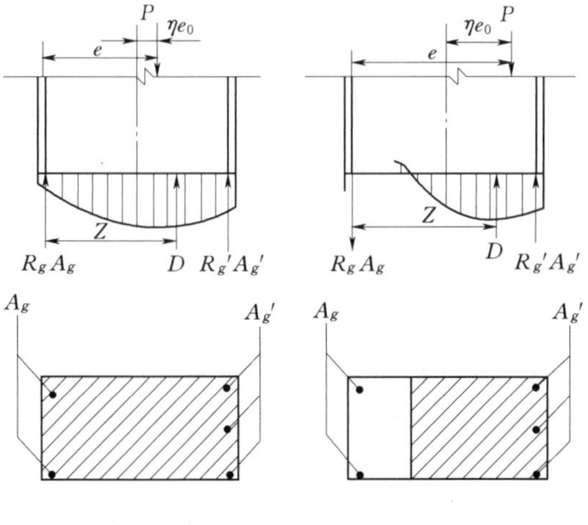

图 6-16　小偏心计算简图

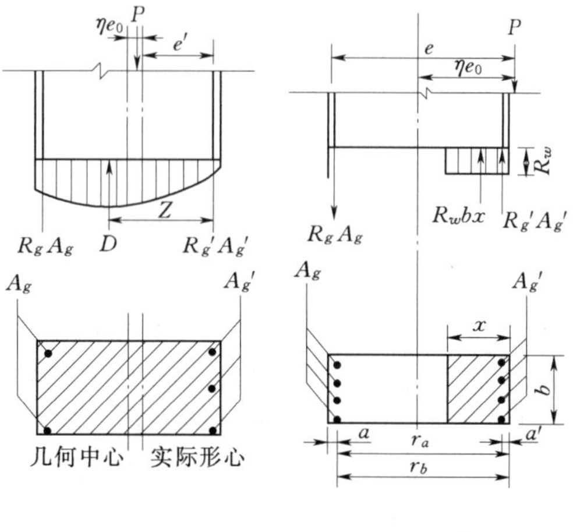

图 6-17　大偏心计算简图

（1）不对称配筋断面的验算（适合三角形断面的格栅钢架）。

1）大偏心情形（$\eta e_0 > 0.3h_0$，为使 $A_g + A_g'$最小，取 $x = 0.55h_0$）。

受压钢筋的截面积应满足：

$$A_g' = (KN_e - 0.4R_w bh_0^2)/R_g'(h_0 - a') \tag{6-62}$$

受拉钢筋的截面积应满足：

$$A_g = (0.55R_w bh_0 - KN)/R_g + A_g' \tag{6-63}$$

2）小偏心情形（$\eta e_0 < 0.3h_0$）。

受压钢筋的截面积应满足：

$$A_g' = (KN_e - 0.5R_w bh_0^2)/R_g(h_0 - a') \quad (6-64)$$

受拉钢筋的截面积应满足：

$$A_g = (KN_e' - 0.5R_a bh_0^2)/R_g(h_0 - a') \quad (6-65)$$

$$e' = h_0/2 - a' - \eta e_0 \quad (6-66)$$

3）弯矩作用平面的强度校核。

首先按最大偏心求得 x 及 K，若 $2a' \leqslant x \leqslant 0.55h_0$，则 K 即为所求；若 $x \geqslant 0.55h_0$，则按小偏心公式计算 K，取最小值；如果 $x < 2a'$，则需要按以下公式计算：

$$\sum M_{ag} = KN_e' \rightarrow A_g = KN_e'/R_g\ (h_0 - a') \quad (6-67)$$

$$e' = \eta e_0 - h/2 + a' \quad (6-68)$$

求 K 值，并取最大值。将 K 值与规范进行比较，应满足 $K \geqslant 1.5$。

（2）对称配筋断面的验算。

1）大偏心情形，$x = KN/R_w b$，当 $x \leqslant 0.55h_0$ 时：

$$A_g = A_g' = (KN_e - 0.4R_w bh_0^2)/R_g(h_0 - a) \quad (6-69)$$

2）小偏心情形，当 $x \geqslant 0.55h_0$ 时：

$$A_g = A_g' = (KN_e - 0.5R_a bh_0^2)/R_g'(h_0 - a') \quad (6-70)$$

3）弯矩作用平面的强度校核。

与不对称配筋情况类似，但 $A_g = A_g'$，$R_g = R_g'$。

其中

$$\eta = 1 + \frac{1}{1400e_i/h_0}\left(\frac{l_0}{h}\right)^2 \xi_1 \xi_2 \quad (6-71)$$

$$\xi_1 = 0.2 + 2.7\frac{e_i + e_a}{h_0} \leqslant 1 \quad (6-72)$$

$$\xi_2 = 1.15 - 0.01\frac{l_0}{h} \geqslant 1 \quad (6-73)$$

$$e_i = e_0 + e_a$$

$$e_a = 0.12(0.3h_0 - e_0) \geqslant 0 \quad (6-74)$$

式中：A_g' 为受压区钢筋截面，cm^2；A_g 为受拉区钢筋截面，cm^2；R_w 为混凝土弯曲抗压强度设计值，MPa；R_a 为混凝土棱柱体抗压强度设计值，MPa；R_g' 为受压钢筋抗压强度设计值，MPa；R_g 为受拉钢筋抗拉强度设计值，MPa；K 为安全系数；N 为轴向力，kN；e 为离轴向力较远一侧钢筋的重心至轴向力作用点的距离，cm；e' 为离轴向力较近一侧钢筋的重心至轴向力作用点的距离，cm；e_0 为初始偏心距，cm；η 为偏心距增大系数，按式（6－71）计算；l_0 为杆件计算长度，cm；e_a 为附加偏心距，cm，按式（6－74）计算；b 为截面宽度，对格栅喷混凝土结构，取沿隧道纵向两片格栅的间距（一般为 1m 左右）；$h_0 = h - a$ 为截面计算高度，cm；$h_0' = h - a'$ 为截面计算高度，cm；h 为截面高度，cm；a' 为受拉钢筋保护层厚度，cm；a 为受压钢筋保护层厚度，cm。

5. 施工中格栅钢架参数的调整

格栅设计，关键是参数确定。参数不同，验算不同，验算结果差值可能很大。实际施工中，利用观察和监控量测等手段及时将各种信息反馈至设计部门，调整设计参数，优化设计，确保施工安全和结构稳定。例如，浅埋暗挖隧道的施工过程也是设计过程，是两者的矛盾统一。

四、锚喷支护计算方法

锚喷支护的力学行为可以用两种方法进行分析：一是从结构观点出发，把喷层与部分围岩组合在一起，视作组合梁或承载拱，或把锚杆看作是固定在围岩中的悬吊杆等；另一种方法是从围岩与支护共同作用的观点出发，不仅把支护看作是承受来自围岩的压力，并反过来也给围岩的压力，由此而改善围岩的受力状态，提高围岩的承载能力与整体稳定性。

目前在计算模型中，把支护和围岩视作统一的共同体，因此，要求围岩、喷层和锚杆之间具有良好的黏结和接触，以便三者共同受力。现引用史维汾等提出的按极限变形控制的设计计算方法。

1. 永久支护对洞壁的径向压力 σ_{ra}

$$\sigma_{ra}=[P_i]=P_i^h+\sum_1^m P_i^{st}+P_i^g \tag{6-75}$$

式中：P_i 为锚喷支护总抗力；P_i^h 为最后一层喷射混凝土抗力；P_i^g 为锚杆对洞壁的径向压力；$\sum_1^m P_i^{st}$ 为各层钢筋网抗力总和。

（1）喷射混凝土的极限承载力 P_i^h：

$$\text{或}\quad \left.\begin{aligned} P_i^h&=\frac{a^2-b^2}{2a^2}R_a \quad &(\text{受压})\\ P_i^h&=\frac{sd\,[\tau]_h}{a\sin 2\alpha} \quad &(\text{受剪})\end{aligned}\right\} \tag{6-76}$$

式中：a、b 分别为喷射混凝土层外径和内径；d 为喷射混凝土的厚度；R_a、$[\tau]_h$ 分别为喷层的抗压强度、抗剪允许应力；α 为喷层剪切破裂面和主应力方向夹角，$\alpha=45°-\varphi/2$，φ 为喷层内摩擦角。

（2）钢筋网极限承载力 P_i^{st}：

$$\text{或}\quad \left.\begin{aligned} P_i^{st}&=\frac{A_g^{st}\sigma_g}{b_0 a}=\frac{A_g^{st}R_a E_g}{b_0 a E_h} \quad &(\text{受压})\\ P_i^{st}&=\frac{2A_g^{st}\,[\tau]_g}{b_0 a\sin 2a} \quad &(\text{压剪})\end{aligned}\right\} \tag{6-77}$$

式中：A_g^{st} 为在 b_0 宽度内钢筋网的横截面积；E_g、E_h 分别为钢筋、混凝土压缩弹性模量。

（3）锚杆对洞壁的径向压力 P_i^g：

$$P_i^g=\frac{A_g R_g}{et} \tag{6-78}$$

式中：A_g、R_g 分别为锚杆截面积、抗拉屈服强度；e、t 分别为锚杆的横向、纵向间距。

2. 围岩的塑性半径 R_p

$$R_p=a\left[\frac{P_i+c\cot\varphi}{\sigma_{ra}+c\cot\varphi}(1-\sin\varphi)^{\frac{1-\sin\varphi}{2\sin\varphi}}\right] \tag{6-79}$$

$$\frac{R_p}{a}=\left[\frac{P_i+c\cot\varphi}{\sigma_{ra}+c\cot\varphi}(1-\sin\varphi)^{\frac{1-\sin\varphi}{2\sin\varphi}}\right] \tag{6-80}$$

式中：P_i为围岩初始地应力；σ_{ra}为支护对洞壁径向压力，按式（6－75）确定；c、φ分别为围岩的黏聚力和内摩擦角。

3．物理化学作用体膨胀引起洞壁的径向位移 u_r

与膨胀围岩的体膨胀率及参与膨胀的围岩体积有关。通常可以认为参与膨胀的围岩范围就是围岩松弛带宽度。这是因为围岩应力释放仅存在于围岩松弛带内，且只有在围岩风化风干后才重新吸水软化引起体膨胀。一般可取围岩松弛区宽度为塑性区宽度 R_{p-a}。根据物理关系且设围岩膨胀率为δ_p，则围岩膨胀后体积为

$$\left.\begin{aligned}&\pi(R_p^2-a^2)\delta_p=2\pi\left(a-\frac{u_r}{2}\right)u_\tau\\&u_r^2-2au_r+(R_p^2-a^2)\delta_p=0\end{aligned}\right\}\tag{6-81}$$

$$u_r=a\left\{1-\sqrt{1-\left[\left(\frac{R_p}{a}\right)^2-1\right]\delta_p}\right\}\tag{6-82}$$

由于$a\gg u_r$，若忽略式（6－81）中u_r^2项，则得

$$u_r=a\left[\frac{(R_p/a)^2-1}{2}\right]\delta_p\tag{6-83}$$

4．围岩塑性流变膨胀引起洞壁径向位移 u_l

$$u_l=K_lu_p\tag{6-84}$$

式中：K_l为围岩流变系数，由岩体流变试验确定；u_p为围岩洞壁塑性径向位移，$u_p=u_a-u_e$，其中u_a为围岩洞壁弹塑性径向位移，u_e为围岩洞壁弹性径向位移。

围岩洞壁弹塑性径向位移求解时，假设塑性区围岩在塑性变形过程中体积不变，即

$$\pi(R_p^2-a^2)=\pi[(R_p-u_R)^2-(a-u_a)^2]\tag{6-85}$$

式中：u_R为弹塑性边界上径向位移。

由式（6－85），解得洞壁弹塑性位移为

$$u_a=\left\{1-\sqrt{1+\left(\frac{R_p}{a}\right)^2\frac{1+\mu}{E_e}(\sigma_\theta^R-P_i)\left[\frac{1+\mu}{E_e}\right](\sigma_\theta^R-P_i)-2}\right\}\tag{6-86}$$

式中：σ_θ^R 为塑性半径处切向应力。

$$\sigma_\theta^R=p_i(1+\sin\varphi)+c\cot\varphi\sin\varphi\tag{6-87}$$

由此知 $\sigma_\theta^R-p_i=\sin\varphi(P_i+c\cot\varphi)$，由连续介质的弹性理论得洞壁弹性位移：

$$u_e=\frac{1+\mu}{E_e}(p_i-\sigma_r^R)a\tag{6-88}$$

式中：E_e、μ 分别为围岩的弹性模量和泊松比。

5．围岩膨胀变形总的径向位移量 u

$$u=u_e+u_L+u_r\tag{6-89}$$

$$u_L=K_Lu_p$$

式中：u_L 为围岩塑性流变引起的洞壁径向位移；K_L为围岩流变系数；u_p 为围岩洞壁塑性径向位移。

6．各层支护允许围岩的总径向位移 $[u]$

$$[u]=[u_1]+[u_2]+\cdots+[u_n]\tag{6-90}$$

式中：$[u_1]$、$[u_2]$、…、$[u_n]$ 为各层喷射混凝土在不超过材料极限应变时所允许洞壁产生的径向位移。

第 1 层至第 $n-1$ 层喷层取喷射混凝土的弹塑性极限应变作为设计标准，第 n 层即最后一层喷层取弹性极限应变作为设计标准。

第 1 层喷射混凝土即将丧失承载力时洞壁径向位移 $[u_1]$ 为

$$[u_1]=[\varepsilon_h^p]\frac{a-d_1}{a}a=[\varepsilon_h^p](a-d_1) \tag{6-91}$$

式中：d_1为第 1 层喷射混凝土厚度；$[\varepsilon_h^p]$ 为喷混凝土受压弹塑性极限应变。

第 i 层喷射混凝土即将达到极限应变时，洞壁径向位移为

$$[u_i]=[\varepsilon_h^p]\{a-[u_1]-[u_2]-\cdots-[u_{i-1}]-(d_1+d_2+\cdots+d_i)\} \tag{6-92}$$

式中：d_i为第 i 层喷射混凝土厚度。

第 n 层即最后一层喷射混凝土达到弹性极限应变时，允许洞壁径向位移为

$$[u_n]=[\varepsilon_h^P]\{(a-[u_1]-[u_2]-\cdots-[u_n])-(d_1+d_2+\cdots+d_n)\} \tag{6-93}$$

7. 围岩在支护约束下的变形总的径向位移 u

u 应小于各层支护的极限应变值所允许的围岩洞壁的径向位移 $[u]$ 为

$$u<[u] \tag{6-94}$$

满足式（6-94）则围岩稳定，否则需加强支护，进一步限制围岩膨胀变形，增大支护所允许的洞壁径向位移值。

第四节　围岩局部不稳定块体的预应力锚固支护设计

由于结构面的相互切割与组合，在地下洞室的围岩中，常常有不稳定块体，对于局部不稳定岩体可采用极限平衡法进行计算分析。根据稳定性的要求，需要采用预应力锚固技术进行支护。预应力锚索或锚杆的支护设计方法详见第一章与第二章相关内容。

对厂房不稳定块体的支护设计应尽量保持结构面原有的初始应力 σ_n，这样可大大减少支护力；同时，增设锁边锚杆，限制沿切割面发生大的变位，也可增加抗剪力，充分利用围岩的剪切强度；增设锚索，一方面限制块体的变位，另一方面也起悬吊块体的作用。

位于顶拱部位的不稳定块体，应按预应力锚杆承担全部不稳定块体重力确定锚固力。位于边墙部位的塌滑体，应计入不稳定块体周围岩体的嵌固作用，并按岩质边坡的稳定要求，计算需要锚杆提供的锚固力。然后根据锚固力的大小，进行预应力锚索或锚杆的设计。

对于地下洞室围岩锚固的设计，对由各种结构面组合形成的不稳定块体进行锚固时，宜采用预应力锚索或锚杆进行局部锚固。对位于顶拱部位的不稳定块体，按预应力锚索、锚杆承担全部不稳定块体净滑动力确定锚固力；对位于边墙部位的不稳定滑塌体，则应计入不稳定块体周围岩体的嵌固作用，并按岩质边坡的稳定要求计算需要锚索、锚杆提供的锚固力。

当仅考虑预应力锚索、树脂锚杆提供的单位面积上的支护抗力之和时，则应满足式（6-95）：

$$q\leqslant p_1+p_2 \tag{6-95}$$

式中：q 为顶拱块体失稳的净滑动力；p_1 为预应力锚索提供的支护抗力；p_2 为树脂锚杆提供的支护抗力。

由预应力锚索提供的单位面积上的支护抗力应满足：

$$r_0\psi r_q q_k \leqslant \frac{1}{r_d}\frac{np_k}{r_s} \tag{6-96}$$

式中：r_0 为结构重要性系数，Ⅰ级地下工程取 1.1；ψ 为设计状况系数，持久状况取 1.0；r_q 为需要预应力锚杆承担的下滑力分项系数，取 1.05；r_d 为结构系数，采用 1.3；r_s 为预应力锚索材料分项系数，取 1.2；q_k 为需要预应力锚索承担的下滑力；p_k 为单根预应力锚索的支护抗力，kN；n 为预应力锚索或锚杆的根数，取整数。

【例题 6－1】 西龙池抽水蓄能电站位于山西省五台县境内，滹沱河与清水河交汇处上游约 3km 处滹沱河的左岸，枢纽由上水库、输水系统、地下厂房系统、下水库、地面副厂房及开关站、补水建筑物等组成。地下洞室断面为城门洞形，主厂房轴线方向为 NW280°，主厂房开挖尺寸 149.5m×21.75m×49m（长×宽×高）。地层主要为张夏组中厚层～厚层泥质鲕状灰岩，似极薄层～薄层状紫红色、灰绿色钙质石英粉砂岩互层，夹极薄层状条带状灰岩和崮山组下段薄层～中厚层泥质条带状灰岩。现根据块体稳定分析，得出 4 个不稳定块体的数量及特征见表 6－11，已知水泥砂浆与钢筋（钢绞线）及水泥砂浆与岩石界面的黏结强度为 2.0MPa，锚索安全系数 $K=2.5$，7ϕ5 钢绞线制作成的预应力锚索钢绞线的公称抗拉强度 $f_{ptk}=1860$MPa，锚杆力学性能见表 1－8。试用所学的知识对不同的块体确定支护方式，若采用预应力锚固方式，则确定单根锚索或锚杆的荷载、内锚固段长度、锚固孔直径及锚索或锚杆的数量。

解： 该题为主观题，根据个人的设计观点可以有多种答案。具体对每一个块体求解过程如下。

（1）根据净滑力的大小，确定用预应力锚索还是用预应力锚杆。

（2）选择钻孔直径、单根锚索或锚杆的预应力值，计算内锚固段长度。

（3）根据块体的深度，如采用预应力锚索，则须计算锚索钢绞线根数。

表 6－11　厂房顶拱关键块体稳定性计算表

序号	切割面编号及产状	体积/m³	净滑力/（10kN）	滑动方式	块体深度/m
1	L1：NW297°，SW∠88° L33：NW335°，SW∠82° L32：NW354°，SW∠67°	31.6	68.9	沿 L1 与 L33 的交线滑动	11.0
2	L1：NW297°，SW∠88° L32：NW354°，SW∠67° L23：NE45°，NW∠77°	87.5	197.1	沿 L1 与 L23 的交线滑动	21.3
3	L1：NW297°，SW∠88° L31：NW350°，SW∠70° L18：NE50°，NW∠85°	16.6	41.2	沿 L1 与 L18 的交线滑动	10.5
4	L6：NE55°，NW∠88° L7：NE50°，NW∠73° L31：NW350°，SW∠70°	31.9	68.0	沿 L1 与 L9 的交线滑动	6.5

锚索的横截面积按式（6－97）计算：

$$A=\frac{S_f T_w}{F_{ptk}} \tag{6-97}$$

式中：A 为锚索体截面积，m^2；S_f 为安全系数；T_w 为锚索锚固力，kN；F_{ptk} 为锚索体材料破断强度，kPa。

锚索钢绞线根数＝横截面总面积/7ϕ5 钢绞线公称面积。

具体设计如下。

块体 1：

（1）净滑力 689kN，可采用 1 根 1000kN 预应力锚索。

（2）计算内锚固段长度：

$$L_1=\frac{S_f T_w}{\pi D\tau} \tag{6-98}$$

式中：L_1 为锚固段长度，m；T_w 为锚索工作锚固力，对块体 1 取 689kN；S_f 为安全系数，由题意取 2.5；τ 为孔壁与注浆体之间的极限黏结强度，取 2.0MPa；D 为钻孔直径，m。

如：若取钻孔直径 150mm，则内锚固段长度为 1.83m，但最小应取 3m，实际可取 5m；若取钻孔直径 115mm，则内锚固段长度为 2.39m，但最小应取 3m，实际可取 5m。

（3）锚索的横截面积计算如下：

$$A=\frac{S_f T_w}{F_{ptk}}=\frac{2.5\times 689}{1860}=926.076\ (mm^2)$$

锚索钢绞线根数＝横截面总面积/7ϕ5 钢绞线公称面积＝926.07/140＝6.6（根），取 7 根。

本块体也可以用预应力锚杆加固。

块体 2：

净滑力 1971kN，可采用 1 根 2000kN 或 3000kN 预应力锚索。例如，若采用 3000kN 锚索，取钻孔直径 165mm，由式（6－98）得内锚固段长度为 4.75m，实际可取 5m。

锚索的横截面积按式（6－97）计算得 2649mm^2。

锚索钢绞线根数＝横截面总面积/7ϕ5 钢绞线公称面积＝2649/140＝18.9（根），取 19 根。

块体 3：

净滑力 412kN，可采用 2 根预应力锚杆。由式（6－98）得其内锚固段长度为 2.56m，本块体也可采用 1 根 1000kN 预应力锚索加固，计算过程同块体 1。

块体 4：

净滑力 680kN，可采用 1 根 1000kN 预应力锚索。内锚固段长度、锚索的横截面积、锚索钢绞线根数计算过程同块体 1。

该块体也可采用预应力锚杆加固，此时应采用 3～4 根预应力锚杆，设计过程同块体 3。

围岩施工过程中的塌方通常发生在不良地质洞段。所谓不良地质洞段是指洞轴线与较大地质构造交叉的部位、高地应力区出现岩爆的洞段、有害气体赋存区的洞段、喀斯特洞穴发育区或地下暗河的洞段。对于土体中的地下洞室，特别是城市地铁中的不良地质洞段是指土层、沙层、流沙层、滑坡堆积层、高膨胀性岩层的洞段，位于高压力地下水或地表水强补给区出现较大涌水的洞段。

一、不良地质洞段的支护设计原则

根据地质预报（预测）或超前勘探成果，通过工程类比和必要的计算分析，进行支护方案或开挖前的围岩加固设计。在施工中应根据施工过程中揭露出的地质情况和现场监测、测验（试验）数据，及时确认、调整、修改支护参数或变更支护方案，控制围岩失稳的发生或扩大。支护设计的原则包括以下几个方面。

（1）确定衬砌结构可能承担的外荷载。根据地质条件、衬砌前所采取的各种处理措施的效果、围岩变形（位移）的稳定情况，通过工程类比和必要的计算分析，分析方法应根据工程的重要程度与安全要求，选择一种或多种方法。目前，工程上最常用的是采用芬纳公式、卡柯公式等。

第五节 围岩中的断层与塌方支护设计

（2）确定设计所采用的围岩物理力学指标。

（3）隧洞横断面形状和衬砌结构型式的确定。应根据地质条件，并考虑便于施工，经技术经济比较选择有利于结构受力和围岩稳定的支护方式。

（4）不良地质洞段的衬砌结构计算。具体计算方法为：不考虑围岩承担内水压力时，拟采用结构力学方法；而考虑围岩承担内水压力时，可用有限元方法，并通过工程类比确定。

（5）对于不良地质洞段，应严格控制施工方法。

（6）应充分运用信息化施工与动态设计方法，根据施工中的信息反馈及时判定固岩的稳定情况，确定应采取的后续施工措施。这一项内容在日本地下工程支护设计中得到了广泛的应用。

（7）截排水措施。对于具有较大涌水的不良地质洞段，应根据地质情况、涌水来源、涌水量大小，按裁断水源、引排涌水、降低围岩透水性的原则，进行防止或控制涌水造成围岩失稳的工程措施设计。设计内容应包括防止涌水或引排的措施、支护措施、施工监测、衬砌结构和安全监测。

（8）针对目前我国西部地区高地应力的现象，在出现岩爆的不良地质洞段，应根据地应力的大小、方向，围岩的结构、岩性，岩爆发生的频率、强度和范围，研究洞段的走向、断面形状、开挖程序和支护方式，预测围岩应力，防止岩爆发展，保证施工安全。

（9）对通过有害气体赋存区的洞段，宜根据有害气体的来源、分布、连通情况，研究隔离、封闭、引排等措施，控制和减少有害气体的影响。对较长或浓度超标的隧洞可设专门的通风、换气设施。有害气体赋存区不宜用锚喷结构做永久衬砌结构。

（10）对通过喀斯特区的隧洞，应根据溶洞的位置、分布、大小、溶洞的充填状况、围岩（岩壁）的稳定状况及水量大小，按下列原则进行处理措施设计。

1）对岩壁渗水滴水、溶洞中的流水（暗河）、充填物中的地下水，宜根据水量大小、类型和来源，采用“排”“截”“堵”“防”相结合、以“排”为主的原则进行综合处理。

2）对规模较小或未与隧洞连通的较小溶洞，可采取回填混凝土、回填灌浆、固结灌浆等处理措施。

3）对规模较大、充填物多、水量大的溶洞，可根据溶洞的位置和分布，采取设隔离体、设支撑结构跨越、设专门基础、局部改线等处理措施。

（11）对通过软弱地层中的地下洞室，如流变岩层、高膨胀岩层的洞段，需要根据地质勘探和试验成果，研究流变岩的时效性和应力应变关系，膨胀岩的膨胀率和膨胀压力，通过工程类比和必要的计算分析，选择合适的支护措施、封闭断面方式和封闭时间，以及适宜的衬砌结构、衬砌时间。

（12）对遇水易泥化、崩解、膨胀、软化等容易产生塌方的不良地质洞段，或在渗流作用下易于蚀变、渗透变形（失稳）的较大断层、卸荷带、破碎带、节理（裂隙）密集带等不良地质洞段，设计级别可提高1级（最高不超过1级），并应加强衬砌的防渗、止水措施．必要时进行专门设计。

（13）应根据地质条件和衬砌型式进行回填灌浆、固结灌浆设计，防水排水设计，施工缝和结构缝的止水设计以及与施工监测设计相结合的安全监测设计。

二、断层带的支护设计

地下洞室开挖施工中，依据断层与洞室位置的关系（图6-18），对断层带的处理通常采用以下方法。

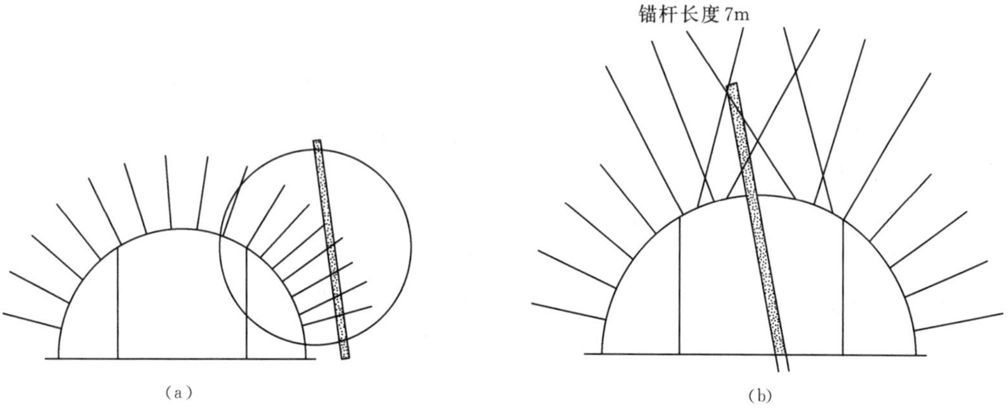

图6-18　断层位于洞顶时的处理

（a）系统锚杆布置；（b）锚杆交叉布置

（1）超前支护。开挖前采用超前小管棚或自进式中空超前锚杆对隧洞顶拱围岩进行加固，以防止在开挖时出现塌方。

（2）系统锚杆。可以采用锚杆由$\phi25@1.5m\times1.5m$、$\phi32@1.0m\times1.0m$进行支护（图6-19）。

（3）以工字钢拱架支撑、钢筋格构架等增强其刚性，断层主带间0.5m横、纵向辅以

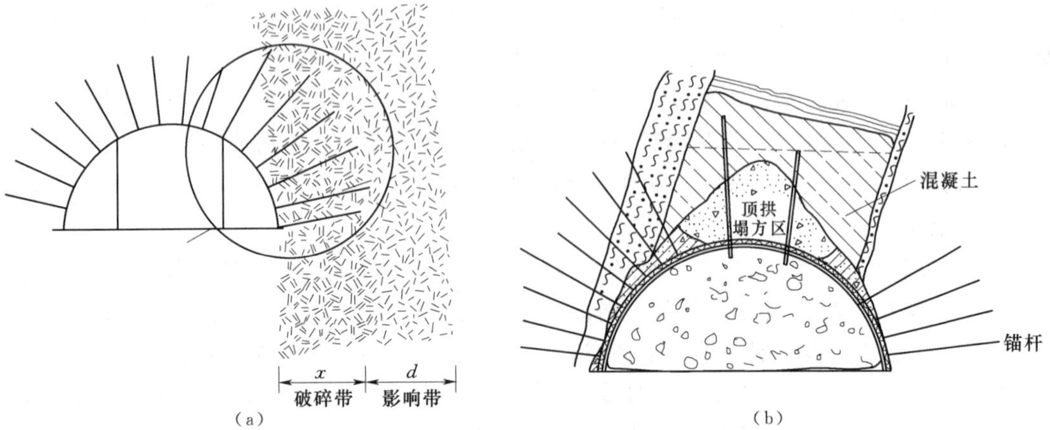

图 6-19 断层位于洞侧时的处理

(a) 锚杆穿过断层布置；(b) 锚杆与注浆加固

12 号槽钢连接。

(4) 挂网喷混凝土 (C20)、喷钢纤维混凝土 (C25) 等。

1. 系统支护

目前，国内大部分水电工程的地下厂房对断层的处理方法是：钢拱架横向采用 20a 型工字钢，断层主带内间距 0.5m，按开挖断面分块预制后现场拼装，接头采用焊接钢垫板，高强螺栓固定；纵向采用 12 型槽钢与工字钢焊接，环向间距 1.0m，边墙设置剪刀撑。工字钢尽量紧贴开挖面，顶部与开挖面间隔较大部位用型钢填料支撑，并焊接在工字钢背面。超前锚杆外露部分与工字钢背面焊接在一起，与钢拱架形成联合受力结构体。

钢拱架安装完成后立即进行 C25 钢纤维混凝土喷护，采用湿喷工艺，施喷设备为麦斯特喷车。设计喷护厚度为 25cm，填平钢拱架并保证工字钢内侧 5cm 保护层厚度。喷射钢纤维混凝土支护工效等同于网喷混凝土，但工序简单，支护速度较快，适用于需及时进行封闭支护的部位。尽管如此，喷钢纤维混凝土仍有不足之处：对施喷设备要求高，设备磨损大，且施喷功效低于喷普通混凝土，而且单价较高，特别是当喷护厚度大于 30cm 时，须分多层喷护，施工时间相应延长，施工成本高。另外，断层主带工字钢支撑间距 50cm，减掉两边腹板宽度，两榀工字钢实际间隔仅 30cm，在进行混凝土喷护施工时，混凝土喷层内易出现空腔，降低施工质量，必须对空腔进行回填灌浆处理，使其达到预期效果。系统锚杆原设计为普通砂浆锚杆。施工过程中，由于锚杆孔塌孔较普遍，对因塌孔造成无法安装的砂浆锚杆用 ϕ32 自进式中空锚杆替代。

2. 超前支护

实施超前锚杆、控制开挖进尺、及时安设钢支撑并施喷钢纤维混凝土，来保证施工安全与质量。

如小湾 F7 断层为 1 条Ⅱ级结构面，在导流隧洞内出露于上游侧转弯段，埋深约 110m。其上、下盘均为黑云花岗片麻岩，断层产状为 NW270°～275°，NE∠70°～80°，与隧洞走向交角约 80°，断层主带宽度约 40m，有 4 条宽度为 2～4m 的泥化碎块岩条带，在泥化碎块岩条带附近易发生局部塌方。下盘断层面为一条宽0.3～0.4m灰白色泥化糜棱岩带，局部发育的派生构造中有小股流水。导流隧洞过F7断层带洞段开挖断面为20.5m×23.35m。对F7断层的设计支护方案为系统锚杆、钢筋格构架、挂网喷混凝土。具体支护参数为：顶拱和边墙系统锚杆为ϕ25@1.5m×1.5m，$L=6$m；底板锚杆价ϕ25@3m×3m，$L=4.5$m；钢筋格构架间距0.5m；挂钢筋网ϕ6.5@0.15m×0.15m，喷厚0.2m钢纤维混凝土C20，钢筋格构架单元形式为0.2m×0.15m的矩形，4角各为1根ϕ32主筋，周边及对角线辅以ϕ16@25的钢筋连接，横向设ϕ16钢筋斜撑。网喷混凝土具体支护参数为：顶拱和边墙系统锚杆ϕ25@1.5m×1.5m，$L=6$m；底板锚杆ϕ25@3m×3m，$L=4.5$m；钢筋格构架@0.5m；挂钢筋网ϕ6.5@0.15m×0.15m，喷厚0.2m钢纤维混凝土C20，钢筋格构架单元形式为0.2m×0.15m的矩形，4角各为1根ϕ32主筋，周边及对角线辅以ϕ16@25的钢筋连接，横向设ϕ16钢筋斜撑。

三、围岩塌方处理

塌方是地下洞室施工中常见的工程地质问题，造成塌方的因素多种多样，例如围岩比较破碎、围岩节理具有不利组合、开挖穿越断裂风化破碎带、地下水影响等。

为确保塌方段处理施工安全并加快施工进度，可以采用如下处理措施。

（1）对塌方区采用混凝土回填（开挖顶拱以上部位采用C20混凝土回填，顶拱以下采用C15混凝土回填），待混凝土达到70%强度后，方可进行爆破开挖。为保证塌方区顶部回填密实，可以通过打斜孔，进行回填混凝土。

（2）塌方区开挖前，要求在钢格栅支护段采用型钢加强支撑（工字钢125b），以保证开挖施工期的稳定，钢架间距1.0m，钢架安装时要求周边与锚杆焊接，锚杆参数：ϕ22，$L=3.0$m，间距1.0m。为不影响钢管安装，钢架尽量架设在断面较大的位置，钢管安装时视围岩稳定情况再拆除。

（3）塌方区开挖时，可采用型钢（工字钢125b）支撑，钢架间距0.5m（钢架间采用ϕ25钢筋连接，钢筋环向间距0.5m），喷钢纤维混凝土厚30cm，开挖进尺要求控制在0.5m之内。为保证钢架整体稳定，要求钢架安装时与周边锚杆焊接，锚杆参数可选用：ϕ22，$L=3.0$m，间距1.0m，并要求底部采用型钢（工字钢125b）横支撑，并与边墙钢架焊接。

（4）采用工字钢架+锚杆+挂网喷射20cm厚C20混凝土的支护体系，并对掌子面软岩一侧增加辅助超前支护手段即超前小导管注浆。

也可以采用如图6-20和图6-21所示的钢架支撑。

四、塌方体采用喷射混凝土层的厚度计算

除应用锚杆或钢支撑支护塌方体以外，也可以采用喷射混凝土薄层进行支护。设塌方体的重量为G（kN），并由混凝土薄层全部支撑塌方体，塌方体的底面周长为L（cm），喷层厚度为h，混凝土的抗拉强度为R_t（kN/cm^3），喷层与岩面的黏结强度为R_{lu}（kN/cm^3），混凝土的弹性模量为E（MPa），岩体的弹性拉伸系数为K（MPa），则喷混凝土层的厚度由式（6-99）计算确定：

$$
\left.\begin{aligned}
h &\geqslant \frac{G}{R_t \times L} \\
h &\geqslant 3.634\left(\frac{G}{L \times R_{lu}}\right)^{4/3}\left(\frac{K}{E}\right)^{1/3}
\end{aligned}\right\} \tag{6-99}
$$

喷层厚度取式（6－99）计算得到的数最大值。

图 6－20　钢架支撑

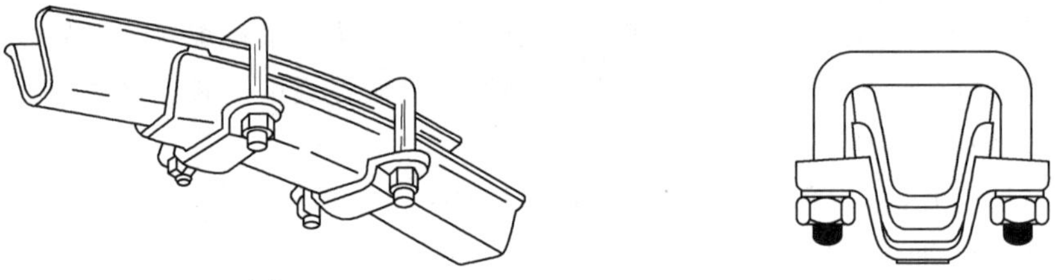

（a）　（b）

图 6－21　钢架支撑接头

第六节　地下洞室围岩稳定性监测设计

一、概述

地下工程的安全性，在很大程度上取决于围岩本身的力学特性及自稳能力，取决于其支护后的综合特性。由于地下工程是埋藏在地下一定深处，而这种天然地质体材料中存在着节理裂隙、应力和地下水，因此，地下工程的兴建比地上工程复杂得多。特别是在地下工程开挖之前，其地质条件、岩体形态不易掌握，力学参数难以确定。应借助现场监测，获取建筑物性状变化的实际信息，并及时反馈到设计施工中去，直接为工程服务。

地下工程按用途可分为：交通运输、输水、公共事业以及地下储库、地下工厂、地下冷暖隧道、地下街道、地下发电站等；按工程地点分，有山岭隧道、城市隧道、水下隧道；按开挖围岩材料介质分，有岩石隧道、土质隧道；按施工方法分，有山岭隧道、盾构隧道、明挖隧道、沉埋隧道等。因此，地下工程稳定性安全监测计分为地下洞室、隧道、输水隧洞、城市地铁以及竖井、斜井等。本教材主要介绍水利水电工程中的地下厂房及近年来发展的地下铁道监测方面的有关内容。

各阶段监测的主要内容如下。

1. 前期监测

(1) 利用勘探平洞进行。随勘探洞的开挖，或进行位移、应力及声波等量测，开展试验研究岩体的力学参数，建立计算模型。

(2) 利用原位模型试验洞，进行系统的位移、应力、围岩松动范围及声渡量测，反演岩体的力学参数，建立计算模型，为地下洞室稳定性研究、支护设计提供依据。

2. 施工期监测

随施工的进展，对围岩和支护进行位移、应力、应变、裂缝开合、地下爆破影响和环境等进行监测，并及时反馈，以保证施工安全和修改设计、指导施工。如可以利用厂房顶拱上方的勘测平洞、厂房上游侧的交通洞、下游侧的排水洞和厂房下部施工支洞，预先埋设监测线。

3. 运行期监测

对围岩及支护进行现场监测，监测结构构件的安全、检验设计的正确性以及为地下工程技术研究积累资料。

监测项目分为日常监测和阶段监测，前者是施工期经常性监测，实时掌握洞室的动态，将监测数据与管理标准值比较，以判断围岩稳定状态；后者是施工到一个阶段时（例如一层开挖完毕）利用监测数据进行反分析和预测分析，必要时对支护布置和管理标准进行调整，对于地下工程，需要将两种监测结合起来进行。

二、地下工程监测的主要内容

1. 监测项目选择原则

监测可选择的项目见表 6-12。监测项目的选择，应以工程条件确定之后所进行的工程性状预测为基础，同时考虑下述原则。

(1) 根据监测目的分别选定重点项目。以安全监测为主要目的的监测项目，一般应以能监控影响安全的主要因素为目的选定。整体安全监测项目要系统、局部安全监测项目单纯，但都要有针对性。一般情况下均以变形和支护结构的应力为主要项目。若以设计和施工方法校核为目的，则选择与其相关的项目。如选取锚杆轴力和围岩松动范围监测，校核锚杆参数。选取衬砌应力监测，校核混凝土、钢拱支护设计参数和检验施工方法。若用于新技术研究和对影响围岩稳定性因素的探索，则可选取与研究、探索内容密切相关的项目。

(2) 根据工程阶段分别选定。工程前期应根据工程性状预测的需要选择有关的项目；施工期在充分利用永久性观测项目的基础上，补选一些能为施工安全监控快速获取资料的项目；运行阶段应根据工程运行性状预测选择系统的项目，问题明确的可有针对性地选项目。

表 6-12　　地下洞室围岩监测项目一览表

分类	监测项目	观测内容	常用仪器	观测目的
围岩变形	收敛变形观测	洞壁面间距离变化、变形速率	位移计、收敛计、滑动测微计	洞壁围岩稳定性、支护构件效果，根据变形速度推断以后变形量、混凝土衬砌浇注情况
		顶拱下沉	精密水准仪、收敛计、多点位移计	顶拱岩体和围岩稳定
		底板隆起	精密水准仪、收敛计、多点位移计	仰拱岩石锚杆加固和仰拱混凝土浇筑的必要性、推测锚固最佳时间
	围岩内部变形观测	洞壁到围岩内部某点的相对变形观测	多点位移计、滑动式测微计	洞壁围岩松动区，合理确定岩石锚杆长度和岩体内变形分布及范围
		由地表或洞外到岩体内某点的水平和垂直变形观测	多点位移计、测斜仪、滑动测微计	开挖前岩体状态，隧洞前面岩体稳定性、围岩内部变形分布
	岩体滑移观测	地表位移、倾斜位移	位移计、测缝计、倾角计	预测滑坡发生
		岩体深部水平及垂直位移	多点位移计、倾斜仪	滑动面位置、滑动方向
	岩体转动观测	角位移、倾斜	倾角计	岩体角位移和倾斜变化
	围岩松动观测	声波、地震波速度、振幅量测	声波仪、地震波仪	确定爆破、卸荷围岩松动范围，设计锚杆、支护等
	地表及建筑物状态观测	地表下沉、隆起观测	水准仪、沉降计	隧洞开挖影响范围、隧洞上部岩体稳定性
		建筑物下沉、隆起、倾斜观测	水准仪、沉降测斜计	建筑物的影响范围及安全性
岩体应力地下水应力	围岩应力观测	开挖引起围岩内部应力的变化	应力计、应变计	切向应力增加、径向应力减少、岩体强度降低情况
	裂隙水压力观测	岩体中裂隙水压力状态	裂隙水压力计	涌水、围岩地下水位变化、裂隙水位变化、承压水变化、预测岩体稳定性
作用于支护结构和围岩上的荷载	锚杆（索）轴向力观测	锚杆（索）轴向力的分布、大小	锚杆应力计、测力计	岩石锚杆长度、根数、位置、锚固法及可靠性
		锚固荷载	圆盘式压力传感器、中心孔式测力计	岩石锚杆根数和可靠性，推断破坏时间

续表

分类	监测项目	观测内容	常用仪器	观测目的
作用于支护结构和围岩上的荷载	混凝土应力观测	混凝土应力	混凝土应变计、混凝土应力计	混凝土厚度、施工可靠性、断面封闭效果
		衬砌混凝土应力、钢筋应力	混凝土应变计、混凝土应力计、钢筋计	早期浇注混凝土约束效果，结构变化状态、衬砌混凝土稳定性
	支护应力观测	支护应力、构件应力	应变计、压力计	支护钢结构尺寸及可靠性、喷混凝土承担荷载
	围岩压力观测	作用于衬砌上的围岩压力	土压力计、混凝土应力计	喷混凝土厚度、施工可靠性，断面封闭、混凝土衬砌效果
	渗流观测	作用于围岩的渗流压力和衬砌上的外水压力	渗压计	地下水引起荷载的增加
围岩及结构接缝观测	接缝裂缝开合度观测	围岩与结构接触缝及围岩结构裂缝的开合度	测缝计、裂缝计	裂缝、接缝的开合度
围岩及支护温度	温度观测	围岩内部温度、支护结构温度、气温	温度计	判别温度对监测成果的影响
爆破影响	振动效应观测	振动速度、及速度及动应变	速度计、加速度计、动应变仪	控制爆破质量
地下水	地下水位观测	地下水位变化	渗压计、测压管、量水堰	了解水压力
现场观测	人工巡视	施工地质编录	地质锤、罗盘、卡尺等工具	确定围岩分类、评价围岩稳定性

（3）根据工程的规模、等级（重要性）、经费的承受能力等因素综合确定。在满足需要前提下，项目力求精简。但对于重要的项目、部位应考虑平行监测项目，以便比较、验证。

（4）根据覆盖层的厚度、岩性及断裂构造，岩体变形、破坏机制，从而应采取的支护方法选取监测项目。如对覆盖层浅的软岩或土中的地下工程，地面建筑对其存在影响，需采取刚度高的衬砌，尽量控制其变形。重点应监测建筑物变形的变化、围岩应力、支护结构应力等。如果覆盖层厚，但围岩强度低，围岩可能发生挤出、膨胀变形，重点应监测围岩变形、压力和支护结构应力等。当覆盖层厚、围岩坚硬、裂隙发育，喷混凝土仅起防止岩体表面风化、填平表面凹凸不平的作用，喷混凝土无需监测，但需加强巡视调查。

2. 仪器选型原则

（1）根据确定的监测项目选择相应的仪器，仪器数量宜少而精。

（2）监测仪器的精度和量程应满足具体工程的要求，此要求应根据岩性、计算值或模型试验值等进行预测的最大和最小值来确定仪器的精度和量程。

（3）仪器应准确可靠，坚固耐用，能适应潮湿甚至涌水、爆破振动和粉尘等恶劣环境下工作。

（4）仪器轻便，布置简单，埋设安装快捷，操作读数方便，占用掌子面时间短，对施工干扰小。

三、地下洞室围岩监测总体布置步骤

1. 监测断面的布置

（1）监测断面应按工程的需求、地质条件以及施工条件选择具有代表性的断面，通常按围岩的稳定性可分为系统布置与随机布置；按工程的部位来分，可分为对称型、非对称型以及局部型。

（2）监测断面布置要合理，注意时空关系。采取表面与深部结合、重点与一般结合、局部与整体结合，务使测网、断面、测点形成一个系统，能控制整个工程的各关键部位。

（3）在断面的选择上应注意埋深、岩体结构特性、围岩性态、结构物尺寸及形状、预计的变形及应力以及施工方法、施工程序等。

（4）断面可分为主要监测断面和辅助监测断面，主断面可埋设多种仪器，进行多项监测：在主断面附近设辅助断面，辅助断面埋设仪器少，用于监测个别重大的有意义的参数，这种布置既保证了重点，又简化了工作面，降低了费用。

（5）城区地下施工，需要预测地基变化和爆破震动对邻近建筑物的影响，注意研究开挖中的深层滑移和地层失稳，以及支护的设置。

（6）在观测断面上应根据围岩性态变化的分布规律、结构物的尺寸与形状以及预测的变形和应力等物理量分布特征布置测点，应在考虑均匀分布、结构特性和地质代表性的基础上，根据其变化梯度来确定测点数量。梯度大的部位，点距要小；梯度小的部位，点距要大。

2. 监测孔点的布置

（1）收敛测线（点）的布置。收敛观测一般在施工开挖过程中采用。当地下洞室已经支护或投入运行后则应用较少。由于当开挖空间（跨度和高度）已经很大时，观测的困难较大。因此，多在导洞开挖和拱顶开挖边墙较矮时应用，用以观测围岩的初期变形。

（2）多点位移计测点的布置。

1）多点位移计用于观测岩体内深部两点之间沿孔轴方向的相对位移。如果最深测点距洞壁大于1倍以上洞跨，或超出卸荷影响范围，则某点相对于最深点（若可近似视为不动）的位移可近似视为绝对位移。对于围岩中有预应力锚固的部位，多点位移计埋设最深点应超过锚固深度。

2）测孔一般布置在地下洞室的顶拱、拱座及边墙，有对称和非对称式布置，现埋和预埋孔两种方式。布置时应注意围岩变形的时空关系。

3）测点布置应考虑围岩应力分布、岩体结构等地质条件。同一剖面中的测点可以是单点，也可以是多点，点距应根据围岩应力和变形梯度、岩体结构和断层部位等确定。测点（固定锚头）可以是灌浆式的，也可以是机械式的、气压式的或油压式的。锚头（即测点）应避开裂隙、断层和夹层，放在较坚硬完整的岩石上。大的夹层、断层两边宜各布置一个锚头。

4）当洞室周围有排水平洞、勘探平洞或模型试验洞时，宜从这些洞向地下洞室提前钻孔，预埋多点位移计；当覆盖层不厚时，宜从地面向洞室钻孔预埋仪器。

5）侧墙上的水平测线宜略向上倾斜5°左右（当固定锚头为机械式），便于渗水排出；或略向下成5°俯角倾斜（当固定锚头为灌浆式），阻便于灌浆和防浆液外流。

（3）钻孔测斜仪测孔的布置。

1）测斜仪布置，应根据围岩应力分布状态和岩体结构，重点布置在位移最大、对工程施工及运行安全影响最大的部位，同时兼顾其他比较典型或有代表性的部位。

2）钻孔测斜仪常以铅垂钻孔布置于大型地下洞室的边墙附近，平行边墙或布置于大型地下洞室的出口正、侧面边坡内，观测岩体的挠度，监视侧墙或出口边坡的稳定。

3）大跨度洞室的拱部可以通过附近洞室垂直洞室轴线布置水平测斜管，用水平型测斜仪观测拱部位移。

（4）滑动测微计布置。滑动测微计是观测岩体内部沿孔轴方向两点间相对位移的一种多点位移计，不同的只是可以每相隔 1m 布置一个测点。其布置方式可与多点位移计相同，测线方向不限。

（5）锚杆应力计测孔（点）的布置。

1）用于观测轴向力的锚杆，既要起支护作用，又要有监测随岩体变形锚杆内产生的应力的功能，为保证观测的真实性，观测锚杆的材质、截面面积都应与实际的相同。

2）锚杆应力计的测孔（点）的布置与多点位移计类似，除特殊要求外，一般与加固锚杆一致。布置方式有按断面布置、按需要或在变形最大的部位随机布置，布置数量一般不作硬性规定。

3）选定的观测锚杆应具有代表性，如代表不同锚杆型号、不同吨位、不同岩性（地段）。

4）锚杆应力计测点，可根据围岩条件和洞室结构，布置单测点或多测点。当需要了解应力分布情况时，一般一根锚杆至少布置 3 个测点。

（6）应变计和钢筋计布置。应变计和钢筋计主要用于支护结构、岩壁梁等结构物的应力、应变观测。有时也用来观测围岩的应力、应变。

在大型地下洞室顶拱设钢筋混凝土衬砌结构时，一般都根据顶拱受力方向在断面上沿拱圈外缘和内缘布设单向混凝土应变计及钢筋计，以资比较，如受力方向不明确，则采取成组布置，每组 2 支，分别沿洞轴向和切向埋设。测点一般在拱顶、45°中心角、拱座对称布置。

为了解钢筋和混凝土联合受力情况，应变计布置在钢筋计附近，距离应不小于 6 倍应变计直径处。围岩内的应变计一般呈径向和切向布置。

（7）压力（应力）计布置。压力（应力）计一般布置在围岩与支护结构的接触界面上，拱部的压力计布置一般与应变计相同。围岩内部和结构内部的压力计应根据压力分布和方向布置。

（8）渗流观测布置。在水文地质具有代表性或预计渗压最大的地方布置渗流观测仪器。渗流情况不明确时，在观测断面内拱顶、拱座和边墙的围岩内布置仪器。观测外水压力时，渗压计布置在衬砌与围岩界面处。

（9）围岩松动范围观测布置。围岩松动范围观测，是指测定由于爆破的动力作用和洞室开挖岩体应力释放引起的岩体扩容两者共同作用下导致的围岩表层岩体的松动厚度。监测成果可以作为锚杆及其他支护设计和围岩稳定分析的依据。通常采用声波法（用声波仪观测）和地震波法（用地震波仪观测）。开挖前后都要观测，以便对比分析，确定松动范围。

确定松动范围的监测方法可采用声波法、地震波法（地震剖面法）。

（10）爆破影响监测布置。

1）爆破影响监测，指介质质点速度、加速度和动应变监测。以质点速度监测最常用。

2）根据《水工建筑物岩石基础开挖工程施工技术规范》（SL 47—94）和工程的岩体性质等具体情况，确定允许质点振动速度（加速度或动应变），控制爆破质点振动参数在允许的范围内。当发现质点振动参数超过允许值时，应调整爆破参数、修改爆破设计。

3）监测内容上包括监测爆破对开挖洞室本身以及相邻洞室围岩、衬砌支护的影响。

4）测线可沿平行洞轴方向。

（11）巡视调查要求如下。

1）施工期巡视调查，应紧跟掌子面的推进及时进行，主要察看围岩的岩性、结构的产状及充填物、地下水活动等以及它们的变化。调查的目的一是确定围岩分类，二是预测围岩的稳定和安全。

2）运行期巡视调查，主要察看洞壁裂缝的出现和变化、地下水渗出的情况。调查的目的主要是预测洞室的稳定和安全。

第七节　水利水电工程地下厂房围岩加固设计实例

一、概述

江苏宜兴抽水蓄能电站位于宜兴市西南郊约10km的铜官山区，是一座日调节纯抽水蓄能电站，装机容量1000MW。电站由上水库、下水库、输水系统、地下厂房、地面开关站等建筑物组成。地下厂房洞室群位于输水系统的中部，地面高程315～373m，上覆岩体厚度为283～353m。主要洞室有主副厂房洞、主变洞、尾闸室等。其中主副厂房洞（以下合称厂房）开挖尺寸为153.2m×22m×52.1m（长×宽×高），底板高程约－15m，顶拱高程37.1m。该工程的地下厂房深埋于山体内，岩体以层状的岩屑砂岩夹泥质粉砂岩组成，北端的F204及南端的F220两条断层，限制了厂房的布置，洞室围岩以Ⅲ类～Ⅳ类为主。

二、水文工程地质条件

1. 工程地质条件

地下厂房围岩为茅山组中段（$D_{1-2}ms^2$）地层，岩性为中厚层紫红～青灰色岩屑砂岩夹中薄层泥质粉砂岩，产状NW290°～310°，NE∠20°～28°。

勘测阶段钻孔揭示，厂房顶拱以上（高程75.0～37.1m）分布有约10层的软弱岩层，单层厚度一般0.2～0.9m，软弱岩层顺层挤压现象较为普遍，多发育在岩屑砂岩与泥质粉砂岩间的接触带，表现为岩屑夹泥型为主，软弱夹层厚0.5～5cm。

厂房部位岩体大多呈微风化，受F220断层影响，南端墙及其顶拱岩体呈弱风化。

厂房部位断裂构造发育，规模较大的断层有F204、F220等，其中F204断层分布于厂房北端，产状为N65°～75°W，SW∠50°～55°，宽5～8m，距厂房北端墙最小距离为6.4～9.6m；F220断层分布在厂房南端，产状为N80°～90°W，SW∠45°～58°，宽1.7～5m，距厂房南端墙距离为24.0m。断层带内均发育碎裂岩、糜棱岩、断层泥及碎块岩等，两断层的水平间距为220～230m（高程37m平切图上厂轴线位置）。除此，尚在厂房部位不同高程分布有f15、f1、f36、f37、f87等规模较小的断层，宽度一般仅为2～20cm。

此外，F220断层下盘一定范围内的岩体破碎，表现为南端墙一带揭露有宽度达30m左右的节理密集带及破碎带。

厂房区节理较发育～发育，局部极发育，受F220断层的影响，南北两端节理发育程度有差异，北端体积节理数一般为13～19条/m^3，岩石质量指标RQD加权平均值为

34.4%～60.3%；南端体积节理数一般大于 20 条/m^3，岩石质量指标 RQD 加权平均值为 8.8%～32.6%，厂房区自北向南，岩石质量指标渐差。

地下厂房第一层开挖揭示顶拱主要地质参数见表 6-13。

水压致裂法三维地应力测试表明，厂房部位区最大主应力值为 16.01MPa，方向为 N66.13°E；最小主应力值为 4.92MPa，方向为 S17.85°E。

表 6-13　　地下厂房区主要工程地质特征

分区（带）	桩号	软岩（泥质粉砂岩）分布情况	主要断层及优势节理组发育情况	地下水（开挖面）	顶拱（含边墙）塌落情况	结构及围岩分类
ZF1	厂左 0+029.5（北端墙）～厂右 0+005	明显软岩 3 条，局部泥粉面有泥化现象	断层 1 条：NW280°～290°，SW∠45°～55°（暂）宽 5～10cm，岩屑夹泥。节理：①NE60°～65°，SE∠75°较长，局部含泥膜；②NE20°～30°，SE∠85°闭合，短小，平行发育；③NE40°，NW∠80°闭合，短小，平行较发育	干燥～潮湿，局部点滴状	大致有 4 处，均为顶拱受侧向节理切割，产生顺层台阶式片状体塌落，最大塌高不大于 1m	中层（偶夹薄层）状结构 Ⅲ类
ZF2	厂右 0+005～厂右 0+087	6～7 条，单层厚 5～60cm，其中桩号 0+050 附近（拱肩）6～8m 范围内与岩屑砂岩呈互层状	断层 5 条：其中 f15 产状 NE10°～SN～NW350°，NW～W～SW∠80°～85°，宽 10～30cm，贯穿顶拱（旁侧同产状节理发育）；f（2）（暂）产状 NE60°～70°，SE∠55°～69°。f15、f（2）与层理面组构成顶拱人字形、楔体。节理：①NWW～EW，SW∠70°～90°；②NNE，SE 或 NW∠70°～85°延伸长；③NE60°～70°，SE∠75°局部发育	局部顶拱边墙有渗、滴水；沿 f15 拱角少量渗流，顶微滴；基底（27mm 左右）在厂右 72 沿原钻孔冒涌（ZK205）（大致顺 SN 向节理组）	顶拱零星有掉块，下游边墙局部小块滑落。f15、f（2）和层面组构的层状结构体，在厂右 48 左右，中岩柱拆卸后塌落 10～20m^3（2004 年 1 月下旬）	层状～层状镶嵌碎裂结构 Ⅲ类～Ⅳ类
ZF3	厂右 0+087～厂右 0+125.8（南端墙）	4～6 条靠近南端墙呈互层状（与岩屑砂岩）	贯穿性（顶拱）断层或破碎带未见，但节理、裂隙十分发育。①NNE，SE～NW∠70°～85°；②NWW～EW，SW～N∠70°～80°①、②均发育～密集发育；③中～薄层理面	顶拱多处滴水，局部呈雨状	顶拱塌落多于 5 处，塌高一般在 1m 左右。塌落后碎裂的块石自然块度（面有铁、锰渲染）约在 10～20cm 范围之间	碎裂～层状碎裂结构 Ⅳ类

2. 水文地质条件

勘察表明，由于厂房部位断层、节理较发育～发育，裂隙连通性较好，岩体较破碎，致使厂房部位地下水径流舒畅，水量颇丰。探洞内滴水、流水现象普遍，局部涌水，钻孔时均有不同程度的涌水现象，其中ZK206孔总涌水量为0.15m^3/min，最大涌水压力0.27MPa。

3. 地下厂房洞室围岩类别及围岩地质参数建议表

根据厂房顶拱开挖揭示情况，按水利水电工程地质分类法、Q系统分类法及《工程岩体分级标准》对围岩进行分类（级），各种分类（级）结果对比见表6-14。

表6-14　　厂房部位围岩分类（级）对比表

位置	桩　号	水电分类法		Q系统分类法		岩体分级标准	
		顶拱		Q	围岩类别	[BQ]	围岩基本等级
		评分	类别				
副（主）厂房	厂左0+29.5～厂右0+05.0	62	Ⅲ	4～8	一般	390	Ⅲ
	厂右0+05.0～厂右0+25.0	58	Ⅲ～（局部Ⅳ）	2～5	一般～差	372.5	Ⅲ
主厂房	厂右0+25.0～厂右0+70.0	53	Ⅲ～Ⅳ	1～3	差	342.5	Ⅲ～Ⅳ
	厂右0+70.0～厂右0+87.0	49	Ⅳ～Ⅲ	0.8～2	很差～差	330	Ⅳ～Ⅲ
安装场	厂右0+87.0～厂右0+125.8	43	Ⅳ	0.5～1	很差	295	Ⅳ

地质部门建议的地下厂房区围岩地质参数取值见表6-15、表6-16。

表6-15　　地下厂房区围岩地质参数建议表

参数 / 岩性	湿重度	泊松比 μ	变形模量		抗剪强度	
			水平	垂直		
	kN/m^3		E_0/GPa		f'	c'/MPa
Ⅳ类	25.0	0.35	1～1.5	0.5～1	0.5～0.6	0.2～0.4
Ⅳ类～Ⅲ类	25.7	0.31	4.5～6.0	2.0～2.5	0.6～0.8	0.4～0.6
Ⅲ类～Ⅳ类	25.7	0.30	5.0～7.0	2.～3.0	0.8～0.9	0.7～0.8
软岩层面					0.45～0.55	0.1～0.15
软弱夹层（岩屑夹泥型）		0.4	0.15～0.2		0.3～0.35	0.035～0.04
F204、F220断层		0.45	0.1～0.15		0.20～0.25	0.015～0.02
断层（f2、f15、f37等）		0.4	0.2～0.5		0.3～0.4	0.03～0.04

表 6-16　　围岩弹性抗力系数、坚固系数建议表

项　　目	Ⅲ类围岩	Ⅳ类围岩	Ⅴ类围岩
单位抗力系数 K_0/（MPa/cm）	20～40	10～20	5
坚固系数 f	3～4	2～3	1

三、厂房顶拱围岩稳定性分析

1. 定性分析

通过结构面组合分析，厂房顶拱围岩稳定主要受缓倾角软弱夹（岩）层和断层控制。顶拱失稳（或掉块）可能有如下 4 种情况。

（1）缓倾角软弱夹层与断层或高倾角节理切割组合的楔体。

（2）断层组合构成的不稳定楔体。

（3）成层岩层面在弧形顶拱开挖切穿后形成掉块。

（4）上、下游边墙在拱角部位的失稳而引起顶拱掉块或超挖。有以下几种。

1）软弱夹层控制的块体有：为顶拱受侧向节理切割，产生顺层台阶式片状体塌落，纵剖面上形成较大的三角形，形成顶拱超挖，最大塌高不大于 2m。

岩层层面不是一个破碎面，但是一个相对薄弱面，受开挖爆破、地应力释放调整的影响，顶拱岩体易沿层面张开，与其他结构面的切割组合，仍可形成小的不稳定块体。

顶拱围岩犹如产状平缓、成层的岩体平行叠置在一起的“层叠梁”，而弧形顶拱的开挖，将切穿“层叠梁”的部分梁板，并引起顶拱围岩的破坏（掉块）。

2）断层组合构成的不稳定块体主要有：f15、f2 与 NWW 向的陡倾角节理和层理面组构成顶拱人字形楔体。

在厂房第一层上、下游侧导洞开挖过程中，根据两边导洞均揭示某一破碎带，施工地质人员很快确定该破碎带为贯穿厂房顶拱的 f15 断层，并根据下游导洞开挖揭示的大光面状展布的结构面 f2 将会在待卸的前一方中岩柱顶拱相交，结合厂顶较发育的岩层面，果断地判定会在掘进前方顶拱处形成较大规模的不稳定岩体（厂房不稳定块体）。

f15 断层产状 NE0°～15°，NW∠80°～85°，宽 10～30cm，充填碎裂岩、糜棱岩及少量断层泥，面潮湿。顺断层两侧同产状节理发育。f2 断层产状 NE60°～70°，SE∠55°～69°，宽 3～10cm。充填碎裂岩、糜棱岩。

断层 f15、f2 与 NWW 向的陡倾角节理和层理面在厂房顶拱约厂右 0＋026.000～厂右 0＋043.000 形成一人字形楔形体，为不稳定块体（在拱顶对应于厂右 0＋034.000 曾坍滑岩块 1～2m^3，并形成大光面）。

设计也对最不利情况做了计算，最不利情况为以 f15 和 f2 为切割面，与厂右 0＋026.000 处 N55°～65°W 垂直节理面组合形成一楔形体，该楔形体体积约为 1311m^3，重约 35400kN，按悬吊理论设计，考虑锚杆、锚索、喷层及节理面黏结力共可提供悬吊力约 50510kN。该结构体在厂房顶拱赤平投影分析见图 6-22。

除此，由于围岩类别较差，结构较松散，岩体破碎，顶拱围岩零星掉块，南端墙一带的 ZF3 区较明显。

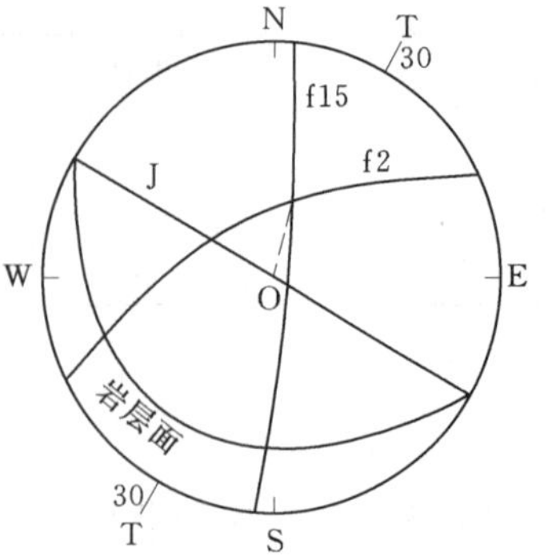

图 6-22　顶拱赤平投影分析图

2. 理论计算

宜兴工程地下厂房支护设计主要根据工程地质条件，参考类似工程支护设计经验，采用应用广泛的巴顿 Q 系统分类法，初拟支护参数，并采用理论计算和有限元分析进行评价。

（1）支护参数初步评价。利用修正芬纳形变围岩压力（含支护）计算公式，对主副厂房洞各地质参数、支护参数对围岩稳定的影响进行敏感性分析。根据本章第二节的芬纳公式，计算支护抗力与塑性区半径。

（2）围岩变形计算。地应力取厂房部位最大主应力值 P_0=16MPa，E 取Ⅲ类～Ⅳ类围岩段中值，为 6.0GPa，Ⅲ类～Ⅳ类围岩段（Ⅰ区）原 c=0.7～0.8MPa，f=0.8～0.9，考虑松动圈的影响，c 值折减约 50%，f 值折减约 20%，取 c 值 0.35MPa，f=0.7。

根据芬纳公式计算，围岩支护力对塑性区深度及洞室内壁总变形量影响不大，见表6-17。

表 6-17　　不同围岩支护抗力下的塑性区深度及洞室内壁总变形量略表

支护抗力 P_i	塑性区深度 $R-\gamma_0$	洞室内壁总变形量 U
0	19.7	172.2
0.02	19.2	169.7
0.1	17.6	160.9
0.2	16.0	151.9
0.3	14.6	144.6

注　表中 R 为塑性区半径；r_0为洞室半径。

（3）围岩 c、f 值和塑性区半径的关系根据芬纳公式计算（P_i=0，E=6.0GPa），c、f 值对塑性区深度及洞室内壁总变形量影响较大，见表 6-18。

表 6-18　　不同 c、f 值下的塑性区深度及洞室内壁总变形量表

f	c/MPa	u/mm	塑性区深度 $R-\gamma_0$/m
0.5	0.25	200.6	59.0
0.5	0.35	173.9	46.1
0.6	0.35	172.4	28.8
0.65	0.35	172.2	23.6
0.7	0.35	172.2	19.7
0.7	0.5	153.5	15.9
0.8	0.6	147.2	10.5
0.8	0.7	141.0	9.5
0.9	0.8	138.2	6.8

(4) 主副厂房洞顶拱支护参数。利用卡柯公式 (6-20)，计算顶拱围岩所需最小支护力 P_{min}。Ⅲ类～Ⅳ类围岩段 (1 区) 原 c=0.7～0.8MPa，f=0.8～0.9，考虑松动圈的影响，c 值折减约 50%，f 值折减约 20%，取 c 值 0.35MPa，f=0.7，按卡柯公式计算，求得顶拱围岩所需最小支护力 P_{min}=0.141MPa。

初步考虑采用以下支护方式。

1) 支护锚杆所提供的支护力 (ϕ32 间距为 1.5m×1.5m)：0.111MPa。

2) 钢纤维混凝土喷层所提供的支护力 (厚 15cm)：0.13MPa。

3) 喷锚支护提供的总支护力：P_w=0.241MPa。

安全系数 $K=P_w/P_{min}=1.71>1.50$。

验算表明，初选支护参数满足要求。

四、支护设计

1. 整体支护

宜兴地下厂房支护设计思路主要包括四部分。

(1) 开挖前的预处理，主要包括排水和固结灌浆两大部分。针对厂区地下水丰富、地下水连通性好的特点，设计要求排水先行，降低地下水位。根据目前开挖情况，厂房顶拱开挖时，顶拱基本无渗漏水，极大提高施工期的安全性，针对 ZF3 区岩石破碎的情况，设计要求在 3 区进行了预固结灌浆处理。

(2) 尽量保持围岩的初始应力，减少正应力的损失，维持原有的抗剪强度。主要措施有边导先进、及时喷钢纤维混凝土和及时施加系统锚杆等，设计针对宜兴地质特点，要求采用喷—锚—喷的施工顺序，边导洞支护完成后才能进行中岩柱的开挖。设计要求岩柱开挖后的喷锚支护距岩柱开挖面控制在 7m 范围以内，以及时形成厂房顶拱的终期支护。

(3) 对不足部分加强支护，为提高承载拱的刚度，后期增设拱肋和锚索，锚索主要在 ZF3 区使用，锚头做在拱肋上，主要是为了限制顶拱变位。加强观测，利用观测数据修正支护参数。

根据宜兴地下厂房地质条件自北向南逐渐变差的情况，设计采用分区支护的形式，共分 3 个区，ZF1 区 (厂左 0+029.50～厂右 0+05.00)，ZF2 区 (厂右 0+05.00～厂右 0+087.00)，ZF3 区 (厂右 0+0.87.00～厂右 0+125.80)。

(4) 具体支护措施。ZF1 区、ZF2 区 6m、8m 长的系统锚杆每 1.5m 间隔布置，20cm 钢纤维混凝土喷层，每 3m 设拱肋，其中 ZF2 区视情况增加随机锚索。

ZF3 区 6m、8m 长的系统锚杆每 1.2m 间隔布置 (图 6-23)，20cm 钢纤维混凝土喷层，每 2.4m 设拱肋，系统锚索间距 4.8m，拱脚 3 排 300kN 预应力锚杆，只张拉 100kN，须在中岩柱开挖前施工完成。

图 6-23　围岩系统锚杆布置

2. 局部 (结构体) 支护

结构体按个案考虑，顶层开挖时主要对由

f15 和 f（2）为性状较差的两个断层切割面与层面节理组合形成一楔形体（厂房不稳定块体）进行了专项处理，一般拱顶塌落或掉块以随机锚杆加喷层处理。

增加观测断面，在厂右 0＋032.0 处增设一个多点位移计，在厂右 0＋030.0 断面增加一个收敛观测断面。根据观测结果决定拆除中岩柱的时机，以及判断块体是否稳定。

具体施工措施：在中岩柱厂右 0＋050.0～0＋060.0 之间选择地质条件相对较好的部位开一工作面，逐渐往厂左方向开挖，边开挖边支护，中岩柱开挖应严格遵循“短进尺，弱爆破”的原则，控制进尺建议不大于 1.5m，开挖一段支护一段（包括锚索）。当开挖至厂右 0＋35.000 处时，锚杆、喷混凝土、拱肋及能施工的锚索（除锚头在中岩柱内的锚索）须全部支护到位，根据观测结果决定剩余中岩柱的拆除时机。

主厂房顶拱楔形体按图 6－24 进行了施工支护。

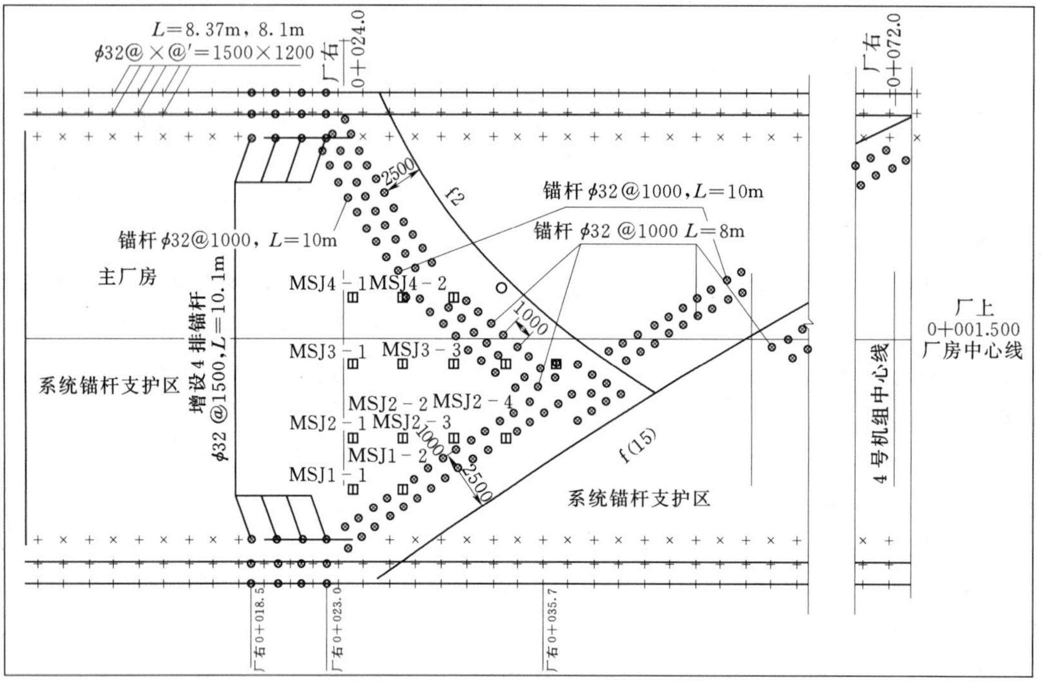

图 6－24　主厂房顶拱楔形体处理布置图

对此大型不稳定体的及时发现，及时处理，确保了厂房顶拱的稳定。

（1）主副厂房洞顶拱。顶拱采用 ϕ32、长度 6m/8m 的普通砂浆锚杆，间距 1.5m，在拱座应力集中部位，设置 2 排长度 8m、间距 1.5m 的长锚杆进行加强支护。顶拱缓倾的层面节理和断层同产状的裂隙相组合，可在顶拱形成小型楔形不稳定块体，对厂房顶拱稳定构成威胁。因此，顶拱除采用 20cm 厚的钢纤维混凝土喷层外，设置断面 50cm×40cm，间距 3.0m 的拱肋，以策稳定。

对于岩石破碎、造孔困难必须及时支护的顶拱采用 ϕ32、长度 6m/8m 的自进式锚杆，间距 1.2m×1.5m，在拱座应力集中部位，设置 3 排长度 12m、间距 2.4m 的高强预应力锚杆进行加强支护，顶拱增设吨位 1000kN、间距 4.8m×6m 的预应力锚索。由于该区在

F220影响带范围内，岩石弱风化，呈破碎结构，因此为减少施工期渗水，保证施工期安全，开挖前对该区进行了预固结灌浆处理。

（2）主副厂房洞边墙及端墙。主副厂房洞边墙，采用ϕ32、长度10m/6m、间距1.5m的普通砂浆锚杆支护，喷钢纤维混凝土厚15cm。考虑主副厂房洞和主变洞之间岩柱塑性区较大，布置1000kN对穿预应力锚索，间距6m×6m，边墙为缓倾角的层状岩体。因此，支护锚杆和锚索应以适当角度入岩，使之和岩体缓倾角结构面有一定的夹角，以保证锚杆和锚索的有效性。

主副厂房洞的北端墙靠近断层F204，除主要采用喷层、锚杆支护外，在北端墙下部，端墙开挖面和F204断层较近，仅为6.4～9.6m。副厂房开挖后，会在断层和主厂房之间的狭窄区域产生应力集中，该处岩体损坏会危及到断层上方岩石的稳定性，有限元分析该部位会产生大的变形和应力。对靠近端墙部位的断层要求进行混凝土置换处理，置换完成才可进行副厂房下部端墙的开挖，并预埋观测仪器，监视边墙及断层的变位。

主副厂房洞南端墙有F220断层下盘的节理密集带分布，致使该部位岩体破碎，以Ⅳ类～Ⅴ类围岩为主，岩层倾向厂房内部临空面，对南端墙的稳定极为不利。故南端墙除采用喷层、锚杆、预应力锚索支护外，另增加混凝土衬砌作为永久支护，以保证端墙的稳定安全。

1）局部不稳定块体分析与支护方法。块体分析是在地质勘测基础上，对有特定结构面切割的围岩，用块体分析法找出其与附近结构面的不利组合，确定滑移方向、滑移面、切割面及其面积，对不稳定块体的体积和重量，通过测试和工程类比，拟定结构面的强度参数，运用块体极限平衡理论，验算由特定结构面组合块体的局部稳定性，为特殊处理提供依据。

2）实际不稳定块体处理措施。经第一层导洞开挖揭示和分析，在顶拱厂右0+026.0～0+043.0位置有f15、f2和层面构成不稳定块体，块体体积约1311m^3，重35400kN。其中f15产状NE0°～15°，NW∠80°～85°，宽10～30cm，f2产状为NE60°～70°，SE∠55°～65°，宽3～10cm，两条断层充填岩屑夹泥。对不稳定块体进行如下处理：①停止对岩柱的开挖（当时中岩柱桩号为厂右0+0290m）；②沿f15及f（2）断层及时设置锁边锚杆，防止沿切割面发生滑移，增设锚索，限制块体变位，尽量保持结构面原有的初始应力σ_n，也起悬吊块体的作用；③增加观测断面，根据观测结果决定拆除中岩柱的时机，以及判断块体是否稳定；④在中岩柱厂右0+050.0～0+060.0之间选择地质条件相对较好的部位开一工作面，逐渐往厂左方向开挖，边开挖边支护，中岩柱开挖应严格遵循“短进尺，弱爆破”的原则，控制进尺建议不大于1.5m，开挖一段支护一段（包括锚索），当开挖至厂右0+35.0处时，锚杆、喷混凝土、拱肋及能施工的锚索（除锚头在中岩柱内的锚索）须全部支护到位。

实际施工过程中由于以上措施到位，仅在关键块体部位有较大面积塌方［岩层层面与断层f15、f（2）组合］，约10m^3，但其他部位锁边锚杆已施工好，塌方没有进一步开展。观测资料表明，围岩处于稳定状态。

五、断层破碎带治理图纸

断层破碎带的处理图见图6-25。

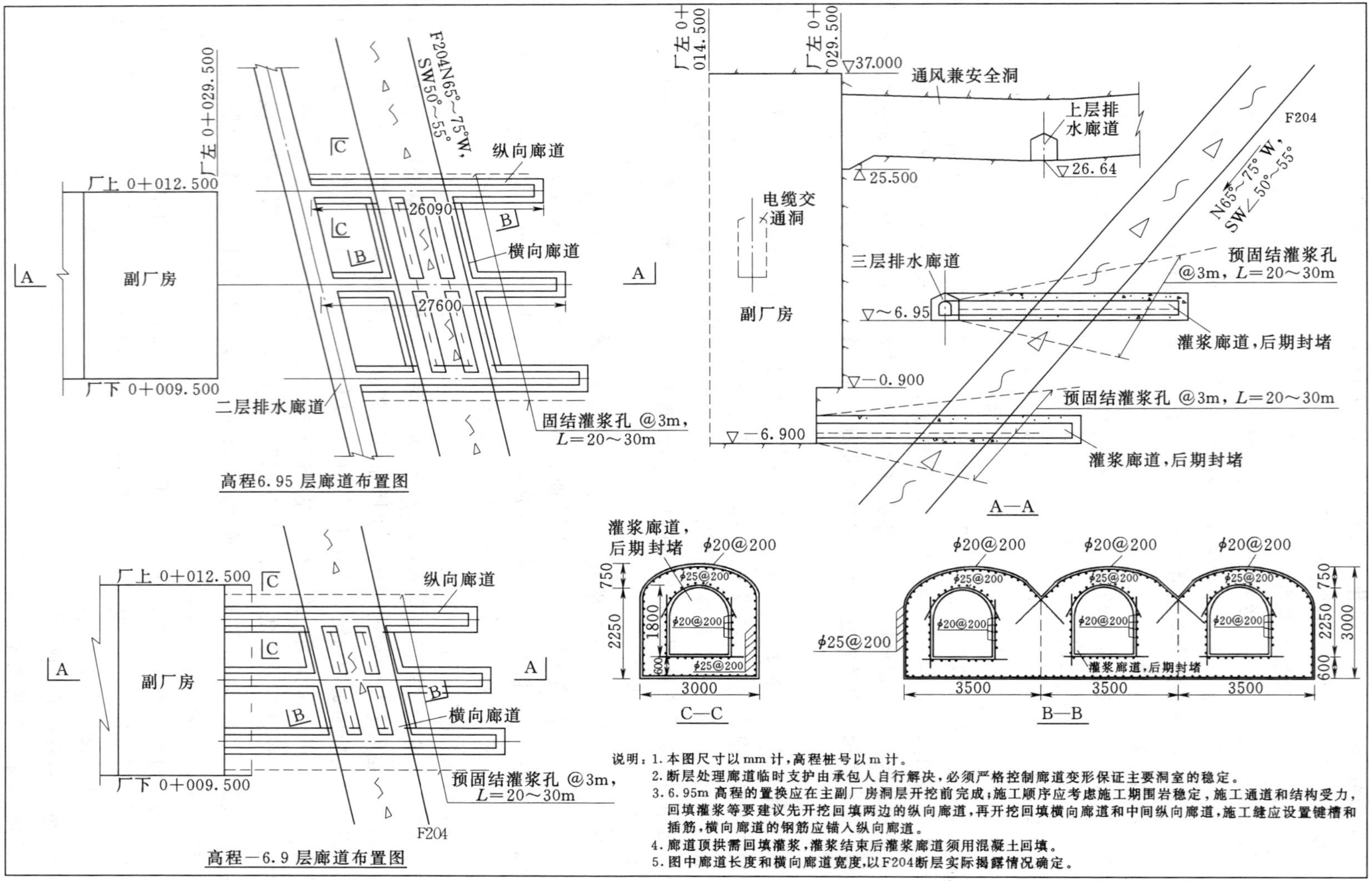

说明：1. 本图尺寸以mm计，高程桩号以m计。
2. 断层处理廊道临时支护由承包人自行解决，必须严格控制廊道变形保证主要洞室的稳定。
3. 6.95m高程的置换应在主副厂房洞层开挖前完成；施工顺序应考虑施工期围岩稳定，施工通道和结构受力，回填灌浆等要建议先开挖回填两边的纵向廊道，再开挖回填横向廊道和中间纵向廊道，施工缝应设置键槽和插筋，横向廊道的钢筋应锚入纵向廊道。
4. 廊道顶拱需回填灌浆，灌浆结束后灌浆廊道须用混凝土回填。
5. 图中廊道长度和横向廊道宽度，以F204断层实际揭露情况确定。

图6-25　F204断层处理图

第八节　交通工程隧道围岩加固设计实例

一、工程地质条件

1. 地形、地貌及地质情况

某高速公路隧道地处低山剥蚀地貌，地形起伏大，沟谷切割较深。上覆地层主要为第四系坡残积层（Q^{el-dl}），基岩主要为燕山早期侵入花岗岩［$\gamma_5^{2(3)c}$］与石英闪长岩［$\delta_{O5}^{2(3)b}$］岩体，局部少量辉绿岩（β）岩脉。

隧道围岩以微风化花岗岩与微风化石英闪长岩两类为主，块状构造，少量裂隙。围岩类别主要为Ⅱ类及Ⅲ类，受FB7、FB9、FB10及FB11、FB8断层影响，其附近类别为Ⅲ类及Ⅳ类。隧道进、出口处洞顶及侧壁，部分为强～弱风化花岗岩或石英闪长岩，围岩类别以Ⅴ类及Ⅵ类为主。

2. 水文地质条件

隧道区中部为分水岭，两侧沟谷切割较深，地表径流水水量较少，仅进口段处于冲沟交汇处（尤其右洞口）地表水较发育，区内钻孔未发生涌漏水现象。地下水主要为基岩裂隙水，富水性及透水性较弱，主要受大气降水补给，径流方向与地形坡向大体一致，水位随季节变化，地下水埋深为0.60～35.3m，根据水质分析成果，地下水对混凝土无腐蚀性。

3. 地质构造与地震

隧道区内基岩为岩浆岩岩体，构造以断裂为主，主要为FB7、FB9、FB10及FB11、FB8断层，分述如下。

FB7断层：位于隧道区内，地面与右线相交处为YK189＋686，倾向约330°，倾角约75°，与隧道轴线交角约55°，断层上、下盘基岩均为花岗岩。JIN5与JIN6两钻孔穿过断层面，两钻孔上部岩芯RQD分别为6%与26%，断层局部影响围岩的完整性。

FB9断层：位于隧道区内，地面与右线相交处为YK189＋920，与轴线交角约78°，倾向约315°，倾角约86°，其上、下盘基岩均为花岗岩，断层局部影响围岩的完整性。

FB10断层：位于隧道区内，在面与右线相交处为YK190＋405，倾向约140°，倾角约80°，与隧道轴线交角约65°，断层上盘基岩均为石英闪长岩，下盘基岩为花岗岩。

FB11断层：位于隧道区内，地面与右线相交处为YK191＋360，与轴线交角约70°，倾向约305°，倾角约80°。其上、下盘基岩均为石英闪长岩。

FB8断层：位于隧道左线ZK190＋040的左侧，倾向约260°，倾角约85°。断层上、下盘基岩均为花岗岩，受其影响节理与裂隙发育，断层局部影响围岩的完整性。

根据国家地震烈度区划图（1990年），该隧道地震基本烈度为Ⅵ度。

二、主要设计技术标准

1. 道路等级、行车速度与行车道宽度

（1）道路等级：高速公路。

（2）设计行车速度：80km/h。

（3）行车道宽度：2m×3.75m（单洞）。

2. 建筑界限

（1）隧道建筑界限：行车道宽度为2m×3.75m，净高5m，两侧路缘带宽为0.5m，两侧余宽为 0.25m，路面横坡为 2%，单侧设检修道宽 0.75m，高于路面 0.25m。

（2）行车横洞建筑界限：净宽 4m，净高 4.5m。

（3）行人横洞建筑界限：净宽 2m，净高 2.2m。

3. 洞内卫生标准

纵向通风时，CO 浓度为 250PPM，烟雾允许浓度两隧道均不大于 $0.007m^{-1}$。

4. 路面设计标准轴载 BZZ－100

三、主要设计依据

（1）《公路工程技术标准》（JTG B01—2014）。

（2）《公路路线设计规范》（JTG D20—2006）。

（3）《公路隧道设计规范》（JTG D70/2—2014）。

（4）《公路隧道照明设计细则》（JTG/T D70/2—01—2014）。

（5）《公路隧道通风设计细则》（JTG/T D70/2—02—2014）。

（6）《公路隧道施工技术规范》（JTG F60—2009）。

（7）《公路水泥混凝土路面设计规范》（JTG D40—2011）。

（8）《岩土锚杆与喷射混凝土支护工程技术规范》（GB 50086—2015）。

四、土建工程设计说明

1. 隧道平纵断面

隧道位于直线段，左洞进口桩号 ZK189＋453.00，设计标高 510.06m；出口桩号 ZK192＋443.00，设计标高 442.22m。全长 2990.00m，本标段长 1559.8m，纵坡 －2.0%、－2.56%、－2.39%。右洞进口桩号 YK189＋415.00，设计标高 514.70m；出口桩号 YK192＋412.00，设计标高 443.27m。全长 2997.00m，本标段长 1585.0m，纵坡 ＋1.574%、－2.578%、－2.4%。

2. 隧道内净空

隧道内净空除满足建筑限界要求外，还考虑了通风、照明、监控、通信、营运管理等附属设施所需空间，并结合衬砌结构受力要求而拟定。行车、行人横洞内净空除满足规范要求外，还考虑了衬砌结构受力与施工方便。

3. 隧道结构设计

（1）结构形式及稳定分析。隧道结构按新奥法原理进行设计，采用复合衬砌，以锚杆、湿喷（钢纤维）混凝土等为初期支护，并辅以钢拱架、注浆小导管等支护措施，充分调动和发挥围岩的自承能力，在监控量测信息的指导下施作初期支护和二次模筑衬砌。

复合式衬砌的稳定分析，根据隧道埋置深度、围岩类别、结构跨度、受力条件，施工因素等，参照有关规范及国内外类似工程经验拟定有关参数，并根据地质所提供资料，选用有限元程序进行稳定计算，最后综合考虑各种影响因素确定各类型复合支护的参数。

（2）支护参数见表 6－19。

4. 洞门结构

根据具体洞口的地形、地质条件，结合工程施工安全、环境保护要求以及洞口相关工程、美观等考虑，隧道进口洞门均采用分离式柱式洞门，并尽量保持原地形的绿色植被坡面，减少边坡开挖和自然环境的破坏。

表 6－19　　各类复合式衬砌支护参数

衬砌类型	支护参数									二次衬砌25号混凝土/cm		辅助施工措施
	20号湿喷混凝土/cm	锚杆					钢架支撑					
		类型	部位	直径/mm	长度/m	间距/(m×m)	部位	规格	间距/m	拱墙	仰拱	
S3－1	16 钢纤维	中空	拱墙	25	3.0	1.2×1.2	拱墙	$4\phi25$ 格栅	0.8	40	40	超前锚杆
S3	16 钢纤维	中空	拱墙	25	3.0	1.2×1.2	拱墙	$4\phi25$ 格栅	1.0	35		
S4	10 钢纤维	普通	拱	22	2.5	1.4×1.4				30		
S5	10									30		
S7－1	12 钢纤维	普通	拱墙	22	4.0	1.2×1.2				45		
S7	10	普通	拱墙	22	4.0	1.2×1.2				40		
S8	8									30		
S9	8									30		

注　1. 初期支护喷射混凝土均采用湿喷法喷射，严禁采用干喷法喷射。
　　2. 隧道设计考虑预留变形量数值为：Ⅲ类围岩 5cm，Ⅳ类、Ⅴ类不计，施工中根据实际情况进行调整。

5. 隧道路面设计

采用 26cm 厚的水泥混凝土面层，15cm 厚 20 号素混凝土调平层。

6. 防排水设计

（1）隧道防排水要达到如下标准。

1）洞内无渗漏水。

2）安装孔眼不渗水。

3）洞内路面不冒水、不积水。

以排、防、截、堵结合，因地制宜、综合治理为原则，达到防水可靠、排水畅通，经济合理、施工方便的目的。

（2）防水措施有以下几种。

1）二次模注衬砌采用防水混凝土。

2）在隧道初期支护和二次衬砌之间铺设 EVA 复合防水板。

3）沉降缝处采用中埋式橡胶止水带防水，施工缝处采用 BWⅡ缓膨型橡胶止水条防水。

（3）排水措施。在隧道环向铺设塑料盲沟，将水引入边墙两侧直径 10cm 双壁打孔波纹管集水，然后通过直径 10cm PVC 横向排水管，将水引入两侧直径 25cm 双壁打孔波纹管侧式排水管排出洞外，路面水通过路缘间隙式排水沟排出洞外，与洞外的天沟、排水沟、截水沟形成完整的排水系统。电缆沟底部设横坡及纵向集水沟，将可能流入电缆沟的水，通过纵向集水沟引出洞外。

7. 洞内横通道

（1）车行横洞（紧急停车带）。隧道共设 2 处行车横洞，横洞两端应与路缘带顺坡，并与主洞成 70°交角。设置行车横洞的位置，在主洞外侧左右洞各设紧急停车带一处。行车横洞及紧急停车带均设置在Ⅳ类及Ⅳ类以上围岩地段，围岩类别如有变化，应及时提出，以便修改设计。

行车横洞及紧急停车带对应桩号，左洞：ZK190＋130、ZK190＋644.5；右洞：YK190＋100、YK190＋615。

（2）人行横洞。隧道在本标段共设3处行人横洞对应桩号，左洞：ZK189＋727.8、ZK190＋369.8、ZK190＋927.8；右洞：YK189＋715、YK190＋357、YK190＋915。

人车横洞及紧急停车带均设置在Ⅳ类或Ⅴ类围岩地段，围岩类别如有变化，应及时提出，以便修改设计。

8. 建筑材料

（1）初期支护。

1）喷射混凝土：破碎围岩、浅埋段及地下水丰富地段初喷采用20号早强混凝土，其余采用20号普通混凝土。

2）锚杆：除洞口加强段及软弱围岩地段采用中空注浆锚杆外，其余均采用16锰ϕ22螺纹钢筋，全长砂浆锚固或药剂锚固。为达到更好的锚固效果，普通砂浆锚杆应设置垫板及螺栓；中空锚杆注浆浆液为30号水泥浆，中空锚杆单根母体抗拉断力应不小于180kN；普通砂浆锚杆单根母体抗拉断力应不小于150kN。锚杆锚固抗拔力：Ⅱ类围岩不小于80kN；Ⅲ类及以上围岩不小于100kN。

3）钢纤维喷射混凝土及钢纤维：钢纤维喷射混凝土弯曲韧度系数$Re_3>67\%$。RC-65/35-BN钢纤维掺量为35kg/m^3，钢纤维单根抗拉强度不小于1100MPa，长度$L=35$mm，直径$D=0.55$mm，长径比$L/D=64$。钢纤维几何形状：两端带有弯钩，以快速水溶性胶水黏结成排。钢纤维掺量及性能指标是钢纤维混凝土质量的关键，施工中不得随意更改。

4）钢拱架：ϕ25钢筋格栅拱架。

5）超前锚杆：ϕ25中空锚杆。

（2）二次模筑衬砌。

1）拱部、边墙、仰拱：25号防水混凝土，防水混凝土中应掺入FS-P混凝土防水剂，掺量为水泥重量的6%，防水混凝土的抗渗等级不小于S8。

2）仰拱回填：15号片石混凝土。

3）超挖回填：洞身拱部、边墙、仰拱超挖部分均应采用25号混凝土回填。

（3）沟槽身及盖板。

1）沟槽身：25号混凝土。

2）沟槽盖板：25号混凝土盖板。

3）防水层。防水层为EVA复合防水板，EVA板厚1.2mm（不包括无纺土工布）。

4）路面。路面为35号混凝土。

五、施工图设计图纸

隧道围岩超前支护见图6-26。

隧道LSO型衬砌支护大样见图6-27。

隧道钢支撑大样见图6-28。

Ⅳ类围岩典型支护设计见图6-29。

Ⅴ类围岩典型支护设计见图6-30。

Ⅲ类围岩典型钢格栅支护设计见图6-31。

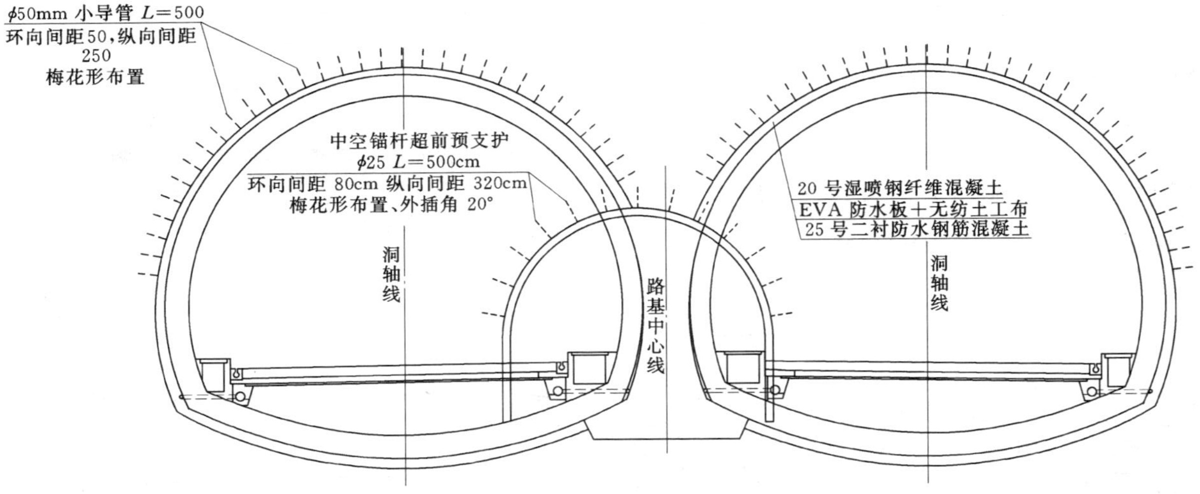

LS2-1 型复合支护超前导管布置图

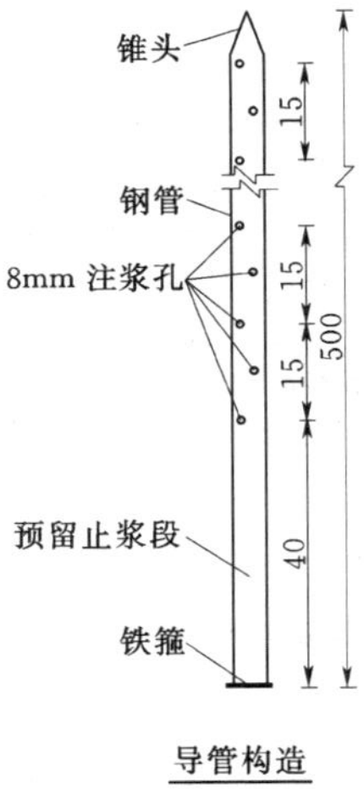

导管构造

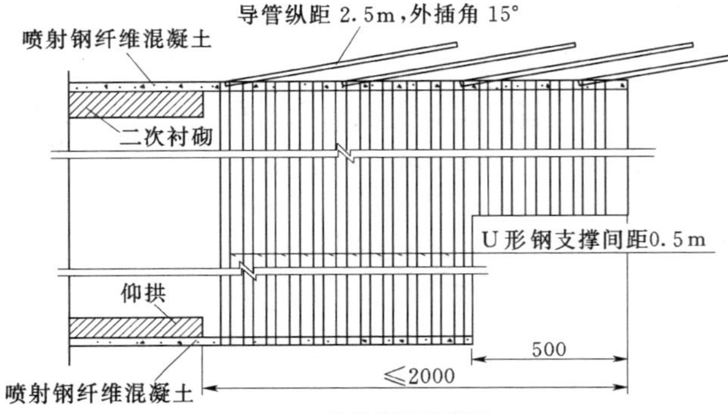

导管布置示意图

主要工程数量表

项目	单位	每延米数量	支护长度/m	总数量
ϕ50mm 导管(壁厚5mm)	kg	710.24	122	86649
30 号水泥浆	m^3	10.67	122	1302
ϕ25mm 中空超前锚杆	m	20.31	122	2478

说明：1. 本图为LS2－1 衬砌的超前小导管注浆支护设计。
2. 本设计依据新奥法原理，采用复合式衬砌，施工中初期支护必须严格按设计文件要求及有关规范、规定办理。加强量测，及时信息反馈，调整支护参数，确保工程技量。
3. 衬砌形式详见《LS2－1 型复合支护构造图》。
4. 导管内应注浆，数量仅供参考，以现场注浆计量为准。
5. 本图尺寸以cm 为单位，比例除图注外，余均为1:100。

图 6－26　隧道围岩超前支护图

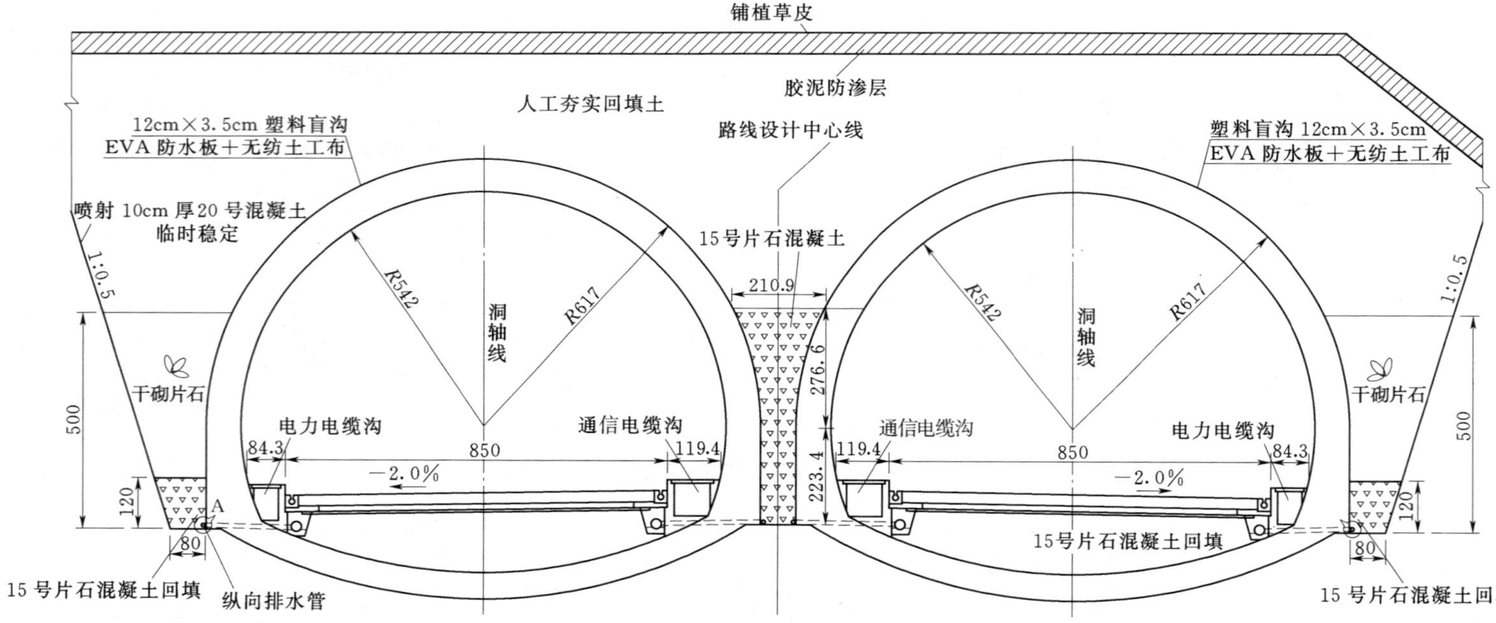

LSO 型衬砌构造

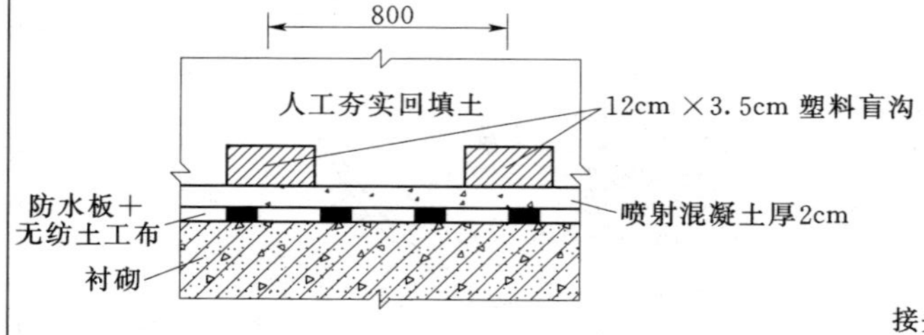

明洞顶防水示意图

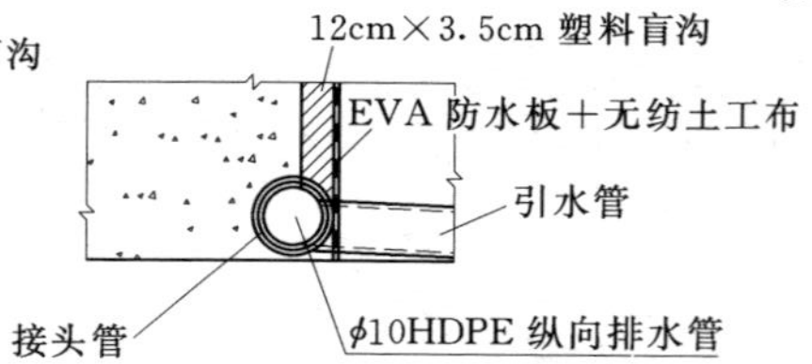

A 大样

说明：1. 本图适用于进口 LSO 衬砌地段。
2. 位于超高缓和段上的明洞衬砌，施工时可根据隧道建筑限界及净空设计图中的几何要素尺寸表自行调整圆心位置和相关尺寸。
3. 明洞顶以上最大填土高度不超过6m。
4. 明洞拱背回填应对称分层夯实，每层厚度不得大于0.3m，其两侧回填的土面高差不得大于0.5m，回填至拱顶齐平后，应立即分层满铺填筑至要求高度，夯实度不小于95%。
5. 防渗层应与边、仰坡塔接良好、封闭紧密、防止地表水下渗影响回填体的稳定。
6. 明洞衬砌配筋见另图。
7. 本图尺寸以 cm 为单位。

图 6－27　隧道 LSO 型衬砌支护大样图

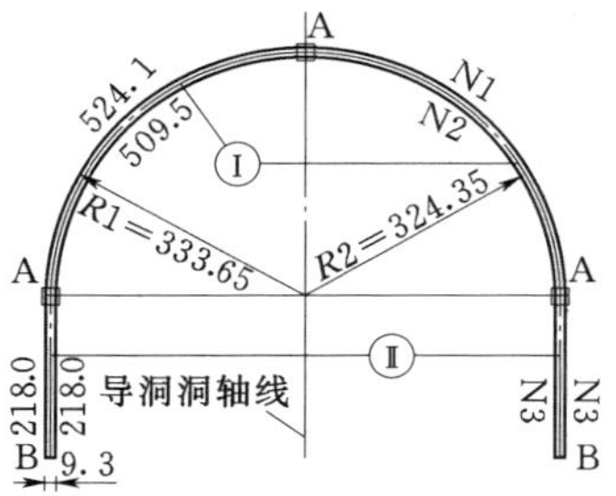

中导洞钢支撑总安装图

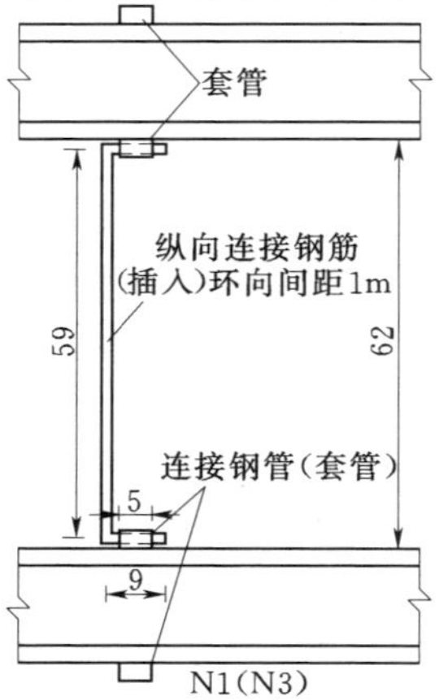

纵向连接筋安装图

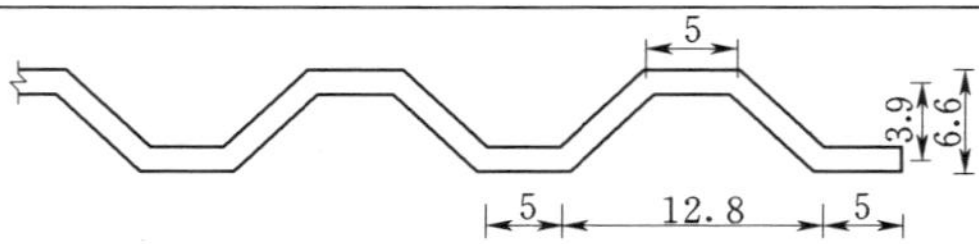

N4 钢筋

中导洞钢格栅拱架钢筋明细表(每榀)

片号	片数	钢筋编号	材料规格	每片数量	每根长度/cm	单位重/(kg/m)	重量/kg
Ⅰ	2	N1	ϕ25	2	524.1	3.853	80.8
		N2	ϕ25	2	509.5	3.853	78.5
		N4	ϕ14	2	598.1	1.208	28.9
		N5	ϕ14	22	29.0	1.208	15.4
Ⅱ	2	N3	ϕ14	4	218.0	3.853	67.2
		N4	ϕ14	2	252.4	1.208	12.2
		N5	ϕ14	10	29.0	1.208	7.0
合计	Ⅱ级钢筋合计/kg				290		

中导洞格栅拱架连接件数量表(每榀)

材料规格	单位	数量	每件长度/cm	总长/m	总重量/kg
A3钢板 L100×80×10	个	12	20	2.4	33.9
A3钢板 280×250×150	块	2			16.5
垫圈 M20×60	套	12			
纵向连接 ϕ22钢筋	根	15	77	11.55	34.5
连接钢管 ϕ30×2.5mm	根	30	5	1.5	2.6

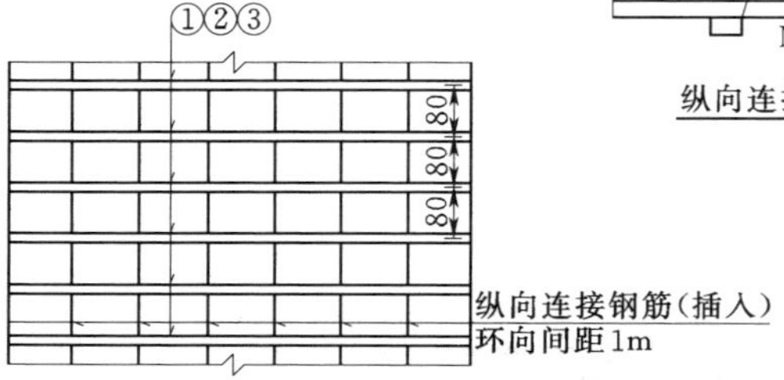

中导洞钢支撑平面布置图

LS2-1 型中导洞格栅拱架数量总表

项目	榀数/榀	Ⅱ级筋/kg	A3 钢板 L100×80×10/kg	A 钢板 280×250×15/kg	垫圈 M20×60/套	连接钢管 ϕ30×2.5mm/kg
钢格栅拱架	153	49648.5	5186.7	2524.5	1836	397.8

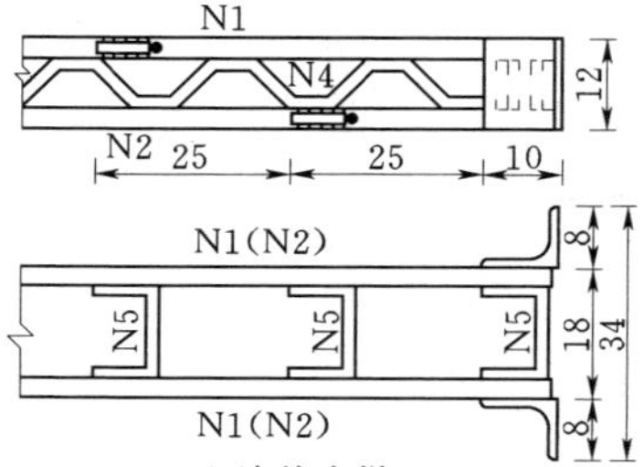

A 连接大样

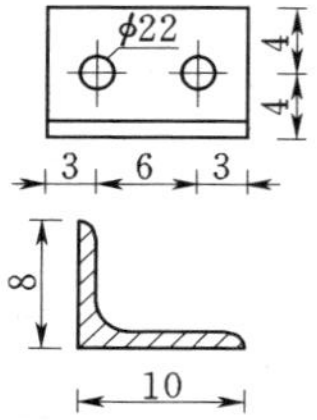

A 连接角钢

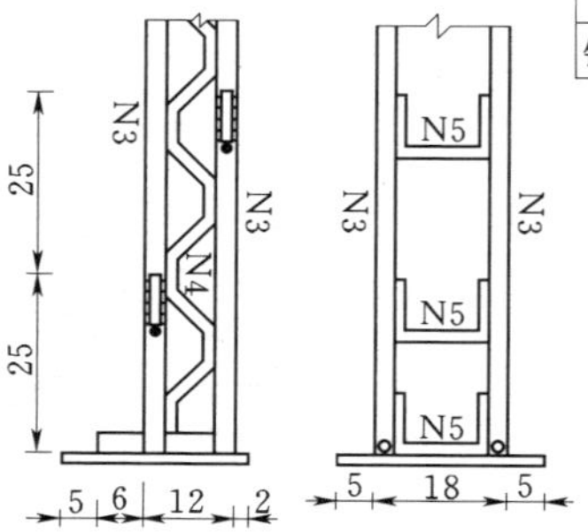

B 连接大样

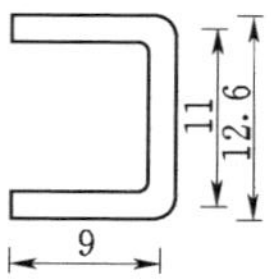

N5 钢筋

说明:1. 本图适用于 LS2-1 复合型支护的Ⅱ类围岩中导洞。
2. 钢拱架纵向间距为80cm,相邻两榀间采用纵向连接筋连接(采用插接),纵向连接筋环向间距为100cm。
3. 钢拱架安装前应先喷厚度3cm 的混凝土,挂钢筋网,再安装钢拱架。
4. 本设计A连接采用螺栓连接,其余采用双面焊接,焊缝厚度不得小于4mm。
5. 图中尺寸以cm 为单位,比例见图注。

图 6-28 隧道钢支撑平面布置图

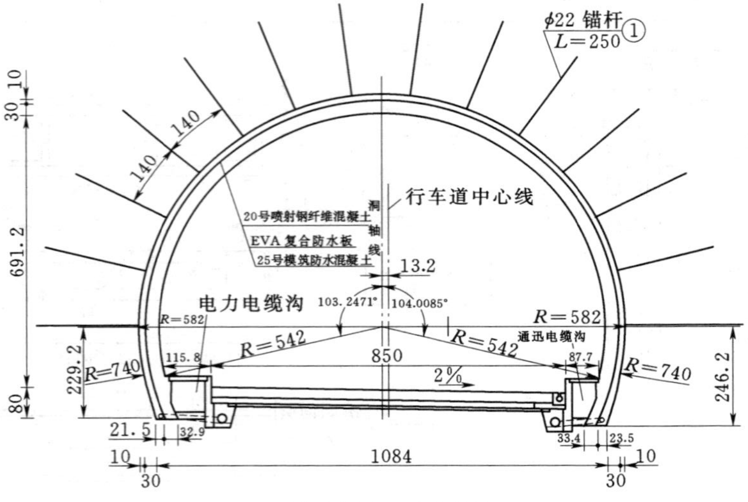

S4 型复合支护立面图

S4 型复合支护每延米工程数量表

项目	挖方量/m^3	ϕ22锚杆/kg	垫板及螺母/套	20号喷射混凝土/m^3	25号二次衬砌防水混凝土/m^3	钢纤维/kg	25号混凝土超挖回填/m^3
S4 型复合支护	76.96	74.6	10	2.477	6.723	86.695	1.536

S4型复合支护工程数量总表

项目	支护长度/m	ϕ22锚杆/kg	垫板及螺母/套	20号喷射混凝土/m^3	25号二次衬砌防水混凝土/m^3	钢纤维/kg	25号混凝土超挖回填/m^3
S4 型复合支护	1053.0	78554	10530	2608.3	7079.3	91290	1617.4

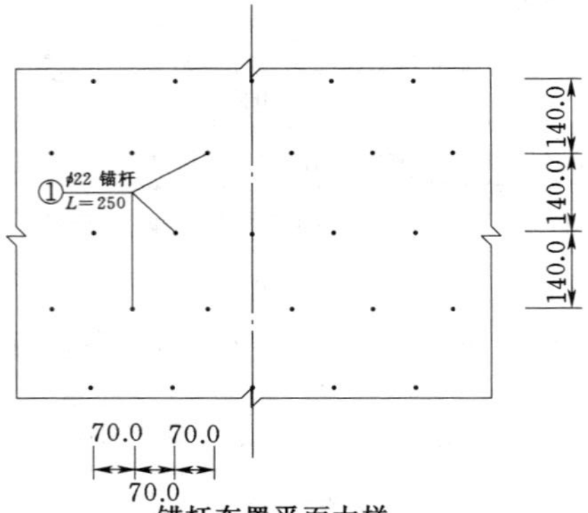

锚杆布置平面大样

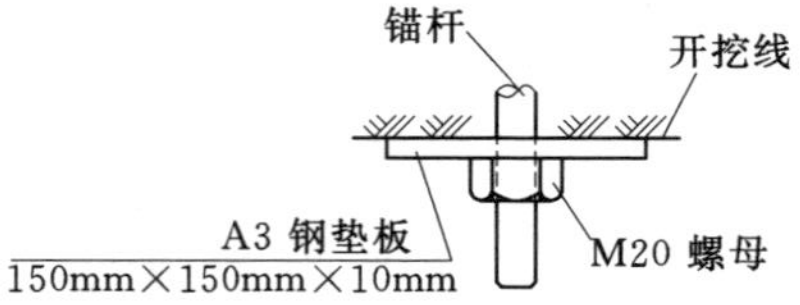

锚杆端部构造图

说明：1. 本图尺寸除钢筋以mm 计外，其余均为cm 计。
2. 本图适用于Ⅳ类围岩深埋路段。
3. 二次衬砌为25 号防水混凝土。

图 6-29　Ⅳ类围岩典型支护设计图

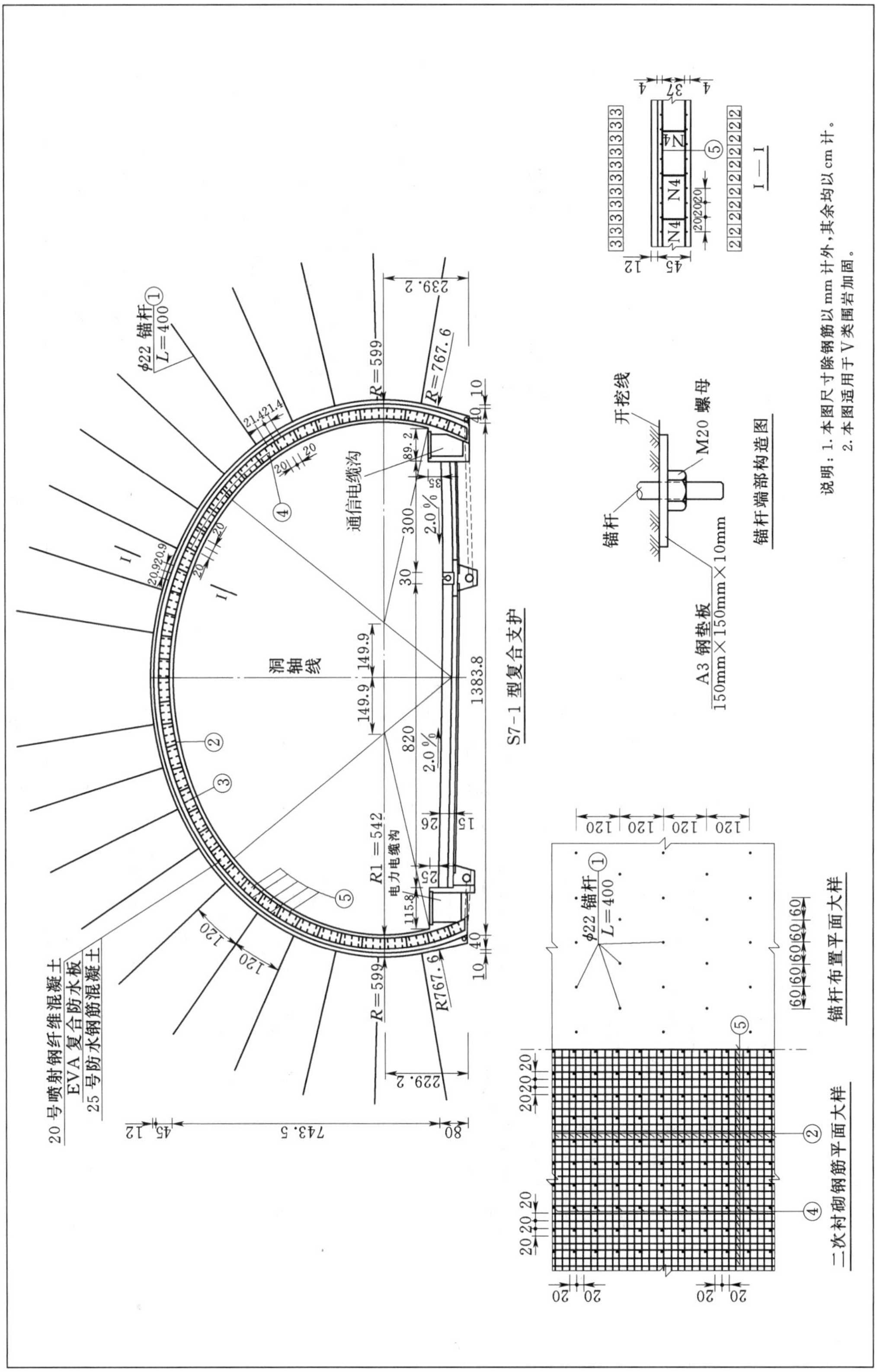

图 6-30　V类围岩典型支护设计图

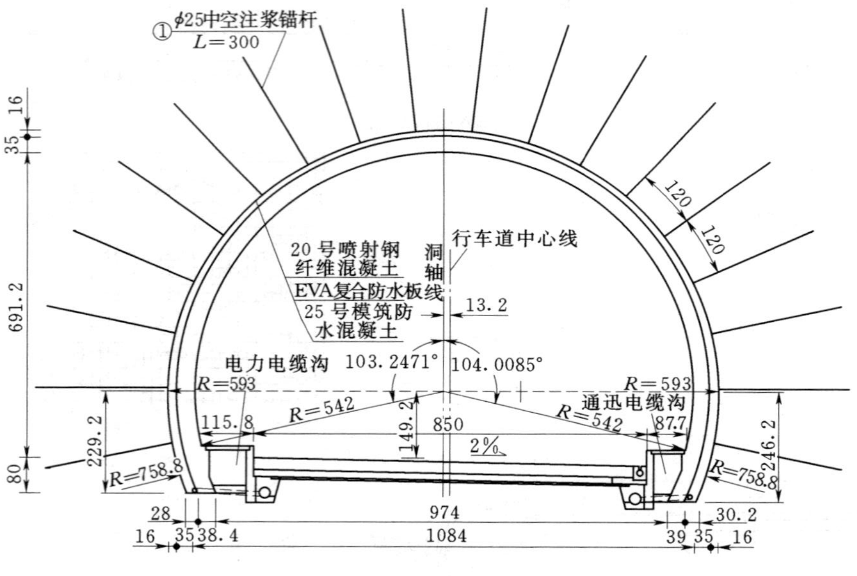

S3 型复合支护立面图

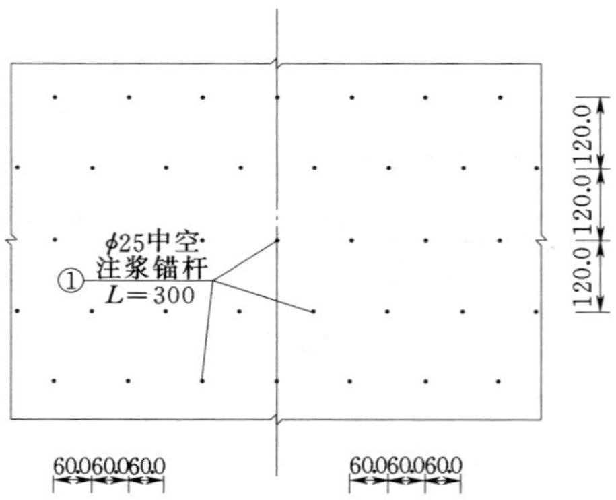

锚杆布置平面大样

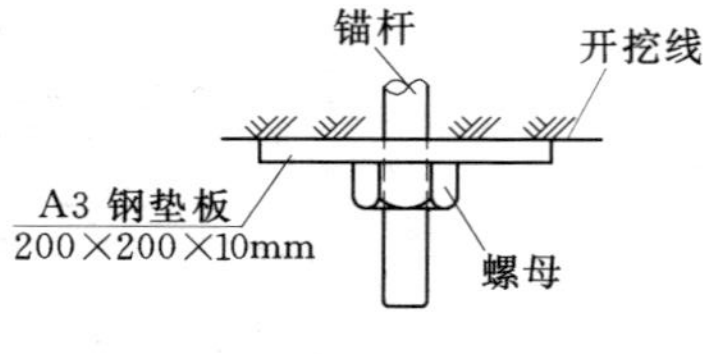

锚杆端部构造图

S3型复合支护每延米工程数量表

项目	挖方/m^3	ϕ25中空锚杆/m	20号喷射混凝土/m^3	25号二次衬砌防水混凝土/m^3	钢纤维/kg	25号混凝土超挖回填/m^3
S3型复合支护	79.53	45.00	3.891	7.871	136.19	1.587

S3 型复合支护工程数量总表

项目	支护长度/m	ϕ25中空锚杆/m	20号喷射混凝土/m^3	25号二次衬砌防水混凝土/m^3	钢纤维/kg	25号混凝土超挖回填/m^3
S3型复合支护	384.0	17280	1494.1	3022.5	52297	609.4

说明：1. 本图尺寸除钢筋以mm 计外，其余均为cm 计。
2. 二次衬砌采用25 号防水混凝土。
3. 本图适用于Ⅲ类围岩深埋地段。
4. 本图比例为1:100。

图 6-31　Ⅲ类围岩典型钢格栅支护设计图

习题与思考题

6-1　地下洞室围岩的破坏类型有哪些？

6-2　在地下洞室围岩加固中，为何需要进行围岩的工程分类？

6-3　围岩支护的参数有哪些？如何确定这些参数？

6-4　针对不稳定的独立块体，如采用预应力锚索进行加固，如何确定设计参数？

6-5　试阐述对围岩塑性区与局部不稳定块体加固的原则与方法有何不同。

6-6　在地下洞室开挖施工中，依据断层与洞室位置的关系，对断层带的处理通常可采用哪些方法？

6-7　若采用喷射混凝土薄层进行塌方体的支护，试推导确定喷混凝土层厚度的计算公式。

6-8　简述钢格栅支护与喷锚支护的作用机理与加固效果。

6-9　简述地下洞室围岩监测总体布置的步骤。

第七章　土石坝坝基与坝体加固设计

第一节　概　　述

砂砾（卵）地基是水工建筑物地基的主要型式之一，随着坝工技术、地基处理技术的发展和水电开发的不断深入，特别国家号召进行西部开发之后，砂砾（卵）石地基灌浆越来越摆在了突出的位置，许多过去望而却步的深厚覆盖层地基，现在也成为主要的开发对象，如正在兴建的四川冶勒水电站、新疆下坂地水利枢纽都是深度超过 150m 的砂砾（卵）石地基。

对坝基砂砾石层进行灌浆（这里不涉及化学灌浆和基岩裂隙灌浆问题），是将构成浆液的细颗粒，在灌浆压力的作用下，使之渗入（或挤入）砂砾石的孔隙中，充填孔隙，并将砂砾石胶结起来，构成透水性较小的防渗层——帷幕。要达此目的，一般是用水泥或水泥黏土浆进行灌浆。因此，如前所述，对坝基砂砾石层进行灌浆有一个可灌性问题，即浆液中的颗粒尺寸必须小于土体的孔隙尺寸的 3～5 倍，浆液才能在一定的灌浆压力下渗入土体的孔隙中。在客观条件允许的情况下，加大灌浆压力使坝基内产生劈裂，以利于浆液的渗入，也是坝基灌浆可利用的原理之一。

用灌浆的方法处理堤坝坝体堤防的渗漏，已有几十年的历史。20 世纪 50—60 年代，我国许多省份用此法处理了一批病险水库，在 1998 年特大洪水后，国家进行大规模的堤防整治，大量运用此法进行了不少堤防的加固，都取得了成效，积累了经验。近年来，在坝体灌浆机理研究方面有了长足的进步，并将理论研究成果用于实践，创造了更多更好的实践经验。到目前为止，全国已有近千座土石坝通过灌浆脱险。由此可见，用灌浆方法处理坝体的裂缝和渗漏是成功的好方法。由于堤防是土石坝的一种特例，所以在本章的叙述中以土石坝为主进行介绍，堤防加固参照使用。

过去，对土石坝和堤防灌浆沿用坝基灌浆的理论和方法，而没有考虑坝体灌浆自身的特点，因而是不合理的。坝基强透水层灌浆的目的是形成防渗帷幕，以消除坝基的渗流水头。而近年来的研究和实践表明，土石坝坝体灌浆主要是针对坝体的裂缝和渗漏，坝体灌浆除能改善坝体的防渗作业外，还能改善坝体的应力状态和性能。但是，土石坝坝体灌浆不像坝基那样一定要满足抗渗要求，有一定厚度和封闭的灌浆帷幕，而应根据具体情况而定。例如，对只存在裂缝或局部漏水的坝，则只需要用灌浆的方法堵塞裂缝或在局部渗漏的区域进行灌浆，而没有必要对整个坝体进行灌浆，建造灌浆帷幕；对填筑质量很差、下游坝坡被普遍渗漏的坝体，则应对整个坝体进行灌浆，以改善坝整体的防渗性能。

坝体和坝基灌浆不同之处，还在于它们的初始应力条件、边界条件以及被灌的对象和浆液流动条件的差异。因而，两者所采用的灌浆压力、布孔方式、浆液材料和浓度、施工工艺、终灌标准等，也不相同。

目前，土石坝坝体灌浆方法可分为充填式和劈裂式两种，前者是指自重灌浆（孔口压力为0），后者是指利用灌浆压力劈开坝体，形成一道近于垂直并连续的浆体帷幕。其实，两种灌浆方法都是压力灌浆，只是所用的压力大小不同而已。80年代的一些机理分析和实践经验证明，用压力劈裂坝体的灌浆方法是可行的，与传统的充填式灌浆方法相比，具有施工速度较快、灌浆质量较好等优点。

土石坝坝基加固设计依据有以下现行规程。

(1)《土坝灌浆技术规范》(SL 564—2014)；

(2)《混凝土面板堆石坝施工规范》(SL 49—2015)；

(3)《碾压式土石坝设计规范》(SL 274—2001)

(4)《水工建筑物水泥灌浆施工技术规范》(DL/T 5148—2012)；

(5)《通用硅酸盐水泥》(GB/T 175—2007)；

(6)《水文水井地质钻探规程》(DZ/T 0148—2014)；

(7)《水电水利工程钻探规程》(DL/T 5013—2005)；

(8)《碾压式土石坝施工规范》(DL/T 5129—2016)；

(9)《水工建筑物化学灌浆施工规范》(DL/T 5406—2010)；

(10)《水工建筑物水泥灌浆施工技术规范》(SL 62—2014)；

(11) 水利水电工程地基基础处理施工标准强制性条文实施指南。

第二节 浆液在砂砾石地基中的扩散计算

一、静力压注

1. *溶液型浆液*

按牛顿流体确定扩散范围。

(1) 钻杆端部一点注浆（球状扩散）方式。直接利用底端开口的钻杆作为注浆管。这种方式施工简单、费用低。若地层可灌性差，压力会急剧上升，造成只向松散地层中扩散，或出现返浆现象。

牛顿流体经过一半径为 r_0 的开口管灌入各向同性地基土中，浆液呈球状扩散。由达西定律，流体的流量为

$$q = AK_c J_c \tag{7-1}$$

其中

$$A = 4\pi r^2,\ J_c = -\left(\frac{\mathrm{d}h}{\mathrm{d}r}\right)\frac{r}{r_c} \tag{7-2}$$

式中：A 为注浆材料的渗透面积，cm^2；q 为单位时间的注浆量，cm^3/s；r、r_c分别为水及浆液的容重，N/cm^3；J_c为注浆材料承受的水力梯度；K_c为浆液在土层中的渗透系数，cm/s；h 为水头，cm。

令灌浆点上地基土内的总水头一开始为 h_0，灌浆管的水头为 $h_0+\Delta h$，则

$$-\int_{h_0+\Delta h}^{h}\mathrm{d}h = \frac{q}{4\pi K_c}\int_0^{\infty}\frac{1}{r^2}\mathrm{d}r\,\frac{r_c}{r} \tag{7-3}$$

$$\Delta h=\frac{q}{4\pi K_c}\frac{r_c}{r} \tag{7-4}$$

而

$$n\frac{dr}{dt}=\frac{q}{4\pi r^2} \tag{7-5}$$

式中：n 为土的孔隙率。

凝固时刻 t_s 时的浆液扩散半径为 R，则

$$\int_{r0}^{R}nr^2dr=\frac{q}{4\pi}\int_0^{t0}dt \tag{7-6}$$

即

$$\frac{n}{3}(R^2-r_0^2)=\frac{q}{4\pi}t_s \tag{7-7}$$

则

$$\Delta h=\frac{q}{4\pi K_c r_0}\frac{r_c}{r}=\frac{n}{3K_c t_s r_0}\frac{r_c}{r}(R^3-r_0^3) \tag{7-8}$$

$$R=\sqrt[3]{\frac{\mu}{\mu_c}\frac{3r_0}{n}K\Delta h t_s+r_0^3}\quad\text{（Maag 公式）} \tag{7-9}$$

式中：r_0 为注浆孔半径，cm；t_s 为注浆时间（应小于浆液的凝胶时间），s；Δh 为注浆压力（水头），cm；μ、μ_c 分别为水及浆液的动力黏度，MPa・s。

注浆量为

$$Q=\frac{4}{3}\pi R^2 n \tag{7-10}$$

（2）柱状扩散。当采用在注浆管下端管壁上均布直径约 3～10mm 射浆孔的花管注浆时，浆液呈圆柱状扩散。由于射浆断面比钻杆截面积大得多，可以避免压力急剧上升现象。浆液在砂砾地基中呈层流运动时，扩散半径与灌浆时间 t（s）关系为

$$t=\frac{n\mu R^2\ln\frac{R}{r_0}}{2K_c\Delta h} \tag{7-11}$$

（3）板状注浆。浆液在不同土层的分界线上以及在地基裂隙中呈板状扩散。设缝宽为 b（m），浆液在灌浆压力作用下，进入裂隙面后沿缝面呈平面径向流动。在灌浆压力 P_c（Pa）作用下，最大扩散半径为

$$R=r_0 e^{\frac{(P_c-P_0)\pi b^3}{6\mu q}} \tag{7-12}$$

式中：r_0 为灌浆孔半径，m；P_0 为受灌缝中的地下水压力，Pa；μ 为浆液的动力黏度，Pa・s；q 为浆液流量，m^3/s。

任意灌浆时间 t（s）时的浆液扩散半径 R 为

$$R=\sqrt{\frac{(p_c-p_0)t\,b^2}{6\mu\ln\frac{R}{r_0}}+r_0^2} \tag{7-13}$$

2. 悬浊液型浆液

采用水泥黏土浆、水泥浆等悬浊液型浆液进行砂砾地基灌浆，要施加较大的灌浆压力，产生的渗透梯度大，浆液处于紊流状态。液体的紊流速度 v（cm/s）可由 B. H. 谢尔加切夫公式得出：

$$v=\sqrt[4]{Re_{kp}^{2}S_{L}k}\sqrt{\frac{1}{\rho}\left|\frac{\mathrm{d}p}{\mathrm{d}r}\right|} \tag{7-14}$$

其中

$$S_{L}=\frac{c}{d_{10}^{2}}\text{（斯里黑特尔无因次数）} \tag{7-15}$$

式中：k 为土层比渗透率；d_{10} 为被灌土层的有效粒径；Re_{kp} 为临界雷诺数；ρ 为浆液密度，g/cm^3；$\frac{\mathrm{d}p}{\mathrm{d}r}$ 为压力梯度。

经积分变换后可推得浆液扩散半径 R（cm）：

$$R=2\sqrt{\frac{t}{n}\sqrt{\frac{K\mu HR_{0}}{\rho d_{10}}}} \tag{7-16}$$

式中：t 为灌浆时间，s；n 为土层孔隙率；K 为土层渗透系数；cm/s；μ 为浆液动力黏度，MPa·s；H 为灌浆压力（水头），cm；R_0 为钻孔半径，cm。

二、动水中灌浆时的浆液扩散范围计算

研究浆液在流动地下水影响下的扩散情况，可借助势流叠加原理，归结为求解浆液在灌浆压力下作径向运动和随动水作单向直线流动的合运动。

设动水在 x 方向有流速 V_0，则浆液随动水作直线运动，其势函数 ϕ_1、Ψ_1 分别为

$$\phi_{1}=V_{0}x \tag{7-17}$$

$$\Psi_{1}=V_{0}y \tag{7-18}$$

浆液在灌浆压力作用下，作径向流动的势函数 ϕ_2、流函数 Ψ_2 分别为

$$\phi_{2}=\frac{Q}{2\pi bn}\ln\frac{R}{r_{0}} \tag{7-19}$$

$$\Psi_{2}=\frac{Q}{2\pi bn}\arctan\frac{y}{x} \tag{7-20}$$

由此得浆液作合运动的势函数 ϕ、流函数 Ψ 分别为

$$\phi=V_{0}x+\frac{Q}{2\pi bn}\ln\frac{R}{r_{0}} \tag{7-21}$$

$$\Psi=V_{0}y+\frac{Q}{2\pi bn}\arctan\frac{y}{x} \tag{7-22}$$

式中：V_0 为动水流速，cm/s；Q 为单位时间内的进浆量，cm^3/s；R 为浆液扩散半径，cm；r_0 为灌浆孔半径，cm；b 为灌浆段长，cm；n 为地层孔隙率，%。

所以，浆液在动水中流动的扩散图像方程为

$$(x-V_{0}t)^{2}+y^{2}=2At+r_{0}^{2} \tag{7-23}$$

其中

$$A=\frac{Q}{2\pi bn} \tag{7-24}$$

式中：t 为浆液凝胶时间，s。

式（7－23）表明，在动水环境中，浆液扩散图像是一系列半径逐渐增大、圆心随动水向下游移动的圆柱体，直至浆液凝结为止。若地下水流速过大，或灌浆压力过大使浆液由层流转为紊流，都将加剧对浆液的稀释、飘失，有可能不能形成固结体或形成尖端状固结体。

第三节　大坝砂砾石地基灌浆理论

一、砂砾（卵）石层灌浆的发展概况

砂砾（卵）石地基是由粗粒土组成的松散碎屑堆积成的堆积层地基，因为其成分复杂，有时还夹杂有块石或漂石，透水性强，施工比较困难，因而将其列为复杂地层。在这类地基上建坝时，往往需要采取各种渗流控制措施，克服地下水、河水及海水等环境水对大坝的影响，减少渗漏量、防止地基渗透破坏，帷幕灌浆就是最典型的控制措施之一。

自20世纪50年代中期第一次在法国的谢尔·庞桑（Serre Poncon）坝上使用“套阀式灌浆法”（Sleeve Pipe）以来，在50多年的时间里大约有30多座坝采用这种方法进行坝基防渗帷幕灌浆。其中规模较大的有莎冷斯丁、马特马克、杜拉斯泊登、阿斯旺、弗纳格瓦、撒拉多、萨德阿里、阿斯克里莫斯等坝。我国正式在砂砾（卵）石地基上进行规模的帷幕灌浆的，最早有1960年施工的密云土石坝，其他坝上只有部分或零星采用。近年来有所发展，在新疆下坂地水利枢纽沥青混凝土心墙面板堆石坝下，与防渗墙结合，布置了4排帷幕灌浆。

在砂砾（卵）石地层中采用灌浆方法防渗受限的原因，主要是对灌浆的充填范围不能有效控制，以至要做成防渗标准要求较高（通常为$K \leqslant 10^{-5}$cm/s）的帷幕，一般都必须采用3排以上的灌浆孔才有可能达到。如埃及的阿斯旺（Asswan）高土石坝，在深220m的覆盖层中做的帷幕灌浆，浅部为15排孔，深部为7排孔，其造价是很高的。

二、砂砾（卵）石层灌浆的目的与要求

在砂砾石地基上建造挡水、防渗建筑物，必须认真研究砂砾地基的渗流条件，充分估计产生渗透变形的可能性，妥善地拟定砂砾地基渗流控制措施，并加以实施，以达到下述目的。

（1）减少或消除通过地基的渗透水量，使水量渗漏损失减至许可范围以内，以保证水库的正常运行及充分发挥工程效益。

（2）降低地基内各点及下游出逸点的渗透水力梯度，降低渗流速度，减小透水层上部不透水层的超静水压力，避免管涌及流土等渗透变形现象。

（3）降低作用于混凝土建筑物底面上的扬压力。

（4）避免地基内形成集中渗流，消除由此而引起的地基土冲刷和破坏的危险。

（5）减少通过地基的渗透水流量及流速，保证地基化学溶解及潜蚀的稳定性。

（6）降低均质土坝坝体浸润线位置，保证下游坡具有更高的稳定性，防止湿陷性黄土遇水下陷。

（7）灌浆帷幕等防渗措施兼起加固地基、提高地基承载力的作用。

（8）创造水工建筑物及其他工业和民用建筑物的干地施工条件和运行条件。

砂砾地基灌浆的基本要求是：减小地基渗流水力梯度，从而确保砂砾地基不变形，保证渗透稳定；控制渗透流量不超过允许值；防止和减少下游浸没；降低坝体浸润线；降低混凝土建筑物基础扬压力防止地基土的化学溶蚀等。对砂砾地基的土坝，主要是保证渗透稳定和控制渗透流量。

三、砂砾石地基灌浆的特点

（1）由于砂砾石地基防渗处理效果关系到工程安全，一般难以全面准确地直接检测，发生质量事故又难以补救，因此施工质量要求高。且有关计算参数难以得到确切值，计算结果应留有足够的安全余地。

（2）工程技术复杂，施工难度大。各工程地质条件不尽相同，砂砾石地基防渗工程很少有先例可以直接参考套用。因此，在设计和施工前和过程中需进行必要的室内或现场试验，逐步取得各项参数和施工经验，以供选择处理方案和解决施工中的问题。

（3）工艺要求严格，施工连续性强。砂砾石地基防渗工程的施工环节多，每一作业循环都要求按顺序连续快速进行，稍有延误和疏忽，就可能造成质量事故和重大经济损失。

（4）工程量巨大，工期紧，干扰大。砂砾石地基的帷幕灌浆一般都要布置多排，有的工程达到十几排，且孔深较大，因而工程量特别巨大。而灌浆工作常受到汛期和工作面的限制，大部分施工先于主体工程施工或与主体工程施工交错进行，须在有限的时间和条件下尽快完成，为主体工程的施工创造条件。

（5）砂砾石地基灌浆常与其他防渗型式结合进行，如防渗墙接帷幕，高喷墙接帷幕等。

（6）由于砂砾石地基防渗工程施工具有一定特殊性，采用计算参数应与采用的施工方法及可能达到的施工质量相适应。

（7）由于砂砾石地基防渗工程工作环境的复杂性，对重要的砂砾石地基防渗工程，应配置位移、侧压力、应变、应力及渗流观测设备，并根据运用期观测成果进行反馈计算，判断防渗工程的防渗效果和结构安全性。

四、浆液运动及其在砂砾地基中的填充扩散理论

砂砾石地基灌浆帷幕防渗的工作原理是利用浆液在砂砾石地基中的驱替、填充与扩散作用，使其达到一定范围，并产生各种物理变化及化学反应，改善地基土的强度及透水性，从而达到防渗目的。因此，在灌浆施工中，浆液必须保持流动性，且具有填充到地基土的空隙后，经一定时间即硬化的性质。灌浆中利用的物理作用及化学反应有以下几种。

（1）悬浊液分离填充。将浆液灌入地基后，浆液中悬浮的固体物质（水泥、黏土颗粒等）从浆液中沉淀分离出来，填充空隙。

（2）溶融材料冷结。把在高温下具有流动性的材料（沥青、硫黄、树脂等）灌入多孔隙地基土中，冷却后在地基土的孔隙中固结。

（3）乳化液分解黏结。将乳化液（沥青乳液、橡胶乳液等）灌入地基后，乳化液分解，使黏液分离，将土粒黏结。

（4）溶解混合固化。灌入化学浆液（多为无机酸类）使地基的土粒部分成分溶解，并与浆液共同固化，改善地基的透水性及强度。

（5）改变土的结构。使用分散剂和凝聚剂改变地基土的物理性能，使其板结。

（6）聚合胶凝。采用催化剂使灌入地基中的低分子量单体发生聚合反应，生成胶凝体。

（7）复分解沉淀填充。浆液呈溶液的形式灌入，在地基中产生复分解反应生成不溶性物质，充填地基孔隙。

（8）离子交换。利用离子交换（如使用钠盐变换成钙盐），改变地基土的化学成分及透水性。

（9）溶剂化胶凝。将与水接触后便会溶剂化，并且增大体积的化学浆液，在不与水接触条件下，灌入地基土中，在空袭中与地基水接触后产生溶剂化，形成胶凝体填充孔隙。

五、砂砾石地基的灌浆方式

按浆液在地基中的扩散、填充原理，砂砾石地基中的灌浆方式，可分为以下几种。

（1）填充灌浆。用于灌注含大卵石的大空隙砂砾地基。为防止浆液流失及保证浆液凝固后的强度及防渗性，一般用低压、浓浆灌注。

（2）渗透灌浆。用于灌注砂质土。灌注的浆液在中等压力作用下，挤出存在砂质土孔隙中的自由水和气体，渗入砂质土的孔隙中。这种灌浆方式不改变土颗粒间的排列。要求灌浆材料的基本性质为细颗粒和低黏性。

（3）劈裂灌浆（挤压灌浆）。采用高压使渗透性较小的或不固定的砂砾石层产生劈裂，从而改善低透水性地层的可灌性，增大浆液扩散距离。许多灌浆工程中发生的地层上抬和耗浆量剧烈增加，就是这种劈裂灌浆的结果。

（4）喷射灌浆。利用高压喷射作用破坏土体，使浆液与破坏了的土体混合胶凝。可用于各种土质构成的地基土。

（5）脉状灌浆（压裂灌浆）。用于对由透水性不同的土质及有裂隙的黏性土构成的地基进行灌浆。灌注的浆液往往呈脉状扩散，充填到较大的裂隙和孔洞中。因此，灌注后的地基土透水性仍不均匀。对防渗性要求高时，宜进行Ⅱ序孔的渗透灌浆。

（6）板状灌浆（界面灌浆）。两种不同土层的交界面是结构薄弱区。浆液首先在交界线上成板状扩散、填充。为满足防渗要求，往往需采用渗透灌浆法复灌，以形成完整防渗帷幕。

（7）黏结灌浆。用于灌注有裂缝的黏土地基。渗入地基内的浆液填充并黏结裂缝，防止地基剪切破坏，提高整体防渗性能。如果灌注的浆液本身抗裂性能差，将使地基内形成滑动面的危险，因此灌注的浆液要有足够的凝聚力。

（8）诱导灌浆。前述灌浆方法的共同缺点是浆液离开灌浆管后，难以人为控制其扩散范围，至多只能通过控制灌浆压力及浆液胶凝时间来调整渗透范围。因此，浆液的扩散范围受到地层可灌性影响。诱导灌浆是指浆液压入地基后，仍能人为控制浆液扩散方向和扩散范围。其中有电力诱导浆液渗透灌浆法；利用抽吸地下水或使其循环，使浆液沿着地下水流渗透的定向渗透灌浆法；将空气压入地基内，排除地下水，形成空穴区，使浆液沿着空气流动方向渗透的气穴灌浆法。

六、灌注浆液的流变特性

浆液的流变特性可分为3类。

1. 牛顿流体

包括高分子系灌浆材料、水玻璃系灌浆材料。向地基渗透的难易取决于浆液的黏度。其流变方程为

$$\tau=\mu\dot{r} \tag{7-25}$$

式中：τ 为剪应力，Pa；μ 为动力黏度或称绝对黏度，Pa・s；$\dot{r}$ 为剪切速率，s^{-1}。

高分子系灌浆材料没有屈服应力，初期黏度很小，而且在凝固前几乎不变，显示出和水同样的流动性，表现出纯溶液的性质，称为溶液型灌浆材料。在同样地基条件下，灌入流量与灌浆压力成正比，在胶凝前不受时间影响，只要严格控制胶凝时间，就能达到较理想的灌浆效果，甚至能渗透到砂壤土中去。

水玻璃系灌浆材料的初期黏度比高分子系大。在凝固前，其黏度也随时间增大，流动性不断变小，不具有屈服应力，属胶体溶液，称为溶胶型灌浆材料。在相同地基条件下，如果灌注时间相同，可以认为流量与灌浆压力成正比。在压力一定时，由于黏度随时间增大，流量仍会相应减少，一般能渗透到中、细砂层中去。

2. 宾汉姆流体

这类灌浆材料有新拌的水泥浆、水泥黏土浆、水泥砂浆等悬浊液型材料。在施加的应力达到极限应力前，浆液不流动，只有超过极限剪应力后，浆液才产生牛顿流动。其流变方程为

$\tau \leqslant \tau_0$时　　　　$\dot{r}=0$　　　　(7-26)

$\tau > \tau_0$时　　　　$\tau=\tau_0+\mu\dot{r}$　　　　(7-27)

式中：τ_0为极限剪应力（或称屈服应力），Pa。

这类浆液不仅黏度具有屈服点，还含有悬浊颗粒。其颗粒大小必须保证能在地基孔隙中顺利通过，是实现渗透灌浆的前提。灌浆压力应使浆液中产生的剪应力不小于浆液的极限剪应力。灌浆过程中，浆液中的悬浊颗粒不断地充填地基土孔隙，使孔隙不断减小。浆液的极限剪应力在土层渗透过程中，使有效灌浆压力逐渐降低至0，浆液便不再扩散。浆液屈服点和黏度随时间延长而增大，还会进一步限制浆液在地基土中的扩散范围。这类浆液稳定性差，易分离沉淀，结石率低，难以灌入土层的细小孔隙中。

3. 运动状态不固定的流体

具有明显触变性的浆液（黏土浆、膨润土浆）经充分搅拌，结构全部破坏后，黏度降到最小，屈服应力近乎0，类似牛顿流体，能灌入细孔隙中，有较大的扩散半径。扩散至一定范围后，浆液的流动速度减小，结构又逐渐恢复，黏度和屈服应力随着提高，浆液逐渐停止扩散，类似宾汉姆流体。

由于这类浆液在静止状态具有屈服应力和较大黏度，不易渗透流失，有利于固壁，一经扰动，黏度变小，屈服应力消失，有利于减少机具在浆液中的运动阻力。因此，这类浆液是较理想的固壁材料。

七、浆液在砂砾石地基中的驱替、填充与扩散

灌入地基中的浆液依靠在砂砾石中的驱替、填充和扩散作用达到一定的灌注范围和防渗效果。在灌浆工程中，这种驱替、扩散和填充作用统称为浆液在地基中的渗透能力。在一定地基条件下，悬浊液的渗透能力主要取决于浆液固体颗粒的大小，溶液的渗透能力主要取决于黏度大小。

1. 浆液在砂砾石地基中的驱替作用

依靠灌注压力进入砂砾地基中的浆液，必须驱替砂砾空隙中的水分、空气，才能扩散，并充填孔隙。当多孔介质区域有两种或多种流体运动时，存在下述两种驱替类型。

(1) 溶混流体的驱替。两种流体彼此可以完全溶解，流体间界面张力为0。它们之间

不存在明显的流体与流体间的界面。这种流动类型称为流体动力弥散。

浆液在有地下水的砂砾层中灌注，在以浆驱水过程中，浆液前驱带直接与水接触，常被严重稀释。后继浆液受水稀释的影响则越来越小，形成地层中浆液浓度的不均一性。其中过分被稀释的浆液将不胶结或胶结极差。若浆液在地层中的渗透性强和在过高的灌浆压力作用下，流速过大，以致浆液流态由层流进入紊流，就不仅是以浆顶水方式驱水，且与水混杂起来，从而加剧稀释影响。

(2) 不溶混流体的驱替。多孔介质中同时存在两种或更多种不溶混流体或相对流动时，两种流体间存在界面张力，且在每个孔隙中有一个明显的流体与另一个明显的流体的界面，将两种流体分隔开，越过此界面的各点均存在毛细压力差，使这两种流体之间的压力存在不连续。浆液在无地下水的砂砾层中灌注，大多属于这种驱替。对于聚氨酯类浆材，由于遇水即凝固，也属于这种驱替。在这种情况下灌注浆体的凝固性能较均一，灌浆质量也比较有保证。

2. 浆液在砂砾空隙中的填充作用

溶液型的浆液在驱替砂砾空隙中的水、气的同时，还对砂砾中的空隙进行填充。填充浆液的密实情况直接反映灌注效果。

悬浊液型浆液含有固粒材料，在砂砾地基中产生渗透作用的前提是：悬浊液型浆液的颗粒粒径能满足固粒材料进入砂砾地基空隙的要求。

通过试验和分析发现，均匀砂砾层的空隙直径约为砂砾粒径的 0.15～0.42 倍，空隙率变化范围为 20%～48%。只有当浆液颗粒粒径小于空隙直径的 1/3 时，才能灌入。因此，知道砂砾粒径和空隙率，就能判断所使用的浆液是否能填充到该砂层中去。

在灌浆施工中，希望灌浆材料中的绝大多数颗粒能够顺利通过砂砾地基的空隙，因此，一般以灌浆材料的 d_{85} 评价灌浆材料的可灌性指标，即可灌比为

$$M=\frac{D_{15}}{d_{85}} \tag{7-28}$$

式中：d_{85} 为灌浆材料颗粒筛分曲线上，含量为 85%（重量比）处的粒径（表 7-1）；D_{15} 为砂砾石的计算粒径。

表 7-1　不同灌浆材料的 d_{85} 值

灌浆材料	膨润土	黏土	磨细水泥	粉煤灰	水泥黏土浆	普通水泥浆	
						P. O42.5 级	P. O32.5 级
d_{85}	0.0015	0.02～0.026	0.025	0.047	0.05～0.06	0.06	0.075

工程上常以可灌比 $M\geqslant 10\sim 15$ 作为判别可灌性的依据。

3. 浆液在砂砾地基中的扩散作用

灌浆材料为牛顿流体时，即使浆液黏度很高，采用高压进行长时间灌注后，地基内任何细颗粒的孔隙里，浆液都能渗进去。但在工程实践中，一般不允许在灌浆中造成地基土的过大变形及抬动，因此对采用的灌浆压力和灌浆时间都有一定限制。同时，浆液也不是始终以一定黏度向地层扩散，而是逐渐增加，乃至骤然凝聚。因此，浆液在灌注过程中也有一定的扩散范围和适应范围。

灌浆材料为含有固粒的悬浊液时，浆液只有在满足可填充性条件下，才有扩散作用。

以一定的压力向地层中注入具有一定剪切强度的浆液时，当渗透区域里产生的剪切阻力与注浆压力平衡时，浆液就停止流动，可据此确定浆液扩散范围。

第四节　大坝砂砾石地基灌浆设计

一、砂砾石地基灌浆的一般要求

（一）做好灌浆试验

灌浆试验对于砂砾石地层的灌浆十分重要，进行灌浆之前，应仔细调查分析地质情况，选择灌浆方法和浆液材料，拟定灌浆参数，之后应选择有代表性的地点进行必要的现场试验，根据试验的成果最后确定施工方案及灌浆参数。

（二）设置盖重和制定表层处理措施

砂砾石地层一般比较松散，灌浆时往往发生冒浆、串浆现象，压力不易提升。因此预先在砂砾石表面建造一层盖重（混凝土或黏性土铺盖）是十分必要的。表层处理也可采用开挖置换或进行加密孔灌浆，灌浆时应增加浆液中水泥含量，采用自上而下灌浆法。

（三）进行浆液配比设计和浆液试验

砂砾石灌浆一般注入量很大，对浆液的要求也更为严格和多样化，浆液的质量对灌浆工程的质量和造价的影响很大。因此，预先要认真进行浆液的成分和配比设计。砂砾石地基多灌注水泥黏土浆，各地黏土性能差别很大，因此各种浆液配比还要经过室内试验和现场试验调整确定。

（四）施工次序

砂砾石灌浆的施工次序应遵照分排分序逐渐加密的原则进行：先灌注下游排孔，再灌注上游排孔，后灌注中间排孔。同一排孔中分 2～3 个次序灌注，先施工Ⅰ序孔，后施工Ⅱ序孔、Ⅲ序孔。相邻两个不同次序孔的灌浆原则上应待先序孔灌完后，后序孔方可开始施工，但当采用自上而下灌浆法时，后序孔可在滞后先序孔 10m 的条件下随后施工。

（五）灌浆方法

砂砾石地层灌浆的方法很多，我国常用的有循环钻灌法、预埋花管法、套管灌浆法和打管灌浆法。

1. 循环钻灌法

循环钻灌法是我国独创的一种灌浆方法，也称边钻边灌法。这种方法是在冲积层中自上而下逐段进行钻孔和灌浆，各段灌浆都在孔口封闭。循环钻灌法后来被扩展到岩石地基灌浆施工中，并加以改进，发展成为目前普遍采用的孔口封闭灌浆法。

（1）循环钻灌法的特点。

1）适宜于砂砾（卵）石中灌注水泥黏土浆或水泥浆。

2）在钻孔的过程中，也利用循环泥浆对地层进行灌浆。

3）由于每段灌浆都是在孔口封闭，各个灌浆段可以得到多次复灌，因而灌浆质量好。

4）与预埋花管法相比，可以节省大量的管材。

5）工序相对比较简单，操作容易。

循环钻灌法的缺点是：由于钻灌工序交替进行，因此工效相对较低；各段灌浆均在孔口封闭，因而灌浆时地表常常冒浆严重，即使进行深部灌浆时，也不能使用很高的灌浆压力；当覆盖层由多种地层组成，需要灌注不同类型浆液时，难以施工。

（2）循环钻灌法的施工程序及技术要点。循环钻灌法的主要施工程序有：建造盖重层或灌浆盖板→孔口管段钻孔→孔口段灌浆→镶铸孔口管→待凝→第二段钻孔→第二段灌浆→第三、四段钻孔、灌浆……直至终孔→封孔。图 7－1 为循环钻灌法灌浆示意图。采用循环钻灌法应注意以下施工技术要点。

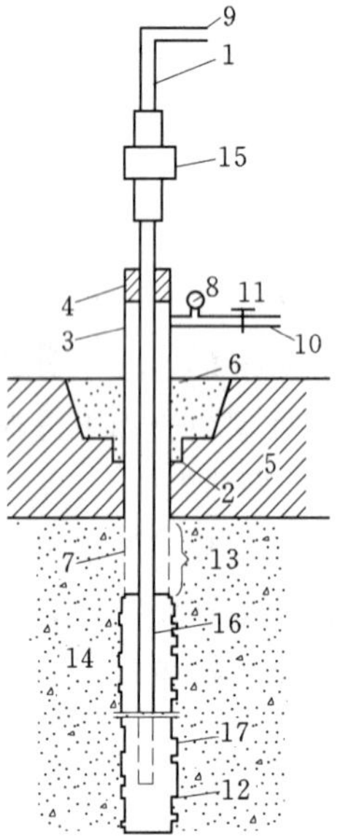

图 7－1 循环钻灌法灌浆图示

1—灌浆管（ϕ42mm 钻杆）；2—防浆环；3—孔口管；4—封闭器；5—黏土铺盖；6—混凝土或砂浆；7—孔口管下部的花管；8—压力表；9—进浆管；10—回浆管；11—阀门；12—孔壁；13—盖板灌浆段；14—砂砾石层；15—钻机立轴；16—孔内灌浆管；17—射浆花管

1）建造灌浆盖板。为了使灌浆达到一定的压力，防止和减少冒浆，确保灌浆效果，一般需要在砂砾石表面构筑一个盖重层，它可以是黏土铺盖，也可以是混凝土板。例如埃及阿斯旺高坝砂砾石帷幕灌浆建造了厚达 22～40m 黏土铺盖，密云水库和岳城水库的黏土铺盖厚达 8m。采用混凝土盖板的厚度应根据地层结构和灌浆压力进行选择，宜以地面允许抬动不得超过砂砾石灌浆深度的 1%～2%，宽度可超出边排孔 1.5m，混凝土的强度等级为 C15。

2）孔口管段钻孔与灌浆。在混凝土灌浆盖板浇筑完成并达到 70%强度以后，就可以开始钻进孔口管段。钻孔直径比孔口管直径大一级即可，深度以穿透混凝土盖板深入被灌的冲积层 1.0～1.5m 为宜。然后在混凝土盖板内安装灌浆塞进行灌浆，直至达到结束条件。

3）镶铸孔口管。在循环钻灌法工艺中，每一个灌浆孔都要镶铸一根孔口管。孔口管的作用很重要，它钻孔时保护孔口，灌浆时用于安设孔口封闭器，实现全孔的压力灌浆。当灌浆是在已经浇筑了混凝土盖板的条件下进行时，其孔口管的施工方法可参见基岩灌浆的方法。

当灌浆需在土层中设置灌浆帽时，施工方法为先挖一个面积 0.8m×1.0m、深 0.8m 的浅坑，在浅坑中央用直径 130～150mm 钻头钻进 1.5～2.0m，再换小一级钻头钻至砂砾石层内 1m，之后，在全孔内下设底部带有孔眼的孔口管。浅坑底部孔口管四周缠绕麻绳或草绳作为防浆环，浅坑内浇筑混凝土。孔口管管口高出地面 10cm，加工有螺纹可与孔口封闭器连接。

4）自上而下逐段钻孔与灌浆。钻孔时，一般使用最稀一级水泥黏土浆（如水泥∶黏土∶水＝1∶1∶12）作为冲洗和护壁的循环泥浆，遇到孔壁坍塌掉块的孔段，可酌情换用浓一级或二级的浆液护壁，严重时可使用纯水泥浆，或停钻先行灌注。待孔壁稳定后恢复正常钻进。对钻进时灌入到地层中的浆液应进行计量统计，计入孔段注入量中。

每一段钻孔和灌浆的长度视地层的渗透情况和钻孔孔壁的稳定性而定，一般为 1～

2m。孔口管以下两段均为0.5m，孔口管段及其以下两段，灌注纯水泥浆，以便在上部形成一个强度较高的盖重层。每一段钻孔完成后，应当使用清水或稀循环泥浆冲洗钻孔10min，冲净孔底钻渣。接着进行灌浆，灌浆方法为孔口封闭、循环式灌浆，即在孔口管上安设孔口封闭器，使用钻杆作为灌浆管下至接近孔底（距孔底不大于0.2m）进行灌注，直至达到结束条件。灌浆时应当注意经常活动灌浆管和保持孔口有一定的回浆量，避免灌浆管被浆液凝住，造成事故。

一段灌浆完成以后，接着可进行下一段钻孔作业，而不必待凝。直至终孔。

2. 预埋花管法

预埋花管法，也称套阀花管法、袖阀花管法。它是法国人首先发明的，称为索列丹斯(Soletanche) 法。这种方法是首先钻出灌浆孔，在孔内下入特制的带有孔眼的灌浆管（花管），灌浆管与孔壁之间填入特制的“填料”，然后在灌浆管里安装双灌浆塞分段进行灌浆。

（1）预埋花管法的特点。

1）灌浆孔一次连续钻完，灌浆和钻孔工序分开进行，施工效率高。

2）灌浆在花管中进行，无塌孔之虑，灌浆段隔离也比较容易。

3）可以任意采用自下而上或自上而下灌浆方式，也可以先灌全孔中的任何一段，或对某一段进行多次复灌，灌浆质量有保证。

4）可以使用较大压力灌浆，灌浆过程中发生冒浆、串浆的可能性小。根据地层情况和工程需要，可以进行渗透性质的灌浆，也可以进行挤密灌浆或劈裂灌浆。

5）对各种冲积层的适应性好，可区别不同冲积层选用不同的浆液。可适应深厚覆盖层灌浆。

预埋花管法的主要缺点是需要预埋花管，且无法回收；以前我国塑料工业不发达，需要使用大量钢管，加大了工程造价；其次，预埋花管法的施工程序较多，花管的制作、下设、填料和灌浆等技术均比较复杂。

（2）预埋花管法的施工程序及技术要点。

预埋花管法的主要施工程序有：钻孔→清孔→下填料→下花管→起套管（如采用套管护壁钻孔时）→待凝→冲孔→卡塞→开环→灌浆，如图7-2所示。

各道工序中应注意以下技术要点。

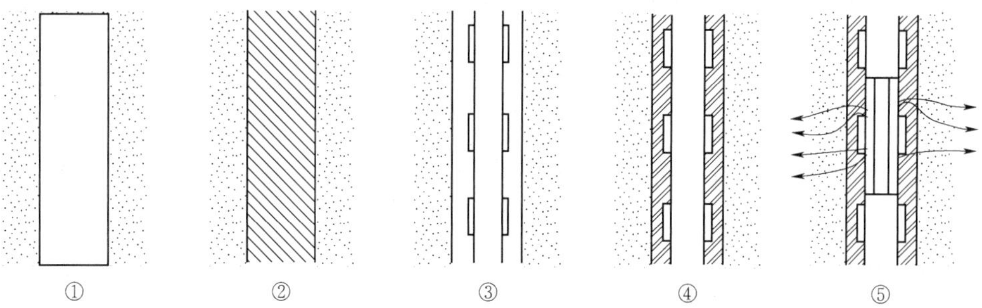

图7-2 预埋花管法施工程序图示

①—钻孔并下套管；②—注入填料；③—下设花管；④—拔出套管；⑤—下入双灌浆塞灌浆

1）钻孔。可以使用各种适宜的机械和方法钻进灌浆孔。由于在钻孔中要下入花管，因此钻孔终孔孔径不宜太小，通常为ϕ91～150mm。

为确保钻孔顺利进行，孔口宜埋设保护管。钻孔过程中应详细记录地层情况，先导孔要绘制钻孔柱状图。这些资料是日后决定灌浆浆液和压力的依据。应尽量防止孔斜，各个深度的钻孔偏距不得超过孔深的2.5%。采用护壁泥浆钻进时，最好使用膨润土泥浆。泥浆的技术性能应进行专项试验和定期检验。钻孔结束后应立即清孔，除尽残留岩芯、岩屑。清孔可采用黏度为20～22s的稀泥浆。

清孔完成后应立即注入填料，下设花管，否则以后应当重新清孔。

2）下填料。填料又称“夹圈”，是一种低强度的水泥黏土浆。它在花管与钻孔的环状间隙中起胶结和封闭作用，保证浆液在灌浆时能横向流出，而不会沿孔壁上冒。

填料由水泥、黏土和水组成，并可加入适当水玻璃等外加剂调节其性能。具体的配合比应当根据工程要求和使用材料由试验室经过试验得出。北京密云水库坝基帷幕灌浆使用的填料中水泥、砂质壤土（塑性指数14～17）与水比例为1∶1.2∶3.2、1∶2.6∶4、1∶2.6∶5，相应待凝期分别为5d、7d、14d。长江堤防若干防渗帷幕灌浆工程填料采用的配比是水泥∶粉质黏土∶水为1∶（1.5～1.7）∶2，5～7d强度为0.3～0.5MPa。开环压力0.1～0.3MPa。填料中的黏土成分含有一些粉粒较好，对黏粒含量过高的黏土，可加入一定比例的粉细砂或粉煤灰。

向灌浆孔中充灌填料应使用灌浆泵和导管从孔底注入，置换出孔内清孔泥浆，至孔口返出的填料与注入的填料密度之差不大于0.02g/cm^{3}为止。充灌时间应尽量缩短，最长不超过60min。

填料须具备这样的性能：力学强度适宜，能兼顾易于被压裂开环和防止向上冒浆的需要；收缩性小，在凝固过程中不会与孔壁或花管脱开；早期强度增长快，后期强度增长慢。

3）下花管。花管可用直径60～89mm的管材制成（图7-3），以前使用钢管，现在多使用塑料管。在满足管内可顺利下入灌浆塞的前提下，管子直径宜尽量小。花管内壁须光滑，管底封闭要严密牢固。管子上每隔33～50cm钻一环出浆孔，每环孔3～4个，孔径10～15mm。出浆孔的外围，用弹性良好的橡皮套箍紧，橡皮套的厚度为1.5～2.2mm，宽度100～150mm。一些工程上曾用自行车内胎作橡皮套，效果良好。为了防止在下花管时橡皮套移动或翻卷，可在其下端用细铁丝或塑料胶带缠绕扎紧，称之为防滑环。

这样，每个橡皮套如同一个单向阀门，在灌浆压力作用下浆液可以由里向外流出，但灌浆结束或中止后，浆液不能反流。

为了使花管周围填料厚度均匀，花管需位于钻孔中心的位置，为此可在花管上每隔一定距离（10～15m）安设定位装置。

用作花管的塑料管应当尺寸规格整齐标准，便于加工和连接；内壁平整光滑，灌浆塞可以在里面移动自如；具有足够的强度，能承受灌浆和下管时的内外压力。中国水利水电科学研究院岩土工程研究所经过试验，采用外径63mm、内径53mm、每米重量1.15kg的PVC（聚氯乙烯）塑料管可以满足上述要求。

由于帷幕灌浆通常比较深，每根花管都需要用多根塑料管连接起来。通过实验可采用插压法连接，如图 7－4 所示。先将每个接头与下面一节花管连接好，管子的端头和接触面要涂抹黏结剂。可采用四氢呋喃等黏结剂，四氢呋喃涂抹 5min 后就可以提供较高的黏结力。下管时，后一节管插入前一节管已经安好的接头内，插好后再用注射器向接头缝隙中注满四氢呋喃，这种连接方法迅速、方便、可靠。

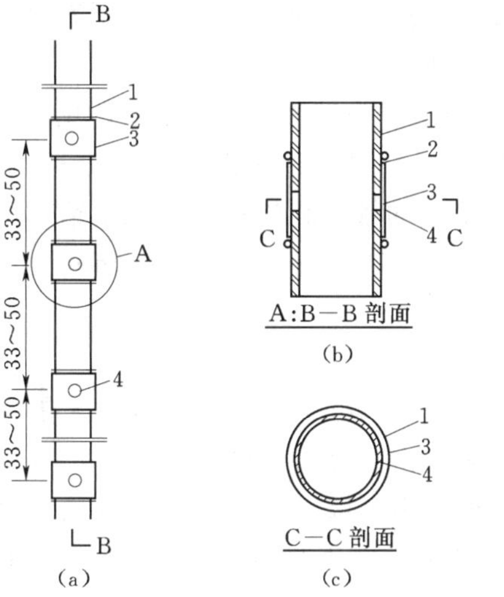

图 7－3　灌浆花管组装与结构示意图

（a）灌浆管组装；（b）B—B 剖面；（c）C—C 剖面

1—花管；2—防滑环；3—橡皮箍；4—射浆孔

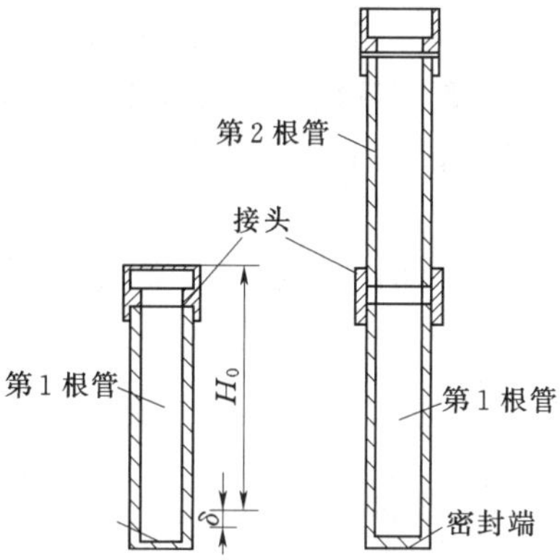

图 7－4　塑料管插压法连接示意图

向钻孔内下花管时，填料对花管的浮力很大，需要采取增重措施（如在管内填入粉细砂），使其平衡自由下降。下管时边下边填砂，动作要迅速，但不得强力下压或扭转。

下花管是预埋花管法灌浆的一道关键工序，预先应当做好充分准备，力求一次成功，避免出现故障又起拔重来，造成损失。花管下入前应当逐节进行检查，在地面进行全孔预安装，逐节编号，各环出浆孔位置应与图纸一致。下管时应详细校核并记录各段花管长度和搭接尺寸，下设位置与设计位置的偏差等。花管下端离孔底距离不得大于 20cm。孔口高出地面 10～20cm。

花管下设时间不宜太长，一般应控制在 6～8h 以内。花管下设完成填料凝固后，在花管内下入细管，将充填的细砂冲洗出来，保持管内干净。

花管在不进行灌浆工作的时间，管口都要加上塞子或盖子，防止落入异物。

4）待凝。花管下设完毕以后，需待凝一段时间。视填料配合比及地下水活动情况不同，一般待凝为 5～14d。

5）开环。通过压力作用，压开橡胶皮箍，压裂填料形成通路，给浆液进入砂砾石层创造条件，这一工序叫“开环”。在压浆过程中压力突降或吸浆率突增时，表示已经开环。

开环可以采用清水，也可以采用 1∶8～1∶4 的稀黏土水泥浆。开环后清水或稀浆应持续灌注 5～10min，根据其渗透性确定开灌浆液配比。

6）灌浆。开环后就可以开始灌浆。每一环孔作为一个灌浆段单独进行灌浆，灌浆方法可以任意采取自上而下或自下而上方式灌注，都属于纯压式灌浆。

3. 打管灌浆法

打管灌浆法是一种最简单的钻孔灌浆方法。它是将钢管（灌浆管）打入到砂砾石层中，然后利用该钢管进行灌浆。这种方法适用于砂砾石层埋藏较浅、厚度较薄、结构疏松、孔隙率大、块石较小的地质条件，以及临时性工程或对防渗性能要求不高的帷幕灌浆工程。堤防或小型土坝的加固灌浆也常采用这种方法。当砂卵砾石中夹有漂石时，钢管则难以打入，需要采用其他钻孔方法补打灌浆孔的措施。

打管灌浆的施工程序是：打管→冲洗→灌浆→提管→灌浆→直至孔口，见图 7-5。

打管灌浆需要的专用器具是灌浆管。灌浆管是一根厚壁无缝钢管，直径可为 50～75mm，其上部有管帽可承受锤击，并可与输送浆液的管路相连；其下部接钻有出浆孔眼的花管，花管段长 1～2m，孔眼呈梅花形排列，孔距 10cm，孔径 10～15mm。花管的末端带有一锥尖。

各道工序中的技术要点如下。

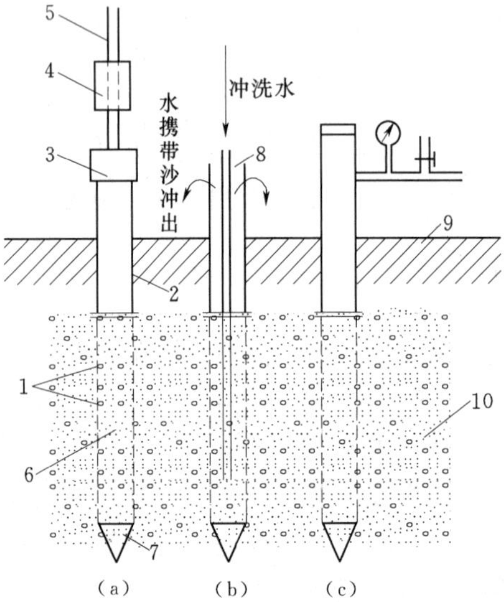

图 7-5　打管灌浆法施工程序示意图

1—花管；2—导管；3—打管帽；4—吊锤；5—导杆；6—管内涌砂；7—锥形体；8—冲洗进水管；9—盖重层；10—受灌砂砾石层

（1）打管。使用机械或人工锤击将灌浆管击打贯入砂砾石地基中，直至设计深度。为了以后灌浆时减少冒浆，打管时可在管子周围堆放一些细砂，让其根管下沉，保持管壁与地层接触紧密。

（2）冲洗。在打管的过程中，砂土等细料不可避免地会涌入灌浆管内，因此灌浆前应在灌浆管内下入细管，通水冲洗干净。

（3）灌浆。先灌最下面一段，至达到结束条件（通常是灌完一定浆量）。这种灌浆方法，使用压力很小，有时只能自流式灌浆，即依靠浆液的自重压力进行灌注。打管灌浆属于自下而上纯压式灌浆。

（4）提管。下段灌完以后，立即就可以将灌浆管上提一个段长的高度（通常是 1～2m），然后重复以上冲洗、灌浆的工序，直至孔口或设计确定的高程。

图 7-6 为两种灌浆花管的结构示意图，图 7-6（a）所示花管打入地层时直接锤击锥头，可打入较深的砂砾层；图 7-6（b）所示灌浆管带有活动锥尖，打管时桩尖密闭，上提时锥尖落下敞开管口出浆。

4. 套管灌浆法

套管灌浆法是利用钻孔时的护壁套管进行灌浆的方法。它的施工程序是：套管护壁钻孔→下入灌浆管→起拔套管（1～2m）→安装灌浆塞→灌浆→再起拔套管及灌浆管（1～2m）→安装灌浆塞→灌浆→重复上述工序，灌注至孔口，见图 7-7。

各道工序应注意如下技术要点：

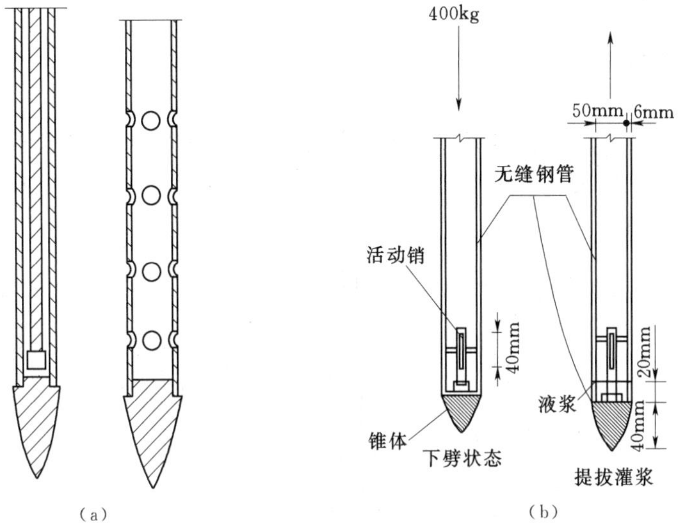

图 7-6　两种灌浆花管结构图

套管护壁钻进灌浆孔至设计深度，包括先打管后钻进和先钻进后打管的方法，以及使用扩孔钻头钻孔套管跟进的方法，直至终孔。然后在套管内下入下端带有花管的灌浆管至孔底段，起拔套管至第一灌浆段段顶，安装灌浆塞对第一段进行灌浆；之后再分别上提套管和灌浆管，自下而上地逐段灌浆。

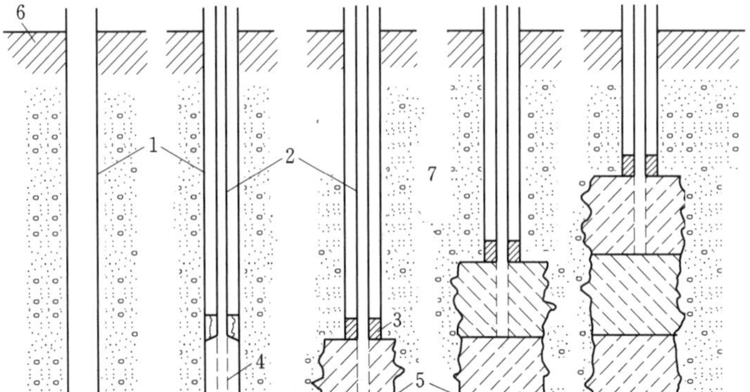

图 7-7　套管灌浆法施工程序示例图

(a) 套管护壁钻孔；(b) 下入灌浆管；(c) 起拔套管，第一段灌浆；

(d) 起拔灌浆花管和套管，第二段灌浆；(e) 起拔灌浆花管和套管，第三段灌浆

1—护壁套管；2—灌浆管；3—橡胶塞；4—花管；5—浆液扩散范围；6—盖重层；7—受灌地层

由于拔管后容易塌孔，每个灌浆段不能太长，视地层的稳定情况，一般为 1～2m。

采用这种施工方法，钻孔由于有套管护壁，消除了塌孔之虑。采用先进的全液压工程钻机和 Odex 扩孔钻头跟管钻进，效率高，孔深可达 60m 左右。需要注意的是在灌浆过程中，浆液容易沿着套管外壁向上流动，甚至地表冒浆；如果灌注水泥浆时间过长，则可能

会凝结固住套管，造成起拔困难。

套管灌浆法也属于自下而上纯压式灌浆。

5. 无塞上提灌浆法

无塞上提灌浆法不使用灌浆塞，利用在孔内充灌的细砂隔离灌浆段进行灌浆。它的施工程序是：钻孔→下管或跟管→冲洗→下花管→填砂、起套管→逐段上提灌浆管并灌浆→直至孔口，见图 7-8。

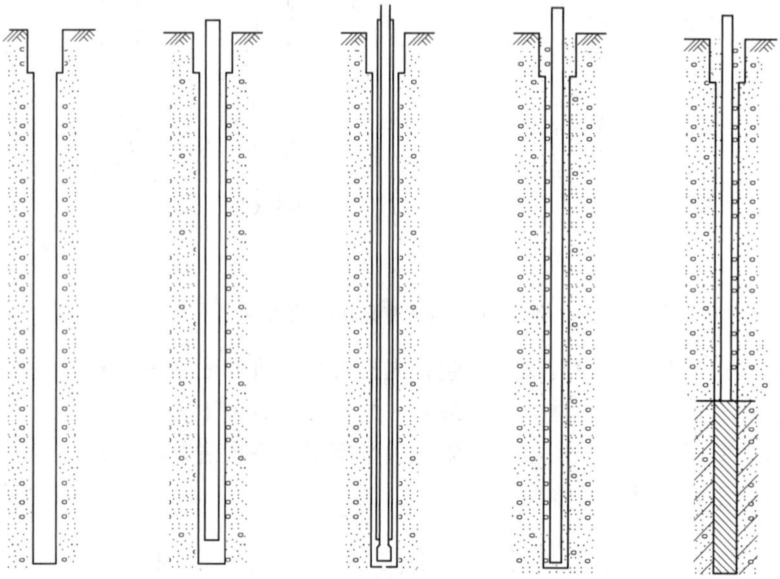

图 7-8 无塞上提灌浆法施工程序

(a) 钻孔；(b) 下套管；(c) 下灌浆管并冲洗；(d) 填砂并起拔套管，灌注孔底段；(e) 逐段上提并灌浆

各道工序的技术要点如下，

(1) 钻孔可采用泥浆护壁，钻孔至设计深度后，在孔内下入套管，也可利用跟管钻进成孔。

(2) 通过套管用清水洗孔，尽量将孔内及孔壁残留泥浆冲洗干净。

(3) 在套管内下入灌浆管（钻杆），灌浆管下端一节为带有孔眼的花管，孔眼外用橡皮套阀保护。

(4) 边向孔内填灌粉细砂，边起拔套管，灌浆管留在孔内。细砂要填满填实至孔口。

(5) 通过灌浆管和前端的花管进行灌浆，自下而上灌一段，上提一段，直至孔口。

无塞上提灌浆法是一种纯压式灌浆法，这种方法在某些情况下可作为其他灌浆方法的补充。

二、帷幕灌浆设计

1. 透水层可灌性的判别

判断透水层接受灌浆的效果，最可靠的办法是进行现场灌浆试验，通过试验来决定灌浆材料、灌浆压力和排孔间距。也可以按以下方法初步判别坝基透水层的可灌性。

(1) 可灌比 M。一般认为，当 $M \leqslant 5$，坝基透水层的可灌性较差；当 $M>5$，可灌膨润土浆或精制黏土浆；当 $M \geqslant 10$，可灌水泥黏土浆；当 $M \geqslant 15$，则可灌水泥浆。

（2）根据小于0.1mm粒径的含量。由于水泥的颗粒粒径接近0.1mm，故一般认为坝基透水层中小于0.1mm粒径的含量，可作为判别接受灌浆与否的指标。根据有些工程灌浆的经验，当透水层中0.1mm的细粒含量小于5%时，表明可接受灌浆。

（3）根据坝基土的颗粒级配。我国曾根据一些工程的经验整理出若干特征曲线作为地基对不同灌浆材料可灌性的界限，如图7-9所示，当被灌地层的颗粒曲线位于A线左侧时，该地层容易接受水泥灌浆；当地层埋藏较浅（如5～10m），其颗粒曲线位于B线和A线之间时也可以接受水泥黏土灌浆；当地层颗粒曲线位于C线和B线之间时，该地层容易接受一般的水泥黏土灌浆；当地层颗粒曲线位于D线和C线之间时，需使用膨润土和磨细水泥灌注。

（4）根据透水层渗透系数K。渗透系数的大小可以间接地反映地层孔隙的大小，因而也可用渗透系数判别砂砾石地层的可灌性。根据勘探试验资料统计，不同性质的冲积层的渗透系数范围见表7-2，不同灌浆材料可适用地层的渗透系数见表7-3。

经验表明，地层的渗透系数越大，灌浆效果越好，灌浆后渗透系数降低越多。反之，地层的渗透系数越小，灌浆后渗透系数降低也少。国内外若干砂砾石地基灌浆工程的情况见表7-4。

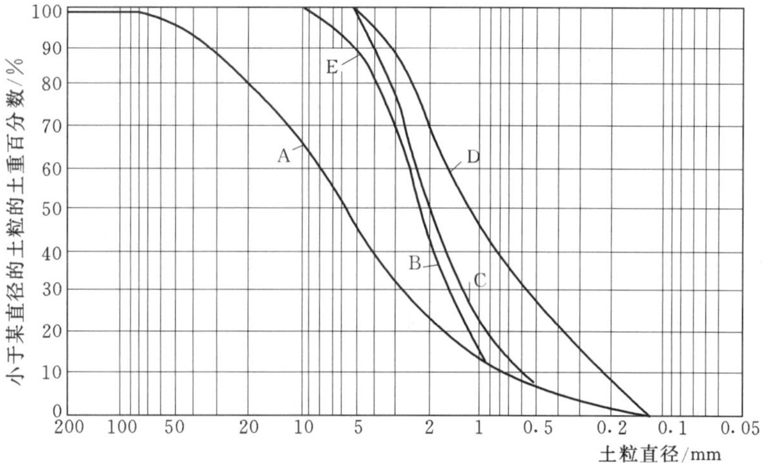

图7-9　判别冲积层可灌性的颗粒级配曲线

表7-2　　不同土质的渗透系数

土的分类	渗透系数范围	
	cm/s	m/d
砂卵石	10^{-1}	80～120
砂砾石	$6\times10^{-2}\sim10^{-1}$	50～80
粗砂	$3\times10^{-2}\sim6\times10^{-2}$	25～80
中砂	$10^{-2}\sim3\times10^{-2}$	15～25
细砂	10^{-2}	8～15
粉细砂	$6\times10^{-3}\sim10^{-2}$	5～8
粉砂	$10^{-5}\sim6\times10^{-3}$	1～5

表 7-3　　**不同灌浆材料可适用地层的渗透系数**

灌浆材料	可灌地层的最小渗透系数	
	cm/s	m/d
水泥砂浆（细砂）	1.0	800
普通水泥浆	0.2	170
掺有减水剂的水泥浆	0.1	100
水泥黏土浆	5×10^{-2}	40
黏土浆	5×10^{-2}	40
磨细水泥黏土浆	2×10^{-2}	20
膨润土浆	10^{-2}	10
硅酸钠	10^{-2}	10

表 7-4　　**国内外若干砂砾石地基灌浆工程的情况**

工程名称	国别	建成年份	坝高或水头/m	帷幕面积/m	帷幕最大深度/m	帷幕孔布置			灌浆孔总长/m	最大灌浆压力/MPa	单位注入量		平均渗透系数/（cm/s）	
						排数	排距/m	孔距/m			t/m	t/m²	灌浆前	灌浆后
西尔文斯坦	德国	1959	46	5200	120	7	3	2～3	8000	（0.3～0.6）H	1.3	2.5	5×10^{-1}	（1～3）$\times10^{-4}$
谢尔·庞桑	法国	1960	120	42000	115	19	2～2.5	2.5～4	16200	0.6H <6～8	1.5	6.7	3×10^{-1} 9×10^{-2}	2×10^{-5}
米松·太沙基	加拿大	1960	60	6200	150	5	3	3～4.5	8000	（0.3～0.6）H	2.1	3.1	2×10^{-1}	4×10^{-4}
马特马克	瑞士	1967	115	21000	110	10	3	3.5	49000	2.0～2.5	1.4	3.2	10^{-2}～10^{-4}	6×10^{-5}
阿斯旺高坝	埃及	1971	111	54700	250	15	2.5～5	2.5	335000	3.0～6.0	1.4	6.1	10^{-1}～10^{-3}	3×10^{-4}
船明	日本	1977	15	60	14200	4	2.5	2.5	17350	0.8～1.0H	1.37	1.67	10^{-1}～10^{-2}	10^{-4}
只见	日本	1988	19.8	铺盖灌浆深 5m		2		2.5	1735		湿磨水泥 260kg/m		1.7×10^{-2} 2.3×10^{-3}	2.3×10^{-5}
密云水库	中国	1960	66	27400	44	3	3.5	4		2.5			（4～10）$\times10^{-1}$	6×10^{-5}～7×10^{-4}
岳城水①	中国	1961	51.5		23	2 3	4、5 1.7～3.3	6	17790	1.8	左岸 637 右岸 2340kg/m		7×10^{-3}～5×10^{-2}	10^{-4}～10^{-3}
下坂地灌浆试验①	中国	2003	78		158	3	3.0	3.0	1665	2.5	0.641		10^{-2}～10^{-1}	1.7×10^{-6}～1.8×10^{-4}

① 采用循环钻灌法施工，其余均采用预埋花管法施工。

注　表中 H 为灌浆段以上岩层厚度，m。

总之，砂砾石地层结构复杂，确定砂砾石层是否可灌，选择何种浆液适宜，最好采用上述多种判别方法进行综合分析。对于地基中存在不同分层的情况，就要选用不同的灌注材料。

2. 剖面型式

悬挂式帷幕（不完全帷幕）及浅式着底帷幕（完全帷幕）采用等厚剖面。深厚灌浆帷幕采用上厚下薄剖面；承担一定土压力的柱式帷幕采用等厚或上薄下厚剖面；箱式帷幕采用槽型剖面。

3. 帷幕的厚度

灌浆帷幕厚度应保证帷幕本身不产生机械管涌，并对抵抗渗透水的侵蚀有足够的能力和寿命，还应保证在设置帷幕后，地基土不会产生渗透破坏。

（1）满足帷幕抗渗要求。帷幕的厚度 t 可根据所承受水头 H 和帷幕本身的允许水力坡降 J_a，由式（7－29）求得。当灌浆材料中水泥含量为水泥和黏土总量的 20％～25％时，$J_a \leqslant 2 \sim 3$ 。

$$t = H / J_a \tag{7-29}$$

在黏土心墙下设置的帷幕，可考虑帷幕上游部分地基中的水头损失，此时帷幕厚度可用式（7－30）计算（见图 7－10）：

$$t = \frac{H - h}{J_a\left(1 - \frac{K_1}{K_0}\right)} - \frac{L}{\frac{K_0}{K_1}} \tag{7-30}$$

式中：H 为坝前水深；h 为心墙下游浸润线高度；K_0为坝基土的渗透系数；K_1为灌浆帷幕渗透系数；L 为帷幕及帷幕前地基渗径长度；其余符号意义同前。

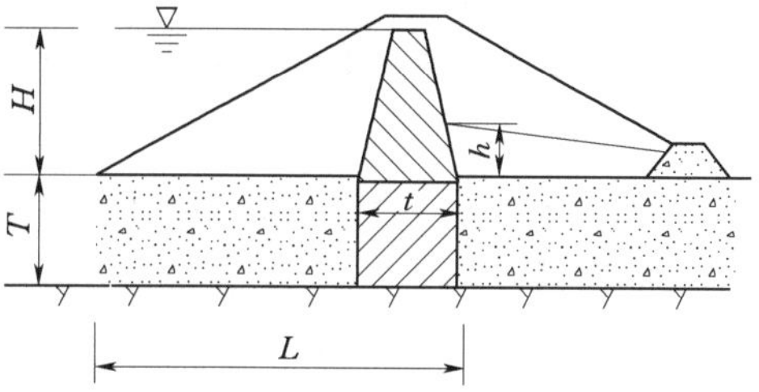

图 7－10　设于黏土心墙下的帷幕

室内测得的灌浆帷幕体的破坏梯度比较大，实际灌浆施工中，常有部分细粒砂土空隙未能被浆液填充，设计采用的允许梯度不能过大。其中又以上部黏土心墙与帷幕接触梯度为控制条件，一般取 3～5，其他部位取 4～7。

（2）强度条件。中部须开挖竖井的柱面式帷幕，要承受井筒外的土压和水压，按拉麦公式核算帷幕厚度：

$$t = R\left(\sqrt{\frac{[\sigma]}{[\sigma] - 2P}} - 1\right) \tag{7-31}$$

式中：R 为井筒开挖半径；$[\sigma]$ 为固砂体允许抗压强度（取极限抗压强度的 2/3～1/2）；P 为最大土压力。

（3）耐溶蚀年限复核。A. H 阿达莫维奇建议，以灌浆帷幕受滤时，水泥石中全部氧化钙的 25％被溶出所经历时间 T（a）作为耐溶蚀年限：

$$T = \frac{0.081Ct}{K_n J}\left(\frac{1}{c_1} - \frac{1}{c_2}\right) \tag{7-32}$$

式中：C 为单位帷幕体积的水泥用量，N/m ；t 为灌浆帷幕厚度，m；K_n 为灌浆帷幕渗透系数，m/a；J 为水力梯度；c_1 为水化铝酸四钙的极限氧化钙浓度，为 10.8N/m^3；c_2 为水化铝酸三钙的极限氧化钙浓度，为 5.6N/m^3。

4. 帷幕深度

砂砾地基中的灌浆帷幕多为垂直方向布置。着底式完全帷幕底部应伸至不透水层内一定深度。一般控制为黏土地层内 3～5m，基岩内 2m，或钻灌至相对不透水层内（$q \leqslant 3$～5Lu，约相当 $K = 10^{-5}\text{cm/s}$ 量级；对Ⅲ级及以下的中小工程可放宽为 5～11Lu）。

在均匀透水地基中采用悬挂式帷幕深度一般为坝高的 30%～70%。

在实际设计时，除了根据上面的要求计算帷幕深度外，实际采用多少深度还要结合工程的具体条件和要求进行调整。

当堤坝地基透水层为无限深时，按 H. H. 巴甫洛夫斯基公式求解：

$$J_{ex} = \frac{H}{\pi S} \frac{x}{\sqrt{S^2 + x^2} \sqrt{\left[\sqrt{1 + \left(\frac{x}{S}\right)^2} - a\right]^2 - b^2}} \quad (b_2 \leqslant x \leqslant \infty) \tag{7-33}$$

$$a = 0.5\left[\sqrt{1 + \left(\frac{b_1}{S}\right)^2} + \sqrt{1 + \left(\frac{b_2}{S}\right)^2}\right]$$

$$a = 0.5\left[\sqrt{1 + \left(\frac{b_1}{S}\right)^2} - \sqrt{1 + \left(\frac{b_2}{S}\right)^2}\right]$$

式中：J_{ex} 为下游逸出梯度；S 为帷幕深度；H 为上下游水头差。

当堤坝透水地基为有限深时，可绘制流网。位于透水轮廓末端，邻接下游地基最后两根等势线所求出的渗透梯度 J，即为下游逸出梯度。

为防止板桩墙产生流砂而设置的悬挂式帷幕下插深度 x，用式（7－34）计算。采用的灌浆深度为 $(2\sim3)x$。

$$x = \frac{1 + e}{2(G - 1)} H - d_2 \tag{7-34}$$

式中：e 为地层土的孔隙比；G 为土的比重；H 为水头差；d_2 为板桩墙插入深度。

箱式帷幕的灌浆深度，应使基坑开挖后，水平帷幕上方所剩下的土体重量（包括帷幕固结体重量）足够与作用于幕底的静水扬压力平衡。

5. 帷幕的孔距与排距

帷幕孔距与排距应根据地基颗粒级配情况和可灌性指标大小来选择。一般边排密，中排稀，因边排先灌，压力较小，浆液较浓，扩散半径小。中排后灌，压力较高，浆液较稀，扩散半径较大。一般边排孔距排距约为 2.5m，中排为 4～5m，布孔应呈梅花形，先灌上游排，再灌下游排，最后灌中间排。

6. 伸入两岸的防渗帷幕长度

一般要求达到水库正常高水位与不透水层或相对不透水层相交处；或两岸地下水位与水库正常高水位相交处，以形成封闭的防渗线。

有时达到这两个条件，将使帷幕延伸很长。由于延伸一段距离后，水力梯度减小，绕流量也相应减小，而通过帷幕本身的渗水量又有所增加，到两者平衡后，再延长岸边帷幕或再加深帷幕都没有附加防渗作用。表明该范围为经济、有效灌浆范围，没有必要再延伸帷幕。

7. 灌浆压力

灌浆压力与灌浆孔的孔深、注入率及灌浆孔所在的部位、次序等因素有关。当灌浆压力超过地层的压重和强度时，有可能导致地基及上部结构的破坏。因此，一般都以不使地层结构破坏或仅发生局部的和少量的破坏，作为确定砂砾石层允许灌浆压力的基本原则。通常砂砾层灌浆压力通过灌浆试验来确定，当缺乏试验资料时，可用经验公式计算或通过工程类比确定允许灌浆压力。如

$$P=\beta\gamma T+c\alpha\lambda h \tag{7-35}$$

式中：P 为允许灌浆压力，kPa；β 为系数，在 1～3 范围内选择；γ 为砂砾石之上盖重层的重度，kN/m^3；T 为盖重层厚度，m；c 为与灌浆次序有关的系数，Ⅰ序孔 $c=1$，Ⅱ序孔 $c=1.25$，Ⅲ序孔 $c=1.5$；α 为与灌浆方式有关的系数，自上而下灌浆 $\alpha=0.8$，自下而上灌浆 $\alpha=0.6$；λ 为灌浆段以上砂砾石层的平均重度，kN/m^3；h 为盖重层底面至灌浆段段顶的深度，m，无盖重层时自砂砾石表面起算。

表 7-5 和表 7-6 分别为密云水库和葛洲坝土石围堰砂砾地基灌浆使用的压力情况。

灌浆过程中，压力的使用应从小到大逐级增加，防止突然压力升高，也要防止注入率突然增大。

表 7-5　密云水库白河主坝帷幕灌浆使用灌浆压力表

深　度/m	12～15	15～17	17～20	20～25	>25
允许压力/MPa	0.5	1.0	1.5	2.0	>2.5

表 7-6　葛洲坝土石围堰砂砾地基灌浆压力表（循环钻灌法）

灌浆段深度/m		1～10	11	12	13	14	15	16	17	18	19	≥20
灌浆压力/MPa	Ⅰ序孔	0.3	0.4	0.5	0.6	0.7	0.8	0.9	1.0	1.1	1.2	1.3
	Ⅱ序孔	0.4	0.5	0.6	0.7	0.8	0.9	1.0	1.1	1.2	1.3	1.4
	Ⅲ序孔	0.5	0.6	0.7	0.8	0.9	1.0	1.1	1.2	1.3	1.4	1.5

仅仅依靠浆液在粒间浸入（即渗透扩散），而不允许土体产生劈裂和位移的灌浆是达不到很高标准的，尤其是在以细颗粒为主的土、砂层中，有时尽管其十分疏松、空隙度很高、透水性很大，但是浆液在粒间浸入却十分困难。当灌浆压力 P_e 达到下述数值时，就会导致地层破坏，即产生水力劈裂现象：

$$p_e=\frac{(\gamma h-\gamma_\omega h_\omega)(1+K)}{2}-\frac{(rh-\gamma_\omega h_\omega)(1-K)}{2\sin\phi'}+C'\cot\phi' \tag{7-36}$$

式中：γ、γ_ω 分别为砂砾层容重、水的容重；h、h_ω 分别为灌浆层以上的土层厚度和地下水位高度；ϕ'、C'分别为土层的有效内摩擦角和有效内聚力；K 为主应力比。

水利劈裂将使客观地层更加可灌，不可灌地层变为可灌。

8. 灌浆材料

灌浆浆液有纯水泥浆、纯黏土浆液、水泥黏土浆液、沥青以及矽化、丙凝、铬木素、丙强、聚氨酯、丙烯酸盐等化学灌浆材料。前4种灌浆材料为一般工程所常用，造价较低。在砂砾石坝基中采用这些灌浆材料进行渗漏处理，一般均能取得良好的效果。但是，对于砂土地基的渗漏，采用黏土或水泥灌浆，一般是无效的。因为黏土或水泥浆，由于钻孔附近的砂的过滤作用，将析出浆料颗粒，阻塞通路，使不能继续进浆。只有当地基土的颗粒级配位于图7-9中D线左侧时，才能考虑黏土或水泥灌浆。对于中砂、细砂和粉砂层的阻漏措施，需采用各种化学灌浆材料进行灌浆处理，才能提高地基的防渗能力和承载能力。

化学灌浆的最大特点是，浆液的黏度较低，有的与纯净的水相近，所以能灌入0.15mm以下的细裂缝，或粒径0.1mm以下的粉砂，且能大大缩短凝结时间，有些化学浆液甚至几秒钟之内即可凝固，发挥灌浆作用。

各种化学灌浆材料其化学元素各不相同，因此，不仅浆液本身的物理性能不同（如黏度），而且灌入土中形成防渗体后的物理性能也有很大差别（如抗压强度高低不一），故必须因地制宜，正确选用。例如，对砂砾石或风化破碎岩层的化学灌浆处理，主要是提高防渗能力，对浆液强度则不必考虑；对软塑状黏土层不必考虑防渗问题，重点是提高承载能力；对于粉砂和细砂地基，则防渗于强度问题均需同时考虑。

通常情况下，砂、砾（卵）石层的防渗帷幕灌浆，大都是灌注以黏土为主，加少量水泥的混合浆液，也有只加些胶凝剂的黏土浆或膨润土浆。空隙较大时，可使用水泥砂浆，或由多种材料拌制的膏状浆液等。

水泥黏土浆的主要优点是稳定性好，注入能力强，防渗效果好；在许多情况下可就地取材，因而价格便宜。最主要的是它具有良好的可塑性和化学稳定性。既不担心它会在地基变形中开裂，也不担心它会遭受化学侵蚀破坏；不靠它来承担坝的垂直荷载，只需有一定的厚度和密实性就足够了。

灌浆用的黏土，可尽量在当地就近选取，不需要有很高的黏土矿物含量。由于各地的黏土成分及物理性质不同，所以在浆液配合比上没有统一准则。水泥黏土浆中黏土和水泥的比例应根据工程要求和地质条件而定，在一般情况下，对于永久性工程，可采用水泥∶黏土＝1∶1～1∶4，干料∶水＝1∶1～1∶3，浆液稳定性小于0.02，析水率小于2%，黏度小于或等于60s（500/700漏斗黏度计），浆液结石28d抗压强度不小于0.3～0.5MPa。

进行多排孔帷幕灌浆时，边排孔宜采用水泥含量较高的浆液，中间排孔可采用水泥含量较低的浆液。另外帷幕浅部也宜采用水泥含量较高的浆液。临时性的工程可适当减少水泥含量，甚至使用黏土浆。有时候一个工程的地基由多种地层组成，这就要针对不同地层选用不同的浆液。以下是几个坝的浆液使用情况。

（1）谢尔·庞桑。6排孔，边排孔用水泥（C）∶黏土（G）∶水（W）＝1∶1.5∶5；内排孔用C∶G∶W＝1∶5∶14。

（2）阿斯旺。15排孔。1、5、11、15排用C∶G∶W＝1∶3.4∶4.3；3、7、9、13排用G∶水玻璃（N）∶W＝1∶0.005∶1；2、4、12、14排用膨润土-水玻璃；6、8、10排用硅酸铝溶液。具体使用的浆液见表7-7。

表 7-7　　埃及阿斯旺水坝帷幕灌浆采用的浆液

部位		外部灌浆孔					中间灌浆孔			
浆液		膨润土-硅酸盐浆		水泥黏土浆			硅酸盐浆	膨润土-硅酸盐浆	黏土-硅酸盐浆	
灌浆部位的有效粒径 D_{10}/mm		0.07～0.14	0.14～0.21	0.21～0.3	0.3～0.55	0.55～0.85	0.07～0.21	0.21～0.55	0.21～0.55	0.55～0.85
浆液配比/(kg/m³)	水泥			93	125	125				
	黏土			360	415	495			570	615
	膨润土	160	190					81		
	硅酸盐	1.6	1.9				435	256	41	44
	铝酸钠						14	9.1		
	六偏磷酸钠			4.8	2.1	2.5			2.9	3.1
	水	960	915	840	810	780	685	785	760	745

(3) 萨德·艾尔·阿里。9 排孔。①$C:G:W=1:4:10$；②$G:W=1:1.4$（此两种均有水玻璃做“安定剂”；③膨润土（N）：$W=1:7$；④$N:W=1:1.2$ 加铝酸盐盐反应剂。

(4) 密西安。5 排孔。1、5 排 $C:G:W=1:1.4:3.3$；2、4 排 $C:G:W=1:5:14$；3 排 G：（硅酸盐＋磷酸盐）：$W=1:0.2:2.8$。

(5) 密云。3 排孔。1、3 排 $C:G:W=1:1.86:8.6$；2 排 $C:G:W=1:4:(5\sim12.5)$（注浆困难时多加水）。具体使用的浆液见表 7-8。

表 7-8　　北京密云水库白河主坝帷幕灌浆采用的浆液

浆液种类	使用部位	使用条件/(L/min)	配合比		黏度/s	密度/(g/cm³)
			干料：水	水泥：黏土：水		
黏土浆	开环		1：4	0：1：4	17～19	1.12～1.16
水泥浆	灌盖板		1：0.6	1：0：0.6		1.7～1.74
			1：0.8	1：0：0.8		1.57～1.61
			1：1	1：0：1		1.48～1.52
水泥黏土浆	边排孔	＞100	1：1	1：1.86：2.86	32～37	1.48～1.50
		50～100	1：1.5	1：1.86：4.29	24～28	1.33～1.37
		＜50	1：3	1：1.86：8.58	18～20	1.19～1.23
	中排孔	＞100	1：1	1：4：5	46.5	1.45
		50～100	1：1.5	1：4：7.5	38.6	1.34
		＜50	1：2.5	1：4：12.5	17	1.22

另外，某工程采用循环钻灌法时，使用了表 7-9 中的浆液配比。

表 7-9　　某工程采用浆液配比（循环钻灌法）

<table>
<tr><th>浆　液</th><th>干料：水</th><th>水泥：黏土：水</th><th>密度/(g/cm³)</th><th>黏度/s</th><th>备　注</th></tr>
<tr><td rowspan="3">水泥浆</td><td>1：0.6</td><td>1：0.6</td><td>1.70～1.74</td><td></td><td rowspan="9">水泥密度为3.0g/cm³，黏土密度为2.76g/cm³</td></tr>
<tr><td>1：0.8</td><td>1：0.8</td><td>1.57～1.61</td><td></td></tr>
<tr><td>1：1</td><td>1：1</td><td>1.48～1.52</td><td></td></tr>
<tr><td rowspan="6">黏土水泥浆</td><td>1：1.5</td><td>1：1：3</td><td>1.33～1.37</td><td>滴流</td></tr>
<tr><td>1：2</td><td>1：1：4</td><td>1.26～1.30</td><td>39</td></tr>
<tr><td>1：3</td><td>1：1：6</td><td>1.18～1.22</td><td>20</td></tr>
<tr><td>1：4</td><td>1：1：8</td><td>1.13～1.17</td><td>17</td></tr>
<tr><td>1：5</td><td>1：1：10</td><td>1.10～1.14</td><td>16</td></tr>
<tr><td>1：6</td><td>1：1：12</td><td>1.08～1.12</td><td>16</td></tr>
</table>

水泥一般是作为“凝结剂”或“固化剂”使用，靠它使浆液结石获得一定强度。

膨润土是黏土的一种，以蒙脱石、高岭石、伊利石为主矿物。经充分水化后大多成为直径不超过 1μm 的高度分散的微粒。使用它，可使浆液更滑润细腻，便于灌入。

在黏土或膨润土浆液中加入硅酸钠（即水玻璃），初期它像稀释剂一样起降低浆液黏度的作用，后期它像促凝剂一样促使浆液尽快凝固。

使用硅酸铝与硅酸钠混合液，属于化学灌浆的范畴。

各种灌浆材料有不同的化学性质（表 7-10），为避免产生不利化学反应，选择浆材时应了解土层的化学性质及其 pH 值。

水泥浆为碱性，含较多有机质及盐类，会阻碍水泥水化反应的进行。把水泥浆灌注到类似腐殖土的酸性土中时，水泥不凝固。当有机质含量超过 2%～3%时，水泥浆在稀释情况下也难以凝固。

表 7-10　　灌浆材料化学性质

浆液	水泥浆	膨润土浆	水玻璃	铬木素浆（添加氯化铁）	尿素（添加硫酸钠）	丙烯酰胺
pH 值	11	9～10	13	3	3	7～10
酸碱性	碱性	碱性	碱性	酸性	酸性	中性、碱性

含铬木素浆液为酸性，适用于中性或微酸性地基。当采用两排水泥灌浆孔中间插灌一排含铬木素浆液时，需在水泥灌浆完后经一段时间，待地下水的 pH 值接近中性后，才能进行铬木素灌浆。

水玻璃与氯化钙的硅化法灌浆，不适用于被沥青、油脂、石油化合物所浸透和地下水 pH 值大于 9 的土中。

丙烯酰胺浆液（丙凝）是近于中性的灌浆材料，pH 值宜在 7～10 之间，适用于微酸性、中性或微碱性地基。pH 值大于 6.5 时，胶凝时间大为延长，且不稳定。若被灌地基土含有较丰富的铁离子（特别是三价铁），呈酸性时，应在浆液中加碳酸钠之类的缓冲剂，并经现场试灌验证。

尿素浆会与 $CaCO_3$ 和 $NaHSO_4$ 反应生成 Na_2CO_3 而不胶凝。因此，不能用于灌注含有石灰石和贝壳的土层中。

沥青灌浆可用于存在侵蚀性水的土层，最适用于地基中含有碱性化合物的情况下。

灌注时应注意，不同化学性质的浆液不能随意同时使用。

浆液的酸碱性也可用无机的酸碱或其他无机物质来调整，如盐水能使浆液的 pH 值下降，加入水泥则能使浆液的 pH 值上升。

9. 浆液的渗透距离

由于浆液和地层的性质都十分复杂，为了研究浆液在地层中的流动状态，学者们建立了各种模型，推导了许多公式。通过它们可以近似地估算出有关的参数。对于由颗粒材料组成的悬浊浆液，渗透距离可用式（7－37）估算：

$$R=\frac{\gamma_w g h\, r_e}{2s}+r \qquad (7-37)$$

式中：R 为浆液的渗透距离，cm；γ_w 为水的密度，g/cm^3；g 为重力加速度，$9.81m/s^2$；h 为注入压力，以水头表示，cm；r_e 为孔隙的等值半径，cm；s 为浆液的屈服强度，dyn/cm^2；r 为灌浆孔半径，cm。

r_e 值与地基的渗透系数有关，可按表 7－11 选取。s 值参考图 7－11 取用。

表 7－11　　孔隙等值半径

k/（cm/s）	r_e/cm	备　注
1	0.019	孔隙比等于 0.3
10^{-1}	0.0059	
10^{-2}	0.0019	
10^{-3}	0.00059	

10. 砂砾石地层注浆量估算

在覆盖层没发生明显抬动的情况下，每一灌段的总注浆量可以用式（7－38）估算：

$$Q=2\pi RLn\alpha\beta \qquad (7-38)$$

式中：Q 为灌浆段总注浆量，m^3；R 为预计灌浆渗透半径，m；L 为灌浆段长度，m；n 为地层孔隙率，%；α 为灌浆的充填率，取 0.8～1.0；β 为富裕系数，取 1.5。

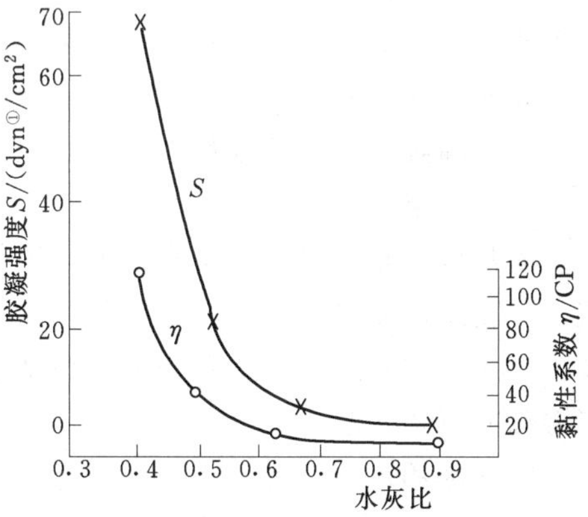

图 7－11　水泥浆液的屈服强度

①1dyn＝10^{-5}N。

11. 帷幕细部结构

（1）表层处理。砂砾石地基表层是主要承压部位。灌浆时，表层容易产生冒浆和抬动，灌浆压力难以提高，浆液扩散范围小，因此常规灌浆表层 3～6m 的灌浆质量难以保证，宜采取以下措施处理。

1）开挖回填。灌浆后挖去表层灌浆质量较差部分，并回填防渗土料，与坝体防渗体相接。

2）阻浆铺盖。在灌浆前沿帷幕灌浆轴线地面用黏土、混凝土、装土麻包或编织布袋（用于水下部位）形成一定宽度的铺盖。其厚度按灌浆压力不超过上覆重量的1.5～2.0倍设计；宽度应比浆液扩散范围大；有的工程还在铺盖两侧加深或增设反滤层。铺盖必须填筑密实，以防冒浆。在黏土压浆铺盖中，采用干法钻灌浆孔，以避免扩孔。钻孔直径等于或稍小于灌浆管直径，以防止沿管壁冒浆。

压浆铺盖常为上部结构防渗体。

3）增设盖重。在原地面铺筑满足反滤要求的透水砂卵石，既可加大表层灌浆压力，又有助于已灌浆体泌水，提高灌浆质量。由于透水，可做得较薄。但填筑上部防渗体前，须挖去部分盖重。

4）填筑心墙或部分坝体后灌浆。利用已填心墙和坝体作为压重。为保证砂砾地基顶部灌浆质量，填筑厚度应不小于5m，且至少底部3m作为一个灌浆段进行灌浆封闭。

5）增设板桩或防渗墙。由于填筑地基处理带来新的困难或隐患。因此，重要工程往往采取表层加筑板桩墙或防渗墙。

（2）与其他防渗措施的接头处理。与灌浆帷幕轴线重合的板桩墙或防渗墙，采用灌浆帷幕包裹一定长度方式连接。与灌浆帷幕轴线成相互垂直布置的已筑混凝土建筑物、板桩墙或防渗墙相接，采取刺墙，或在结合部位加强灌注、增加帷幕厚度方式。

（3）底部与基岩帷幕灌浆连接方式有两种。

1）与砂砾地基帷幕的上游边排孔结合。因为砂砾地基帷幕灌浆边排孔的排距较中排孔小，可以与基岩帷幕孔结合，节省钻孔工程量。待边排灌浆完成后进行砂砾层中排灌浆的同时，进行边排孔下面的基岩灌浆，以争取工期。但这样易向覆盖层跑浆，影响两者结合质量。

2）与中排孔结合。有利于提高结合面及基岩帷幕灌浆质量。

（4）灌浆廊道。在砂砾地基上设置灌浆廊道易受地基沉降影响，使廊道结构复杂，一般不在冲积层上建廊道。仅在工程重要、灌浆质量又无保证情况下，为使以后有条件补充灌浆，提供运行期间监视观测场所时，设置廊道。如新疆下坂地水利枢纽就采用了这种布置。

三、灌浆帷幕及其位置

1. 灌浆帷幕

灌浆帷幕是在一定压力作用下，把浆液压入坝身或坝基土体，使浆液充填土体中的孔隙，并胶结而成防渗帷幕，以拦截坝身和坝基渗漏。关于坝身灌浆问题，在第四节土坝坝体灌浆加固中叙述。这里仅介绍在坝基中用灌浆方法，在透水层中形成灌浆帷幕，防止坝基渗漏的有关问题。

当坝基透水层过深，或者坝基透水层中有较大的漂砾、孤石，采用其他坝基防渗措施存在一定困难时，采用坝基灌浆帷幕则有一定的优越性。当仅仅需要对坝基中某些局部地方进行渗漏处理时，采用灌浆帷幕也较灵活方便。

国内外许多工程采用灌浆帷幕方法，已经取得了很成功的经验。法国谢尔·庞桑坝首先采用这种方法。该坝高125m，坝基透水层深达115m，为夹有大砾石和细砂的砂砾石冲积层。1957年建成了面积4200m^{2}的水泥黏土灌浆帷幕。灌浆孔共19排，边排孔浅，中央排孔深，帷幕厚度达15～35m。灌浆压力随帷幕深度而增加，最深处达60～80kg/cm^2。灌浆后，坝基透水层的渗透系数由原来的 5×10^{-2} cm/s 降至 2×10^{-5} cm/s。1960 年开始蓄水以后，水深保持在 100m 以上，坝基渗透量仅 $0.2m^3/s$，防渗效果显著。1967 年建成的埃及阿斯旺水库的坝基灌浆帷幕，是规模最大的灌浆帷幕工程。该工程水头 110m，灌浆深度 255m，帷幕面积 $54700m^2$，灌浆孔共 15 排，帷幕厚度达 5～40m，灌浆后坝基透水层的渗透系数由原来的 10^{-3}～5×10^{-5} cm/s 降至 3×10^{-6} cm/s。

我国密云、上马岭、岳城等水库也采用了灌浆帷幕处理，获得了成功。如上马岭水库，坝高 29m，建于厚 27～34m 夹有亚黏土透镜体的砂砾石层上，渗透系数 20～550m/d。三排灌浆孔，帷幕厚 11.2m，水泥灌浆后渗透系数降至 0.05～0.2m/d。现在正在施工的新疆下坂地水利枢纽工程覆盖层深度达 150m，采用防渗墙与帷幕灌浆相结合的办法，上部布置一道防渗墙，在防渗墙下布置 4 排灌浆帷幕。

2. 灌浆帷幕的位置

灌浆帷幕的位置根据帷幕防渗型式及上部建筑物防渗体位置而定。接底式灌浆帷幕布置在心墙、斜墙、铺盖或截渗墙下部。帷幕底部深入基岩或相对不透水土层内 2～5m。布置在心墙下的灌浆帷幕须先进行灌浆再填筑坝体，或者填筑坝体后在专设的廊道内灌浆（阿斯旺坝、新疆下坂地坝）。布置在斜墙下的帷幕一般为先灌浆，再挖去上部灌浆质量较差部位，回填斜墙防渗料。铺盖可作为压浆板，为有利于简化施工，加快进度，宜先填铺盖，后灌浆。

悬挂式灌浆帷幕，只用在砂砾石层很厚，基岩或相对不透水层埋藏很深或分布无规律，挡水水头不大，能满足防渗要求的情况下。为减少逸出梯度，一般布置在上游斜墙或防渗铺盖下，且要有足够厚度，不使帷幕底部遭受集中渗流破坏。

由于堤坝地基轴线附近的最小主应力面为垂直面，因此，采用定向劈裂灌浆轴线，宜设置在已筑堤坝轴线附近，且灌浆时间宜选择在上游无水或低水位时期。

四、灌浆帷幕结构型式

1. 均厚帷幕

由单排孔或多排同深孔形成的顶部与底部厚度相等的灌浆帷幕。用于砂砾石层厚度不大，灌浆帷幕不深的情况。

2. 阶梯式帷幕

在深厚的砂砾石地基中，因为渗流梯度随砂砾石层的加深而逐渐减小，为减少钻孔及灌浆工程量，多采用上宽下窄的阶梯状帷幕。如埃及的阿斯旺坝砂砾地基灌浆帷幕深 250m，帷幕厚度自上而下分为 4 个阶梯，厚度分别为 40m（9 排灌浆孔）、30m（7 排灌浆孔）、20m（5 排灌浆孔）、5m（1 排灌浆孔）。

3. 柱面式帷幕

在砂砾石层中开挖竖井（或基坑）、人工挖孔桩或其他建筑物地基时，沿竖井（或基坑）四周布置一圈封闭状灌浆帷幕。

4. 箱式帷幕

在深厚砂砾地基中开挖兴建工程，为了减少防渗工程量，采用沿开挖边线四周布置的悬挂式垂直防渗系统，与位于深处的水平灌浆帷幕组成封闭的箱式防渗帷幕。例如位于莱茵河的大阿尔萨斯运河上的费森海姆电站，地基砂砾层厚度超过 200m、其渗透系数 10^{-2}

m/s。基坑开挖面 175m×87m、深 27m，其中 23m 位于地下水位以下，采用悬挂式与水平灌浆帷幕组成的箱式帷幕防渗。

五、灌浆工艺参数的确定

1. 灌浆段长

砂砾石地层的灌浆与岩石地基不同，灌浆段划分宜短。预埋花管法每段长度为 0.3～0.5m；其他灌浆方法段长为 1～2m，很少有超过 3m 的。

2. 浆液稠度及其变换

浆液稠度的变换有两种做法：一是自始至终采用一种固定不变的配比，灌浆过程中不进行变换；二是执行由稀变浓的原则。当采用变换浆液稠度的方法时，为简便起见，可固定干料中水泥、黏土等的比例，变浆时仅仅变换水与干料的比例。

浆液稠度变换的条件因工程和地质条件而异，通常都是由稀至浓逐级变换，当某一级浆液灌入已达一定数量后，应改换浓一级浆液。浆液的起始配比不一定都使用最稀的比级，当注入率大时可以越级变浓。每级配比的注入量有的工程定为灌注 600L 以后变浓一级，有的工程定为 1000～1500L。

3. 特殊情况处理

(1) 地面抬动变形。在砂砾石层中灌浆，如果使用的灌浆压力太大，常易产生地表抬动变形。一般情况下少量抬动是允许的，通常允许最大抬动值不得超过灌浆深度的 1%～2%。但在已经建成的闸坝底板上或廊道内灌浆时，则不允许产生抬动或限制抬动量很小。

地表抬动变形的数值，可通过在灌浆范围内设置的观测桩系统，于灌浆前、后或灌浆过程中分别进行标高测量获得。

为减少地表抬动，可以采取下列措施。

1) 在砂砾石层上部铺设一定厚度的黏土铺盖或混凝土盖板。

2) 增大表层灌浆孔的密度，可以增强帷幕表层的密实性。

3) 在砂砾石表层灌浆段的灌注浆液中加大水泥含量，或灌注纯水泥浆，先采用低压稀浆灌注，以形成一个较坚固的盖重层。

4) 采用自上而下灌浆法。

(2) 采用预埋花管法灌浆时，有的灌浆段压不开环。当灌浆压不开环时，可酌情使用下列方法。

1) 检查灌浆塞位置是否正确，并加以调整。

2) 使用较高压力开环。

个别不开环的孔段如不违反下述规定可不处理：中排孔不得有连续不开环的孔段，边排孔不得有连续 3 环不开环的孔段，在同一高程顺水流方向上不得有全不开环的孔段。

对必须进行强制开环的孔段可采取如下措施：使用更高压力（5～6MPa）开环；在花管内进行小型爆破。

(3) 采用预埋花管法灌浆时，有时在花管内发生返浆。

当在花管内发生返浆时，可采用下列方法处理。

1) 采用自上而下灌浆法。

2）加长上部的灌浆塞，或再增加一个灌浆塞。

3）在花管内使用无塞上提法灌浆。

在灌浆过程中发生中断、冒浆等其他情况时，其处理方法与岩基灌浆基本相同。

4. 灌浆结束条件与封孔

各孔段灌浆的结束条件应根据地层情况、帷幕的防渗标准以及灌浆孔所在的部位等由试验确定。一般满足下列两个条件。

（1）达到设计最大灌浆压力，注入率不大于2L/min，或停止吸浆，持续时间已达15～30min，可以结束该段灌浆。

（2）注入干料量已达到规定的限值后结束灌浆。

边排孔达到上述两条件之一即可，中排孔应达到条件（1）。

注入干料的限量因工程和地质条件而异，可由公式计算并经现场灌浆试验验证或调整获得。在一般地质条件下，孔距为3m的灌浆孔，每米注入干料的限量多为3～5t/m，在渗透性大的砂砾石地层中，达到3～9t/m。循环钻灌法宜采用（1）为结束条件。

灌浆孔灌浆结束后可采用导管法向孔内注入水泥砂浆，或采用全孔灌浆法进行封孔。灌浆孔需保留时，可在孔内回填中砂，孔口加塞保护。

六、工程质量检查

砂砾石地层灌浆工程的质量检查，以检查孔压水试验成果为主，结合对施工记录、成果资料的分析，进行综合评价。检查孔的布置原则与岩石地基灌浆是基本相同的，原则上应当布置在灌浆效果可能较差的部位，检查孔数量可为灌浆孔的5%～10%。

检查的方法为在帷幕范围内钻检查孔采取岩芯和进行压水试验，也可以注水试验或抽水试验。压水试验检查时间可在灌浆完成14d以后；要求采取岩芯时，应在至少28d以后。

检查孔应当使用清水循环钻进。钻进中如遇到难以成孔的情况，可以采取缩短段长、套管钻进、在压水试验后进行灌浆固壁等措施，但不宜使用泥浆循环钻进。

检查孔压水试验应自上而下分段进行，试验段长度可为2～10m，地层复杂时分段宜短一些。灌浆塞可一律安装在孔口。压水压力为灌浆压力的80%并不大于1MPa。压力要求稳定，或采用静水头。试验段压水试验完成后，接着可进行水泥灌浆，灌后待凝、扫孔至原孔深，再测量一次漏水量（如漏水量大，需再次灌浆）。之后接着进行下一段钻孔和压水试验。下一段压水试验计算透水率时，压入流量中，需减去上部孔段的漏水量，按有关公式计算透水率或渗透系数。

检查孔压水试验透水率的合格标准尚未有规范明确规定。一般认为，除有特殊要求外，砂砾石地层的渗透系数降低到10^{-4}～10^{-5}cm/s（约等于0.01～0.1m/d），即可认为合格。

进行灌浆试验时，为取得更多的资料，也可在灌浆范围内（一般是中心部位）开挖检查竖井，井的断面尺寸视井的深度和方便施工决定多为边长1.5～2m的正方形。人可下入井中作直观检查、素描、摄像，可在井中进行注水或抽水试验。当地层由多层性状的砂砾石组成时，可分层下挖，分层试验。

当砂砾石层灌浆的目的是提高强度和抗变形能力时，还可进行弹性波测试。

第五节　土石坝坝体灌浆加固机理

土石坝坝体一般是由黏性土构成防渗体，其渗透系数一般都小于 10^{-5}cm/s。在正常条件下，不需要灌浆，黏性土本身也属于不可灌土层。坝体灌浆是针对不正常的坝而言的，如有裂缝的坝、漏水严重的坝等。在这种坝体内进行灌浆的机理可以归纳如下。

一、利用水力劈裂原理

以均质坝为例，河槽段断面对称轴上 3 个主应力方向如图 7－12 所示。

一般，σ_1等于土柱压力，σ_2、σ_3等于土柱压力乘以坝体内纵向、横向侧压力系数。一般为$\sigma_1>\sigma_2\geqslant\sigma_3$。当对坝体进行压力灌浆时，若灌浆压力 P 大于主应力 σ 与土体的抗拉强度σ_t之和，则在坝体内将产生劈裂，出现裂缝。因 σ_3 为最小主应力，故最先出现的裂缝为纵向的（沿坝轴线方向）。于是，泥浆就流进裂缝，若保持一定的灌浆压力，裂缝将继续发展，泥浆也将不断地充填裂缝。至于起始劈裂灌浆压力的精确确定，是一个较为复杂的问题，但实践表明，在弄清楚之前并不影响坝体灌浆的成功。下面引用一些工程实例来说明在灌浆压力作用下，泥浆在坝体内的流动情况。

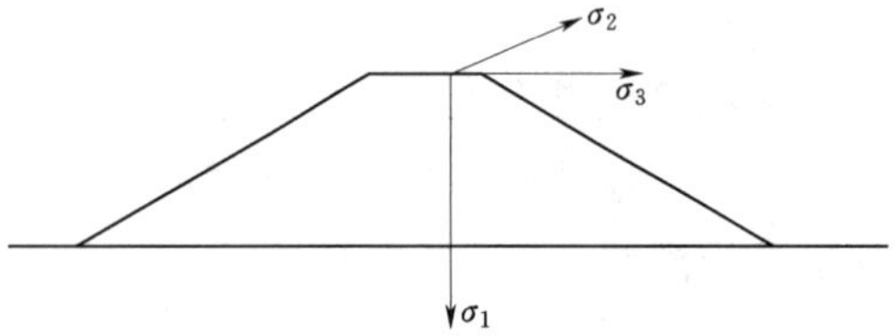

图 7－12　均质坝坝体断面 3 个主应力方向示意图

σ_1—大主应力；σ_2—中主应力；σ_3—小主应力

1. 浆体在平面上的分布

由于坝体内不同部位的应力不同，抗泥浆劈裂的能力、浆体的产状和厚度也不同。沿坝轴线布孔灌浆，当灌浆压力大于坝体的小主应力与土体的抗拉强度之和时，就会在垂直于钻孔的轴线方向沿孔壁呈辐射状劈开。当裂缝进一步扩大时，由于在中主应力作用面上的阻力较大，裂缝不易开展并很快尖灭；但沿小主应力面的阻力较小，故浆液沿发展扩大的裂缝流动，形成主浆脉；斜交于小主应力面上的裂缝，也由于所受的阻力较大，奖掖的流动也将转向小主应力面。因此，浆体在平面上的分布呈纺锤状，此种情况多出现在坝体的中部。在坝体下部的正常压应力区，需要较大的灌浆压力才能沿小主应力面劈裂坝体，形成一条主浆脉，而一般不会形成辐射状浆脉，这也与坝体下部一般不存在裂缝的情况有关。在坝体的上部有一条主浆脉，也有副浆脉，其数量与坝体上部原有裂缝的多少有关。

2. 浆体在断面上的分布

在坝体断面上，小主应力的大小随着深度的增加而增大。在出现裂缝的区域（或受拉区），小主应力不足，因此只需要较小灌浆压力就可劈裂坝体。此时，裂缝是由下向上扩展的，泥浆也随裂缝的扩展而上升，形成主浆脉，其厚度与灌浆压力的大小及持续时间等因素有关，一般厚约 10～25cm。除主浆脉外，还会形成副浆脉，这是浆液渗入原有裂缝的结果。

二、浆、坝的互压作用

对坝体进行灌浆，是通过注浆管的花管段喷出的泥浆，将泥浆压力作用于坝体上的。坝体被灌入的泥浆压力劈裂后，其裂缝将随着灌浆压力的增大而开展，主坝的应力状态也将发生变化，坝体会产生向上下游方向的横向位移。当停止灌浆后，坝体会发生回弹，在回弹（合龙）压力作用下，泥浆会与两侧坝体土紧密结合。另外，由于泥浆中的水分转移渗入土体中，对于干密度较低或松填的坝体，还将发生明显的湿化变形，主要是沉陷。上述两种作用，都将导致坝体内应力重分布，由应力不均衡状态转变到均衡状态。利用浆坝互压原理是提高坝体灌浆效果的重要途径之一。

第六节　土石坝坝体灌浆加固的功能与适用范围

一、坝体灌浆的功用

1. 充填裂缝或洞穴，恢复坝体的完整性及发挥防渗作用

在灌浆压力的作用下，泥浆将进入原有的裂缝（或洞穴），把它充填起来。缝中泥浆在回弹压力作用下被挤紧和排水固结后，与坝体土成为一个整体，共同发挥着防渗作用。

沿坝轴线布孔灌浆，主要是针对原有的纵向裂缝，若全坝都存在纵向裂缝，在采取劈裂灌浆情况下，则沿坝轴线将形成一道主浆脉（其厚度约 20cm，视灌浆压力的大小而定），习惯上称之为防渗帷幕。应当指出，此帷幕与坝基灌浆所形成的帷幕其防渗效果是有很大差别的。坝基帷幕的厚度较大（视需要消杀的水头而定），它的渗透系数一般为 $10^{-6}\sim10^{-5}$cm/s，而透水坝基的渗透系数一般为 $10^{-2}\sim10^{-1}$cm/s，两者相差成千上万倍，再加之有足够的厚度，因此，绝大部分作用水头将被帷幕所消杀。坝体帷幕主浆脉的厚度有限（20cm 左右），在浆液未排水固结之时，它的渗透系数约为 $10^{-9}\sim10^{-8}$cm/s，这可能是薄膜水起作用，而坝体土的渗透系数一般为 10^{-5}cm/s，此时，若根据渗流的基本概念估算，则 20cm 厚的主浆脉相当于原坝顶宽度增加了 200m 以上，即增加了坝体的渗径长度，下游坝体浸润面的高度也将降低。但是，应注意到低渗透系数的浆脉中渗透的特殊性（如薄膜水的作用）。以及形成稳定渗流的历时等问题。当浆液排水固结后，它的渗透系数大致与坝体土的相同，此时就不能起到降低浸润面的作用，但它充填了裂缝，使坝体恢复了整体的防渗性，形成的渗流将为正常的渗流。由前述可知，浆液未排水固结之前，坝体帷幕的防渗效果是显著的，这也为很多工程现象所证实，即坝体劈裂灌浆后，甚至经过 1～2 年后，原潮湿的或漏水的下游坝坡干燥了，浸润面降低了，不从下游坝坡出逸了；但在浆液排水固结后（固结时间与坝体土料和泥浆的性质等因素有关），原干燥了的坝坡又潮湿了、漏水了，浸润面又从坝坡出逸了，这也为工程现象所证实。但是，无论固结时间是长是短，坝体内的泥浆总是要固结的，因此，对均质坝坝体的裂缝进行灌浆处理后，还必须在下游采取排水的方法降低浸润面，以确保坝体的渗透稳定性。

对松填坝体进行灌浆，能使它湿陷，其结果是渗透系数减小，改善其防渗性能，增加坝体土的抗渗能力。

2. 改善坝体内的应力条件，增加其稳定性

在灌浆压力作用下，坝体沿轴线劈开或发生湿陷后，小主应力增加了，但大主应力基本上不变，于是最大剪应力降低了，而平均法向应力和抗剪强度却增加了，两者都能增加坝体的稳定性。

3. 清除坝内管涌、接触冲刷和拉应力

在坝的两端，由于压缩层厚度的差异将产生不均匀沉降和指向河谷的纵向位移，导致出现拉应力区，从而产生横向裂缝；在河床段，对心墙坝则可能出现拱效应作用，从而产生水平裂缝；对坝内埋管，也可能由于变形的差异而出现沿管壁的裂缝或拉松区。上述情况的存在，都将导致坝内发生管涌或接触冲刷。在以上出现裂缝的坝段灌浆，可以起到充填裂缝消除管涌或接触冲刷的作用，另外，由浆和坝的相互作用及促使该坝段的变形，能消除灌浆坝段内的拉应力。

二、灌浆的适用范围

从坝型而言，除斜墙坝、面板堆石坝外，均质坝和心墙坝的坝体都可以采取灌浆的方法处理。但需要在灌浆前搞清问题的性质，以确定是否适于采用灌浆的方法，否则，可能导致不良后果。另外，处理坝体问题的方法很多。灌浆方法只是其中之一，因此还应作经济比较。

坝体的问题主要是渗流问题。若通过坝体的渗流在设计控制之下，坝体任何部位的土体都不会发生渗透破坏，则为正常渗流；反之，能引起土体渗透破坏的渗流，则为异常渗流，或称之为渗漏。在土石坝运行中，允许正常渗流存在，但对异常渗流，在必须采取处理措施。因此，灌浆方法只适用于坝体出现异常渗流的情况。

如何确定异常渗流及其危险性是一个比较复杂的问题。首先，对坝的设计及施工的质量要有比较充分的了解；其次，对坝体的变形、应力及渗流观测资料要进行深入的分析，以确定出现异常渗流的可能性，必要时，还可进行补充勘探，或辅以其他方法，例如地电法、土温和水温的测量等，以确定可能出现异常渗流的范围和性质。另外，对坝面进行定期的巡视检查，也是发现渗漏的方法。如坝面有塌坑和裂缝，坝坡和两岸有渗流出逸区或集中渗漏区，坝后渗水含有泥沙等现象，都表明是异常渗流。

下面以均质（或混合）心墙坝为例，阐明异常渗流产生的原因及判定方法，从而明确坝体的适用范围。

1. 下游坝坡渗漏

（1）浸润面从坝坡出逸。浸润面从下游坝坡出逸，致使坝坡湿润或沼泽化。这种现象一般发生于建筑在不透水地基上的均质坝或混合土料坝型中。过高的浸润面将增加滑坡的可能性；另外，在渗流长期作用下，以及自然条件（温度、降雨等）的影响，坝坡土的抗剪强度及黏聚力将减小，从而引起局部渗透破坏，导致坝坡滑塌。浸润面过高有以下原因。

1）上坝土料及填筑质量均符合设计要求，坝体的透水性也小于 10^{-5}cm/s，但没有设置能降低浸润面的排水设施；或虽有排水设施，但因排水滤层的级配不符合反滤要求，被坝体土堵塞失效。

2）建筑在承压的坝基上但却没有设置减压排水设施。

3）料场土料不好、施工质量控制不好、碾压不实或出现成层现象，这种坝体的干密度一般小于 1.5g/cm^3，渗透系数一般大于 10^{-5}cm/s。

对 1）、2）两种情况，不宜采用劈裂灌浆方法，而应采用排水的方法降低浸润面；对 3）种情况，则应采取劈裂灌浆方法，以改善坝体的质量，提高坝体土的抗渗性能，同时还需要用排水的方法，否则，浸润面是降不下来的。

（2）下游坝面出现集中渗漏及渗透破坏。在中小型水库的土坝上，经常发现集中渗漏及渗透破坏。其原因大致如下。

1）白蚁、獾、鼠、蛇在坝体打洞营巢。

2）土坝分层填筑时，土层太厚，施工机械的功能不足，致使每层填土上部密实，下部疏松，形成集中水平渗漏带。

3）由于施工组织的落后，坝体填筑采用分段包干的方法，填筑的土层厚薄不同，坝体的上升速度又不一致，致使相邻两段的结合部出现少压或漏压的松土带。

4）在坝体内填入了一层砂性土或砾质土。

5）在冬季施工，把大量的冻土块填入坝内，或碾压后形成的冻土层未经处理，都将形成软弱夹层，成为坝体中的渗漏通道。

6）坝体内埋设了压力管道，但管身未设截水环，或管道周围填土的质量较差；地基的不均匀沉降，致使管身或接头处出现裂缝，有压水流通过裂缝沿管壁或坝体薄弱部位集中渗出。当管身的裂缝较大或断裂时，坝体土料也将被渗流带入管道。

7）在坝体与坝基或岸坡，坝体与刺墙、齿墙与涵管，两种土不同粒径的界面，防渗设施与破碎基岩等之间的各种接触部位，由于设计和施工等多方面的原因，往往易成为渗漏的捷径，并引起接触冲刷而导致坝的失事。土体与刚性体接触面的渗流冲刷主要与接触渗径长度，接触面上是否开裂，以及渗流出口有无反滤层保护等情况有关。而两种不同粒径的土或土与裂隙基岩接触面发生渗流冲刷的可能性，则取决于两种土控制粒径之比是否符合滤层关系，或裂隙的宽度是否大于某一定值（例如0.5mm）；另外，还取决于界面上的坡降是否大于土的允许坡降。为此，应了解不同土层的层间系数和裂隙的开度。

2. 坝体裂缝渗漏

坝体开裂是形成渗漏的原因之一。有些坝的裂缝能在坝面察看到，形成的渗漏也能在下游坝坡发现，但有些坝却非如此。例如，由于心墙后的坝壳一般是强透水的土料，通过裂缝的集中渗漏将在坝壳内扩散，因而难以在下游发现集中渗漏区，根据坝壳内浸润面的观测结果也难以判断渗漏的存在。这种渗漏可称为隐蔽渗漏。一般只有根据总的或分区观测的渗流量，或埋设在开裂区的渗压计或测压管，才能发现心墙内存在的隐蔽渗漏，从而采用勘探的方法进一步查明坝体内裂缝的位置、大小、深度、范围、产状等，为今后采取合理的处理方法提供依据。对非隐蔽裂缝可以及时采取处理措施，而对存在隐蔽裂缝的坝，会被当成正常的坝使用，一旦出事则是很严重的。国内外都有这样的实例，例如我国的金兰坝、英国的巴德黑德坝。

由于坝体渗漏主要与坝的开裂有关，为此，下面简述裂缝的分类、形成原因，以及根据原体观测资料确定裂缝的方法，以作为灌浆设计之依据。

坝坡裂缝的宽度、长度和深度的变化范围甚大，这与地形、地基条件、填土的施工质量、填土的物理力学性质及水理条件等因素有关。裂缝的走向也是各异的，有平行坝轴线的纵向缝，有与坝轴线垂直的横向缝，有与坝轴线成一交角的斜缝，也有与水平面大致平行的水平缝。上述裂缝，只能凭经验加以观察和判断。目前，尚无法用计算的方法准确地确定裂缝的位置、宽度和深度等。

对裂缝的分类，也有不同的方法。按裂缝的成因分类，有变形、气候（干缩、冰冻）、滑坡和振动裂缝；按裂缝的走向（几何法）分类，有纵向、横向、水平、斜向和龟纹裂缝。除上述分类外，还有其他分类方法。我国一般采用几何分类法。

（1）纵向裂缝的确定、危害及灌浆。纵向裂缝的走向大致与坝轴线平行，倾角一般为80°～90°，深浅不一，有的贯穿全坝，有的则较短。它的危害性要视具体情况而定。

纵向裂缝的产生，主要与顺河向坝体的差异变形有关。从力学上分析，它是剪切破坏及张拉破坏的结果。因此，裂缝的产生在变形及应力观测成果上应有所反映。可以根据实测的沉降和位移，计算坝的横向倾度和拉应变分布，再与土的临界倾度和拉应变进行比较，对有无裂缝做出判断。倾度用式（7-39）计算：

$$\gamma_y=(S_a-S_b)\times 100/l \tag{7-39}$$

式中：γ_y为同一高程上a、b两点间的斜度，%；l为a、b两点间的水平距离，mm；S_a、S_b为a、b两点自填筑之日起至某一计算日期的累计沉降量，mm。

严格地讲，a、b两点应位于同类土内，且两点距离不能过大，式（7-39）才能适应；若两点不在同类土内，则应用式（7-39）所得结果较为粗糙。但根据实践经验，对不同类土使用式（7-39）也能取得一定的效果。

拉应变按式（7-40）计算：

$$\varepsilon=\left[\sqrt{1+2(u_a-u_b)/l}-1\right]\times 100 \tag{7-40}$$

式中：ε为同一高程上a、b两点间的拉应变，%；u_a、u_b为a、b两点自填筑之日起至某一计算日期的累计位移量，mm。

式（7-40）说明，拉应变主要与单位长度的位移差有关。若（u_a-u_b）/$l<0$，则表明坝内受压。

在我国，实测沉降和位移一般都不是从坝竣工时起测的，而往往是滞后一段时间，因而存在一个漏测的问题。在应用式（7-39）、式（7-40）时，还必须知道漏测沉降量和位移量，它们的推求方法可见有关参考文献，这里不作介绍。

还可以根据测压管观测资料，采用位势分析法或相关分析法，以判断坝内有无危险性的裂缝；向测压管内注水或抽水，根据管水位的下降或上升速度也可确定坝内有无裂缝。若有渗流量观测资料，根据其大小及变化规律更可以确定坝内是否存在危险裂缝。

对松填的坝体，出现严重的纵向裂缝一般是必然的，这是过大的变形和差异变形所造成的，而且一般都能在坝面上观察到。

（2）横向裂缝的确定、危害和灌浆。横向裂缝通常发生在坝两岸的岸坡上，其走向大致与坝轴线正交。一般，能通过坝面巡视检查发现，但也有隐蔽的。不均匀沉降是产生横向裂缝的主要原因，有时水力劈裂的作用会促使裂缝加宽，而导致垮坝。此种裂缝的有无，也可以通过坝的纵向倾度和拉应变的计算结果做出判断，若在裂缝附近埋设了测压管，则管水位的变化会出现明显的异常。贯穿坝体或防渗体（心墙等）的横向裂缝是极其危险的。

根据谢拉德的调查，美国斯托顿溪坝左岸坝头被冲毁一段，但在库水位上升之前，通过检查并没有发现穿过坝体的张开横向裂缝或其他可能渗漏的通道。因此，谢拉德通过分析后认为，导致坝失事的初始渗漏很可能是在水库蓄满后的几个小时发生的，最可能的失事原因是水力劈裂使横向裂缝突然张开，达到了较大的宽度。

对横向裂缝也可以采用灌浆的方法处理。对均质坝应在裂缝部位的上下游采取防止冒浆的措施，例如设滤层和压重，以及控制灌浆压力；对心墙坝，其上下游坝壳一般都设有滤层和过渡层，因此也易于灌浆。但对浅层横向裂缝，例如其深度小于10m，则还是以开挖回填的处理方法为好。

（3）水平裂缝的确定、危害及灌浆。水平裂缝主要发生在心墙坝内。目前比较一致的看法是，拱效应是产生水平裂缝的主要原因。所谓拱效应是指坝壳的沉降稳定快，而心墙的沉降稳定慢，或坝壳的沉降速度小于心墙的沉降速度时，稳定的或沉降慢的坝壳将阻止心墙继续沉降，从而导致坝壳与心墙界面上产生向上的摩阻力。这个力将使心墙中的垂直压力减小。拱效应越大，垂直压力减小越多，致使在心墙内出现垂向拉应力区。当产生的拉应力超过心墙土的抗拉强度时，即产生水平裂缝。在这种低应力区也更容易发生水力劈裂。因此，若在变形、应力及渗流观测中出现下列异常现象，则水平裂缝可能产生。

1）坝壳的沉降稳定时间先于心墙，或坝壳的沉降速度小于心墙，这是产生拱效应的先决条件。

2）在边界条件相同时，心墙内观测的垂直压力随时间明显减小或为零，而坝壳内观测的垂直压力增加。

3）在心墙产生拉应力的区域内，心墙将被拉松或拉断，因而其压缩模量（两次观测土层厚度之差）将出现负值，即产生拉应变。

4）心墙内渗流异常。这主要表现在测点的位势增大（部分心墙的防渗失效）；若裂缝贯穿心墙，则在同一断面上，上游坝壳内测点的位势将减小，观测的渗流量将迅速增大。

心墙内产生水平裂缝是隐蔽的，它将导致渗流冲蚀，是一种危险的裂缝。英国巴德黑德坝（高48m）是一个典型的实例。对水平缝宜用灌浆方法处理。

（4）滑坡裂缝。滑坡裂缝呈向下弯曲的圆弧形，缝口有错距，裂缝的下部有带状椭圆形隆起现象。若附近有位移观测标点，则观测的位移增量将呈增大趋势，即产生加速度。对这种裂缝不宜采用灌浆方法进行处理。

第七节　土石坝坝体加固灌浆设计

一、灌浆设计

在对坝体的裂缝、渗漏部位、坝料土的物理力学性质和填筑质量有基本了解的基础上，而且决定采用灌浆的方法处理隐患时，应做出灌浆设计。设计内容一般包括：浆液的试验和设计、灌浆孔的布置及灌浆压力的确定、灌浆浆液浓度的控制等。

（一）浆液的试验和设计

坝体灌浆之目的主要是堵塞裂缝、空洞和渗漏通道，对填筑质量很差的坝，还可以促进坝体的变形稳定，改善坝的应力条件和提高抗渗能力。灌浆所用的浆液由黏性土制成（泥浆）。考虑到泥浆固结后与原坝料土变形的协调性，泥浆中不掺入水泥。

用以制浆的黏性土，其黏粒含量不宜太低，也不宜太高。黏粒含量低，土料的成浆率低，泥浆的稳定性差，固结后的透水性大；含量高，土料不易粉碎和分散，制成的泥浆黏度大，流动性差，排水固结慢，固结后体缩也大。制浆土料中的砂粒含量也不宜多，否则，泥浆的不稳定性大，在灌浆的过程中就会产生沉淀，形成砂层。大量的试验研究和实践表明，选用粉质黏土和重粉质壤土制浆是比较合适的。土料的各种粒径的含量大致为：黏粒含量30%～50%，粉质含量40%～60%，砂粒含量10%～20%。

含有腐殖质和可溶盐较多的土料，不宜用来制浆。

在坝体灌浆中使用的泥浆主要性能指标如下，其定义和计算、测试方法见本书有关章节，这里不再介绍。

(1) 泥浆密度：在坝体灌浆中，一般常用的泥浆密度为1.3～1.6g/cm^3。

(2) 泥浆浓度：为直观起见，一般用水土比来表示泥浆的浓度，而不用泥浆的含水量。在坝体灌浆中，一般常用的水土比为1∶0.5～1∶1.45。

(3) 泥浆黏度：在坝体灌浆中，泥浆黏度一般控制在20～100s之间，其值的选用与裂缝的宽度、渗漏通道的大小、灌浆的压力等因素有关。

(4) 泥浆的稳定性：对坝体灌浆，泥浆的稳定性一般在0.05～0.1g/cm^3之间是适宜的。

(5) 泥浆的含砂量：在灌浆施工现场要经常对泥浆含砂量进行测试，以了解是否符合灌浆设计中的要求。

(6) 泥浆的失水量、泥浆静切力、泥浆的胶体率参见有关章节介绍。

(二) 灌浆孔的布置及灌浆压力的确定

1. 灌浆孔的布置

灌浆孔的布置取决于土石坝的坝型、坝内隐患的性质和范围、坝体土料的性质和填筑质量以及灌浆压力的大小等因素。

目前，灌浆孔布置原则上有两种方式：一是沿坝轴线单排布孔，最终孔距一般采用10m，或先稀后密，可视灌浆的具体情况而定；二是多排梅花形布孔，排距一般为0.5～1.0m，孔距为5m左右。孔深一般应超过坝体隐患1～2m。两种布孔方式都可以采用，但应视坝体隐患的具体情况而定，一般说来，单排布孔的施工速度快一些，经济一些。

对均质坝或心墙坝（无论宽窄），若整个坝体的施工质量较好，坝的干密度及渗透系数都达到设计要求，坝顶仅存在一条纵向裂缝，则只需沿探明的裂缝范围，在裂缝上布置一排灌浆孔。灌浆时，泥浆沿裂缝运动较易，施加一定的灌浆压力，也易于使裂缝扩大，便于泥浆充填。若坝顶有多条纵向裂缝，则可以采取在坝轴线上布置一排灌浆孔或沿坝轴线布置多排梅花形灌浆孔的方式。前一种布置方式，适用于采用较大的灌浆压力，对坝体作较大的劈裂，使坝体内能形成较宽的主浆脉，并达到充填其他裂缝的目的；后一种布置方式，适用于采用较低的灌浆压力的情况。何种方式为优，可根据具体的条件进行技术上和经济上的比较而定。

对填筑质量较差的均质坝、混合坝或宽心墙，如果坝体土料多为粉质壤土，则出现的裂缝一般既多又宽；或者防渗体的土料混杂，如夹有石块或土料架空现象，以上两种情况都将导致坝下游发生较为严重的渗漏问题。为此，灌浆孔的布置采用多排的方式为好，即在坝轴线上布置一排主灌浆孔，再在轴线上下游的坝顶上设1～2排副灌浆孔，孔距可以密一些，孔深可以浅一些。这种布置方式除可以在轴线上形成充填裂缝的主浆脉外，其他裂缝和坝内的架空孔隙也会被泥浆充填，另外，还可以促使坝体发生较为均匀的湿化变形，增加坝体的干密度和抗渗强度，改善坝体的应力条件，避免今后产生裂缝和渗漏。

对局部地区，例如施工接头处、坝的合龙口处、坝下埋管处等出现裂缝、渗漏或塌坑，则宜在局部地区采用梅花形布孔灌浆，排距0.5～1.0m，孔距5m左右。

若坝的两端出现横向裂缝，且缝的深度较大，需要用灌浆的方法处理，在上下游有保证不串浆的条件下，可在坝顶发现的横向裂缝上布孔用低压灌浆；若岸坡坝段坝体的填筑质量较差，可在岸坡段沿坝轴线布置多排梅花形灌浆孔。灌浆后可促使坝的沉降，减小岸坡段的差异变形，并充填原有的和灌浆过程中可能出现的横向裂缝。

2. 灌浆压力的确定

在坝体灌浆中，灌浆压力的确定是一个较为重要的问题。它的大小关系着拟将裂缝扩展（即劈裂）到多大，泥浆流程的远近，浆、坝互压的效果等。实践表明，灌浆压力大一些或小一些，都能达到充填裂缝或堵塞渗漏的目的；但是，压力大一些，灌浆的质量会高一些，施工期也短些，因而较为经济。

分析和实践证明，采用较大的灌浆压力对坝的稳定（滑坡）不会产生不良的影响。何况，灌浆压力也将受到灌浆泵容量的制约。目前，灌浆压力设计一般分为三级控制，即起始劈裂压力、单孔最大压力和屈服压力。

（1）起始劈裂压力。劈裂灌浆的工艺要求在孔底注浆，全孔灌注，由于浆压是底部大于上部，故孔底的裂缝先被劈裂，后向上扩展。当泥浆处于流动状态时，孔底压力为

$$P=\Delta P+0.1\gamma' h'-P_h \tag{7-41}$$

式中：P 为孔底灌浆压力，kPa；ΔP 为孔口（压力表读数）压力，kPa；γ'为泥浆的密度，g/cm^3；h'为注浆管的长度，cm；P_h为泥浆在注浆管中流动时和沿孔壁或缝壁上升高度h时所产生的摩阻力，kPa。

根据水力劈裂原理，理论上当灌浆压力大于小主应力σ_3与土的抗拉应力σ_t之和时，土体即被劈裂，产生裂缝。若以孔口压力表示，则当式（7-42）成立时，坝体即被劈裂，即

$$\Delta P>\sigma_3+|\sigma_1|-0.1\gamma' h'+P_h \tag{7-42}$$

但应指出，用式（7-42）确定的孔口压力ΔP是偏大的，这是因为该式（7-42）是根据坝体内没有裂缝而建立的，而事实上，是因坝体内存在裂缝而进行灌浆的。实践也表明，较小的孔口压力也能将原有的裂缝扩大和延伸。

根据国内大量的实践经验，孔口压力控制在50～300kPa是适宜的，多数情况，一般采用50～100kPa。

（2）单孔最大压力。此压力尚无公式计算，根据经验，建议在孔底注浆条件下按1.5倍左右的起始劈裂压力控制。

（3）屈服压力。当坝体全部或大部分被劈裂之后，坝体土已基本上不存在抗劈裂的能力，在灌浆压力的作用下，坝体在上下游方向可能会发生大幅度的位移，使坝处于屈服状态，这是在灌浆施工中需要特别注意的问题。为避免发生不良的效果，此时应采取自重灌浆方式，即孔口压力为0。

（三）灌浆浆液浓度的确定

在坝体灌浆中，需要根据存在的隐患及其性质来确定泥浆的浓度。这就要求在施工现场能既准确而又方便地配制泥浆。目前，有干法和湿法两种制浆方法。

1. 干法制浆

将选用的土料从料场运回晒干后，储存在工棚内，然后用粉碎机加工成土粉，储存作为备用。

(1) 用水土比（1∶λ）控制泥浆浓度。每 $1m^3$ 泥浆所需的干土量和水量，可按式(7-43)和式（7-44）计算：

$$G_s=\lambda/\left(1+\frac{\lambda}{\Delta S}\right) \tag{7-43}$$

$$G_w=\lambda/\left(1+\frac{\lambda}{\Delta S}\right) \tag{7-44}$$

式中：G_s、G_w分别为 $1m^3$ 泥浆所需的干土量和水量，t；ΔS 为土粒容重，一般为 2.70～2.74g/cm^3；λ 为欲配泥浆的含土量。

先确定 λ 值，即可用式（7-43）、式（7-44）算出配制 $1m^3$ 泥浆所需的干土量和水量。

(2) 用泥浆密度控制泥浆浓度。$1m^3$ 泥浆所需的干土量和水量，按式（7-45）和式（7-46）计算：

$$G_s=\Delta s(\gamma'-\gamma_w)/(\Delta s-1) \tag{7-45}$$

$$G_w=\gamma'-\Delta s(\gamma'-\gamma_w)/(\Delta s-1) \tag{7-46}$$

若采用 $\Delta s=2.72$ 和 $\gamma_\omega=1t/m^3$，则式（7-45）、式（7-46）简化为

$$G_s=1.58(\gamma'-1) \tag{7-47}$$

$$G_s=\gamma'-1.58(\gamma'-1) \tag{7-48}$$

先确定要采用的泥浆密度 γ'，再用式（7-47）、式（7-48）算出配制 $1m^3$ 泥浆所需的干土量和水量。

2. 湿法制浆

目前，在坝体灌浆中多数采用湿法制浆。与干法制浆相比，湿法制浆具有节省人力、设备、时间、场地和简便等优点。湿法制浆就是用天然场中的湿土（应经勘探取样试验后认为宜用于灌浆的合格土料）直接倒入拌浆机中拌制泥浆。此时，泥浆浓度用式（7-49）和式（7-50）进行控制：

$$g_w=kg_s \tag{7-49}$$

$$k=\frac{1}{\lambda(1+\omega)}+\frac{1}{1+\omega}-1 \tag{7-50}$$

式中：g_w为欲配泥浆的加水量，kg；g_s为用来拌浆的湿土量，kg；k 为加水系数；λ 为欲配泥浆的含土量；ω 为湿土的含水量，以小数计。

先确定要采用的水土比 1∶λ 之后，测出湿土的含水量，用式（7-50）算出加水系数 k 值，再用式（7-49）即可算出需加的水量。

3. 泥浆浓度的调配

在灌浆工作中，常需要根据不同的情况改变泥浆的浓度，以利于灌浆工作的进行及保

证灌浆的质量。

泥浆由浓变稀，要加水；由稀变浓，要加土。此时，可用式（7－51）和式（7－52）算出加水量和加干土量。

1m³浓泥浆变稀的加水量 ΔG_w（t）为

$$\Delta G_w=\frac{1}{1+\dfrac{\lambda_s}{\Delta s}}\left(\frac{\lambda_s}{\lambda'_s}-1\right) \tag{7-51}$$

1m³稀浆变浓的加干土量 ΔG_s（t）为

$$\Delta G_s=(\lambda_s-\lambda'_s)/\left(1+\frac{\lambda_s}{\Delta s}\right) \tag{7-52}$$

式中：λ_s、λ_s'分别为浓、稀泥浆的含土量；其余符号意义同前。

4. 泥浆浓度的选用

在坝体灌浆中，常用的泥浆密度为1.2～1.6g/cm³之间。密度在1.4g/cm³以上的泥浆为浓浆，以下的为稀浆。原则上，开始灌浆时用稀浆，待孔口压力突然下降或为负压后，则表明坝体被劈裂，需改用浓浆。实践证明，这种先稀后浓的灌浆方法是比较好的。

泥浆浓度的选用，还应根据坝体土料的性质、填筑质量的好坏、坝内隐患的具体情况而定。例如，由粉质壤土或重粉质壤土填筑的坝，其含水量和干密度又低，出现的裂缝又宽又长，则宜用稀浆灌注；若坝体土料为黏性土或粉质黏土，填筑质量符合设计要求，坝体的渗透系数小于10^{-5}cm/s，对出现的裂缝进行灌浆，则宜采用浓浆。

（四）泥浆中掺附加剂

为了提高坝体灌浆的效果，有时需要在泥浆中掺一些附加剂来改善泥浆的性能。掺毒药则是为了杀死白蚁、鼠、蛇、獾等危害坝体安全的小动物。附加剂的品种很多。这里只介绍泥浆中掺水玻璃、水泥两种情况。

1. 泥浆中掺水玻璃

水玻璃即硅酸钠，它是半透明的稠状液体，其密度在1.4～1.6g/cm³之间。

水玻璃掺入泥浆后能促进沉砂作用。若掺入量占泥浆干土重的0.5%～2%时，能起到降低泥浆的黏度和静切力的作用；掺量超过3%～5%时，又会增加泥浆的黏度和静切力，起胶凝作用。在坝体灌浆中，采用浓浆时，为降低其黏度和静切力，增加浓浆的流动性，就要求掺入少量的水玻璃。其掺入量与泥浆的浓度及制浆土料的矿物成分等因素有关。最优水玻璃掺量可通过试验确定。

根据已有的试验资料，在泥浆的密度为1.5～1.6g/cm³（相应的泥浆水土比为1∶0.91～1∶1.46）时，水玻璃的掺量采用0.65%～1.20%为宜。

还应指出，泥浆的流动性除与其浓度有关外，还与灌浆压力的大小有关。因此，在不愿采用较高的灌浆压力条件下，才考虑在浓泥浆中掺入水玻璃。

2. 泥浆中掺水泥

在泥浆中掺入水泥，其黏度要比纯泥浆的小一些，密度要大一些。泥浆处于静止状态时，掺入水泥的泥浆凝固得快一些，固结后的强度较高。由于这些特点，灌入坝体裂缝中的水泥黏土浆会很快初凝，使浆液面不能随着水分的滤失和体积的收缩而下沉，常导致固结后的浆体结石中产生细小的水平裂缝。而且，考虑到水泥黏土浆固结后的塑性较差，在坝体继续发生变形时，浆体结石易产生裂缝；掺水泥也提高了泥浆的造价。因此，在坝体灌浆中，一般不采取掺水泥的方法。

二、灌浆工艺

近几年来，在坝体灌浆方面，通过大量的工程实践，积累了丰富的经验。灌浆工作中的施工组织及所需的机械设备这里不作介绍，灌浆的工艺流程可用下面的框图（图 7－13）表示。

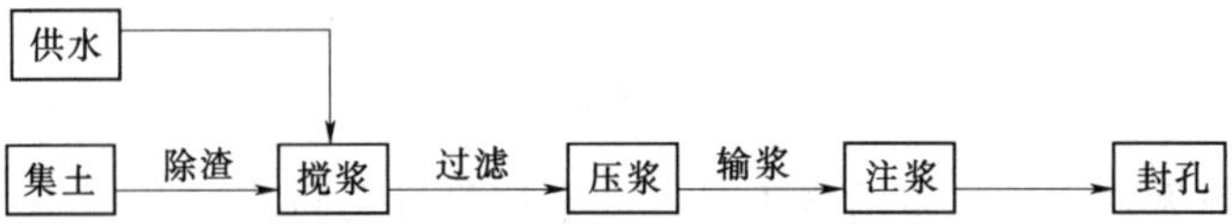

图 7－13　灌浆工艺流程图

（一）钻孔

根据灌浆设计所确定的孔位，安装钻机后进行钻孔。坝体钻孔采用钻机进行，常用的钻机有 XJ100A 型、XJ300 型等。对于低坝，在钻孔不深的情况下，也可采用人力旋转式、锥形钻头冲击式、半麻花钻头冲击式等钻孔。

钻孔方法有干钻、湿钻或泥浆循环钻进等。这些钻孔方法都是在实践中使用过并被证明有效的。钻孔就是为了灌浆，因此，密度为 $1.2g/cm^3$ 左右的稀泥浆进行循环钻进成孔的方法应被优先采用。这种方法的优点是成孔快，泥浆能起固壁作用，又能渗入细小的裂缝。四川、山西、甘肃等省的土坝灌浆都曾采用此法钻孔，积累了成功的经验。

但是在堤防工程施工中，由于钻孔工程量大，孔深较浅，使用锥孔钻机施工具有快速、方便的特点，在 1998 年特大洪水后的大规模堤防整治加固中使用广泛，效果良好。常用的 ZK24 型锥孔机，其性能如下：

产地：河南黄河机械制造厂

外形尺寸：3m×1.2m×2m（长×宽×高）

整机重量：2.7t

柴油机功率：15PS（1PS＝0.735kW）

额定转速：$n_{柴}$＝2200r/min

锥孔直径：32～35mm

锥孔效率（以 10m 孔深标准核定）：快速：75～90 孔/h；慢速：55～70 孔/h

钻孔的孔径取决于所采用的钻具，一般在 25～130mm 之间。在灌浆时，孔径小的钻孔所产生的摩阻力要大于孔径大的钻孔的摩阻力，因此，劈裂坝体所需要的灌浆压力要大一些。当坝体被劈开或裂缝扩展后，总进浆量并不受孔径大小的制约，而是受坝体内部应力大小和注浆管长短的制约。

钻孔的深度应根据坝体内隐患的深度而定，一般孔深应大于隐患深度 2m。

（二）灌浆

坝体灌浆有分段灌注和全孔灌注两种方法。分段灌注法的段长一般为 5～10m。有自上而下分段的，也有自下而上分段的。这种方法需在孔内封孔。其实，分段灌浆仅是形式上的意义，因为一旦灌浆加压，泥浆极易沿管壁上升，进而劈裂坝体，变成全孔注浆。在国内外，在基岩与坝体接触带灌浆而劈裂坝体的实例是不少的。因此，分段灌注法似不宜推广。

目前，多采用全孔灌注法。此法又有从孔口注浆和孔底注浆两种方法。用第一种方法会因泥浆冲刷孔壁导致其塌落堵塞钻孔的下部，因下部泥浆不能流动而造成沉淀，并使钻孔下部不能起到灌浆作用，结果是全孔吃浆量小，影响灌浆的质量。因此，孔口注浆法不可取。第二种方法则避免了以上缺点，使孔内泥浆由孔底翻向全孔，处于半循环状态，全孔的吃浆量较大，灌浆的效果好。

采用孔底注浆方法，在灌浆前，应在孔口下 3～5m 深的护壁套管。一方面是可以防止孔口塌落，减少孔口冒浆机会；另一方面是坝顶部泥浆压力可由护壁管承担，防止或推迟坝顶表面劈裂，使泥浆在坝体内处于封闭状态，因而便于提高灌浆压力，保证灌浆的质量。当灌浆停止时，坝体产生的回弹压力也较大，有利于提高浆体的密度和固结速度。实践也表明，下护壁管也可使浆体的厚度上下基本一致。

若钻孔处于较宽的裂缝或孔洞之中，则吃浆量会很大。在这种情况下，应灌注浓浆并限制每次灌浆量，适当延长灌浆时间，但不限制每孔的总灌浆量，即每孔能吃多少就供多少。由于泥浆面是自下而上升高的，随着浆柱的升高，作用于裂缝两壁的压力也增大，裂缝将加宽和延伸，这时提高灌浆质量是有利的，但是，也应对此种情况作出适当限制，适时地降低灌浆压力，这并不是担心坝的安全，而是应考虑到过于扩大和延伸裂缝的必要性和经济性。

灌浆压力和泥浆浓度按设计执行。初灌时，孔口压力 $\Delta P \leqslant 50$kPa，泥浆密度在1.3～1.4g/cm^{3}之间选用。随后，视吃浆量的大小改变灌浆压力及泥浆浓度。

为保证灌浆质量，应注意以下几点：①钻孔完成后及时开灌，以防止塌孔和杂物掉入孔内，影响灌浆；②对多排布孔的情况，应先灌边排孔，后灌中间排孔；③对单排布孔，可采用逐步加密的方式施灌，最后达到设计要求的孔距；④灌浆时，要经常检查泥浆的浓度、黏度和稳定性指标是否符合设计要求；⑤灌浆时，要有人对灌浆孔附近的坝顶、上下游坝坡等处进行巡视检查，察看有无漏浆、冒浆、开裂、串浆、塌陷和隆起等不良现象，发现问题应及时采取措施；⑥在灌浆过程中，应对土坝的沉降、位移、测压管水位、渗流量等项目进行经常观测。

灌浆后，由于泥浆的排水固结，孔内泥浆会发生体缩，因此需要进行复灌，此时宜用浓度较大的泥浆。复灌的时间可定在初灌后 15d，或更长一些时间，视具体的情况而定。复灌次数一般为 3～5 次。

（三）终灌标准和封孔

1. 终灌标准

对低压（充填式）灌浆，一般采用孔口压力为定值来并浆终灌。此定值 $\Delta P \leqslant 50$kPa。具体做法是：在灌浆孔上面竖一个三脚架，架上吊一个带阀门的桶，盛满的泥浆通过胶管与灌浆孔连通，使桶内泥浆能自动地流入灌浆孔内，并不断地向桶内补充泥浆，待孔内不再吸浆，30min 后即可终灌。这种并浆终灌的优点，一是能准确地控制孔口压力，二是能促使坝体内泥浆排水固结，提高浆体质量。

对高压（劈裂式）灌浆，目前比较通用的终灌标准是，当启动灌浆泵后，几分钟的时间内坝顶即冒浆。此现象表明，泥浆已自下而上充满了裂缝。此时，应在各孔无压的情况下反复不少于3次的轮灌，待孔内泥浆面基本上不再下降时，即可终灌。

2. 封孔

灌浆结束，应在泥浆排水初凝后，再进行封孔，因此时缝内泥浆不致回流到钻孔内。封孔的方法较多，摘要分述如下。

（1）用泥球封孔。湿泥球或干泥球（湿泥球晒干）都可以用做封孔的材料。泥球最好用膨润土制作，若不具备此条件，则用制浆的黏性土（不含砂粒）制作。泥球的直径以1～2cm为宜，可用人工或机械的方法加工。

将钻孔内的泥浆掏出后，向孔内回填湿泥球时，每次的泥球厚度约30～40cm，然后用钻杆反复捣实，这样交替进行，直至将钻孔填满为止；若向孔内回填干泥球，则每次的回填厚度可为1～2m，甚至更厚一些，然后用橡皮管插入孔内，灌注密度为1.1～1.2g/cm^{3}的稀泥浆或清水，待浆面或水面略高于泥球面时，停止注浆或水，再回填干泥球，如此反复进行，直至将钻孔填满为止。最后，都需要用天然含水量的土修补坝面并压实。

（2）用浓泥浆封孔。这种封孔方法，多用于劈裂式灌浆。因为劈裂式灌浆所用的灌浆压力较高，坝内原有裂缝的宽度会被扩大，有时甚至会大于钻孔直径，以及坝顶也被劈开相当的宽度，在坝顶能看到坝内的泥浆流动。在这种情况下，用其他方法封孔没什么意义，应用浓泥浆封孔。具体的做法是，若坝顶表面没有被劈开，灌浆结束后，把孔内析出的清水取出，后将护壁管拔出，随即用密度不小于1.6g/cm^{3}的浓泥浆注入孔内，充满后，停一周左右时间，若孔内又有清水析出，则再次取出清水注入浓浆，直至不析出清水，浆面与坝顶齐平为止。然后，再用黏性土封堵孔口并夯实。

（四）对灌浆期出现问题的处理

在坝体灌浆过程中，由于灌浆压力和坝体内部应力的相互作用，及坝体内隐患具有多种多样的成因和性质，使坝体失去原有的平衡状态，因而在灌浆期会出现各种各样的问题，例如坝体裂缝、冒浆、串浆、塌坑、隆起和单孔吃浆量过大等。下面根据国内实践的经验，简介对上述问题的处理方法。

1. 裂缝

对坝顶原来就有的纵向或横向裂缝，在灌浆前就应顺缝开挖并回填黏性土，形成阻浆盖后，再进行灌浆。

当坝体的填筑质量不好，采用的灌浆压力又较大，护壁管控制坝面劈裂又无效时，在河床段灌浆，坝内纵向裂缝极易自下而上发展到坝面，若在靠近坝两端的岸坡段灌浆，则由于在灌浆的过程中河床段坝体的沉降将远大于未灌浆的岸坡段坝体的沉降，产生较大的差异变形及指向河谷的纵向位移，导致岸坡段出现横向裂缝。对坝面出现的纵向或横向裂缝，都可采取顺缝开挖和回填做阻浆盖的方法处理，并适当降低灌浆压力，采取“少灌多复”的办法。

若横向裂缝贯穿坝体，但缝不深，则采用开挖回填的方法处理；若缝较深，则需用灌浆充填裂缝。对上下游坝壳土料能起反滤作用的心墙坝，可直接在坝顶裂缝上打孔灌浓浆；对均质坝，则需在上下游沿裂缝开挖并回填做阻浆盖后，再进行灌浓浆处理。施灌时，灌浆压力可采用100kPa左右。

2. 冒浆

在坝体灌浆的过程中，发生冒浆是常见的现象，这与坝的质量好坏及灌浆压力大小等因素有关。坝体冒浆在一定程度上也暴露了坝内的薄弱环节，应当说这是一件好事。实践证明，冒浆部位多出现在坝坡、坝顶、孔口及放水洞等处。

（1）坝坡冒浆。坝体内有动物洞穴，筑坝时分段施工接头处碾压不实，坝内有冻土块或大块土堆积形成连通缝隙，铺土层厚，碾压功能不够，坝内留有水平松散层等，在灌浆压力作用下，泥浆从这些薄弱环节（隐患）处冒出。冒浆量的大小取决于隐患的严重程度和灌浆压力的大小。

处理冒浆有下列方法。可视具体情况选用或结合使用。

1）在冒浆处填一定体积的砂或含砂量不小于40%的砂砾石作为反滤盖重，此方法可以阻止冒浆，但可以排水，因此，有利于泥浆的排水固结，提高灌浆的质量。

2）在冒浆处开挖且回填一定厚度的黏性土，并夯实，作为阻浆盖重。

3）用浓浆灌注，采用灌、停循环的间歇性灌浆方法。

4）在冒浆的灌浆孔上，开动回转钻机，同时往孔内连续不断地抛撒干土粉，搅成塑性泥，封堵冒浆通道。

5）用灌浆间隔时间来控制冒浆，即 $t_2<t_1$。t_1表示从开始灌浆到冒浆所需的时间（min），t_2表示下次灌浆时应控制的时间（min）。以上不等式的意义是，不等浆液冒出即停灌。所用的泥浆要浓，或掺入少量的水泥。灌浆的间隔时间适当延长，令泥浆有初凝的时间，下次灌浆不致使其流动。这样重复灌几次，即可达不冒浆的目的。库内或库外水下冒浆也可以采用这种方法处理。

（2）放水洞内冒浆。放水洞冒浆情况多发生在砌石放水洞。处理的方法是，发现冒浆即停灌，然后在冒浆出口处用木塞或棉纱堵塞后再灌，但要适当加大泥浆的浓度和灌浆压力，复灌的次数多一些。在灌浆结束后，要将木塞和棉纱取出，进行剔缝，再用高标号水泥砂浆勾缝以防再发生渗流冲蚀。

（3）坝顶冒浆。在灌浆初期坝顶冒浆，主要是输浆量大，灌浆压力也较大，而坝体内原有的裂缝较小，或被劈开的裂缝也不大，一时容纳不下注入浆量而造成冒浆。处理方法是，调整输浆泵的回浆阀门，减少输浆量，调整泥浆浓度，降低灌浆压力。

灌浆后期坝顶冒浆表明坝体内裂缝已被灌满。灌浆已近结束，已无必要封堵，只需停灌本孔，改灌其他孔，直至达到终灌标准，再进行封孔。

（4）孔口冒浆。孔口冒浆是因坝体的填筑质量较好和钻孔时钻头与孔壁的摩擦和挤压作用，增加了孔壁土体的强度，同时也表明孔内没有裂缝。因此，初灌时不进浆，泥浆只好向孔口冒出。处理的方法是，在孔口处挖 50cm×50cm×50cm 的坑，回填适宜含水量的黏性土并夯实，作为阻浆盖。然后先用密度为 1.1～1.2g/cm^{3}的稀浆灌注冲孔，等进浆顺利后，逐渐变换浆的浓度和灌浆压力。

3. 串浆

串浆是指在某孔灌浆，其附近的未灌孔或测压管内出现浆液，或在已灌浆的孔内，浆液面升高或冒出孔口。其原因多为原有裂缝或灌浆压力所劈开的裂缝将两孔连通。串浆是在灌浆工程中常见的现象，也是正常的。一般不用处理，只需注意观测孔内浆面的变化情况，或用木塞堵住冒浆的孔。

4. 塌坑

灌浆的实践表明，灌浆期间出现的塌坑一般面积不大，深度也不深，出现的位置多在放水洞上方的坝顶和施工接头处。

塌坑产生多因坝体内有较大的空洞、大土块架空和松填区等，在灌浆期间坝体局部产生湿陷所致。处理方法是将塌坑内的水排出，待坑内的泥浆凝固后，再回填适宜含水量的黏性土料，分层夯实。

5. 隆起

灌浆期的隆起有 3 种情况。

（1）砌石架空。由于灌浆造成坝体湿陷，而导致坝坡上护坡块石和排水沟的砌石抬动架空。对此种情况，可继续灌浆，待灌浆结束后，将架空处翻修重砌。

（2）坝坡局部隆起。由于灌浆压力较大（产生的渗透压力也较大），导致坝坡局部隆起，这将可能是产生局部流土和塌坡的先兆，因此应停止灌浆，将隆起部分夯实和施加滤料盖重后再灌浆。

（3）坝顶被抬起。由于坝体（心墙坝）内存在水平裂缝，在一定的灌浆压力作用下，水平缝上方的坝顶会被抬起，待灌浆压力减小和停灌后，隆起部分会基本上恢复原状。对此种情况，只需注意调控灌浆压力的大小，而不必采取其他处理措施。

6. 单孔吃浆量过大

在坝体灌浆过程中，会遇到单孔吃浆量达数百立方米的情况。这种情况多数发生在松散坝体的河谷段和放水洞附近，而且是在灌浆初期。

对吃浆量过大的钻孔，每次灌浆量要少，例如每米孔深不超过 $1m^3$，间隔 5～10d 后再复灌，这样反复为之，直至达到终结灌浆的标准。在泥浆的选用上，若坝体土料的压缩性高，含水量又低，则可选用密度 $1.3g/cm^3$ 左右的稀泥浆，借以达到加速坝体湿陷之目的；若土料的压缩性低而含水量又较高，则选用密度 $1.6g/cm^3$ 左右的浓泥浆。

三、灌浆期的观测

坝体灌浆意味着对坝体施加外力，坝体的变形、应力和渗流等要素都将发生变化。掌握和了解这些变化对灌浆设计和施工都具有非常重要的意义。而欲达此目的，只有通过原体观测的手段取得必要的资料，然后加以分析，获得结果用以指导灌浆施工，确保坝体灌浆期的安全以及灌浆的质量和效果。

土石坝原型观测的项目主要有坝面巡视观察以及变形、应力和渗流观测等。根据规范规定，对大型水库或重要的中型水库的土石坝，上述观测项目是必须建立的。但由于人力、物力、财力等条件的限制，以及主观上对观测工作不太重视，我国大多数土石坝，特别是中、小型水库的土石坝，几乎未建立任何观测项目。因此，在灌浆期需要建立或补充建立必要的观测项目。

灌浆期的观测项目基本上和土石坝的原型观测项目相同，但也有其特点。本节仅从监测灌浆期坝体的工作状态及灌浆施工状况出发，简述各项观测的设计、仪器设备的选用、布置和埋设、资料分析等方面的内容。

（一）坝面巡视检查

在灌浆过程中，设置专职人员，通过眼看、耳听和使用简单的工具对坝面进行巡视检查，了解坝表面的变化情况，以防止意外事故发生。这是一项很有意义和重要的工作，也是一项容易完成的工作，因此应坚持为之。

在灌浆前，应对坝体做一次全面巡视检查，例如坝面裂缝的数量、宽度、长度、走向，防浪墙上的裂缝情况，上下游坝坡有无隆起、开裂和渗水点，放水洞和下游坝脚有无集中渗水点及渗流量的大小，等等。检查结果用表格的形式记录，此资料可作为灌浆设计和施工的参考。

1. 裂缝观察检查

在河床段，注意检查出纵向裂缝；在左右岸坡段，注意检查横向裂缝；在上下游坝坡和坡肩处，注意检查滑坡裂缝，这是一种危险的裂缝，发现后应停止灌浆。

在灌浆时，主要观察新裂缝出现的时间和部位，以及不同时间裂缝的走向、长度、宽度和错距等；对坝面原有裂缝，则观察其宽度扩展和长度延伸等情况。将观察结果记录于表 7-12 内，并绘制裂缝分布平面图。

表 7-12　　坝体灌浆裂缝、冒浆记录表

日期	时间	裂缝长度/m	最大缝宽/mm		灌浆部位	孔口压力表压力/kPa	泥浆累计灌入量/m^3	文字描述
			左	右				

2. 冒浆观察检查

主要观察检查冒浆发生的时间、部位及冒浆量大小等，检查结果记录于表 7-12 中。

草中、水下、护坡石块下的冒浆常常不易被发现，此时，应特别注意观察检查这些地方是否有泥浆流动的声音，上下游水边线的水色是否由清变浊。如有这些现象，则表明在被掩蔽的地方冒浆，应进一步检查确定冒浆的位置和程度。若坝内有放水洞，则应进洞观察，或观察洞内流出的水是否变得浑浊，以确定洞内是否冒浆。

3. 坝面塌坑、隆起观察检查

观察检查塌坑发生的时间、位置和大小，并用图描绘出其形状和深度，还应注意坑内是否冒浆或出浑水，若有此现象，则应注意其变化趋势。检查结果应详细记录。

坝顶隆起有两种可能：一是心墙内有水平裂缝，二是坝顶面有一层硬土层，在灌浆压力作用下坝顶向上抬起，这种情况的出现一般不会影响到坝的安全。坝坡上的隆起，则可能是滑坡或渗透变形的征兆，应倍加注意观察。应检查并记录隆起发生的时间、位置、面积和高度的变化，以及灌浆压力的大小。

4. 下游渗水的观察检查

渗水观察检查的内容为：①下游坝坡的潮湿、散浸、沼泽化及植草茂盛的情况，有无流动的渗水；②下游坝脚附近的渗水情况，有无沼泽化（对土基而言）现象；③放水洞洞壁的渗水情况。

对潮湿、散浸、沼泽化的位置和面积，渗水点的位置及其流量的大小应详细记录并制成草图。渗水量的大小，可设法将渗水集中用体积法测量。

在进行上述内容的观察检查时，还应同时测记上下游水位、降雨量、水的温度及灌浆压力、灌浆量和泥浆的浓度等。将灌浆前、后的观察检查结果相对比，有利于灌浆施工的进行。

（二）变形观测及资料整理分析

变形观测是一个常规的观测项目，它包括沉降和位移两项内容。对已有变形观测设备的土石坝，其设备可以用来为灌浆设计和施工服务，完全没有必要再建变形观测设备。这里阐述的变形观测设备的设置是针对没有变形观测设施的土石坝，而且只是为灌浆施工服务的。顺便说明，在应力和渗流观测中也是如此考虑的。灌浆结束后，若有条件，则可以根据规范设置完善的观测设施。

1. 变形观测

变形观测的主要目的在于掌握灌浆期间坝体的变形形态，例如坝的湿陷情况、裂缝的出现和发展、坝坡滑动的可能性等，以确保坝的安全及灌浆工作的顺利进行。

在坝体表面安设固定的标点，用以观测沉降和位移。标点的结构形式和埋设方法见有关参考文献，这里不作介绍。

沉降观测，通常是用水准仪根据起测基点的高程，测定标点高程的变化。沉降向下为正，向上为负。

位移观测，通常是用经纬仪按视准线法、小角度法和三角网法，根据工作基点测定标点的位置变化。位移向上游为负，向下游为正；向左岸为正，向右岸为负。

为减少观测的工作量，而又不影响到对灌浆施工的监测，对心墙坝和填筑质量尚可的均质坝，建议只在河谷段的上（如有防浪墙，则设在墙内或墙外）、下游坝肩各设一排标点，标点间距 50m 左右；在左右岸坡段（需要灌浆时）设一排标点（靠轴线上游或下游），间距 5m 左右，可用铟钢尺测量各标点间距离的变化，以求出纵向位移。对填筑质量较差的均质坝，可在 1/2 或 2/3 坝高处（河谷段）增设一排标点。

在灌浆期，观测的时间应能满足灌浆施工的需要。对正在灌浆的钻孔，其左右各 50m 范围内的观测点，每日观测不少于两次，该孔灌浆结束后的前 10d 内，每日观测 1 次，以后每 5～10d 观测 1 次。灌浆结束后，则可每月观测 1 次。

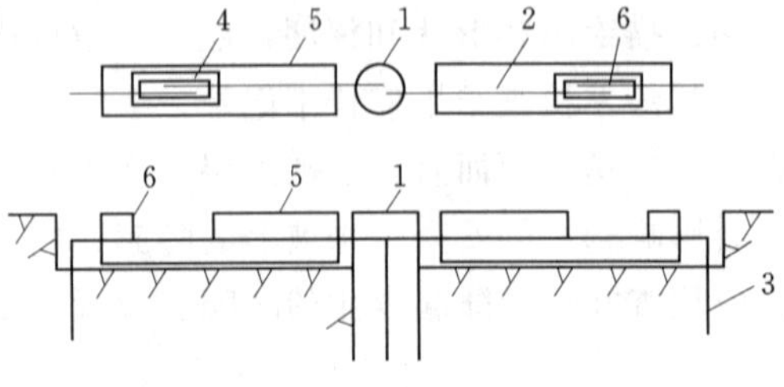

图 7-14 钢尺位移标装置示意图

1—直径 100mm 混凝土柱；2—直径 18mm 钢筋；3—直径 22mm 钢筋；4—薄钢尺一段；5—毛竹筒；6—毛竹筒缺口

对在灌浆前已有变形观测设施的坝，由于观测标点数量的限制，在灌浆时发生较大横向位移的断面，不一定就是标点布置断面。因此，为补充观测断面的不足，可采用两种坝顶面横向位移简易测量法。现简介如下。

（1）用钢尺位移观测横向位移。钢尺位移观测法曾在浙江省金兰水库土坝灌浆期使用。位移标的装置如图 7-14 所示。该标尺用两根直径 18mm、长各为 1/2 坝顶宽的钢筋，其一端焊接在坝中心混凝土固定桩内预埋的钢筋上，另一端垂直坝轴线伸向坝肩，并在其上焊一根长 10～20cm 的薄钢尺；另取两根直径 18mm、长 25cm 的短钢筋气焊固定在坝肩直径 22mm 的钢筋上，另一端锉平，在其上刻 1～2 条锯痕，使锯痕处对准钢尺中心，再将钢筋套上毛竹管，埋设于坝下 20cm。在钢尺处留一小观测孔，以便读出位移值。

(2) 用钢筋桩观测横向位移。钢筋桩观测法曾在安徽省平阳水库土坝灌浆时使用。取直径 20～22mm、长约 50cm 的钢筋 4 根，一端打尖，一端锉平，并在平端刻上十字线。在灌浆孔附近，垂直于坝轴线的上下游各打入两根钢筋，桩顶与坝面齐平。对每根钢筋桩编号，并测出其高程和间距。位移测桩布置如图 7-15 所示。灌浆开始后，每隔 1～2h 用钢尺测量桩间间距之变化，即可确定坝顶的相对横向位移。

2. 观测资料的整理分析

观测资料的整理分析，主要是指灌浆前后资料的对比，及灌浆过程中坝体的变化状况，从此获得完善灌浆设计，指导灌浆施工，评价灌浆效果，以及确保灌浆期坝体安全的可靠数据。

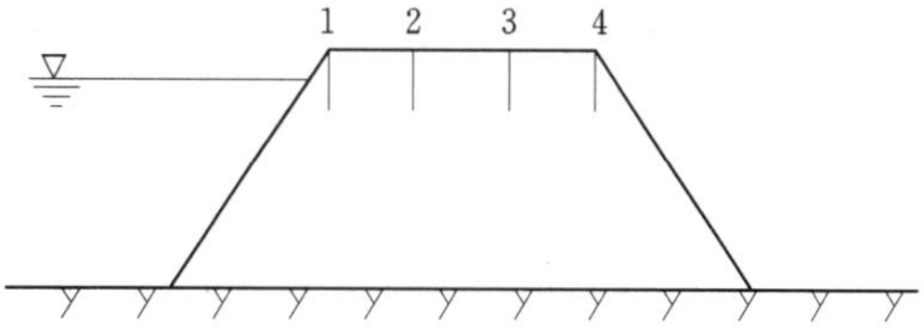

图 7-15　钢筋位移测桩布置示意图

1～4—测桩编号

(1) 沉降观测资料整理分析。坝建成后，运行 3～5 年，其沉降和位移即已基本稳定，这点已被多数坝的观测资料分析结果所证实。因此，坝体再有较大的沉降和位移，主要是灌浆所致。所以，可以将开始灌浆时的日期作为零点，计算时间（月）、沉降量和位移量（mm）。

1) 绘制沉降过程线：以沉降量（累计）为纵坐标，时间为横坐标绘制每个标点的沉降过程线，如图 7-16 所示。

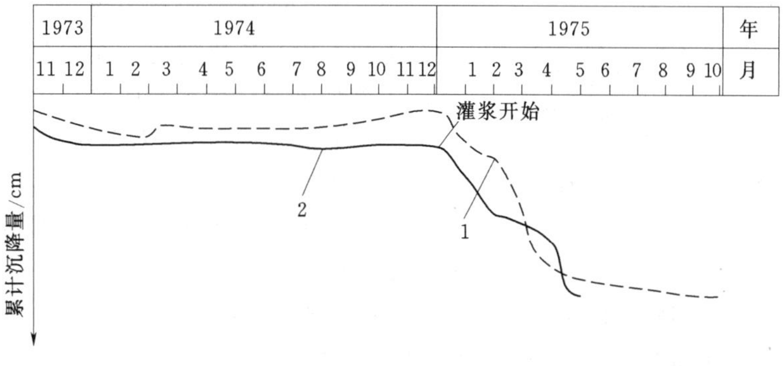

图 7-16　坝顶沉降过程线图

1—27 号标点沉降过程线；2—31 号标点沉降过程线

图 7-16 表明，灌浆初期的沉降量大，以后逐渐减小，或者说，初期的沉降速率（即曲线的斜率）大，以后逐渐减小，灌浆结束后即应基本稳定。这种规律与建成后的沉降规律相同，因而也是正常的。至于沉降量的大小，则取决于坝体原来的填筑质量，它不是判别灌浆期坝体安全的标准。若沉降速率随时间增大，即产生加速度，或相同时间内沉降增

量不断增大，则意味着某处可能出现险情，应立即停止灌浆，检查分析原因，采取一定的安全措施后，再恢复灌浆。

2）绘制坝体纵、横断面的沉降分布图：图的形式如图 7-17 所示。绘制此图之目的，主要是了解沉降在纵、横断面上的分布情况，何处的沉降量最大，是否与该处的压缩层厚度相一致。因此，也可以绘制沉降率的纵、横断面分布图，更能了解坝体的沉降状况。沉降率（%）＝沉降量×100/压缩层厚度。

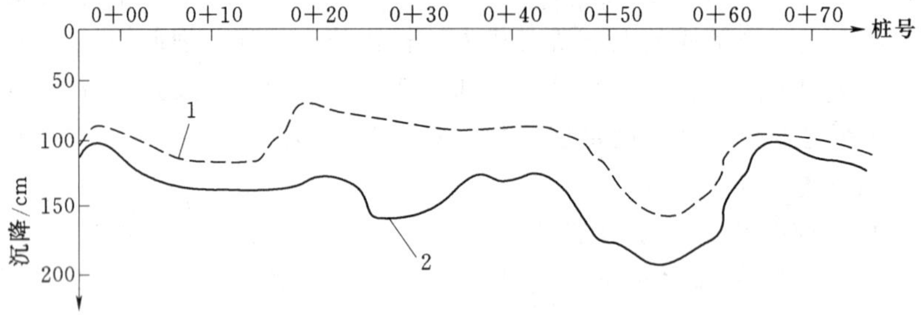

图 7-17　坝顶沉降纵断面分布图

1—灌浆前坝顶沉降；2—灌浆后坝顶沉降

图 7-18 表明，灌浆期坝顶的沉降主要发生在灌浆孔附近，离其较远的标点，其沉降甚小或为零。

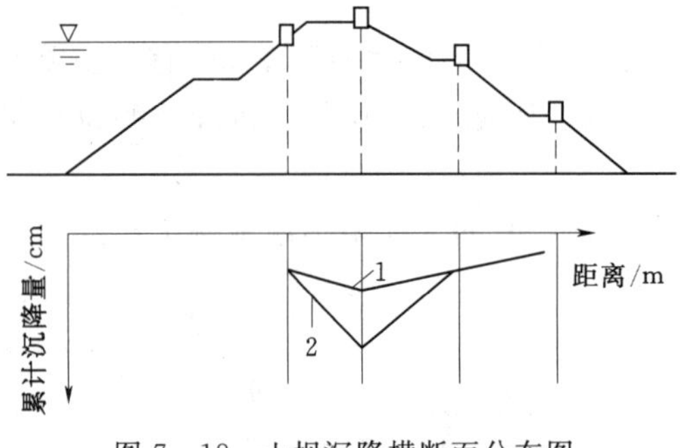

图 7-18　土坝沉降横断面分布图

1—灌浆前沉降量；2—灌浆后沉降量

（2）位移观测资料整理分析。位移本是变形在水平方向的一个分量。其变化规律本应和沉降的相一致。但由于位移对外力作用较为敏感，因此，其变化有其独特规律。例如，在高库水位作用下，上游坝肩向下游位移，但当库水位下降后，坝肩的位移方向转向上游，即产生回弹现象，这是由于坝体土为塑性材料所决定的。在坝顶灌浆时所施加的灌浆压力，远大于库水位的作用压力，因此，上下游坝肩的位移量和回弹量都将较大。所以位移资料分析时，须计算灌浆压力的大小和变化。

1）绘制位移过程线：以时间为横坐标、位移为纵坐标绘制各标点的位移过程线，如图 7-19 所示。曲线上有 3 个峰值，这是三次灌浆所形成的。第一次灌浆，所产生的位移最大，停灌后，坝体回弹，位移增量为负；第二次复灌，累计位移量最大，但位移增量小于第一次的位移，而回弹量大于第一次的回弹量；第三次复灌，坝体的进浆量小了，位移增量也很小，停灌后，坝体继续回弹，约 50d 后，回弹结束。在灌浆期，此测点出现的最大位移量约为 220mm，回弹后的位移量为 40mm，这表明回弹率达 82%。本实例可以表明一个规律，即位移增量或位移速率应随着灌浆次数的增加而减少。这是一种正常的、符合坝体塑性变形规律的现象。若出现相反的情况，则应研究其原因，并采取暂时停灌的措施。

在灌浆期，坝的填筑质量好，发生的位移量就大，回弹也大，而沉降量却较小；反之，发生的沉降量大，而位移量却较小。在观测资料分析时，根据这种规律去了解各坝段的填筑质量是有意义的。

2）绘制全坝体位移平面分布图：绘制此图的目的在于了解全坝位移大小的分布状态及其方向，每次灌浆所影响的范围等。

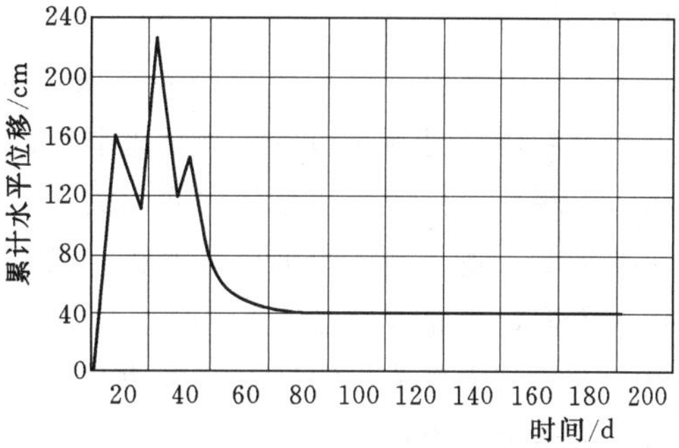

图 7－19　位移过程线

3. 应力观测

在灌浆期，坝体内部的应力将发生变化，这是必然的，若有条件进行观测，对灌浆的研究工作是有意义的。但此项观测较为费钱和费事。据了解，绝大多数采用灌浆处理隐患的坝都未设置此项观测，只有山东省水科所为研究劈裂灌浆机理及总结灌浆的经验，在黄前水库埋设一批应力观测仪器及测斜仪（当时，仪器是由其他研究所无偿提供的）。因此，除非研究工作的需要，而且又有经费，一般不建议设置此项观测。

应力观测包括两项内容，即土压力和孔隙水压力观测。

（1）土压力观测。土压力通常采用钢弦式土压力计观测。由它测出的土压力为总压力，即包括孔隙水压力和灌浆时泥浆的渗透压力。如果需要知道坝体内的有效应力，还需要同时埋设孔隙水压力计。

土压力测点可布置在距灌浆孔上下游 3～5m 之处，观测断面可选择在最大坝高和填筑质量最差处。每个测点至少设置 2 只土压力计。一只承压面向上，水平放置，观测垂直土压力；另一只垂直放置，承压面对着钻孔，观测横向土压力。在铅锤方向，应在不同高程（2～3 个）上布置测点。

土压力计的埋设需采用挖竖井的办法。竖井的直径要达 1.5m 左右，才便于人在内进行埋设。还必须对竖井进行加固保护，以免发生塌井事故。

土压力观测及资料整理分析技术比较复杂，也不太成熟，这里不作介绍。

（2）孔隙水压力观测。孔隙水压力仪的型式很多，在土石坝观测中多采用钢弦式孔隙水压力仪。因为，它是和土压力计配合使用的，即它是埋设在土压力计附近的。

孔隙水压力观测之目的是了解灌浆期间坝体内孔隙水压力的增大和消散过程，以便验算其对坝体抗滑稳定和渗透稳定的影响，这点对均质坝更为重要。

应该指出，仪器所测量到的孔隙水压力由 3 部分组成：①在上下游水位差作用下，产生的渗流水头；②土体沉降产生的超静孔隙水压力；③在灌浆压力作用下，泥浆渗透产生的孔隙水压力。这 3 种不同条件下产生的孔隙水压力是难以分开的，在灌浆期，它们是作为一个整体出现。研究其增大和消散过程，可以起到指导灌浆施工的作用。渗流作用下的孔隙水压力是不会消散的，后两种原因产生的孔隙水压力才会消散。

顺便指出，由于测压管充水需要时间，在弱透水土料中它的滞后时间较长，故不宜用来观测与时间有关的孔隙水压力。

4. 渗流观测

在土石坝观测中，渗流观测是一个重要的观测项目。在多数坝中，一般都有此项观测，例如用测压管观测浸润线，用量水堰观测渗流量等。在坝体灌浆期，则只需注意渗流量观测，了解其变化情况与灌浆之间的关系。在灌浆期，一般，渗流量应是逐渐减小的。

在灌浆期，观测测压管水位的变化，其结果只能作为定性分析的参考，而不能作为定量分析的依据，其原因前已述及。

对未设渗流观测项目的坝，应利用灌浆的条件补设之。

四、灌浆效果检查与验收

（一）灌浆效果检查

灌浆结束后，须对灌浆效果进行检查，以确定坝体隐患是否已消除，是否达到了除险加固之目的。

检查的内容包括泥浆在坝体内的充填情况，灌浆施工的记录资料，把体内、外质量的改善情况等。

检查时间一般定在坝内浆体基本固结之后的低水位期。可采取下列方法进行检查。

1. 现场勘察

对坝顶、坝坡和坝脚进行全面的察看，并与灌浆前的检查结果相对照，例如，原来漏水的地方是否停止了，潮湿的地方是否干燥了等，以作为初步判断灌浆效果的依据。

2. 分析原型观测资料

分析原型观测资料是一种检查灌浆效果最有效的方法，也是长期监测大坝安全运行的有效方法。

（1）分析停止灌浆后，各测点的沉降和位移资料，了解各测点间的差异沉降大小和是否有拉应变（根据位移计算）发生；确定坝的变形是否已基本稳定。

（2）若有孔隙水压力观测项目，则应了解由于坝体沉降和灌浆所增大的孔隙水压力是否已经消散完毕，以确定坝体内的渗流是否属于稳定渗流。

（3）分析灌浆前和结束后的测压管或渗压计（孔隙水压力仪）观测资料，了解各测点水位与库水位的关系及其变化情况，或将测点水位换算成位势，了解位势随时间的变化情况。在全坝劈裂灌浆形成连续浆体帷幕的条件下，库水位基本相同时，幕前的测点水位（或位势）上升，幕后的下降，则表明浆体帷幕的效果不错，幕前测点测点水位差别越大，效果就越好。但应指出，即使幕前后测点的水位与灌浆前的相比没有多大的差异，甚至相同，也不能就肯定灌浆效果不好，因为只要泥浆填满了原来的裂缝，促使了坝体内部应力的调整，增加了坝体的密实度，提高了坝体整体的抗渗能力，即达到了灌浆的目的。

（4）在库水位基本相同的条件下，可对比灌浆前后渗流量的大小，渗流量的减少量与灌浆的效果成正比。测点水位，或者说浸润面的位置不降低，但渗流量却可能会减小。因此，分析渗流量的变化是一种确定灌浆效果的有效方法。

3. 注水检查

在现场进行注水试验，检查坝体渗透系数的改善程度。注水可选择在灌浆期沉降量较大和较小坝段的坝顶和坝坡上进行。注水试验可采用试坑注水和钻孔注水两种方法进行。前者用来测定坝体上部的渗透系数，后者用来测定坝体内部的渗透系数。进行钻孔注水试验时，可采用变水头或常水头方法，但孔内水位不要超过正常库水位，以免发生水力劈裂。试坑注水法也可以在探井中进行。

注水时所需的设备、具体的操作和计算渗透系数的方法见本书有关章节。

4. 探井检查

探井的位置应选择在沉降量较大和怀疑灌浆质量不够好的坝段。探井的深度应超过隐患的深度。

在探井中，检查浆脉的分布、厚度和有无夹砂层，绘出浆脉分布图；在不同高程上，取浆体和坝体土样进行含水量和干密度试验，绘制其沿深度的变化曲线；检查浆体与两侧坝体的结合情况。

结合探井开挖，可分层对浆体和坝体取样进行土的物理力学性质的常规试验或三轴试验。根据试验结果评价灌浆前后坝体质量的变化，了解浆体的物理力学性能。

完成上述各项检查内容后，由施工单位根据检查和试验结果，写出灌浆施工技术总结，报请上级主管部门组织验收。

（二）灌浆工程验收

1. 验收程序

灌浆工程验收程序如下。

（1）由主管部门组织和主持召开验收会议。设计、施工、管理和试验单位委派有关人员参加会议。由各方人员组织成验收领导小组。

（2）管理部门向会议介绍灌浆前工程的运行和隐患情况，并提供有关资料。

（3）设计部门向会议介绍灌浆设计的依据和提供设计书。

（4）施工部门向会议介绍灌浆的施工情况，施工中曾出现的问题及采取的处理措施；提供原型观测资料和分析报告、土工试验报告、灌浆效果检查报告、灌浆施工技术总结报告等，并对灌浆效果做出评价。

（5）验收小组通过现场勘察、会议讨论和审查所提供的资料后，确认灌浆已达到除险加固之目的，便可验收立案，并通知管理单位，水库可正常运行。

2. 验收标准

验收标准建议如下：如能满足下述标准，则认为坝体灌浆已达已定目的，可予以验收。

（1）下游坝坡的潮湿、渗水和沼泽化的现象消失，坝坡变得干燥。

（2）下游的总渗流量明显比灌浆前减小。

（3）坝体的浸润面比灌浆前降低。

（4）坝体的变形基本稳定，灌浆后，各测点之间差异沉降甚小，不足以产生新的裂缝。

（5）坝体内裂缝、洞穴和渗漏通道均被浆体填满，且浆体中没有夹砂层，并与坝体结合牢固，其中没有缝隙。

(6) 在灌浆影响到的范围内，坝体的干密度应增大，渗透系数应减小；坝的整体强度增加，抗渗的能力增大。

第八节　新疆下坂地水利枢纽坝基深厚覆盖层帷幕灌浆设计

一、工程概况

下坂地水利枢纽工程采用沥青混凝土心墙砂砾石坝，坝顶高程为2966.0m，坝顶长度406m，坝体最大高度78m。坝基坐落在深150多米的河床覆盖层上，基础防渗采用墙幕结合的垂直防渗方案。坝基覆盖层成分复杂，坝基防渗处理的工程难度在国内罕见，坝基防渗是本工程设计和施工的关键技术难题之一。

二、地质条件简述

中坝址位于哈木勒堤沟沟口上游约300m处。峡谷地形呈U形，两岸山体岩石裸露，岩性为Ptal的角闪黑云母二长片麻岩，岸坡左缓右陡，左岸边坡50°～55°，右岸边坡55°～70°，河谷宽280m，坝轴线处河床最低高程2896m。

1. 地层岩性

坝段内河谷地层由元古界变质岩及第四系松散堆积物组成。变质岩以角闪黑云母二长片麻岩为主，岩体坚硬，岩体饱和抗压强度177.6～215.9MPa，单斜构造，岩体强风化厚度一般5～7m。

坝基覆盖层最深为150m左右，覆盖层成分复杂，主要以上部的冲洪积、坡积层和底部的冰碛砂砾石层为主，坝基下冰碛层结构松散，渗透系数大，其中还夹有砂层透镜体，大孤石及孤石的架空现象。

(1) 坝址处河床地层岩性。据勘探钻孔揭露，覆盖层最大深度147.95m，自下而上依次为冰碛层、砂层、冲洪积和坡积层。

1) 冰碛层。冰碛层位于河谷谷底，厚度80～150m，岩性复杂，结构极不均匀，主要以漂石、块石、砾石及砂为主，成分以花岗岩、片麻岩、片岩及灰黑色变质岩组成。冰碛层密实，天然密度为2.1g/cm^3，抗剪强度大，压缩性低，属中等透水性，冰碛层自然状态颗粒级配见表7-13。

表7-13　冰碛层天然粒径组成成果表

土粒组成	漂石或块石	卵石或块石	圆砾或角砾			砂				粉粒与黏粒
			粗	中	细	粗	中	细	极细	
粒径大小/mm	>200	200～60	60～20	20～5	5～2	2～0.5	0.5～0.25	0.25～0.1	1～0.05	<0.05
含量/%	4.1	27.8	33.1	15.5	3.1	3.5	2.3	3.0	5.1	2.6

2) 砂层。坝址处左岸覆盖层上部夹有厚度18～30m空间展布成“杏仁状”的砂层透镜体，透镜体分布于坝基左侧偏上游冰碛层中，顺河向长约460m以上，宽约170～

250m，埋深 18～35.4m，最大厚度 43.7m，其上下均为 Q_3gl 冰碛碎石、块石层。垂直方向上砂层结构组成不均一，相变较大，上部以中、细砂层为主，结构松散，中下部为细砂夹粉砂、粉砂质壤土等，结构密实。砂层渗透性基本均一，属弱～中等透水性，天然干密度 ρ=1.50～1.60g/cm^3，为中密砂。经地质初判砂层透镜体上部 7m 范围可能存在振动液化问题。

3）冲洪积和坡积层。冲积层分布在河床漫滩表层，厚度 4.0～13.2m，结构复杂，相变较大，颗粒由碎石、粗砾及砂组成，局部夹粉砂质壤土薄层，单层厚度 0.3～3.85m 不等，大多厚度为 1.0m 左右。

坝址以上两岸斜坡坡积层分布长度约 600m，高程 2900～2970m，水平宽度 40～160m，岩性组成以角砾石和碎石为主，不良级配，松散杂乱堆积，自然坡脚 35°～50°。

（2）两岸地层岩性。坝体两岸岩性以弱风化的片麻岩为主，表部强风化层的厚度一般为 5～7m。

2. 水文地质条件

（1）覆盖层的透水性。

1）冰碛层。上更新统冰碛物、岩性不一致，杂乱无分选，透水性差异很大，通过浅层抽水试验及水文综合测试（自振法原理）不同深度渗透系数见表 7-14。

表 7-14　冰碛层渗透系数（*K*）成果表

孔深/m	含水层	测试方法	*K* 值范围/（m/d）	选用 *k* 值/（m/d）
0～20	漂石、块石层	抽水		15.4
20～40	细砂层上部	ZS-1000A（自振法）		10.84
45～70	细砂层下部	ZS-1000A（自振法）	9.6～15.1	
71～90	漂石层	ZS-1000A（自振法）	8.0～8.5	
91～100	含卵块石层上部	ZS-1000A（自振法）	6.0～6.5	11.4
117～125	含卵块石层下部	ZS-1000A（自振法）		17.6
132.78～135.38	块石层	ZS-1000A（自振法）		16.6
143.65～146.25	块石层	ZS-1000A（自振法）		

渗透系数平均值为 17.6m/d。

2）软黏土层。软黏土层平均水平渗透系数 1.36×10^{-6}cm/s，垂直 3.34×10^{-6}cm/s，大值平均水平 6.05×10^{-6}cm/s，垂直 1.27×10^{-5}cm/s，属极弱透水层。

3）砂层。根据野外钻孔抽水试验，砂层的渗透系数：上部（20～50m）K=7.2～12.4m/d；下部（50～70m）K=9.6～15.9m/d。砂层透水性基本均一，属弱～中等透水性。

（2）基岩透水性。基岩为角闪黑云二长片麻岩，岩体较完整，根据 ZK22、ZK28 钻孔压水试验资料，左坝肩基岩单位透水率为 q=13.4Lu，右岸为 q=9.2Lu，为弱透水性。

三、防渗方案设计

1. 防渗方案的总体思路

根据坝址地质条件，结合水工建筑物的布置特点，考虑工程总体布置与进度的要求，按照现场灌浆试验和防渗墙试验的成果，“本工程坝基深覆盖层采用混凝土防渗墙与灌浆帷幕相结合的上墙下幕型式，可以达到渗流控制的目的。”“防渗墙深度从左岸地面高程算起控制在 85m（墙体厚度 1.0m），墙下布置 4 排灌浆帷幕可以满足坝基防渗设计要求，墙深和帷幕排数应参照现场试验成果进行进一步综合技术经济比较后确定。”

经过对施工条件、施工工期等综合因素的分析比较，拟采用用左漫滩上部开挖至高程 2897m，右岸上部开挖至高程 2888m 作为防渗墙施工平台，建造最大深度 85m 的防渗墙，墙底高程 2812m，下接灌浆帷幕的垂直防渗型式，帷幕灌浆与防渗墙的搭接长度 15m，即帷幕灌浆的顶部高程为 2827m，最低高程为 2745m，帷幕最大钻孔深度 152m，最大灌浆长度 82m。混凝土防渗墙置于大坝心墙下，轴线全长 303.76m，墙厚 1m，平均墙深 66.17m，最大墙深 85m，截水面积 $2.01\times10^4m^2$。砂砾石灌浆 1.30×10^4m，基岩灌浆 3.3×10^4m。其中截流前应完成左岸防渗轴线长度 261m，高程 2897m 以下的防渗墙和帷幕灌浆，防渗墙面积为 14436m^2，砂砾石灌浆 7480m，坝基基岩灌浆 9844m，空钻钻孔进尺 6084m。

2. 设计标准

(1) 墙体材料与灌浆材料。鉴于下坂地龙头水库的重要性和坝基覆盖层地质情况的复杂性，且下坂地坝基防渗墙为永久建筑物，所以选用刚性的普通混凝土作为墙体材料。“鉴于本工程地层结构复杂，坝址位于高地震烈度区，从抗震安全性上考虑，宜采用低模强比、高极限应变值的配合比。”本工程混凝土材料的设计参数为：抗压强度 R90≥25MPa，弹性模量 $E\leqslant23GPa$，抗渗等级为 W8，相应的渗透系数 $k\leqslant10^{-8}cm/s$。

灌浆材料：采用水泥黏土浆和水泥浆，即河床段砂砾石层采用水泥黏土浆，基岩段采用水泥浆。黏土选用新疆乌恰县红黏土为主，下坂地Ⅱ号料场土料为辅，必要时通过掺加适量膨润土来提高黏粒含量，从而满足灌浆材料要求，其浆液的最优配比通过试验确定。该两种黏土的品质指标见表 7－15。

表 7－15　乌恰红黏土和下坂地Ⅱ号料场白黏土的品质指标

黏土名称＼指标	颗粒组成/%					液限	塑限	塑性指数
	>0.1mm	0.1～0.05mm	0.05～0.01mm	0.01～0.005mm	<0.005mm			
乌恰红黏土	0	8	9	16	67	39.58	20.22	19.36
下坂地（Ⅱ号料场）白黏土	0	6	30	30	34	43.57	30.28	12.79

水泥采用喀什飞龙水泥有限责任公司生产的 P.O32.5 水泥，水泥物理力学性能见表7－16。

（2）允许比降与防渗标准。设计初定下坂地坝基混凝土防渗墙允许水力坡度 $J_p=80$。下坂地坝基覆盖层地质情况十分复杂，冰碛层透水性差异很大，且存在砂层、大孤石及架空现象，帷幕灌浆允许水力坡降按不大于 6 控制。

帷幕的防渗标准按 5～8Lu 控制。

（3）嵌岩深度。设计初定左右岸防渗墙嵌入基岩 1.0m，帷幕灌浆深入不透水基岩深度 5～10m。

表 7-16　　水泥物理力学性能

项目检测	细度 0.08mm 筛孔/%	标准稠度用水量/%	凝结时间/min		安定性	抗折强度/MPa		抗压强度/MPa	
			初凝	终凝		3d	28d	3d	28d
GB 175—99	＜10	—	＞45	＜600	必须合格	3.5	5.5	16.0	32.5
实测值	4.2	26	220	400	合格	4.6	7.4	27.8	45.7

3. 防渗设计

（1）混凝土防渗墙与下接帷幕灌浆设计。“根据坝基地层结构和现场试验验证，由于覆盖层上部存在粉细砂夹砂层，用灌浆方法处理其防渗效果难以保证，而采用混凝土防渗墙穿透夹砂层，下部进行灌浆做防渗帷幕可达到防渗目的。”受防渗墙造孔深度限制，设计采用上部悬挂式防渗墙与下部灌浆帷幕搭接的形式来实现全断面截断坝基渗流。

1）上部混凝土防渗墙。

a. 墙深：下坂地工程坝基冰碛砂卵石、块石岩性为坚硬的角闪二长片麻岩，冰碛层胶结性差，坝址处可能存在大孤石及孤石架空现象，与黄河小浪底及冶勒电站防渗墙相比，本工程由于地质情况复杂而带来的墙体施工难度可能会大一些，因此，为保险起见，坝基防渗墙设计最大深度为 85m。左右两岸浅覆盖层部位防渗墙要求进入基岩，入岩深度按 1m 控制。

b. 墙厚：根据墙体的允许水力坡降和承受的水头、抗溶滤的安全年限及防渗墙应力一应变计算结果，考虑到下坂地龙头水库的重要性，同时由于防渗墙较深，墙体应力较大的特点，参考小浪底和冶勒电站等工程防渗墙厚度，设计墙厚度为 1.0m。

2）下部砂砾石灌浆帷幕。

a. 帷幕厚度与排数：根据渗流分析，结合国内外已建工程的实践和现场灌浆试验的成果。混凝土防渗墙与下部 4 排帷幕孔相接，在防渗墙上游布置 1 排灌浆孔，墙上布置 1 排，下游布置 2 排灌浆孔，其中有 1 排在廊道内施工。上部 70m 空钻段下设护壁套管。渗流计算采用帷幕厚度为 10m。

b. 孔、排距：根据已建工程实例和现场灌浆试验情况，灌浆排距为 2.5m，河床段墙外孔距 3.0m；墙内一排结合防渗墙采用预埋管布孔，孔距根据槽段长度情况进行调整，一般为 1.8～2.0m。

c. 帷幕深度：河床段帷幕深度每排不等，最大灌浆深度为 152m，为防渗墙下的一排孔，其他排的孔深见图 7-20。

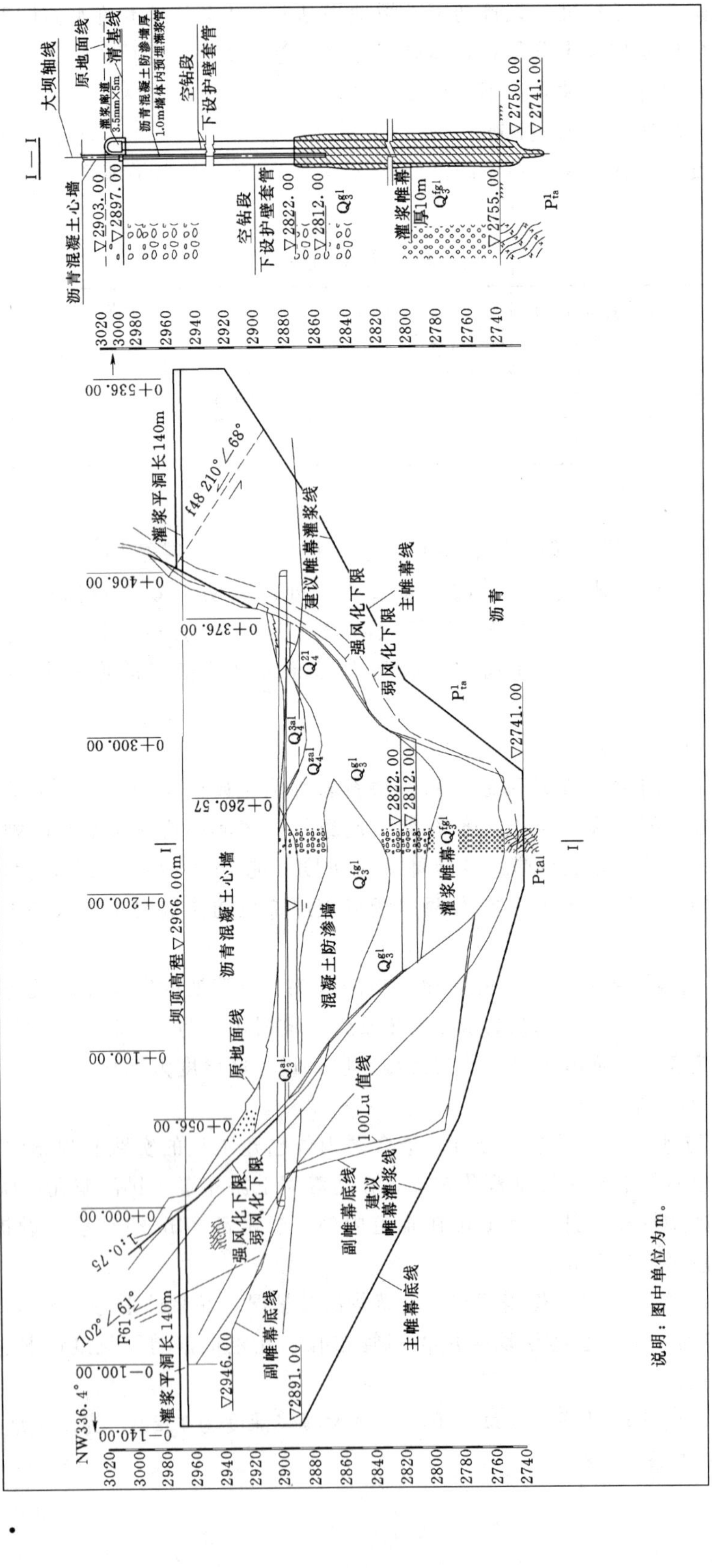

图 7-20　混凝土防渗墙接帷幕灌浆纵剖面设计图

d. 灌浆廊道：设置灌浆廊道的主要目的是灌浆施工不影响坝体填筑，同时为运行观测、监视以及可能的补灌提供场所。同时考虑施工工期的安排和廊道底部的应力与变形问题，将灌浆廊道布置在防渗墙下游侧，廊道断面为3.5m×5m，在左岸布置交通竖井，断面为2m×2m，右岸布置交通洞与廊道连通，进口在坝下游，进口高程控制在2987.0m以上，交通洞纵向坡比控制在10%以内。自廊道底部至帷幕顶部为冰碛层空钻段，廊道内最大钻孔深度为147m。

e. 灌浆帷幕与上部防渗墙的搭接。防渗墙与下部灌浆帷幕搭接长度按坝基渗流沿防渗墙下端部绕渗渗径不小于帷幕厚度考虑，并考虑一定长度的安全富余，设计墙幕搭接长度为15m。搭接采用帷幕包裹防渗墙的形式。混凝土防渗墙接帷幕灌浆设计图见图7-20。

(2) 左、右岸坝肩的防渗设计。左、右岸坝肩基岩都采用帷幕灌浆防渗，从而形成一道完整的封闭防渗体系。左右岸均分为斜坡段和平洞段，左岸斜坡段桩号为0+000.00～0+067.44，平洞段桩号为0+000.00～0-180.00，平洞断面为城门洞型，尺寸为3m×3.5m，向坝肩岩体内延伸180m。右岸斜坡段桩号为0+371.20～0+406.00，平洞段桩号为0+406.00～0+546.00，平洞断面为城门洞型，尺寸为3m×3.5m，向坝肩岩体内延伸140m。两岸在高程2925m以下布置主副两排灌浆帷幕，副帷幕灌浆深度按主帷幕深度的2/3考虑，高程2925m以上的斜坡段和平洞段均布置一排基岩帷幕灌浆，主副帷幕孔排距均为2.0m，左右两岸最大灌浆深度分别为140m、110m，且在斜坡段布置固结灌浆，灌浆孔按照3m×3m布置，孔深10m。斜坡段和平洞的底板在灌浆前浇筑30～50cm的混凝土压浆板，并适当布置锚筋加固。

(3) 防渗工程特性。将上述各防渗项目的防渗工程特性汇总于表7-17。

表7-17　　防渗工程特性值表

项目		长度（深度）/m			单位	工程量	
		最大	最小	平均		分项数量	总量
混凝土防渗墙	左岸斜坡段	85	0	42.5	m^2	3669	20079
	河床段	85	76	80.5	m^2	13467	
	右岸斜坡段	76	0	38	m^2	2944	
防渗墙内预埋灌浆管（管间距2.0m）	左岸斜坡段	85	0	42.5	m	1834	10028
	河床段	85	76	80.5	m	6733	
	右岸斜坡段	76	0	38	m	1461	
河床段砂砾石灌浆		142	85	113.5	m	12950	12950
河床段砂砾石灌浆空钻孔		70	70	70	m	12191	12191
左坝肩洞内基岩帷幕灌浆		149.25	20	84.63	m	8758	14108
左坝肩斜坡段基岩帷幕灌浆		149.25	115.22	132.24	m	5350	
右坝肩洞内基岩帷幕灌浆		114.45	20	67.23	m	5412	7228
右坝肩斜坡段基岩帷幕灌浆		114.45	60.21	87.33	m	1816	

续表

<table>
<tr><th colspan="3" rowspan="2">项　目</th><th colspan="3">长度（深度）/m</th><th rowspan="2">单位</th><th colspan="2">工　程　量</th></tr>
<tr><th>最大</th><th>最小</th><th>平均</th><th>分项数量</th><th>总量</th></tr>
<tr><td colspan="3">左坝肩斜坡段基岩固结灌浆</td><td>10</td><td></td><td></td><td>m</td><td>1440</td><td rowspan="2">2575</td></tr>
<tr><td colspan="3">右坝肩斜坡段基岩固结灌浆</td><td>10</td><td></td><td></td><td>m</td><td>1135</td></tr>
<tr><td colspan="2" rowspan="3">防渗墙下基岩帷幕灌浆</td><td>左岸斜坡段</td><td>139.87</td><td>115.22</td><td>127.55</td><td>m</td><td>4494</td><td rowspan="3">11661</td></tr>
<tr><td>河床深槽段</td><td>149.25</td><td>115.22</td><td>132.24</td><td>m</td><td>4986</td></tr>
<tr><td>右岸斜坡段</td><td>116.83</td><td>60.21</td><td>88.52</td><td>m</td><td>2181</td></tr>
<tr><td rowspan="3">洞挖石方</td><td colspan="2">左岸灌浆平洞
（城门洞形 3.5m×5m）</td><td></td><td></td><td>180.00</td><td>m³</td><td>2082</td><td rowspan="3">8390</td></tr>
<tr><td colspan="2">右岸灌浆平洞
（城门洞形 3.5m×5m）</td><td></td><td></td><td>140.00</td><td>m³</td><td>1620</td></tr>
<tr><td colspan="2">右岸交通洞
（城门洞形 3.5m×5m）</td><td></td><td></td><td>405.20</td><td>m³</td><td>4688</td></tr>
<tr><td colspan="2" rowspan="3">洞内喷混凝土
（喷护厚度 0.1m）</td><td>左岸灌浆平洞</td><td></td><td></td><td>180.00</td><td>m²</td><td>1759</td><td rowspan="3">7087</td></tr>
<tr><td>右岸灌浆平洞</td><td></td><td></td><td>140.00</td><td>m²</td><td>1368</td></tr>
<tr><td>右岸交通洞</td><td></td><td></td><td>405.20</td><td>m²</td><td>3960</td></tr>
<tr><td colspan="3">防渗墙施工平台 C15 混凝土</td><td></td><td></td><td></td><td>m³</td><td>748</td><td>748</td></tr>
<tr><td colspan="3">坡面石方</td><td></td><td></td><td></td><td>m³</td><td>12200</td><td>12200</td></tr>
<tr><td colspan="3">防渗墙导墙 C20 混凝土</td><td></td><td></td><td></td><td>m³</td><td>1159</td><td>1159</td></tr>
<tr><td colspan="3">C20 混凝土基座（含压浆板）</td><td></td><td></td><td></td><td>m³</td><td>1339.8</td><td>1339.8</td></tr>
<tr><td colspan="3">灌浆廊道 C20 混凝土</td><td></td><td></td><td></td><td>m³</td><td>7539</td><td>7539</td></tr>
<tr><td colspan="3">竖井 C20 混凝土</td><td></td><td></td><td></td><td>m³</td><td>466</td><td>466</td></tr>
<tr><td colspan="3">钢筋制安</td><td></td><td></td><td></td><td>t</td><td>1100</td><td>1100</td></tr>
<tr><td colspan="3">橡胶止水带</td><td></td><td></td><td></td><td>m</td><td>891</td><td>891</td></tr>
<tr><td colspan="3">止水铜片</td><td></td><td></td><td></td><td>m</td><td>891</td><td>891</td></tr>
</table>

习题与思考题

7-1　试述大坝砂砾石地基灌浆的主要理论是什么。

7-2　大坝砂砾石地基灌浆帷幕的结构有哪些形式？

7-3　如何确定大坝砂砾石地基灌浆帷幕的位置？

7-4　简述砂砾石地基灌浆帷幕防渗的工作原理。

7-5　试述砂砾（卵）石层灌浆的目的与要求。

7-6　坝体灌浆的目的与设计内容是什么？

7-7　在坝体灌浆中，如何确定灌浆压力的大小？

第八章 混凝土坝坝基处理设计

第一节 概 述

水工建筑物对地基基础的要求是坝基具有足够的强度、足够的整体性和均一性，以及足够的抗渗性和耐久性。但由于地质体受构造作用的影响，水利水电工程任何一个选定的坝址，其工程地质条件都不会完全符合水工设计的要求，总会有某些缺陷存在。为了保证建筑物的稳定和正常使用，就需要采取一定的工程处理措施，以消除不利地质因素对建筑物的影响。例如水库蓄水后，由于坝上下游水位相差很大，当坝基（肩）岩体中有透水通道（连通的孔隙、裂隙、断层、溶洞等）时，库水通过坝基（肩）岩体向下游渗漏。坝区渗漏不但减少水库蓄水量，甚至可能使水库不能蓄水，影响工程的效益；而且强大的渗透水流作用，会降低坝基（肩）岩体的稳定性，使坝基产生渗漏变形，危及大坝安全。因此，坝基处理是水利水电工程建筑中一项非常重要的工作。鉴于坝基加固处理的重要性及复杂性，同时对各种地质缺陷的处理效果作充分的分析论证，通常需要拟定多个加固处理方案（包括洞井塞置换、传力洞、传力墙、预应力锚固、固结灌浆等），建立一系列有限元三维整体模型，能较真实地模拟地形、地质条件以及考虑渗流场和初始地应力场，采用线弹性和非线性有限元分析方法以及地质力学模型试验（未加固和加固），研究加固处理前后坝肩抗力岩体和主要软弱结构面的变形特性、应力状态以及点安全度。

坝基处理的目的在于提高坝基的强度和稳定性，以满足大坝对地基在承载能力、变形、渗透稳定、抗滑稳定和边坡稳定等方面的要求。处理方法则随地而异，与坝型、工程等级、工作条件、地质条件、施工条件等因素有关。岩体坝基的处理，通常包括清基、岩体加固、防渗排水以及改变建筑物结构以适应坝基地质等 4 个方面。

为满足深层抗滑稳定要求，可采取多种综合措施，如厂坝联合作用、降低建基面、加强基础排水、施加预应力锚索等。混凝土坝坝基处理设计主要包括开挖、固结灌浆、防渗帷幕、坝基排水、岩溶、断层破碎带的处理设计等方面的内容，其中有关固结灌浆与防渗帷幕灌浆的内容在第五章已有介绍，此章不再详述。

混凝土坝坝基处理常依据以下规范与规程。

(1)《混凝土重力坝设计规范》(SL 319—2005)。

(2)《混凝土拱坝设计规范》(DL/T 5346—2006)。

(3)《碾压混凝土坝设计规范》(SL 314—2004)。

(4)《浆砌石坝设计规范》(SL 25—2006)。

(5)《水工建筑物水泥灌浆施工技术规范》(SL 62-2014)。

(6)《水工建筑物岩石基础开挖工程施工技术规范》(SL 47—94)。

(7)《预应力混凝土用钢绞线》(GB/T 5224—2014)。

(8)《钢筋混凝土用热轧光圆钢筋》(GB 1499.1—2007)。

(9)《水工预应力锚固设计规范》(SL 212—2012)。

(10)《水工隧洞设计规范》(DL/T 5195—2004)。

(11)《混凝土面板堆石坝设计规范》(SL 228—2013)。

第二节　坝基处理设计的目的与要求

一、混凝土重力坝的基础处理的要求

混凝土重力坝的基础经处理后应符合下列要求。

(1) 具有足够的强度，以承受坝体的压力。

(2) 具有足够的整体性和均匀性，以满足坝体抗滑稳定，减小不均匀沉陷。

(3) 具有足够的抗渗性，以满足渗透稳定，控制渗流量，降低渗透压力。

(4) 具有足够的耐久性，以防止岩体性质在水的长期作用下发生恶化。

二、坝基开挖要求

(1) 建基面应根据大坝稳定、坝基应力、岩体物理力学性质、岩体类别、基础变形和稳定性、上部结构对基础的要求、基础加固处理效果及施工工艺、工期和费用等经技术经济比较确定。规范规定，坝高超过 100m 时，可建在新鲜、微风化或弱风化下部基岩上；坝高 100～50m 时，可建在弱风化中部至下部基岩上；坝高小于 50m 时，可建在弱风化上部至中部基岩上。两岸地形较高部位的坝段，可适当放宽（图 8-1）。

图 8-1　坝基开挖清基

(2) 重力坝的建基面形态的选择应根据地形地质条件及上部结构的要求确定，主坝段的建基面上、下游高差不宜过大，最好略向上游倾斜。若基岩面高差过大或向下游倾斜时，宜开挖成大台阶状，台阶的高差应与混凝土浇筑块的尺寸和分缝的位置相协调，并和坝趾处的坝体混凝土厚度相适应。对地形高低悬殊的部位应调整横缝位置并作适当处理。

(3) 两岸岸坡坝段建基面在坝轴线方向应开挖成有足够宽度的台阶状，或采取其他结构措施，确保坝体侧向稳定。

(4) 基础中存在的表层夹泥裂隙、风化囊槽、断层破碎带、节理密集带、岩溶充填物及浅埋的软弱夹层等局部工程地质缺陷，均应结合基础开挖予以挖除。

(5) 坝基开挖应对爆破方式提出相应的要求，保证坝基岩体不被破坏或产生不良后果。

对易风化、泥化的岩体，应采取相应的保护措施。

三、坝基固结灌浆要求

（1）坝基固结灌浆的设计，应根据坝基工程地质条件、坝高和灌浆试验成果确定。

1）在坝基上游和下游一定的范围内宜进行固结灌浆，当坝基岩体裂隙发育，可在全坝基范围内进行固结灌浆（图8-2），并根据坝基应力及地质条件，向坝基外及宽缝重力坝的宽缝部位适当扩大灌浆范围。

图8-2　重力坝坝基固结灌浆

2）防渗帷幕上游的坝基宜进行固结灌浆。

3）断层破碎带及其两侧影响带和其他地质缺陷部位应加强固结灌浆。

4）基础中的岩溶洞穴、溶槽在清挖回填后，在其周边应根据岩溶分布情况，适当加强固结灌浆。

（2）固结灌浆孔的孔距、排距可采用3～4m，或根据开挖以后的地质条件由灌浆试验确定。固结灌浆深度应根据坝高和开挖以后的地质条件确定，可采用5～8m；局部地区及坝基应力较大的高坝基础，必要时可适当加深，帷幕上游区宜根据帷幕深度采用8～15m。

（3）固结灌浆孔平面上通常布置成梅花形，对于较大的断层和裂隙带应专门布孔。灌浆孔方向应根据主要裂隙产状结合施工条件确定，使其穿过较多的裂隙。

（4）帷幕上游区和地质缺陷部位的固结灌浆宜在有3～4m混凝土盖重情况下施灌，其他部位的固结灌浆可根据地质条件采用有混凝土盖重方式施灌，经论证也可采用无混凝土盖重或找平混凝土封闭方式施灌。

（5）固结灌浆压力在不抬动基础岩体和盖重混凝土的原则下，宜尽量提高。有混凝土盖重时视其厚度可采用0.4～0.7MPa；采用无混凝土盖重或找平混凝土封闭灌浆时，其灌浆压力通过灌浆试验确定，可采用0.2～0.4MPa。对缓倾角结构面发育的基岩以及软岩，其灌浆压力应由灌浆试验确定。

四、坝基防渗和排水要求

（1）坝基防渗和排水设计，应以坝基的工程地质、水文地质条件和灌浆试验资料为依据，结合水库功能、坝高，综合考虑防渗和排水措施的适应性及两者的联合作用，确定相应的措施。水文地质条件复杂的高坝，应进行渗流计算分析。

（2）坝基及两岸的防渗措施，可采用水泥灌浆，亦可采用水泥混合材料灌浆，必要时可采用化学材料灌浆；经研究论证坝基也可采用混凝土齿墙、防渗墙或水平防渗铺盖；两岸岸坡也可采用明挖或洞挖后回填混凝土形成的防渗墙。多泥沙河流上，经分析淤积物的渗透系数及上游的淤积厚度能起防渗作用时，设计中可适当考虑其效果，但应确保大坝初期运行的安全。

（3）防渗帷幕应符合下列要求。

1）减小坝基和绕坝渗漏，防止其对坝基及两岸边坡稳定产生不利影响。

2）防止在坝基软弱结构面、断层破碎带、岩体裂隙充填物以及抗渗性能差的岩层中产生渗透破坏。

3）在帷幕和坝基排水的共同作用下，使坝基扬压力和坝基渗漏量降至允许范围以内。

4）具有连续性和足够的耐久性。

（4）大、中型工程或高坝应事先进行帷幕灌浆试验，在施工过程中可根据钻孔资料补充修正防渗帷幕设计，主帷幕应在水库蓄水前完成。

（5）帷幕的防渗标准和相对隔水岩层的透水率，根据不同坝高采用下列控制标准。

1）坝高在100m以上，透水率q为1～3Lu。

2）坝高在100～50m之间，透水率q为3～5Lu。

3）坝高在50m以下，透水率q为5Lu。

抽水蓄能电站和水源短缺水库坝基帷幕防渗标准和相对隔水层的透水率q值控制标准取小值。

（6）防渗帷幕的设计深度，应遵守下列规定。

1）封闭式帷幕：当坝基下存在可靠的相对隔水层时，并且埋深较浅时，防渗帷幕应伸入到该岩层内3～5m，不同坝高的相对隔水层的q值控制标准见第四章相关内容。

2）悬挂式帷幕：当坝基下相对隔水层埋藏较深或分布无规律时，帷幕深度应参照渗流计算，考虑工程地质条件和坝基扬压力等因素，结合工程经验研究确定，通常在0.3～0.7倍水头范围内选择。

（7）两岸坝头部位，防渗帷幕伸入山体内的长度及帷幕轴线的方向，应根据工程地质、水文地质条件确定，宜延伸到相对隔水层处或正常蓄水位与地下水位相交处，并应与河床部位的帷幕保持连续性。

（8）防渗帷幕的排数、排距及孔距，应根据工程地质、水文地质条件、作用水头以及灌浆试验资料选定。帷幕排数在考虑帷幕上游区的固结灌浆对加强基础浅层的防渗作用后，一般情况下坝高100m以上的可采用两排，坝高100m以下的可采用一排。对地质条件较差、岩体裂隙特别发育或可能发生渗透变形的地段加强防渗帷幕时，可适当增加帷幕排数。当帷幕由多排灌浆孔组成时，其中的一排宜钻灌至帷幕设计深度，其余各排孔的孔深可取帷幕设计深度的1/2～2/3。帷幕孔距可为1.5～3m，排距宜比孔距略小。钻孔宜穿过岩体的主要裂隙和层理，倾向上游0°～10°的斜孔。

（9）帷幕灌浆必须在浇筑一定厚度的坝体混凝土作为盖重后施工。灌浆压力应通过试验确定，通常在帷幕孔第1段取1.0～1.5倍坝前静水头，以下各段可逐渐增加，孔底段可取2～3倍坝前静水头，但灌浆时不得抬动坝体混凝土和坝基岩体。

（10）坝基排水设施，可设置一排主排水孔。主排水孔可设置在基础灌浆廊道内防渗帷幕的下游，在建基面上主排水孔与帷幕孔的距离不宜小于2m。高坝可设置2～3排辅助排水孔，中坝可设置1～2排辅助排水孔。必要时可沿横向排水廊道或宽缝设置排水孔，当基础中存在影响深层抗滑稳定缓倾角岩层时，应根据相对隔水层和缓倾角结构面的分布情况合理布置。

（11）尾水位较高的坝，采取抽排措施时，应在主排水下游坝基设置纵、横向辅助排水孔。当高尾水位历时较久或岩体透水性较大时，可在坝趾增设封闭防渗帷幕。

(12) 坝高较低，基岩条件较好且为弱透水层（渗透系数小于 0.1m/d）时，也可不设帷幕而只设排水以降低坝基渗透压力，但应在坝基面的上游部位进行固结灌浆。

(13) 主排水孔的孔距可为 2～3m，辅助排水孔的孔距可为 3～5m。

(14) 排水孔孔深应根据帷幕和固结灌浆的深度及基础的工程地质、水文地质条件确定。

1) 主排水孔深为帷幕深的 0.4～0.6 倍，高、中坝的坝基主排水孔深不应小于 10m，当坝基内存在裂隙承压水层、深层透水区时，除加强防渗措施外，主排水孔宜穿过此部位。

2) 辅助排水孔深可为 6～12m。

(15) 在岸坡坝段的坝基可设置专门的排水设施，必要时应在岸坡山体内设置排水隧洞，并布设排水孔。

(16) 当排水孔的孔壁有塌落危险或排水孔穿过软弱结构面、夹泥裂隙时，应采取相应的保护措施。

五、断层破碎带和软弱结构面处理要求

(1) 对于坝基范围内的断层破碎带或软弱结构面，应根据其所在部位、埋藏深度、产状、宽度、组成物性质以及有关试验资料，研究其对上部结构的影响，进行专门处理。在地震设计烈度为Ⅷ度以上的区域，其处理要求应适当提高。低坝的断层破碎带处理要求，可适当降低。

(2) 如果倾角较陡的断层破碎带，可用下述方法处理。

1) 坝基范围内单独出露的断层破碎带，其组成物质主要为坚硬构造岩，对基础的强度和压缩变形影响不大时，可将断层破碎带及其两侧影响带岩体适当挖除。

2) 断层破碎带规模不大，但其组成物质以软弱的构造岩为主，且对基础的强度和压缩变形有一定影响时，可用混凝土塞加固，混凝土塞的深度可采用 1.0～1.5 倍断层破碎带的宽度或根据计算确定，贯穿坝基上、下游的纵向断层破碎带的处理，宜向上、下游坝基外适当延伸。

3) 规模较大的断层破碎带和断层交会带，其组成物质主要是软弱构造岩，并对基础的强度和压缩变形有较大的影响时，必须进行专门的处理设计。

(3) 提高坝基深层抗滑稳定性有以下处理原则。

1) 提高软弱结构面抗剪能力。

2) 增加尾岩抗力。

3) 提高软弱结构面抗剪能力与增加尾岩抗力相结合。

应根据软弱结构面产状、埋深、特性及其对坝体影响程度，结合工程规模、施工条件和工程进度，进行综合分析比较后选定。

(4) 根据软弱结构面埋深不同，可分别采用混凝土置换、混凝土深齿墙、混凝土洞塞等措施，提高软弱结构面抗剪能力，必要时也可采用抗滑桩、预应力锚索、化学灌浆等措施。

(5) 当采用规模较大的混凝土塞、大齿墙或混凝土洞塞进行缓倾角软弱结构面的处理时，应制定相应的温度控制等施工措施，并进行接触灌浆。

(6) 伸入水库区内的断层破碎带或软弱结构面，有可能造成渗漏通道并使地质条件恶化时，应进行专门的防渗处理。

（7）断层破碎带或软弱结构面部位基础排水设施的设置，应根据地质条件确定。

六、岩溶的防渗处理

（1）岩溶的防渗处理方案应根据岩溶的发育规律、充填物性质及透水性等条件选定。可采用高压灌浆处理；对存在岩溶洞穴或具有强透水性的溶蚀裂隙，可采取追索裂隙回填混凝土、阻浆洞（井）等措施后再进行高压灌浆处理。

（2）当坝基存在连通上、下游的溶洞情况下，埋藏不深或施工条件许可时，应采用开挖回填混凝土处理；当埋藏较深不宜明挖时，可采取逐层洞挖和井挖回填混凝土处理，也可采用抽槽开挖回填混凝土处理。

（3）两岸防渗帷幕线路应根据两岸地形地质条件和岩溶分布特征选定，可采用直线式、折线式、前翼式及后翼式等布置方式，地质条件复杂的坝防渗线路需经多方案技术经济比较，必要时结合坝轴线比较选定。帷幕线路应尽量选择岩溶发育较弱地带通过，如必须通过岩溶暗河或岩溶通道时，宜与其垂直。

（4）岩溶地区灌浆帷幕深度应根据相对隔水层的埋深、坝高、坝基及两岸允许的渗漏量及幕后扬压力等因素，在保证大坝安全的前提下，通过技术经济比较选定，可采用封闭式、悬挂式及两者结合的混合式等型式。

（5）两岸帷幕深度较深时，应分层设置灌浆隧洞，灌浆隧洞的布置应根据钻孔灌浆技术水平、地形地质条件、施工通风和排水等因素确定。上、下层帷幕的搭接型式可采用斜接式、直接式及错列式等，应保证搭接部位连续封闭和密实。

（6）帷幕排数、孔距、排距和灌浆压力应根据地质构造和岩溶水文地质条件，通过帷幕灌浆试验选定，灌浆试验时应确定不同类型的溶洞及充填物灌浆所形成幕体的允许渗透水力比降及耐久性。

（7）灌浆材料可根据岩溶洞穴和溶蚀裂隙规模、渗漏情况选用水泥浆、水泥砂浆或其他水泥混合浆液，必要时可钻大口径钻孔灌注高流态细骨料混凝土。

第三节　坝基开挖与清基

坝基开挖和防渗处理是混凝土坝设计的重要环节，对坝体的稳定、沉降、变形、防渗乃至大坝的安全运行均有较大影响。大坝建基面高程选择，应满足各坝段坝体对坝基承载能力和抗滑稳定的基本要求，其建基面开挖高程依其岩体的风化完整程度，以清除弱风化及其以上风化松弛岩体为度。

一、开挖设计的基本原则

（1）满足坝体基础轮廓形态的要求。

（2）开挖后的建基面具有足够的强度与一定的完整性，经过适当的固结灌浆处理后能满足坝基应力与变形的要求。

（3）两岸坝肩开挖后的利用岩面纵坡，应和缓平顺，避免突变。

（4）开挖形成的边坡能保持整体稳定。

（5）在满足上述原则的基础上，尽可能节省开挖工程量，并方便施工。

岩石基础开挖需要预留保护层，保护层的厚度参考表 8-1。

表 8-1　　岩石基础开挖预留保护层参考表

岩石性质 / 保护层名称	软弱岩石 ($\sigma_c<3\times10^7$Pa)	中等坚硬岩石 [$\sigma_c<(3\sim6)\times10^7$Pa]	坚硬岩石 ($\sigma_c>3\times10^7$Pa)
垂直保护层	$40d$	$30d$	$25d$
水平向保护层（地表）	$(200\sim100)\ d$		
水平向保护层（底层）	$(150\sim75)\ d$		

注　表中 d 为爆破开挖所用药卷的直径；σ_c 为岩石抗压强度。

对于高坝或重要的水工建筑物，一般要求开挖到坚硬、新鲜或微风化岩体；中坝要清到微风化或弱风化带动的下部岩体；低坝清基要求可比中坝适当放宽。如果考虑到坝基岩体经过综合性工程处理后其建筑性能有所改善，也可以减少清基工程量，但需作经济技术比较。中小型土坝一般仅清除坝基表层的淤泥、高塑性软土、流砂层、腐殖土、墓穴等压缩性大、抗剪性能很低的土层。图 8-3 为小浪底大坝左岸清基图。

图 8-3　小浪底大坝左岸清基图

易风化岩体应随挖随浇筑混凝土，否则应预留 0.1～1.0m 厚的保护层，待临时浇筑时再清除受风化影响的表层。为防止爆破对建基面岩体的影响，在建基面上 0.1～1.0m 作为保护层，对此保护层只能用浅孔小炮爆破，接近建基面时应以风镐或人工撬挖为宜。

有利于抗滑稳定的建基面开挖形状，以略向上游倾斜或向下游抬高的倒坡为佳。建基面高差不宜过大。若岩层缓倾下游，宜开挖成较大的台阶状，或设置齿墙以利用原岩抗力，两岸岸坡开挖形状应平顺均匀变化，不得有反坡或高差过大的台阶，拱座应尽量沿半径方向开挖或沿半径方向挖成阶梯状。土坝岸坡宜小于 1∶1。

二、坝基建基面高程的确定

《重力坝设计规范》(SL 319—2005) 要求建基面的确定应根据大坝稳定、坝基应力、岩体物理力学性质、岩体类别、基础变形和稳定性、上部结构对基础的要求、基础加固处理效果及施工工艺、工期和费用等经技术经济比较确定。大坝建基面高程选择，应满足各坝段坝体对坝基承载能力和抗滑稳定的基本要求，其建基面开挖高程依其岩体的风化完整程度，以清除弱风化及其以上风化松弛岩体为度。一般而言，当坝高超过 100m 时，可建在新鲜、微风化或弱风化下部基岩上；坝高 100～50m 时，可建在弱风化中部至下部基岩上；坝高小于 50m 时，可建在弱风化上部至中部基岩上。两岸地形较高部位的坝段，可适当放宽。

《混凝土面板堆石坝设计规范》（DL/T 5016—2011）中关于趾板建基面的要求是：宜为坚硬、不冲蚀和可灌浆的弱风化、弱荷载至新建基岩上，对高坝趾板建基面宜开挖到弱风化层上部。

溪洛渡拱坝总水推力达 150GN。拱坝建基岩体除上部高程部分利用了弱风化下段岩体外，中部高程及其以下的基础以微新岩体为主，河床建基面高程 332m。

三、坝基岩体开挖质量控制标准

（1）建基面超、欠挖允许偏差不大于±20cm，略向上游倾斜。设计边坡轮廓开挖误差，在一次钻爆条件下开挖时不大于±2%，边坡平均坡度应符合设计要求。

（2）建基岩面要求。坝高大于 100m 时，建基面必须设在微风化～新鲜基岩带内，声波 V_p＞4200m/s；坝高在 70～100m，建基面设在弱风化带下段与微风化带交界面，V_p＞4200m/s；坝高在 30～70m 时，建基面设在弱风化带下段内，V_p＝3500～4200m/s；坝高小于 30m 时，建基面设在弱风化带上段内，V_p＞3500m/s。

如龙滩水电站，按正常蓄水位 400m 设计、375m 建设的原则，大坝基础开挖范围除右坝头①～④坝段外，其余坝段均按正常蓄水位 400m 的坝体基本断面控制。由于坝基主要为 $T_2b^{6\sim18}$层砂岩、泥板岩岩体。其中 $T_2b^{6\sim17}$层是河床和右岸各坝段的直接持力层，砂岩占 80%，砂岩岩石较完整，力学强度高；T_2b^{18}层泥板岩占 75%，左岸各坝段坝基部分置于 T_2b^{18}层之上，坝基最大主应力约 3～4MPa，相当于泥板岩最不利受力条件下强度的 1/4～1/6。坝基岩石强度可满足大坝承载要求。坝基虽层间错动较发育，但岩层走向与河流流向夹角 70°，倾向下游，倾角 60°左右，产状有利于重力坝抗滑稳定。河床无顺河断层和破碎带大于 0.3m 的断层切割，坝基下未发现缓倾角断层，随机分布的缓倾角节理一般连续性差且不夹泥，不能形成贯穿性的缓倾角深层滑动面。少数延伸长度 10～20m 的缓倾角节理和局部缓倾角节理发育处，只影响个别坝段的局部坝块稳定。大坝抗滑动控制面是混凝土与基岩接触面。大坝建基面抗剪断参数须满足各坝段抗滑稳定要求，河床溢流坝段混凝土与建基面的 $f'=1.1$，$c'=1.2$MPa 左右。

河床溢流坝段和坝高大于 100m 的坝段，坝基置于弱风化岩体底部至微风化岩体上，两岸平均开挖深度 30m 左右，礁滩 20m，河床 10～12m（含清除砂、卵砾石层），清基后要求坝基砂岩岩体声波 V_p≥4500m/s，泥板岩 V_p≥4000m/s，波速均一性好，风化泥化夹层和次生夹泥裂隙基本清除。两岸坝高小于 100m 的坝段、坝基置于弱风化中下部岩体上，接头坝段、坝基置于弱风化中上部岩体上，开挖深度 15～30m。

在上述原则基础上，坝基开挖深度应根据施工过程中揭露的地质条件酌情局部调整，坝基范围内弱风化岩体铅直厚度一般为 15～25m，与微风化呈过渡状接触，过渡带一般厚为 5～8m。以砂岩为主的过渡带岩体，其岩石单块强度与微风化岩石强度无明显差别，沿节理面两侧岩石已无明显风化蚀变现象，岩体的整体强度和均一性仅较微风化岩体略差，声波 V_p值已大于 4500m/s。以泥板岩为主的岩体过渡带，受沿劈理的风化松弛效应影响，其岩块强度较微风化岩块强度下降33%～58%，岩体的整体强度和均一性下降幅度大，岩体中仍有30%左右的声波值小于4000m/s，因此建基面抬高的可能性较小。

坝基开挖处理后，其岩体质量基本满足水位400m时大坝对地基的要求。

第四节　坝基抗滑固结灌浆加固设计

固结灌浆就是在坝基中用钻孔进行低压浅层灌注水泥浆，使水泥浆或其他胶结材料填充岩体裂隙，使之连成整体。固结灌浆是提高坝基岩体表层整体性和弹性模量、增强基岩的承载（抗压、抗剪）力、增加基岩的密实性、减小坝基渗漏的有效措施。凡经过固结灌浆可以处理的岩体，则可以不予挖除，从而减少开挖量。

有关固结灌浆的设计理论与方法请参照本书第四章。

第五节　坝基预应力锚固设计

坝基锚固可分为两种类型：第一种类型是对于浅表层抗滑稳定性不能满足设计要求时，采用岩石垂向锚杆进行坝基抗滑稳定处理的方法，如我国一些中小型水利水电工程中的坝基，为了节约工程投资、减少坝基开挖量，或为了提高稳定储备，经常采用这一类型；第二种类型是对已有欠稳定的大坝，采用垂向预应力锚索，提高抗滑稳定性，用预应力锚索加固大坝出现的垂直裂缝、水平裂缝以及加高坝体、提高坝基抗滑稳定等。

一、浅表层抗滑稳定加固的锚固方法

浅表层抗滑稳定基础锚固处理是指用水泥砂浆（或水泥浆、化学浆液等），将粗钢筋锚固在伸向坝基岩体内部的钻孔中，并承受拉力的柱状锚固体，见图8-4。对于面板坝而言，该类型的锚固处理一方面可利用锚杆的锚固作用将趾板与浅层基岩“钉”成一体，可弥补盖重的不足；另一方面依靠锚杆的抗拔力使得灌浆时作用于趾板的抬动力分布均化，可减小趾板结构的不均匀受力变形。有关锚杆设计的方法，详见第一章相关内容。

图8-4　坝基浅表层锚固

二、大吨位预应力锚索加固

岩基锚固即用预应力锚束对岩基施加主动预压应力，其工作原理是：由于岩石或混凝土受压强度高，受拉强度低，于是在受拉部位预加压应力，以抵消拉应力。条件允许时，也可采用大口径钢筋混凝土管柱进行锚固。大坝预应力锚固方法在不扰动基岩、不影响水库运行的前提下，能够提供可供的抗滑力，特别是在具有夹层的基岩上，预锚能针对滑动方向提供主动的反推力（平行于滑动面）和预压力（垂直于滑动面），比单纯压重措施更为直接有效，因而在水利水电坝基加固中已大量采用（表8-2）。88.24m坝高的梅山连

拱坝右坝肩失稳定，1964 年首次使用锚固处理，共设锚固孔 250 孔，孔距 2.3m，孔深 25.40m，用 110mm、100mm 两种孔径，分别放入 81 根和 193 根钢索，每个钢索直径为 5mm。石泉水电站大坝加固采用了预应力加固方案，加固锚束布置在左、右岸非溢流坝段，在约 90m 的范围内，共计有 30 束，其中 29 束单孔张拉吨位为 5884kN，一束单孔张拉吨位为 7840kN。实践表明，石泉大坝采用大吨位预锚加固方案有明显的优越性，而且是成功的。8000kN 级预锚实践的成功给扩大该技术的应用和发展提供了有利的条件。在猫跳河电站、双牌等工程中都曾使用预应力锚固技术，效果良好。

表 8-2　　大坝预应力锚固技术的部分工程应用实例

工程及建筑物名称		预锚目的	锚索型式	张拉端锚头或外锚头	固定端锚头或锚固段	锚索材料	单孔预应力/kN
梅山右岸坝头		坝基加固	暗锚索	钢筋混凝土柱状锚头	水泥浆胶结弯钩型	123ϕ5 165ϕ5 高强钢丝	2400 3240
双牌溢流坝		坝基夹层抗滑加固	暗锚索	钢筋混凝土柱状锚头	水泥浆胶结弯钩型	165ϕ5 高强钢丝	3250
碧口泄洪洞及发电引水洞		进水口洞脸及岸坡加固	暗锚索	钢筋混凝土柱状锚头 锥形锚塞锚头	水泥浆胶结弯钩型 涨壳机械式锚固段	68ϕ5 156ϕ5 高强钢丝 6 束 7ϕ3 高强钢丝	1280 2940 300
洪门溢流坝		坝基加固	暗锚索	软头锚	水泥浆胶结扩散型	667ϕ7 高清钢丝	2440
陈村　岸坡		加固	暗锚索	锥形锚塞锚头			
镜泊湖岸坡		加固	暗锚索	锥形锚塞锚头			
白山 15 号坝段地下厂房		坝体裂缝加固	对穿锚索	锥形锚塞锚头	锥形锚塞锚头	6 束 7ϕ4 高强钢丝	600
		岩墙加固	暗锚索	锥形锚塞锚头	涨壳机械式锚固段		
丰满 51 坝段		坝体和坝基加固	暗锚索	双层锚塞式灌铅钢锚头	水泥浆胶结扩散型	42 束 7ϕ4 钢绞线	6096
葛洲坝	二江泄水闸	闸墩锚固	对穿锚索	镦头锚	镦头锚	84ϕ7 高强钢丝（主锚索）	3240
	三江冲沙闸					162ϕ5 高强钢丝（主锚索）	2980
	1 号船闸	下闸首左墙混凝土裂缝加固	暗锚索	镦头锚	水泥浆胶结弯钩型	152ϕ5 高强钢丝	2600～2800
岩滩溢流坝表孔		闸墩锚固	对穿锚索	DVF-Z 闸墩预锚体系，其一端为 OVM 夹片锚，另一端为墩头锚，施工时先在 OVM 锚端分束张拉，然后在墩头锚端整体补张并用螺母锁紧		84ϕ7 低松弛钢丝	3360
龙羊峡	孔底及深孔泄水道	闸墩锚固	对穿锚索	镦头锚	镦头锚	84ϕ7 高强钢丝	3500
	中孔泄水道	闸墩锚固	对穿锚索	XM 锚	XM 锚	26 束 7ϕ5 低松弛钢丝	4186
安康	中孔泄洪道及表孔溢洪道	闸墩锚固	对穿锚索	XM 锚	XM 锚	19 束 7ϕ5 钢绞线	2950

对于重力式坝体工程，无论是用以抵抗沿坝基的水平位移还是用以抵抗绕转动点的倾倒，采用预应力锚杆都是十分经济有效的（图 8－5、图 8－6）。

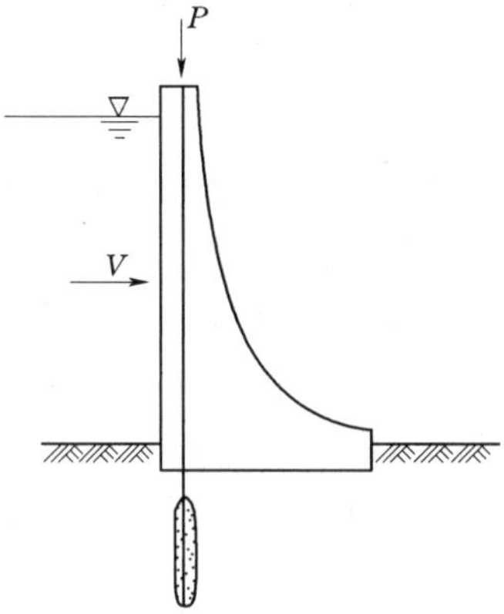

图 8－5 抵抗基底水平位移的锚固结构

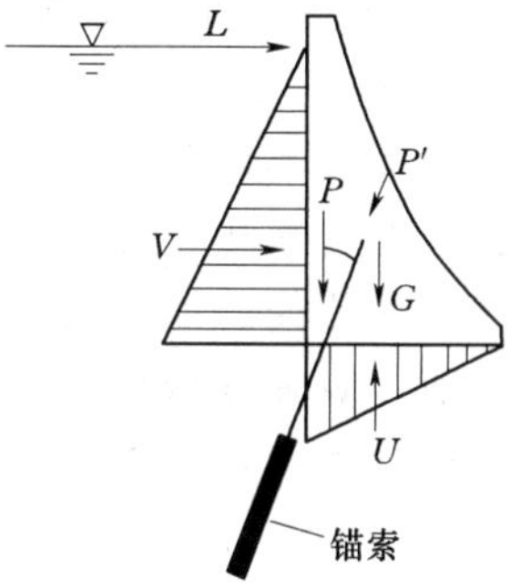

图 8－6 锚固对坝体的抗倾稳定作用

利用预锚加固出现混凝土裂缝的坝体及闸墙等结构，可以使裂缝在预压力作用下全部或部分闭合，从而提高了缝面正压力和骨料咬合力的传力作用，加强结构的整体性，改善其应力和稳定状态，利用预锚代替部分混凝土压重加高坝体，可减少混凝土体积，改善坝体的结构型式，使其断面更为经济合理，同时预锚还可提高坝体的抗震和抗冲击性能。

当水工建筑物与基础的结合面或基础中软弱结构面之间的抗滑力不足时，通常可采用预应力锚杆或锚索提高抗滑力，增加稳定性。各种水工建筑物基础的预应力锚固设计，应针对不同的工程对象，按相应的标准进行抗滑稳定、抗倾覆稳定分析，计算确定锚固范围和锚固力的大小，其结果应满足相应标准规定的要求。对水工建筑物基础施加预应力后，在锚固荷载和各种荷载组合下，建筑物基础所承受的最大压应力应小于基础容许的压应力，基础中的拉应力也应满足相应标准的规定。根据软弱结构面的位置和产状计算锚杆或锚索的长度，并根据结构物的布置和施工条件确定锚杆布置。对于岩体裂隙发育或较为软弱破碎的基础，应在锚固之前，对锚固区域的岩体进行固结灌浆，固结灌浆的设计应符合相应标准的规定。

有关大坝坝基的锚索设计方法，主要是依据大坝抗滑稳定性的要求，首先计算出保证大坝稳定的需要锚固力，然后依据本书第二章有关预应力锚索设计的方法设计锚索。

（一）大吨位预应力锚索加固大坝的设计内容与方法

1. 确定预应力锚固吨位

（1）计算的原则及方法为：①视预应力荷载为不变的外荷载，用材料力学法或林氏法计算坝踵正应力和坝体上游面最小主应力；②坝踵正应力和坝体上游面最小主压应力应满足现行《混凝土重力坝设计规范》（NB/T 35026—2014、SL 319—2005）的要求。

（2）计算成果及锚固总吨位确定。按坝基及坝体的应力要求，计算出控制工况下（如1000 年一遇洪水时），各坝段所需的预应力吨位及加固设计需总预应力吨位。

2. 单孔设计吨位及各坝段锚索布置

（1）单孔设计吨位的确定包括以下内容。

1）总吨位及布置要求。根据坝段所需预应力总吨位以及单位坝段长度需要预应力有效吨位，计算单孔锚索的设计荷载。为了有效地发挥预应力的作用，靠上游布置应更有利，但要考虑灌浆排水廊道上游的布置空间及锚孔间距。

2）造价。提高单孔吨位可降低造价。采用大的单孔吨位，结构布置上可使预应力合力作用点靠近上游部位，正向弯矩增大，可更有效地降低坝踵拉应力，总预应力吨位相应减少。其次，造孔工程的费用占总费用的1/2～2/3。孔径的大小不同，其造孔费用相差不多，而孔径的加大可使锚固吨位显著提高。所以在条件允许时，提高单孔吨位、减少孔数，对降低造价、缩短总工期，都有显著效果。在设计时应综合考虑布置要求、张拉锚固体系及施工技术水平、造价等因素。目前，我国单孔张拉吨位已达6000～8000kN。

（2）锚索布置。考虑施工设备、工艺、造价等因素基本选定用一种吨位锚束，各坝段布置根数按计算需用吨位确定。

（3）预应力损失及单孔有效吨位。锚固施工时，由于锚具变形、锚索松弛、混凝土与岩石的压缩和徐变、孔道摩阻等原因，使预应力锚索最终所保持的预应力变小。应根据计算分析，并参照其他工程经验予以确定预应力损失。

3. 锚索体结构设计

（1）张拉控制应力及锚束钢绞线根数。预锚可采用SATMA 416－87a高强低松弛钢绞线，公称直径15.24mm，公称截面积为140mm²，最小破断力为260.7kN。

张拉控制应力，是指张拉时锚索达到的最大应力值。参考有关规范及工程经验，并考虑单孔吨位大、锚索钢绞线根数多、受力均匀性不易保证的特点，取张拉控制应力$\sigma_k \leqslant 0.7R^b$，有效预应力$\sigma_k \leqslant 0.6R^b$（指锚固段上顶端处）。

（2）外锚头设计。外锚头由锚具、垫板和混凝土垫座组成。锚具型号有OVM 15－35、OVM15－44等，张拉千斤顶有YCW－650和YCW－20Q等，可供选择。

锚垫板尺寸宜为600mm×600mm×80mm及600mm×600mm×100mm（长×宽×厚）。坝顶表面开槽尺寸及混凝土垫座尺寸宜为100cm×100cm×100cm和107cm×107cm×107cm，垫座混凝土标号为C40。混凝土垫座内设局部承压螺旋筋及网状筋。

（3）内锚固段的设计。锚束内锚固段采用直线形水泥浆胶结式。水泥浆体标号500号，水泥用525号硅酸盐水泥，水灰比0.38。

内锚固段长度及孔径，取决于锚索的设计吨位、锚索与水泥浆体的结合力、水泥结石与围岩的结合力、钢绞线的布置及其防腐保护和施工要求等，具体要求如下。

1）锚索孔径钢绞线之间净间距要求7mm，最外层钢绞线水泥浆保护层厚度不小于20mm，隔离支架直径220mm，其与孔壁空隙5mm，则最小孔径应为230mm。

2）内锚固段长度内锚固段长度按式（8－1）计算：

$$L = P/(S\tau_a) \tag{8-1}$$

式中：L为要求的内锚固段最小长度；P为锚索设计拉力；S为周长；τ_a为钢绞线与水泥浆体或水泥浆体与岩石孔壁的允许平均结合力。

3）锚固段埋置深度的确定，应考虑相邻孔锚根的作用。

4. 钢绞线防腐设计

锚索体防腐按腐蚀环境设计，永久防腐可采用坝基以上 2m 及坝基以下锚索体涂抹环氧树脂防渗涂层，孔内用灌注水泥浆包裹等措施。

（二）坝基抗滑稳定采用预应力锚索加固的几个典型工程实例

1. 梅山水库连拱坝加固

梅山水库连拱坝是新中国建国初期建成的高坝之一，最大坝高为 88.24m，从 1958 年蓄水发电到 1962 年 11 月以前，大坝工作正常，1962 年 6 月，右岸坝大量漏水，同时发现某些垛墙出现了裂缝，岸坡基岩节理处有裂隙张开。上述部位的坝基出现了一条连续裂缝，全长 101m，最大宽度 17mm，事故发生后决定采用预应力锚索加固，该加固工程中共采用 102 根锚索（图 8－7），合计进尺 3783m。安装总吨位 24200kN，总造价 65.73 万元。

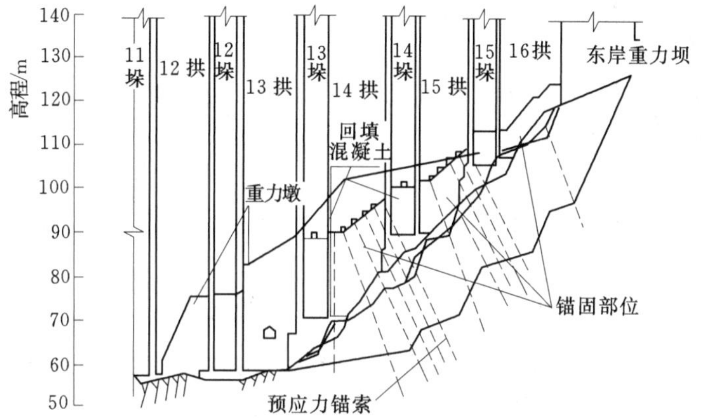

图 8－7　梅山水库右岸坝基加固

2. 双牌水电站大坝坝基加固

湖南双牌电站位于湖南省潇水下游，拦河大坝为混凝土双支墩大头坝，长 311m，高 58.8m。河床左侧为坝后式厂房的挡水坝段，右侧为溢流坝段。大坝属 2 级建筑物，按百年一遇洪水设计，千年一遇洪水校核。采用坝顶表面溢流，出口单宽流量分别为 $74m^3/s$、$101m^3/s$，堰顶高程 161.0m，安装 11 扇 10m×9m（宽×高）钢弧门，下游采用高鼻坎挑流消能。大坝于 1961 年建成，经安全运行 10 余年后，1971 年发现坝基渗水。经检查，发现坝基下伏有五层软弱夹泥层，导致大坝抗滑安全度不够，必须加固。根据双牌水库溢流坝段的稳定核算，当每孔设计吨位为 3250kN 时，共需 274 孔，施工总吨位为 89050t，占总加固荷载的 45.5%。锚根应深入 f_6 夹层以下 5～10m，依靠坝体与基岩自重，足够维持稳定，并使相邻的底孔互相错开 5m，以改善锚根段的应力分布，避免形成连续的应力集中区。一般孔深 35～40m，孔距 3m，呈梅花形间隔布置。坝基沿夹层面的抗滑安全系数，当帷幕补强和新鼻坎延长压重后，最小 K_c 值由 0.86 提高至 0.965，预锚后，可再提高至 1.19，同时对减少坝踵水平变位和基本控制住夹层相对错动，作用较大。

该工程的加固设计是在坝址下游布置 274 个锚孔，由 16×5ϕ5 高强钢丝组成锚束

(图 8-8)，锚孔深 30～48m，单孔安装吨位 3260t，共计给坝基施加预应力 893750t，见图 8-9。

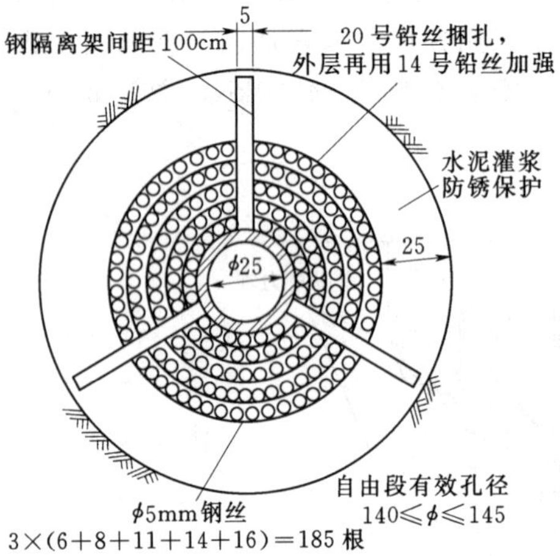

图 8-8　钢丝束横截面（单位：mm）

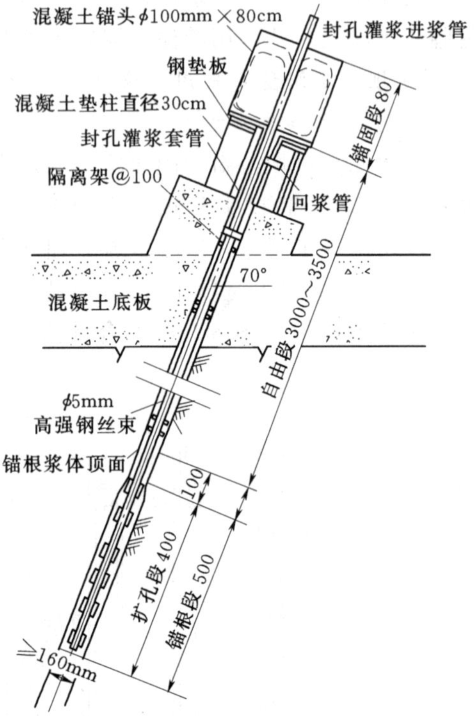

图 8-9　直径 130mm 预锚孔示意图（单位：cm）

在完成大坝加固工程之后，为增加船闸闸墙的稳定性和减小闸墙变形，采用同类锚束 33 根，总造孔深 1254m，施加预应力 113050kN（单孔安装 3420kN），进行了加固。

6～7 号支墩坝段 f8 夹层的几种分析方法所得抗滑稳定安全系数见表 8-3。

表 8-3　　抗滑稳定安全系数比较

分析方法	加固前	加固后
刚体摩擦公式	0.6	1.19
模型超载法	0.82	1.33
电算夹层应力平衡	0.91	1.16
电算超载法	0.8～1.0	1.2～1.4

3. 白山水电站重力拱坝预应力锚索锚固

1981 年白山水电站重力拱坝 15 号坝段清洗坝面时，发现与坝轴线近于平行的 4 条裂缝，并将形成倒三角形下滑体，其下滑体重量约为 42416kN。随着坝体加高，如果裂缝继续发展，必将危及坝体安全。因此，采用预应力锚索加固坝体和化学灌浆处理，重点加固 1 号裂缝。

预应力锚索的张拉吨位根据下述原则确定：①在 347.5～350m 高程 2.5m 厚混凝土施工期荷载作用下，对 1 号裂缝产生的破坏力矩，完全由预应力锚索承担；②在 350～

356m 高程 6m 混凝土墩子的施工期荷载作用下，对 1 号裂缝产生的破坏力矩，由预应力锚索及两层 ϕ32 并缝钢筋共同承担，如考虑并缝筋应力 $\sigma=400\text{kg/cm}^2$，则每根锚索预应力按 500kN 计时安全系数 $F_s=1.25$。

由于 1 号裂缝延伸较深，为了使下滑体受力均匀，锚索分三层布置：第一层在坝面打锚墩，布置 7 根对穿锚索，对 1 号、2 号裂缝施加预应力；第二层由坝面向上游迎水面往斜下方向打 6 根对穿锚索，加固 1 号裂缝；第三层由 340 廊道向上游迎水面打 7 根水平的对穿锚索，加固 1 号裂缝。上述 20 根锚索每根设计荷载为 500kN，施工张拉荷载为 600kN。对于 3 号裂缝，是在坝面向下交叉斜打 6 根内锚头锚索，每根设计荷载为 250kN，施工张拉荷载为 300kN，总计布置了 26 根。每根锚索预应力荷载为 300kN。共计布置 26 根，总的设计荷载为 11800kN。采用 18 根钢绞线（每根锚索由 6 根钢绞线组成）。

4. 丰满电站大坝 51 号坝段预应力锚索加固

由于丰满电站大坝不能满足防洪、防震、抗滑稳定等基本要求，对 51 号坝段的坝体和坝基采用 GYM - 6000kN 级预应力锚索进行加固处理，大坝坝体混凝土质量沿坝高从上到下分为较好—较差—较好三个部分，大坝中部的混凝土强度较低。GYM - 6000kN 级锚索安装在位于丰满电站大坝靠近右岸的 51 号坝段中间，距大坝上游面 2.5m 处，预锚孔垂直穿过坝体并深入基岩内部。锚固设计荷载为 5000kN，内锚固段位于基岩内，设计孔径为 220mm，锚索长 61.6m。张拉分七级，在每级荷载下需稳定 30min，以使锚索体充分变形，同时还需进行荷载、变形量测。第七级为超张拉荷载，当荷载达到 65.8MPa 时卸荷自锁，锁定。

根据孔深和垫板传感器、千斤顶高度，截 61.6m 长的钢绞线 42 根，并且边截边穿隔离架，张拉段每 5m 一个，内锚固段每 3m 一个。先穿中心孔，再按一定顺序穿隔离架，每层用 24 号铁丝编织，以免隔离架窜动。

考虑到从钻孔中渗出来的水 pH 值为 13，可自然防锈，因此，锚索被水浸的部位未加处理。其他部位涂以环氧树脂，然后绑扎灌浆管。

三、面板坝趾板建基岩体中的锚杆设计实例

水布垭水电站位于清江中游河段，隶属湖北省恩施土家族白族自治州巴东县境内，上距恩施土家族白族自治州 117km，下距隔河岩电站 92km，是清江流域梯级开发的龙头水电站。枢纽主体建筑物由大坝、导流隧洞、溢洪道、引水发电系统（四台机组总装机容量 1840MW）、放空洞等组成。坝型为混凝土面板堆石坝（图 8 - 10），大坝正常蓄水位 400m，相应库容 43.12 亿 m^3，坝顶高程 409m，最大坝高 233m，坝轴线长 660m，坝顶宽度 12m，坝体总填筑方量 1526.0 万 m^3，在同种类型的在建大坝中坝高居世界首位。

图 8 - 10　水布垭水电站混凝土面板堆石坝

1. 趾板建基岩体分类

趾板建基岩体主要由二叠系茅口组、

栖霞组地层组成，岩体质量多为Ⅱ类～Ⅳ类，部分为Ⅴ类岩体，特殊类型岩体如弱卸荷带、弱风化带、裂隙性溶蚀风化带为Ⅳ类岩体，强卸荷带、全强风化带、强烈溶蚀风化带、性状差的断层破碎带为Ⅴ类岩体。根据高坝对基础的基本要求，结合前面所述的坝基岩体质量分类结果，综合考虑岩体特性参数指标（如抗压强度、变形模量、岩体完整性系数等），从水布垭工程实例出发，结合工程其坝基岩体的可利用性，宏观上可分为以下3种情况，见表8-4、表8-5。

表8-4　趾板建基岩体分类特征表

建基岩体类型	抗压强度 R_c/MPa	变形模量/GPa	完整性系数 $K=(V_{pm}/V_{pr})^2$	岩体质量级别	地层层位	处理措施
直接利用	＞60	15～20	＞0.65	Ⅱ类	P_1m、$P_1^{14}q$、P_1^9q、P_1^7q、P_1^5q、P_1^4q、P_1^2q	不加处理
一般处理	40～60	15～10	0.6～0.65	Ⅲ类	$P_1^{12-4}q$、$P_1^{12-2}q$、$P_1^{11}q$	增加随机锚杆处理

表8-5　特殊处理岩体在趾板基础中的出露情况

软弱岩组或剪切带代号	左岸		右岸	
	出露长度/m	出露高程范围/m	出露长度/m	出露高程范围/m
$P_1^{15}q$（151号）	12.0	333.00～340.0	0	0
$P_1^{13}q$（131号）	20.0	311.0～322.0	160.0	344.0～392.0
$P_1^{12-1}q$（121号）	16.0	265.0～274.0	20.0	285.0～295.0
$P_1^{10}q$（101号）	21.0	244.0～255.0	45.0	258.0～271.0
P_1^8q（081号）	20.0	216.0～228.0	30.0	226.0～240.0
P_1^6q（061号）	6.0	203.0～207.0	5.6	211.0～214.0

（1）直接利用岩体。Ⅱ类岩体 P_1m、$P_1^{14}q$、P_1^9q、P_1^7q、P_1^5q、P_1^4q、P_1^2q，属于优良坝基岩体，可直接利用作为高堆石坝基础。

（2）处理利用岩体。

1）一般处理利用岩体。Ⅲ类岩体 $P_1^{12-4}q$、$P_1^{12-2}q$、$P_1^{11}q$ 为较好的坝基岩体，局部缺陷可适当作一般处理后，可以作为处理利用的坝基岩体。

2）特殊处理利用岩体。Ⅳ类岩体 $P_1^{15}q$、$P_1^{13}q$、$P_1^{12-3}q$、$P_1^{12-1}q$、$P_1^{10}q$、P_1^8q、P_1^6q 以及弱卸荷带、弱风化带、裂隙性溶蚀风化带岩体均为较差的坝基岩体，对这类岩体大多需要采取特殊处理措施才可考虑作为可利用的坝基岩体，这些特殊处理的岩体在趾板基础上出露的情况见表8-5。对某些与坝基岩体稳定有关的特殊岩体，如避不开的性状差的断层破碎带、主剪泥化带等，这些地质缺陷经过专门论证后，也可采取特殊处理方式作为局部可利用岩体。

（3）开挖清除岩体。Ⅴ类岩体 P_2l、强卸荷带、强溶蚀风化带、岩溶发育区、全强风化带、性状差的断层破碎带为差的坝基岩体，均为不能利用的坝基岩体，做全部挖除处理。

2. 基建岩体开挖标准

关于面板堆石坝趾板基础岩体的开挖标准，早期修建面板堆石坝时，认为上游坝面混凝土面依赖趾板支撑，是全坝是最为关键的部位，应该直接牢固地浇筑在坚硬、完整、稳定、无冲蚀、可灌性好的优良岩石上；近年来随着设计技术与计算分析方法的不断更新发展，对趾板的受力机制有了新的认识，对趾板建基岩体的要求有降低的趋势。

水布垭大坝为世界最高面板坝，趾板建基面将承受巨大的高水头压力，坝基岩体多层面、多剪切带，断层裂隙及岩溶均十分发育，为了确保大坝安全，建基面岩体必须达到较新鲜完整岩带，完整岩体要达到50%以上，其判断标准如下。

(1) 建基面地质宏观判定标准。坚硬岩为：①没有裂隙密集带；②没有充泥裂隙；③裂隙面无氧化铁、氧化锰薄膜；④没有残留的炮灰；⑤锤击发脆声。软岩不直接作建基面。重大地质缺陷处理应做到：①断层交汇点或单个较大断层带或无法挖除的裂隙密集带均需抽槽或补强加固处理；②剪切带埋深距建基面不得小于1m；③溶洞清理干净回填。

(2) 建基岩体的定量标准。在水电工程设计中，通常采用岩体弹模值作为设计依据。由于静力法弹模试验周期长、耗资大、试点地质代表性差，建基面验收时不方便使用；而测试岩体弹性波简便快捷，且可进行大范围测试，又能与力学指标进行相关分析，一般用此方法求得静力变模和弹模。

从趾板基础岩体自身的抗冲蚀能力要求和防渗帷幕灌浆提高压力的需要出发，趾板的基础开挖深度宜至弱卸荷下部岩层，岩体质量验收若采用物探测试标准，则声波波速值不宜小于3000m/s。凡趾板下出露的泥质充填、构造裂隙切割连续性强而可灌性差的岩体，均不宜保留。若受其他条件的限制，无法挖至弱卸荷下部岩层时，则应采取特殊处理措施。

3. 趾板基础处理措施

根据建基岩体分类和开挖标准，趾板地基开挖应达到以下要求。

(1) 两岸应挖除覆盖层和基岩全、强风化带岩体，从趾板地质剖面看，设计开挖大多已达到要求。对于右岸开挖后满足设计结构要求而不满足地质要求时，要进行重点深挖，然后回填混凝土垫层处理。

(2) 河床部位清除覆盖层，挖除基岩浅表层3～8m强烈溶蚀、风化岩体。

(3) 趾板地基范围内工程性状差的F3、F12、F14断层破碎带以及061号、081号、101号、121号、131号、151号剪切带等不良地质缺陷均要处理。特别是软岩类建基岩体的处理，应挖除软岩层或剪切带，使之不直接作建基面岩体，然后回填混凝土。

(4) 溶沟、溶槽或者形成的强烈溶蚀风化带、岩溶洞穴以及Ⅶ号、Ⅷ号、Ⅹ号岩溶管道均应清除充填物并回填混凝土。

(5) 在上述开挖处理的基础上，对趾板建岩体不能满足上述要求的，要设置全黏结锚杆锚固或者进行固结灌浆措施进行处理。

4. 趾板建基岩体中的锚杆设计

对完整性较差的岩体有必要进行系统的锚固处理。该工程采用Ⅱ级ϕ32普通螺纹钢筋，锚杆造孔采用XY-2型地质钻孔，孔径56mm。浆材采用水泥砂浆，标号M25，配合比为水泥∶砂=0.4∶1。

考虑硬质灰岩的锚固强度2100～2800kN/m^2，锚杆的埋入岩体内长度不小于4m，实际锚杆深度为深入基岩5.0m。为了保证趾板受力均匀，还采用全黏结普通锚杆在趾板基础均匀布置，排距1.5m，孔距2.0m，锚杆深度5m，锚筋直径32mm，锚筋顶端与趾板钢筋相连。

四、拱坝坝肩处理设计

拱坝坝肩加固处理是针对坝肩抗力体的稳定性而开展的，在加固设计前，需要对各种地质缺陷的处理效果作充分的分析论证，采用的加固处理方法包括洞井塞置换、传力洞、传力墙、预应力锚固、固结灌浆等。对于高拱坝，需要模拟地形、地质条件以及考虑渗流场和初始地应力场，对之进行有限元三维整体模型，采用线弹性和非线性有限元分析方法甚至地质力学模型试验，研究加固处理前后坝肩抗力岩体和主要软弱结构面的变形特性、应力状态以及点安全度。

《混凝土拱坝设计规范》(DL/T 5346—2006) 中对坝基岩体的基本要求如下。

(1) 具有足够的整体性和稳定性，保证抗滑安全。

(2) 具有足够的强度和刚度，能承受拱坝传来的各种荷载，不发生超过允许范围的变形。

(3) 具有足够的抗渗性和有利的渗流场，能降低渗透压力，满足渗透稳定要求。

(4) 具有足够的耐久性，坝体和地基接触面的形状适宜，避免不利的应力分布。

因此，对于拱坝坝基，应根据坝址区的地质条件和拱坝的受力特点，其基础处理设计的基本原则包括以下3点。

(1) 为使坝基岩体能安全地承受由坝体传来的力和各种荷载，不发生滑动和有害的变形，针对基础内存在的软弱岩体、断层和破碎带需采取工程措施，提高其强度和刚度。

(2) 为使坝基应力迅速均匀地扩散，必须对坝基被利用岩面和拱座内（抗力体）裂隙岩体进行处理，提高其整体性和均一性。

(3) 为了降低渗透压力，需要有相应的渗控措施，使枢纽区形成有利的渗流场，有利于拱座稳定和其他主体水工建筑物的安全。

在实际工程中，如果拱坝坝肩存在有发育的裂隙、断层穿过、软弱夹层或地形单薄等不良地质条件，处理应根据具体地质条件，采用有针对性的多种综合处理措施，如混凝土塞、重力墩、灌浆等，使拱坝的稳定、防渗均满足规范要求。

1. 混凝土塞

在断层、裂隙或软弱夹层的控制性部位，将断层、裂隙或软弱夹层部分挖除，并用混凝土塞进行回填，提高抗滑与抗渗稳定性。混凝土塞方案具有施工简便、成本低等特点，为大量工程所采用。如二滩抛物线形双曲拱坝，在坝基面出露的断层和破碎带中，对稳定与应力影响较大的是f20和f10。f20位于右岸两条软弱岩带之间，属压扭性断层，破碎带宽约0.2～0.6m，采用混凝土塞方案，能使其与置换岩体的混凝土塞连成整体工作。f10位于左岸1020.00m高程，破碎带宽0.1～0.6m，采用明挖一定深度、用混凝土回填的方案。

2. 锚固

锚固包括锚杆、锚索加固、锚固洞等，当拱坝坝头岩性新鲜坚硬而完整性较差时（如受断层、大裂隙等影响），可采用预应力锚固、型钢或截面较大的钢筋进行锚固。

如李家峡水电站左坝肩由于受多条断层交切，坝肩抗滑稳定、变形稳定问题突出，通过刚体极限平衡法和三维非线性有限元法复核分析，对左坝肩进行了大量的基础处理。左岸重力墩虽然建造在 F34 断层下盘岩基上，但其岩基周边受 F32、F26 断层交切，基础岩体受 f20、f24、f33、f35 等断层及倾向左坝沟的缓倾硬性结构面交切，削弱了重力墩基础岩体的整体刚度，为此对重力墩基础进行了入岩孔深 20m 的加强固结灌浆，并在这些固结灌浆孔内插入 3ϕ32 锚筋桩约 200 根，形成钢筋水泥群桩加固体，提高重力墩基础整体承载力。

3. 钢筋混凝土垫座

当拱坝坝头基岩岩性不均一或遇裂隙密集等局部软弱带时，可用钢筋混凝土垫座跨过软弱岩层或局部软弱带，以改善应力分布，减小不均匀变形。

4. 灌浆

对坝头裂隙发育或断层影响的问题，可采用固结灌浆，以改善地基条件，若为了防止渗漏，也需帷幕灌浆及相应的排水设施。

以下介绍对几个工程坝肩不良地质条件的处理实例。

1. 苍南县挺南水库左坝肩基础处理

挺南水库位于浙江省温州市苍南县藻溪镇，处在鳌江流域横阳支江支流藻溪上游，水库控制集雨面积 11.25km^2，总库容 968.0 万 m^3，最大坝高 42.0m，为细骨料混凝土砌石双曲拱坝。该工程是苍南县平原引水工程的主要水源工程。坝肩开挖过程中，发现存在以下问题。

(1) 左岸存在 1 条陡倾角的辉绿岩脉风化破碎层，厚约 1m，走向大体上平行河流方向，对大坝的稳定极为不利。

(2) 左坝肩岩石风化严重，坝肩可利用的基岩面高程为 142m 左右，远低于设计的坝顶高程 151.0m。

针对上述的不良地质状况，现场采用开挖平洞、井等进行地质勘察。经分析，采用以下几方面工程措施行处理（图 8-11 和图 8-12）。

(1) 左坝肩高程 142m 以下的风化破碎辉绿岩脉层采用凝土井塞加以处理。

(2) 大坝左坝肩设置重力墩及推力平洞。

(3) 布置相应的坝基固结及帷幕灌浆。

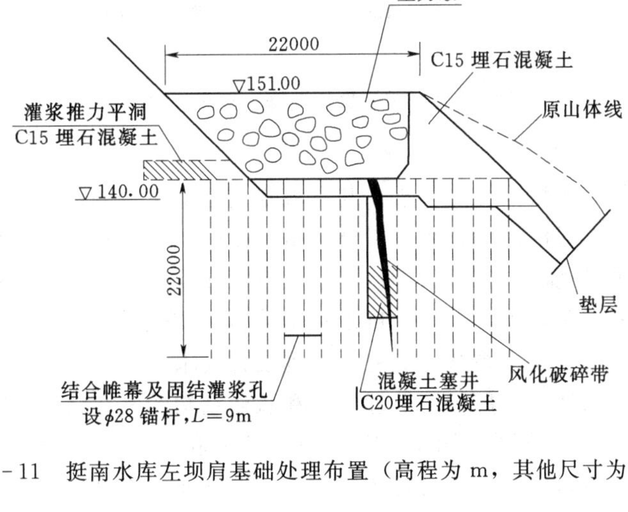

图 8-11　挺南水库左坝肩基础处理布置（高程为 m，其他尺寸为 mm）

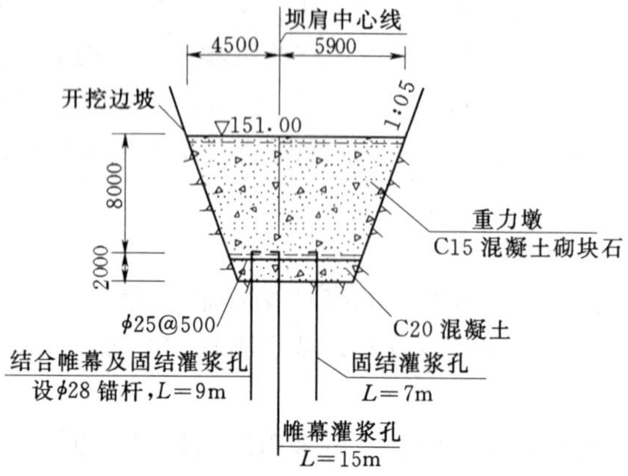

图 8-12　灌浆孔布置图（高程为 m，其他尺寸为 mm）

2. 沙牌水电站坝基基础处理设计

沙牌水电站是岷江支流草坡河上游的一个梯级龙头电站，拦河大坝为三心圆单曲拱坝，大坝左、右岸水平嵌深分别为 26.0m 和 17.1m。坝基中有 9 条绿片岩和绿片岩夹碎裂花岗岩、角岩条带分布，因绿片岩岩性软，遇水易软化，变形模量相对较低，计算分析表明对大坝的变形稳定有较大影响，设计采用全部挖除置换混凝土处理（图 8-13）。

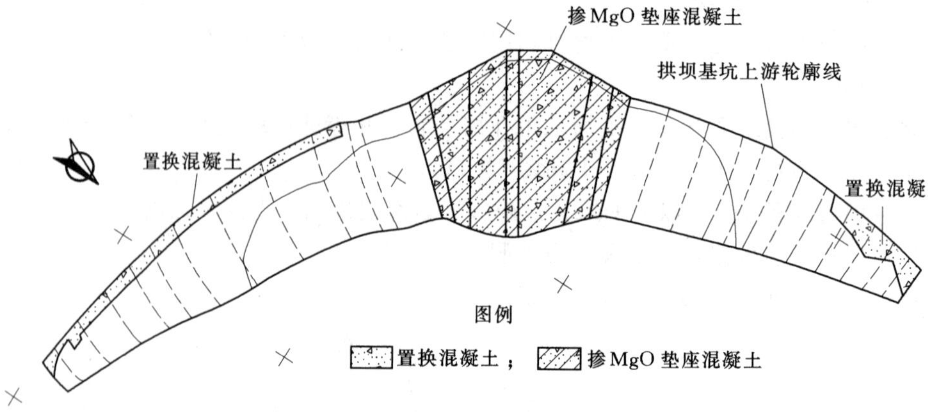

图 8-13　坝基置换混凝土平面示意图

3. 小湾拱坝坝肩抗力岩体加固处理

小湾拱坝两岸坝肩顺坡向构造节理，与岸坡走向近似平行的南北向卸荷拉张陡节理及顺坡向中缓倾角节理形成滑体的边界。滑体自重产生的下滑力对坝肩稳定影响较大。根据传统的三维刚体极限平衡法、三维线性、非线性有限元及刚体弹簧元、弹黏塑性块体等方法，对坝肩岩体在静力和动力工况下的抗滑稳定分析研究表明，坝肩岩体各种滑面最不利组合滑体的整体抗滑稳定安全系数不能完全达到设计要求。为提高坝肩抗力岩体的整体性和稳定性，针对抗力岩体不同部位的节理裂隙和软弱结构的发育情况，以及中缓倾角结构面的连通率和延伸状况，分别采用 1000kN、1800kN 和 3000kN 级的预应力锚索进行加固。同时，在坝肩抗力岩体范围内布置较为完善的地下及地表排水系统。

针对坝肩抗力岩体，采取在拱端附近进行槽塞置换、设置网格形洞井塞置换并辅以高压固结灌浆、利用已有的地质勘探洞、排水洞进行纵向和横向洞塞置换，并与处理断层的洞井塞相连，形成空间框架结构，有效地改善了右岸坝肩变形稳定条件和抗滑稳定条件。

第六节　坝基断层及软弱夹层处理方法

一、坝基断层及软弱夹层处理的原则

为避免不均匀变形和改善坝基的受力条件，对建基面出露的断层、夹层、节理裂隙密集带等地质缺陷需要进行加固处理，加固处理的断面形态可以根据断层、夹层的规模、性状、产状及所在建筑物部位受力条件确定。

软弱夹层、断层对大坝的不利影响主要是由于其规模大、性状差、变形模量低导致过大变形所致。要减小软弱夹层等对大坝应力、稳定的不利影响，应主要考虑改善和提高其变形模量，减小变形量和增强传力效果。因此，深层断层与夹层的处理原则如下。

(1) 主要考虑改善和提高断、夹层变形模量，减小其变形量，增强传力效果。

(2) 主要针对Ⅲ类夹层，规模大、性状差的Ⅰ类夹层和Ⅱ类夹层及主要断层。

(3) 中上部高程可采用以混凝土置换为主、灌浆为辅的方式，底部高程应采用以灌浆为主、混凝土置换为辅的方式。

(4) 布置时尽量与勘探平洞回填相结合。

软弱夹层与断层处理方法如下。

(1) 规模较大的断层及夹层处理。当结构面倾角大于45°时，处理准则按混凝土塞的要求确定，处理深度可按式 (8-2) 计算：

$$h=0.0067bH+1.5 \tag{8-2}$$

式中：h 为混凝土塞的深度，m；b 为夹层或断层带宽度，m；H 为地质缺陷所在部位坝高，m。

处理槽开口宽度按式 (8-3) 计算：

$$B=b+(0.3\sim0.5)h \tag{8-3}$$

式中：各符号意义同前。

若断层构造岩及影响带胶结良好，结构较致密，处理深度可适当减少；当构造岩及影响带为松散、软弱型，所在部位在拱座、近坝踵或坝趾者，处理深度和范围适当增加。当结构面倾角小于45°时，处理标准按挖除结构面上覆完整岩体最小厚度确定处理深度。

(2) 规模较小的断层、夹层处理。自结构面将构造岩带、影响带、充填物等挖除一定的范围，开挖宽度大于其破碎带宽度，并不小于50cm，开挖深度大于宽度的1～1.5倍，并不小于50cm。

(3) 对于坝基下的顺河向断层或大的溶蚀裂隙，如果延伸范围超出大坝建基面的上、下游轮廓线以外时，则沿断层走向建基面轮廓线以外延伸扩挖，延伸长度为2～3倍开挖深度。

(4) 处理断层、夹层所形成的坑槽、在坝体混凝土浇筑前回填混凝土，以恢复坝基体型。

如龙滩水电站对斜穿右岸②～⑤坝段并伸入库区的F60断层，其破碎带宽，透水性强，采用刻槽，回填混凝土，并加强固结灌浆处理。坝基内断层F139、F136、F99、F33、F17、F13、F8、F4、F3、F66、F46、F49、F53、F14、F1，这些断层破碎带宽一般0.3～0.6m，多数胶结不好，深部仍有夹泥，对于这些断层以及其他小断层交会带，视情况刻槽，并加强固结灌浆处理。

二、混凝土塞

沿破碎带开挖出一定深度的倒梯形槽，将其中破碎物及两侧破碎岩石清除，然后回填混凝土，其作用是使坝体荷载经混凝土塞传到两盘新鲜完整基岩。塞子的深度，根据我国的坝工建设经验，一般为 (1.0～1.5)b 甚至 $2b$ (b 为破碎带动宽度)，当破碎带宽达20～30m时，取 $0.5b$。对于影响大的软弱带，应该根据破碎带和两侧新鲜岩体的性质、倾角大小、向深部性质是否好转、坝基内所处位置、应力大小等因素，进行地质力学模型试验和计算确定。

对于顺河向的软弱带，除坝基内做混凝土塞子外，并应向上下游伸出坝外1～2h，以改善坝基承载能力。

混凝土洞塞就是置换部分缓倾角结构面，充分利用混凝土抗剪强度高的特点，同结构面一起抵抗外荷载，提高山体稳定性。洞塞混凝土抗剪强度的取值，约为极限抗压强度的1/7～1/10。

如小湾拱坝，就是根据平面和块体抗滑稳定计算及有限元计算成果，结合地质资料，初步拟定需要处理的软弱夹层，再采用三维有限元法对夹层处理范围进行了多方案分析比较，最终确定的软弱夹层处理范围。针对主要软弱夹层规模大、性状差、普遍夹泥、可灌性不易保证等特点及施工方便考虑，夹层处理主要采用混凝土置换方式。其处理方法是以水平置换洞为主，以斜井置换为辅，根据计算分析确定的断、夹层处理范围，沿断、夹层走向分高程设置水平置换洞，在水平置换洞间沿夹层倾向（或视倾向）适当设置斜井，使置换洞形成“井”形布置，增强整体传力效果。

三、混凝土拱、混凝土梁、混凝土垫层

对于很宽大的断层破碎带动或充填松散砂砾石的河谷深槽，用混凝土拱把坝体应力传送到两侧的完整岩体上，也可以采用混凝土梁的处理形式。当大小断层密集交错，软弱带动范围不易明确时，为改善坝基应力条件，可做混凝土、钢筋混凝土或砌石体垫层。

例如小湾拱坝，由于在坝肩抗力岩体范围内及沿建基面分布有以Ⅲ级断层F11和蚀变带E1、E4、E5、E8、E9为代表的地质缺陷，其力学指标偏低，通过对拱坝整体有限元分析计算和局部弹性地基梁计算，为提高建基面的整体性、强度及刚度，沿建基面出露的$Ⅲ_b$、$Ⅳ_b$类岩体均用混凝土以深度和适当范围进行槽塞置换，对于小断层、挤压面及软弱填充物的结构面，将其构成物质全部挖除，开挖底部宽度大于破碎带宽度，深度为宽度的1.5倍，无软弱填充物的硬性结构面铺设钢筋网。所有超过拱坝建基面的上、下游轮廓线以外的断层地质缺陷，沿延伸方向适当跟踪扩挖。为使坝基应力迅速均匀扩散，弥补开挖爆破对建基面岩体损伤以及开挖卸荷松弛的影响，对整个建基面均进行固结灌浆处理。

四、抗渗（滑、沉）混凝土塞（键）

1. 水平混凝土塞

对于建基面附近浅部的软弱带一般是全部开挖清除，而对于埋藏较深的软弱带，难以清除，需采取综合措施，沿其顶部设置水平混凝土塞，并沿其倾向，开挖一定数量的斜井、平洞或竖井，然后回填混凝土，并进行固结灌浆和接触灌浆。于是形成一组框形的支承系统，兼备防渗、抗滑和提高承载力防止过大沉陷的作用。

2. 齿墙

在坝基中深挖齿槽，截断软弱带动，回填混凝土成为混凝土齿墙。

3. 大直径钢筋混凝土桩

在坝基范围内用若干个大孔径外孔穿过软弱带，孔内放钢筋并浇混凝土成为钢筋混凝土桩。它有防滑、防沉双重作用。佛子岭连拱坝 12 垛基础下有一缓倾角断层破碎带，打了 17 个大口径（950mm）钻孔，深入断层带动下 2m，浇筑钢筋混凝土桩，每个桩可承受抗剪断力 2MN。

如水布垭水电站针对构造溶蚀带，采用槽挖和井挖置换回填混凝土，再在防渗铺盖混凝土板上进行帷幕灌浆，经综合处理，效果良好。

第七节　坝基排水设计与施工

对于重力坝，为了阻截透过防渗帷幕的渗水，减少坝基扬压力，一般都在防渗帷幕下游设置排水孔组成主排水幕。在主排水幕下游视情况增设 1～3 排辅助排水幕，并设专门排水廊道，供排水孔施工、观测和检查维修用。岸坡坝段亦设纵横向排水廊道。由排水幕和纵横廊道组成了坝基排水系统，把水流汇集于高程低于下游水位的集水井中，由水泵抽水排向下游，于是可以形成闭路式抽水减压排水系统。

在混凝土高拱坝的建设中，不可避免地会涉及对坝基深大断层的处理、坝肩岩体抗滑处理、坝基岩体防渗处理等，所采用的方法通常是防渗排水、固结灌浆、断层带开挖及回填混凝土等。

岩石地基排水的主要目的是降低坝基扬压力，防止对大坝和岩体稳定造成危害，对于混凝土重力坝来说，尤为重要。砂砾石坝基在防渗的同时，在下游也常用排水沟和减压井，进一步降低剩余水头压力，确保大坝安全。

几乎所有的堵漏措施都不可能将渗漏通道全部堵住，渗流总是或多或少存在。因此，混凝土坝基岩一般均设置防渗帷幕和排水孔。水库中的水通过帷幕后，坝基扬压力值就有衰减，通常称其衰减系数为 α_1，至排水孔处扬压力又有衰减，称其衰减系数为 α_2（图 8－14）。一般情况下，对于混凝土重力坝，α_1 值需根据坝基地质条件、帷幕的结构及其渗透性而定，一般取 0.45～0.6；而 α_2 宜采用 0.25～0.3。

坝基应建立全面系统的排水网络，以有效地降低坝基扬压力。岩石地基中的排水措施有以下几种：①宽缝或空腔内的岩面自然排水；②建筑物底部岩面上的排水沟网；③在坝体廊道内钻设排水孔；④在岩体中凿开排水隧洞等。排水系统应穿过主要断层和层间错动

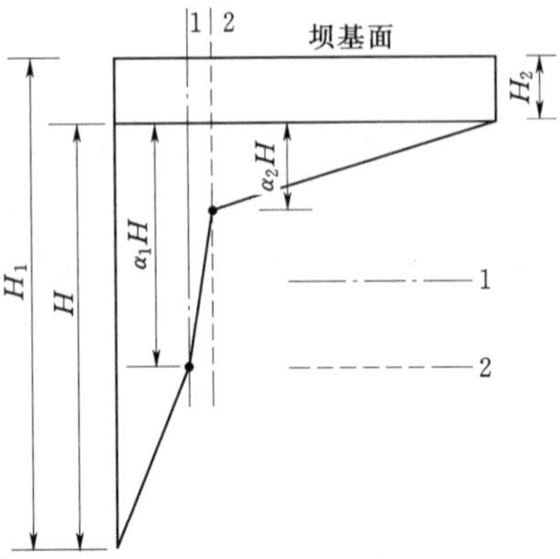

图 8-14　混凝土重力坝坝基扬压力图
1—防渗帷幕中心线；2—主排水孔中心线；
$H=H_1-H_2$；α_1、α_2—扬压力衰减系数；
H_1—上游水深；H_2—下游水深

等，排水孔洞的设置应考虑断层带不产生管涌破坏，即水力坡降小于断层的临界坡降，并适当考虑长期运行期，坝基钙质砂岩析出钙质，阻塞部分排水孔洞的清淤措施。

由于地质条件和地下渗流的复杂性，难以用准确的计算方法来进行排水设计，一般多根据大坝基础岩石的水文地质、工程地质条件和坝工设计的需要，结合帷幕设计，一并考虑。比较准确的排水设计，例如确定孔距、孔径、孔深、排水孔线的位置、孔口高程、排水效果等，需通过电模拟试验才易获得。例如葛洲坝一期工程二江泄水闸护坦设计，采用了抽排方案，为了搞清经排水后，扬压力能否降低到设计规定值，排水量究竟是多少，采取的孔距、孔深是否合理，在施工前做了三相电模拟试验。日本黑部第四大坝基础排水设计也做了较大规模的电模拟试验，即把食盐水盛于用绝缘材料制成的容器内，用铜板作为极板，用白金丝代替排水孔。国内较多的重要工程在设计阶段均进行过电模拟试验。

一、排水孔的位置和布设

排水孔一般分为主排水孔和副排水孔两种。纵向主排水孔位于帷幕下游，距帷幕较近，通常多与帷幕灌浆孔在同一廊道内，但应以在帷幕幕体及岩石内的水力坡降不超过允许值为限。帷幕灌浆孔多为垂直孔，有少数工程采用向上游倾斜的孔。主排水孔则是向下游倾斜。一般规定，在基础岩石表面处，主排水孔与帷幕下游一排灌浆孔的间距不得小于2m。故主排水孔向下游倾斜时，角度常依所在部位廊道底板混凝土的厚度而定，例如潘家口大坝的主排水孔与灌浆帷幕孔布设在同一廊道内，主排水孔距帷幕下游第一排灌浆孔的间距为0.5m，主排水孔向下游倾斜的角度见表8-6。

表 8-6　　主排水孔斜度表

廊道底板混凝土厚度/m	排水孔倾斜的角度/(°)
<3	30
3～5	22
5～7	17
>7	15

为了防止水力坡降过大，高坝有时在灌浆廊道下游专门设置主排水孔廊道，主排水孔与帷幕灌浆孔不在同一个廊道内施工。在这种情况下，主排水孔向下游倾斜的角度可小些，或为直孔。

纵向副排水孔距帷幕较远，对于高坝，常设置两排或更多排的副排水孔。

从总的布局上看，高坝排水孔的布设多呈网格状，除与坝轴线平行方向布设主、副排水孔外，在垂直坝轴线方向也布设几排排水孔，与前者互相组成网格状，更多的坝常利用横向廊道钻设排水孔。图 8-15 是刘家峡大坝排水孔的布设情况示意图。

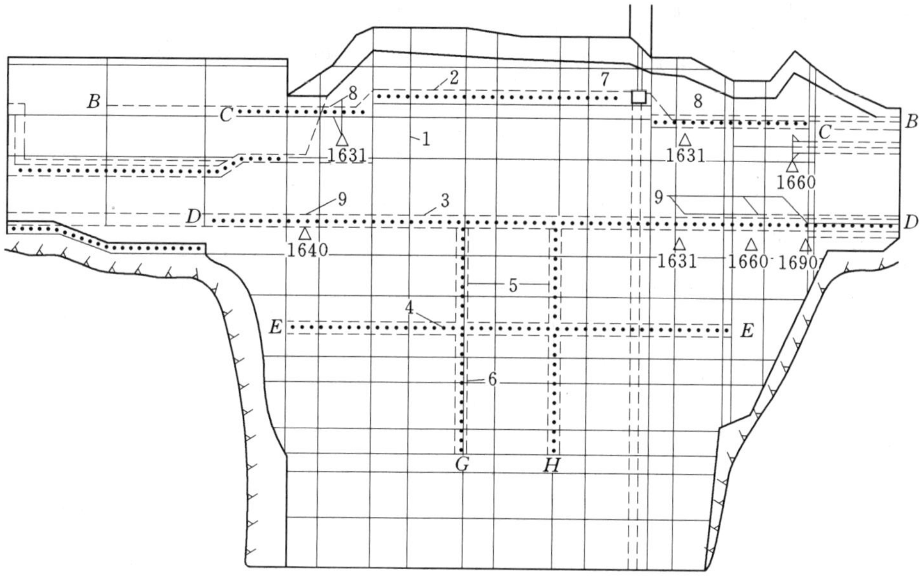

图 8-15　刘家峡大坝地基渗流控制平面布置示意图

B—灌浆帷幕；*C*—主排水孔幕；*D*—第二排水孔幕；*E*—第三排水孔幕；*G*、*H*—横向排水孔幕；
1—坝轴线；2—灌浆排水廊道；3—第一基础排水廊道；4—第二基础排水廊道；5—横向基础排水廊道；
6—集水井；7—防渗墙；8—灌浆排水平洞；9—排水洞

两岸岩石的排水多采用在不同高程处设置排水洞的措施，多数大坝在洞内尚需钻设排水孔。

河床部位主排水孔孔口高程宜低于下游常水位，这种情况下排水效果显著，α_2 值易于达到设计要求。

表 8-7 中示出几个高坝的基础排水孔的布设情况。

表 8-7　　　几个高坝的排水孔布设情况

坝名	坝型	坝高/m	正常蓄水位/m	下游常水位/m	河床坝段灌浆兼主排水孔廊道高程/m	主排水孔（纵向）			辅助排水孔（纵向）			横向排水孔布设情况	两岸排水洞布置情况
						岩石中深度/m	孔距/m	设计要求 α_2 值	排数	孔距/m	岩石中深度/m		
潘家口	低宽缝混凝土重力坝	107.5	220	139.0	131.5～134.5	25～32（帷幕深的60%）	2～3	0.25	2	3	第一排15第二排10	利用横向廊道钻孔排水。另外，在11个坝段各设2～6个孔，组成顺河方向的扬压力观测断面，测试扬压力	右岸在136.5m和176m高程处打3个排水洞，洞内钻有排水孔，组成2排副排水孔

续表

坝名	坝型	坝高/m	正常蓄水位/m	下游常水位/m	河床坝段灌浆兼主排水孔廊道高程/m	主排水孔（纵向）			辅助排水孔（纵向）			横向排水孔布设情况	两岸排水洞布置情况
						岩石中深度/m	孔距/m	设计要求 α_2 值	排数	孔距/m	岩石中深度/m		
刘家峡	混凝土重力坝	147.0	1735	1623.0	1615	25	2	0.2	2	2	第一排15 第二排10	2排横向排水孔，孔距2m，孔深在岩石中10m	左岸在1631m、1660m、1690m高程，右岸在1631m、1640m高程处打排水洞，在洞内钻设排水孔
白山	混凝土重力拱坝	149.5	413	290.0	281.6	25～30（幕深的60%）	3	0.25	1	3	15	利用横向廊道钻排水孔	左岩在312m、360m高程，右岸在308m、360m高程处打排水洞，洞内钻设排水孔，孔距4m，孔深20～30m
乌江渡	混凝土拱形重力坝	165.0	760	625.7	618	15～20最深达40	3	0.30	坝基21排	3	10～15	3排横向排水孔	左、右岸利用勘探洞、施工洞和交通洞钻孔排水

比较高的大坝多利用横向廊道钻设若干扬压力观测孔（或利用观测孔观测），形成几条顺河方向的扬压力观测剖面，用以观测坝基内扬压力分布情况，监测扬压力有无异常现象。

二、排水孔的孔径、孔距和深度

1. 排水孔的孔径

由于排水孔容易被淤堵，为了延长其有效使用年限，便于清淤处理，排水孔的孔径以大些为好。我国坝工设计上通常规定孔径不小于110mm或91mm，英国、美国等国大坝的排水孔孔径多采用3in（约76mm）。

2. 排水孔的孔距

主排水孔孔距一般为2～3m，岩石渗透性很小的地段，宜采用较小的孔距。副排水孔孔距可略大些，一般采用3～5m。但在泥化夹层和断层等地质条件不好的部位，为防止涌水破坏岩层，主排水孔的孔距则宜大些。

排水孔的间距和孔的直径大小，都会影响排水效果。在要求达到相同效果的情况下，通常缩短孔距比加大孔径更为经济而且有效。例如，某坝在特定的条件下，为了全部截断渗流（即所有渗流都从排水孔中流出），如果采用孔径75mm，需要将孔距由3m缩短到1.5m；如果保持孔距3m不变，则需要将孔径由75mm增大到300mm才能做到。一般情况下，基岩的透水性越小，排水孔的孔距应当越小。坚硬完整的基岩，可以采用小一些的孔径；有坍塌和堵塞可能的、需采取孔内保护措施的基岩，应采取较大一些的孔径。

三、排水孔的深度和孔口高程

按照一般理解，要想截住全部渗流，必须将所做的排水孔穿过整个透水岩层，否则仍将有部分渗流从孔底以下流往下游。但是，透水岩层是很不易确定的，要排水孔穿过整个透水岩层的说法也是不确切的。实际上，是应将排水孔穿过整个隔水层，与较透水的岩层相连通。

排水孔的深度应根据防渗帷幕和固结灌浆的深度以及坝基岩石的水文地质条件而定。一般情况下，主排水孔的深度约为帷幕深度的40%～60%；副排水孔的深度多为6～12m，也有深达15m或20m的。

当坝基岩石中具有承压水时，排水孔的深度应另行研究确定。

在孔距、孔径、孔深及到上游面的距离都大体适当的情况下，影响排水效果的另一个因素，也是最主要的因素，是排水孔的孔口高程。许多坝的扬压力观测结果表明，排水孔的孔口高程越低，测得的扬压力越小，只有低于尾水位一定数值，才能达到“完全排水孔”的效果，再低，就会使排水孔后的侧压水面线全部低于尾水位（即降压系数 α 为负数）。

对于不同设置高程的排水孔，可用马斯卡特（1937年）公式作一些数学分析。这里都是假定：在坝踵处有一条垂直的渗入面，坝基下有一厚度为 D 的透水层，设有一道深度穿过透水层、到渗入面距离为 d、孔距为 a、半径为 γ_ω 的排水孔。有以下3种情况。

（1）排水孔孔口高程低于尾水位。对于这种情况，在排水孔上游任意点 $P_0(x, y)$ 处的水位下降值 s，可用式（8-4）表示：

$$s=\frac{q_\omega}{2\pi}\ln\frac{\cos\dfrac{2\pi h_c(y+d)}{a}-\cos\dfrac{2\pi x}{a}}{\cos\dfrac{2\pi h_c(y-d)}{a}-\cos\dfrac{2\pi x}{a}} \tag{8-4}$$

当符合条件 $\frac{a}{d}<3$ 与 $\frac{\gamma_\omega}{a}<0.1$ 时，$\frac{h_\omega}{h_c}$ 与 $\frac{h_m}{h_c}$ 两比值可用下式表示：

$$\frac{h_\omega}{h_c}=\frac{a}{2\pi d}\ln\frac{a}{2\pi\gamma_\omega}=0.366\frac{a}{d}\ln\frac{a}{2\pi\gamma_\omega} \tag{8-5}$$

$$\frac{h_m}{h_c}=\frac{a}{2\pi d}\ln 2=0.110\frac{a}{d} \tag{8-6}$$

单宽渗流量 $\bar{q}$ 为

$$\bar{q}=Kh_c\frac{D}{d} \tag{8-7}$$

式中：D 为透水层厚度，m；d 为排水孔穿过透水层到渗入面的距离，m；a 为排水孔孔距，m；γ_ω 为排水孔半径，m；K 为渗透系数。

利用这些公式，对已知的或假定的 h_c、a、d、γ_ω、D、K，可以计算 h_m、h_ω 和 q_ω 的值。

（2）排水孔孔口与尾水位齐平。这种情况，必然在排水孔后面残存一定程度的渗流量和渗水压力。

（3）排水孔孔口高于尾水位。此种情况，将在排水孔下游存在更大一些的渗流量和水压力。

第（2）、（3）两种情况的计算方法可参照有关参考书，这里不再介绍。

从上述3种情况可以看出，要想使坝基底面上的扬压力及岩体内的孔隙水压力得到更好的控制，必须尽量降低排水孔孔口的高程。孔口高程降得越低，在排水孔后面的扬压力也就越小，低于尾水位一定数值后，不但由库水头引起的水压力（即渗水压力）已不复存在，就连由尾水引起的水压力（即浮托力）也将被部分地削减。当然，此时由排水孔排出的渗流已不能自由地流走，必须借助于集水坑和抽水设备抽排。这就要求必须有足够的抽水设备及可靠的动力保证其能正常工作。我国已有许多大坝是采用了这种使排水孔孔口低于下游水位数米的所谓的抽排降压措施。这是使这些坝的实测扬压力很小，通常比设计采用值更低的最基本原因。目前，我国已正式将这种设计方法纳入了《混凝土重力坝设计规范》（SL 319—2005）。

四、排水孔的钻设与安装

对没有特殊要求的排水孔，当钻孔完成后，在孔口应安设专门装置，对装置的要求和它所起的作用是：①应装有阀门，能开能关，便于控制孔内排水，使之外流或禁止其流出；②阀门打开，孔内排出的水能直接流到廊道内排水沟中；③设有安装压力表的部位，可以随时安设压力表，测定涌水压力；④排水孔需要清理时，便于施工。

有的大坝基岩中存在有泥化夹层，为防止夹层中细颗粒流失而招致地层破坏，故在排水孔中夹泥层出露的部位应予堵塞。葛洲坝一期工程主排水孔内采用了泡沫塑料堵塞的方法；凤滩大坝主排水孔中则采用了“下入钢管进行灌浆”的堵塞措施。有的大坝曾采用过在排水孔中下入反滤料的措施，但这种做法常易给以后的清洗排水孔工作带来困难，近期已不常采用。现在有很多工程都采用了安装塑料盲管的方法。

对于排水孔应定期观测涌水压力和排水量，进行分析，并予以说明。例如××坝段～××坝段，幕后主排水孔若干个，库水位×××m时，有涌水的孔若干个，各自涌水量为aL/s，总计涌水量QL/s，最大为a_1L/s。涌水压力较大的有若干孔，涌水压力值为何，等等。此外还应采取水样做水质分析，同时应定期检查其淤堵和孔内沉积情况，发现问题及时处理。

第八节 龙羊峡坝基加固设计工程实例

黄河龙羊峡水电站位于青海省海南藏族自治州贵南县和共和县交界处的黄河龙羊峡河段，是黄河已规划河段最上游的一个梯级，是一个具有多年调节水库的综合利用水利枢纽。它的建设对青海、甘肃、陕西三省的工农业发展以及黄河上游水电基地的开发有很大的促进作用。电站枢纽由拦河坝、泄水建筑物和电站厂房组成。主坝为重力拱坝，最大坝高为176.5m。泄水建筑物由右岸岸边式溢洪道和坝内中孔、深孔、底孔泄水道组成。坝后式电站，装机4台，单机容量为32万kW，电站总装机容量为128万kW。

龙羊峡工程坝址区岩性为花岗闪长岩，历经多次构造运动，断裂发育，具有缓倾夹角裂隙，工程地质条件复杂。地震基本烈度为Ⅷ度。枢纽上游2～14km范围内水库南岸为高陡的半胶结的湖相沉积地层，沿库岸滑坡发育，1943 年发生的查纳滑坡，一次滑坡量达 1.25 亿 m^3，黄河曾为之断流。由于工程地质条件复杂，坝高库大，最为突出的工程地质问题是大坝坝肩的稳定和压缩变形问题，以及水库南岸近坝地段岸坡稳定和滑坡涌浪问题。

一、基础断层深层特殊处理设计

1. 设计计算的原则和方法

坝址区工程地质条件十分复杂，发育八条较大断裂（图 8-21）。其规模较大、延伸较长，绝大多数含有夹泥，断裂带的物理力学性质较差。在地下水及坝肩推力作用下，其抗变形的能力很低，大坝正常工作将会受到影响，应予认真研究，以确保大坝及基础的可靠运行，现着重研究处理“I”级构造面及其相关的次级构造面。有关八条主要构造带的性质见表 8-8。

八条断裂和主坝的概略相对关系见图 8-16。

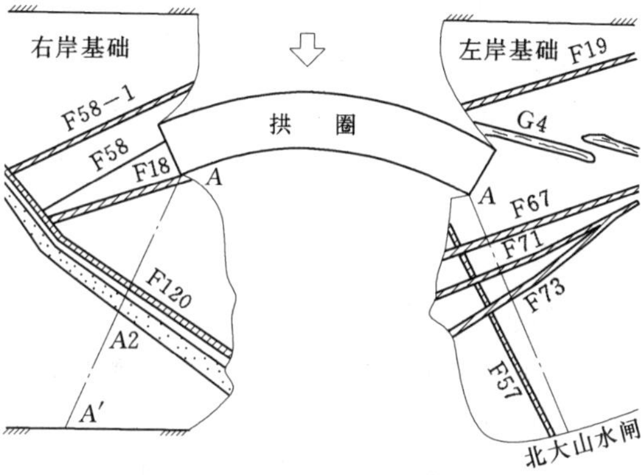

图 8-16　断层与主坝的关系

表 8-8　　主要构造带的性质

构造	总　产　状	破碎带加影响带宽度/m	变形模量/(kg/cm²)	夹泥或极软化部分厚度/m
F18	NW350°，NE∠60°	右岸：2560/3.0；2540/6.0 左岸：4.0	右岸：23270 左岸：21710	0.10
F71	NW340°～345°，SW∠85°	3.0	26000	0.05
F73	NW335°～350°，NE∠50°～64°	右岸：3.0 左岸：2550 以上　4.0 2550 以下　3.0	26000	0.08
F120	NE40°，SE∠70°	2500 以上　3.0 2500 以下按平切图	6180	2500 以上：2.0 2500 以下：1.0
G4	NE20°，NW∠80°～85°	8～12	18200	0
F67	NE60°，NW∠85°	按平切图宽度	23270	0.01
F57	NW340°，NE∠38°～50°	2	45110	0.03

主要构造带离拱端下游点（上游点）的推测距离见表 8-9。

表 8-9　　主要构造带离拱端下游点（·为上游点）的推测距离

高程	右岸			左岸					
	F18	F120	F5-1	F67	F72	F71	F57	F18	G4
2580	坝下	33	·12	坝下	15	48	—	—	·3.0
2560	坝下	52	·11.5	15	30	48	—	—	·3.0
2540	0	68	·8.0	40	59	52	—	—	·3.0
2520	12	85	·7.0	—	80	55	104	—	·3.0
2500	19	103	·4.0	—	95	55	80	坝下	·9.0
2480	27	118	·5.0	—	110	52	47	坝下	·12.5
2460	38	134	·5.5	—	134	56	15	坝址处	·20.0
2440	47	148	·5.0	—	155	56	坝下	8.0	·28.0

2. 大坝基础断层特殊处理设计的基本原则

基础处理设计将因每个大坝基础所处的地质条件不同、坝肩传力作用大小和方向的不同以及坝型对地基的适应性不同而异，并无统一的标准可寻。本坝基础处理设计本着综合治理和尽量节省的原则，除考虑一般的“灌”“排”等处理措施之外，对于断层特殊处理结构的设计，主要考虑了以下几方面的要求。

（1）必须保证坝肩岩体的抗滑稳定性。

（2）必须保证通过地下混凝土或钢筋混凝土结构，将大坝推力可靠、均匀分散地传递到基础岩体中去，或有效地使坝推力通过断层，尽可能地减少断层结构面对大坝引起过大的变形，以免恶化大坝的工作条件。

（3）考虑到尽量减少地下工程量，减少对围岩的影响，按照传力的要求，参照国内外经验。宜采用网格式置换的结构型式。不置换部分用高压固结灌浆加固处理。在地表砌用传力槽塞。

（4）在断层较宽或断层交会带处，顺断层走向开挖有很大困难时，则采用混凝土塞，塞的总面积应满足传力、抗变形及沿断层面抗剪断的强度要求。

（5）抗剪洞塞、置换洞塞和传力洞塞的布置，一方面尽量改善基础的受力，另外亦要注意尽可能地提高坝肩抗滑稳定性。

（6）考虑到地下开挖会对围岩产生一定的应力释放及爆破松动，因此要求各种洞塞必须采取分层分段开挖和回填，挖填交错进行，并采用控制爆破技术及局部易塌地段临时喷锚支护等一整套施工工艺。

（7）混凝土处理结构中应合理设置廊道，以便对近坝断层未置换部分进行高压固结灌浆，对其围岩进行固结灌浆，对混凝土与围岩之间进行回填灌浆等，以确保混凝土置换体与围岩的良好接触，发挥混凝土处理结构的强度及传力作用。廊道也是地下排水、观测和交通所必需的。

（8）充分利用地下特殊处理结构的开挖暴露面，进行详细的地质编录，研究地质情况，做好施工地质预报，随时修正设计，指导施工，保证安全。

（9）考虑到基础处理是一项比较细致的工作，要有一定的工期保证，另外，它的施工将和两岸及河床的开挖、混凝土工程立体交叉，严重干扰，故应尽量避免在河谷岸坡正面开口出渣，而应结合两岸3层纵向排水隧洞，将开挖出渣尽量运向南北大山水沟。

3. 大坝基础处理设计方法

可归纳为以下分段式程序：①充分和必要的地质勘测与试验工作；②提出概化的地质模型；③地质力学模型；④进行刚体及变形体的稳定分析、进行平面及三维非线性有限元电算、进行平面、半整体、整体结构及地质力学模型试验研究；⑤进行对前4项成果的综合对比分析研究；⑥结合实际及工程经验判断；⑦提出合理的基础处理方案及相应的安全监测方案。

二、开挖及其他设计

两岸坝肩强风化深度10～20m，弱风化下限30～40m。由于坝高库大，主坝一般均应基于微风化岩体上。

右岸为凸岸，岩石受两面风化的影响；左岸是凹岸，但由于坝头后部紧靠F78沟，沟在大坝中高部位，NS向剥蚀深入岸坡达50m。加之多条构造切割高部显得单薄而破碎，因而不得不加深左岸开挖深度。

由于左右岸泄水道及其他建筑物的布置，坝后地形有一定的改变。为提高坝肩岩体稳定，改善坝肩岩体传力与应力扩散，因此将两岸坝肩适当深挖。

根据现在的开挖，左岸仍显较单薄，因此按不同高程取平切拱，并对各层左坝肩岩体进行了抗滑稳定分析。

为了减少左岸高部上游面高边坡开挖，大坝在2540m高程以上，基本上保持坝基后半部径向开挖，上游1/2坝基面作非径向开挖。

边坡按径向3∶1开挖，G4部分2∶1，地形真坡可达5∶1，临时边坡按6∶1考虑。边坡上每隔30～40m一般设置马道。

根据上述考虑，设计的开挖深度保证主坝绝大部分坐落于微风化岩体，平均挖深在30～40m以上，其中左岸略深于右岸。两岸2560m高程以上，由于地质构造原因，很难在微风化岩体上建基，拟用深孔固结灌浆等措施处理。

根据勘探资料，河床有近水平向破碎情况，初步确定河床建基高程为2435m。达建基标高后，水平夹泥的卸荷裂隙大部分挖除，仅河槽中部F57断层右侧有一宽约4m NE向裂隙密集带，且仍有一些水平夹泥裂隙出露，于是又加深至2432m，并对F67断层做断层塞处理，清基后F67两侧河槽平均波速铅直向3400m/s以上，水平向5300m/s，达到了设计要求。

开挖方法采用预裂爆破，主要参数通过试验和初期开挖逐步修正。

三、岸坡表面处理设计

坝址两岸边坡高陡，节理裂隙发育，为施工和运行安全考虑，两岸高边坡普遍设置系统锚杆。锚杆直径25mm，间排距2m，孔深4～5m，要求边挖边锚。确有把握的地区，经地质、设计和施工单位会商可取消。有些地方用钢筋桩锚固，边坡上的浮石和危石必须清除。

考虑到坝后岩体的抗滑稳定和地震动力反应等问题，两岸边坡采用孔深30～70m的

3000kN 预应力锚索进行加固，同时作钢筋网喷混凝土处理，并加设系统排水孔，孔排距4～5m，孔深4～5m。

在上游结合G4处理，并考虑到中孔运行条件，对左岸一定范围内的边坡进行喷锚处理，并设排水系统。

沿两岸河谷顶台地均设1.2m高的浆砌块石或混凝土挡石墙，并兼挡地面水，避免地面水流向厂坝间。

四、断层表部处理设计

龙羊峡全部挡水结构基础下，存在着一些地质构造，这些构造需要进行处理，以改善挡水建筑物的工作条件。

建基范围内遇到的断层情况见表8-10。

表8-10　坝基范围断层一览表

断层	力学属性	产状	破碎带		影响带		备注
			宽度/m	变形模量/（万 kg/cm²）	宽度/m	变形模量/（万 kg/cm²）	
F71	压扭	走向NW350°，倾向SW∠85°～90°	0.5～2	0.64	4～6	2.1	
F73	压扭	NW315°，NE∠76°～50°	0.2～0.5	0.64	4～6	2.1	重力墩处出露达7m宽
F57	压或压扭	NW340°，SW（NE）∠25°～62°	0.3～1.2	0.3	0.6～2.5	2.1	
F18	压扭	NW345°～350°，NE∠57°	1.2～3	0.7	2.5～8	2.1	
F17	压扭	NW325°，NE∠55°～75°	0.7～0.9		2～3		
F67	张或张扭	NE37°，NW∠75°～80°	0.9～1.3	0.7	4	2.1	
F120		NE40°，SE∠70°	8	0.3	3～5	1.7	
f8		NW30°，NE∠70°～75°		0.5	6		

坝基下断层表部处理一般与断层破碎的规模、产状、破碎软弱带和围岩的力学指标、荷载大小、断层与大坝的关系以及施工技术等诸多因素有关。如果断层宽度不太大，则采用回填混凝土塞，同时补以固结灌浆的处理措施。

参照其他工程经验，按1倍断层宽控制混凝土塞的深度。

边坡按构造产状往下挖，按2∶1的坡度施工。

由于坝下断层较多，产状及受力情况等均有所不同。为此，针对F57和F18进行平面有限元（线性）电算分析，其他构造参考该结果考虑设计有关问题。

计算是在特定位置，特定荷载情况下（正常温升）进行的。结果列示于表 8-11。

表 8-11　　有限元分析结果

断层	位置	混凝土塞深度与断层宽度比 h/B	最大压应力		最大拉开应力		底部拉应力	混凝土塞底断层平均压应力
			数值	部位	数值	部位		
F67	坝址	1.0	55.7	混凝土塞左岸下角	2.1	岩体内	0.7	10.0
F18	坝址	1.0	22.7	混凝土塞左岸下角	7.4	混凝土塞底部中央	2.5～7.5	5.0

注　应力单位为 kN。

混凝土塞在河床平坦部分伸出坝外 1 倍槽深，其他部分则仅在基础范围内进行。

混凝土塞下及附近则加强固结灌浆，孔距在原有一般固结灌浆的基础上适当加密，孔深则按一般孔深但从塞底起算。必须说明混凝土塞由于其约束条件苛刻，又处在初期施工，还常遇到抢工期的情况，因此，应该强调采取严格的温度控制措施，冷却至稳定温度后进行接触灌浆。而后才允许上部混凝土上升。

计算结果表明，在正常情况下，最大拉应力在允许范围内。设计处理见表 8-12。

表 8-12　　断层带处理一展览

断层名称	出露部位	宽度/m	混凝土塞深度/m	备　注
F71	左岸重力墩	3.0～5.0	3.0	河床厂坝区也穿过
F73	左岸重力墩	7.0	3.5	
F67	左岸重力墩	2.0	1.0	
F18	两岸坝肩	4.0	4.0	
F17	河床	3.0	3.0	
F67	河床	4.0	4.0	
F120	右岸重力墩	5.0	10	结合特殊深层处理一并处理
f8	溢流坝	6.0	3	

F18 的表部处理问题。F18 处在两岸岸坡上出露，凡是深层处理与它连通的部位，则深部表部合二为一，不需进行处理。在 F18 两层深层处理间的部位，为防止出现倒坡引起塌方，上边坡设计为一铅直坡，并加锚筋桩。先锚后挖，尽量不放炮，必须放炮的可采用预裂爆破，松动爆破，严格控制药量，在极困难部位采用近身爆破，分段开挖。为此，势必要边挖边浇混凝土，在施工过程中要严密监测，确保边坡及施工栈桥的稳定。

河床的 NE 向裂隙密集带，采用深挖并回填钢筋混凝土塞处理。

五、断层处理相关设计图纸

有关断层段坝基处理的设计图见图 8-17 和图 8-18。

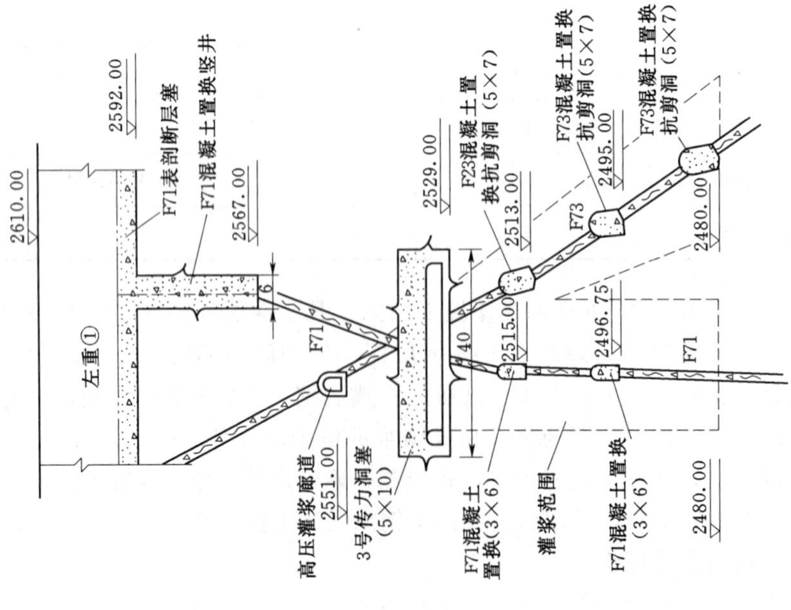

说明:1.图中高程及尺寸均以m计。
2.F73断层的处理本图未示。

图 8-17 F71断层处理图（单位:m）

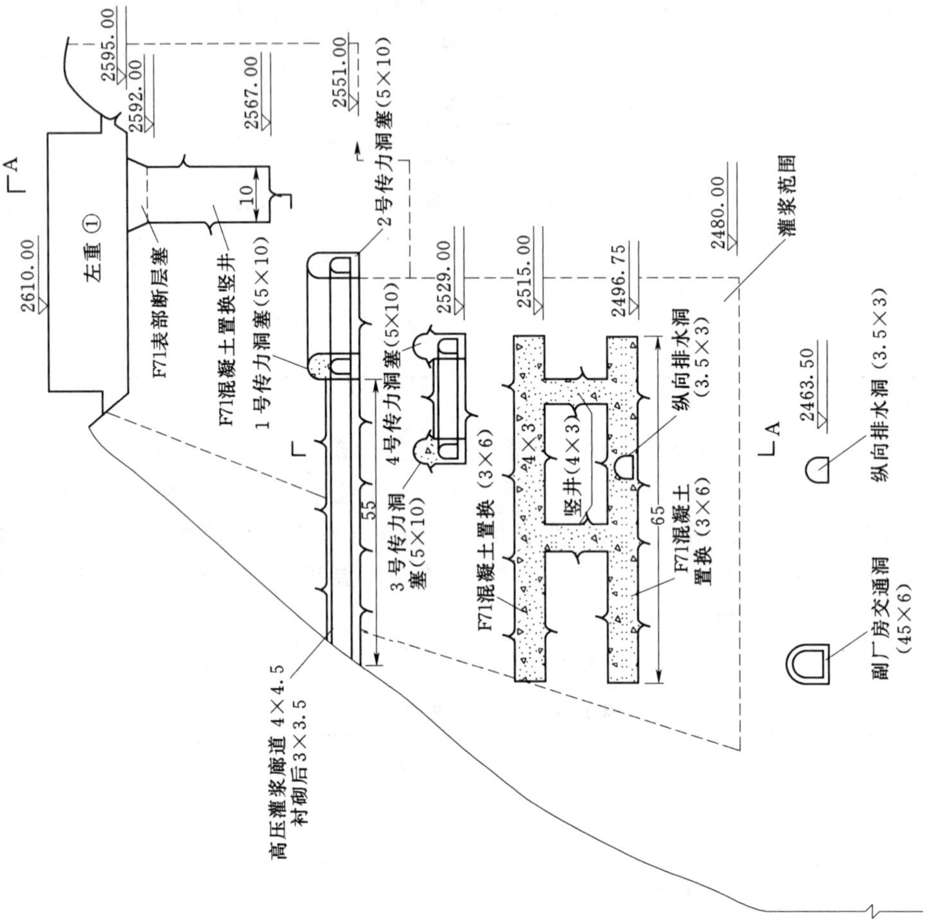

图 8-18 垂直F71走向处理布置图（单位:m）

习题与思考题

8-1　试述坝基防渗和排水设计的要求与内容。

8-2　简述坝基开挖设计的基本原则。

8-3　简述拱坝基础处理设计的基本原则与内容。

8-4　常用的坝基断层与软弱夹层处理方法有哪些？

8-5　如何依据工程地质条件，确定坝基排水孔的设计参数？

8-6　概述预应力锚索在加固大坝稳定性中的作用与应用条件。

8-7　试述大坝基础断层特殊处理设计的基本原则。

第九章　崩塌与滑坡地质灾害治理设计

第一节　概　　述

崩塌与滑坡是一种严重的、常见的地质灾害，由于它经常中断交通、堵塞河道、摧毁厂矿、破坏村庄和农田、造成人员伤亡和重大经济损失，给人们的生命财产带来极大的危害，因此应结合其特点，运用各种先进的方法对其进行治理，治理设计是其重要环节。

崩塌、滑坡地质灾害防治工程设计，必须首先开展地质灾害勘查，通过野外详细调查与成因机理研究、对勘察和试验等成果进行全面分析，以便取得水文、气象、地形、地质、建筑材料和灾害经济损失等基本资料和数据。地质灾害防治工程设计应通过方案比选、技术与经济论证，采用合适有效的方法与技术，使工程达到安全可靠、经济合理。

地质灾害防治工程设计可分为可行性研究、初步设计和施工图设计 3 个阶段。只有在前阶段设计批准后，方可进行下阶段设计。对于规模小、地质条件简单的崩塌、滑坡，经主管部门同意后，可简化设计阶段。应急防治工程设计是崩塌、滑坡灾害治理工程设计中的特殊内容，可简化上述设计阶段。应急防治须与后续的正常防治相适应，并为正常防治提供基础。

根据地质灾害的类型、规模、稳定性，并结合地质灾害区的工程地质条件、特征和破坏机制、危害对象、周围环境和施工季节等条件，防治工程通常选用抗滑桩、截排水、削方、预应力锚索、锚杆、格构锚固、挡土墙、主动防护网、被动防护网等多种综合治理形式。本章主要介绍崩塌、滑坡地质灾害治理的通用防治技术和方法。

第二节　地质灾害治理设计原则与依据

一、地质灾害治理设计的原则

地质灾害防治工程的目标是通过工程治理并结合其他措施，达到消除地质灾害隐患、确保人民群众生命财产安全的目的。治理工程应遵循以下原则。

(1) 贯彻“以人为本”的原则，全面规划、突出重点、兼顾其他，确保消除地质灾害隐患。

(2) 确保治理工程的科学性，既切实可行又安全有效，治理方案的地质依据充分。

(3) 治理方案应技术可行、经济合理、结构简单，实施过程安全可靠、可操作性强。

(4) 因地制宜，就地取材，节省防治费用。

(5) 工程治理与地区相关规划相结合，工程措施与长期监测、群防措施相结合。

二、地质灾害治理设计依据与规程

1. 法律法规

(1)《地质灾害防治条例》(国务院第 394 号)。

(2) 地方政府颁布的地质环境保护或地质灾害防治条例。

2. 规划文件

地方政府颁布的地质灾害防治规划。

3. 技术规范

(1)《滑坡防治工程勘查规范》(GBT 32864—2016)。

(2)《滑坡防治工程设计与施工技术规范》(DZ/T 0219—2006)。

(3)《滑坡崩塌泥石流灾害调查规范 (1∶50000)》(DZ/T 0261—2014)。

(4)《崩塌、滑坡、泥石流监测规范》(DZ/T 0221—2006)。

(5)《地质灾害防治工程勘察规范》(DB 50/143—2003)。

(6)《建筑桩基技术规范》(JGJ 94—2008)。

(7)《建筑边坡工程技术规范》(GB 50330—2013)。

(8)《岩土锚杆(索)技术规程》(CECS 22:2005)。

(9)《岩土锚杆与喷射混凝土支护工程技术规范》(GB 50086—2015)。

(10)《砌体结构设计规范》(GB 50003—2011)。

(11)《混凝土结构设计规范》(GB 50010—2010)。

(12)《岩土锚杆(索)技术规程》(CECS 22:2005)。

(13)《岩土工程勘察规范》[GB 50021—2001(2009 年版)]。

(14)《工程岩体分类标准》(GB 50218—2014)。

(15)《工程测量规范》(GB 50026—2007)。

(16)《公路工程地质勘察规范》(JTJ 064 C20—2011)。

(17)《铁路工程不良地质勘察规程》(TB 10027—2012)。

(18)《铁路工程地质勘察规范》(GB 10012—2001)。

(19)《铁路路基支挡结构设计规范》(TB 10025—2006)。

(20)《建筑地基基础设计规范》(GB 50007—2011)。

第三节 设计安全等级与安全系数取值

一、地质灾害灾情及治理工程安全等级

1. 地质灾害灾情

地质灾害灾情依据造成人员伤亡、经济损失的大小,分为 4 个等级。

(1) 特大型:因灾死亡和失踪 30 人(含)以上或造成直接经济损失 1000 万元(含)以上的。

(2) 大型:因灾死亡和失踪 10 人(含)以上、30 人以下,或因灾造成直接经济损失 500 万元(含)以上、1000 万元以下的。

(3) 中型:因灾死亡和失踪 3 人(含)以上、10 人以下或者直接经济损失 100 万元

（含）以上500万元以下的。

（4）小型：因灾死亡和失踪3人以下或者直接经济损失100万元以下的。

2. 地质灾害险情

地质灾害险情依据威胁人员、财产的大小，分为4个等级。

（1）特大型：受地质灾害威胁，需搬迁转移人数在1000人（含）以上或可能造成的经济损失1亿元（含）以上的。

（2）大型：受地质灾害威胁，需搬迁转移人数在500人（含）以上1000人以下，或潜在可能造成的经济损失5000万元（含）以上1亿元以下的。

（3）中型：受地质灾害威胁，需搬迁转移人数在100人（含）以上500人以下或潜在可能造成的经济损失500万元（含）以上5000万元以下的。

（4）小型：受地质灾害威胁，需搬迁转移人数在100人以下或潜在可能造成的经济损失500万元以下的。

3. 地质灾害治理工程安全等级

（1）一级：危及县和县级以上的城市、大型工矿企业、交通枢纽及重要公共设施，破坏后果特别严重。

（2）二级：危及一般城镇、居民集中区、主要交通干线、一般工矿企业等，破坏后果严重。

（3）三级：除一级、二级以外的地区。

4. 滑坡防治工程级别划分

根据受灾对象、受灾程度、施工难度和工程投资等因素，可按表9-1对滑坡防治工程进行综合划分。

表9-1　一般滑坡防治工程分级表

级别		Ⅰ	Ⅱ	Ⅲ
危害对象		县级和县级以上城市	主要集镇。或大型工矿企业、重要桥梁、国道专项设施	一般集镇。县级或中型工矿企业，省道及一般专项设施
受灾程度	危害人数/人	＞1000	1000～500	＜500
	直接经济损失/万元	＞1000	1000～500	＜500
	灾害期望损失/（万元/年）	＞10000	10000～5000	＜5000
施工难度		复杂	一般	简单
工程投资/万元		＞1000	1000～500	＜500

二、地质灾害防治工程安全系数取值标准

崩塌、滑坡地质灾害治理设计应参照地质灾害的规模、灾情、安全等级，确定地质灾害治理安全系数。

重庆市《地质灾害防治工程设计规范》（DB 50/5029—2004）提出了危岩崩塌地质灾害防治工程稳定性评价标准（表9-2）和安全系数标准（表9-3）。

表 9-2　　稳定性评价标准

危岩破坏模式	不稳定	基本稳定	稳定
滑塌式危岩	<1.0	1.0～1.3	>1.3
倾倒式危岩	<1.0	1.0～1.5	>1.5
坠落式危岩	<1.0	1.0～1.5	>1.5

注　表中数据为危岩体的稳定系数。

表 9-3　　安全系数取值表

级别 / 危岩种类	危岩崩塌防治工程等级					
	一　级		二　级		三　级	
	非校核工况	校核工况	非校核工况	校核工况	非校核工况	校核工况
滑移式危岩	1.40	1.15	1.30	1.10	1.20	1.05
倾倒式危岩	1.50	1.20	1.40	1.15	1.30	1.10
坠落式危岩	1.60	1.25	1.50	1.20	1.40	1.15

《滑坡防治工程设计与施工技术规范》(DL/T 0219—2006) 推荐滑坡防治工程设计安全系数取值见表9-4。

表 9-4　　滑坡防治工程设计安全系数推荐表

计算内容	Ⅰ级防治工程				Ⅱ级防治工程				Ⅲ级防治工程			
	设　计		校　核		设　计		校　核		设　计		校　核	
	工况Ⅰ	工况Ⅱ	工况Ⅲ	工况Ⅳ	工况Ⅰ	工况Ⅱ	工况Ⅲ	工况Ⅳ	工况Ⅰ	工况Ⅱ	工况Ⅲ	工况Ⅳ
抗滑动	1.30～1.40	1.20～1.30	1.10～1.15	1.10～1.15	1.25～1.30	1.15～1.30	1.05～1.10	1.05～1.10	1.15～1.20	1.10～1.20	1.02～1.05	1.02～1.05
抗倾倒	1.70～2.00	1.50～1.70	1.30～1.50	1.30～1.50	1.60～1.90	1.40～1.60	1.20～1.40	1.20～1.40	1.50～1.80	1.30～1.50	1.10～1.30	1.10～1.30
抗剪断	2.20～2.50	1.90～2.20	1.40～1.50	1.40～1.50	2.10～2.40	1.80～2.10	1.30～1.40	1.30～1.40	2.00～2.30	1.70～2.00	1.20～1.30	1.20～1.30

注　工况Ⅰ—自重；工况Ⅱ—自重+地下水；工况Ⅲ—自重+暴雨+地下水；工况Ⅳ—自重+地震+地下水。

第四节　崩塌与危岩体防治设计

一、崩塌的定义与分类

斜坡岩土体中被陡倾的张性破裂面分割的块体，突然脱离母体并以垂直运动为主，翻滚跳跃而下堆积在坡脚（或沟谷）的地质现象称为崩塌。由多组结构面切割并位于陡崖或陡坡上稳定性较差的岩石块体及其组合随时可能发生破坏、向坡下运动的岩体称为危岩体。崩塌是危岩体失稳崩落的瞬间行为，崩塌具有多发性的特点，即发生过崩塌的地方，仍可能再次发生崩塌。崩塌是突发性地质灾害的一种类型，具有下落速度快、发生突然，垂直位移大于水平位移等特点，多发生在大于60°～70°的斜坡上，其破坏作用急剧、短促、强烈。崩塌地质灾害也是最为常见的地质灾害之一，对人民生命财产安全带来巨大灾害，如1980年6月3日，湖北省远安盐池河磷矿崩塌，造成307人死亡；2004年12月11日，浙江甬台温高速公路乐清市柳市镇荷岙村地段南侧，60余米高的山体突然崩塌，近1.5万m^3的山石掩盖了整条高速公路；2008年5月12日汶川地震引发安县至高川乡公路崩塌，造成车辆滞留，多人死亡；2016年8月29日23时30分左右，横山县殿市镇白家湾村强兴庄石畔沟附近发生山体崩塌地质灾害，导致强兴庄煤矿一房屋倒塌，3人被埋；2016年10月2日7时30分，甘肃省陇南市武都区城关镇北山路边坡发生崩塌，方量约800m^3，灾害毁坏房屋9间，造成2人死亡，3人受伤。

崩塌的分类主要有以下几种。

(1) 按崩塌体的物质组成分类。

1) 土崩：发生在土体中的崩塌。

2) 岩崩：发生在岩体中的崩塌。

3) 混合崩塌：崩塌体的物质既有岩体又有土体。

(2) 根据崩塌体的移动形式和速度划分。

1) 散落型崩塌：在节理或断层发育的陡坡，或是软硬岩层相间的陡坡，或是由松散沉积物组成的陡坡，常形成散落型崩塌。

2) 滑动型崩塌：沿某一滑动面发生崩塌，有时崩塌体保持了整体形态，和滑坡很相似，但垂直移动距离往往大于水平移动距离。

3) 流动型崩塌：松散岩屑、砂、黏土，受水浸湿后产生流动崩塌。这种类型的崩塌和泥石流很相似，称为崩塌型泥石流。

(3) 按崩塌体规模划分。

1) 巨型：崩塌体规模大于1000万m^3。

2) 特大型：崩塌体规模100万～1000万m^3。

3) 大型：崩塌体规模介于10万～100万m^3。

4) 中型：崩塌体规模介于1万～10万m^3。

5) 小型：崩塌体规模小于1万m^3。

(4) 按崩塌发生的地点分类

1) 山崩：崩塌发生在山坡部位。

2) 岸崩：主要发生在江、河、湖（水库）、沟的岸坡。

二、崩塌产生的条件及发生机理

地形地貌、地层岩性和地质构造是崩塌的物质基础；降雨、地下水作用、振动力、风化作用以及人类活动对崩塌的形成和发展起着重要作用。

(1) 地形地貌条件。崩塌多产生在陡峻的斜坡地段，一般坡度大于55°、高度大于30m，坡面多不平整，上陡下缓。

(2) 岩性条件。岩性对岩质边坡的崩塌具有明显控制作用。坚硬岩层通常形成高陡山坡，在节理裂隙发育、岩体破碎的情况下易产生崩塌。一般来讲，块状、厚层状的坚硬脆性岩石常形成较陡峻的边坡，极易形成崩塌。软弱岩石易遭受风化剥蚀，形成的斜坡坡度较缓，发生崩塌的概率就小得多。

（3）岩体结构。倾向临空面的软弱结构面的发育程度、延伸长度以及该结构面的抗拉强度是控制边坡产生崩塌的重要因素。

（4）地质构造条件。当岩体中各种软弱结构面的组合位置处于下列最不利的情况时易发生崩塌。

1）当岩层倾向山坡、倾角大于45°而小于自然坡度时。

2）当岩层发育有多组节理，且一组节理倾向山坡、倾角为25°～65°时。

3）当二组与山坡走向斜交的节理（X形节理），组成倾向坡脚的楔形体时。

4）当节理面呈弧形弯曲的光滑面或山坡上方不远有断层破碎带存在时。

5）在岩浆岩侵入接触带附近的破碎带或变质岩中片理片麻构造发育的地段，风化后形成软弱结构面，容易导致崩塌的产生。

（5）气候条件。一般来说崩塌是与强烈的物理风化紧密相关的，在干燥、日温差及年温差较大的地区易发生崩塌，在融冻过程非常强的季节和地区，崩塌比较严重。地表水的冲刷、溶解和软化裂隙充填物形成软弱面，或水的渗透增加静水压力；80%的崩塌发生在雨季，且主要发生在雨中和雨后不久。连续降雨时间越长，降雨强度越大，崩塌就越容易发生。

（6）其他因素。强烈地震以及人类工程活动中的爆破、边坡开挖过高过陡，破坏了山体平衡，都会促使崩塌的发生。

三、潜在崩塌体（危岩体）稳定性评价

1. 潜在崩塌体（危岩体）破坏模式

依据《地质灾害防治工程设计规范》（DB 50/5029—2004），危岩体失稳方式受多方面因素的影响。通常失稳方式有3种，即滑移式、倾倒式和坠落式（图9-1），对应的发生条件如图9-2所示。

（1）滑移式崩塌：斜坡上的岩土体沿倾向坡外的结构面或软弱面发生向下滑动的崩塌。

（2）倾倒式崩塌：分布于河流峡谷区、黄土及陡立岩质边坡段。因垂直节理与稳定岩土体分开，在重力及水压力等作用下形成。

（3）坠落式崩塌：受裂隙切割和下部岩腔影响，高悬于陡岩上端和岩腔顶部的危岩体，在重力作用下从母体突然脱离失稳产生崩塌。

2. 潜在崩塌体（危岩体）稳定性评价

（1）滑移式危岩稳定性计算。

1）单滑面滑移型破坏稳定性计算。

单滑面滑移型崩塌稳定性评价可采用基于刚体极限平衡理论的方法，其计算公式如式（9-1）。计算模型见图9-3和图9-4。

$$F_s=\frac{[W(\cos\alpha-A\sin\alpha)-V\sin\alpha-U]\tan\varphi+CL}{W(\sin\alpha+A\cos\alpha)+V\cos\alpha} \tag{9-1}$$

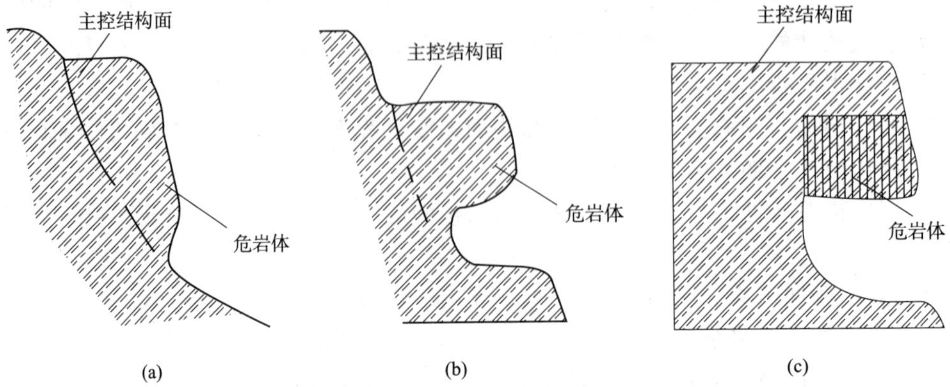

图 9-1 潜在危岩体破坏模式

(a) 滑移式；(b) 倾倒式；(c) 坠落式

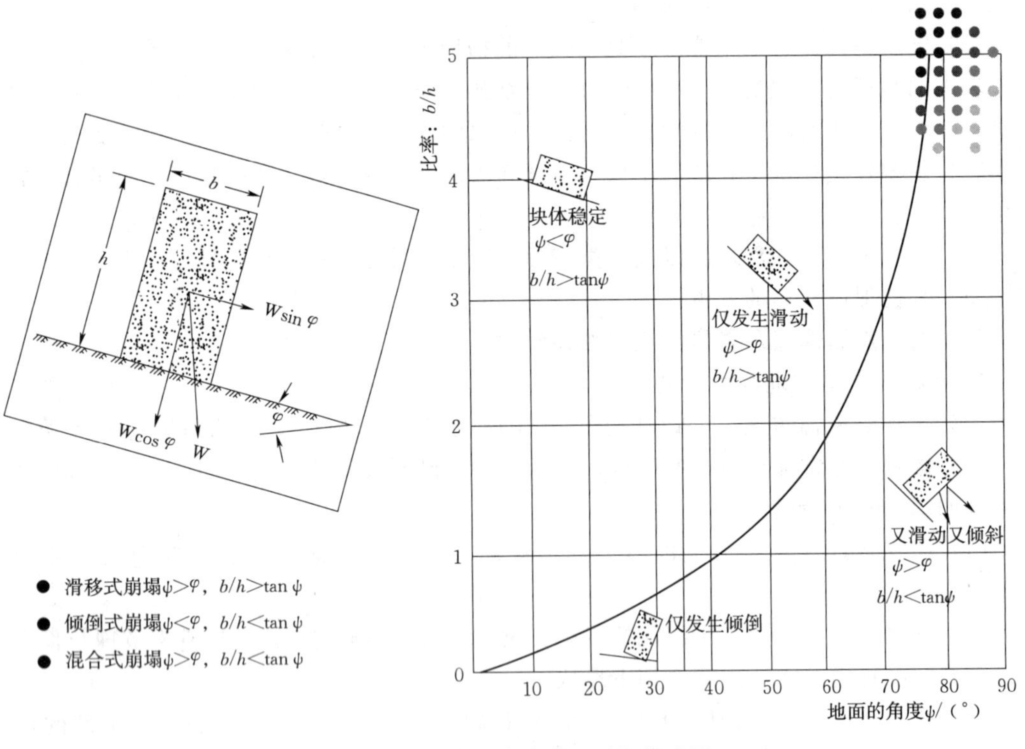

图 9-2 崩塌体（危岩体）破坏模式图

其中，后缘裂缝静水压力 V 为

$$V=\frac{1}{2}\gamma_w H^2 \tag{9-2}$$

根据后缘有无陡倾裂隙确定后缘裂缝静水压力 V，当后缘无陡倾裂隙（滑面较缓）时，则 $V=0$。

沿滑面扬压力 U 为

$$U=\frac{1}{2}\gamma_w LH \tag{9-3}$$

式中：F_s 为稳定系数；W 为滑体的重量，kN/m^3；C 为滑体的内聚力，kPa；φ 为滑体内摩擦角，(°)；L 为滑面长度，m；α 为滑面倾角，(°)；A 为地震加速度（重力加速度 g）；H 为裂隙充水高度，m，一般取裂隙深度的 1/3。

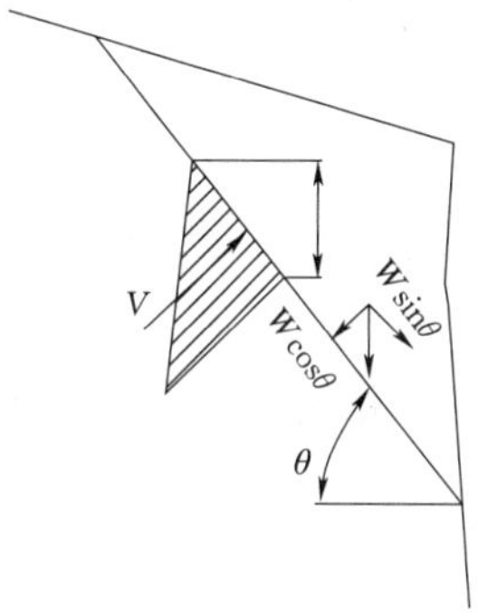

图 9-3　滑移式危岩稳定性计算示意图（后缘无陡倾裂隙）

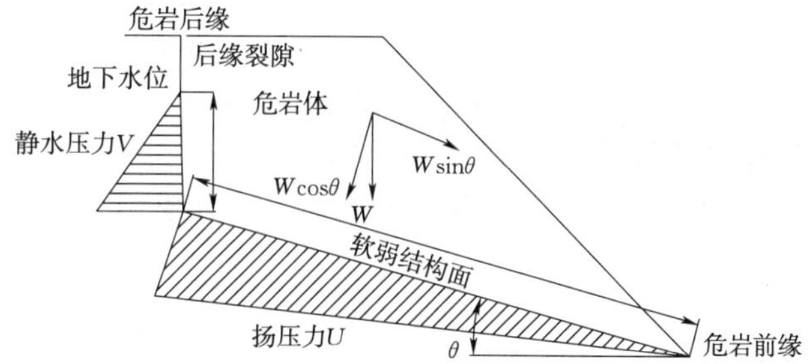

图 9-4　滑移式危岩稳定性计算示意图（后缘有陡倾裂隙）

2）双滑面型滑移破坏稳定性计算。

沿双滑面滑动时，可按式（9-4）计算危岩体稳定系数：

$$F_s=\frac{\gamma H\,\overline{AC}h_0\cos\alpha(\sin\alpha_2\tan\varphi_1+\sin\alpha_1\tan\varphi_2)+3l(c_1h_1+c_2h_2)\sin(\alpha_1+\alpha_2)}{\gamma H\,\overline{AC}h_0\sin\alpha\sin(\alpha_1+\alpha_2)} \tag{9-4}$$

式中：F_s 为稳定系数；γ 为危岩体重度，kN/m^3；φ_1、φ_2 分别为滑面 1、滑面 2 的内摩擦角，(°)；c_1、c_2 分别为滑面 1、滑面 2 的黏聚力，kPa；l 为两个滑面交线的长度，m；其余符号见图 9-5。

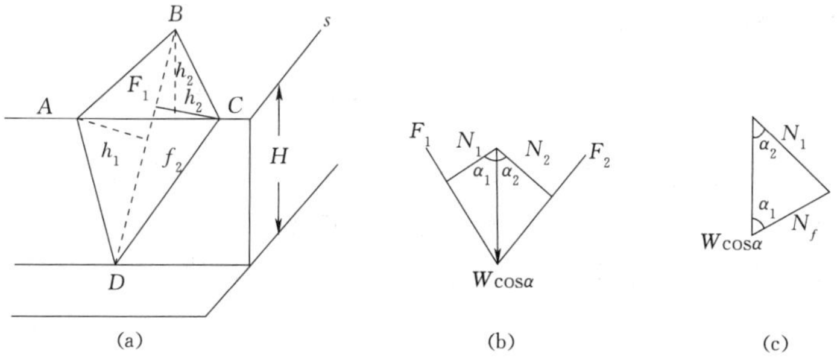

图 9-5　双滑面型滑移破坏稳定性计算示意图

(a) 双滑面型滑移破坏体；(b) 受力分析图；(c) 稳定性计算示意图

(2) 倾倒式崩塌稳定性计算。倾倒式危岩体的破坏由后缘岩体的抗拉强度或底部岩体抗拉强度控制，因此，计算倾倒式危岩体稳定性时，可分别按式（9-5）或式（9-6）计算确定。

1）由后缘岩体抗拉强度控制时，按式（9-7）计算危岩体的稳定系数。

危岩体重心在倾覆点外：

$$F_s=\frac{\frac{1}{2}\sigma_{rt}\frac{H-h}{\sin\beta}\left[\frac{2}{3}\frac{H-h}{\sin\beta}+\frac{b}{\cos\alpha}\cos(\beta-\alpha)\right]}{Wa+V\left[\frac{H-h}{\sin\beta}+\frac{h_w}{3\sin\beta}+\frac{b}{\cos\alpha}\cos(\beta-\alpha)\right]} \tag{9-5}$$

危岩体重心在倾覆点内：

$$F_s=\frac{\frac{1}{2}\sigma_{rt}\frac{H-h}{\sin\beta}\left[\frac{2}{3}\frac{H-h}{\sin\beta}+\frac{b}{\cos\alpha}\cos(\beta-\alpha)\right]+Wa}{V\left[\frac{H-h}{\sin\beta}+\frac{h_w}{3\sin\beta}+\frac{b}{\cos\alpha}\cos(\beta-\alpha)\right]} \tag{9-6}$$

式中：σ_{rt} 为危岩体抗拉强度标准值，kPa；α 为危岩体与基座接触面倾角，(°)；β 为后缘张拉裂隙的倾角，(°)；其余符号见图 9-6。

2）由底部岩体抗拉强度控制时，计算模型见图 9-7，危岩体稳定系数按式（9-7）计算：

$$F_s=\frac{\frac{1}{3}\sigma_{rt}b^2+Wa}{V\left(\frac{1}{3}\frac{h_w}{\sin\beta}+b\cos\beta\right)} \tag{9-7}$$

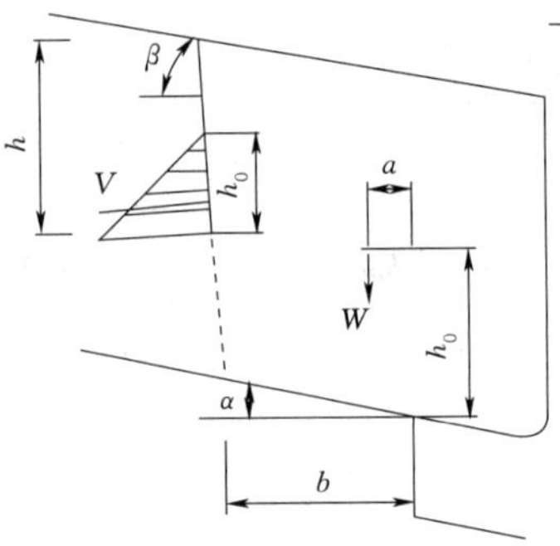

图 9-6　倾倒式崩塌危岩体稳定性计算模型

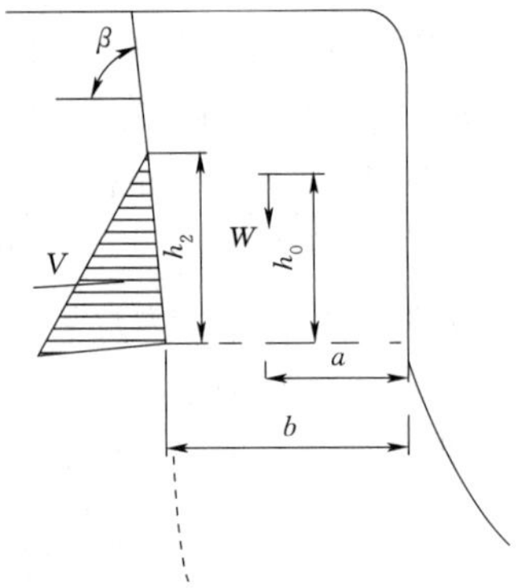

图 9-7　底部岩体抗拉强度控制时的计算模型

（3）坠落式危岩体稳定性计算。坠落式崩塌以悬臂梁形式突出的岩体（图 9-8），在 AC 面上承受最大的弯矩和剪力，岩层顶部受拉，底部受压，A 点附近的拉应力最大。稳定系数 F_s 值可用岩石允许抗拉强度与 A 点所受的拉应力比值求得，计算方法可参照悬臂梁结构计算。

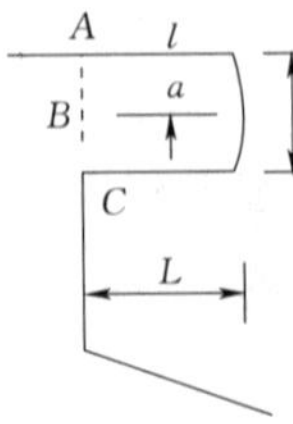

图 9-8　坠落式崩塌体稳定性计算图

四、崩塌落石运动轨迹及能量计算方法

1. 计算基本假定

（1）危岩体运动过程中不考虑空气阻力。

（2）将落石运动看作竖向平面二维问题，且忽略落石间的相互影响。

（3）边坡坡面条件已知。

（4）不考虑危岩体在运动过程中解体。

（5）不考虑落石形状影响，偏安全的假定为均质球体。

（6）落石运动模式为沿坡面的分段跳跃或滚动、滑动。

2. 滚动模式下落石速度计算方法

当落石以滚动模式运行时，其运动轨迹即为坡面形状，其运动变化主要受坡面摩擦作用控制，则平行于坡面的运动速度可计算为

$$v'' = (v' + 2as)^{1/2} \tag{9-8}$$

$$a = g(\sin\theta - \mu\cos\theta) \tag{9-9}$$

$$v' = v'_1\cos(\theta_1 - \theta) \tag{9-10}$$

式中：v''为计算点的落石运动速度，m/s；v'为计算段初始点的落石运动速度，m/s，v'_1为前一计算点的运动速度，m/s；g 为重力加速度，9.8m/s^2；a 为计算段内落石运动加速度，m/s^2；s 为计算段坡面长度，m；θ 为计算段坡角，(°)；μ 为摩擦系数。

3. 弹跳模式下落石速度与轨迹计算方法

在弹跳运动模式下，其运动轨迹为各触地点间落石抛物线段的组合，其运动速度的大小和方向均受坡面阻尼作用的影响，则触地后的落石弹起速度可计算为

$$v_x'' = A_1\cos\theta - A_2\sin\theta \tag{9-11}$$

$$v_y'' = -A_1\sin\theta - A_2\cos\theta \tag{9-12}$$

$$A_1 = R_t(v_x'\cos\theta - v_y'\sin\theta) \tag{9-13}$$

$$A_2 = R_n(v_x'\sin\theta - v_y'\cos\theta) \tag{9-14}$$

式中：v_x'为落石触地弹跳前 x 方向的速度，m/s；v_y'为落石触地弹跳前 y 方向的速度，m/s；v_x''为落石触地弹跳后 x 方向的速度，m/s；v_y''为落石触地弹跳后 y 方向的速度，m/s；R_t 为计算点处坡面的切向阻尼系数；R_n 为计算点处坡面的法向阻尼系数。

以计算所得的 x 与 y 方向的速度，以此作为落石抛物线运动轨迹的初始速度，计算下一触点前的瞬间速度大小和方向、触地点的位置（运动抛物线与坡面线的解析交点）。

4. 落石能量计算方法

石块在坡体上的运动较复杂，可简化为平动和转动的复合，所以石块运动过程中除产生平动动能 E_1外，还由转动产生转动动能 E_2（滚动能），石块动能 E 为两者之和，即

$$E = E_1 + E_2 \tag{9-15}$$

据经验，转动动能 E_2约为平动动能 E_1的 0.2 倍，即

$$E_2 = 0.2E_1 \tag{9-16}$$

则

$$E = 1.2E_1 = 0.6mv^2 \tag{9-17}$$

式中：m 为崩落块石质量，kg；v 为块石运动速度，m/s。

根据式（9-17），并结合地形条件，可确定防护网的类型。

5. 崩落距离计算

落石终止速度小于 0.1m/s 即可认为该落石停止运动，据此验算落石崩落最终距离。目前，通常采用 Rockfall 软件模拟崩塌落石的轨迹。

6. 防护网位置的能量计算

对于分级设置防护网的工程，根据计算得到的落石最小水平运动距离和最大水平距

离，则可计算在防护网位置的能量［式（9－18）］：

$$E=1.2E_1=1.2\left(\sum mgh_i+\frac{1}{2}mv_0{}^2-\sum mg\cos\beta_i\tan\varphi_i L_i\right) \tag{9-18}$$

式中：m 为岩石质量，kg；v_0为岩石冲击前速度，m/s；g 为重力加速度，9.8m/s^2。

五、潜在崩塌体（危岩体）防治设计

1. 崩塌及危岩体防治措施

崩塌落石的主要防治措施如图 9－9 所示。

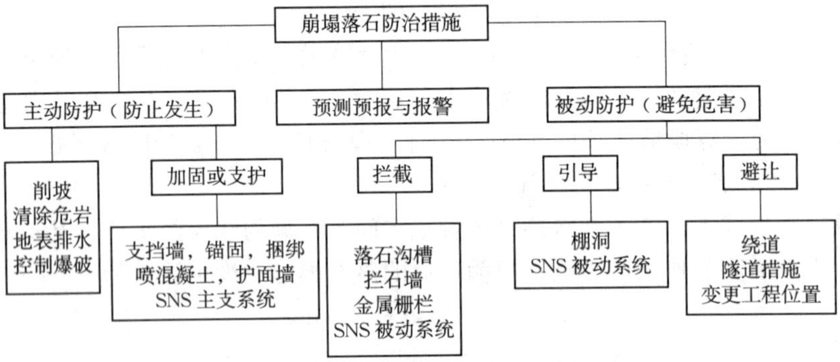

图 9－9　崩塌落石的主要防治措施

2. 主动防护技术

主动防护包括刚性防护与柔性防护两种类型，刚性防护如锚固、支撑、嵌补（图 9－10）、灌浆、勾缝、排水、清除等，增强其稳定性、消除其失稳下落的可能。柔性防护主要包括柔性防护网防护。

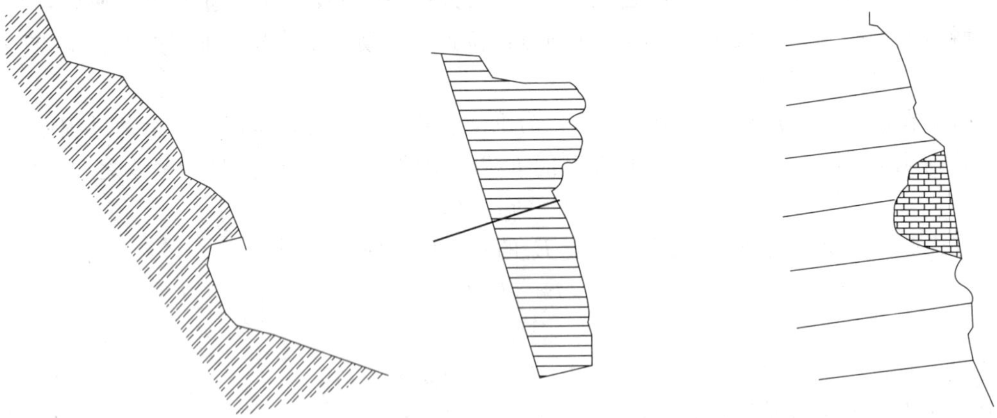

图 9－10　常用主动防护技术

（1）支撑技术。支撑是指对悬于上方、以拉断坠落的悬臂状或拱桥状等危岩采用墩、柱、墙或其组合形式支撑加固，以达到治理危岩的目的。支撑技术主要适用于坠落式危岩、倾倒式危岩及具有岩腔的滑塌式危岩体治理。

当危岩下部具有一定范围向内凹的岩腔、岩墙底部为承载力较高且稳定性好的中风化基岩、危岩体重心位于岩腔中心线内侧时，宜采用支撑技术进行危岩治理。

利用支撑技术治理危岩，关键需要具备两个条件。

1）危岩体底部必须处在临空状态即存在内凹岩腔，宽度不小于3m。

2）危岩体下部必须具有相对平缓且具有一定宽度的微地貌部位，宽度不小于3m。

支撑结构分为高位支撑和低位支撑两类，危岩体底部与载荷地质体平台之间的绝对高度超过4m时称为高位支撑，低于4m时称为低位支撑。

（2）危岩体锚固技术。采用普通（预应力）锚杆、锚索、锚钉对板状、柱状和倒锥状危岩体进行加固的一种方法。

（3）固结灌浆技术。针对危岩体中破裂面较多、岩体比较破碎的情况，为了增强危岩体的整体性，采用有压灌浆加固。灌浆孔宜陡倾，倾角大于45°，并在裂缝前后一定宽度（一般3.0～5.0m）内按照梅花桩型布设，灌浆孔应尽可能穿越较多的裂隙面尤其是主控结构面。

当危岩体顶部存在大量较显著的裂缝或危岩体底部出现比较明显的凹腔等缺陷时，宜采用封填技术进行防治。顶部裂缝封填的目的在于减少地表水下渗。

（4）排水措施。包括危岩体周围的地表截水、排水和危岩体内部排水。地表截水的排水沟应根据危岩体周围的地表汇流面积确定，通常采用地表明沟，其断面尺寸由地表汇流面积计算确定，由浆砌块石浆砌条石构成，底部地基填土时压实度不小于85%，也可在危岩体侧部稳定岩体内凿槽作排水沟。

（5）清除技术。对规模小、危险程度高的危岩体可采用爆破或人工方法进行清除，彻底消除崩塌隐患。若需要被动防护网的能级较大，且设网拦截较为困难时，宜采用削方清除处理。

（6）主动防护网技术。主动防护网按其作用和结构布置方式可分为加固系统和围护系统。加固系统以系统锚杆固定方式将柔性网紧贴固定在坡面上，对斜坡起稳定加固作用，同时对局部未能紧贴加固的危石限制其运动范围的主动系统（图9-11）。围护系统采用上沿锚杆或边沿锚杆、支撑绳将柔性网悬挂在斜坡坡面上，对落石运动范围起限制作用，同时对局部危石起一定稳定加固作用的主动系统。主动系统防护网选用见表9-5。

图9-11 主动防护网

主动防护网主要应用于以下方面：

1）整体稳定的土质边坡或类土质边坡，存在浅表层滑动、溜坍、塌落等变形破坏形式，可采用具有加固功能的主动系统进行防治。

2）整体稳定的碎石土边坡，主要破坏方式为崩塌落石和溜坍时，可采用具有加固功能的主动系统进行防治。

3）易风化或极破碎的岩石边坡，当主要破坏方式为崩塌落石时，可采用主动系统进行防治。

4）存在巨大危岩体的岩石边坡，可考虑采用主动系统进行防治。

5）对于需要石刻文物保护或植被保护的边坡，通常考虑主动防护系统。

6）植被稀少的坡面，崩塌地质灾害工程设计中宜采用主动系统。

表 9-5　　主动防护网型号及功能

型号	防护网型	结构形式	围护功能	备注
GRA1	D0/08/300	边沿柔性锚杆＋支撑绳＋缝合绳	围护系统。大块径落石围护	
GRA2	D0/08/300	系统柔性锚杆＋支撑绳＋缝合绳	加固系统。用于大块径危石的稳定	
GPS1	D0/300＋SO/2.2/50	边沿柔性锚杆＋支撑绳＋缝合绳	围护系统。大、小孔径落落石围护	
GPS2	D0/300＋SO/2.2/50	系统柔性锚杆＋支撑绳＋缝合绳	加固系统。用于大、小孔径危石的稳定	
GER1	SO/2.2/5	上沿支撑绳＋柔性锚杆用铁丝缝合	围护系统。缓坡小碎落实围护	
GTC-65A	TECCO	刚性锚杆＋锚垫板＋缝合绳边界支撑绳＋柔性锚杆	加固系统。用于土质/类土质边坡	型号与最新国标GTS型号相似
GTC-65B	TECCO-65	边沿柔性锚杆＋支撑绳	围护系统。陡坡小碎落石防护	
GBS	D0/08/300＋S0/2.2/50	四周边界绳＋柔性锚杆	围护系统。爆破防护	型号与最新国标GSR1型号相似
GRSB	R3/5/300＋S0/2.2/50	边沿柔性锚杆＋支撑绳＋缝合绳	围护系统。陡坡大、小碎落石围护	型号与最新国标GSS1型号相似

主动防护网的优点如下。

1）具有高柔性，高防护强度，易铺展性。

2）适应任何坡面地形，不破坏和改变坡面原有地貌形态和植被生长条件。

3）施工方便，工期短，施工费用低。

4）地下水可以自由排泄，避免了地下水对边坡稳定的影响。

3. 被动防护措施

被动防护分为刚性系统和柔性系统两类。刚性系统即在坡面合适位置修筑拦挡建筑物，如拦石墙、拦石堤、落石槽、拦石栅栏、棚洞及森林防护等；柔性系统包括拦石网、导石网、棚架等。

（1）修筑拦挡建筑物。对中、小型崩塌可修筑遮挡建筑物或拦截建筑物。拦截建筑物包括落石平台、落石槽、拦石堤或拦石墙等，遮挡建筑物形式包括明洞、棚洞等（图9-12）。陡崖或山坡上危岩数量多、治理难度大，对危害对象存在威胁的地段，若自然坡度角小于35°并有一定宽度的地表平台时，宜设置拦石墙。

（2）森林防护。当陡崖或山坡坡脚不存在平台或危岩威胁不太严重时，可以通过植树

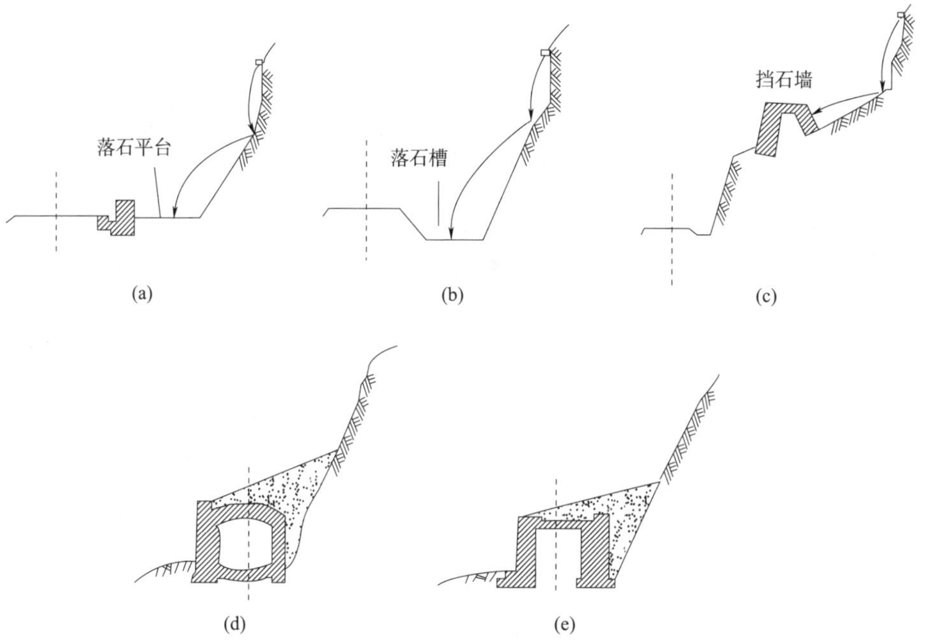

图 9-12　拦截建筑物类型

（a）落石平台；（b）落石槽；（c）挡石墙；（d）明洞；（e）棚洞

造林防治危岩崩塌。森林类型应为乔木，尽可能构建乔灌草相结合的生态系统。

（3）被动防护措施。拦石网包括半刚性（通常称为拦石栅栏）和柔性（通常称为被动拦石网）两大类。

当陡崖或山坡下部坡度大于 35°且缺乏一定宽度的平台而不具备建造拦石墙的条件时，可采用拦石网及拦石栅栏。

柔性拦石网由钢丝绳网、环形网、固定系统（锚杆、拉锚绳、基座和支撑绳）、减压环和钢柱 4 个主要部分构成（图 9-13）。钢柱和钢丝绳网连接组合构成一个整体设置于斜坡上一定位置，用于拦截斜坡上的滚落石或落物，以避免其破坏拟保护对象的一种坡面防护工艺（图 9-14）。被动防护网的系统型号、结构形式和防护功能见表 9-6。

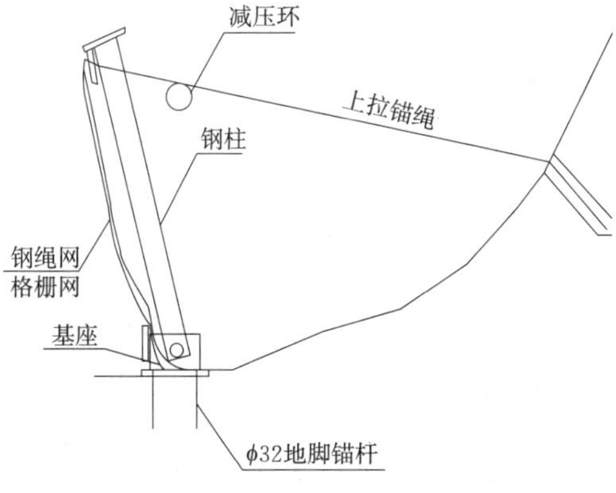

图 9-13　拦石网的组成体系

图 9-14　被动防护网（拦石网）

1）柔性拦石网设计内容。

a. 落石计算：落石威胁区域、运动路径 、运动速度、动能等，计算方法见本节崩塌落石轨迹及能量计算部分。

b. 系统选型：根据落石能量计算结果，对照不同型号对应的防护功能确定拦截能级、间距、高度。

c. 系统设置：平面位置、分段和分级。

拦石网设置位置的选择：综合选择落石弹跳高度小、动能小的地段（图 9－15）。

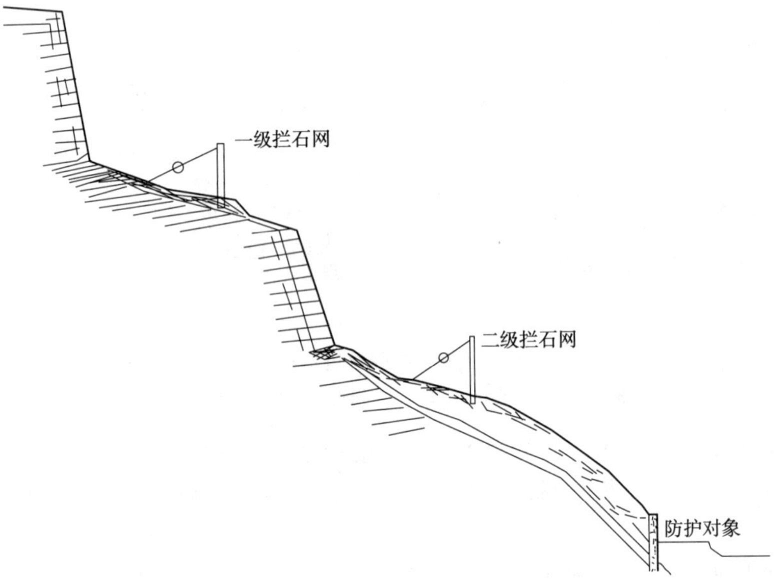

图 9－15　拦石网分级设置位置

2）危岩威胁区域的确定方法。

a. 落石试验：最直接有效的方法，可根据块体大小，在坡顶模拟落石滚落，以求得最大威胁区域，但通常难以具备试验条件。

b. 落石调查：历史落石事件，针对崖脚崩积物调查。

c. 落石计算：综合摩擦运动简单估算最远落石运动距离。

表 9－6　被动防护网型号及功能

型　号	网　型	结　构　配　置	防　护　功　能
RX－250	D0/08/250	钢柱＋支撑绳＋拉锚系统＋缝合绳＋减压环	拦截 250kJ 以内的落石
RX－500	D0/08/200	钢柱＋支撑绳＋拉锚系统＋缝合绳＋减压环	拦截 500kJ 以内的落石
RX－750	D0/08/150	钢柱＋支撑绳＋拉锚系统＋缝合绳＋减压环	拦截 750kJ 以内的落石
RXI－250	R5/3/300	钢柱＋支撑绳＋拉锚系统＋缝合绳	拦截 250kJ 以内的落石
RXI－500	R7/3/300	钢柱＋支撑绳＋拉锚系统＋缝合绳＋减压环	拦截 500kJ 以内的落石
RXI－750	R7/3/300	钢柱＋支撑绳＋拉锚系统＋缝合绳	拦截 750kJ 以内的落石

续表

型　号	网　型	结　构　配　置	防　护　功　能
RXI-1000	R9/3/300	钢柱＋支撑绳＋拉锚系统＋缝合绳＋减压环	拦截 1000kJ 以内的落石
RXI-1500	R12/3/300	钢柱＋支撑绳＋拉锚系统＋缝合绳＋减压环	拦截 1200kJ 以内的落石
RXI-2000	R19/3/300	钢柱＋支撑绳＋拉锚系统＋缝合绳＋减压环	拦截 2000kJ 以内的落石

3）被动防护网适用范围。

a. 当采用主动系统进行全坡面加固方案经济性较差时，一般宜采用被动系统。

b. 对于铁路、公路等上方的高陡边坡，当主动系统很难实施、被动系统也无法正常使用，且现场不具备碎落条件时，可考虑使用被动系统。

c. 对于上陡下缓的边坡，落石在上部陡坡段加速明显，到达下部坡段与地面发生剧烈碰撞，致使其动能明显减少且可能会解体成较小块体时，可采用被动系统。

d. 对于上缓下陡的边坡，若上部缓坡段有落石发生，落石到达坡脚后的速度和动能大时，可考虑上部采用被动系统，下部采用主动系统。

e. 植被茂密的坡面地质灾害工程设计宜采用被动系统。

4. 主动-被动联合防治

（1）锚固-拦挡联合防治措施。主要将危岩单体的锚固防治和危岩单体之间危岩防治共同进行防治（图 9-16）。

（2）锚固-支撑联合应用防治措施。锚固-支撑联合应用防治措施主要应用于复合型危岩体，尤其适用于同时具有滑塌和倾倒性能的危岩体。防治设计过程中，应将锚固力和支撑力联合考虑使两者有机结合（图 9-17）。

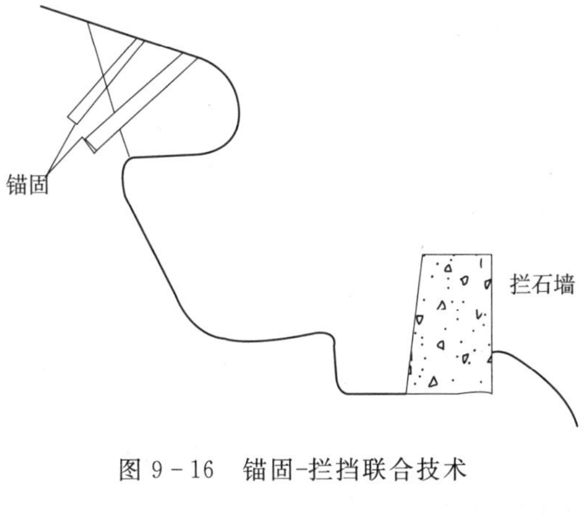

图 9-16　锚固-拦挡联合技术

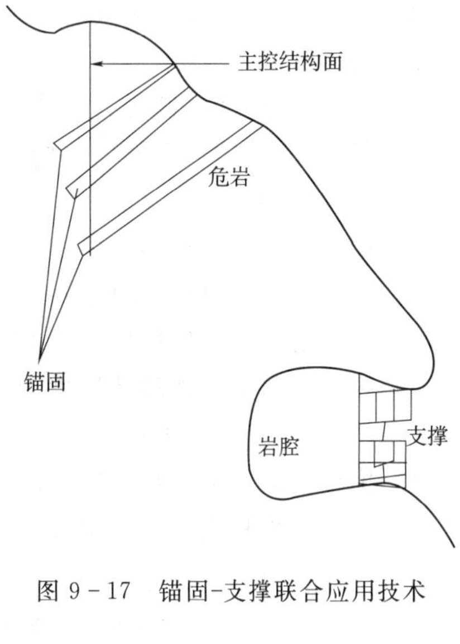

图 9-17　锚固-支撑联合应用技术

第五节　滑坡工程地质勘察设计

一、滑坡的分类

1. 按滑坡体物质组成与结构型式分类

(1) 堆积层（土质）滑坡。

1) 滑坡堆积体滑坡：由滑坡等形成的块碎石堆积体，沿下伏基岩或体内滑动。

2) 崩塌堆积体滑坡：由崩塌等形成的块碎石堆积体，沿下伏基岩或体内滑动。

3) 黄土滑坡：由黄土构成，大多发生在黄土体中。

4) 黏土滑坡：由黏土构成。如昔格达组、成都黏土等。

5) 残积层滑坡：由基岩风化壳、残坡积土等构成，通常为浅层滑坡。

6) 冰水（冰川）堆积物滑坡：冰川消融沉积的松散堆积物，沿下伏基岩或滑坡体内部软弱面滑动。

7) 人工填土滑坡：由人工开挖堆填弃渣构成，沿下伏基岩或滑坡体内部软弱面滑动。

(2) 岩质滑坡。

1) 近水平层状滑坡：由基岩构成。沿缓倾岩层或裂隙滑动，滑动面倾角小于等于10°。

2) 顺层滑坡：由基岩构成。沿顺坡岩层或裂隙面滑动。

3) 切层滑坡：由基岩构成。滑动面与岩层层面相切。常沿倾向坡山外的一组软弱面滑动。

4) 逆层滑坡：由基岩构成。沿倾向坡外的一组软弱面滑动，岩层倾向山内，滑动面与岩层层面相切。

5) 楔形体滑坡：厚层块状岩体中多组结构面切割分离的楔形体滑动。

(3) 变形体。

1) 危岩体：由基岩构成。岩体受多组软弱面控制，存在潜在滑动面。

2) 堆积层变形体：由堆积体构成。以蠕滑变形为主，滑动面不明显。

2. 按滑体厚度分类

(1) 浅层滑坡：滑坡体厚度在10m以内。

(2) 中层滑坡：滑坡体厚度在10～25m之间。

(3) 深层滑坡：滑坡体厚度在25～50m之间。

(4) 超深层滑坡：滑坡体厚度超过50m。

3. 按滑坡体力学性质分类

(1) 推移式滑坡：上部岩层滑动，挤压下部产生变形，滑动速度较快，滑体表面波状起伏，多见于有堆积物分布的斜坡地段。

(2) 牵引式滑坡：下部先滑，使上部失去支撑而变形滑动。一般速度较慢，多具上小下大的塔式外貌，横向张性裂隙发育，表面多呈阶梯状或陡坎状。

4. 按成因分类

(1) 工程滑坡：由于施工开挖山体或建筑物加载引起的滑坡。还可细分为以下两种。

1）工程新滑坡：由于开挖山体或建筑物加载所形成的滑坡。

2）工程复活古滑坡：久已存在的滑坡，由于“斩腰切脚”引起复活的滑坡。

（2）自然滑坡：由于自然地质作用产生的滑坡。

5.按现今稳定程度分类

（1）活滑坡：发生后仍继续活动的滑坡。后壁及两侧有新鲜擦痕，滑体内有开裂、鼓起或前缘有挤出等变形迹象。

（2）死滑坡：发生后已停止发展，一般情况下不可能重新活动，坡体上植被较盛，常有居民点。

6.按形成年代分类

（1）现代滑坡：现今正在发生滑动的滑坡。

（2）老滑坡：全新世以来发生滑动，现今整体稳定的滑坡。

（3）古滑坡：全新世以前发生滑动的滑坡，现今整体稳定的滑坡。

7.按滑坡体体积分类

（1）巨型：滑坡体规模大于10000万m^3。

（2）特大型：滑坡体规模介于1000万～10000万m^3。

（3）大型：滑坡体规模介于100万～1000万m^3。

（4）中型：滑坡体规模介于10万～100万m^3。

（5）小型：滑坡体规模小于10万m^3。

二、地质勘察的内容

滑坡一般具有以下几个主要要素（图9-18）。

（1）滑体：滑动的岩土体，一般呈整体下滑，移位以后基本上保持一整块或者几大块。

（2）滑动面和滑动带：滑体移动所经过的面称滑动面，滑动面一般为地质软弱面，由于滑体的滑动所揉皱的结构扰动带称滑动带，一般厚数厘米或数米不等。

（3）滑床：在滑动面以下，支撑滑体而本身不移动的稳定部分称滑床。

当斜坡上岩土体的力学平衡受到破坏，即滑体自身重力所引起的下滑力大于土体内某一软弱结构面上的抗滑力时，则将引起坡体的滑动，因此滑坡的形成须具备以下几个条件。

1）岩性条件：滑坡多形成于泥质类岩层分布区，包括黏性土、黄土及各种成因的松散沉积物堆积区，这类泥质岩土类岩性软弱，亲水性和可塑性强，遇水后易软化，造成内部力学强度的降低，在水和外力的作用下，易形成滑动带。

2）构造条件：大的断裂构造带附近岩体破碎，常分布有滑坡群体，各种构造结构面又控制了滑动面的空间位置及滑坡的范围。

3）地形地貌条件：坡体在地形上有临空面，且具备一定的坡度，将有利于滑坡的发生。

4）水文地质条件：当有地下水或地表水渗入滑体，将会增加滑坡体的重量，降低滑带土的强度，同时对滑体又产生向上的浮托力，使抗滑力下降，将有利于滑坡的发生。

5）气候条件：降水量较多，雨季持续时间较长地区易发生滑坡；在干旱半干旱地区，黏土质岩土层易风化干裂，遇暴雨裂隙充水，易发生滑动。

6）其他因素：人为破坏坡脚、坡顶加载、地震及其他机械振动等常常诱发滑坡。

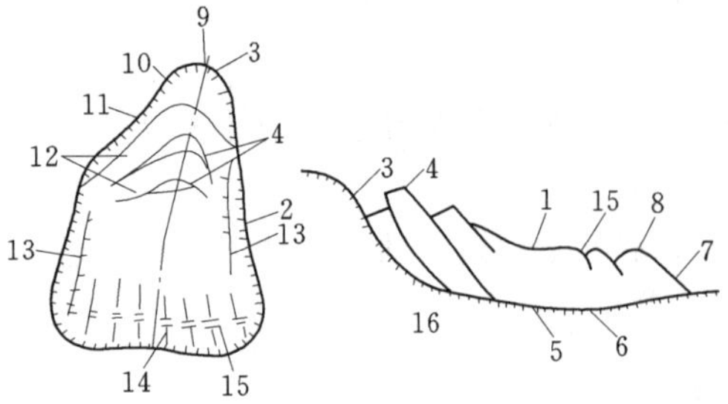

图 9-18　滑坡要素

1—滑坡体；2—滑坡周；3—滑坡壁；4—滑坡台阶；5—滑动面；6—滑动带；7—滑坡舌；8—滑动鼓丘；9—滑坡轴；10—破裂缘；11—封闭洼地；12—拉张裂缝；13—剪切裂缝；14—扇形裂缝；15—鼓胀裂缝；16—滑坡床

滑坡勘察是滑坡治理设计前的一项必要且重要的工作内容，其目的是利用测绘调查及勘探的手段，查明滑坡的类型、滑坡的范围、滑动面及滑动带的位置，分析滑坡的成因及演化过程，评价和预测滑坡的稳定性及发展趋势，为滑坡治理工程设计提供地质依据。

三、地质测绘和调查内容

滑坡勘察前应进行工程地质测绘和调查，地面地质测绘是识别滑坡的最主要的手段，调查范围应包括滑坡及其邻近地段，一般应超出工程处治范围外 20～30m。比例尺可选用1∶200～1∶1000，用于整治设计时，比例尺应选用 1∶200～1∶500。

滑坡区的工程地质测绘和调查内容，除遵守一般工程的测绘和调查的规定外，特别应调查下列内容。

（1）搜集当地滑坡史、水文、气象、地震和人类活动等相关资料。

（2）调查微地貌形态及其演变过程，圈定滑坡周界。

（3）调查地表水、地下水、泉和湿地等的分布。

（4）调查滑坡内外已有建筑物、树木等的变形、位移等。

（5）当地治理滑坡的过程和经验，对滑坡的重点部分应摄影或录像。

四、滑坡工程地质勘探点的布置

滑坡的勘察应根据不同的阶段来布置不同的勘察工作，不同勘察阶段各种勘察手段所占工作量也是不同的，应根据相关的规范进行。

勘探线及勘探点的布置应根据滑坡形态及工程地质条件综合确定，勘探线除沿主滑方向布置外，在滑坡体两侧外也应布置一定数量的勘探线（图 9-19），勘探点的间距不宜大于 40m，在滑坡体转折处和预计采取工程措施的地段，也应布置勘探点。

勘探孔的深度应穿过最下一层滑动面，进入稳定地层一定深度，控制性钻孔一般布置在滑体的中、下部，深度进入滑床 3～5m，一般性钻孔进入滑床 1～3m。当堆积层滑坡的滑床为基岩时，则钻入基岩的深度应大于堆积层中所见同类岩性最大孤石的直径，能确定是基岩时终孔。

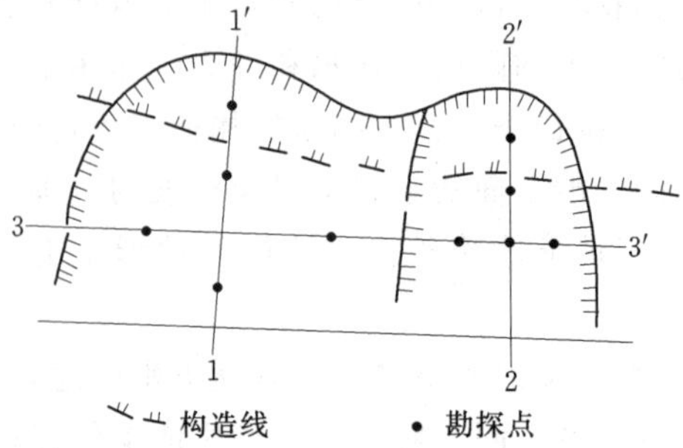

图 9-19　滑坡勘探点平面布置

当进行滑坡治理为目的的勘察时，勘探深度应满足滑坡治理的需要；若为向下作垂直疏干井排水的勘探孔，孔深应穿过主要排水层，以了解其厚度、岩性等性能。

在滑坡体、滑动面（带）和稳定地层中均应采取岩土试样，常用试验项目有：颗粒分析、天然重度、天然含水量、土粒容重、可塑性、压缩性及抗剪强度、岩石的物理力学指标等，剪切试验宜采用与滑动受力条件相类似的方法。必要时进行水文地质试验和现场剪切试验。

勘探方法除采取钻探外，还应布置一定数量的探槽或探井，对于规模较大的滑坡，宜布置物探工作。

五、滑坡工程地质评价

通过对滑坡区的野外勘探、测绘工作，结合岩土试样的室内试验，对滑坡体进行稳定性评价，通过计算结果来分析滑坡产生和发展的主导因素、滑坡的稳定性及发展趋势，并针对性地提出治理方案。

1. 滑坡滑带参数确定方法

滑带力学参数，可采用试验、经验数据类比与反演相结合的方法确定。反演公式推荐为

内聚力
$$C=\frac{F_s\sum W_i\sin\alpha_i-\tan\phi\sum W_i\cos\alpha_i}{L} \tag{9-19}$$

内摩擦角
$$\phi=\arctan\left(\frac{F_s\sum W_i\sin\alpha_i-CL}{\sum W_i\cos\alpha_i}\right) \tag{9-20}$$

一般条件下，可根据安全系数确定稳定状态：

$F_s=1.05\sim1.15$，滑坡处于暂时稳定；$F_s=0.95\sim1.00$，滑坡处于临界稳定状态。

2. 稳定性分析

（1）定性分析。定性分析是利用滑坡工程地质图、遥感资料，结合区域地质构造、地貌特征、水文条件等综合分析影响滑坡产生和发展的主要因素（表 9-7），通过研究滑坡形成的地质历史及变形破坏的迹象来推断滑坡的发展趋势。

表 9-7　地貌特征与滑坡稳定性

滑坡要素	相对稳定	不稳定
滑坡体	坡度较缓，坡面较平整，草木丛生，土体密实，无松塌现象，两侧沟谷已下切深达基岩	坡度较陡，平均坡度 30°，坡面高低不平，有陷落松塌现象，无高大直立树木，地表水、泉水、湿地发育
滑坡壁	滑坡壁较高，长满了草木，无擦痕	滑坡壁不高，草木少，有坍塌现象，有擦痕
滑坡平台	平台宽大，且已夷平	平台面积不大，有向下缓倾或后倾现象
滑坡前缘及滑坡舌	前缘斜坡较缓，坡上有河水冲刷过的痕迹，并堆积了漫滩阶地，河水已远离舌部，舌部坡脚有清晰泉水	前缘斜坡较陡，常处于河水冲刷之下，无漫滩阶地，有时有季节性泉水出露

另外，可利用工程地质类比法，将滑坡地段的水文及工程地质条件与附近相似条件的稳定边坡进行对比，分析差异性，以评价其稳定性。此类方法需要进行细致的调查研究工作，并且由丰富的实践经验的人员来进行。

（2）定量分析。滑坡稳定性评价应根据滑坡滑动面类型和物质成分选用恰当的方法，

并可参考有限差分法、离散元法等方法进行综合考虑。

进行滑坡稳定性验算应符合下列要求。

（1）正确选择有代表性的分析断面，正确划分牵引段、主滑段和抗滑段。

（2）正确选用强度提标，宜根据测试成果、反分析和当地经验综合确定。

（3）有地下水时，应计入浮托力和水压力。

（4）根据滑面（滑带）条件，按平面、圆弧或折线，选用正确的计算模型。

（5）当有局部滑动可能时，除验算整体稳定性外，尚应验算局部稳定性。

（6）当有地震、冲刷、人类活动等影响因素时，应计算这些因素对稳定的影响。

滑坡稳定性评价和推力计算公式推荐如下。

1）堆积层（包括土层）滑坡。

a. 滑动面为单一平面或圆弧形（图 9-20）。

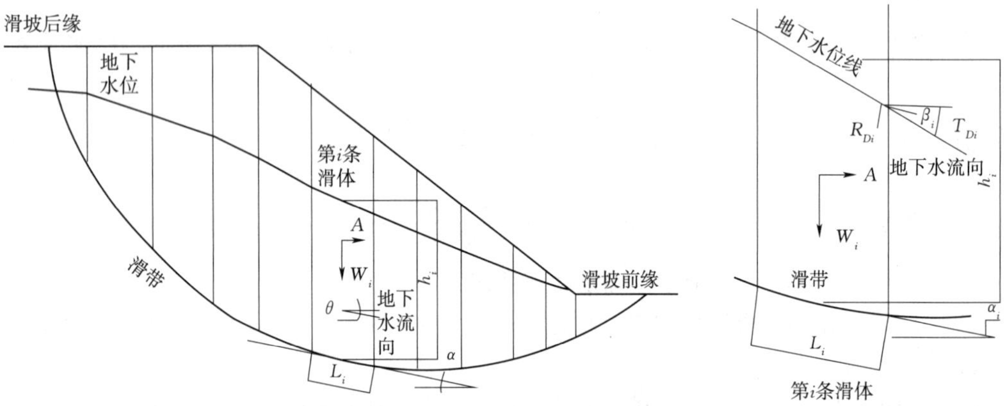

图 9-20　堆积层滑坡计算模型

a）滑坡稳定性计算。

$$F_s=\frac{\sum\{[W_i\ (\cos\alpha_i-A\sin\alpha_i)\ -N_{W_i}-R_{D_i}]\ \tan\phi_i+C_iL_i\}}{\sum\ [W_i\ (\sin\alpha_i+A\cos\alpha_i)\ +T_{D_i}]} \tag{9-21}$$

其中

孔隙水压力为

$$N_{W_i}=\gamma_W h_{iW} L_i$$

即近似等于浸润面以下土体的面积 $h_{iW}L_i$ 乘以水的容重 γ_W（kN/m^3）。

渗透压力产生的平行滑面分力 T_{D_i} 为

$$T_{D_i}=\gamma_W h_{iW} L_i \tan\beta_i \cos(\alpha_i-\beta_i) \tag{9-22}$$

式中：W_i为第 i 条块的重量，kN/m；C_i为第 i 条块的内聚力，kPa；ϕ_i为第 i 条块内摩擦角，(°)；L_i为第 i 条块滑面长度，m；α_i为第 i 条块滑面倾角，(°)；β_i为第 i 条块地下水流向，(°)；A 为地震加速度（重力加速度 g）；F_s为稳定系数。

若假定有效应力为

$$\overline{N_i}=(1-\gamma_u)W_i\cos\alpha_i \tag{9-23}$$

式中 γ_u 是孔隙压力比，可表示为

$$\gamma_u=\frac{滑体水下体积\times 水的容重}{滑体总体积\times 滑体容重}\approx\frac{滑体水下面积}{滑坡总面积\times 2} \tag{9-24}$$

式（9－21）简化为

$$F_s=\frac{\sum[W_i(1-r_U)\cos\alpha_i-A\sin\alpha_i-R_{D_i}]\tan\phi_i+C_iL_i}{\sum[W_i(\sin\alpha_i+A\cos\alpha_i)+T_{D_i}]} \tag{9-25}$$

b）滑坡推力计算公式。

对剪切而言：　　　　$H_s=(K_s-F_s)\times\sum(T_i\times\cos\alpha_i)$

对弯矩而言：　　　　$H_m=(K_s-F_s)/K_s\times\sum(T_i\times\cos\beta_i)$

式中：H_s、H_m 为推力，kN；K_s 为设计安全系数；T_i 为条块重量在滑面切线方向的分力。

b. 滑动面为折线形（图 9－21）。

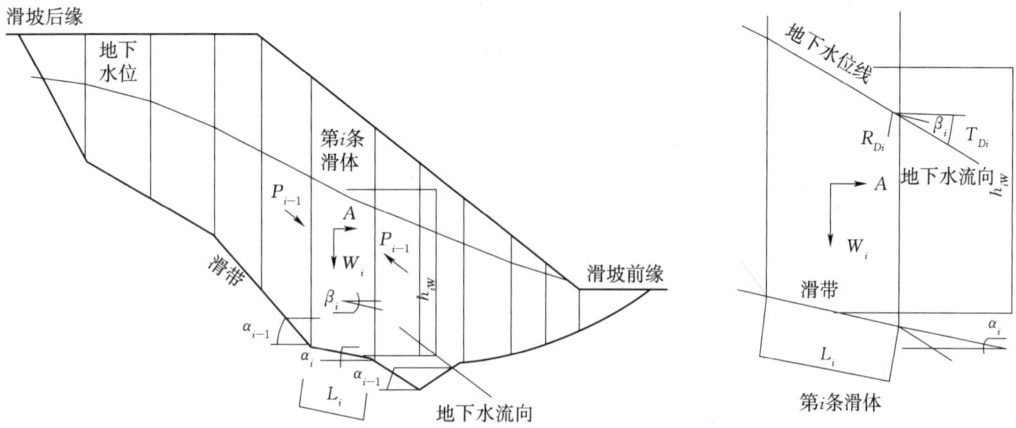

图 9－21　折线滑动面传递系数法计算简图

a）考虑地下水时的滑坡稳定性系数：

$$F_s=\frac{\sum_{i=1}^{n-1}\{[(W_i(1-\gamma_u)\cos\alpha_i-A\sin\alpha_i)\tan\phi_i+C_iL_i]\prod_{j=i}^{n-1}\psi_j\}+R}{\sum_{i=1}^{n-1}[(W_i(\sin\alpha_i+A\cos\alpha_i)+T_{D_i})\prod_{j=i}^{n-1}\psi_j]+T_n} \tag{9-26}$$

其中

$$R_n=[W_n(1-\gamma_u)\cos\alpha_n-A\sin\alpha_n-R_{D_n}]\tan\phi_n+C_nL_n$$

$$T_n=W_n(\sin\alpha_n+A\cos\alpha_n)+T_{D_n}$$

$$\prod_{j=i}^{n-1}\psi_j=\psi_i\psi_{i+1}\psi_{i+2}KK\psi_{n-1}$$

式中：ψ_j 为第 i 块段的剩余下滑力传递至第 $i+1$ 块段时的传递系数（$j=i$），即

$$\psi_j=\cos(\alpha_i-\alpha_{i+1})-\sin(\alpha_i-\alpha_{i+1})\tan\phi_{i+1}$$

式中：其余符号意义同前。

b）滑坡推力。按传递系数法计算滑坡推力公式见式（9－27）。

$$P_i=P_{i-1}\times\psi+K_s\times T_i-R_i \tag{9-27}$$

式中：P_i为 i 条块的推力，kN/m；P_{i-1}为第 i 条块的剩余下滑力，kN/m。

下滑力 T_i：

$$T_i = W_i(\sin\alpha_i + A\cos\alpha_i) + \gamma_W h_{iW} L_i \tan\beta_i \cos(\alpha_i - \beta_i) \quad (9-28)$$

抗滑力 R_i：

$$R_i = W_i(\cos\alpha_i + A\sin\alpha_i) - N_{W_i} - \gamma_W h_{iW} L_i \tan\beta_i \cos(\alpha_i - \beta_i)\tan\phi_i + C_i L_i \quad (9-29)$$

传递系数：

$$\psi = \cos(\alpha_{i-1} - \alpha_i) - \sin(\alpha_{i-1} - \alpha_i)\tan\phi_i \quad (9-30)$$

孔隙水压力 N_{W_i}：

$$N_{W_i} = \gamma_W h_{iW} L_i \quad (9-31)$$

N_{W_i} 即近似等于浸润面以下土体的面积 $h_{iW}L_i$ 乘以水的容重 γ_W 。

渗透压力平行于滑面的分力 T_{D_i}：

$$T_{D_i} = \gamma_W h_{iW} L_i \tan\beta_i \cos(\alpha_i - \beta_i) \quad (9-32)$$

渗透压力垂直滑面的分力：

$$R_{D_i} = \gamma_W h_{iW} L_i \tan\beta_i \sin(\alpha_i - \beta_i) \quad (9-33)$$

当采用孔隙压力比时，抗滑力 R_i 可用式（9－34）计算：

$$R_i = [W_i(1 - \gamma_u)\cos\alpha_i - A\sin\alpha_i - \gamma_W h_{iW} L_i]\tan\phi_i + C_i L_i \quad (9-34)$$

式中：γ_u 为孔隙压力比。

不考虑地下水作用时的计算见第三章第五节。

2）岩质滑坡稳定性评价见第二章第六节。

3. 滑坡的防治措施

防治滑坡应当贯彻“早期发现、以防为主、防治结合”的原则，针对引起滑坡的主导因素进行，找出影响滑坡的因素及相互关系，多种方法协调作用，常用的防治措施有以下几种。

（1）减重反压。对推移式滑坡，一般在上部主滑段采取减轻荷载的方法，但不能因减重而引起滑坡体向后部及两侧发展。

（2）抗滑工程。在滑坡体的前缘可设置挡土墙、抗滑桩或锚杆挡墙，阻止滑体继续向下滑移发展。

（3）加固。当滑坡体为松散堆积物或节理裂隙发育时，可采用注浆、焙烧等方式改良坡体及滑带岩土体的力学性质，增加自身的稳定性。也可采用锚杆、锚索、土钉将整个滑坡体就地加固在滑床上，起到类似于螺栓的作用。

（4）坡面防护。坡面防护包括植物防护和工程防护，植物防护是指在坡面上种植植被、草皮，一方面通过植物的蒸腾作用减少坡面的含水量；另一方面防止水土流失，增加坡面的稳定性，还可美化环境。工程防护包括坡面砌石、喷射混凝土面层及结合锚索（锚杆）的格构地梁防护。

（5）截水排水。在滑坡体外侧设置截水沟，拦截地表水及地下水以免进入到滑体中。对滑体内的地下水，采用盲沟、渗井、排水钻孔等疏干、排除地下水。

第六节　截排水设计

滑坡的产生和发展不仅与其自身的岩性、构造有关系，而且，外界因素中水也是至关重要的因素，甚至起着控制作用，降雨、融雪及地下水入渗到滑坡体内时，一方面增加滑动体的重量，削弱了滑体组成物质的强度；另一方面水也会降低滑动面（带）土的抗剪强度，产生的动、静水压力会引起砂性滑带土的渗流破坏，加剧了滑坡的发展。所以，排水工程是治理滑坡灾害中首要而且重要的一项内容。

排水工程设计施工前，应调查了解当地的气象资料，地表水系的分布，地下水的补给、径流、排泄条件及滑坡范围内地层的水文地质参数。排水工程应考虑系统性和完整性，以“截、排、引导”为原则修建，可分为地表排水建筑物、地下排水建筑物两大类型。

一、地表排水系统

地表排水建筑物分为滑坡体内、滑坡体外两种，滑坡体外的建筑物如截水沟，修筑目的是拦截和引离滑坡范围外的地表水、地下水，使其不进入滑坡体；滑坡体内的建筑物如排水沟，其作用是将降落在坡体上的雨水、出露的泉水尽快汇集、引离，使其不渗入到滑坡体内。

1. 截水沟

滑坡体外的截水沟应根据地形地势，设置在较稳定的斜坡上，一般沿滑坡体的周围呈环形布置，距离滑坡体边界不小于5m，截水沟在平面上应尽量顺直，并垂直于地表水径流方向。

截水沟应根据山坡汇水面积、降雨量、流速等来计算滑坡体范围内的汇水量，根据水量多少设置一条或多条截水沟，设置多条截水沟时，其间距一般为50～60m，每条截水沟的断面尺寸应根据沟间汇水量来确定。

截水沟铺砌时应先砌沟壁，再砌沟底，迎水面可设置泄水孔，沟壁应嵌入边坡内，对沟底进行防渗处理，防止汇水又渗入岩土层中。对土质较松软地段沟底基础应进行加固处理，保证截水沟的正常工作。

外围的截水沟应与侧沟、排水沟、桥涵相通，形成一个整体的排水系统，使地表水迅速引离滑坡体范围。

2. 排水沟

为了排除滑坡体上的水体，防止和减少水渗入滑体内，应在滑坡体表面利用原始地形，对自然沟谷进行整修、加固，形成树枝状、网状排水沟网。

排水沟的主沟应与滑坡可能移动的方向一致，支沟与滑移方向成30°～40°相交，角度不宜过大以防滑体移动时沟身变形破坏，支沟间距一般为20～30m，呈树枝状或人字形布置。排水沟的断面尺寸应根据汇水面积最大降雨量来验算，沟底的宽度一般不宜小于0.4m，深度不宜小于0.6m。

排水沟可用混凝土沟、半圆形波纹槽、石砌水沟等形式，沟身应做好防渗措施，如采用浆砌片石、混凝土板或沥青板铺砌，并用砂胶沥青堵塞砌缝。对通过滑坡裂缝处的沟身可用木质或塑料硬板水槽搭叠而成，以免沟身挤压断裂渗水。

同时，对滑坡体表面的坑洼进行填平，夯实整平坡面，利用黏土填塞裂缝，防止积水，尽量减少地表水下渗。

对于滑坡体上的泉水和湿地，一般设置渗沟和明沟，如图 9－22 所示，这类工程包括集水和排水两部分，埋入地下部分为集水渗沟，需设反滤层，露出地面部分为排水明沟，一般采用浆砌片石或混凝土砌筑。

排水沟弯曲段的弯曲半径，不得小于最小容许半径及沟底宽度的 5 倍。最小容许半径可按式（9－35）计算：

$$R_{\min}=1.1v^2A^{1/2}+12 \tag{9-35}$$

式中：$R_{\min}$为最小容许半径，m；v 为沟道中水流流速，m/s；A 为沟道过水断面面积，m^2。

具体排水沟设计方法见第五章第五节。

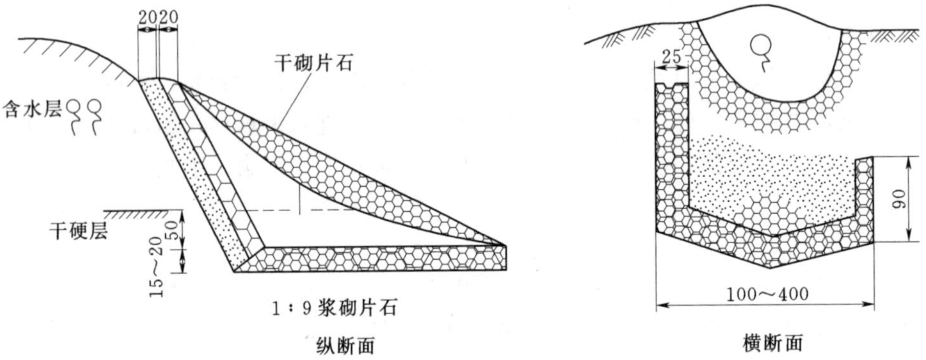

图 9－22　排水渗沟与明沟的设置

二、地下排水系统

修筑地下排水建筑，目的在于疏干滑坡体内地下水及截断、引出滑动面附近的地下水，从而提高坡体土体的强度，降低土的容重，消除地下水动水压力，以增强滑坡体的稳定性。

进行地下排水工程设计前，必须通过勘察及调查，掌握地下水的分布及储藏情况，其中包括：滑坡体各土层的渗透性；地下水的类型及补给来源；水位的变化规律及幅度；地下水的流向、流速及流量等，为排水体系的设计提供依据。

常用的建筑物如下。

（1）拦截地下水的建筑物：截水明沟、截水渗沟、截水廊道等。

（2）疏干地下水的建筑物：边坡渗沟、疏干廊道、垂直钻孔排水、支撑渗沟、渗水暗沟等。

（3）降低地下水的建筑物：纵横向渗沟、排水廊道等。

1. 明沟和槽沟

明沟、槽沟可用于拦截、排引、疏干、降低地下水，应用范围很广。明沟一般适用于滑体内地下水位埋藏很浅、深度仅在 1～2m 之内，或水沟通过地层稳定能够进行较深明挖的地段；槽沟则用于滑体内地下水埋藏较深或地质不良、水沟边坡容易滑塌的地段，深度约 3m。

明沟的断面形式常采用梯形（图 9－23），槽沟常采用矩形断面，断面尺寸均根据设计流量确定（图 9－24）。沟底宜埋入不透水地层中，断面铺砌一般采用 50 号或 75 号浆砌片石，沟壁外侧与含水地层之间设反滤层，沟壁上设置一层或多层向沟内倾斜的渗水孔，最下一层渗水孔的底部宜高出沟底不小于 0.2m。沿沟的纵向，每隔 10～15m 设置一道伸缩缝，缝宽一般为 2cm，以沥青筋或沥青木板填塞密实，防止漏水。

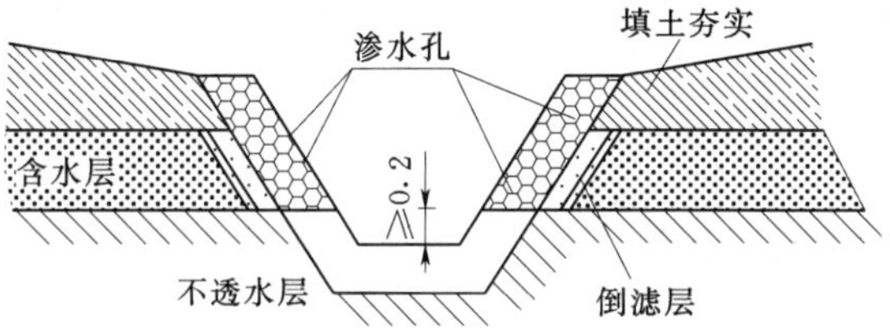

图 9－23 浆砌片石明沟断面图

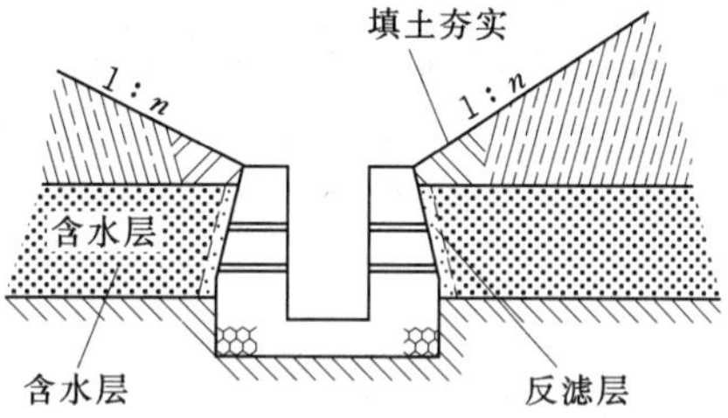

图 9－24 浆砌片石排水沟槽断面图

2. 支撑渗（盲）沟

当滑坡体表层有积水湿地和泉水露头时，可将排水沟上端做成渗水盲沟，伸进湿地内，达到疏干湿地内上层滞水的目的。渗水盲沟，须用不含泥的块石、碎石填实，两侧和顶部做反滤层（图 9－25）。支撑渗沟具有支撑可能滑动的不稳定坡体和排除在滑动面（带）附近活动地下水的双重作用，一般布置在滑坡体前缘，特别在治理牵引式滑坡时，效果显著。

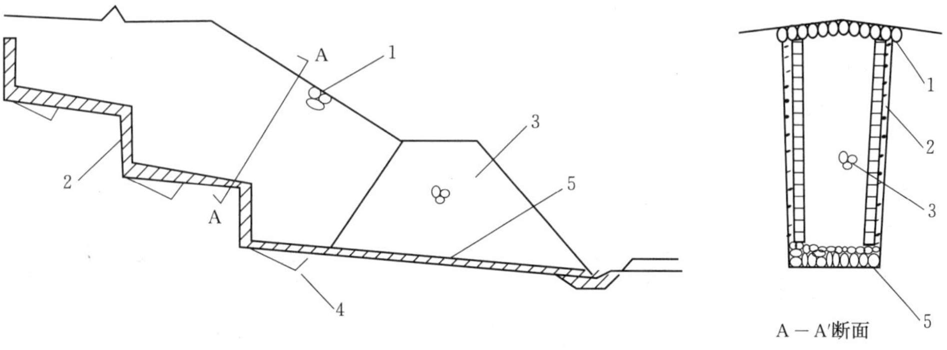

图 9－25 滑坡地下水支撑盲沟断面示意图

1—大块干砌片石；2—反滤层；3—干砌片石；4—浆砌片石；5—牙石

对于规模小、滑面埋深较浅的滑坡，采用支撑盲沟排除滑坡体地下水，具体施工简便、效果明显的优点，并可起到抗滑支撑的作用。

（1）支撑盲沟长度计算。

采用公式为

$$L=\frac{K_sT\cos\alpha-T\sin\alpha\tan\phi}{\gamma hb\tan\phi} \tag{9-36}$$

式中：L 为支撑盲沟长度，m；T 为作用于盲沟上的滑坡推力，kN；α 为支撑盲沟后的滑坡滑动面倾角，（°）；h、b 为支撑盲沟的高、宽，m；γ 为盲沟内填料容量，采用浮容量，kN/m^3；ϕ 为盲沟基础与地基内摩擦角，（°）；K_s 为设计安全系数，取值 1.3。

（2）支撑盲沟排除地下水的出水量计算。

1）当设计盲沟长度大于 50m 时：

$$Q = LK\frac{H^2 - h^2}{2R} \tag{9-37}$$

式中：Q 为盲沟出水量，m^3/d；L 为盲沟长度，m；K 为渗透系数，m/d；H 为含水层厚度，m；h 为动水位至含水层底板的高度，m；R 为影响半径，m。

2）当设计盲沟长度小于 50m 时：

$$Q = 0.685K\frac{H^2 - h^2}{\lg\frac{R}{0.25L}} \tag{9-38}$$

式中：各符号意义同前。

渗沟一般呈条带状顺滑坡移动方向平行布置，布置在地下水出露处或由土中水形成坍塌地段。渗沟伸入坡内的长度、断面尺寸及间距应根据地下含水量、抗滑需要等因素确定。其断面一般呈矩形，宽度 2～4m，各条渗沟间的距离一般为 8～15m。沟底必须埋置于滑动面（带）以下的稳定岩土层中不少于 0.5m，并设置 2%～4%的排水纵坡。当滑面较陡时，应将沟底修筑成台阶形，台阶宽度应不小于 1～2m，台高不应太高，高度与水平比宜为 1∶1.5～1∶2.0。渗沟底部采用浆砌片石铺砌防渗，厚度一般为 0.2～0.3m，在进水侧壁及顶端应设置 0.2m 厚的砂砾石反滤层。

支撑渗沟的填料宜用容重较大的石块干砌，渗沟顶部可用单层干砌片石铺砌，其表面用水泥砂浆勾缝，防止地面水流入（图 9-26）。

支撑渗沟多成群设置，或与抗滑挡墙配合使用。与挡墙配合使用时，应在挡墙下部设置若干出水口将集引的地下水排出到墙外的排水沟内。

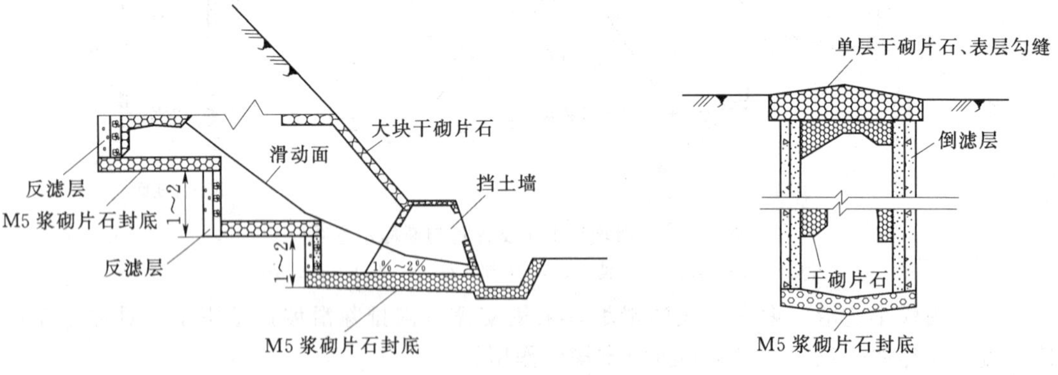

图 9-26　支撑渗沟结构示意图（单位：m）

根据实践经验，不同土质地段支撑渗沟间距见表 9-8。

表 9-8　支撑渗沟横向间距参考表

土质	间距/m	土质	间距/m
黏土	6.0～10.0	粉土	10.0～15.0
粉质黏土	8.0～12.0	破碎岩层	15.0

3. 排水平孔

用平孔引排地层内的地下水，或与立式渗井群配合使用以疏干滑坡体中的地下水，是土质滑坡或破碎岩石滑坡的主要排水措施。

平孔的布置：在平面上，依据滑坡内水文地质条件的不同，平孔可布置为平行排列或扇形放射状排列，方向与坡体的滑动方向一致，在立面上，平孔一般穿过或伸入到滑床，可根据含水层的数量、厚度，布置为一层或多层，如图 9-27 所示，其位置必须埋于地下水位以下，隔水层顶板之上，多层排水平孔间距一般 5～30m。排水平孔的仰坡设计以考虑迅速排水的需要为主，一般采用 10%～15%的平均仰坡。

平孔的间距：根据滑坡体含水层渗透性和要求疏干的程度而定，一般 5～15m 为宜。

平孔的深度：孔深依据含水层的分布和滑体的形态而定，为增加排水效果，尽量加大入水深度。

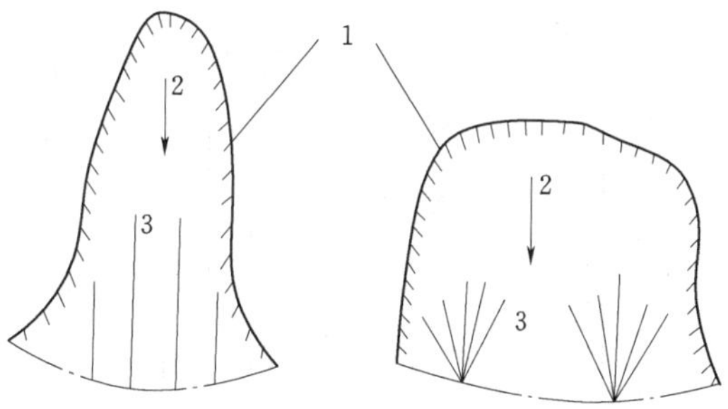

图 9-27　排水平孔平面布置示意图

1—滑坡周界；2—滑动方向；3—水平钻孔

平孔的孔径：孔径是根据施工设备和孔壁加固材料而定，目前国内常用直径 127mm，孔内设 ϕ127mm 滤水管，以防孔壁坍塌堵死。对于永久性的排水平孔，其集水部分可用镀锌钢料或硬质韧性塑料的渗水滤管加固，排水部分可用同样材料的套管加固。

4. 排水廊道

排水廊道适用于截排或引排滑坡内埋藏较深（大于 15～20m）的地下水，常与立式渗井群配合使用。修筑排水廊道，一方面可截断地下水流，疏干滑坡体，另一方面又可避免明开挖太深而引起的施工困难。

排水廊道的平面布置应结合立式集水设施的布置，洞身方向宜与地下水的流向垂直，出口应置于滑坡体外的稳定区域。排水廊道尽量避免在活动土体中开挖，洞身位于滑动面以下的稳定地层中。排水廊道也可以布置在滑坡体外，拦截流入坡体的深层地下水。

排水廊道造价较高，一般在地表排水工程施工后，仍不能有效地治理滑坡的发展，且滑坡的主要诱因为深层地下水的活动，才考虑修筑排水廊道。设计前应收集详尽的工程地质及水文地质资料，以准确确定排水廊道的位置、断面形式等。排水廊道的横断面宽度一般不宜小于 1.2m，高度不小于 1.6m。

配有排水孔的截排水隧洞，其排水能力可由式（9-39）计算（图 9-28）：

$$Q=\frac{1.36K(2H-S_w)S_w}{\lg\frac{d}{\pi r_w}+\frac{1.36b_1b_2}{db}} \tag{9-39}$$

式中：Q 为单井涌水量，m^3/d；K 为渗透系数，m/d；H 为水头或潜水含水层厚度，m；S_w为排水孔中水位降深，m；d 为井距之半，m；r_w为井半径，m；b_1为井排至排泄边界的距离，m；b_2为井排至补给边界的距离，m。

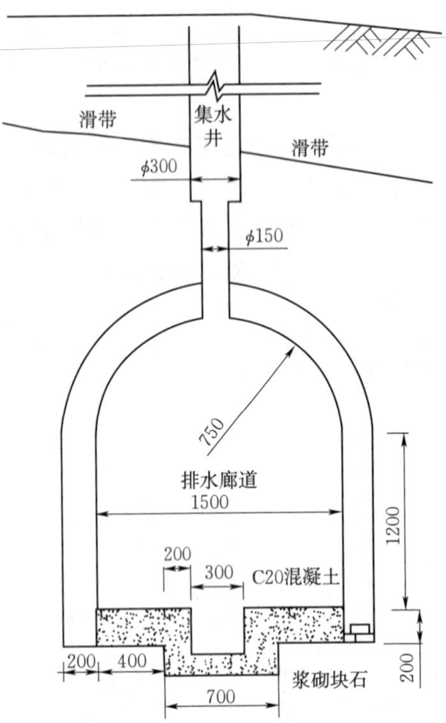

图 9-28　排水廊道示意图（单位：mm）

排水廊道的类型按其作用可分为截水廊道、排水廊道、疏干廊道 3 种。

（1）截水廊道：用于拦截滑坡体外的地下水，廊道布置在滑坡体外围时，轴线与地下水流方向应尽量垂直，底部应低于隔水层顶面最少 0.5m，当截水廊道布置在滑坡体后部的滑动面以下时，其开挖线必须切穿含水层不小于 0.5m，且衬砌顶拱必须低于滑动面 0.5m，如图 9-28 所示。

（2）排水廊道：用于引排滑坡体内的积水，排水廊道穿过滑坡体时，其洞顶埋于滑动面下不小于 0.5m，穿过滑坡稳定部位时，洞顶应低于含水层底面不小于 0.5m，如图 9-28 所示。

（3）疏干廊道：一般在老滑坡尚处于稳定状态，而滑坡前部土中常有地下水活动，削弱了滑坡的抗滑能力，这时可在平行滑动方向设置疏干廊道群，洞内回填片石。廊道底部应置于滑动面以下不小于 0.5m。

排水廊道的断面形式常见如图 9-29 所示的 3 种形式。

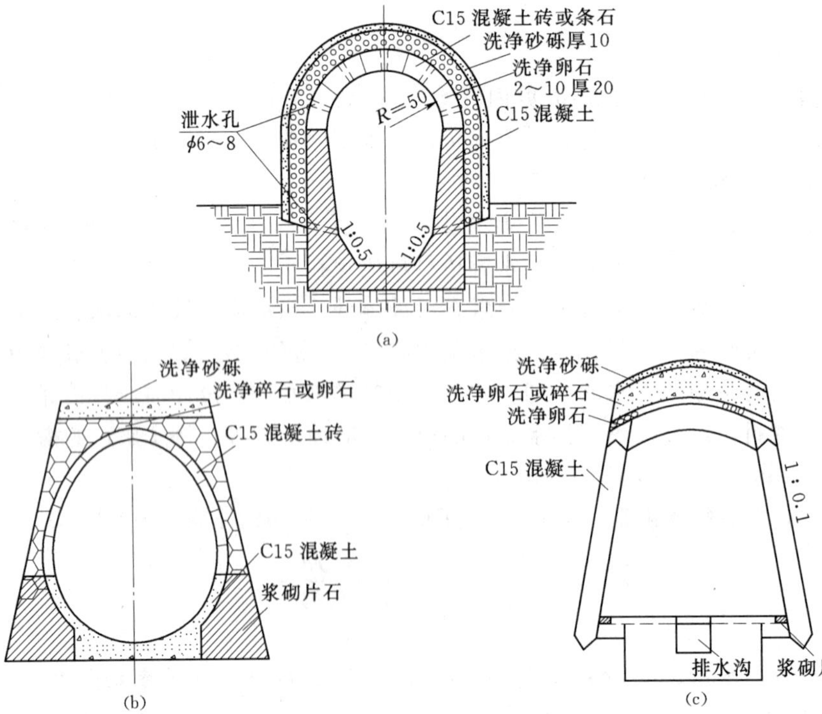

图 9-29　各种形式的排水廊道

第七节　坡面防护设计

对容易风化的或易受雨水冲刷的岩石和土质边坡及严重破碎的岩石边坡，除进行支挡工程处置外，也应对坡面进行防护加固。

一、单层干砌片石护坡

适用于土质边坡，边坡常有少量地下水渗出而易产生小型溜坍等病害时采用，边坡坡度不大于1∶1.25。

干砌片石厚度一般0.3m，其下设不小于0.1m厚的碎石或砂砾垫层，基础应选用较大石块砌筑，埋深至侧沟底，基础与侧沟相连时，采用50号浆砌片石砌筑，见图9-30，石块应自下而上进行砌筑，彼此镶紧，接缝要错开，缝隙间用小石块填满塞紧。

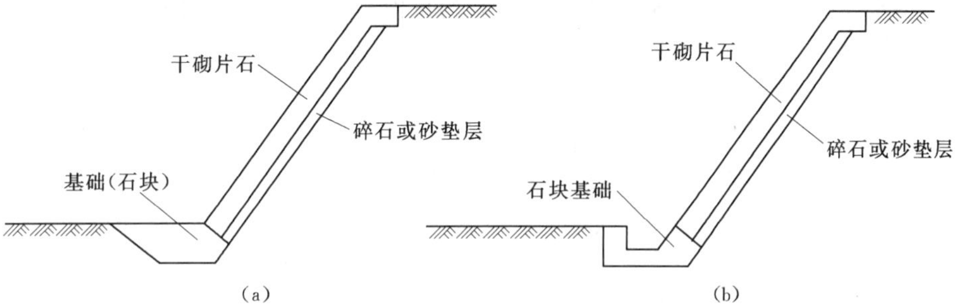

图9-30　干砌片石护坡（单位：cm）

二、浆砌片石护坡

适用于风化的岩石边坡和土质边坡，边坡坡度不大于1∶1。

浆砌片石护坡一般采用等截面，其厚度视边坡高度及陡度而定，一般为0.3～0.4m。边坡过高时就分级设平台，每级高度不宜超过20m。平台宽度一般不小于1.0m。在大面积防护时，应在坡面适当位置设台阶形踏步，以利于养护维修。浆砌片石护坡采用50号水泥砂浆砌筑。

第八节　卸荷减载与反压设计

一、卸荷减载

对推移式滑坡或者是由于错落转化而成的滑坡，具有上陡下缓的滑动面，后部主滑段对滑坡的发展起决定作用，可采用在主滑段减重的措施，减小滑坡的推力（图9-31）。但应保证滑坡后缘及两侧的地层相当稳定，不致因上部的卸载而引起滑坡向后及两侧发展。

减重设计时需进行滑坡推力的计算，求出沿各滑动面的推力，判断各段滑体的稳定程序，划分主滑段及阻滑段，确定最合适的减重部位及减重量，计算步骤如下。

（1）确定潜在滑动面、土层物理力学参数。

（2）确定安全系数，对滑坡体分条并采用推力传递法计算每个土条的下滑力、剩余下滑力。

(3) 根据计算结果确定减重的位置及数量。

(4) 对卸载后滑体薄弱地段，验算其上部滑体的稳定性，并采取适当的预防措施。

在滑体或滑带土具有卸载膨胀开裂特性的情形下，不宜采用减重措施。卸荷减重后的弃土，尽量置于滑坡体的前缘作为反压，起到阻滑的作用。减重后的暴露地面应整平夯实，填塞裂缝，宽大的平台面应修成一定的坡度，并做好防渗和排水工程。

二、加载反压

对牵引式滑坡及顺层滑坡，引起滑动的因素是在滑坡体的前部，如果只在后部减重只能减少滑动推力，起不到根治的效果。对这类滑坡需在前部抗滑段加载，堆石加重，如做成堤、坝等，增加抗滑力，起到稳定滑坡的作用（图 9-32）。

滑坡前部加载也需经过反复计算，确定加载的位置及加载的数量。

加载反压工程尽量利用减重弃方，也可选用重度较大的填料来修筑，但应注意不能堵塞原有的渗水及排水出路，造成后患。若加载的抗滑地段基底下有软弱层时，应做适当的加固处理。

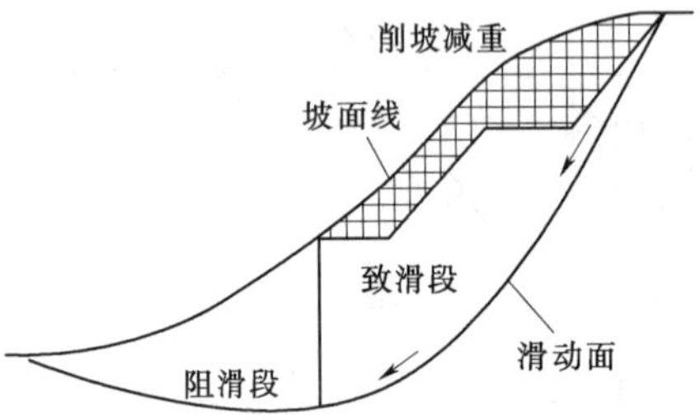

图 9-31　滑坡卸荷减载

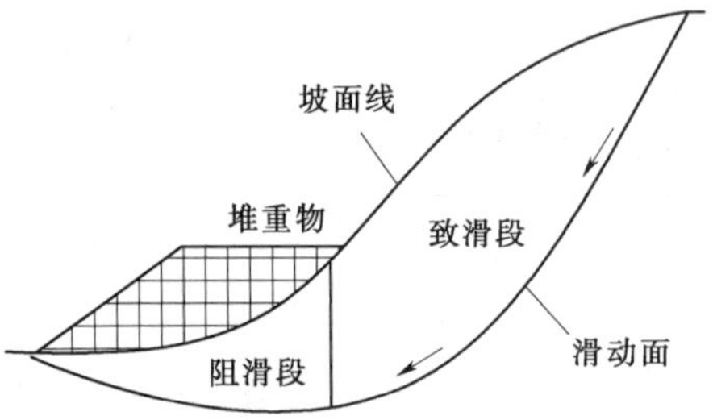

图 9-32　滑坡加载反压

第九节　锚杆格构设计

锚杆格构技术是利用浆砌块石、现浇钢筋混凝土或预制预应力混凝土进行坡面防护，并利用锚杆或锚索固定的一种滑坡综合防护措施。该结构的主要作用是将滑坡体产生的下滑力、侧向土压力传递给坡面的格构地梁上，再由地梁结点处的锚杆（索）传递给锚固端的稳定地层中，起到加固边坡的作用。格构地梁为传力构件，加固滑坡的抗滑力主要由锚杆（索）承担，这种加固方式特别适合于地基承载力较低或较松散的边坡（滑坡）。

格构地梁的形式很多，可以呈矩形、菱形等形式，格构中间可以进行植草绿化防止水土流失，还可以挂网喷射混凝土进行防护（图 9-33）。

一、格构地梁的设计内容

格构地梁设计前应充分了解滑坡体的工程地质条件，选择恰当的格构型式及加固方案，具体包括以下内容。

(1) 滑坡稳定性分析，滑坡推力计算。

(2) 进行锚杆（索）的布置及锚固荷载的确定。

(3) 锚杆（索）设计。

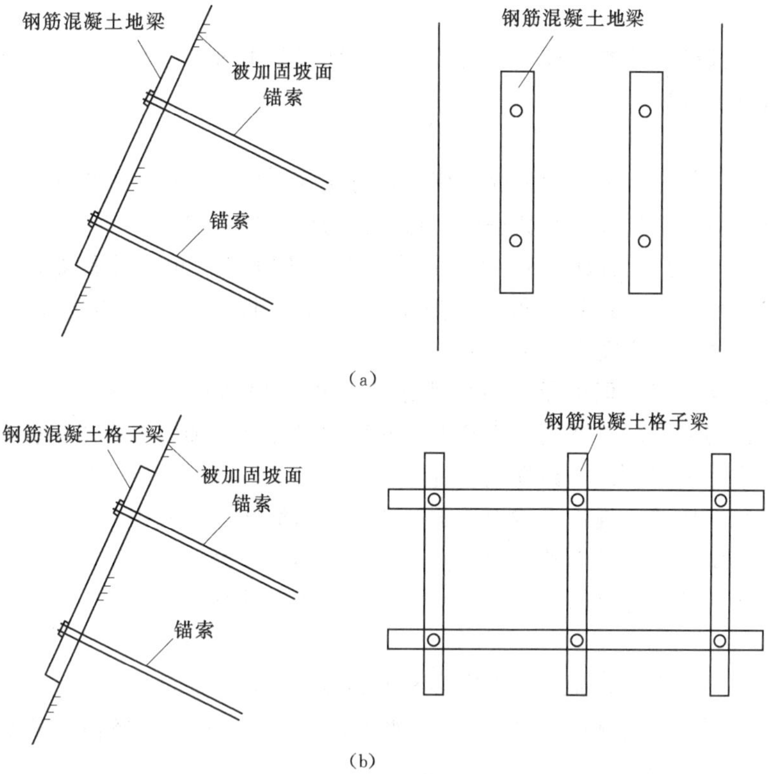

图 9-33 混凝土格构地梁加固边坡示意图

(a) 锚索地梁；(b) 锚索格子梁

(4) 格构内力及结构设计。

(5) 加固后整体稳定性验算。

格构地梁的设计主要包括两方面的内容：一项设计内容为锚杆（索）的设计，第一章已介绍；另一项为混凝土地梁的设计。

混凝土地梁的设计是根据已确定的节点处锚杆（索）的锚固荷载值，将两个锚固点间的格构梁简化为简支梁，锚拉点的荷载作为集中力，按弹性地基梁进行计算，梁底的反力一般按均布考虑，求解格构梁的内力后按抗弯构件来进行配筋计算。

二、格构地梁设计

1. 格构的结构型式及其布置

根据格构采用的材料不同，格构可分为浆砌块石格构、现浇钢筋混凝土格构和预制预应力混凝土格构（又称 PC 格构）。其中 PC 格构在日本应用较为广泛，并有较为完善的设计施工规范；目前我国在边坡工程中主要使用浆砌块石和现浇钢筋混凝土格构，格构的常用型式有 4 种。

(1) 方形：指顺边坡倾向和沿边坡走向设置方格状格构。

(2) 菱形：沿平整边坡坡面斜向设置格构。

(3) 人字形：按顺边坡倾向设置浆砌块石条带，沿条带之间向上设置人字形浆砌块石拱或钢筋混凝土。

(4) 弧形：按顺边坡倾向设置浆砌块石或钢筋混凝土条带，沿条带之间向上设置弧形浆砌块石拱或钢筋混凝土。

2. 格构设计要求

格构设计必须充分考虑工程的服务期限，可按照 50～80 年服务期进行设计。在对格构进行设计前，应对滑坡稳定系数进行计算，作为设计的依据。

对于整体稳定性好，并满足设计安全系数要求的边坡，可采用浆砌块石格构进行护坡。采用经验类比法进行设计，坡度一般不大于 35°，即 1∶1.7。当边坡高度超过 30m 时，须设马道放坡，马道宽 1.5～3.0m。

对于整体稳定性好，但前缘出现溜滑或坍滑的公路滑坡，或坡度大于 35°的高陡边坡，宜采用现浇钢筋混凝土格构进行护坡，并采用锚杆进行加固。采用经验类比和极限平衡法相结合的方法进行设计。锚杆须穿过潜在滑面 1.5～2.0m，且采用全黏结灌浆。

对于整体稳定性差，且前沿坡面须防护和美化的滑坡，宜采用现浇钢筋混凝土格构与预应力锚索进行防护。而对于整体稳定性差、滑坡推力过大，且前沿坡面须防护和美化的滑坡，宜采用预制预应力钢筋混凝土格构与预应力锚索进行防护。

3. 浆砌块石格构设计

浆砌块石格构有方形、菱形、人字形和弧形等形式，断面设计以类比法为主，采用的断面高×宽一般不小于 300mm×200mm。水泥砂浆采用 M7.5，格构框条宜采用里肋式或柱肋式，并每 10～20m 设一变形缝。格构水平间距均应小于 3.0m。浆砌块石格构边坡坡面应平整，坡度一般小于 35°，当边坡高于 30m 时应设马道。为了保证格构的稳定性，可根据岩土体结构和强度在格构节点设置锚杆，长度一般为 3～5m，全黏结灌浆。若岩土体较为破碎和易溜滑时，可采用锚管加固，全黏结灌浆，注浆压力一般为 0.5～1.0MPa。

4. 现浇钢筋混凝土格构设计

对于稳定性差、下滑力大的滑坡，可用现浇钢筋混凝土格构加预应力锚杆（索）进行加固（图 9-34）。现浇钢筋混凝土格构同样有方形、菱形、人字形和弧形四种型式。方形和菱形格构水平间距均应小于 5.0m，人字形和弧形格构水平间距均应小于 4.5m。钢筋混凝土格构断面设计应采用简支梁法进行弯矩计算，并采用类比法校核。

(1) 混凝土地梁的内力计算。混凝土地梁的内力计算按 Winkler 弹性地基梁内力计算方法计算，格构弯矩设计值按典型剖面承受的土压力和锚杆设计锚固力计算。具体过程如下。

1) 计算模型。温克尔（Winkler）地基模型是将地基看成许多互不联系的弹簧，并假定土体表面任一点的压力强度与该点的沉降成正比，即

$$P=kS \tag{9-40}$$

式中：P 为土体表面某点单位面积上的压力，kPa；S 为相应于某点的竖向位移，m；k 为地基系数，kN/m^3，根据第三章抗滑桩设计中的相关内容选取。

设荷载 P_i 和梁的挠度（沉陷）y 均以向下为正，地基反力 $P(x)$ 以向上为正，梁的转角、弯矩和剪力按材料力学一般方法取正方向。从梁上截取任意微段，作用在此微段上

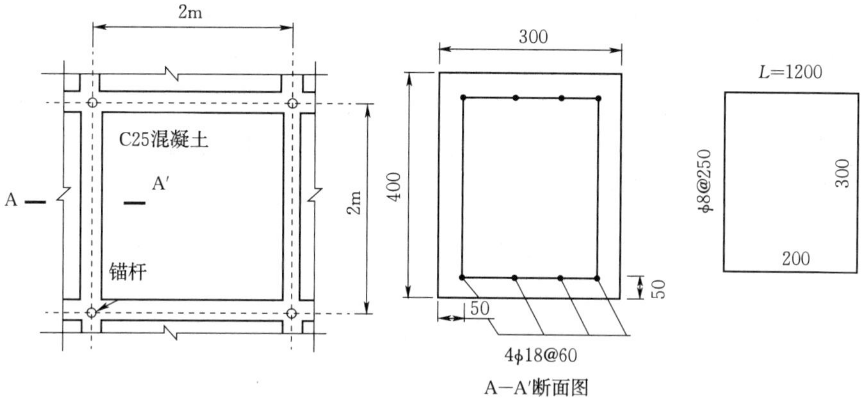

图 9-34　现浇钢筋混凝土格构断面图

的外力和内力如图 9-35 和图 9-36 所示。

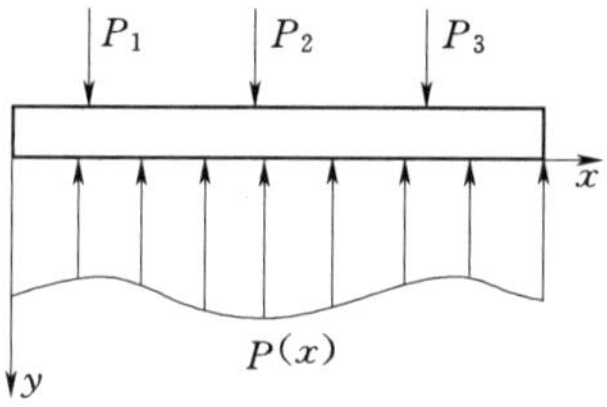

图 9-35　Winkler 地基梁受力计算图

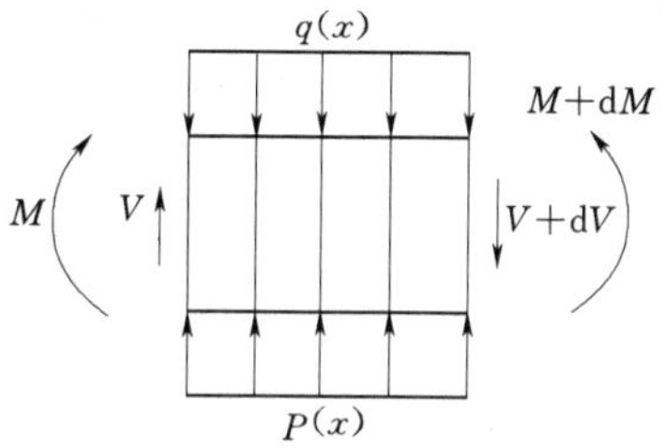

图 9-36　地基梁受力图

按工程一般情况，一般取等截面梁，且各孔锚索在梁上作用于中心线处，无偏心荷载作用，也即梁不产生扭转变形。由该微段力的平衡和 Winkler 假设可知

$$E_c I_c \frac{d^4 y}{dx^4}=q(x)-kby \tag{9-41}$$

式中：E_c、I_c 分别为梁的弹性模量和惯性矩，m^4；b 为梁的宽度，m；k 为地基系数，kN/m^3。

按 π/β 与荷载作用点至梁端的距离进行比较，确定其计算类型，其中：

$$\beta=\sqrt[4]{\frac{kb}{4E_c I_c}} \tag{9-42}$$

2）Winkler 弹性地基梁具体计算。梁任意截面挠度、转度、弯矩和剪力的公式为

$$\left.\begin{aligned}
y_x&=y_0F_1(\beta_x)-\frac{\theta_0}{\beta}F_2(\beta_x)+M_0\frac{4\beta^2}{kb}F_3(\beta_x)+Q_0\frac{4\beta}{kb}F_4(\beta_x)+\frac{4\beta}{kb}\sum P_iF_4[\beta(x-u_{pi})]\\
\theta_x&=4\beta y_0F_4(\beta_x)+\theta_0F_1(\beta_x)-M_0\frac{4\beta^3}{kb}F_2(\beta_x)-Q_0\frac{4\beta^2}{kb}F_3(\beta_x)+\frac{4\beta^2}{kb}\sum P_iF_3[\beta(x-u_{pi})]\\
M_x&=-y_0\frac{kb}{\beta^2}F_3(\beta_x)+\theta_0\frac{kb}{\beta^3}F_4(\beta_x)+M_0F_1(\beta_x)+Q_0\frac{1}{\beta}F_2(\beta_x)+\frac{1}{\beta}\sum P_iF_2[\beta(x-u_{pi})]\\
Q_x&=-y_0-\frac{kb}{\beta}F_2(\beta_x)+\theta_0\frac{kb}{\beta^2}F_3(\beta_x)-4\beta M_0F_4(\beta_x)+Q_0F_1(\beta_x)+\sum P_iF_1[\beta(x-u_{pi})]
\end{aligned}\right\} \tag{9-43}$$

式中：y_x、θ_x、M_x、Q_x分别为梁上截面 x 的挠度、转角、弯矩、剪力；y_0、θ_0、M_0、Q_0分别为梁上左端截面的挠度、转角、弯矩、剪力；P_i为作用于梁上的竖向集中力；F_1、F_2、F_3、F_4为克雷洛夫函数。

4 个初参数 y_0、θ_0、M_0、Q_0根据梁左端处的边界条件和梁右端的边界条件可以求出，将初参数代入式（9－43）可知

$$\left.\begin{aligned} y_x &= y_0F_1(\beta_x) - \frac{\theta_0}{\beta}F_2(\beta_x) + \frac{4\beta}{kb}\sum P_iF_4[\beta(x-u_{pi})] \\ \theta_x &= 4\beta y_0F_4(\beta_x) + \theta_0F_1(\beta_x) + \frac{4\beta^2}{kb}\sum P_iF_3[\beta(x-u_{pi})] \\ M_x &= -y_0\frac{kb}{\beta^2}F_3(\beta_x) + \theta_0\frac{kb}{\beta^3}F_4(\beta_x) + \frac{1}{\beta}\sum P_iF_2[\beta(x-u_{pi})] \\ Q_x &= -y_0-\frac{kb}{\beta}F_2(\beta_x) + \theta_0\frac{kb}{\beta^2}F_3(\beta_x) + \sum P_iF_1[\beta(x-u_{pi})] \end{aligned}\right\} \quad (9-44)$$

在张拉刚结束的阶段，P_i为各锚孔的超张拉后数值，P_i即为已知数值，代入式（9－44）即可求得梁各截面的挠度、转角、弯矩和剪力。由此可进行工程设计和梁体配筋计算。

（2）钢筋混凝土格构强度判定。格构提供的弯矩为

$$M = f_yA_{sl}\gamma_sh_0 + f'_yA'_{sl}(h_0-a') \quad (9-45)$$

若

$$M > KM_{max} \quad (9-46)$$

则格构强度满足设计要求。

式中：M_{max}为格构承受的弯矩设计值，10^{-6}kN·m；K 为安全系数，取值为 1.5；f_y、f'_y 分别为钢筋抗拉、抗压强度，N/mm^2；A_{sl}、A'_{sl} 分别为受拉钢筋、受压钢筋截面面积，mm^2；γ_s 为受拉区混凝土塑性影响系数；h_0 为截面有效高度，mm；a' 为纵向受压钢筋合力砂浆保护层厚度，mm。

（3）格构地梁的构造要求。各种形式的格构地梁水平间距宜小于 5.0m，断面尺寸应按抗弯构件进行结构计算，一般断面高×宽不小于 300mm×250mm，混凝土等级不应低于 C25，纵向钢筋宜选用 ϕ14 以上 HRB335 级螺纹钢筋，箍筋一般选直径 6～8mm 的 HPB235 型钢筋。格构系统每隔 20～25m 设置伸缩缝，缝宽 2～3cm，填塞沥青麻筋或沥青木条，同时在格构间培土和植草。

现浇钢筋混凝土格构护坡的坡面应平整，坡度一般不大于 70°。当边坡高于 30m 时，应设置马道。为了保证格构护坡的稳定性，根据岩土体结构和强度在格构节点设置锚杆。锚杆应采用 25～40mm 直径的 HRB335 级螺纹钢加工，长度一般 4m 以上，全黏结灌浆，并与格构钢筋笼点焊连接。若岩土体较为破碎和易溜滑时，可采用锚管加固，锚管用 ϕ50 架管加工，全黏结灌浆，注浆压力一般为 0.5～1.0MPa，同样应与格构钢筋笼点焊连接。

三、混凝土锚杆格构梁设计计算书格式

以某工程滑坡体采用锚杆格构加固为例，计算步骤及计算书格式如下。

1. 锚杆计算

（1）滑坡体剩余下滑力计算。

由式（9－26）～式（9－34），计算滑坡体剩余下滑力。

计算结果（暴雨工况）见表9-9。

表9-9　滑坡体剩余下滑力计算

条块号	条块总面积 A /m^2	容重 γ (kN/m^3)	条块重 /kN	条块滑面倾角 α_i/(°)	滑面长度 L /m	滑面抗剪强度		各条块传递系数 Ψ_i	滑面上条块作用力		累积作用力		设计安全系数 K	本块剩余下滑力 E_i
						黏聚力 c /kPa	内摩擦角 φ/(°)		抗滑力 /kN	下滑力 /kN	抗滑力 /kN	下滑力 /kN		
1	8.57	20.50	175.69	61.00	9.55	13.50	16.00	0.93	153.35	153.66	153.35	153.66	1.20	31.04
2	14.28	20.50	292.74	50.00	5.53	13.50	16.00	0.96	128.61	224.25	271.23	367.15	1.20	169.36
3	18.83	20.50	386.02	43.00	6.04	13.50	16.00	0.96	162.49	263.27	422.87	615.73	1.20	316.02
4	20.84	20.50	427.22	36.00	8.10	13.50	16.00	0.96	208.46	251.11	614.42	842.21	1.20	396.25
5	5.95	20.50	121.98	30.00	6.03	13.50	16.00	0.87	111.70	60.99	701.54	869.51	1.20	341.89

（2）单个锚杆轴向拉力设计值。滑坡体下滑推力为341kN；滑动面内摩擦角 $\phi=16°$；锚杆垂直于滑动方向的间距 $l_a=2m$；锚杆倾角为15°；滑动面与锚杆相交处滑动面倾角 $\alpha=40°$；锚杆沿滑动面方向的排数 $n_s=17$。则单个锚杆轴向拉力设计值为

$$N_t=\frac{El_a}{[\sin(\alpha+\beta)\tan\phi+\cos(\alpha+\beta)]n_s}=24.15kN$$

（3）锚杆钢筋直径计算。锚杆工作条件系数 $\zeta_3=0.69$；工程结构重要性系数 $\gamma_0=1.1$；锚杆抗拉强度设计值 $f_y=540kN$；使用年限 $T=50$ 年；锚杆钢材年锈蚀量 $\delta=0.04m$/年；一根锚杆钢筋总根数 $n=1$，则锚杆钢筋直径为

$$d_s=2\sqrt{\frac{1000\gamma_0N_t}{n\pi f_y\zeta_3}}+\delta T=15.6mm$$

（4）锚固体与地层锚固长度计算。锚固体与地层黏结工作条件系数 $\zeta_1=1$；锚固体直径 $d=0.13m$；地层与锚固体黏结强度特征值 $f_{rb}=25kPa$。则锚固体与地层锚固长度为

$$l_m=\frac{N_t}{\zeta_1\pi df_{rb}}=4.8m$$

（5）锚杆钢筋与锚固砂浆间的锚固长度计算。锚杆与砂浆黏结强度工作系数 $\zeta_2=0.6$；锚杆钢筋直径 $d_s=0.028m$；钢筋与锚固砂浆黏结强度设计值 $f_b=2400kPa$。则锚杆钢筋与锚固砂浆间的锚固长度为

$$l_{sa}=\frac{\gamma_0N_t}{\zeta_2\pi d_sf_b}=0.43m$$

根据规范要求，锚杆锚固段长度应取锚固体与地层锚固长度与锚杆钢筋与锚固砂浆间的锚固长度中的最大值；同时，规范规定岩体锚杆的锚固长度不应小于4m，因此锚杆锚固段长度4.8m。

2. 格构梁计算

（1）计算原理。格构梁可作为两端固定梁计算，F 为锚杆的锚固力，l 为格构梁固定

端间距。其中梁上任意一点剪力 $Q=\frac{ql}{2}\left(1-\frac{2x}{l}\right)$，弯矩 $M=\frac{1}{2}qlx-\frac{1}{12}ql^2-\frac{1}{2}qx^2$。故设计的格构梁在计算的最大剪力、最大弯矩处等条件满足配筋要求即可。计算简图如图 9-37 所示。

（2）计算信息及简图。设格构梁固定端间距 $l=2.0$m，格构梁混凝土设计强度为 C30，断面尺寸为 300mm×300mm（宽×高），纵向钢筋采用 HRB400 直径 20 钢筋，箍筋采用 HRB400 直径 10 钢筋。

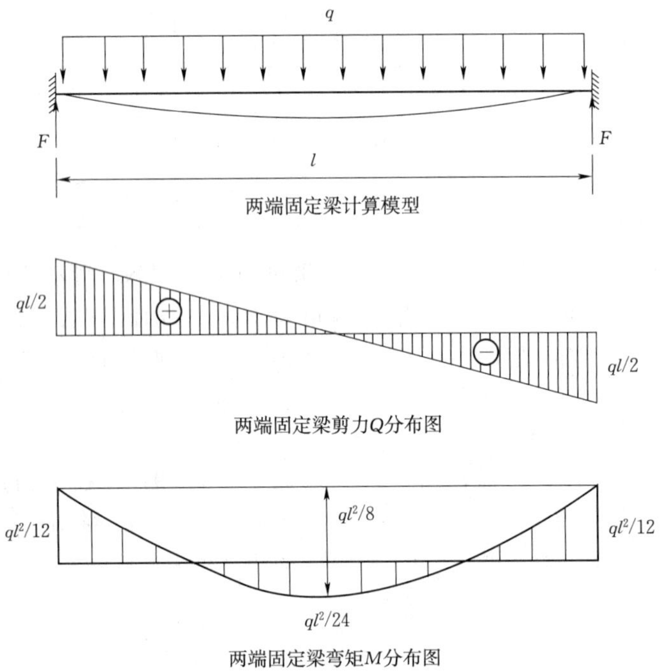

图 9-37　格构梁剪力和弯矩分布图

（3）已知条件及计算要求。如图 9-38 所示，矩形梁 $b=300$mm，$h=300$mm。混凝土 C30，$f_c=14.30\text{N/mm}^2$，纵筋 HRB400，$f_y=360\text{N/mm}^2$，箍筋 HRB400，$f_y=360\text{N/mm}^2$。弯矩设计值 $M=11.57$kN·m，剪力设计值 $V=34.7$kN，扭矩设计值 $T=0.00$kN·m。

要求计算正截面受弯承载力及斜截面受剪承载力。

（4）截面验算。根据《水工混凝土结构设计规范》（SL 191—2008）进行截面验算。

受力钢筋合力点至截面近边的距离：$d=60$mm；

则截面的有效高度：$h_0=h-60\text{mm}=240\text{mm}$；

$V=34.70\text{kN}<0.25f_cbh_0=257.40\text{kN}$，截面尺寸满足要求。

截面配筋按纯剪计算。

（5）正截面受弯承载力计算。

截面抗弯系数：

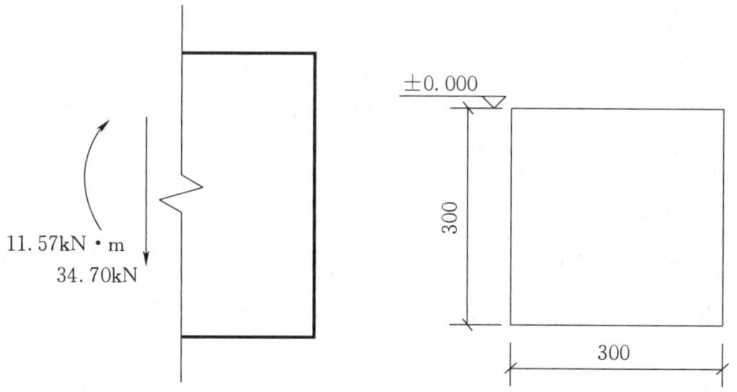

图 9-38　格构梁计算示意图

$$\alpha_s=\frac{kM_{max}}{f_c bh_0^2}=\frac{1.2\times 11.57\times 10^3\times 10}{14.3\times 10^3\times 3\times 2.4^2}=0.56187$$

相对受压区计算高度：

$$\xi=1-\sqrt{1-2\alpha_s}=1-\sqrt{1-2\times 0.5618}=0.048$$

配筋面积：

$$A_s=\xi f_c bh_0/f_y=137.28\text{mm}^2$$

配筋率：

$$\rho=\frac{A_s}{bh_0}=\frac{137.28}{300\times 240}=0.19\%$$

查表得 $\rho_{min}=0.2\%$，故配筋率符合要求。

1）按单筋计算：$h_0=60$mm，相对受压区高度 $\xi=x/h_0=0.048<\xi b=0.518$

2）上部纵筋：按构造配筋 $A_s=180\text{mm}^2$，配筋率 $\rho=0.20\%$

3）下部纵筋：$A_s=\xi a_1 f_c bh_0/f_y=137\text{mm}^2$，$\rho=0.19\%<\rho_{min}=0.20\%$，按构造配筋 $A_s=180\text{mm}^2$。

（6）斜截面受剪承载力计算。

受剪箍筋计算：$A_{su}/s=-346.04\text{mm}^2/\text{m}$，$\rho_{sv}=-0.12\%<\rho_{svmin}=0.10\%$，按构造配筋 $A_v/s=286\text{mm}^2/\text{m}$。

（7）配置钢筋。

1）上部纵筋：计算 $A_s=180\text{mm}^2$，实配 3E20（942mm^2，$\rho=1.05\%$），配筋满足。

2）下部纵筋：计算 $A_s=180\text{mm}^2$，实配 3E20（942mm^2，$\rho=1.05\%$），配筋满足。

3）箍筋：计算 $A_v/s=286\text{mm}^2/\text{m}$，实配 E10@200 四肢（1570mm^2/m $\rho_{sv}=0.52\%$），配筋满足。

第十节　滑坡治理施工图与施工图总说明的编制

一、滑坡治理施工图

滑坡治理施工图是滑坡治理设计的重要图纸，是治理措施的具体体现，是治理施工的直接依据，包括图纸及说明两部分。

图纸主要包括总平面设计图、剖面设计图，抗滑桩（墙）平面、正面设计图、抗滑桩（墙）结构图、抗滑桩（墙）锁口及护壁结构图、抗滑桩（墙）张拉台结构图，锚索地梁结构图、预应力锚索结构图、锚索张拉台结构图，截（排）水沟结构图等。

二、施工总说明的编制

滑坡治理施工图设计应编写详细的施工总说明，是施工图设计的具体说明，主要包括滑坡概况、设计范围、设计依据、设计原则、设计思路、治理措施、施工及检（监）测技术要求及主要工程量，等等。

设计依据：包括设计委托书，滑坡勘察报告，现场查勘资料、补测地形图及主管部门或业主对滑坡的处治意见，设计执行的规范、技术标准等。

设计范围：主要指需治理的滑坡范围，一般包括滑坡及其影响范围。

设计原则：因地制宜，安全可靠，经济合理，技术可行，施工便利，注重环保。

治理设计：主要包括设计思路、治理措施、设计效果评价等。

施工技术要求：主要是指治理施工过程中所涉及的主要技术问题。

检（监）测技术要求：整个滑坡治理过程中需进行的监测、检测，按现行相关规范、规程进行。

第十一节　典型滑坡治理工程设计实例

一、滑坡概况

某高速公路滑坡，高度约 40～50m，原始地形坡度 10°～30°，前陡后缓。上覆残坡积含碎石粉质黏土，稍湿～湿，硬可塑，厚 3～6m；下伏紫红色泥岩夹砂岩，全、强～弱风化，散体～碎裂结构，呈土状、碎块状，节理裂隙发育。滑坡周界清楚，为浅层土体～破碎岩滑坡。滑坡剪出口处见挤压镜面及擦痕。滑动面倾角较缓，滑床为强～弱风化砂岩及泥岩，碎裂～块状结构。岩层产状 125°∠25°，与坡面倾向基本一致。

据地形地貌特征、滑坡变形情况、地质特征、地下水情况及工程地质勘察等资料综合分析，该滑坡为一不稳定滑坡。调查显示，该滑坡范围向后扩展，坡体产生严重变形，并于滑坡中部～右部产生剪出，坡面上纵横拉张裂缝数条。滑坡平面形态呈不规则扇形，水平投影平均长 120m，平均宽 105m，滑体平均厚 15m，为中层大型土体～破碎岩滑坡。

目前滑坡变形特征及现状表明，滑坡在现状条件下处于极限平衡状态，工程状态下处于不稳定状态。

滑坡处于抗震设防烈度Ⅷ度区。

滑坡区地下水主要为松散岩类孔隙水和基岩裂隙水，两者水力联系密切，互补关系明显。地下水沿节理裂隙及岩层界面于坡面中下部及坡脚渗出，泉点流量小于 0.1L/s。地

下水类型为 $HCO^{3-}-Ca^{2+}$ 型，对混凝土无腐蚀性。

二、设计依据

（1）建设指挥部委托书。

（2）勘察报告。

（3）现场查勘资料、补测地形图及指挥部对该滑坡的处治意见。

（4）技术标准。

1）《混凝土结构设计规范》（GB 50010—2010）；

2）《岩土锚杆喷射混凝土支护工程技术规范》（GB 50086—2015）；

3）《公路工程抗震规范》（JTG B02—2013）；

4）《建筑抗震设计规范》（GB 50011—2010）；

5）《建筑桩基技术规范》（JGJ 094—2008）。

三、治理设计

1. 设计思路

为确保公路运营畅通，处治工程必须保证滑坡在工程状态下稳定，既考虑公路安全等级和地震力影响，同时又遵循整体防治与局部治理相结合、现状与发展趋势相结合的原则。

由于施工开挖前部滑坡，诱发产生滑动，且稳定性较差。在完全开挖的情况下，极有可能整体变形、滑动。因此，必须及早进行处治，以防止失稳后增大处治难度，增加处治经费。由于新产生的滑坡体松散、破碎，稳定性差，因此应予以适当清除，可放缓坡比及增大平台宽度。针对滑坡现状及坡体结构，适宜的处治措施为抗滑桩及预应力锚索。可在放缓坡面上设置锚索工程，在平台上设置抗滑桩。为使锚固工程与原设计护坡工程相协调，可采用锚索地梁型式，中间为拱形格。

地下水是促使滑坡产生的主要因素之一，因此，可在滑坡、边坡中后部设置一定的仰斜排水孔，以排引坡体地下水，提高滑坡稳定性。

2. 设计参数

（1）岩土重度（γ）：人工填土取 16.80kN/m³；含碎石粉质黏土取 17.20kN/m³；全～强风化泥岩、砂岩综合取 20.00kN/m³。

（2）抗剪强度指标：内聚力 c 值取 15.00kPa，内摩擦角 ϕ 值取 6.5°～12.00°。

（3）滑坡稳定安全系数（F_{st}）：根据公路安全等级，F_{st} 取 1.15。

（4）水平地震系数（K_n）：滑坡处于抗震设防烈度Ⅷ度区，按规范规定，Kn 取 0.20。

（5）A 型锚索抗滑桩（矩形截面，1.5×2.0m），抗力 1300kN/m；B 型抗滑桩（矩形截面，2.0×2.5m），抗力 800kN/m。

（6）预应力锚索由 6 根 ϕ15.20 钢绞线组成，孔径大于等于 130mm，锚固段长 10m，设计锚固力 780kN。

3. 设计图纸

（1）平面设计图。

（2）剖面设计图。

（3）抗滑桩平面、正面设计图。

（4）抗滑桩结构图。

（5）抗滑桩锁口、护壁结构图。

（6）抗滑桩张拉台结构图。

（7）窗孔式锚索地梁结构图。

（8）锚索地梁结构图。

（9）预应力锚索细部结构图。

（10）锚索张拉台结构图。

（11）截水沟结构图。

4. 治理措施

（1）对滑坡中后部削坡减载，自第二级平台（自下而上）开始向后放坡，平台宽 2～4m，坡比 1∶1.5，坡高 8m，土石方量 15000m^3。

（2）在右侧削坡第五级坡脚（第四级平台内侧），平行路中线，垂直滑坡主滑方向设置一排 26 根斜头矩形抗滑桩（A 型）。桩间距（中对中 3.4m、5m），桩截面 1.5m×2m。单桩长 20～24m，计长 598m。每根抗滑桩设 4 根声测管，位于截面对角线上箍筋内 4 个角处对称分布。

每根抗滑桩端施加 1 根预应力锚索，计 26 根。单根长 26～27m，计长 695m。锚固段长不小于 10m。孔径不小于 130mm，灌注水泥浆或水泥砂浆。

（3）在右侧削坡第二级平台上，平行路中线，垂直滑坡主滑方向设置一排 8 根矩形抗滑桩（B 型）。桩间距（中对中 5.7m、6.8m），桩截面 2.0m×2.5m。单桩长 22m，计长 176m。每根抗滑桩设 4 根声测管，位于截面对角线上箍筋内 4 个角处对称分布。

（4）在右侧第四级坡面上，顺坡面设置 18 列锚索地梁。计锚索 36 根，单根长 22～26m，计长 855m。

地梁 18 列，列间距 3.4～3.6m（急流槽两侧为 3.6m，其余为 3.4m）。单列长 14.40m，计长 259.2m。地梁上锚索间距 7.0m，上、下一根分别距梁端 3.7m。地梁截面 0.6m×0.6m，全埋置，地梁两侧设拦水块，尺寸为 40cm×38cm×6cm。两列地梁间设拱形格。

（5）在右侧第三级坡面上，顺坡面设置 28 列锚索地梁。计锚索 56 根，单根长 20～25m，计长 1206m。

地梁 28 列，列间距 3.4～3.6m（急流槽两侧为 3.6m，其余为 3.4m）。单列长 14.40m，计长 403.2m。地梁上锚索间距 7.0m，上、下一根分别距梁端 3.7m。地梁截面 0.6m×0.6m，全埋置，地梁两侧设拦水块，尺寸为 40cm×38cm×6cm。两列地梁间设拱形格。

（6）在右侧第二级坡面上，顺坡面设置 26 列锚索地梁。计锚索 52 根，单根长 18～22m，计长 984m。

地梁26列，列间距3.4～3.6m（急流槽两侧为3.6m，其余为3.4m）。单列长11.30m，计长293.8m。地梁上锚索间距6.5m，上、下一根分别距梁端2.4m。地梁截面0.6m×0.6m，全埋置。地梁两侧设拦水块，尺寸为40cm×38cm×6cm。两列地梁间设拱形格。

（7）单根锚索由6根ϕ15.20钢绞线构成，设计锚固力780kN，安全系数2.0。孔径不小于130mm，锚固段长10m。

（8）在K66+877.1～K66+956.7路段右侧第二、第三级坡面下部布置22个仰斜排水孔（S1～S22），孔间距6.8m（隔一道拱），单孔深15m，计进尺300m。孔径不小于130mm，下入ϕ100 PVC塑料管，仰斜10%。

（9）第一、第五级边坡及空余坡面护坡型式同原设计，为窗孔式拱形护坡。

（10）在边坡内设平台截水沟4条，计长395m；急流槽4条，计长253m；边坡外围设梯形截水沟一条，长205m。（平台截水沟、急流槽结构按原设计图施做）。

5. 主要工程数量（略）

6. 工程设计效果

治理工程实施后，能保证滑坡稳定，路基安全，工程设计效果较好，见表9-10。

表9-10　　工程设计效果评价表

计算断面	滑坡水平下滑力/(kN/m)	滑坡水平抗滑力/(kN/m)	滑坡剩余下滑力/(kN/m)	工程抗力/(kN/m)		稳定系数 F_s
				锚索地梁	抗滑桩	
1—1′	6113	4385	1781	1147	800	1.03
2—2′	4080	2855	1229		1300	1.02
3—3′	3842	2685	1171		1300	1.03

注　表中未考虑已破坏锚索地梁作用。

四、施工要求

1. 施工顺序

（1）在应急抢险施工时，必须首先施工抗滑桩，等抗滑桩完工后，才能继续施工其他工程。

（2）按设计坡比自上而下削坡，削坡不能一次到位，而是采取逐级削坡，逐级锚固的方法。待上级锚固工程施工完后，再向下削坡，施工下一级锚固工程。上部削坡堆于坡面的土方厚度不得超过3m。

（3）在施工安全的条件下，可同时施工边坡内外截排水工程及护坡工程。

（4）在第五级人工边坡坡口线以外斜坡上已施工的截排水沟及第三、第四级人工坡面施工的锚索地梁现已部分出现裂缝变形，如能修复的则修复，不能修复的应重做。

2. 工程放样

（1）放样时尽可能桩中心位于两列地梁中间，桩应考虑与地梁位置相协调及与锚索位置。

（2）仰斜排水孔的位置、间距及垂高。

（3）其余工程依平面、断面设计图放样。

上述工程放样后，若与实际地形不符，应通知设计单位以便据实调整。

3. 主要技术要求

（1）抗滑桩施工按设计桩位、孔深施工。桩孔位偏差不超过100mm，自两端向中间隔桩分批开挖，必须按设计要求挖孔、护壁，成孔后，尽快制作并及时下入钢筋笼，埋设预埋件，尽快一次浇灌成桩，待前一批桩浇灌后再开挖下一批桩孔。

（2）单孔设置防雨设施，场地设置排水系统，防止地表水流入孔内。

（3）挖掘出的土石先堆放于抗滑桩外侧，待抗滑桩完工后，再运到指定地点。

（4）上一模护壁强度未达到2.5MPa之前，不得拆摸并向下挖掘。拆摸时不得使混凝土受振损伤，否则应予修补。

（5）桩底需平整，不得有超厚松渣、稀泥等扰动软土层。残留土石或泥浆厚度不得大于10mm。

（6）桩孔任一横断面必须符合设计形状，并不得小于设计尺寸。垂直度偏差不得大于桩长的0.5%，孔深误差不超过20mm。

（7）钢筋笼钢筋表面应除污、除锈，加工后不得有伤痕。成孔后，应尽快制作与下入钢筋笼。钢筋接头优先采用对焊，其他焊接其搭接长度按现行规范规定执行，搭接与被搭接的钢筋应位于同一轴线上。

（8）为防止偏心，确保混凝土保护层厚度，钢筋笼应有3个以上断面设置定位器，每个断面设4～8个定位器。

（9）浇灌混凝土用水应是清水无腐蚀性。粗骨料抗压强度大于30MPa，细骨料为干净的中、粗砂。

（10）钢筋笼安装后，必须尽快一次性连续浇灌混凝土。如必须间断，间断时间不得超过2h，否则按废桩处理。浇灌混凝土应用导管或滑槽，且末端置于桩孔中心位置，混凝土自由倾落高度不超过2m。全孔混凝土必须均匀振捣。

（11）严格控制桩顶高程。

（12）每根抗滑桩设4根声测管，置于桩截面对角线上桩箍筋内4个角处对称分布，用铁丝与钢筋绑扎牢固。管材为镀锌管，内径42mm。管底距桩底25cm，管口高出桩顶15cm。

（13）抗滑桩为隐蔽工程，各道工序必须严格质量管理，必须经现场监理工程师验收和签证后方能进入下道工序施工。

（14）做好通信、照明、排水和防掉块、防坍塌工作。

（15）预应力锚索施工。

1）钻孔。①钻机类型不限，宜选用潜孔冲击类钻机，钻进时风压1.2MPa为宜。②钻孔成孔后，应用高压空气彻底清洗孔壁附着的粉尘、泥屑。当锚固段中存有泥浆时，必须下入套管采用清水或稀释水泥浆洗孔，直到孔口完全返出清水或水泥浆为止。③钻孔精度要求钻孔位置的孔位偏差小于50mm；钻孔孔径较设计孔径允许小3mm；钻孔深度的误差小于100mm。为预留导向锥和沉渣位置，每孔深较设计锚索长度再加深1.0m；钻孔倾斜时在在水平方向上的入口误差小于2.5°，孔斜误差小于钻孔长度的1/30。

2）锚索制作。①宜在加工车间或有覆盖的工棚内进行。②钢绞线的下料长度为设计锚索长度再加张拉所需1.5m。钢绞线应用机械切割，不得使用电弧切割。③锚索防腐要求钢绞线应除污，不得有伤痕。对自由段单根钢绞线应涂两遍防锈剂，再涂预应力筋专用防腐润滑脂，并套聚乙烯塑料管，确保防护效果。④注浆管置于锚索体中间，末端距导向锥50～100mm，与锚索体同时组装固定。⑤锚固段的隔离支架和束线环一般间距0.6～1.2m，使锚索体注浆后形成枣核状。隔离支架必须保证注浆液能顺利通过。⑥自由段全长必须设对中支架，一般间距1.5～2.0m，且必须保证注浆液能顺利通过。软弱孔段对中支架应为套管状。

3）锚索安装。①钻孔成孔后，应尽快安装锚索。锚索运输中各支点间距不大于2m。弯转半径不应太小，自由段与锚固段交界处更不能发生剧烈弯曲。②向孔内推送锚索时用力要均匀一致，徐缓推进，不得使锚索体转动，不得使注浆管和排气管折死、压扁或磨坏。③当推送过程中锚索受阻，必须将锚索拔出进行扫孔后再下入锚索。

4）注浆。①锚索就位后，应尽快注浆。②浆液配比以重量计量。水灰比应在注浆前作配比试验，根据孔壁岩土松散破碎情况而定。通常注浆液采用水灰比0.40～0.50的纯水泥浆，亦可采用灰砂比1∶1与水灰比0.40～0.50的水泥砂浆。采用普通硅酸盐水泥，干净的中细砂，清水无腐蚀性，浆体强度不低于30MPa。③注浆液必须采用机械强制搅拌均匀，搅拌时间不少于2min，且随拌随用。超过初凝时间的浆液不得使用。④必须采用自孔底开始向上有压一次性注浆，直到孔口满平。不得采用孔口自流注浆法。注浆压力以0.25～0.80MPa为宜。注浆速度不宜过快。因浆液凝固收缩，必须对失浆段进行第二次注浆，使浆液满盈，且保证锚索在孔内居中。

5）张拉。①张拉台台面必须与锚孔轴线垂直，最大允许偏差不超过5°。②全部锚索集中张拉之前，应随机确定3束进行验收试验。试验应分级加荷，起始荷载为230kN，分级加荷值分别为390kN、580kN、780kN、930kN、1030kN和1170kN，每级荷载稳定时间为5～10min，并记录位移量与受力，以核实伸长与受力值是否相符。最后一级荷载稳定10min，其间位移量超过1.0mm时，则该级荷载再维持50min，并记录15min、20min、25min、30min、45min和60min时的位移量。最后一级荷载作用下的位移观测期内，当锚头位移稳定，或2h内蠕变量不大于2mm，则该试验锚索为合格，否则为不合格，应重新随机抽验。③全部锚索正式张拉分两次进行，第一次张拉后不得切除外露锚头，留作第二次张拉，两次张拉间隔时间为3～5d。④正式张拉前，先对单根钢绞线进行预张拉1～2次，使每根钢绞线绷紧平直，各部分接触紧密，初始应力调匀。预张拉荷载为15kN。⑤正式张拉分三级加荷，分别为 390kN、620kN 和 860kN，第三级为超张拉，以减少正式锁定时预应力瞬时损失。每级张拉稳定时间不少于 10min。当超张拉锚头稳定，则可进行锁定，锁定预应力为 780kN。锁定后 48h 内，若发现预应力损失大于锁定值的 10%以上时，应进行补偿张拉，且在 48h 内无明显应力变化。锁定时应尽量减少瞬时应力损失。⑥正式锁定后，切除外露的锚索，宜采用冷切割方法，切口位置至外锚具的距离大于 100mm。当采用热切割时，其距离应大于 150mm。对正式锁定后的锚索头，应对锚索孔口段再次补灌浆，直到满平并按设计要求进行防腐封固。

（16）锚索地梁按设计要求挖槽、铺架钢筋与浇筑混凝土。地梁必须按设计深度埋置，上下顺直，为保证美观，地梁应与窗孔式拱形护坡纵肋对齐。浇筑混凝土应振捣。混凝土表面应抹平，但不得粉刷。

（17）截（排）水沟施工。

1）开挖水沟的沟壁应平整、稳定，严禁贴坡，沟底平整。

2）地质不良地段，应采取夯实、加固措施。

3）沟底纵坡较大地段做成阶梯式，以利消能，防止冲刷沟底与沟壁。出水口应与其他排水设施平顺衔接，密实无裂缝。

4）片石强度等级大于 MU30，砂浆强度等级不低于 M7.5。浆砌片石应咬扣紧密，嵌缝砂浆应均匀饱满，不得使用小于 200mm 的砾石砌筑。勾凸缝密实无脱落。砌筑后，沟壁与沟底应平顺、整齐，无折坡、裂缝与空鼓现象。

（18）仰斜排水孔。

1）孔径不小于 130mm，仰斜 10%，下入包土工布 PVC 滤水管，管径 108mm。

2）PVC 管滤水孔直径 1.2cm，纵向间距 7.5cm，沿管周分三排均布排列，一排在管顶，其余两排在管侧与顶排间距 5cm，顶排圆孔位置与侧排圆孔交错排列。向孔内推送滤水管时，必须使中间一排孔洞居于钻孔顶部。

3）滤水管外管口与坡面齐平，且与孔壁间用水泥砂浆填塞紧密，以防滤水管松动。滤水管外管口与平台截水沟之间坡面应用水泥砂浆修砌一小水槽。

（19）严格按设计和有关规范要求选购与验收各类建筑材料，严格混合料配合比。施工单位所采用的设备与工艺，应符合本设计及有关规范规程的要求。

（20）在施工中，应根据实际情况，调整锚固段长度与工程量。

（21）本设计依据《滑坡勘察报告》及勘察后滑坡变形特点，确定的滑坡空间形态、滑坡地形与下滑力而做。若由于自然或人为因素造成滑坡滑动。改变了勘察时的滑坡特征，则需对本设计进行必要的变更。

（22）本要求及图纸中未规定的细节，按有关规范、规程施工，或按监理同意的我国公路工程常规做法施工，严格工序管理，严格质量检验。

（23）做好人身、机具、设备及财产安全工作。

（24）对已破坏的水沟，可利用的部分应加以修复利用，对已破坏的锚索是否需要修复视最终滑坡变形稳定后的情况而定。相关设计图见图 9-39～图 9-41。

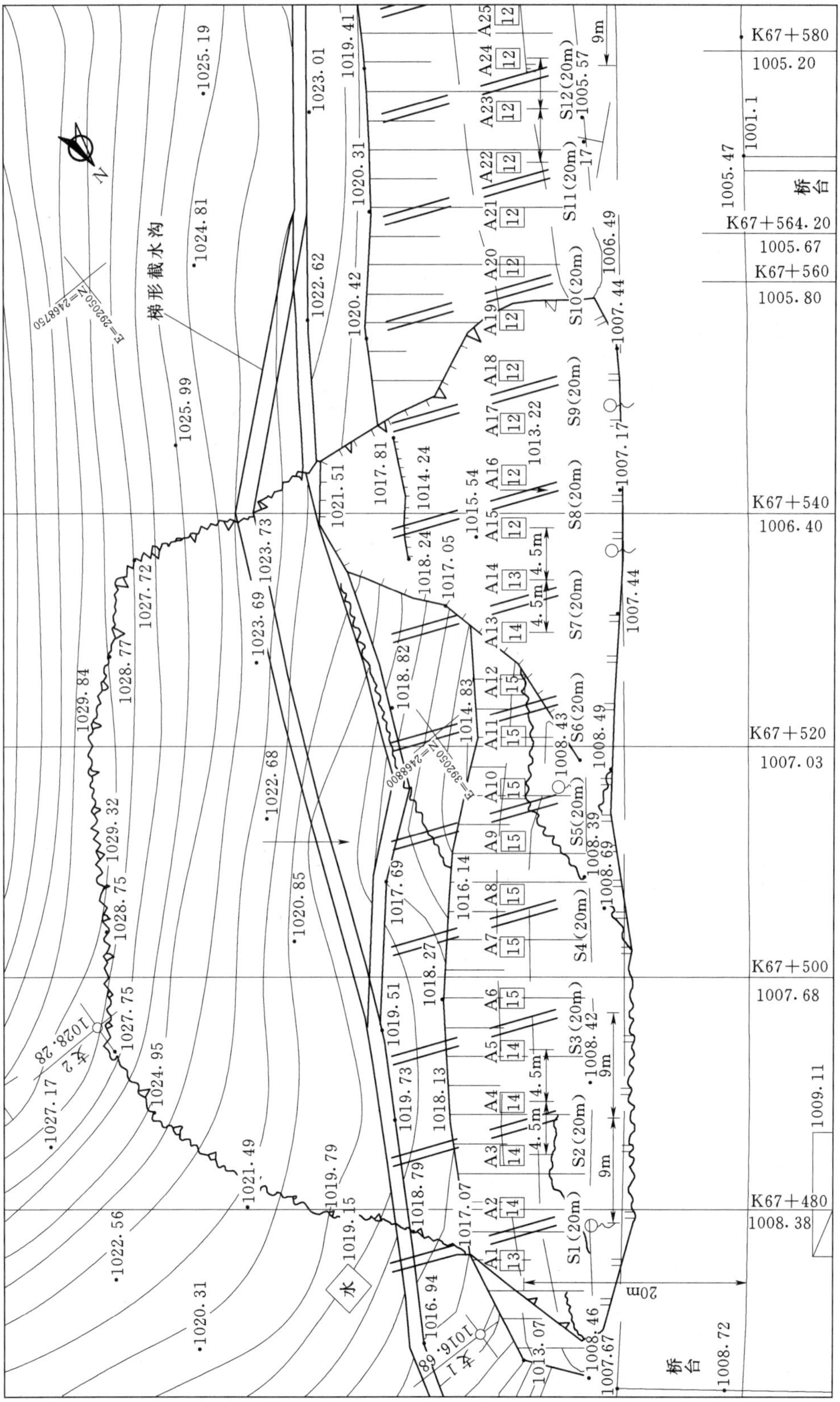

图 9-39　滑坡体加固设计平面图(高程单位为m)

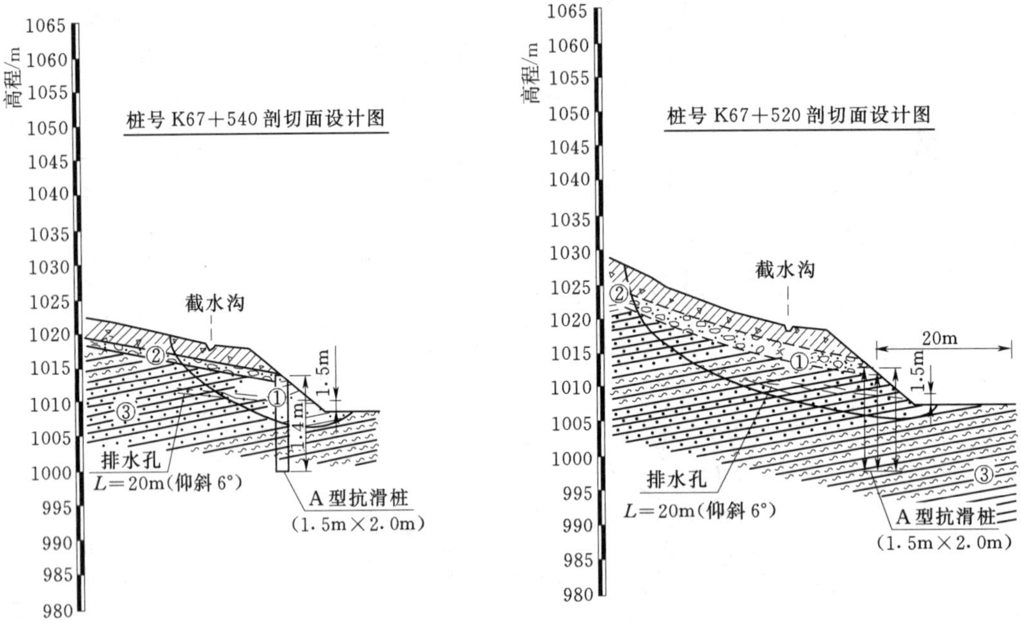

图 9－40　滑坡体加固设计剖面图

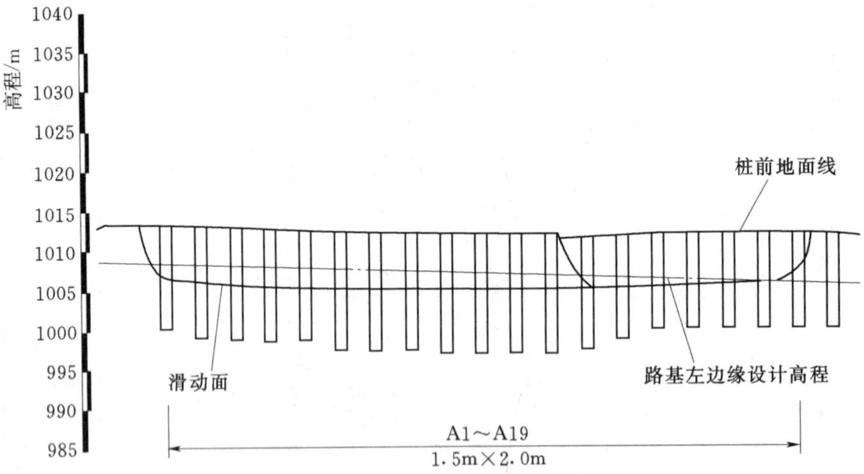

图 9－41　抗滑桩正面设计图

习题与思考题

9－1　简述滑坡工程地质勘察线及勘探点的布置原则。

9－2　试述滑坡稳定性分析中不平衡推力传递法的计算假设。

9－3　简要总结滑坡防治的几种主要措施。

9－4　滑坡体内、外水系的处治原则及主要措施有哪些？

9－5 试述边坡与滑坡监测的内容及监测方案确定的依据。

9－6 已知图 9－42 为一滑坡体断面，抗剪强度指标如图 9－42 所示，安全系数取 1.15，后缘破裂壁 $\varphi=22.5°$，拟采用抗滑桩治理，试求桩后滑坡推力，不计 c 值。每条块重量：1 为 480kN/m，2 为 4910kN/m，3 为 6650kN/m，4 为 6600kN/m，5 为 3180kN/m。

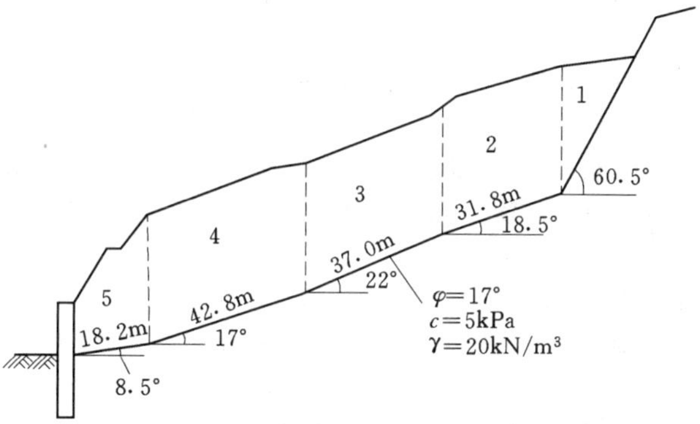

图 9－42 滑坡计算图

参　考　文　献

［1］ 殷跃平，康宏达，张颖，等. 工程地质新拓展——地质工程论评［J］. 工程地质学报，1994，2（4）：7－12.

［2］ 梁炯鋆，黄鼎成，邢念信，等. 工程地质体控制论［J］. 岩石力学与工程学报，1992，11（2）：117－120.

［3］ 陈剑. 地质工程学的产生、发展与展望［J］. 岩石力学与工程学报，2005，24（1）：154－159.

［4］ 赵其华，王兰生，沈军辉. 边坡地质工程学导论［J］. 成都理工学院学报，2000，27（增）：198－201.

［5］ 梁炯鋆. 锚固与注浆技术手册［M］. 北京：中国电力出版社，1999.

［6］ 中华人民共和国国家能源局．锚杆喷射混凝土支护技术规范（GB 50086—2015）［S］. 北京：中国计划出版社，2015.

［7］ 中华人民共和国国家能源局．水电水利工程锚喷支护施工规范（DL/T 5181—2015）［S］. 北京：中国电力出版社，2015.

［8］ 中华人民共和国国家能源局．水电工程预应力锚固设计规范（DL/T 5176—2003）［S］. 北京：中国电力出版社，2003.

［9］ 国家质量监督检验检疫总局，国家标准化管理委员会．预应力混凝土用钢绞线（GB 5224—2014）［S］. 北京：中国标准出版社，2014.

［10］ 中华人民共和国水利部．水工预应力锚固设计规范（SL 212—2012）［S］. 北京：中国水利水电出版社，2012.

［11］ 预应力混凝土常用锚夹具定型图集［M］. 中国建筑科学研究院，1984.

［12］ 中华人民共和国住房和城乡建设部．预应力筋用锚具、夹具和连接器应用技术规程（JGJ 85—2010）［S］. 北京：中国建筑出版社，2010.

［13］ 中华人民共和国住房和城乡建设部．建筑边坡工程技术规范（GB 50330—2013）［S］. 北京：中国建筑工业出版社，2013.

［14］ 中华人民共和国国家发展和改革委员会．水电水利工程边坡设计规范（DL/T 5353—2006）［S］. 北京：中国电力出版社，2007.

［15］ 中冶集团建筑研究总院．岩土锚杆（索）技术规程（CECS 22：2005）［S］. 北京：中国计划出版社，2005.

［16］ 中华人民共和国交通部．公路边坡柔性防护系统构件（JT/T 528—2004）［S］. 北京：人民交通出版社，2004.

［17］ 中华人民共和国建设部，中华人民共和国国家质量监督检验检疫总局．岩土工程勘察规范（GB 5021—2001）［S］. 北京：中国建筑工业出版社，2002.

［18］ 工程地质手册编写委员会. 工程地质手册［M］. 4 版．北京：中国建筑工业出版社，2007.

［19］ 王冲. 预应力锚固的施工［M］. 北京：水利电力出版社，1987.

［20］ 张发明，陈祖煜，刘宁，等．确定预应力锚索设计参数的优化方法［J］. 地下空间，2001，21（4）：305－310.

［21］ 张发明，刘汉龙，赵维炳. 某高等级公路路堑边坡加固设计［J］. 西安工程学院学报，2000，22（2）：38－40.

［22］ 张发明，邵尉侠. 岩质高边坡预应力锚固问题研究［J］. 河海大学学报（自然科学版），1999，

27 (6): 73 - 76.

[23] 张发明，刘宁，赵维炳. 岩质高边坡预应力锚固力学行为与群锚效应 [J]. 岩石力学与工程学报，2000，19 (增): 1077 - 1080.

[24] 张发明，陈祖煜，刘宁. 岩体与锚固体间黏结强度的确定 [J]. 岩土力学，2001，22 (4): 470 - 473.

[25] 中华人民共和国住房和城乡建设部. 混凝土结构设计规范 (GB 50010—2010) [S]. 北京：中国建筑工业出版社，2015.

[26] 王传志，滕智明. 钢筋混凝土结构理论 [M]. 北京：中国建筑工业出版，1985.

[27] 铁道部第二勘测设计院科学技术研究所. 抗滑桩的设计与计算 [M]. 北京：铁道出版社，1981.

[28] 潘家铮. 建筑物的抗滑稳定和滑坡分析 [M]. 北京：水利出版社，1980.

[29] 中华人民共和国建设部. 建筑桩基技术规范 (JG J94—2008) [S]. 北京：中国建筑工业出版社，2008.

[30] 沈军，梁仁旺. 用抗滑桩治理滑坡工程计算分析 [J]. 山西建筑，2007，33 (10): 143 - 144.

[31] 周文权，言志信，王长征，等. 抗滑桩设计的简化方法 [J]. 湖南工程学院学报，2007，17 (1): 88 - 90.

[32] 江正荣，朱国梁. 简明施工计算手册 [M]. 北京：中国建筑工业出版社，1989.

[33] 徐伟，苏宏阳. 建筑工程分部分项施工手册 [M]. 北京：中国计划出版社，1999.

[34] 葛鹏. 基坑土钉支护技术 [D]. 南京：河海大学，2007.

[35] 《岩土工程手册》编写委员会. 岩土工程手册 [M]. 北京：中国建筑工业出版社，1995.

[36] 孙钊. 大坝基岩灌浆 [M]. 北京：中国水利水电出版社，2004.

[37] 全国水利水电施工技术信息网组. 水利水电工程施工手册 [M]. 北京：中国电力出版社，2004.

[38] 魏璇. 水利水电工程施工组织设计指南 [M]. 北京：中国水利水电出版社，1999.

[39] 杨光煦. 砂砾地基防渗工程 [M]. 北京：中国水利水电出版社，2002.

[40] 张景秀. 坝基防渗与灌浆技术 [M]. 北京：中国水利水电出版社，2002.

[41] 陆文海，曾兼权，张治滨，等. 水工建筑物病害处理 [M]. 成都：四川科学技术出版社，1985.

[42] 水利电力部水文水利管理司. 水工建筑物养护修理工作手册 [M]. 北京：水利电力出版社，1984.

[43] 张启岳. 土石坝加固技术 [M]. 北京：中国水利水电出版社，1999.

[44] 长江水利委员会三峡勘测研究院. 水利水电工程勘探与岩土工程施工技术 [M]. 北京：中国水利水电出版社，2002.

[45] 白永年，吴士宁，王洪恩，等. 土石坝加固 [M]. 北京：水利电力出版社，1992.

[46] 赵明阶，何光春，王多垠. 边坡工程处治技术 [M]. 北京：人民交通出版社，2003.

[47] 李海光，等. 新型支挡结构设计与工程实例 [M]. 北京：人民交通出版社，2011.

[48] 李毓林，等. 路基 (铁路工程设计技术手册) [M]. 北京：中国铁道出版社，1995.

[49] 张发明. 宁波抽水蓄能电站上库滑塌体稳定性分析 [J]. 西安地质学院学报，1997，19 (3): 49 - 53.

[50] 张发明，陈祖煜，贾志欣，等. 裂隙岩体强度参数估算的 GSI 方法及其应用 [C]. 栾茂田. 第七届全国岩土力学数值模拟与解析方法会议论文集. 大连：大连理工大学出版社，2001.

[51] 张发明，陈祖煜，贾志欣，等. 岩体结构面网络计算机模拟及应用的当代水平 [C]. 岩石力学与工程会议论文集. 吉林：吉林科学技术出版社，2001.

[52] 张发明，汪小刚，贾志欣，等. 3D 裂隙网络模拟及其工程应用研究 [J]. 现代地质，2002，6 (1): 100 - 103.

[53] 张发明，陈祖煜，张宏亮. 滑坡体稳定性评价的三维极限平衡方法及应用 [J]. 地质灾害与环境保护，2002，13 (2): 55 - 58.

[54] 张发明，陈祖煜，张宏亮. 开挖边坡随机楔体稳定分析与加锚优化方法研究 [J]. 水文地质工程地质，2002，(5)：15-18.
[55] 刘玉堂. 漫湾水电站边坡加固中预应力锚索的施工工艺 [J]. 水力发电，1991 (5)：27-31.
[56] 中华人民共和国水利部 . 水电站厂房设计规范（SL 266—2014）[S]. 北京：中国水利水电出版社，2014.
[57] 中华人民共和国水利部 . 水工隧洞设计规范（SL 279—2016） [S]. 北京：中国水利水电出版社，2016.
[58] 中华人民共和国水利部 . 混凝土重力坝设计规范（SL 319—2005）[S]. 北京：中国水利水电出版社，2005.
[59] 中华人民共和国国家发展和改革委员会 . 混凝土拱坝设计规范（DL/T 5346—2006）[S]. 北京：中国水利水电出版社，2006.
[60] 中华人民共和国水利部 . 碾压混凝土坝设计规范（SL 314—2004）[S]. 北京：中国水利水电出版社，2004.
[61] 中华人民共和国水利部 . 浆砌石坝设计规范（SL 25—2006） [S]. 北京：中国水利水电出版社，2006.
[62] 中华人民共和国水利部 . 水工建筑物水泥灌浆施工技术规范（SL 62—2014）[S]. 北京：中国水利水电出版社，2014.
[63] 中华人民共和国水利部 . 水工建筑物岩石基础开挖工程施工技术规范（SL 47—94）[S]. 北京：中国水利水电出版社，2006.
[64] 田裕甲. 白山水电站 15 号坝段预应力锚索的施工与测试 [J]. 水力发电，1982 (7)：35-36.
[65] 上官能，余知生，陈辉成. 在蓄水运行中双牌水库坝基夹层的抗滑加固 [J]. 水利水电技术，1983 (4)：54-64.
[66] 田裕甲. GYM - 6000kN 级锚索在丰满大坝加固工程中的应用 [J]. 水力发电，1990 (9)：17-21.
[67] 杨春堂. 大吨位预应力镦头锚束在葛洲坝水利枢纽工程上的应用 [J]. 水利水电技术，1982 (3)：32-41.
[68] 魏毅. 龙羊峡水电站底孔深孔泄水道大吨位后张法 BBRV 预锚体系施工 [J]. 水力发电，1987 (9)：74-77.
[69] 刘俊柏. 龙羊峡水电站预应力闸墩设计与施工 [J]. 水力发电，1991 (5)：49-54.
[70] 谢德浚，黄云生，周建新，等. 岩滩水电站预应力闸墩结构设计 [J]. 水力发电，1991 (5)：36-39.
[71] 陈汉文. 碧口水电站泄洪洞的进洞方法及洞脸加固措施 [J]. 水利水电技术，1982 (3)：42-46.
[72] 向锋. 白山电站地下厂房预应力锚索的施工工艺 [J]. 水力发电，1984 (7)：15-18.
[73] 黄坤慧. 大潭水电站双曲拱坝基础处理 [J]. 浙江水利科技，2006 (2)：81-82.
[74] 胡中平，肖桃先，江义兰. 江口双曲拱坝基础开挖及处理设计 [J]. 人民长江，2001，32 (3)：34-35.
[75] 罗熙康，刘华. 江垭大坝基础开挖及地质缺陷处理质量控制 [J]. 人民长江，2001，32 (2)：8-10.
[76] 柳景华. 水布垭高面板堆石坝趾板基础处理研究 [M]. 南京：河海大学，2005.
[77] 方中予，庞维林. OVM250 型钢绞线拉索体系 [J]. 公路，2007 (6)：52-57.
[78] 苏加林. 丰满大坝加固中预应力锚索的设计 [J]. 水力发电，1996 (1)：3.
[79] 李子谦，沙克敏，沈安琪，等. 石泉水电站大坝大吨位预应力锚索加固工程 [J]. 水力发电，1996 (12)：35-39.
[80] 赵顺波，鲁志勇，李树瑶. 预应力锚固技术及其在水工结构中的应用 [J]. 华北水利水电学院学

报，1992（3）：85-92.
[81] 张迈，林永秋．苍南县挺南水库左坝肩基础处理及稳定分析［J］．浙江水利科技，2004（6）：13-15.
[82] 胡云明．二滩水电站拱坝基础处理［J］．水电站设计，1999，15（2）：51-58.
[83] 毛国权．李家峡水电站左坝肩基础处理及效果分析［J］．西北水力发电，2002，18（3）：8-12.
[84] 邹丽春，喻建清，王国进．小湾水电站高拱坝设计与基础处理［J］．水力发电，2009，35（9）：35-37.
[85] 罗熙康，刘华．江垭大坝基础开挖及地质缺陷处理质量控制［J］．人民长江，2001，32（2）：8-10.
[86] 秦择．120t预应力自由锚索在厂房高边坡处理上的应用［J］．水利水电技术，1990（3）：59-61.
[87] 杨春堂，曹俊华，张安，等．大吨位预应力锚固技术在混凝土裂缝加固处理中的应用［J］．水力发电，1987（6）：23-28.
[88] 杨春堂．预应力锚束后期应力损失观测与预应力混凝土徐变分析［J］．水利水电技术，1985（6）：42-45.
[89] 二滩水电开发有限责任公司．岩土工程安全监测手册［M］．北京：中国水利水电出版社，1999.
[90] 水利部黄河水利委员会勘测规划设计研究院，等．黄河小浪底水利枢纽进出口高边坡施工期稳定性研究和加固技术［Z］．1998.
[91] 贺建清，张家生，梅松华．弹性抗滑桩设计中几个问题的探讨［J］．岩石力学与工程学报，1999，18（5）：600-602.
[92] 李军海．滑坡体抗滑桩标准化设计［J］．广西电力工程，1999（4）：59-61.
[93] E. Hoek，J. W. Bray．岩石边坡工程［M］．卢世宗，等，译．北京：冶金工业出版社，1983.
[94] 中华人民共和国住房和城乡建设部，中华人民共和国国家质量检验检疫总局．岩土锚杆与喷射混凝土支护工程技术规范（GB 50086—2015）［S］．北京：中国计划出版社，2015.
[95] 中华人民共和国国土资源部．滑坡防治工程设计与施工技术规范（DZ/T 0219—2006）［S］．北京：中国标准出版社，2006.
[96] 中华人民共和国国家质量监督检验检疫总局，中国国家标准化管理委员会．通用硅酸盐水泥（GB 175—2007）［S］．北京：中国标准出版社，2007.
[97] 中华人民共和国住房和城乡建设部，中华人民共和国国家质量检验检疫总局．水利水电工程地质勘察规范（GB 50487—2008）［S］．北京：中国计划出版社，2008.
[98] 中华人民共和国水利部．水工混凝土结构设计规范（SL 191—2008）［S］．北京：中国水利水电出版社，2008.
[99] 中华人民共和国住房和城乡建设部．无黏结预应力混凝土结构技术规程（JGJ—2016）［S］．北京：中国建筑工业出版社，2016.
[100] 中华人民共和国城乡建设环境保护部．砌体结构设计规范（GB 50003—2011）［S］．北京：中国计划出版社，2011.
[101] 中华人民共和国住房和城乡建设部，中华人民共和国国家质量检验检疫总局．建筑地基基础设计规范（GB 50007—2011）［S］．北京：中国建筑工业出版社，2011.
[102] 中华人民共和国国家能源局．水工混凝土结构设计规范（DL/T 5057—2009）［S］．北京：中国水利水电出版社，2009.
[103] 中华人民共和国住房和城乡建设部．混凝土结构工程施工质量验收规范（GB 50204—2015）［S］．北京：中国建筑工业出版社，2015.
[104] 中华人民共和国国土资源部．长江三峡工程库区滑坡防治工程设计与施工技术规则［M］．北京：地质出版社，2000.

[105] 中华人民共和国水利部．水利水电工程边坡设计规范（SL 386—2007）[S]. 北京：中国水利水电出版社，2007.

[106] 中华人民共和国国家质量监督检验检疫总局，中国国家标准化管理委员会．钢筋混凝土用热轧光圆钢筋（GB 1499.1—2008）[S]. 北京：中国标准出版社，2008.

[107] 中华人民共和国住房和城乡建设部，中华人民共和国国家质量检验检疫总局．建筑抗震设计规范（GB 50011—2010）[S]. 北京：中国建筑工业出版社，2015.

[108] 加拿大矿物和能源技术中心．边坡工程手册 [M]．祝玉学，等，译. 北京：冶金工业出版社，1984.

[109] 中华人民共和国铁道部．铁路隧道喷锚构筑法技术规则（TB 10108—2002）[S]. 北京：中国铁道出版社，2002.

[110] 国家能源局．水工建筑物化学灌浆技术施工规范（DL/T 5406—2010）[S]. 北京：中国水利水电出版社，2010.

[111] 中华人民共和国建设部．混凝土用水标准（JGJ 63—2006）[S]. 北京：中国建筑工业出版社，2006.

[112] 中华人民共和国国家发展和改革委员会．水利水电工程钻探规程（DL 5013—2005）[S]. 北京：中国水利水电出版社，2005.

[113] 中华人民共和国水利部．土坝坝体灌浆技术规范（SL 56—2014）[S]. 北京：中国水利水电出版社，2014.

[114] 中华人民共和国水利部．混凝土面板堆石坝施工规范（SL 49—2015）[S]. 北京：中国水利水电出版社，2015.

[115] 中华人民共和国水利部．碾压式土石坝设计规范（SL 274—2007）[S]. 北京：中国水利水电出版社，2007.

[116] 国家能源局．水工建筑物水泥灌浆施工技术规范（DL/T 5148—2012）[S]. 北京：中国水利水电出版社，2012.

[117] 中华人民共和国国土资源部．水文水井地质钻探规程（DZ/T 0148—2014）[S]. 北京：地质出版社，2014.

[118] 中华人民共和国国家经济贸易委员会．碾压式土石坝施工规范（DL/T 5129—2016）[S]. 北京：中国水利水电出版社，2016.

[119] 李良义. 水利水电工程地基基础处理施工标准强制性条文实施指南 [M]. 北京：中国水利水电出版社，2006.

[120] 中华人民共和国住房和城乡建设部．建筑结构荷载规范（GB 50009—2012）[S]．北京：中国建筑工业出版社，2012.

[121] 中华人民共和国国家发展和改革委员会．碾压式土石坝设计规范（DL/T 5395—2007）[S]．北京：中国水利水电出版社，2007.

[122] 重庆市城乡建设委员会．地质灾害防治工程勘察规范（DB 50/143—2016） [S]．https：//max.book118.com/html/2015/1124/30051794.shtm.

[123] 中交第一公路勘察设计研究院．公路路线设计规范（JTG D20—2006）[S]. 北京：人民交通出版社，2006.

[124] 交通运输部公路局，中交第一公路勘察设计研究院有限公司．公路工程技术标准（JTG B 01—2014）[S]. 北京：人民交通出版社，2014.

[125] 中交公路规划设计院有限公司．公路水泥混凝土路面设计规范（JTG D40—2011）[S]. 北京：人民交通出版社，2011.

[126] 中交公路规划设计院有限公司．公路工程地质勘察规范（JTJ064 C20—2011）[S]. 北京：人民交通出版社，2011.

[127] 中铁二院工程集团有限公司．铁路工程不良地质勘察规程（TB 10027—2012）[S]. 北京：中国铁道出版社，2012.

[128] 中华人民共和国铁道部．铁路工程地质勘察规范（GB 10012—2007）[S]. 北京：中国铁道出版社，2007.

[129] 中华人民共和国铁道部．铁路路基支挡结构设计规范（TB 10025—2006）[S]. 北京：中国铁道出版社，2009.

[130] 中华人民共和国国家质量检验检疫总局，中华人民共和国住房和城乡建设部．工程测量规范（GB 50026—2007）[S]. 北京：中国计划出版社，2008.

[131] 中华人民共和国铁道部．铁路沿线斜坡柔性安全防护网（TB/T 3089—2004）[S]. 北京：中国铁道出版社，2004.

[132] 中华人民共和国交通运输部．公路工程抗震规范（JTG B02—2013）[S]. 北京：人民交通出版社，2013.

[133] 中华人民共和国国家发展和改革委员会．水工隧洞设计规范（DL/T 5195—2004）[S]. 北京：中国电力出版社，2004.

[134] 葛洲坝集团长江预应力工程公司主编．水工隧洞预应力混凝土衬砌锚束施工总则（DL/T 5083—1998）[S]. 北京：中国电力出版社，1998.

[135] 中华人民共和国交通运输部．公路隧道设计规范（JTG D70/2—2014）[S]．北京：人民交通出版社，2014.

[136] 中华人民共和国交通运输部．公路隧道照明设计细则（JTG/T D70/2—01—2014）[S]. 北京：人民交通出版社，2014.

[137] 中华人民共和国交通运输部．公路隧道通风设计细则（JTG/T D70/2—02—2014）[S]. 北京：人民交通出版社，2014.

[138] 中华人民共和国交通运输部．公路隧道施工技术规范（JTG F60—2009）[S]. 北京：人民交通出版社，2009.

[139] 中华人民共和国国土资源部．滑坡防治工程勘查规范（GB/T 32864—2016）[S]. 北京：中国标准出版社，2016.

[140] 中华人民共和国国家能源局．水工建筑物水泥灌浆施工技术规范（DL/T 5148—2012）[S]. 北京：中国电力出版社，2012.

[141] 中华人民共和国住房和城乡建设部．建筑防腐蚀工程施工规范（GB 50212—2014）[S]. 北京：中国计划出版社，2014.

[142] 中华人民共和国能源局．混凝土面板堆石坝设计规范（DL/T 5016—2011）[S]. 北京：中国水利水电出版社，2011.

[143] 中华人民共和国能源局．混凝土重力坝设计规范（NB/T 35026—2014）[S]. 北京：中国水利水电出版社，2014.

[144] 中华人民共和国水利部．水利水电工程天然建筑材料勘察规程（SL 251—2015）[S]. 北京：中国水利水电出版社，2015.

[145] 中华人民共和国国家质量监督检验检疫总局，中国国家标准化管理委员会．预应力混凝土用钢丝（GB/T 5223—2014）[S]. 北京：中国标准出版社，2015.